과정평가형자격

사출금형
산업기사

사출금형설계_L3
(NCS기반자격)

이상민·박병석·이춘규·이대근 공저

기전연구사

머리말

우리 주변에는 일반 금속 철판물에서부터 정밀 프레스 부품, 반도체, 범용 플라스틱, 엔지니어링 플라스틱, 금속 인젝션 몰드 등 사출 제품이 널리 사용되고 있다. 다양한 시장의 요구는 제품의 life cycle을 더욱 짧게 하고 있어 금형설계, 제작시간 단축에 의한 상품화 기간 단축효과는 상당한 것이다. 그 중 프레스금형과 사출금형의 수요는 다종소량 생산 추세에 맞추어 증대되고 있다.

본 교재는 지금까지의 현장경험과 다년 간의 강의 경험을 바탕으로 하여 얻은 산지식을 바탕으로 금형 설계와 금형 제작에 관심있는 공학도와 수험생은 물론 현장에서 금형 설계 제작을 하고 있는 실무자에게도 도움을 줄 수 있도록 하였으며, 금형을 처음 대하는 사람일지라도 쉽게 이해, 응용할 수 있도록 하기 위함이다.

본 교재는 이제까지 금형공업을 발전시켜 온 선배님들의 피땀 어린 노력과 앞으로 금형을 배우려는 후배님들에게 많은 도움이 되었으면 한다. 그리고 맞춤형 과정평가의 금형기능사에 효과적으로 공부할 수 있으며, 향후 계속적으로 본 교재의 수정 보완에 미력을 다할 것이다.

본 교재는 "사출금형 조립도설계" "사출금형 3D부품모델링" "사출금형 3D어셈블리모델링" "사출금형 부품도설계" "사출금형 2D도면작성" "사출 제품도 분석" "가공지원 도면작성" "시제품 측정"의 8 과목으로 이루어졌으며 또 각 단원마다 풍부하고 정선된 예상문제를 수록하여 금형기능사 시험에 많은 도움이 되도록 하였다.

끝으로 본 교재가 나오기까지 협조하여 주신 기전연구사 사장님과 편집부 여러분, 특성화 고등학교의 많은 선생님께 깊은 감사를 드립니다.

이상민 저

E-mail : lsm8287@hanmail.net

차 례

chapter 01 사출금형 조립도설계(사출금형설계) — 007

- 1-1 금형구조 결정하기   009
- 1-2 조립도 설계하기   046
- 1-3 조립도 검토 및 승인받기   071

chapter 02 사출금형 3D부품모델링(사출금형설계) — 077

- 2-1 모델링 작업 준비하기   079
- 2-2 부품모델링하기   088
- 2-3 부품모델링 데이터 출력하기   121

chapter 03 사출금형 3D어셈블리모델링(사출금형설계) — 135

- 3-1 부품모델링 데이터 확인하기   137
- 3-2 어셈블리모델링하기   154
- 3-3 어셈블리모델링 데이터 출력하기   187

chapter 04 사출금형 부품도설계(사출금형설계) — 205

- 4-1 부품도 설계하기   207
- 4-2 부품표 작성하기   251
- 4-3 부품도 검토 및 승인받기   264

chapter 05 사출금형 2D도면작성(사출금형설계) — 271

- 5-1 작업환경 설정하기   273

5-2	2D도면 작업하기	292
5-3	2D도면데이터 출력하기	318

chapter 06 사출 제품도 분석(사출금형설계) 329

6-1	제품도 분석하기	331
6-2	금형구조 검토하기	349
6-3	가공공정 검토하기	358
6-4	사양서 작성하기	375

chapter 07 가공지원 도면작성(사출금형설계) 391

7-1	방전가공용 전극도면 작성하기	393
7-2	가공지원 도면 작성하기	407
7-3	치공구 및 게이지도면 작성하기	433

chapter 08 시제품 측정(사출금형품질관리) 447

8-1	측정부위 결정하기	449
8-2	측정공구선정 및 측정방법 결정하기	457
8-3	측정을 수행하고 측정시트(sheet) 작성하기	472

chapter 09 부   록(종합문제) 479

NCS적용

CHAPTER
01

사출금형 조립도설계
(사출금형설계)

1-1 금형구조 결정하기

1. 유동기구

1) 사양서 난

고객의 요구사항을 적어놓은 시방서를 말하며 사출금형에 있어서 금형설계 제작사양서에는 금형을 만들어서 사출 성형을 하는 데에 필요한 모든 사항을 기입하여 놓은 것으로 금형의 견적산출과 금형을 제작하는 각종 요소들을 기입하여 놓은 것이다.

2) 유동 시스템(Sprue, Runner, Gate)

사출 금형에서 유동시스템이란 성형기의 노즐에서 사출된 용융 플라스틱은 단일 캐비티 금형에서는 스프루에서 직접 캐비티로 충전되지만 다수 캐비티 금형에서는 스프루에서 분기된 런너를 통해서 캐비티로 충전된다.

(1) 로케이트링

① 로케이트링의 역할

성형기 노즐과 금형의 취출 봉 구멍의 중심 맞춤 역할을 한다.

② 그림은 사출 성형기에 금형을 장착되었을 때에 사출 성형기 다이플레이트와 로케이트링이 장착되어 있는 상태를 나타낸 것이다.

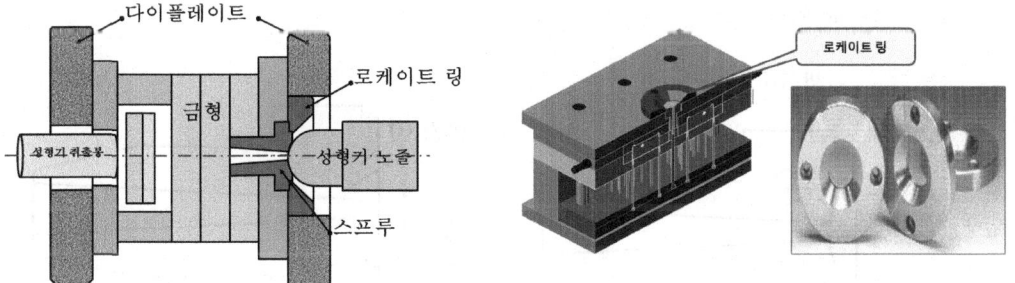

그림 1-1 사출 성형기와 로케이트링의 조립관계도   **그림 1-2** 금형에 로케이트링이 장착된 형상

③ 로케이트링의 설계 및 작도 시 유의사항

그림은 일반적인 로케이트링의 형상과 치수를 나타낸 것이다

(가) 로케이트링의 외경치수는 사용 성형기의 크기에 따라 변하므로 필히 사용 성형기의 노즐(Nozzle)부 구멍크기를 확인해야 한다.

(나) 로케이트링의 외경치수 공차는 사용 성형기 플레이트 구멍치수보다 작아야 한다. 통상 -0.2에서 -0.4를 줌으로 필히 표시한다.

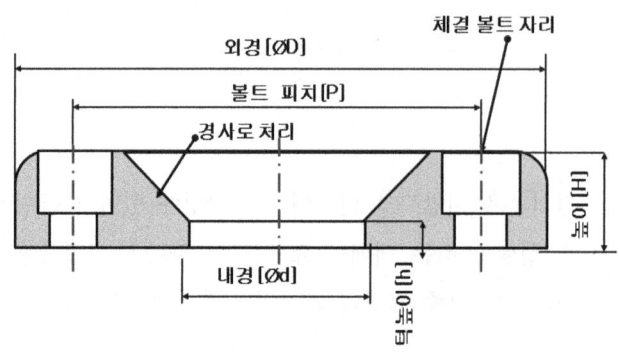

그림 1-3 표준형 로케이트링

(2) 스프루(sprue)

① 스프루 개요

스프루는 금형의 입구에 위치하여 사출기 노즐의 구멍으로부터 사출된 용융된 수지를 런너에 보내는 역할을 하고 있다.

② 스프루 형상

(가) 일반적인 형상은 그림과 같이 외형은 스프루부싱이 되고 내부구멍형상이 스프루 역할을 한다.

(나) 3매구성 금형에 사용하는 스프루 형상은 [그림 1-5]와 같이 외형은 스프루부싱 부분에 런너 스트리퍼 판이 작동이 잘되도록 구배를 주게 되고 내부구멍형상이 스프루 역할을 한다.

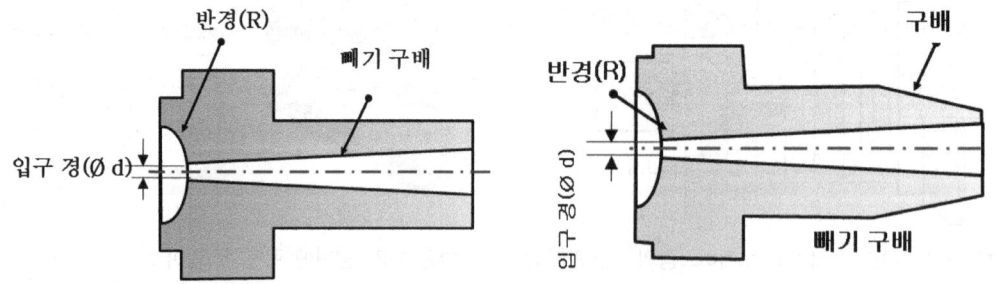

그림 1-4 일반적인 2매구성 금형 사용 스프루 형상   그림 1-5 일반적인 3매구성 금형 사용 스프루 형상

③ 스프루 부싱의 조립 형상

[그림 1-6]에 나타나 있는 것과 같이 이 스프루부싱은 고정측 설치판 및 형판에 조립된다. 스프루부싱은 성형 압력을 받으므로 사출압력이 클 경우 스프루부싱을 단으로 가공

한 다음, 로케이트링으로 위에서 누른 상태로 조립하여 스프루부싱이 이탈되지 않도록 한다.

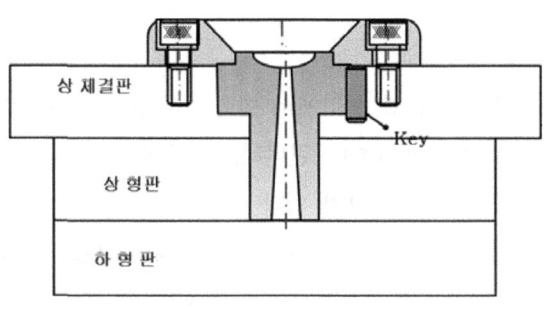

그림 1-6 일반적인 2매구성 금형 사용 스프루 형상   그림 1-7 런너의 형상

(3) 런너

① 런너 개요

플라스틱 사출 금형에서 액체 상태 수지가 스프루 끝지점에서 나와 캐비티로 흘러가는 입구까지의 통로를 말하며 수지의 유동 관계에 많은 영향을 주게 된다.

② 런너의 종류

런너 형식에는 런너의 형상에 따라 원형, 사다리꼴형, 반원형이 있으며 어떤 형식을 설정할지는 설계자가 결정 검토할 사항이다.

(가) 완전 원형 런너

[그림 1-8]에서 보는 바와 같이 조립도에서 원형 런너로 설계할 경우에는 최대의 원료 흐름을 얻을 수 있고 원자재에 최소의 냉각효과를 가져온다.

(나) 반원형 런너

[그림 1-9]에서 보는 바와 같이 조립도에서 반원형 런너로 최소의 원료 흐름과 원자재에 최대의 냉각효과를 준다.

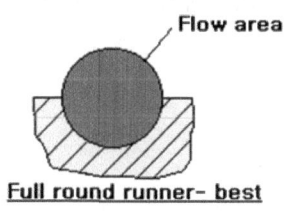 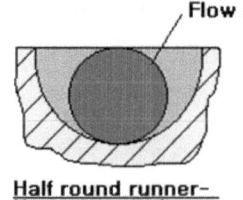 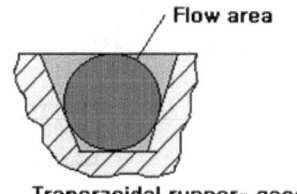

그림 1-8 원형 런너의 모양   그림 1-9 반원형 런너의 모양   그림 1-10 사다리꼴형 런너의 모양

(다) 사다리꼴 런너

[그림 1-10]에서 보는 바와 같이 조립도에서 사다리꼴 런너는 완전 원형과 반원형

런너의 중간 정도의 결과를 가져온다. 사다리꼴에 형성될 수 있는 내접원에만 원료가 흐를 수 있고 원료가 미리 냉각되는 것을 방지하기 위하여 사다리꼴의 깊이는 밑변의 길이와 같아야 한다.

③ 런너레스 금형

런너레스 금형은 적용유무에 따라 3매 구성금형 형식에서 변형된 금형 구조로 런너레스 금형 타입을 선정할 때에는 충분한 검토가 필요하며 런너레스 금형의 부품들을 수주회사에서 제공여부가 체크되어 있는지를 검토할 필요가 있다.

다음 그림은 사출 금형에 런너레스 금형 구조의 조립도면 그림과 매니폴드의 그림을 나타낸 것이다.

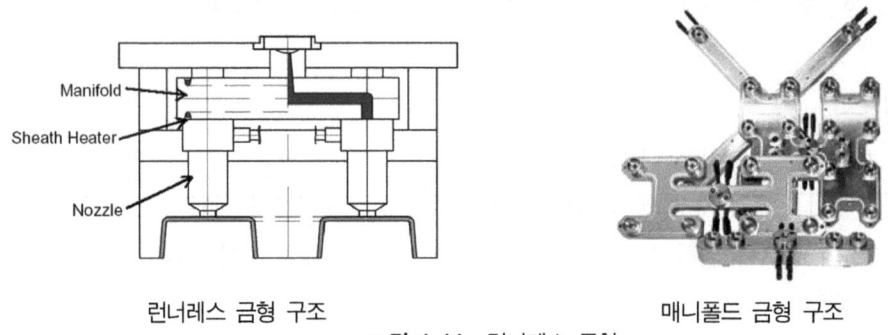

런너레스 금형 구조　　　　　　　　매니폴드 금형 구조

그림 1-11　런너레스 금형

(4) 게이트

① 게이트 개요

다음 그림에서 보는 바와 같이 게이트는 용융수지가 런너를 지나 제품형상인 캐비티로 충진될 수 있게 런너의 끝에 위치한 캐비티의 입구이다.

캐비트의 위치, 형상, 치수는 성형품의 외관이나 성형 및 치수 정밀도에 큰 영향을 준다. 게이트의 형상, 치수, 위치 등의 결정은 사용수지와 성형품의 형상 및 제품의 요구사항 등을 감안하여 결정하되 응력집중을 최소로 하고 유동방향에 의한 변형이 가장 적은 타입으로는 선택하는 것을 기본으로 한다.

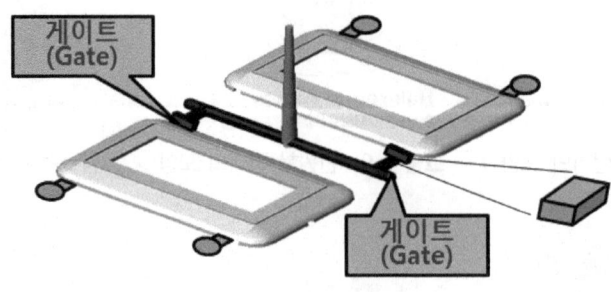

그림 1-12　게이트 형상

② 게이트의 목적과 역할
　(가) 충진되는 용융수지의 유동방향과 수지량을 제어함과 동시에 제품형성이 완전히 이루어지고, 취출하는데 지장이 없을 정도로 충분히 고화상태가 될 때까지의 캐비티 내로 용융수지를 계속 충진시키고 런너측으로의 역류를 막는다. 이것은 캐비티 내 압력보존 및 수축조절을 위해 런너와 제품 사이의 차단역할을 하는 기능을 수반한다.
　(나) 여러 개 캐비티(Multi Cavity)의 경우는 각 캐비티의 게이트 치수 크기를 조정하여 캐비티의 충진균형을 잡을 수 있게 한다. 즉 게이트를 균형 있게 설계함으로써 압력분배가 균등하게 되도록 한다.
　(다) 스프루와 런너를 통과하면서 냉각된 수지는 좁은 게이트를 유동하면서 마찰열을 흡수한다. 이 열에 의하여 용융수지 온도를 상승시켜 플로우 마크(flow mark), 웰드 라인(weld line)을 감소시킨다.
　(라) 런너와 성형품의 절단이 용이하고 깨끗하게 마무리 작업을 할 수 있다.
　(마) 성형수지의 특성을 고려하여 품질과 생산성 확보를 위한 적정성형 시간을 제공하여야 한다.
③ 게이트의 위치 설정 기준
　(가) 게이트 위치는 각 캐비티의 말단까지 동시에 충전되는 위치에 설치된다.
　(나) 게이트는 그 성형품의 가장 두꺼운 부분에 설치하는 것을 원칙으로 한다.
　(다) 상품가치상 눈에 띄지 않는 곳 또는 게이트 마무리가 간단하게 되는 부분에 설치된다.
　(라) 웰드 라인이 생성되기 어려운 곳에 설치한다.
　(마) 가는 코어나 리브 핀이 가까운 곳 또는 유동압력에 의해 편육하고 쓰러질 우려가 있는 방향은 피한다.
　(바) 가스가 고이기 쉬운 방향의 반대쪽에 설치하고 그 반대쪽 가스빼기를 설치한다.
　(사) 큰 힘이나 충격하중이 작용하는 부분에는 게이트를 붙이지 않는다.
　(아) 제팅을 방지할 수 있는 부분을 설치한다.
　(자) 제팅을 방지하고 흐름을 순조롭게 하기 위해 코어형을 향해 용융수지가 흐르는 위치에 설치한다.
　(차) 성형품의 기능, 외관을 손상하지 않는 부분에 설치한다.
　(카) 인서트 기타 장애물을 피할 수 있는 곳을 선택한다.
④ 게이트 형식
　(가) 제한 Gate와 비제한 Gate
　　비제한 Gate의 종류에는 Director-Gate 하나뿐이고, 제한 Gate에는 Standard-Gate, Over lab-Gate, Pin Point-Gate, Sub-Marin Gate, Tab-Gate, Ring-Gate, Disk-Gate

가 있다.

표 1-1 제한 게이트와 비제한 게이트의 특징

비제한 게이트	제한 게이트
압력 손실이 적다.	게이트 부근 잔류응력 감소
수지량 절약	성형품 휨 균열 등 변형 감소
금형구조 간단	게이트 고화시간 단축으로 사이클 시간 단축
사이클이 연장되기 쉽다.	많은 수의 캐비티 경우 밸런스 용이
게이트의 후 가공 필요	게이트 제거가 간단하다.
잔류응력 압력에 의한 충진 변형으로 게이트크랙 발생 쉽다.	게이트 통과할 때 압력 손실이 크다.

(나) 자동 절단 Gate와 비자동 절단 Gate

표 1-2 게이트 절단 형식

분류	특징	게이트 종류
비자동 절단	게이트 제거위해 후 가공 필요	다이렉트 게이트
자동 절단	금형 구조에 의해 성형품과 게이트 자동 절단	핀 포인트 게이트 서브마린 게이트
반자동 절단	후 가공을 완전히 생략하지 못하고 특별한 공구 없이 게이트를 간단히 제거할 수 있다.	사이드게이트 팬 게이트 오버랩 게이트 다단 / 타브 게이트 필름 게이트

⑤ 게이트 시스템과 위치

게이트가 너무 작으면 성형이 어려워지고 성형 재료가 적은 게이트로 통하여 고압 하에 밀려들어가므로 스프레이마크(Splay Mark)가 발생한다. 또한 미리 냉각이 일어난 작은 게이트로 인해 수축이 일어난다.

게이트가 너무 크면 제품에서 게이트 제거가 힘들고, 사이클이 길어지면 표면 결함이 일어나고, 성형제품에 큰 응력이 발생한다. 또한 게이트 근처에 수축이 발생한다.

⑥ 엔지니어링 플라스틱 성형시 게이트 위치

원료의 흐름을 캐비티(Cavity)벽이나 코어(Core)를 향하도록 임핀징 게이트(Impinging Gate)를 사용함으로써 제팅(Jetting)을 방지할 수 있다.

게이트는 가스가 차는 것을 방지하기 위하여 공기가 가스빼기를 향하여 흐를 수 있도록 설치해야 한다.

⑦ 게이트(Gate)의 종류와 특징
　(가) 다이렉트 게이트(Direct gate) 또는 스프루 게이트(Sprue gate)
　　㉠ 형상
　　　다음 그림에 나타낸 것과 같이 다이렉트 게이트는 다음 특징을 가진다.

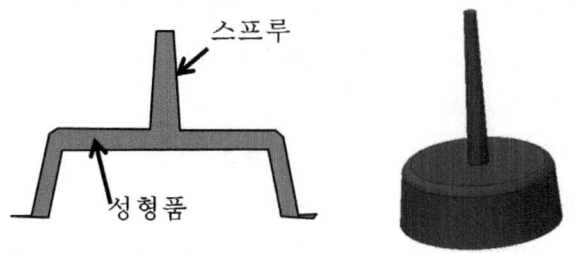

그림 1-13 게이트 형상

　　㉡ 특징
　　　ⓐ 단일 캐비티 또는 대형 성형품에 사출시 사용된다.
　　　ⓑ 스프루(Sprue)가 게이트 역할을 한다.
　　　ⓒ 성형 후 사상공정 필요, 게이트 자국 남으므로 게이트 절단이 필요하다.
　　　ⓓ 얇고 평평한 제품 사용 시 잔류응력에 의한 휨, 뒤틀림, 크랙 등이 유발될 수 있다.
　　　ⓔ 스프루 직경이 너무 크면 냉각시간이 길어진다.
　　　ⓕ 성형 비용이 낮다(구조 단순).
　　　ⓖ 분사 압은 직접적인 캐비티 충진으로 인해 압력손실이 적다.
　　　ⓗ Surue 직경이 너무 클 때 냉각 시간이 길어져 사이클 타임이 늘어난다.
　　　ⓘ 게이트는 수동으로 절단된다.
　(나) 에지 게이트(Edge Gate) 또는 사이드 게이트(Side gate)
　　금형의 캐버티에 성형 재료를 측면에서 충전하는 게이트로서 모서리 또는 표준 게이트이다.
　　㉠ 형상

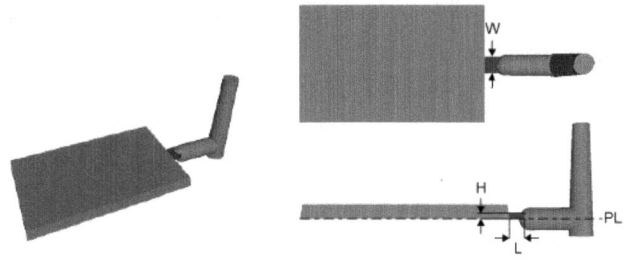

그림 1-14 에지 게이트 형상

[그림 1-14]에 나타난 바와 같이 모서리 게이트는 금형의 분할 선에 위치한다. 게이트 단면이 직사각형이고 제품과 러너 사이에서 너비 또는 두께에 테이퍼가 질 수 있다.

ⓒ 특징
ⓐ 단면형상이 간단하므로 가공이 쉽다. P.E, P.P, P.C
ⓑ 치수가 정밀히 가공된다. P.S, P.A, A.S
ⓒ 수정이 가능 ABS, Acryl
ⓓ 경사를 주어도 됨(ABS : 15°, PP=20°)
ⓔ 보통 재료로 성형 가능

(다) 오버랩 게이트(Over Lap Gate) 또는 점프 게이트(Jump Gate)

다음 그림에 나타난 바와 같이 원료의 흐름 자국(Flow Mark)이나 스프레이 자국(Splay Mark) 등을 방지하는 게이트로 모서리 게이트와 유사하지만 게이트의 일부분이 제품을 오버랩 하게 하여 외관 개선을 위하여 자주 사용된다.

㉠ 형상

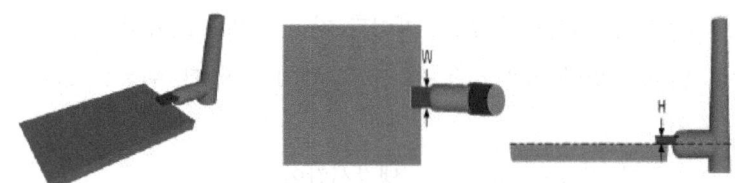

그림 1-15 오버랩 게이트 형상

(라) 팬 게이트(Fan Gate)

성형품의 한 끝에 부채 모양으로 붙인 게이트로, 커다란 입구 영역을 통해 큰 부분이나 깨지기 쉬운 금형 섹션을 빠르게 충전할 수 있도록 하는 가변 두께의 폭넓은 모서리 게이트다. 팬 게이트는 변형과 치수 안정성이 주된 관심사인 폭넓은 제품으로 들어가는 균등한 유동 선단을 만드는 데 사용된다.

압력이 너비 전체에 걸쳐 동일하다. 에지 게이트(Edge Gate)의 특수한 형상으로 원료의 흐름이 금형의 캐비티(Cavity)로 균일하게 퍼져야 하는 납작하고 얇은 단면의 제품에 사용한다.

㉠ 형상

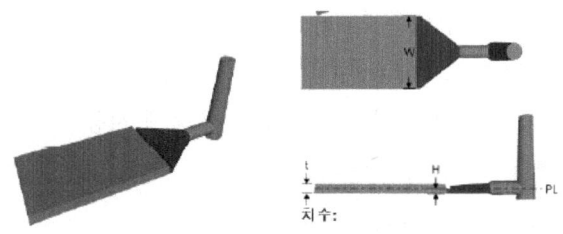

그림 1-16 팬 게이트 형상

㉡ 특징
ⓐ 제품의 뒤틀림을 줄일 수 있고 직사각형의 제품 성형에 적합하다.
ⓑ 게이트부의 면적은 런너의 단면적보다 적어야 가장 좋은 결과를 얻을 수 있다.

(마) 필름 게이트(Film Gate) 또는 플래시 게이트(Flash Gate)

뒤틀림이 최소화 되어야 하는 납작한 제품이나 면적이 크고 두께가 얇은 제품의 경우에 사용된다.

㉠ 형상

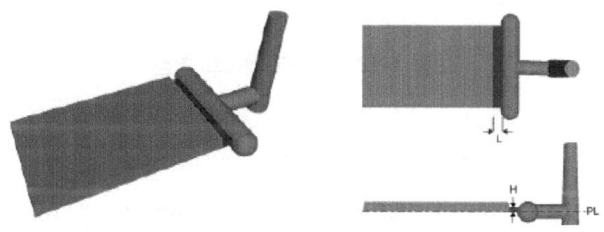

그림 1-17 필름 게이트 형상

(바) 링 게이트(Ring Gate)

원통형 성형품의 원둘레 부위부터 성형 재료를 충전하는 게이트로서 제품이 완전히 성형되기 전에 균일하게 압출한 것과 같이 코어 주위에 원료가 자유로이 흐를 수 있다.

㉠ 형상

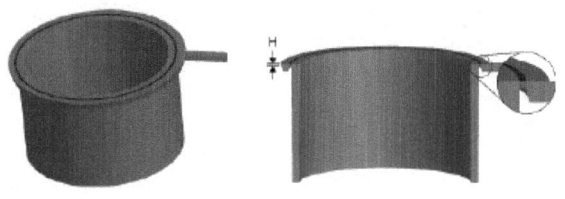

그림 1-18 링 게이트 형상

ⓒ 특징
  ⓐ 작은 제품에서 많은 Cavity를 취하는 원통, 튜브형 성형품에 사용된다.
  ⓑ 링의 Gate에서 Cavity 내로 수지가 유입되므로 Weld Mark 방지, 수지압력에 의한 금형 코어 핀의 기울어짐 방지 등에 사용한다.
  ⓒ 휨, 변형, weld 마크 방지
(사) 원반 게이트(Diaphragm 혹은 Disk Gate)
  원료의 흐름이 스프루에서부터 균일하게 퍼지므로 캐비티의 모든 부분이 동시에 성형된다. 진원도가 좋아야 하거나 웰드 라인 강도가 좋아야 하거나 웰드 라인이 거의 없어야 하는 원통형의 제품에 사용한다. 성형 후 공정으로서 원반을 제거하는 게이트 제거 공정이 필요하다.
  ㉠ 형상

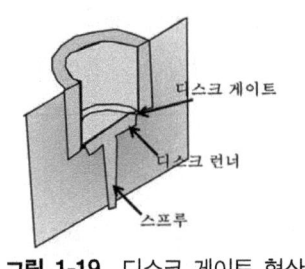

그림 1-19 디스크 게이트 형상

  ㉡ 특징
    ⓐ 성형품의 원형 구멍에 의한 Weld Mark 발생을 방지하기 위한 목적으로 사용한다.
    ⓑ 원통형 모양 또는 가운데 큰 구멍이 있는 부품에 적용
(아) 터널 게이트(Tunnel Gate 혹은 Submarine Gate)
  제품 취출 사이클 동안에 런너 시스템으로부터 제품의 게이트 제거를 자동적으로 할 수 있는 방법으로 제품의 수직 벽에 설치하거나 밀핀에 설치할 수 있다.
  ㉠ 형상

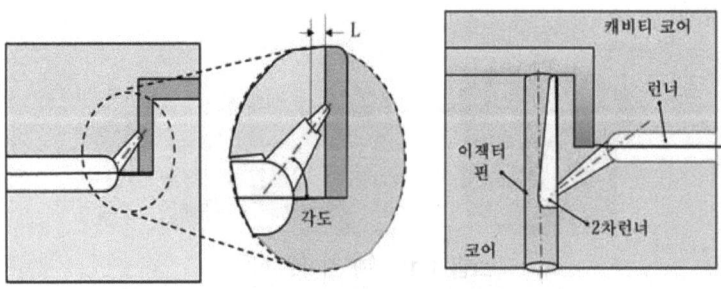

그림 1-20 서브마린 게이트

ⓛ 특징
ⓐ 런너는 파팅라인(PL)면에 있으나 게이트는 고정측 또는 가동측의 형판 속을 뚫고 터널식으로 캐비티에 주입되므로 일명 터널 게이트라 한다.
ⓑ 게이트는 성형품의 돌출과 동시에 자동으로 절단된다.
ⓒ 게이트의 구조가 복잡하여 가공이 어렵고 압력 강하가 크다.

(자) 탭 게이트(Tab Gate)

탭 게이트는 그림에 나타낸 것과 같이 전형적으로 광학 제품처럼 낮은 전단 응력이 요구되는 제품에 사용된다. 게이트 주위에 생기는 높은 전단 응력은 성형 후에 트림되는 보조 탭으로 제한된다.

㉠ 형상

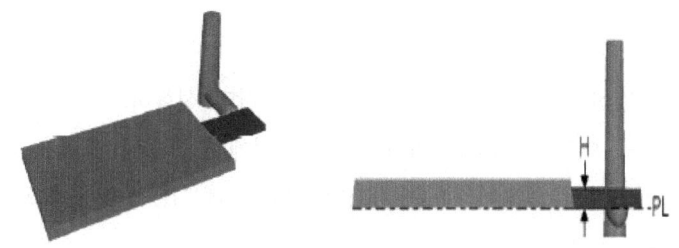

그림 1-21 탭 게이트

ⓛ 특징
ⓐ 렌즈나 납작한 제품 성형시 적합하고 게이트 브러시(Gate Blush)나 게이트 부의 잔유 응력을 줄일 수 있다.
ⓑ 탭 게이트는 PC, 아크릴, SAN 및 ABS 재료 유형을 성형하는 데 널리 사용된다.

(차) 핀 포인트 게이트(Pin Point Gate)

㉠ 형상

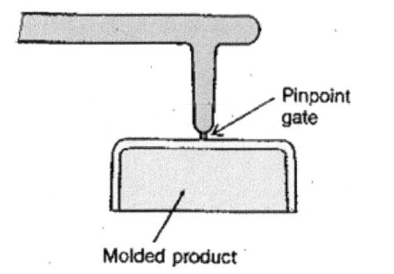 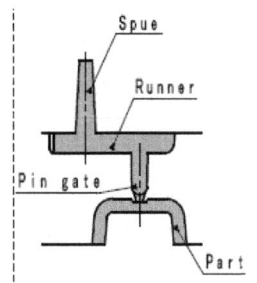

그림 1-22 핀 포인트 게이트

ⓛ 치수

3단 금형의 핀 포인트 게이트 직경은 제품 두께가 두꺼울수록 커야 하고 또 유동거리가 길수록 커야 한다.

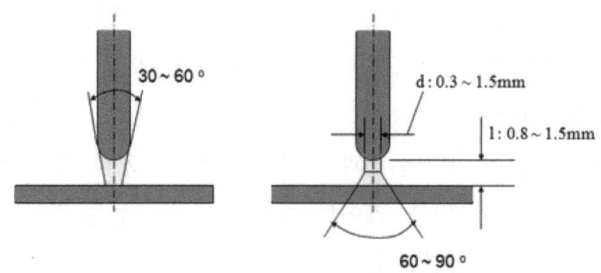

그림 1-23 핀 포인트 게이트

ⓒ 특징
　ⓐ 균일하고 얇은 두께로, 작은 제품을 빨리 성형하기 위하여 주로 사다리꼴 런너를 이용해 여러 캐비티의 3단 금형에서 사용된다.
　ⓑ 자동적으로 게이트가 제거되기 위해서 랜드(Land)가 거의 없는 방법도 사용될 수 있다.
　ⓒ 핀 포인트 게이트(Pin point gate) - 사출 성형용 금형의 단면적을 아주 작게 한 게이트이다.
　ⓓ 다수 Cavity에 용이하다. P.P, P.E, P.C
　ⓔ 성형품과 Runner를 따로 빼내는 3단 구조의 금형을 사용하기 때문에 금형이 복잡하다(러너레스일 때 2단). P.S, P.A
　ⓕ 게이트 부근 잔류응력이 적다. P.O.M, A.S
　ⓖ 게이트의 위치를 자유로이 결정할 수 있어 큰 성형품 경우 여러 곳으로 수지가 들어 갈 수 있으므로 뒤틀림, 변형 등이 적다.
　ⓗ 성형 사이클이 길어진다.
　ⓘ 압력 손실이 크다.
　ⓙ 게이트 자동제어
　ⓚ 성형품의 Gate 자국이 별로 눈에 띄지 않으므로 후가공이 필요 없다.
(카) 스포크 또는 스파이더 게이트

4점 게이트 또는 크로스 게이트로도 불리는 스포크 게이트가 [그림 1-24]에 다이어그램에 나타나 있다. 이 게이트는 튜브형 제품에 사용되며 쉽게 게이트를 제거하고 재료를 절약할 수 있다. 단점으로 웰드 라인이 생길 수 있고 완벽한 진원도를 얻기가 힘들다.

 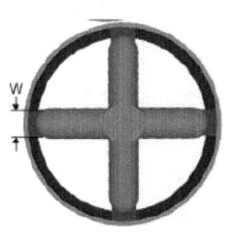 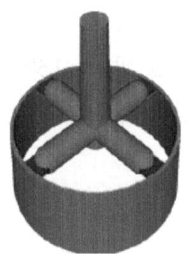

그림 1-24 스포크 게이트

(타) 코끼리 게이트 혹은 지(G) 게이트

바나나 게이트는 서브마린(터널) 게이트의 변형 형상으로 일명 코끼리 게이트 혹은 지(G) 게이트라고도 한다.

이 게이트는 가공을 하는데 있어서 코어를 분할하여 곡선을 각각 가공하여 서로 붙여서 만들어야 한다. 게이트의 곡선 가공에 주의를 기울여야 하고 또한 시간이 걸리므로 특별한 경우가 아니면 사용을 자제하는 경우가 많다. 코끼리 게이트의 특징은 다음과 같다.

㉠ 게이트가 바나나 형상으로 코끼리 게이트라고도 한다.
㉡ 게이트를 사출 위쪽이나 옆에서 사용이 불가능할 때 사용된다.
㉢ 제품에 손상을 줄일 수 있다.
㉣ 게이트는 자동으로 절단된다.

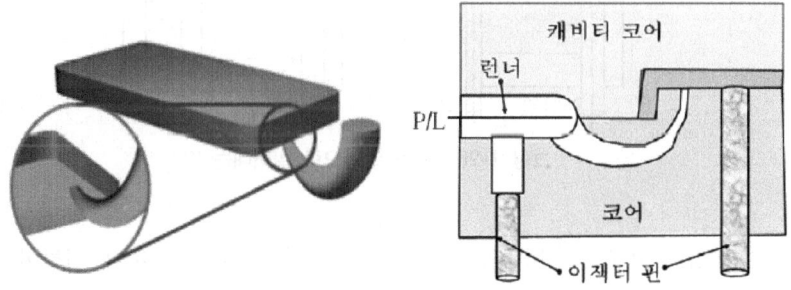

그림 1-25 바나나 게이트의 형상

2. 취출 기구

1) 성형품 취출 기구

(1) 성형품 밀어내기 유의 사항

① 성형품의 형상, 치수 정밀도 및 성형수지의 특성을 충분히 고려해야 한다.

② Ejector Pin의 충격으로 백화불량이 발생하지 않는 위치에 Ejector 기구를 설치한다.
③ 고장이 적고 만약 고장이 나더라도 쉽게 수리할 수 있는 방법을 선택한다.
④ 제품이나 런너 부분이 금형의 가동측 혹은 고정측 어느 한편에 부착되도록 처리해야 한다.

2) 성형품 밀어내기의 분류

(1) 제품을 취출하는 방법
① 수동(손으로) 취출하는 방법
② 로봇으로 취출하는 방법
③ 자동 낙하 취출하는 방법

3) 언더컷 없는 제품 밀어 내기의 종류와 특징

(1) 원형 핀으로 밀어내기
다음 그림은 원형 밀핀으로 밀어내는 방법은 이동측에 부착되어 있는 성형품을 둥근 형상의 핀으로 밀어 내는 방법이다.

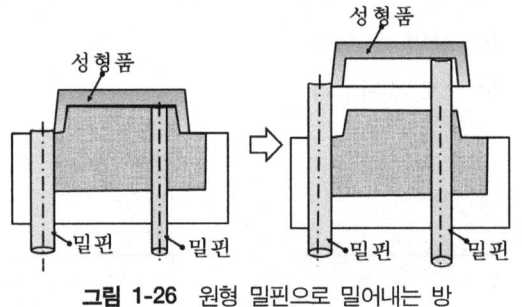

그림 1-26 원형 밀핀으로 밀어내는 방

① 강도와 경도가 필요한 경우 열처리, 다듬질 연삭 등이 다른 핀에 비하여 간단하고, 성형품의 임의 장소에 배치할 수 있기 때문에 가장 많이 사용한다.
② 구멍의 가공, 끝손질 및 고정밀도를 얻을 수 있으며, 취성 저항이 가장 적어 금형의 수명이 길고 교환성 좋으며 파손 시에 보수가 쉽다.
③ 핀 배치는 성형품 이형저항의 밸런스를 고려하고 보스, 리브 부근에는 다른 부분보다 많이 배치한다.
③ 돌출 접촉 면적이 적어 성형품의 일부분에 돌출응력이 집중하므로 컵, 상자 등에서 발구배가 적고, 이형저항이 큰 성형품에 사용하면 파고들거나 백화, 크랙, 변형 등이 생기기 쉽다.

④ 에어, 가스빼기가 나쁜 곳에 설치하여 에어벤트를 대용한다.
⑤ 이젝터핀과 구멍의 맞춤은 헐거운 맞춤으로 운동을 위한 유격이 매우 적은 정밀한 경우이며, 끼워 맞춤길이는 직경의 1.5~2배 정도로 한다.
⑥ 게이트 및 게이트의 직선 방향의 밑 부분에는 핀을 설치하지 않는다.

(2) 슬리브 핀으로 밀어내기

[그림 1-27]은 슬리브 핀으로 밀어내는 방법으로 밀핀으로는 돌출면적이 부족한 원통모양 또는 보스 등의 밀어내기에 사용한다.

① 밀핀으로는 돌출면적이 부족한 원통모양 또는 보스 등의 밀어내기에 사용하는 파이프형의 이젝터핀이다.
② 슬리브의 내경이 작고 길이가 긴 것은 가공이 어렵고 살두께가 얇은 것은 사용 중 균열이 쉬우므로 살두께는 1.5mm 이상이 바람직하다.
③ 슬리브의 원형 단면이 균일하게 접촉되므로 성형품의 밀어내기가 정확하며 균열 등이 잘 생기지 않는다.
④ 열처리 경도는 H5C50 정도로 하고 최소한 열처리의 길이는 슬리브가 제일 많이 전지한 길이에 7~8mm 여유를 가질 수 있는 길이로 한다.
⑤ 슬리브는 코어 핀이 내측에 끼워져 윤활제 없이 슬라이딩하므로 치수 정도는 ϕD으로 하면 바람직하다.

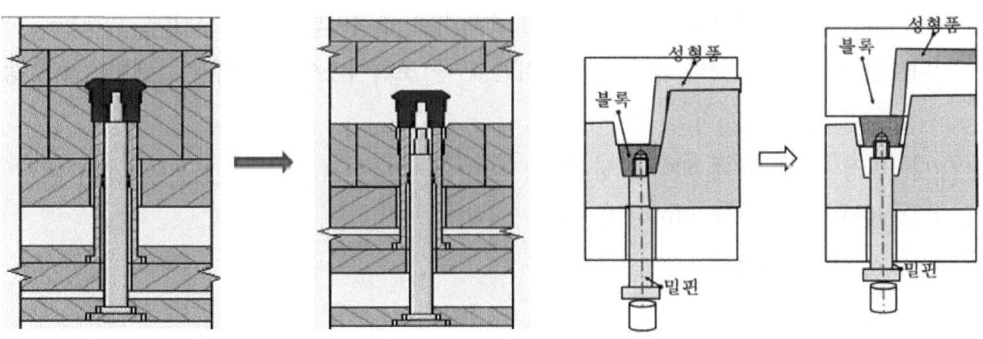

그림 1-27 슬리브 핀으로 밀어내는 방법　　**그림 1-28** 블록으로 밀어내는 방법

(3) 블록형 또는 판 모양의 밀핀

[그림 1-28]은 블록으로 밀어내는 방법으로 좁은 면적 강한 힘으로 성형품을 밀어내는 방법으로 다음과 같은 특징을 가진다.

① 판 모양의 밀핀은 판 그 자체의 가공과 열처리는 그다지 어렵지 않으나 구멍가공이 어려우므로 방전가공 등 특수가공이 필요하다.
② 형판이나 코어부분을 분할하여 조합하는 형으로 하면 가공은 쉬워지나 가공공정수가 증

가하고 성형품에 분할의 선이 남는다.
③ 슬라이딩 저항이 원형 핀에 비하여 많고 판이 얇으면 부러지거나 비틀림을 일으키기 쉬우므로 되도록 사용하지 않는 것이 좋다.

(4) 스트리퍼 판으로 밀어내기

[그림 1-29]는 스트리퍼 판으로 밀어내는 방법으로, 성형품의 전 둘레를 균일하게 밀어내는 방법으로 살두께가 얇고 상자모양이나 원통모양 성형품의 깊이가 깊어 측면의 벽에 큰 저항이 있는 경우에 사용되며 특히 이젝터핀의 사용이 성형품에 나쁜 영향을 줄 경우 많이 채용한다.

① 성형품의 전 둘레를 파팅 라인에 두고 균일하게 밀어내므로 살두께가 얇거나 성형품 깊이가 큰 경우 측벽저항이 큰 경우에 사용한다.
② 밀어내는 면적이 가장 넓으므로 성형품의 크랙, 백화현상이 없고 변형이 적으며, 밀어내는 자국이 거의 남지 않으므로 투명 성형품에서 특히 중요시 된다.
③ 코어 외측과 스트리퍼 플레이트 내측의 긁힘 방지를 위해 3~10°의 구배맞춤이 필요하며 코어와 스트리퍼 플레이트의 틈새는 0.02mm 정도로 한다.
④ 복잡한 파팅면인 경우 가공 정밀도, 열처리 변형의 문제로 다른 밀어내기 방법을 검토하는 것이 바람직하다.
⑤ 스트리퍼 플레이트 작동방법
  (가) 성형기의 이젝터봉에 의하여 직접 스트리퍼 플레이트를 작동시킨다.
  (나) 일반적으로 이젝터 플레이트에 리턴 핀을 조립시켜서 스트리퍼 플레이트를 작동시킨다.
  (다) 인장 타이로드에 의하여 당긴다.
  (라) 체인이나 링크에 의하여 당긴다.
  (마) 스프링에 의한다.

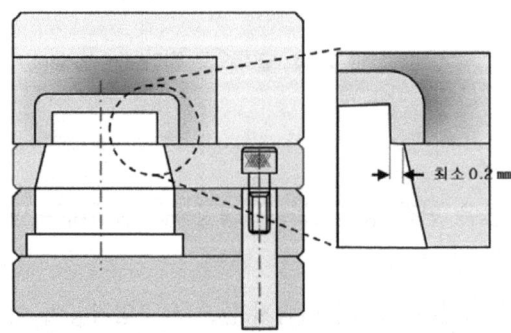

그림 1-29 스트리퍼 판으로 밀어내는 방법

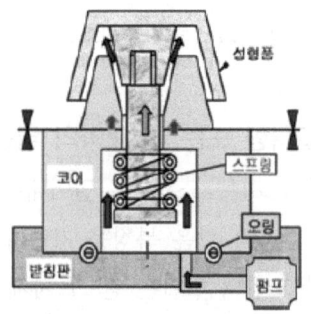

그림 1-30 공기로 밀어내는 방법

(5) 공기(Air)로 밀어내기

[그림 1-30]은 공기로 밀어내는 방법으로 금형 내에 설치한 에어 밸브에서 공기를 분출하고 성형품과 금형 간에 공기압력을 이용해서 성형품을 밀어내는 방법을 말한다.

적용 수지로는 PE나 PP 등의 수지를 이용한 깊고, 얇은 컵 등의 용기류와 스티렌(Styrene)계의 성형재료를 이용한 얇고 투영 면적이 큰 성형품에 적용한다.

특징은 다음과 같다.

① 이젝터 플레이트 조립기구가 필요 없어 일반적으로 금형구조가 간단하다.
② 코어형(고정측), 캐비티형(가동측) 어느 곳에도 적용할 수 있다.
③ 슬라이드 블록의 이동거리나 성형기의 사이클에 관계없이 슬라이드 블록의 전진 및 후진이 가능하다.
④ 성형품과 코어 사이에 발생하는 진공에 의한 트러블을 해소해 준다.
⑤ 성형품의 원하는 위치에 임의로 에어밸브를 설치할 수 있다.
⑥ 균일한 공기압이 성형품 전 부분에 고르게 작용하므로 변형이 적다.
⑦ 조립/분리 및 배관이 간단하고 또 공기가 새더라도 성형품을 더럽히지 않으며 작업상의 위험도 없다.
⑧ 성형품의 형상에 제약이 있지만 다른 이젝터 방식과 조합하거나 보조수단으로 이용할 수 있다.
⑨ 공기압에 한계가 있으므로 밀착력이 강한 성형품에는 단독으로 사용할 수 없고 다른 이젝터 방법과 조합하면 이젝팅 스트로우크가 짧아도 확실한 이형을 할 수 있다.
⑩ 공기가 금형 안을 통과하므로 금형 냉각의 효과도 있다.
⑪ 콤프레스의 공기 압력은 $5 \sim 6 kg/cm^2$ 정도가 기준으로 작업성이 좋다.

3. 냉각기구

1) 온도 시스템

(1) 금형온도 시스템의 개요

사출 금형에서 사출 성형품의 생산성을 높이기 위해서는 성형 사이클 단축이 요구된다. 성형 사이클을 줄이는 중요한 요소는 금형온도이다. 그러므로 온도 분포에 있어서 냉각이 잘 이루어지지 않으면 제품 취출 후에 수축이 발생할 가능성이 있기 때문에 금형 표면 온도의 최대값과 최소값을 비교분석하여 성형품의 냉각 불균일성을 해결할 수 있도록 냉각 시스템 설계하여야 한다.

(2) 금형 온도조절의 필요성

① 금형온도 제어의 목적

　(가) 성형 사이클의 단축

　(나) 양질 제품의 안정생산

　　금형 온도가 낮으면 수지가 빨리 응고되므로 사출 압력을 높게 하여야 한다. 이때 사출 압력에 의해 제품 내부에 응력이 발생한다. 이 응력은 제품이 냉각되어 고화할 때 내부에 남아 일반적으로 잔류응력이 된다.

　(다) 성형품의 변형 방지와 치수정밀도의 유지

　　제품 두께의 불균일 및 냉각속도 불균일로 인하여 수축이 불균일하게 되면 변형은 피할 수 없게 된다. 즉, 냉각속도에 의한 변형은 온도조절에 의하여 개선이 가능하다.

　(라) 성형품의 표면상태의 개선

　　일반적으로 금형 온도가 너무 낮으면 제품의 광택이 나빠지고, 플로우 마크나 웰드라인이 현저하게 발생한다.

　(마) 작업준비시간의 단축

　(바) 금형 교체 시 금형을 사전에 승온하여 작업준비시간 단축

(3) 냉각수로 설계시의 유의점

① 금형의 레이아웃을 설계할 때는 밀핀, 기타 핀, 볼트 등의 배치와 더불어 온도조절용 냉각구멍의 배치도 잘 검토해 둔다. 즉, 냉각회로는 밀핀 구멍보다 우선한다.

② 냉각회로는 스프루나 게이트 등 금형 온도가 제일 높은 곳에 냉매가 우선 유입하도록 설계한다.

③ 일반적으로 냉각회로는 제품형상에 따라 설계한다.

④ 공급하는 수량(水量)이 일정한 경우 냉각수 구멍이 크면 유속이 떨어져 열전도가 나빠지므로 수량 증가 또는 구멍을 조절해서 냉각수의 흐름을 난류(亂流)로 하여 냉각 효과를 올린다.

⑤ 폴리에틸렌과 같이 성형 수축률이 큰 재료는 수축방향에 따라서 냉각수로를 설치하여 성형품의 변형률 방지한다.

⑥ 성형압력의 반복 작용으로 캐비티부가 파손되지 않도록 냉각수 구멍 위치는 성형부에서 최소 10mm 이상 떨어지게 한다.

⑦ 직경이 가늘고 긴 코어 핀에서는 물 또는 압축공기를 통과시킨다.

⑧ 드릴 가공하는 경우 드릴 구멍 빗나감을 고려해서 설계한다.

(4) 냉각수의 누수방지

금형 온도조절에는 온수 및 냉수를 온도조절의 효과를 위하여 5~10kg/cmf의 수압으로 순환시키므로 씰(Seal)이 불완전하면 누수의 원인이 된다. 냉각 구멍의 시일에는 나사로 하는 것이 일반적이고 O링, 가스캐트, 고무 패킹 등이 이용된다.

2) 금형 온도 회로 설계

(1) 사출 금형 캐비티와 코어의 냉각회로

① 캐비티부의 냉각회로
  (가) 고정측 형판에 직선 냉각 구멍을 설계한 예로써, 가공이 용이하여 일반적으로 사용하는 방법으로 스프루 위에 가까운 곳에서부터 냉각수를 보낸다. 각진 성형품일 때 적합한 회로이다.
  (나) 원통형 성형품의 바깥 둘레를 직선 냉각회로로 한 설계 예.
  (다) 캐비티 인서트 원통주위에 냉각 구멍을 설계한 예.
  (라) 평면형 성형품의 상하면의 형판에 나선형의 냉각회로를 설계한 예.

② 코어부의 냉각회로
  (가) 성형품 형상에 따라 고정측 형판과 코어에 직선 냉각 구멍을 설계한 예로써, 가공이 용이하고 냉각 효과도 좋다. 각진 성형품에 알맞다.
  (나) 코어부에 구멍을 가공하고 버플러 플레이트를 설치하므로 코어부를 냉각할 수 있다.
  (다) 코어부에 구멍을 가공하고 구멍 직경보다 적은 파이프를 설치하므로 파이프 내경으로 냉각수가 유입되어 파이프 외측으로 흘러나오도록 한 설계 예.
  (라) 코어부의 상면을 주로 냉각시키고자 할 때 특수한 칸막이 판을 사용하여 코어상면부의 냉각효과를 얻는다.

(2) 냉각수 채널 설계

① 가능한 한 금형 전체를 균일하게 냉각하는 구조로 설계한다.
  (가) 냉각용 구멍의 크기, 수, 위치를 결정
  (나) 냉각수 구멍은 밀핀 구멍에서 최소 8mm 정도 떨어져야 한다.
② 냉각수로 설계시의 유의점
  (가) 냉각수 구멍은 이젝터(Ejector) 기구보다 우선한다는 생각으로 설계한다.
  (나) 냉각회로는 스프루나 게이트 등 금형온도가 제일 높은 곳에 냉각수가 먼저 유입하도록 설계한다.
  (다) 고정측 형판과 가동측 형판의 냉각은 별개로 제어되어져야 한다.

(라) 냉각수 입구온도와 출구온도의 차는 적은 것이 바람직하며, 정밀성형의 경우 1℃ 이하로 하는 것이 바람직하다.

(3) 금형 온도 조절 방법
① 인서트 코어의 경우 냉각방식
   (가) 직접 냉각 방식(그림 1-31)
        ㉠ 인서트에 냉각 수로를 만들어 직접 냉각하는 방식
        ㉡ 인서트와 형판 사이에 냉각수의 누수를 방지하기 위하여 O링을 넣는다.
   (나) 간접 냉각방식(그림 1-32)
        형판에 냉각 수로를 가공하여 인서트 캐비티를 냉각시키는 방식

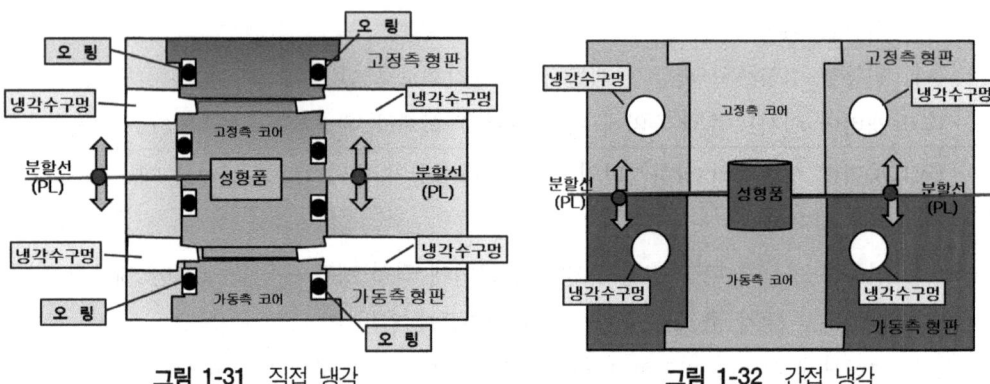

그림 1-31 직접 냉각   그림 1-32 간접 냉각

(4) 냉각 방식의 종류
① 직렬 연결 방식

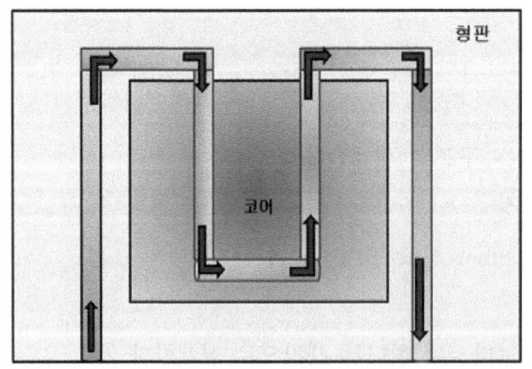 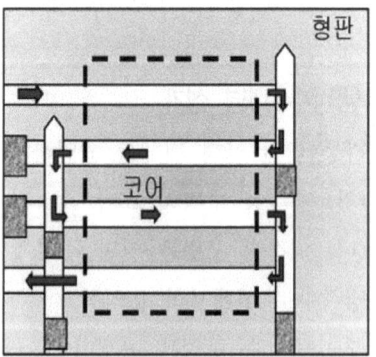

그림 1-33 직렬 순환식 냉각회로

   (가) 냉각수 균일한 흐름양이 좋으나, 압력손실이 많으며, 입·출구부위 온도차가 크다.
   (나) 냉각 구멍을 직선으로 가공하는 회로로 가공이 쉬워 많이 사용한다.

② 병렬 연결 방식

　(가) 압력 강하가 적고 많은 양이 사용 가능, 입·출구 온도차가 적다.

　(나) 각 라인에 균일한 흐름은 불리하고, 일부 라인이 막혀도 알기 어렵다.

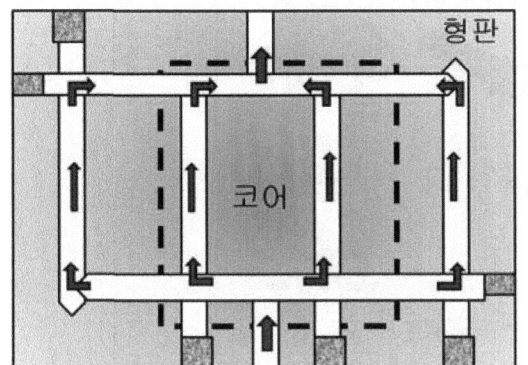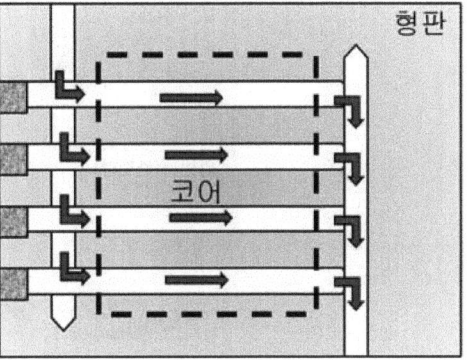

그림 1-34　병렬 냉각회로

③ 직류 순환식 냉각회로

　(가) 냉각회로가 원판에서 코어로 이동이 가능(오링 사용)하다.

　(나) 코어의 가공부분 막음이 필요하다.

　(다) 될 수 있는 한 직선의 회로가 가능하다.

　(라) 코어의 가공부분 칸막이로서 회전이동이 가능하다.

　(마) 냉각탱크의 크기를 크게 할 수 있다.

　(바) 제품면적이 큰 제품에 사용이 가능하다.

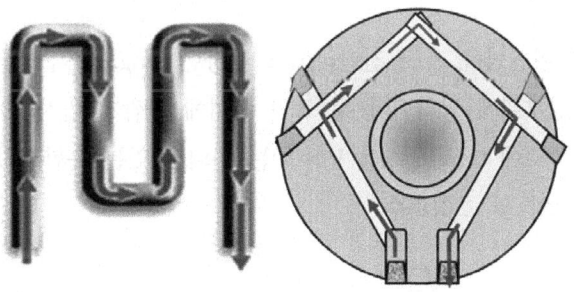

그림 1-35　직류 순환식 냉각회로

3) 온도조절 기구 부품

(1) 니플(Nipple)

① 니플의 개요

　금형에서 냉각수의 물이 사출 성형기의 메인 펌프에서 금형의 내부로 흘러들어 갈 수 있도록 파이프 또는 호스를 연결하는 이음쇠를 말하며, 그림과 같이 호스와 호스, 호스와 기타 다른 기기 및 필터 사이를 연결해 주는 대부분의 장치를 피팅(Fitting)이라 한다. 크기는 일반적으로 사용하는 호스와 같이 $\phi 6\sim 8mm$가 많이 사용된다.

그림 1-36 니플의 종류

② 니플 탭의 종류
(가) PT(Pipe-Taper)형 : 탭핑(Tapping)부가 경사로 이루어져 있어 체결을 함으로써 기밀성은 더욱 좋아 지게하기 위하여 경사로 되어 있는 Nipple
(나) PS(Pipe-Straight)형 : 탭핑(Tapping)부가 평행하게 되어 있는 니플(Nipple)로 그다지 기밀성을 요구하지 않는 연결부에 사용하는 부품

(2) 오링(O-ring)

① 오링(O-ring)의 정의
오링은 원형의 횡단면을 가진 간단하고도 다양한 Ring모양을 한 봉합재질이다. 오링은 유동부위나 고정부위에 장착되어 두 표면 사이에 가깝게 밀착되면서 유동체가 흘러 들어올 수 있는 통로에 Leak 발생을 막아주는 신뢰성 있는 봉합장치이다.

② 오링(O-ring) 모양 및 호칭치수

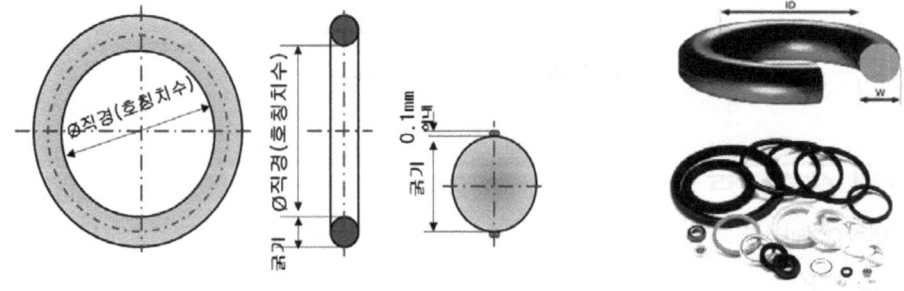

그림 1-37 오링의 형상

③ 특징
　(가) 씰 중에서 가장 많이 사용한다.
　(나) 가장 기본이 되는 것으로 정확히 숙지하고 사용하면 실질적, 경제적 상승은 물론, 수명 연장에도 직접적 효과가 있다.
　(다) 오링은 고정용, 왕복 운동용, 회전용의 어느 부분에도 적용가능하다.
　(라) 규격과 재질이 다양하며 경제성이 우수하고, 종류는 무려 4천여 종이 있다.
　(마) 오링의 규격은 내경과 두께를 기준으로 정의하며 밀리미터 또는 인치로 표기한다.

④ 장점
　(가) 가격이 가장 저렴하다.
　(나) 장비의 크기를 줄일 수 있다.
　(다) 설계, 가공 및 조립이 쉽다.
　(라) 보수 시 대체규격을 쉽게 구할 수 있다.
　(마) 사용 유체에 따른 재질의 종류가 다양하다.
　(바) 조건에 맞게 광범위하게 사용할 수 있다.
　(사) 규격이 다양하여 원하는 치수로 설계가 가능하다.

(3) 블록 스키드(Block Skit)

블록 스키드는 금형에서 냉각수 혹은 오일의 회로 구멍을 연결할 때에 호스가 아닌 블록으로서 연결하도록 만든 부품으로 금형에 적용한 예의 [그림 1-38]에서 보는 바와 같이 다음과 같은 효과를 얻을 수가 있다.

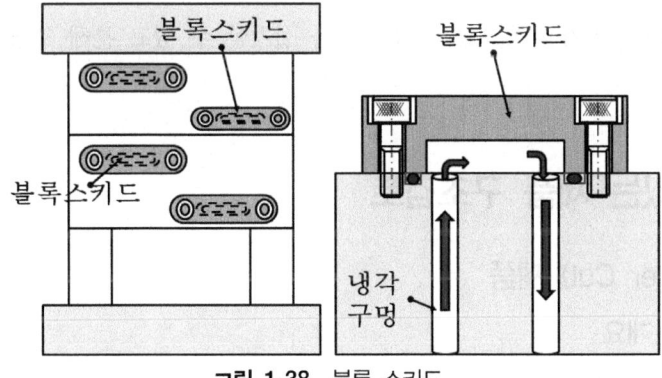

그림 1-38 블록 스키드

① 오일 및 냉각수 회로에서 냉각 구멍 Pitch가 좁아도 서로 연결이 가능하다.
② 입구나 출구에 호스의 엉클어짐을 없애고 외관을 깨끗하게 정리할 수 있다.
③ 분해 조립 시 Nipple의 분해 조립이 불필요하고 한번 조립으로 시간단축 및 냉각 누수

등의 염려가 없다.
④ 공간(홈)가공을 냉각 회로에 맞추어 충돌이 없게 가공할 시에는 스키드 부착으로 여러 회로 연결이 가능하다.

(4) 분파기

금형에서 냉각수 혹은 오일(기름) 등을 분리하여 동시에 각각의 필요한 회로로 유동될 수 있도록 하기 위한 분리 부품을 말한다.

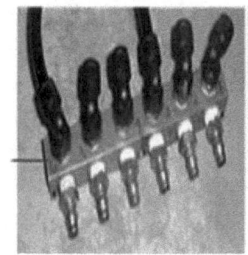

그림 1-39 여러 가지 분파기 예

① 분파기 효과
   (가) 오일 및 냉각수 회로에서 동시에 같은 유량으로 분파할 수 있어 동시 작업이 가능하다.
   (나) 입구 및 출구의 수량이 적은 성형기에서도 많은 회로에 분파가 가능하다.
   (다) 다수의 냉각회로로 인하여 금형의 외관상 지저분한 경우에 사용하면 외관을 깨끗하게 정리할 수도 있다.
   (라) 다수의 분파기 사용으로 여러 회로를 설치할 수 있고 분해 조립도 가능하다.

4. 언더컷 있는 제품 구조검토

1) 언더컷(Under Cut) 제품

(1) 언더컷의 개요

사출 성형기의 금형 개폐는 상하, 좌우 어느 쪽이든지 한 방향으로 운동하는 것이 표준형식이다. 따라서 금형개폐의 축방향에 대해서 뽑아낼 수 있는 성형품이 아니면 성형할 수 없다. 형열림 방향으로 뽑아낼 수 없는 부분을 언더컷이라 하며 이 부분에 대응하는 금형의 부품을 이동시켜서 금형에서 성형품을 뽑아낼 수 있도록 하는 것을 언더컷 부분의 처리라 한다. [그림 1-40]에서 보는 바와 같이 오목이나 돌출부를 말한다.

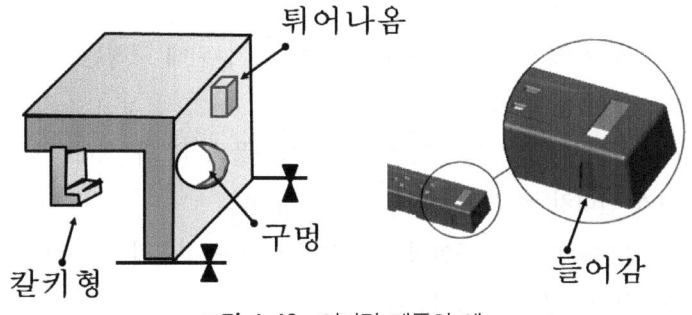

그림 1-40 언더컷 제품의 예

(2) 언더컷이 있는 성형품의 특징
① 금형의 구조가 복잡해지므로 금형가격이 비싸다.
② Undercut 처리 부품들의 긁힘, 마모, 절손 등 사고 우려가 많다.
③ 사이드 코어를 사용할 경우에 분할 선에 의한 흔적이 남는다.
④ 사이드 코어가 크게 될 경우에 금형 온도 조절기구 설치가 어렵다.
⑤ 성형 사이클 시간이 길어질 수 있다.

2) 언더컷 제품의 취출 기구 처리 방법

(1) 언더컷 부분을 설계 변경
제품에 언더컷 부분이 있더라도 약간의 설계 변형에 의하여 이를 파괴하는 경우다.
① 측면에 구멍이 있는 언더컷 제품을 설계 변형에 의해 언더컷 부분을 피하는 방법
② 내부 언더컷이 있는 상자형 제품을 설계 변경에 의해 언더컷 부분을 피하는 방법 – 돌기부를 리브형상으로 설계 변형하여 언더컷을 피한다.

(2) 언더컷의 위치
① 내부 언더컷 처리 방법
  (가) 언더컷 부분을 성형품과 같이 돌출시켜 손으로 이동하면서 빼 낸다.
  (나) 경사 핀에 의해 코어를 내측으로 이동시키므로 언더컷 부분을 처리한다.
  (다) 경사판에 직접 언더컷 부분을 조각해서 언더컷 부분을 처리한다.
  (라) 암나사를 분리 코어로 성형하는 예이다.
  (마) 외부에 나사, 테 및 풀리와 같이 외부에 홈이 있는 경우에 성형부를 2개 또는 그 이상으로 나누어 캐비티부를 가공하는 것을 분할형이라 한다.
  (바) 형열림과 동시에 록킹 블록이 해방되고, 앵큘러 핀에 의하여 분할형 코어가 이동되어 언더컷 부분이 처리되고, 이젝터 플레이트 전진에 의해 스트리퍼 플레이트로서

성형품을 밀어낸다.
- (사) 밀핀과 슬라이드 코어의 충돌사고를 방지하기 위해 구성된 구조로 슬리브 핀과 밀핀으로 성형품을 밀어낸다.
- (아) 바깥 나사를 분할형으로 성형하고 이젝터 플레이트와 경사 핀을 이용해서 분할형 이동시켜 언더컷 부분을 처리하면서 밀어낸다.
- (자) 가동측 형판에 설치한 분할형을 고정측 형판에 설치한 도그레그 캠에 의해 이동시키므로 언더컷 부분을 처리한다.

② 외부 언더컷 처리 방법
- (가) 스트리퍼 플레이트 위에서 슬라이드 코어가 이동되도록 홈을 파고 앵귤러 핀에 의해 이동시키므로 언더컷 부분을 처리한다.
- (나) 3매 구성 구조로서 고정측 형판과 가동측 형판이 형합된 상태에서 러너스트리퍼 플레이트를 분리하므로 앵귤러 핀에 의해 슬라이드 코어가 후퇴하도록 언더컷 부분이 처리된다.

(3) 언더컷 제품 밀어 내기 금형 구조

① 손으로 강제 빼내는 방법

사용하는 수지가 탄성이 크고 성형나사 형상이 지름에 비해 높이가 낮은 둥근 나사의 경우 내부에 있는 나사나 바깥나사 등 강제로 밀어내는 방법을 말하며,
- (가) 탄성이 많은 수지에 사용한다.
- (나) 나사의 형상이 둥근 부분에 사용한다.
- (다) 생산성이 낮다.

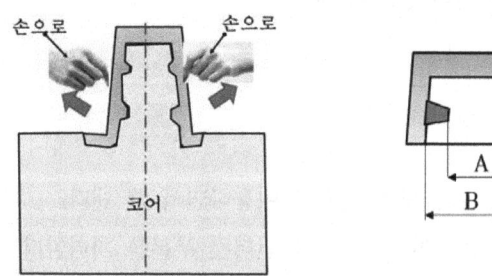

그림 1-41 언더컷을 손으로 빼내는 방법

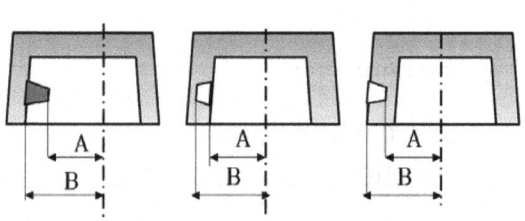

그림 1-42 언더컷량

[그림 1-41]은 언더컷량을 강제로 빼내는 방법이다.

$$언더컷 허용량(\%) = \frac{언더컷량(B - A)}{A} \times 100$$

② 스트리퍼 판으로 빼내는 방법

[그림 1-43]은 스트리퍼 판으로 언더컷을 강제로 취출하는 금형 구조를 나타내었다.

(가) 대형제품으로 손으로 밀어내는 것보다 효과적일 때 사용한다.

(나) 구조적으로는 스트리퍼로 밀 때 언더컷이 된 쪽의 반대방향으로 제품이 벌어질 수 있는 구조여야 한다.

(다) 제품의 끝면이 둥글고 스트리퍼 내측이 파져 있기 때문에 스트리퍼가 전진해도 제품이 벌어지지 않고 오므라지는 현상이 있어 취출이 어렵다.

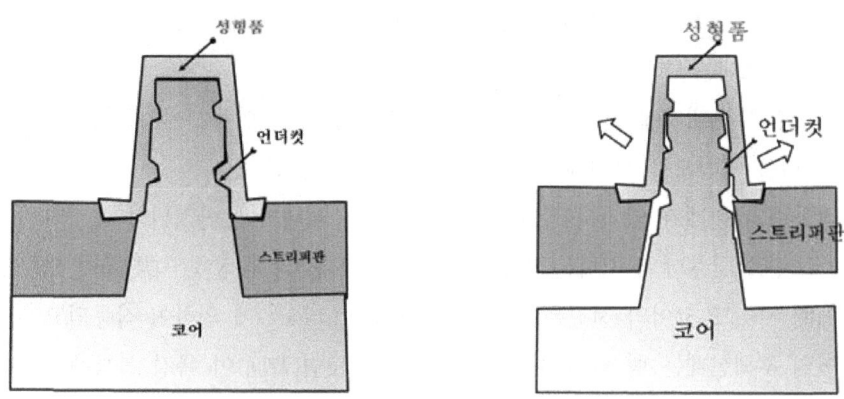

그림 1-43 스트리퍼 판으로 빼내는 방법

③ 블록으로 빼내는 방법

블록으로 강제 취출하는 금형 구조에서는 작동 전 상태에서 보면 둥근 언더컷 부분이 있고, 이 부분을 밀핀에 연결된 블록으로 취출을 하게 되면, 작동 후에서 그림에서 보는 바와 같이 둥근 언더컷 부분이 강제로 회전하여 억지로 취출하는 금형 구조이다.

언더컷이 [그림 1-45]와 같은 경우 블록으로 강제 취출하여 손으로 취출하여야 한다.

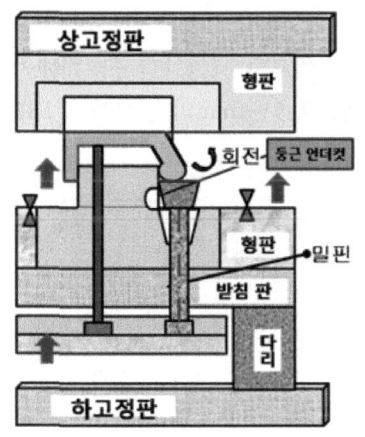 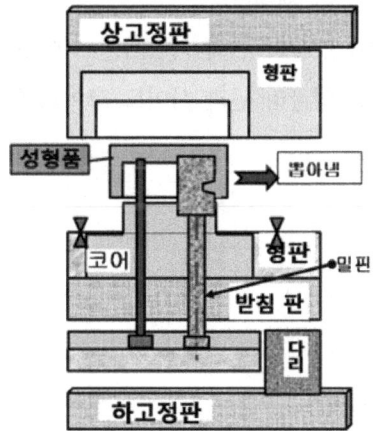

그림 1-44 블록으로 빼내는 방법   그림 1-45 블록으로 취출한 후 손으로 빼내는 방법

④ 슬라이드 코어 분할형에 의한 언더컷 처리 방법

성형품에 언더컷(Under Cut)이 있는 부분을 금형이 열리기 전에 먼저 빼내기 위하여 작동을 하는 부품을 말한다.

(4) 슬라이드 코어를 작동시키는 방법

① 스프링에 의한 구동 방식

[그림 1-46]에서 보는 것처럼 사이드 코어 구동에서 언더컷을 빼내는 힘으로 스프링을 이용한 작동 방법이다. 빼내기 하는 스트로크가 짧고 동시에 작은 언더컷(예를 들어 핀 구멍 등)을 빼내는 경우에 사용된다.

(가) 스프링은 빼내기에 필요로 하는 힘과 사이드 코어를 이동시키기 위한 힘 등의 필요한 힘을 양방으로 동시에 견딜 수 있는 것이어야 한다.

(나) 작동량의 한계가 있어서 작고, 짧은 언더컷의 빼내기에 한정된다.

(다) 스프링을 금형에 설치하는 방법은 외장형(外裝形)과 내장형(內裝形)이 있다.

(라) 이때 사이드 코어의 전진은 록킹 블록(Locking block)에 의하여 작동되고 사이드 코어의 후퇴한계는 형 닫힘 시의 사이드 코어 뒷면(背面)이 록킹 블록에 닿는 위치가 된다.

② 앵귤러 핀에 의한 구조

[그림 1-47]에서 사이드 코어를 지지하는 방향의 반대측(일반적으로는 고정측)에 경사 핀을 설치하고 형 개폐력을 이용하여 사이드 코어를 섭동시키는 구조이다. 특징은 다음과 같다.

(가) 구조가 간단하다.

(나) 작동이 확실하며 금형 제작공수가 비교적 많이 소요되지 않아서 경사 핀 방법을 많이 채택한다.

(다) 앵귤러 핀의 기울기는 사이드 코어 이동량과 관계있어 경사각을 25° 이내로 한다.

(라) 앵귤러 핀과 사이드 코어의 안내 구멍 사이에는 0.5~1mm의 간극을 갖도록 한다.

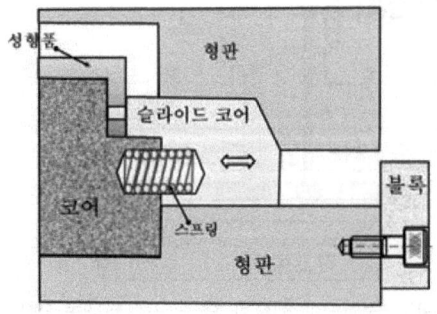

그림 1-46 스프링에 의한 금형 구조

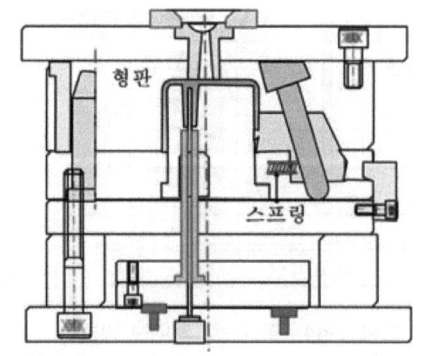

그림 1-47 슬라이드 코어 금형 구조

[그림 1-48]에서 보는 바와 같이 슬라이드 코어의 운동량 M과 앵귤러 핀 길이 L은 다음 식에 의한다.

$$M = (L \sin \varnothing) - (\frac{C}{\cos \varnothing})$$
$$L = (\frac{M}{\sin \varnothing}) + (\frac{2C}{\sin 2\varnothing})$$

여기서, M : 분할 캐비티의 운동량(mm), L : 앵귤러 핀의 작용 길이(mm)
$\varnothing$: 앵귤러 핀의 경사각도(°), C : 틈새(mm)

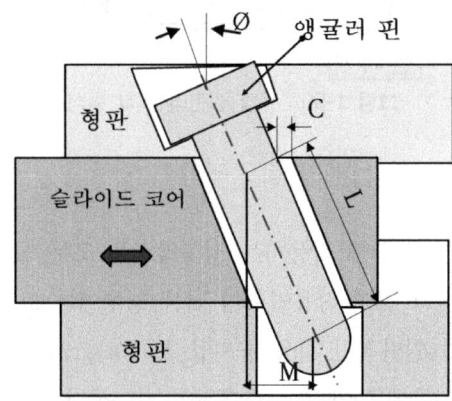

그림 1-48 앵귤러 핀의 운동량과 길이

③ 경사 핀에 의한 취출 방법

제품 내측에 있는 언더컷 부분을 경사 핀(코어)으로 제품을 밀어내므로 경사에 의하여 언더컷 부분이 떨어진다.

언더컷 부분을 코어의 분할형 또는 슬라이드 코어를 분리하는 역할을 하는 경사 핀을 직접 이용하여 성형품의 일부 형상을 구성하도록 하는 방식이다.

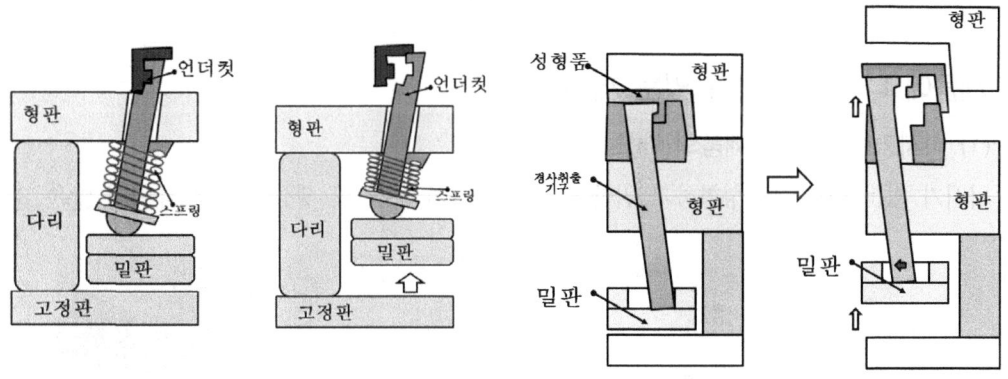

(a) 스프링을 이용한 언더컷 처리 방법   (b) 밀판의 홈을 이용한 언더컷 처리 방법

그림 1-49 경사 핀을 이용하여 빼내는 방법

④ 공·유압에 의한 처리 방법

코어를 공기압이나 유압을 사용하는 실린더를 부착하여 사용하는 방법이다.

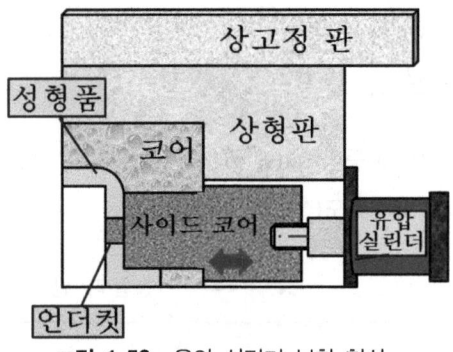

그림 1-50 유압 실린더 부착 형상

(가) 특징

　　㉠ 슬라이드 코어(블록)에 작용하는 성형압력은 모두 실린더 힘으로 받아내야 한다.

　　㉡ 공기압 실린더와 같이 작용압력이 낮은 경우에는 그림과 같이 토글링크를 짜 맞추어도 된다. (일반적인 사용 공기압 7~10kg/cm²)

　　㉢ 성형기의 사이클에 관계없이 전후진이 가능하다. 또는 사출 성형기의 동작과 전기적으로 연동시키어 작동시킬 수 있다.

　　㉣ 슬라이드 코어의 스트로우크를 길게 할 수 있다.

　　㉤ 금형 본체의 구조가 간단하며 고장도 적다. 단, 코스트는 그때그때의 경우에 따라 다르다.

　　㉥ 금형을 성형기에 장치하거나, 제거할 때 유압배관이나 제어장치의 제거도 필요하므로 교환 시간이 많이 든다.

　　㉦ 슬라이드 작동용 유압(공기압)의 공급원이 필요하다.

3) 제품에 나사 언더컷이 있는 제품

(1) 나사형상이 있는 제품의 개요

나사가 있는 성형품을 성형하기 위한 금형은 나사의 특성 및 생산방법 등 대단히 많은 요인

그림 1-51 나사 형상

에 의해 그 복잡한 정도가 달라진다. 나사는 일반적으로 Under Cut으로 되어 있는 경우가 많으며, 그 처리방법은 일반 Under Cut과는 상당히 다르다.

① 나사의 형상 제품의 검토 사항

    (가) 나사의 형식 : 수나사 또는 암나사

    (나) 나사의 형상 : 둥근 나사, 삼각나사, 사각나사

    (다) 나사의 치수 : 피치(Pitch), 줄의 수, 지름

    (라) 나사의 종류 : 연속나사, 불연속나사

    (마) 나사의 강도 : 파팅라인의 허용여부

    (바) 성형방식 : 수동, 반자동, 완전자동 금형

    (사) Cavity의 수 : 단일 Cavity, 복수 Cavity, 나사의 수량

② 나사형상이 있는 제품의 특징

    (가) 금형의 나사부를 위치 결정 코어로 한다. 양산에는 적용 안함.

    (나) 제품이나 금형의 나사부를 회전시킨다.

    (다) 금형의 나사부를 분할형 구조로 한다.

    (라) 특수 구조의 나사 코어로 한다.

표 1-3 나사성형의 특징

나사의 형식	처리방법	특 징
암나사 성형	캐비티 회전형	캐비티 부분을 회전시켜 암나사를 밀어낸다.
	컬랩시블 코어	수축이 가능한 설계의 코어를 사용하여 밀어 낸다
수나사 성형	코어 회전형	코어 부분을 회전시켜 암나사를 밀어낸다.
	코어 분할형	나사부에 파팅라인이 생겨도 무방할 경우에 사용한다.

③ 나사빼기의 주의사항

    (가) 일반적으로 암나사의 경우에 많이 사용한다.

    (나) 금형부위나 성형부 한쪽에 회전방지(슬립)가 필요하다.

    (다) 나사의 이송(회전)기구가 필요하다.

    (라) 어느 것을 회전시킬지 결정이 필요하다.

    (마) 런너의 배치와 이송(회전)기구는 가동측에 설치하는 것이 바람직하다.

(2) 나사 형상이 있는 제품 취출 방법

① 분리 코어로 이형 방법

[그림 1-52]에서 보는 바와 같이 금형 본체로부터 나사코어 부분을 분리되도록 만들어 교체하여 인서트 시키면서 성형하고 이형을 반복하도록 만든 구조다. 성형품과 나사부를

성형하는 분리 코어(금형의 일부)를 나사 부분과 함께 이형시켜서 금형 밖에서 성형품으로부터 코어를 분리한다.

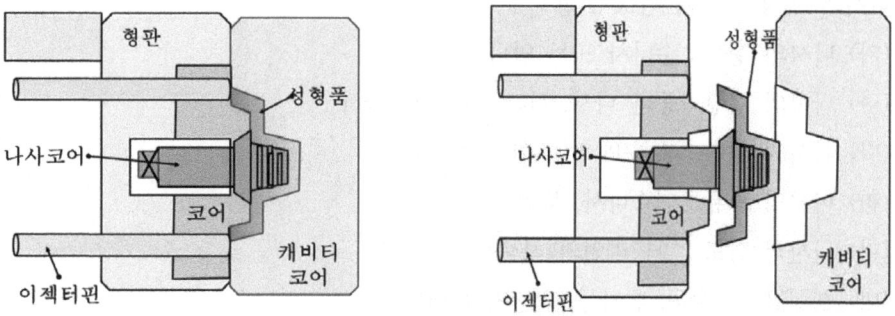

그림 1-52 분리 코어 이형 방법

(가) 소량생산의 경우에 사용된다.
(나) 슬라이드 방식이나 회전방식에 부적합 할 경우에 사용한다.
(다) 수나사의 경우에 수지가 수축되므로 이형이 쉽다.
(라) 암나사의 경우에는 수지가 수축되므로 이형이 힘들다.
(마) 분리 코어를 여러 개 준비한다.
(바) 인서트 작업 시 옆의 코어에 지장을 줄 수 있으므로 주의를 요한다.

② 래크와 피니언에 의한 작동

그림에서 보는 바와 같이 고정측 형판에 설치한 래크와 가동측 형판에 설치한 피니언과 슬라이드 래크에 의하여 슬라이드 코어를 직선 왕복운동을 시킴으로 언더컷 부분을 처리한다.

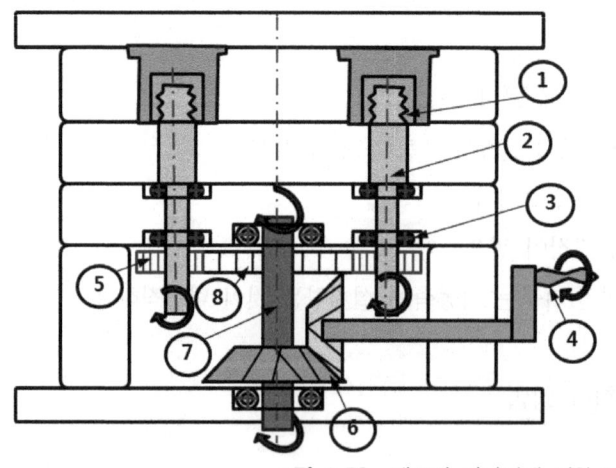

① 제품 나사부
② 제품 나사 축
③ 위치 베어링
④ 핸들
⑤ 피니언 기어
⑥ 베벨 기어
⑦ 연결 봉
⑧ 평 기어

그림 1-53 래크와 피니언에 의한 작동

③ 컬랩시블(Collapsible) 코어에 의한 이형 방법

미국의 DME사가 개발한 것으로 일종의 슬리브와 슬리브 속 핀을 변형시켜 두 개의 부품으로 분할하여 이 부품의 탄성으로 항상 안쪽으로 수축하도록 되어 있는데 안쪽 코어가 빠진 후에 바깥 코어가 수축하게 하여 언더컷 부분을 빠져 나오도록 하는 것과 안쪽에서 코어핀을 밀어 넣어 바깥 코어를 확장시키면서 원래의 위치로 되돌아가서 성형이 가능한 상태가 되도록 만드는 금형 구조다.

(가) 일반적으로 캡 종류의 제품에 많이 사용한다.

(나) 분할코어의 가공이 어렵다.

(다) 금형의 분해 조립에 시간이 많이 걸린다.

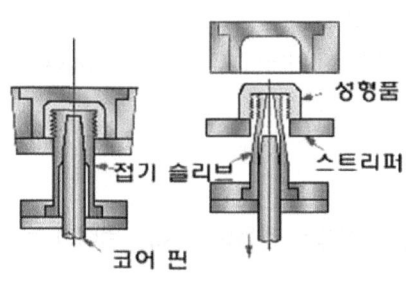

(a) 컬랩시블 금형 구조   (b) 컬랩시블 코어를 이용한 실제 금형

그림 1-54 컬랩시블 코어

단원 핵심 학습 문제

01 다음 중 사출금형의 유동시스템이 아닌 것은?
① 스프루　　　　　　　② 런너
③ 게이트　　　　　　　④ 이젝터핀
해설 : ④ 사출금형의 유동시스템 - 스프루, 런너, 게이트

02 성형기 노즐과 금형의 취출 봉 구멍의 중심 맞춤 역할을 하는 부품은?
해설 : 로케이트 링

03 용융수지가 런너를 지나 제품형상인 캐비티로 충진될 수 있게 런너의 끝에 위치한 캐비티의 입구는?
해설 : 게이트

04 금형의 입구에 위치하여 사출기 노즐의 구멍으로부터 사출된 용융된 수지를 런너에 보내는 역할을 하고 것은?
해설 : 스프루

05 플라스틱 사출 금형에서 액체 상태 수지가 스프루 끝지점에서 나와 캐비티로 흘러가는 입구까지의 통로를 말하며 수지의 유동 관계에 많은 영향을 주는 것은?
해설 : 런너

06 제한 Gate와 비제한 Gate의 종류를 쓰시오.
해설 : 비제한 Gate의 종류 - Director-Gate
　　　제한 Gate의 종류 - Standard-Gate, Over lab-Gate, Pin Point-Gate, Sub-Marin Gate, Tab-Gate, Ring-Gate, Disk-Gate

07 사이드 게이트(Side gate)의 특징을 쓰시오.
해설 : ① 단면형상이 간단하므로 가공이 쉽다.
　　　② 치수가 정밀히 가공된다.
　　　③ 수정이 가능
　　　④ 경사를 주어도 됨
　　　⑤ 보통 재료로 성형 가능

08 자동 절단 Gate, 비자동 절단 Gate, 반자동 절단 Gate의 종류를 쓰시오.
해설 : ① 비자동 절단 - 다이렉트 게이트
　　　② 자동 절단 - 핀 포인트 게이트, 서브마린 게이트
　　　③ 반자동 절단 - 사이드 게이트, 팬 게이트, 오버랩 게이트, 다단/타브 게이트, 필름 게이트

09 금형의 캐버티에 성형 재료를 측면에서 충전하는 게이트로서 모서리 또는 표준 게이트는?
해설 : 사이드 게이트(Side gate)

10 원료의 흐름 자국(Flow Mark)이나 스프레이 자국(Splay Mark) 등을 방지하는 게이트로 모서리 게이트와 유사하지만 게이트의 일부분이 제품을 오버랩 하게하여 외관 개선을 위하여 자주 사용하는 게이트는?
해설 : 오버 랩 게이트(Over Lap Gate)

11 균일하고 얇은 두께이 작은 제품을 빨리 성형하기 위하여 주로 사다리꼴 런너를 이용해 여러 캐비티의 3단 금형에서 사용되며, 자동적으로 게이트가 제거되는 게이트는?
해설 : 핀 포인트 게이트

12 제품 취출 사이클 동안에 런너 시스템으로부터 제품의 게이트 제거를 자동적으로 할 수 있는 방법으로 제품의 수직 벽에 설치하거나 밀핀에 설치할 수 있는 게이트는?
해설 : 터널 게이트(Tunnel Gate 혹은 Submarine Gate)

13 전형적으로 광학 제품처럼 낮은 전단 응력이 요구되는 제품에 사용되는 게이트는?
해설 : 탭 게이트(Tab Gate)

14 제품을 취출하는 방법 3가지를 쓰시오.
해설 : ① 수동(손으로) 취출하는 방법, ② 로봇으로 취출하는 방법, ③ 자동 낙하 취출하는 방법

15 성형품의 전 눌레를 균일하게 밀어내는 방법으로 살두께가 얇고 상자모양이나 원통모양 성형품의 깊이가 깊어 측면의 벽에 큰 저항이 있는 경우에 사용하는 밀어내는 방법은?
해설 : 스트리퍼 판으로 밀어내는 방법

16 이동측에 부착되어 있는 성형품을 둥근 형상의 핀으로 밀어 내기 방법은?
해설 : 원형 핀으로 밀어내기

17 밀핀으로는 돌출면적이 부족한 원통모양 또는 보스 등의 밀어내기에 사용하는 방법은?
해설 : 슬리브 핀으로 밀어내기

18 금형 내에 설치한 에어 밸브에서 공기를 분출하고 성형품과 금형 간에 공기압력을 이용해서 성형품을 밀어내는 방법은?
해설 : 공기(Air)로 밀어내기

19 금형온도 제어의 목적을 쓰시오.

해설 : ① 성형 사이클의 단축
② 양질 제품의 안정 생산
③ 성형품의 변형방지와 치수정밀도의 유지
④ 성형품의 표면상태의 개선
⑤ 작업준비시간의 단축
⑥ 금형 교체 시 금형을 사전에 승온하여 작업준비시간 단축

20 인서트 코어의 경우 냉각방식을 쓰시오.

해설 : ① 직접 냉각 방식, ② 간접 냉각 방식

21 냉각 방식의 종류를 쓰시오.

해설 : 직렬 연결 방식, 병렬 연결 방식, 직류 순환식 냉각회로

22 금형에서 냉각수의 물이 사출 성형기의 메인 펌프에서 금형의 내부로 흘러들어 갈 수 있도록 파이프 또는 호스를 연결하는 이음쇠는?

해설 : 니플

23 원형의 횡단면을 가진 간단하고도 다양한 Ring모양을 한 봉합재질로 유동부위나 고정 부위에 장착되어 두 표면사이에 가깝게 밀착되면서 유동체가 흘러 들어올 수 있는 통로에 Leak 발생을 막아주는 신뢰성 있는 봉합장치는?

해설 : 오링(O-ring)

24 금형개폐의 축방향에 대해서 뽑아낼 수 있는 성형품이 아니면 성형할 수 없다. 형열림 방향으로 뽑아낼 수 없는 부분을 무엇이라고 하는가?

해설 : 언더컷

25 내부 언더컷 처리 방법에 대하여 쓰시오.

해설 : 경사 핀에 의해 코어를 내 측으로 이동시키므로 언더컷 부분을 처리한다.

26 외부 언더컷 처리 방법에 대하여 쓰시오.

해설 : 슬라이드 코어가 이동되도록 홈을 파고 앵귤러 핀에 의해 이동시키므로 언더컷 부분을 처리한다.

27 사이드 코어를 지지하는 방향의 반대 측(일반적으로는 고정 측)에 경사 핀을 설치하고 형 개폐력을 이용하여 사이드 코어를 섭동시키는 구조는?

해설 : 앵귤러 핀에 의한 구조

28 슬라이드 코어를 작동시키는 방법을 쓰시오.

　　해설 : ① 스프링에 의한 구동 방식
　　　　　② 앵귤러 핀에 의한 구조
　　　　　③ 경사 핀에 의한 취출 방법

29 나사 형상이 있는 제품 취출 방법을 쓰시오.

　　해설 : ① 분리 코어로 이형 방법
　　　　　② 래크와 피니언에 의한 작동
　　　　　③ 컬랩시블(Collapsible) 코어에 의한 이형 방법

1-2 조립도 설계하기

1. 몰드 베이스의 크기결정

1) 2단 몰드 베이스 타입 결정

(1) 사출 금형의 기본구조

금형은 구조나 사용 목적에 따라 여러 가지 분류 방법이 있으나, 일반적으로 게이트의 형식에 의하여 2매 구성 금형과 3매 구성 금형으로 분류된다.

① 2단(Plate) 금형

[그림 1-55]와 같이 스프루, 런너, 게이트가 캐비티와 동일면에 있는 금형을 말한다. 파팅라인에 의해 고정측과 가동측으로 분할되는 가장 일반적인 구조이다.

② 2단 금형 구조의 특징

(가) 구조가 간단하고 취급하기 쉽다.

(나) 고장요인이 적고 내구성이 뛰어나다.

(다) 성형 사이클이 빠르다.

(라) 금형 제작비가 낮다.

(마) 게이트의 형상 및 위치를 비교적 임의로 결정할 수 있다.

(바) 성형품과 게이트는 성형 후에 절단해야 한다.

③ 2단 금형의 구성 부품 명칭 설명

(가) 상 고정판 - 금형을 구성하는 맨 위에 있는 판 모양의 부품으로 사출성형 기계의 고정측. 부착판에 금형을 설치하여 고정하는 판으로 상부 고정판이라고 한다.

(나) 로케이트링 - 금형의 고정측 설치판의 중앙에 있는 카운터 보링자리에 들어가며 사

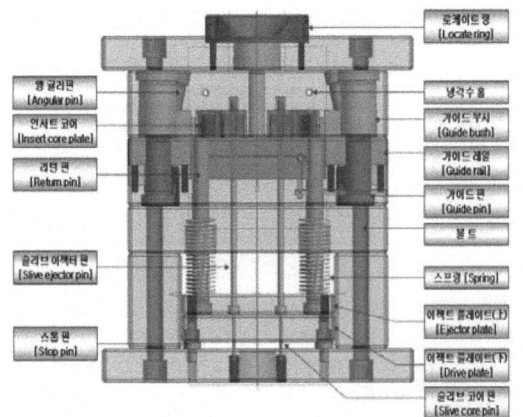
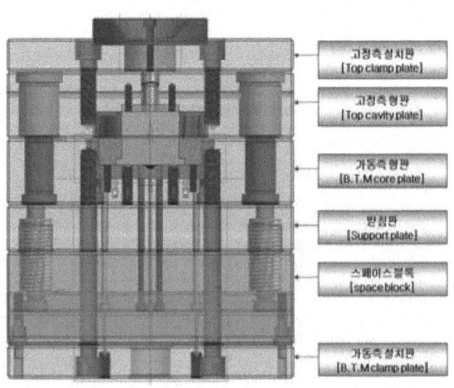

그림 1-55 2매 구성 금형

출 성형기의 노즐과 스프루 부싱의 중심을 맞추는데 사용되는 부품
- (다) 고정측 형판 – 성형품을 성형하는 공간을 이루는 형판 중 고정측에 있는 형판을 말하며 캐비티부가 내재 하며 스프루 부싱 등을 고정시킨다.
- (라) 가동측 형판 – 성형품을 성형하는 공간을 이루는 형판 중 금형의 가동측에 있는 판을 말하며 코어가 내재하며 가이드핀 부싱을 고정시킨다.
- (마) 받침판 – 금형을 구성하는 형판중 가동측에 설치되고 사출성형시 고압으로 가동측 형판에 휨이 일어나지 않게 받쳐주는 판
- (바) 하 고정판 – 금형을 구성하는 부품 중 맨 아래에 있는 판 모양의 부품으로 사출성형 기계의 가동측 부착판에 금형을 설치하여 고정하는 판으로 하부고정판이라 한다.
- (사) 스페이서 블록 – 성형품을 금형에서 빼낼 때 밀판이 상하로 움직일 수 있게 공간을 만들어 주는 블록
- (아) 이젝터 플레이트 – 성형품을 밀어내기 위해 사용하는 금형 내의 장치의 일부이며 이젝터 핀들이 이에 고정되어 있다.
- (자) 스프루 부싱 – 사출기의 노즐과 밀착되어있어 재료가 노즐에서 런너로 흘러 들어가는 원뿔 형태를 가지고 있는 주입구 통로
- (차) 리턴 핀 – 이젝터핀 고정판에 고정되어 있으며 금형이 닫힐 때 이젝터핀이나 스프루 로크 핀을 보호하여 원위치로 정확히 돌아가게 하도록 작용하는 핀
- (카) 가이드 핀 – 금형을 열고 닫을 때 고정측 형판과 가동측 형판이 정확하게 맞추어지도록 안내역할을 하는 핀
- (타) 가이드 핀 부싱 – 고정측 형판에 고정되어 안내 핀이 움직일 때 저항이 적도록 베어링의 역할을 해주는 부품으로 금형구조에 따라 여러 형태가 있다.
- (파) 캐비티   성형용 금형에서 성형되는 공간 부분
- (하) 코어 – 성형품의 내면을 형성하기 위한 금형의 돌출부분, 즉 플런저, 언더컷 부를 성형하기 위해서 사용되는 금형부분
- (갸) 이젝터핀 – 이젝터에 고정되어 있으며 성형품이 금형 밖으로 빠지도록 밀어내는 기능을 가진 핀

(2) 코어의 형상 고정 형상 결정
① 관통형

몰드 베이스의 두께결정은 다음 그림의 성형 조건에 의하여 몰드 베이스에서 SA 타입에 들어가는 코어를 말한다.

② 포켓형(볼트 체결형)

몰드 베이스의 두께결정은 다음 그림의 성형 조건에 의하여 몰드 베이스의 형상의 타입

을 말한다.

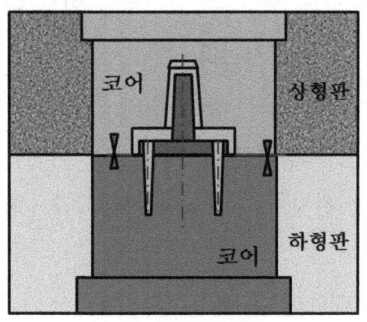

그림 1-56 관통형 코어

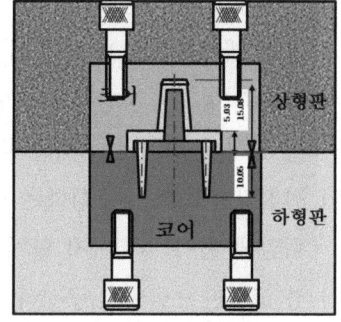

그림 1-57 포켓형 코어

2) 몰드 베이스 형식 결정

(1) 몰드 베이스

① 몰드 베이스 개요

몰드 베이스는 사출금형에서 제품을 생산하기 위하여 사출성형기에 장착하는 공구로서 인서트코어(입자) 또는 기타기구(사이드코어/기타부품) 등이 들어가야 할 공간/평면적인 기본 바탕을 구성하는 전체를 말한다.

(가) 몰드 베이스의 종류

㉠ 받침판이 있는 것 : SA, ㉡ 받침판이 있고 스트리퍼 판이 있는 것 : SB

㉢ 받침판 없는 것 : SC, ㉣ 받침판이 없고 스트리퍼 판이 있는 것 : SD

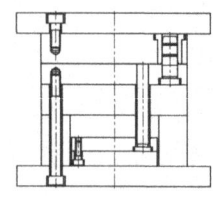
그림 1-58 SA 타입

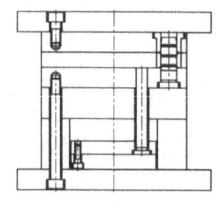
그림 1-59 SB 타입

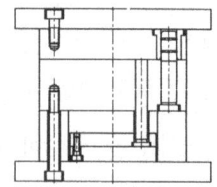
그림 1-60 SC 타입

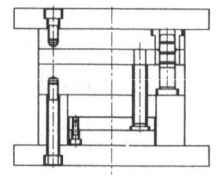
그림 1-61 SD 타입

(2) 몰드 베이스의 평면도 가로 세로 구하기

① 일반적 몰드 베이스

[그림 1-62]와 같은 제품도가 주어졌을 때에 2단 금형의 평면도를 구하여 보면 다음의 순서에 의한다.

(가) 게이트 위치에 따른 코어의 레이아웃

[그림 1-63]에 표시된 사이드 게이트를 사용하여 도면에 표시한 방법과 같이 하여 메인 코어를 결정한다.

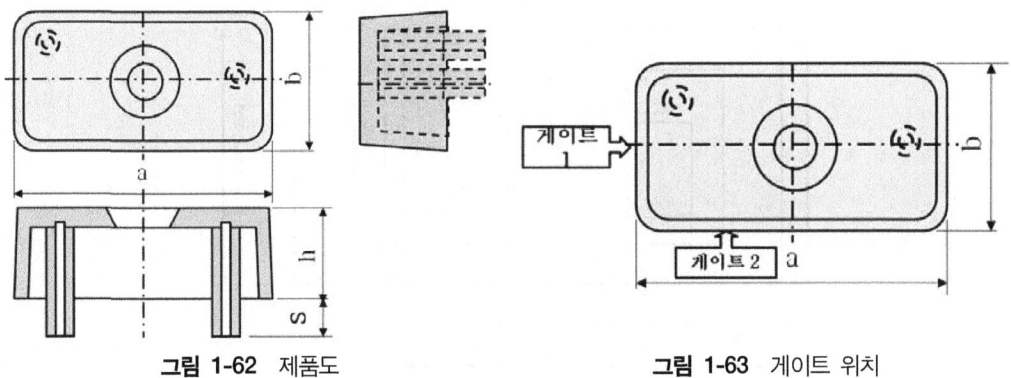

그림 1-62 제품도   그림 1-63 게이트 위치

② 캐비티 코어의 1개의 입자 크기를 구한다.

성형품의 좌우에 일정 치수 여유를 두어 아래의 치수로 만들어 코어의 레이아웃의 크기를 정한다. [그림 1-64]

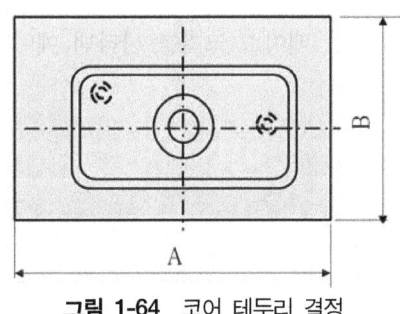

그림 1-64 코어 테두리 결정

③ 그림에서 보는 바와 같이 게이트의 위치에 의하여 주어진 캐비티를 다음 그림과 같이 전체 고이의 크기를 구한다. 스프루와 린니를 고려하여 린니 블록을 넣는 것이 좋다.

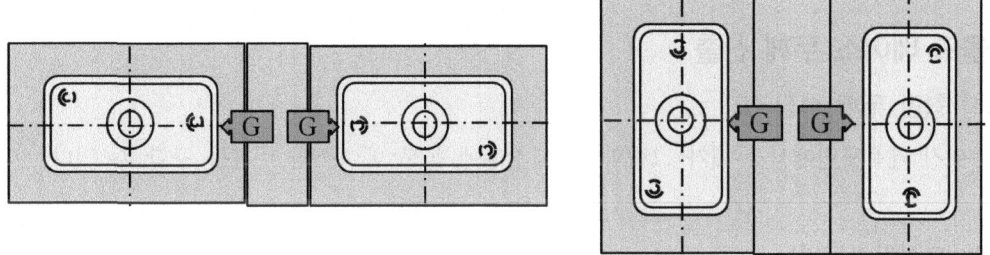

그림 1-65 게이트 위치가 세로로 위치할 때   그림 1-66 게이트 위치가 가로부분에 위치할 때

④ M/B 크기 산출

[그림 1-67]은 일반적으로 제품 사이즈와 M/B 사이즈 관계를 나타낸 것으로 몰드 베이스의 평면도를 구할 수 있다.

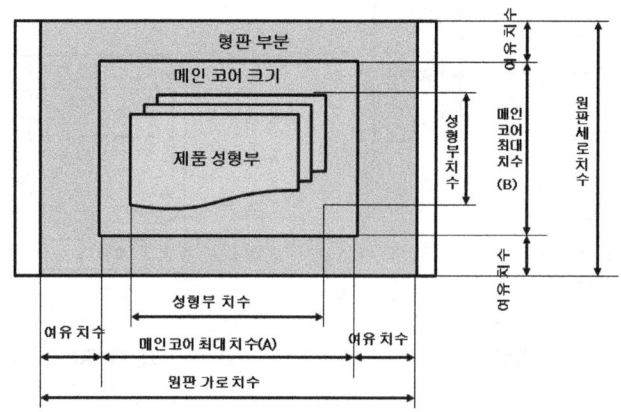

그림 1-67 코어와 몰드 베이스 평면도 크기 결정

위와 같이 몰드 베이스의 크기를 구하여 기신정기 홈페이지에 의거 금형의 몰드 베이스 크기를 구할 수 있다.

다음 그림은 기신정기의 몰드 베이스 크기를 나타낸 예이다.

■ S시리즈

1113	1313	1315	1515	1518	1520	1523
1525	1530	1818	1820	1823	1825	1830
1835	2020	2023	2025	2030	2035	2040
2045	2323	2325	2327	2330	2335	2340
2525	2527	2530	2535	2540	2545	2550
2730	2735	2740	2750	2930	2935	2940
3030	3032	3035	3040	3045	3050	3055
3060	3335	3340	3345	3350	3535	3540
3545	3550	3555	3560	4040	4045	4050

그림 1-68 기신정기의 몰드 베이스 크기

3) 몰드 베이스 두께 산출

(1) 형판 두께 설정

주어진 제품도면에서 두께가 그림과 같을 경우에 몰드 베이스의 두께를 구할 수 있다.

(2) 포켓형의 경우

포켓형은 볼트로 코어를 체결하는 형식으로 [그림 1-69]와 같다.

(3) 관통형의 경우

관통형은 좌굴방식으로 코어를 받쳐주는 형식으로 [그림 1-70]과 같다.

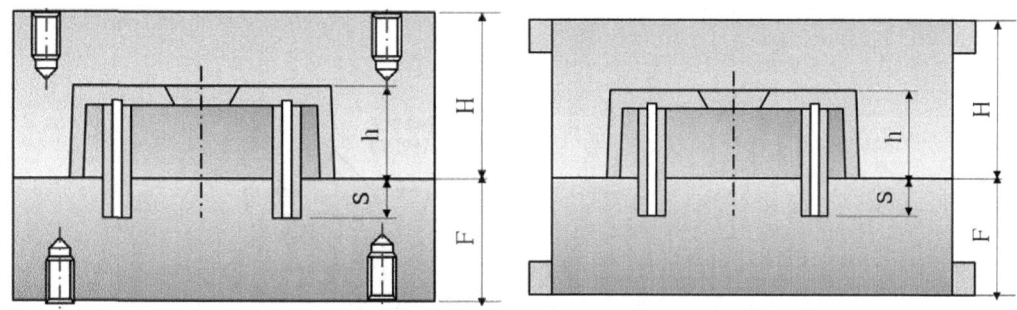

그림 1-69 포켓형의 코어 두께   그림 1-70 좌굴형 코어 체결형식

다음 그림은 일반 적인 몰드 베이스 두께설정의 예를 나타낸 것이다.

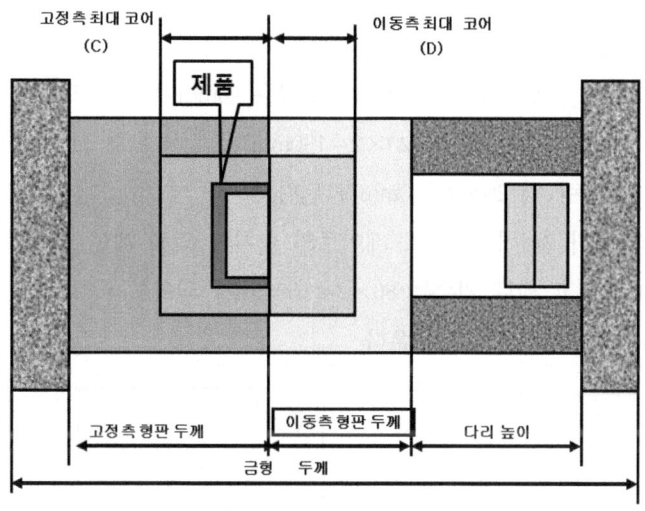

그림 1-71 일반적인 몰드 베이스 두께 결정 예

4) 다리 높이 결정

다리의 높이는 사출 성형기에서 취출봉이 밀판을 밀어 밀어내기기구가 상밀판두께 하밀판 두께 스톱 바의 높이를 합쳐 성형품이 이동측 코어에서 완전히 이형되도록 길이를 정한다. 일반적으로 몰드 베이스에서 10의 배수로 만들어져 있다.

실기 내용

1. 다음 주어진 성형품을 보고 몰드 베이스의 크기를 구해 보자.

1) 성형품 도면

다음 그림과 같이 성형품 도면이 주어졌을 때에 몰드 베이스의 코어 크기와 조립 평면도 복합 조립도를 설계하여 본다.

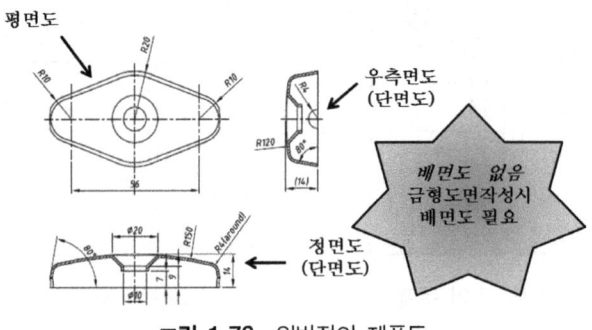

그림 1-72 일반적인 제품도

2) 몰드 베이스 크기

(1) 코어 크기 결정

성형품의 평면도에서 가로치수가 56mm×세로치수 40mm이므로 코어의 크기는

가로치수는 56+20+20+여유량 약 20×2=130mm

가로치수는 40+여유량 약 20×2=80mm가 된다.

요구하는 캐비티 수가 2캐비티이므로 게이트의 배치에 의해 메인 코어를 정해 보면

가로치수는 130mm이고 세로 치수는 80×2=160mm가 되어

다음 그림과 같은 형상의 크기가 나온다.

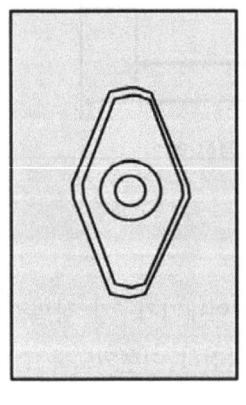
코어 1개의 경우

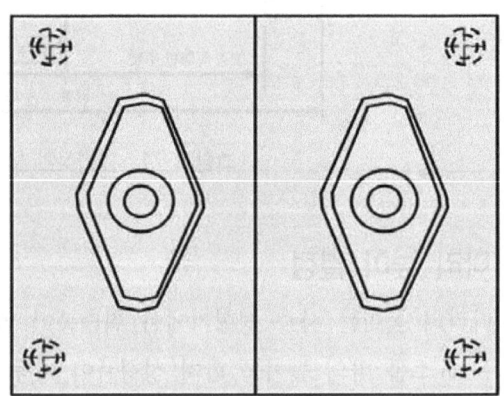
코어 2개일 경우

그림 1-73 볼트체결형 코어

몰드 베이스의 크기를 카탈로그에 의하여 선정하여 보면 230×250의 크기로 결정한다.

(2) 코어 두께 결정

성형품의 정단면도에서 높이 치수가 (14mm)이므로 코어의 높이는 상 캐비티 코어 두께 치

수는 14×2=28mm가 되어 30mm로 정하면, 그림에서 보는 바와 같이 하 코어 두께 치수는 파팅 아래 측으로 없어 일반적으로 20mm로 설정하나 이 도면에서는 30mm로 정한다.

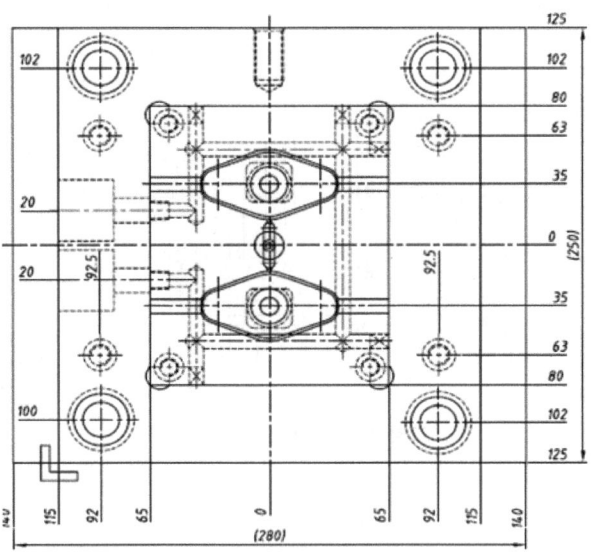

그림 1-74 조립 평면도

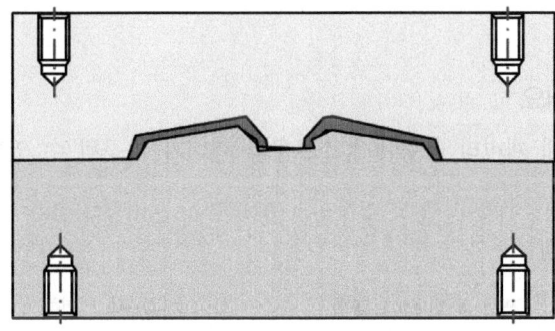

그림 1-75 코어 두께 형상

몰드 베이스의 크기는 카탈로그의 2325 의하여 확인하여 보면 상형판 두께 A는 포켓형으로 하여 30mm×2배 정도=60mm로 한다.
하형판 두께B는 포켓형으로 하여 30mm×2배 정도=60mm로 한다.
다리 높이는 성형품의 총 높이가 약 14mm이므로
14+35+5+여유량을 설정하여 계산하여 70mm로 정한다.
카탈로그에 의하여 해당 몰드 베이스의 타입으로 도면을 작도하여 보면 다음 그림과 같다.

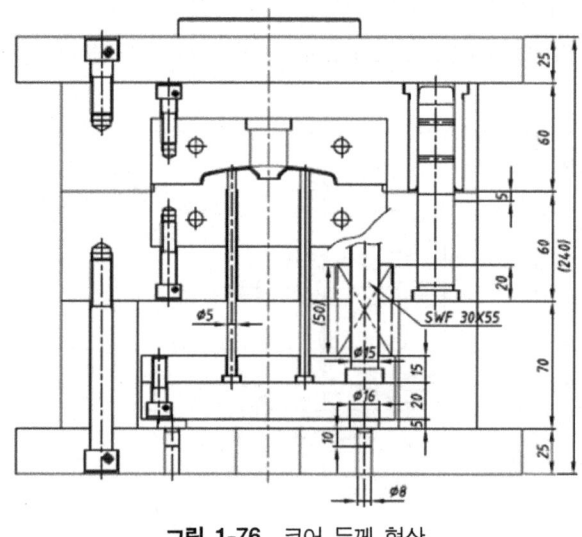

그림 1-76 코어 두께 형상

2. 분해 조립이 용이한 금형 설계

1) 런너 블록

(1) 런너 블록의 개요

런너 블록은 다수 개 캐비티 금형에서 스프루와 런너가 가공될 수 있도록 캐비티 코어와 별도의 블록을 말한다.

① 런너 블록의 형상

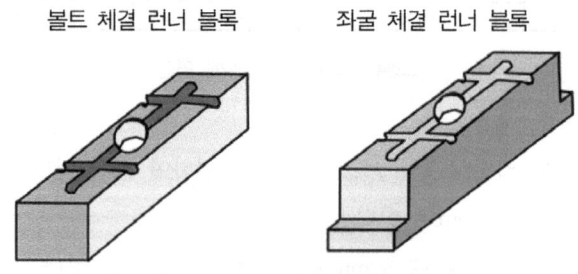

그림 1-77 런너 블록의 형상

② 런너 블록의 효과

    (가) 캐비티 코어의 동시 가공이 불필요 하다.

    (나) 스프루의 크기 변화에 대응이 가능하다.

    (다) 런너크기의 변경에 있어 치수 교환이 쉽다.

(라) 런너 블록의 재질 변경이 쉽다.

③ 런너 블록의 위치

다음 그림은 2캐비티 금형에서 런너 블록을 설치한 예를 나타낸 것이다.

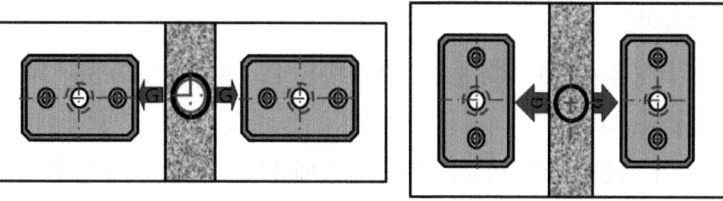

그림 1-78 런너 블록을 설치 한 예

2) 조립 블록

(1) 조립 블록

① 조립 블록의 개요

금형을 분해 조립하는 경우에 분할 면의 흠집이나 상처를 주지 않도록 하기 위하여(분해 조립을 쉽게 하도록 하는) 별도의 블록이다.

(가) 조립 블록의 위치와 형상

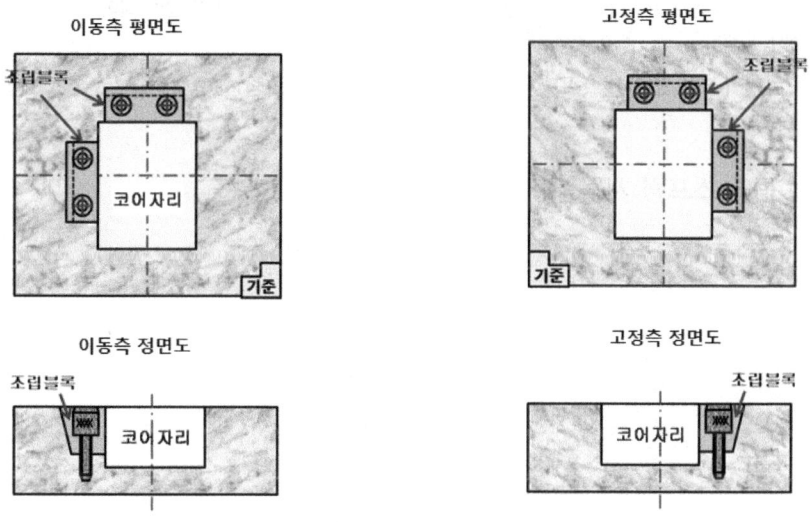

그림 1-79 조립 블록

(나) 조립 블록 삽입 순서

㉠ 형판에 인서트 되는 부품입자를 가능한 한 큰 입자부터 조립한다.

㉡ 구배 면이 있는 쪽을 형판으로 하여 최종 조립한다.

㉢ 인서트 코어를 완전 체결하지 말고 조립 블록을 조금 체결한다.

㉣ 조립블록을 완전 체결 후 인서트 입자 코어를 완전 체결한다.

3) 리턴 스프링

(1) 리턴 스프링이란

사출 금형에서 금형으로부터 성형품을 자동 낙하 시킬 경우에 밀어 내기의 기구들이 제품이 낙하할 때에 지장을 준다.

이와 같이 제품이 자동낙하로 성형품을 취출할 때에는 스프링을 넣지 않아도 된다.

① 리턴 스프링의 종류

  (가) 압축, 인장 스프링(KS B 2400~2406 발췌) [그림 1-80]

  (나) 각형 코일 스프링 [그림 1-81]

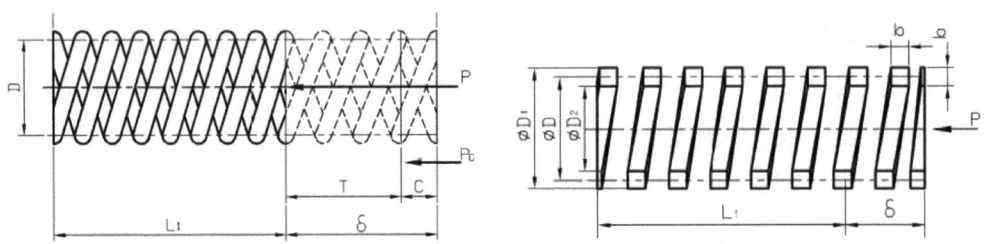

L : 스프링 자유장 전체길이, T : 작동 압축 길이, L_1 : 압축 전체길이, C : 초기 압축 길이,
P : 최대 압축하중, P_C : 최기 압축하중, δ : 전체 압축 길이

   그림 1-80 코일형 스프링   **그림 1-81** 각형 코일 스프링

(2) 리턴 핀에 스프링 사용 예

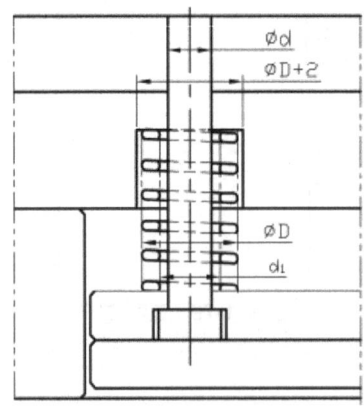

그림 1-82 리턴 핀에 스프링 사용 예

표 1-4 리턴 핀에 적용 스프링 자리치수

리턴 핀 직경 (d)	스프링 치수		스프링 자리경 (D+2)
	외경(D)	내경(d1)	
10	20	11	22
12	25	13.5	27
15	30	16	32
20	40	22	42
25	50	27.5	52
30	60	33	62

3. 사이클 타임 감소를 위한 설계

1) 성형품 변형과 냉각수 회로

(1) 성형품 변형 개요

그림은 사출 후 이젝팅 시 대기 중에서 생기는 변형을 말하며, 근본적인 원인은 성형품의 냉각 불균일(냉각 시간차)로 인한 변형이 발생한 상태를 나타낸 것이다.

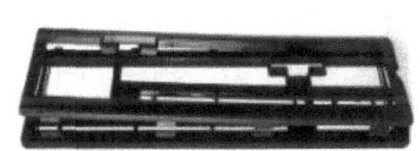 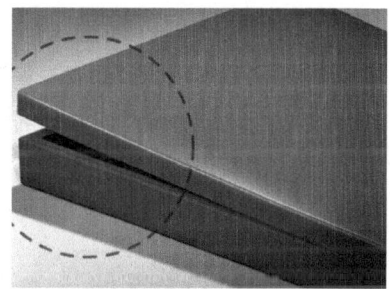

그림 1-83 휨(Warpage)이 발생된 성형품

① 성형품 변형의 발생원인

(가) 불균일한 살두께로 인해 두꺼운 부분은 수축이 크고, 얇은 부분은 수축이 작아서 수축률 차이에 의해 발생한다.

(나) 금형의 냉각이 불균일하여 금형온도가 높은 부분이 수축이 크고, 온도가 낮은 부분은 수축이 작은 수축차이에 의해 발생한다.

(다) 고분자 사슬이나 보강된 섬유의 배향이 수지 흐름방향으로 나타나고, 흐름방향과 흐름에 직각방향의 수축차이로 인해 휨이 발생한다.

② 휨 예방책

(가) 두께 변화를 최소화 하는 제품을 설계한다.

(나) 금형 설계시 수지의 흐름방향과 흐름에 직각인 방향의 수축률을 별도로 적용하여야 원하는 치수의 제품을 생산할 수 있다.
(다) 상자내부를 저온으로 하여 급랭시키고, 외부를 서랭시키면 정상으로 된다. 안쪽의 휨을 제거하기 위한 내부를 과냉각하면 바깥쪽 휨이 발생한다.
(라) 성형재질의 수축률은 검토 확인한다.

(2) 온도 차이와 냉각수 회로 설계
① 성형품 유동해석 결과
　　[그림 1-84]는 유동 해석한 제품에서 온도 차이로 발생된 제품 상태를 나타낸 것이다. 적색부분은 온도 차이로 인한 변형 상태를 나타낸 것이다.

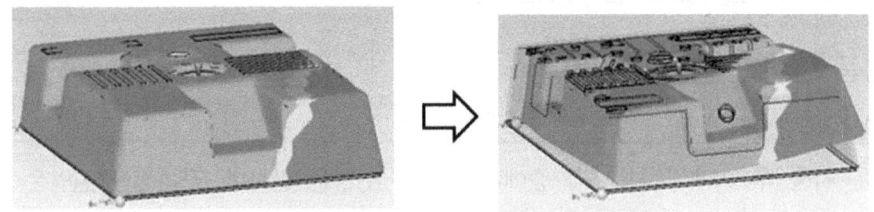

그림 1-84 온도 차이로 발생됨 변형

② 유동 해석 결과에 따른 냉각수 설치
　　[그림 1-85]는 유동 해석한 제품에서 온도의 차이로 변형이 심한 곳과 그 이외의 부분에 냉각 회로도를 나타낸 것이다.

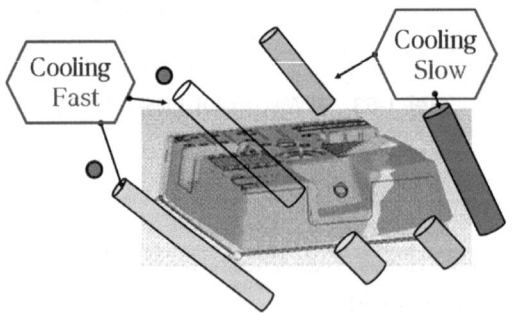

그림 1-85 높은 온도 부분에 냉각수를 설치한 예

(3) 냉각시스템의 조립도 설계
최대한 균일한 온도분포의 냉각 설정으로 제품의 변형을 최소화 하고 사이클 타임을 줄일 수 있는 냉각 시스템의 조립도를 설계할 수 있다.
① 성형 수지(재료)별 냉각 특성을 감안하여 냉각 시스템을 설계한다.

② 설계자의 의도대로 냉각 시스템의 작동을 위해서 냉각 회로, 조립도, 냉각 명판을 설계한다.
③ 굵고, 가늘고 깊은 형상의 온도 집중 부는 직접 냉각으로 설계한다. 직접 냉각이 불가능할 경우 이곳의 코어는 열 전도성이 좋은 재질(HR750, MOLE MAX)을 사용할 수 있는 조립도 설계를 한다.
④ 온도 집중부는 제품부의 살빼기, 커트(CUT) 등으로 수축, 변형을 최소화 한다.
⑤ 온도 집중부는 단독 냉각 채널로 설계할 수 있다.
⑥ 균일한 온도 분포의 냉각 설정 및 채널로 사이클 타임을 줄일 수 있는 조립도를 설계할 수 있다.
⑦ 간단한 냉각 부품의 조합으로 메인(MAIN) 냉각 IN, OUT 탈·부착이 용이해야 한다.
⑧ 균일한 온도 밸런스 및 안정된 온도 관리를 위하여 열 차단(단열판) 장치 등을 설계할 수 있다.
⑨ 다양한 냉각 방법[줄 냉각(HOLE), 탱그(TANK), 냉각 파이프(PIPE)분수, 공냉(AIR), 스크류 칸막이 등]에 대해서 설계할 수 있어야 한다.

다음 그림은 금형에 냉각수를 보내주는 그림을 나타낸 것이다.

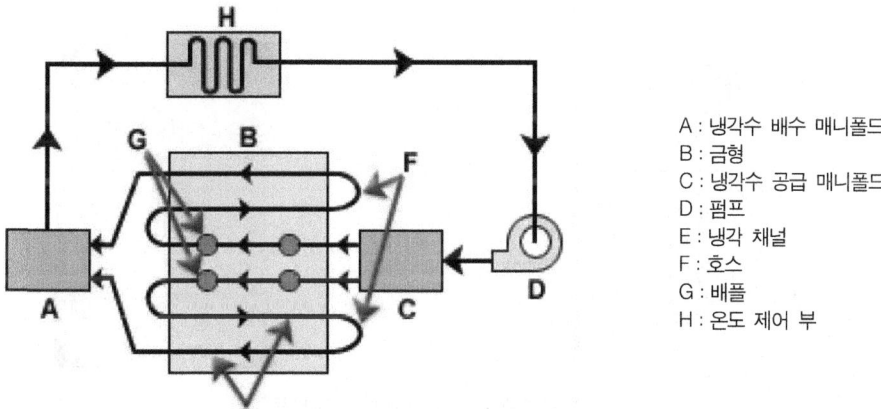

A : 냉각수 배수 매니폴드
B : 금형
C : 냉각수 공급 매니폴드
D : 펌프
E : 냉각 채널
F : 호스
G : 배플
H : 온도 제어 부

그림 1-86 금형에 내각수를 보내는 그림

(4) 금형의 냉각회로

① 나선형 회로

성형품의 면이 길면서 각이 있는 경우에는 코어의 상부 중앙에서 사각형으로 냉각 채널을 가공하여 소용돌이 형태로 냉각수를 공급하는 방법이다.

(가) 둥근 코어의 외각형에 주로 사용한다.
(나) 사선으로 가공을 해야 하므로 가공이 어렵다.

(다) 구멍의 크기에 제한을 받을 수 있다.
(라) 회로의 설계시 산의 각도에 주의를 요한다.

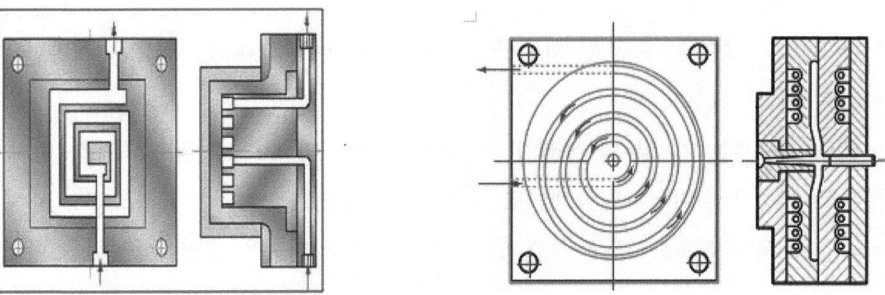

그림 1-87 나선형 냉각회로

② 원통 나선형 회로

성형품의 면이 길면서 각이 있는 경우에는 코어의 상부 중앙에서 사각형으로 냉각채널을 가공하여 소용돌이 형태로 냉각수를 공급하는 방법이다. 코어부는 아래의 그림과 같이 성형품과 직접 맞닿는 외부와 냉각채널을 형성하는 부싱(Bushing)형태의 두 부분으로 나뉜다.

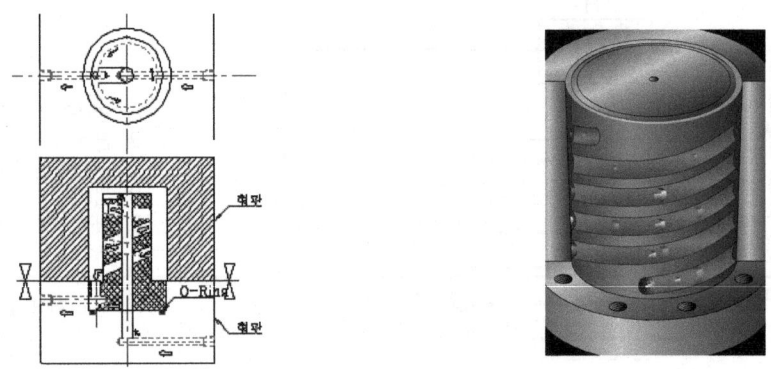

그림 1-88 원통 나선형 냉각회로

(가) 넓고 길이가 긴 제품에 사용 가능[오링(O-ring) 사용]하다.
(나) 파이프로서 둥근 탱크를 중앙부에 냉각수를 통과시켜 외경에서 홈을 따라 내려오면서 냉각시킨다.
(다) 냉각 탱크의 크기에 제한을 받을 수 있다.
(라) 제품면적이 넓은 공간에도 설치가 가능하나 직경을 너무 크게 할 수 없다.
(마) 중앙의 설치 구멍 크기에 의하여 코어의 크기가 제한되어 코어의 가공 시 나사 가공으로 한다.

③ 칸막이식 회로

원통 가공부분에 버플로서 막아 냉각수를 통과시켜 다음 구멍으로 배출시킨다.

(가) 넓고 길이가 긴 제품에 사용 가능(오링 사용)하다.

(나) 버플로서 둥근 탱크를 막고 좌우에 구멍을 가공하여 통과시킨다.

(다) 냉각 탱크의 크기에 제한 받을 수 있다.

(라) 제품면적이 넓은 공간에도 설치가 가능하나 직경을 너무 크게 할 수 없다.

④ 분류식 회로

[그림 1-90]에서 보는 것과 같이 코어에 큰 구멍을 가공하고 그 속에 냉각채널을 설치한 것으로 이 설치된 파이프에 냉각수를 공급하면 마치 분수(Bubbler)와 같은 형태로 분출이다.

분류식 냉각회로는 주로 코어의 단면이 작고 높이가 높은 경우에 사용된다.

(가) 코어의 구멍을 지나치게 크게 가공하면 벽 두께가 얇게 되어 코어가 변형을 일으킬 수 있다.

(나) 냉각효과와 코어의 강도를 생각하여 균형을 유지하도록 한다.

(다) 냉각수의 분출과정에서 공동(Cavitation)현상을 방지하기 위해 냉각수 공급은 밑에서 한다.

(라) 만일 설계가 잘못되면 에어 포켓(Air Pocket)이 발생하여 냉각효과는 급격히 떨어진다.

(마) 튜브의 바깥지름과 안지름에서의 유속이 같도록 설계해야 한다.

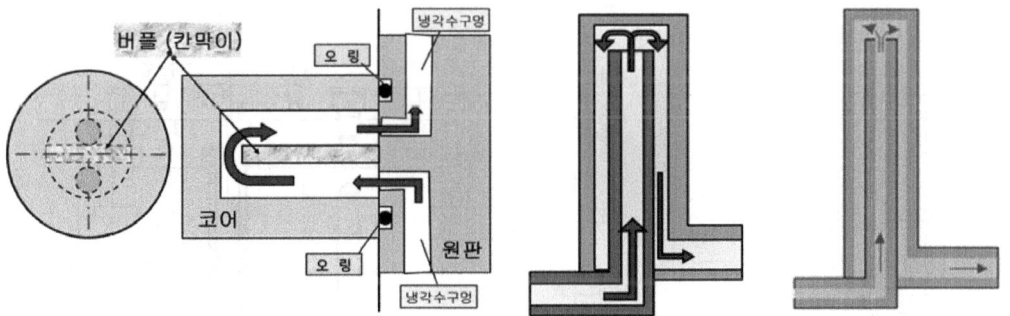

그림 1-89 칸막이식 냉각회로   그림 1-90 분류식 냉각회로

⑤ 전도체를 이용한 금형온도 조절

열전도성이 좋은 베리륨(Beryllium)동을 Cavity 또는 Core에 넣어 간접적으로 냉각하는 방식이다. 금속봉의 밑단(Base)을 냉각수로 냉각하여 금속봉의 열전달을 이용하여 코어를 냉각시킨다. 금속봉의 밑단(Base)은 [그림 1-91]과 같이 홈을 가공하여 표면적을 넓게 한다. 열전달 효율을 높이기 위해서는 금속봉과 금형 사이를 완전히 밀착시키거나 열전

달 효율이 좋은 밀봉제를 사용한다.

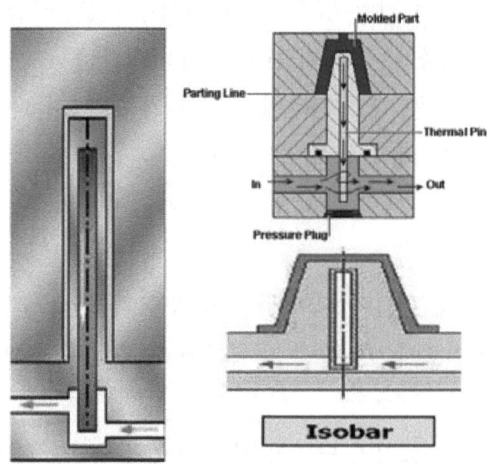

그림 1-91 전도체 사용 냉각회로

실기 내용

1. 금형 냉각수 회로와 조립도 설계

1) 직렬식 냉각 회로를 적용한 조립도면을 작성하여 보자.

다음은 형판에 직접 냉각수 구멍을 가공한 조립도 설계를 한 평면도와 정면도 그림이다.

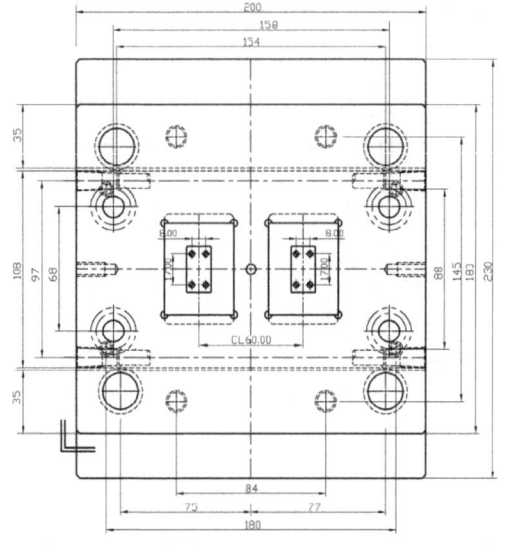

그림 1-92 형판에 직렬로 설계한 조립평면도

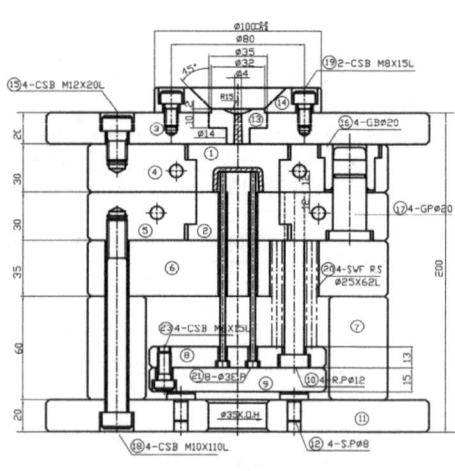

그림 1-93 냉각수를 형판에 설계한 조립도

4. 밀어내기 구조 설계

1) 밀어내기 적용 조립도 설계

(1) 성형품 밀어내기

밀어내기는 성형 공정 중에서 성형품이 부착되어 있는 가동측 혹은 고정측에서 성형품을 취출하는 것을 말한다. 성형품은 금형 내에서 고화된 후, 금형으로부터 빼내게 된다. 이젝팅은 성형품의 품질을 일정하게 유지하고 변형을 일으키지 않고 신속하게 이루어져야 한다.

① 원형 핀으로 취출하는 방법

원형 밀핀으로 밀어내는 방법은 이동측에 부착되어 있는 성형품을 둥근 형상의 핀으로 밀어 내는 방법이다. 원형 핀 취출 시 고려할 사항으로는

(가) 강도와 경도가 필요한 경우 열처리, 다듬질 연삭 등이 다른 핀에 비하여 간단하고, 성형품의 임의 장소에 배치할 수 있기 때문에 가장 많이 사용한다.

(나) 구멍의 가공, 끝손질 및 고정밀도를 얻을 수 있으며, 취성 저항이 가장 적어 금형의 수명이 길고 교환성 좋으며 파손 시에 보수가 쉽다.

(다) 핀 배치는 성형품 이형저항의 밸런스를 고려하고 보스, 리브 부근에는 다른 부분보다 많이 배치한다.

(라) 돌출 접촉 면적이 적어 성형품의 일부분에 돌출응력이 집중하므로 컵, 상자 등에서 발 구배가 적고, 이형저항이 큰 성형품에 사용하면 파고들거나 백화, 크랙, 변형 등이 생기기 쉽다.

(마) 에어, 가스빼기가 나쁜 곳에 설치하여 에어벤트를 대용한다.

(바) 이젝터핀과 구멍의 맞춤은 헐거운 맞춤으로 운동을 위한 유격이 매우 적은 정밀한 경우이며, 끼워 맞춤길이는 직경의 1.5~2배 정도로 한다.

(사) 게이트 및 게이트의 직선 방향의 밑 부분에는 핀을 설치하지 않는다.

② 슬리브 핀으로 밀어내기

[그림 1-94]와 같이 밀핀으로는 돌출면적이 부족한 원통모양 또는 보스 등의 밀어내기에 사용한다. 슬리브의 내경이 적고, 길이가 긴 것은 가공이 어렵고 살두께가 얇은 것은 사용 중 균열이 쉬우므로 살두께는 1.5mm 이상이 바람직하다.

슬리브의 원형 단면이 균일하게 접촉되므로 성형품의 밀어내기가 정확하며 균열 등이 잘생기지 않고, 열처리 경도는 HRC50 정도로 하고 최소한 열처리의 길이는 슬리브가 제일 많이 전진한 길이에 7~8mm 여유를 가질 수 있는 길이로 한다.

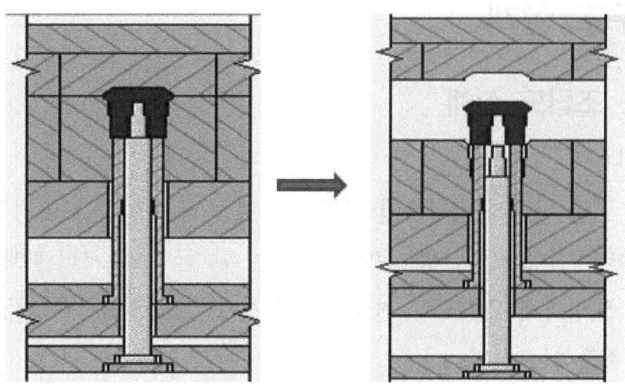

그림 1-94 슬리브 핀으로 밀어내기

2) 이젝터 가이드 핀 적용 조립도 설계

(1) 이젝터 가이드 핀

① 플라스틱용 금형의 이젝터 가이드핀의 형상 및 치수
② 종류 : A형, B형, C형 및 D형의 4종으로 한다.

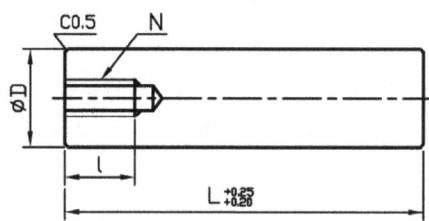

그림 1-95 이젝터 가이드 핀 A형

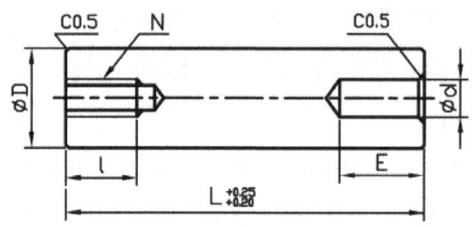

그림 1-96 이젝터 가이드 핀 B형

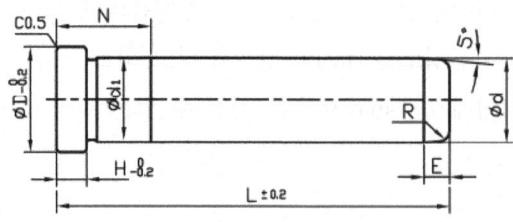

그림 1-97 이젝터 가이드 핀 C형

(2) 플라스틱 금형용 이젝터 가이드 핀의 적용 예

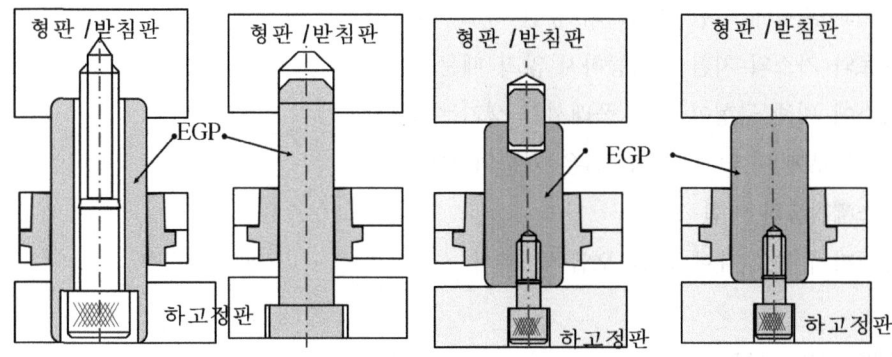

그림 1-98 이젝터 가이드 핀 및 부시 적용 예

(3) 플라스틱용 금형의 이젝터 가이드 부시

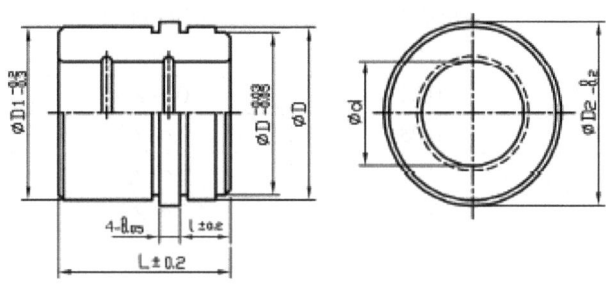

그림 1-99 이젝터 가이드 부시 플레인 형

5. 에어 벤트

1) 에어 벤트(Air Vent)

(1) 에어 벤트(가스 빼기) 개요

금형을 이용하여 사출 성형할 때 사출된 용융수지가 러너 시스템과 캐비티부의 공기를 밀어내면서 충전되어야 한다. 이때 공기가 금형 외부로 빠져 나가도록 만든 통로를 에어 벤트라 한다. 충전된 용융수지에서 발생하는 휘발성 물질, 수증기 등의 가스도 에어 벤트로 빼야 하므로 가스 빼기라고도 한다.

(2) 벤트 불량시 문제점

① 웰드라인(weldline)의 강도 저하
② 웰드라인의 탄화

③ 가스의 저항에 의한 사출 압의 상승
④ 가스의 저항에 의한 캐비티의 충전 속도 저하
⑤ 재료와 가스의 치환이 가능하지 않기 때문에 충전 부족
⑥ 가스에 의해 금형이 열려 플래시가 생기는 현상
⑦ 게이트부에 나타나는 흐림 혹은 기름의 오염
⑧ 가스빼기홈의 막힘
⑨ 캐비티의 몰드 내에 의한 오염 및 부식

(3) 에어 벤트 설계

① 수지별 에어 벤트 치수

표 1-5 수지별 에어 벤트 치수

재료	깊이(d) (mm)	랜드(L) (mm)	폭(W) (mm)
아세탈	0.04	1.0~2.0	1.0~5.0
나일론	0.02	1.0~2.0	1.0~5.0
나일론 유리섬유강화	0.03	1.0~2.0	1.0~5.0
나일론 미네랄 강화	0.03	1.0~2.0	1.0~5.0
PET, PBT	0.03	1.0~2.0	1.0~5.0

② 에어 벤트의 형상

다음 그림은 가스 벤트를 설치할 때의 명칭과 형상을 나타낸 것이다.

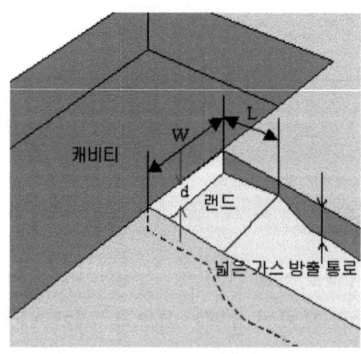

그림 1-100 에어 벤트의 형상

(4) 에어벤트의 방법

① 밀핀을 이용하는 방법

[그림 1-101]은 밀핀과 밀핀 구멍의 틈새를 이용하는 것으로 틈새는 핀지름 5~10mm에서는 0.02~0.03mm, 이보다 적은 지름에서는 0.01~0.02mm가 좋다.

② 코어 핀을 이용하는 방법

[그림 1-102]는 제품 일부에 놓은 보스나 리브가 있을 때는 밀핀을 이용 방법 또는 코어 핀 주위에 틈새를 설치하여 가스 빼기하는 방법도 있다.

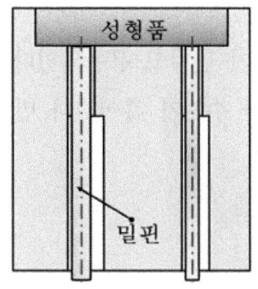

그림 1-101 핀에 에어 벤트 설치 예

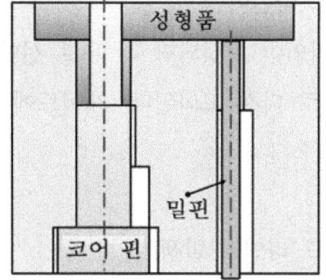

그림 1-102 코어 핀에 에어 벤트를 설치한 예

③ 분할형상의 인서트 블록에 의한 방법

[그림 1-103]은 바켓스와 같이 깊은 성형품, 높은 리브의 가스 빼기 방법으로 캐비티나 코어를 분할형상의 인서트로 하여 그 틈새를 이용하는 방법이다.

④ 진공 흡입에 의한 방법

[그림 1-104]는 진공펌프를 이용해서 캐비티 내의 가스를 빼내는 방법이다.

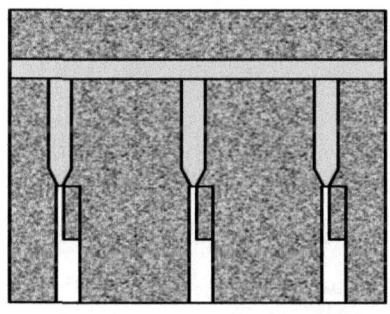

그림 1-103 사각 밀어 내기에 에어 핀 설치 예

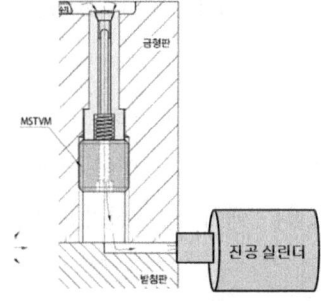

그림 1-104 진공 펌프를 설치한 예

⑤ 파팅 라인(분할 면)과 런너에 에어 벤트를 설치하는 방법

다음 그림은 파팅 면의 런너 끝지점에 에어 벤트를 설치한 예를 나타낸 것이다.

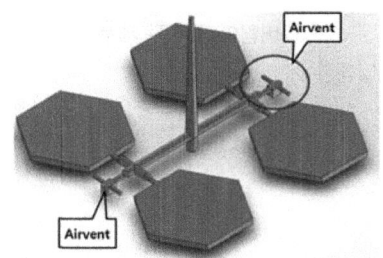
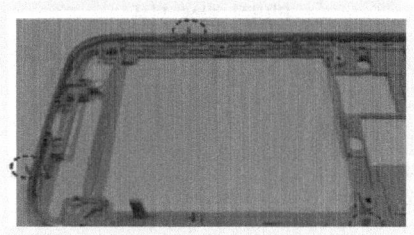

그림 1-105 분할 면에 에어 벤트 설치 한 예

실기 내용

1. 웰드 라인과 에어 벤트 설계

1) 웰드 라인이란

웰드 라인이 형성되면 각 유로 선단의 얇은 고화 레이어가 만나고 용융되었다가 남은 플라스틱으로 다시 고화된다. 게이트에서 먼 곳의 끝지점이나 수지가 흩어졌다 만날 경우에 발생한다.

(1) 웰드 라인의 발생 위치

[그림 1-106]과 같이 2곳의 게이트로부터 수지가 흘러 들어가서 웰드 라인이 발생한 예를 나타낸 것이다.

 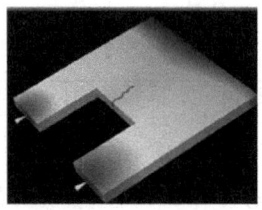   

그림 1-106 웰드 라인이 발생한 예 **그림 1-107** 에어 벤트 설치의 예

(2) 에어 벤트의 설계 위치

[그림 1-107]은 웰드 라인이 발생한 장소에 에어 벤트를 설치한 그림을 나타낸 것이다. 다음 그림은 에어 벤트 설치 전후의 타버림에 대한 형상을 나타낸 것이다.

타버림 발생 제품   타버림이 없어진 제품

그림 1-108 웰드 라인이 발생한 예

단원 핵심 학습 문제

01 다음 중 에어벤트의 방법이 아닌 것은?
① 밀핀을 이용하는 방법
② 코어 핀을 이용하는 방법
③ 분할형상의 인서트 블록에 의한 방법
④ 슬라이드 코어를 이용하는 방법
해설 : ④ 에어벤트의 방법
　　　　밀핀을 이용하는 방법, 코어 핀을 이용하는 방법
　　　　분할형상의 인서트 블록에 의한 방법, 진공 흡입에 의한 방법
　　　　파팅 라인(분할 면)과 런너에 에어 벤트를 설치하는 방법

02 스프루, 런너, 게이트가 캐비티와 동일면에 있는 금형을 말한다. 파팅라인에 의해 고정측과 가동측으로 분할되는 가장 일반적인 구조인 금형은?
해설 : 2단(Plate) 금형

03 2단 금형 구조의 특징을 쓰시오.
해설 : ① 구조가 간단하고 취급하기 쉽다.
　　　② 고장요인이 적고 내구성이 뛰어나다.
　　　③ 성형 사이클이 빠르다.
　　　④ 금형 제작비가 낮다.
　　　⑤ 게이트의 형상 및 위치를 비교적 임의로 결정할 수 있다.
　　　⑥ 성형품과 게이트는 성형 후에 절단해야 한다.

04 이젝터핀 고정판에 고정되어 있으며 금형이 닫힐 때 이젝터핀이나 스프루 로크 핀을 보호하여 원위치로 정확히 돌아가게 하도록 작용하는 핀은?
해설 : 리딘 핀

05 성형품을 금형에서 빼낼 때 밀판이 상하 움직일 수 있게 공간을 만들어 주는 블록은?
해설 : 스페이서 블록

06 코어의 형상 고정 형상 결정 방법을 쓰시오.
해설 : ① 관통형 ② 포켓형(볼트 체결형)

07 사출금형에서 제품을 생산하기 위하여 사출성형기에 장착하는 공구로서 인서트코어(입자) 또는 기타기구(사이드코어/기타부품) 등이 들어가야 할 공간/평면적인 기본 바탕을 구성하는 전체를 말하는 것은?
해설 : 몰드 베이스(mold base)

08 금형을 분해 조립하는 경우에 분할 면의 흠집이나 상처를 주지 않도록 하기 위하여 분해 조립을 쉽게 하도록 하는 별도의 블록은?
해설 : 조립 블록

09 이것이 형성되면 각 유로 선단의 얇은 고화 레이어가 만나고 용융되었다가 남은 플라스틱으로 다시 고화됩니다. 게이트에서 먼 곳의 끝지점이나 수지가 흩어졌다 만날 경우에 발생하는 것은?
해설 : 웰드 라인

10 금형을 이용하여 사출 성형할 때 사출된 용융수지가 러너 시스템과 캐비티부의 공기를 밀어내면서 충전되어야 한다. 이때 공기가 금형 외부로 빠져 나가도록 만든 통로는?
해설 : 에어 벤트(가스 빼기)

11 금형 냉각회로의 종류를 쓰시오.
해설 : 나선형 회로, 원통 나선형 회로, 칸막이식 회로, 분류식 회로, 전도체를 이용한 금형온도 조절

12 성형용 금형에서 성형되는 공간 부분은?
해설 : 캐비티

13 성형품의 내면을 형성하기 위한 금형의 돌출부분, 즉 플런저, 언더컷 부를 성형하기 위해서 사용되는 금형부분은?
해설 : 코어

14 사출기의 노즐과 밀착되어있어 재료가 노즐에서 러너로 흘러 들어가는 원뿔 형태를 가지고 있는 주입구 통로는?
해설 : 스프루 부싱

1-3 조립도 검토 및 승인

1. 설계도면 체크리스트 작성

1) 조립도 설계 체크리스트

(1) 조립도 설계 체크리스트

조립도 설계가 완료되었을 때 설계 체크리스트에 의하여 조립도 설계가 잘되었는지에 대해 설계 체크항목을 다음 표의 체크리스트에 의해 검토하여야 한다.

표 1-6 체크 리스트

분류		체 크 사 항
품 질		(1) 금형의 재료, 경도, 정도, 구조 등 수요가의 명세는 충분히 검토되었는가.
성형품		(1) 싱크, 재료의 흐름, 구배, 웰드, 크랙 등 성형품의 외관에 영향을 미치는 사항에 관하여 검토되었는가. (2) 성형품의 기능, 의장 등에 지장이 없는 범위 내에서 금형가공이 쉽도록 검토되었는가. (3) 성형재료의 수축률은 정확한가.
성형기		(1) 성형기의 사출량, 사출압력, 형을 조이는 압력은 충분한가. (2) 지정된 성형기에 금형은 정확하게 설치될 수 있는가, 즉, 장치나사의 위치, 로케이트링의 지름, 노즐 R, 스프루 구멍의 지름, 이젝터봉 구멍의 위치, 크기, 형의 크기, 두께, 기타 다른 것도 적당한가.
기본구조	파팅라인	(1) 파팅라인의 위치는 적정한가. (2) 금형가공, 성형품의 외관, 끝손질, 성형품을 금형의 어느 쪽에 다는가.
	이젝션	(1) 성형품에 적당한 돌출방법이 선택되었는가, 핀, 플레이트, 슬리이브, 에어, 기타 (2) 핀, 슬리이브의 사용 위치와 수는 적당한가.
	온도 컨트롤	(1) 가열용 히터류의 사용법, 용량은 적정한가. (2) 溫油, 온·냉수, 냉각액 등이 어떠한 구조에 의해서 순환되는가. (3) 냉각용 구멍의 크기, 수, 위치는 적정한가.
	언더컷부	(1) 구멍, 기타 언더컷部를 빼내는 기구는 적당한가. 사이드 코어, 언더컷 핀, 랙피니온, 에어 실린더 기타. (2) 그들의 기구는 무리 없고, 사고없이, 작동이 되도록 고려되어 있는가.
	러너, 게이트	(1) 게이트의 선택은 적절한가. (2) 스프루, 러너의 크기는 적정한가. (3) 게이트의 위치, 크기는 적정한가.

설계제도	조립도	(1) 금형의 크기는 낭비 없고, 적절한 내구력을 가지고 있는가. (2) 각 부품의 배치는 적정한가. (3) 조립도는 적정한 배치로 그려져 있는가. (4) 부품의 조립위치가 명시되어 있는가. (5) 필요한 부품이 빠짐없이 기입되어 있는가. (6) 표제란, 기타 필요한 명세 란은 기입되어 있는가.
	도 법	(1) 도면은 현장작업자에게 보기 쉽도록 걸려 있는가. (2) 도면에는 불필요한 것이 없고, 필요한 것은 충분히 나타나 있는가.

2) 조립도면과 가공 관계 검토

금형 조립도면에 가공이 쉽도록 조립도면에 표시가 되어 있는지에 대해 검도하도록 한다. 다음 표는 조립도면 상태에서 가공성에 대한 체크 항목을 나타낸 것이다.

표 1-7 조립도 가공 관계 체크리스트

NO	체크 항목	Yes	NG
1	적정한 품질로서 싸고 빨리 제작할 수 있도록 충분히 고려되어 있는가?		
2	공작은 가능하며 또한 쉬운 것인가?		
3	가능한 것이어도 극도로 곤란한 것은 쉽게 설계할 수 없는가?		
4	원 블록으로부터의 깎아내기와 끼워 넣기는 방식의 가부가 검토되었는가?		
5	가공방법이 검토되고 그에 적응한 구조로 되어 있는가?		
6	가공, 조립의 기준면은 고려되어 있는가?		
7	특수 공정인 경우의 공정지시는 적절한가?		
8	현물 맞추기의 개소는 명시되어 있는가?		
9	맞대어 보기, 조정 여유의 지시는 있는가?		
10	조립에 관해서 주의할 사항이 있으면 기입되어 있는가?		
11	조립, 운반, 일반 작업이 편리한 위치에 적정한 크기의 후크 구멍의 지시는 있는가?		
12	조립, 분해가 용이하도록 홈, 빼기 구멍, 공칭 나사 등의 지시가 있는가?		
13	담금질, 그 밖의 가공에 의한 변형이 최소에 그치도록 고려되어 있는가?		

2. 조립도 승인서 작성

1) 냉각관련 검토

(1) 사양서의 냉각연결구

① 니플 연결부의 탭핑 종류

(가) PT(Pipe-Taper Tab)형으로 탭핑부가 경사로 이루어져 있어 체결함으로써 기밀성은 더욱 좋게 하도록 하기 위하여 경사로 되어 있는 니플. [그림 1-109]

(나) PS(Pipe-Straite Tab)형으로 탭핑 부가 평행하게 되어 있는 니플로 그다지 기밀성을 요구하지 않는 연결부에 사용하는 부품. [그림 1-110]

② 관용 테이퍼 니플의 형상

(가) PT(Pipe-Taper Tab)형

(나) PS(Pipe-Straite Tab)

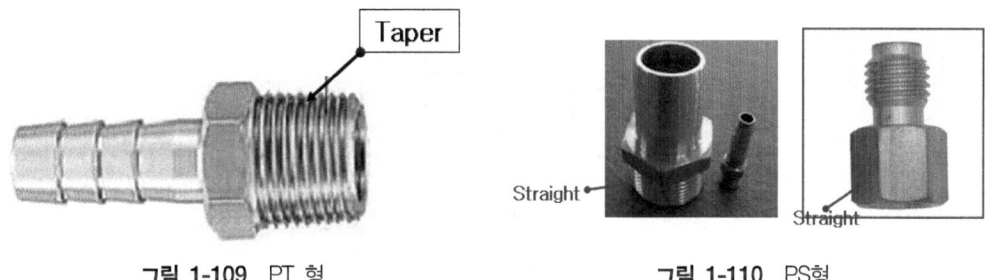

그림 1-109 PT 형   그림 1-110 PS형

③ 니플을 사용할 때에 고려하여야 할 사항

(가) 냉각수의 구멍 직경에 맞추어 니플을 선정할 것

(나) 성형기에서 나오는 호스의 내경에 맞추어 니플을 선정할 것

(다) 금형에 가공되는 탭의 길이는 니플의 길이(L)보다 최소 3.0mm 이상 길게 할 것

(라) 니플의 호칭 치수에 맞추어 금형에 가공되는 구배각도 및 크기를 정하여 가공할 것

(마) 니플을 분해했을 경우에는 필히 테프론 테이프로서 기밀을 유지하고 가능한 새로운 니플로 교체함을 원칙으로 한다.

(바) 니플의 연결 치수를 검토하여 승인을 득한다.

(2) 니플의 분해 조립 관계건

[그림 1-111]과 같이 금형에 니플이 튀어 나올 경우에는 금형을 분해 조립할 경우나 금형을 보관할 때에 니플을 보호하기 위하여 니플 보호봉을 설치한다. 금형 승인에 필요하다고 하면 설치하여야 한다.

그림 1-111 니플 보호봉 설치

2) 가스 벤트 가공 검토 승인받기

(1) 대형 코어의 내부에 통기성 코어 재질 사용

다음 그림의 통기성 에어 벤트 부품은 최근 플라스틱재료의 고기능화와 정밀성형, 부품수의 삭감 등 시대의 필요에 따라 성형품이 얇고, 복잡화에 대응하기 위하여 개발한 것이다.

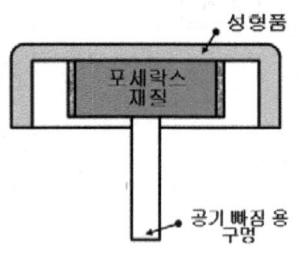

그림 1-112 통기성 에어 벤트 부품

(2) 통기성 코어의 특징

① 구상분(球狀粉)을 HIP(열간 정수압 성형)에 의한 고온 고압에서 소결하는 분말 열간 정수압성형법을 채용하여 관통성이 좋은 다공체에 의해 뛰어난 통기성 효과를 발휘한다.
② 뛰어난 내식성과 내마모성
   분말 스테인리스강이기 때문에 공업용 수지 성형에도 대응할 수 있다.

단원 핵심 학습 문제

01 다음 중 조립도 설계 체크리스트 중 금형의 기본 구조가 아닌 것은?
① 파팅 라인　　　　　　② 이젝션
③ 온도 컨트롤　　　　　④ 성형기
해설 : ④ 조립도 설계 체크리스트 중 금형의 기본 구조
　　　　　- 파팅 라인, 이젝션, 온도 컨트롤
　　　　　- 언더컷 部, 런너, 게이트

02 조립도 설계 체크리스트 작성시 파팅 라인의 체크 사항을 쓰시오.
해설 : ① 파팅 라인의 위치는 적정한가?
　　　　② 금형가공, 성형품의 외관, 끝손질, 성형품을 금형의 어느 쪽에 다는가?

03 조립도 설계 체크리스트 작성시 런너, 게이트의 체크 사항을 쓰시오.
해설 : ① 게이트의 선택은 적절한가?
　　　　② 스프루, 러너의 크기는 적정한가?
　　　　③ 게이트의 위치, 크기는 적정한가?

04 조립도 설계 체크리스트 작성시 조립도의 체크 사항을 쓰시오.
해설 : ① 금형의 크기는 낭비 없고, 적절한 내구력을 가지고 있는가?
　　　　② 각 부품의 배치는 적정한가?
　　　　③ 조립도는 적정한 배치로 그려져 있는가?
　　　　④ 부품의 조립위치가 명시되어 있는가?
　　　　⑤ 필요한 부품이 빠짐없이 기입되어 있는가?
　　　　⑥ 표제란, 기타 필요한 명세란은 기입되어 있는가?

05 니플 탭의 종류를 쓰시오.
해설 : ① PT(Pipe-Taper)형 - 탭핑(Tapping)부가 경사로 이루어져 있어 체결
　　　　② PS(Pipe-Straight)형 - 탭핑(Tapping)부가 평행하게 되어 있는 니플

06 금형에 니플이 튀어 나올 경우에는 금형을 분해 조립할 경우나 금형을 보관할 때에 니플을 보호하기 위하여 설치하는 것은?
해설 : 니플 보호봉

NCS적용

CHAPTER
02

사출금형 3D부품모델링
(사출금형설계)

2-1 모델링 작업 준비하기

1. 사용자 인터페이스 & 환경 설정

1) 2D 도면 이해

장치나 기계는 여러 개의 부품으로 구성되어져 있고, 각각의 부품들이 상호 작용하여 하나의 역할을 한다. 따라서 제작하기 전에 세밀하게 조사, 검토한 후 제작계획을 세워야 하며, 이 계획을 종합하고 시행하는 기술을 설계라 한다.

이는 기계 장치가 목적하는 바를 다할 수 있는 가장 알맞은 작동 원리를 선택하여 크기·모양·강도 등을 결정하고, 원활한 기능을 할 수 있도록 전체적인 구조를 결정해야 한다.

2) 3D CAD 이해

(1) 3차원 좌표계에 대한 이해

먼저 3차원 좌표계에 대한 부분을 이해하고, 입체형상에 대한 상상과 3D 공간에 대한 인식이 있어야 쉽게 3D 형상을 구현해 낼 수 있다.

변하지 않고 고정되어진 절대 좌표계와 모델링 작업에 기준이 되는 작업 좌표계를 적절히 사용하여 모델링 작업이 이루어져야 한다.

(2) 1차원 좌표계

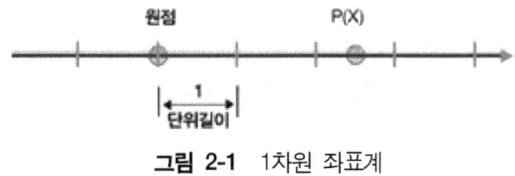

그림 2-1 1차원 좌표계

① 주로 직선과 같은 1차원 선형에 있어서 점의 위치를 표시하기 위한 좌표계이다.
② 직선 위의 한 대상점의 위치를 표시하려고 할 때 직선상에 기준이 되는 점을 원점으로 잡고 양·음의 방향을 결정한 다음, 원점에서 대상점까지의 거리는 하나의 수치로 나타낼 수 있으며 한 점의 위치는 하나의 실수와 대응하게 된다.
③ 실수를 이 점의 좌표라 하고, 원점으로부터 거리 x에 있는 점 p의 좌표는 p(x)로 표시된다.

(3) 2차원 좌표계

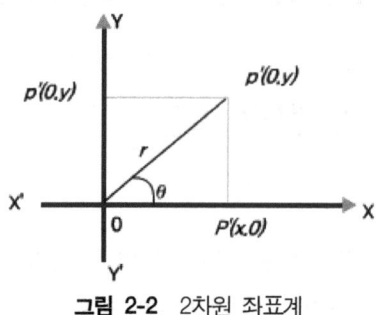

그림 2-2 2차원 좌표계

① 직교하는 두 개의 직선을 좌표축으로 하고 그 교점을 원점으로 하여 원점에서 대상점에 이르는 거리의 각 축 성분의 값으로 그 점의 위치를 표시하는 방법으로서, 평면 상 1점의 위치를 표시하는 가장 대표적인 좌표이다.
② 좌표표현의 방법을 원점에서 대상점에 이르는 거리와 원점을 지나는 기준선과 그 선분이 이루는 각으로 위치를 표시하는 좌표계이다.

(4) 3차원 좌표계

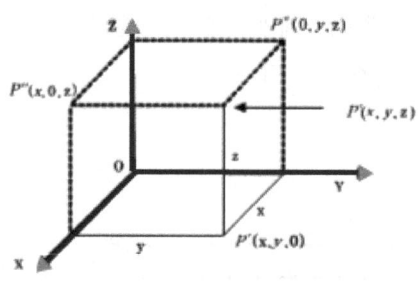

그림 2-3 3차원 좌표계

① 원점 O와 서로 직교하는 세 축 OX, OY, OZ를 좌표축으로 한다.
② 공간의 한 점 P에서 Z축에 평행하게 XY평면에 내린 수선의 발 P'의 좌표를 (x, y)라 하고 PP'의 값을 Z축 좌표로 하여, 점 P의 위치를 세 실수로 된 좌표 (x, y, z)로 표시된다.
③ 공간상의 한 점 P의 좌표는 원점에서 점 P에 이르는 거리 X, Y, Z축 성분 값 (x, y, z)으로 표시된다. (3차원 원주좌표계)
④ 3차원 직각 좌표계에서 좌표 표현방법을 X-Y평면에서의 좌표 (x, y)대신 극좌표 (γ, θ, x)로 표현된다. (3차원 구면좌표계)

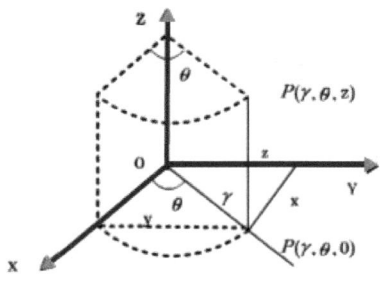
그림 2-4 3차원 원주좌표계

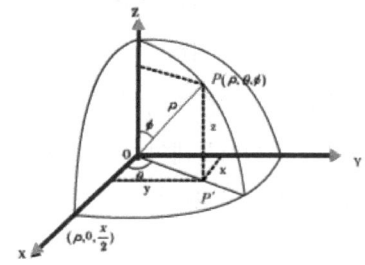
그림 2-5 3차원 구면좌표계

(5) 3D CAD의 기능

3D CAD 프로그램의 모든 기능들을 알고, 시기 적절히 상황에 맞추어 자유롭게 명령들을 사용한다면 물론 좋겠지만 모든 기능을 익히는 데에는 오랜 시간과 노력이 필요하다.
먼저 기본이 되는 명령, 활용도가 높은 명령 위주로 기능들을 학습하고 작업해 나간다면 조금 더 쉽게 3D CAD에 접근할 수 있다.

실기 내용

1. 유틸리티 조정하기

1) 사용자 정의(Customer Setting) : 초기화면 및 메뉴를 정의한다.

(1) 화면 조절 : 화면 확대, 축소, 부분 확대, 화면에 가득 채우기 등이 있다.
(2) 거리 조정 : 거리에 대한 공차를 적용하다.
(3) 스케치 치수 레벨 : 치수 구속의 표시 값을 보여준다.
(4) 스케치 치수 텍스트 높이 : 텍스트의 높이 값을 임의로 수정 가능하다.
(5) 모델 템플릿 파트의 Preference 변경
    세션에 적용할 경우는 커스텀 디폴트(Customer Defaults)를 변경하고, 파트 파일(Part file)에 적용되는 경우는 Preference를 수정하면 된다.
(6) 주석 대화상자
    치수(Dimensions)는 치수에 관련 표현에 대한 설정으로 치수에 관련된 단위나 치수 표현 방식을 나타낸다. 치수 배치 옵션을 자동 치수 세팅을 한다. 공칭 치수 정확성 옵션은 소수점 아래 자리수를 의미한다.
(7) 단위 세팅(Units setting) : 소수점 방식(Decimal) 옵션을 변경한다.
(8) 재생 작업 설정 : 치수선이 깨질 경우 클릭한다.

2) 효과적인 잔상 제거 방법
기능에 따라 다소 차이를 보이지만, 잔상 제거 시에 이 순서에 의거해 실행해 보도록 한다.
(1) 전환 : Refresh를 이용한다.
(2) 업데이트 디스플레이 : Update Display를 선택한다.
(3) 재생작업을 선택한다.

3) 사용자 정의화면 설정
"명령" 탭에서 아이콘을 끌어다 프로그램 상단 명령아이콘이 있는 줄에 드래그 해서 옮기면 아이콘이 생성된다. 툴바(Toolbar)에서 아이콘 추가나 제거가 가능하다.

4) 중량, 부피 등을 구하는 방법(Density : 밀도, Weight or Mass : 무게)
중량, 부피 등을 구하는 방법은 2가지 단계가 있다. 단위 밀도를 입력하고 실제 측정하고자 하는 대상을 선택하여 중량을 알 수 있게 한다. KS 규격은 kg/m이므로 선택 상자 확인가능하다. 중량을 확인하는 방법은 측정할 버디에서는 선택한 제품의 중량이나 부피에 대한 히스토리가 저장된다. 제품 또는 부품 간에 결합된 상태가 아니라면 각각의 제품별로 중량측정이 가능하다. 추가로 선택할 수 있는 측정 옵션이 있다.

5) 옵션(Option) 설정 : 작업 중인 화면 및 변수를 정의하고 설정한다.

6) 구속조건(Constraint) 및 치수(Dimension)의 설정 : 구속조건과 치수에 관련된 변수를 정의하고 설정한다.

7) 해상도(Accuracy) 설정 : 2D 해상도(Accuracy)와 3D 해상도의 고정(Fixed) 값을 조절하여 2D와 3D 상에 진원도를 조절한다.

8) 시각화(Visualization) 정의 : 화면의 바탕색(Background), 선택 요소들의 색(Elements), 모서리의 색(Edges), 스케치(Sketcher)화면에서 그리드(Grid)색 등을 정의할 수 있다.

9) 객체 스냅(Object snap) : 객체 스냅에서는 객체의 선, 면, 커브 등을 선택할 수 있는 옵션이 있다. 이 옵션들을 잘 선택하여 모델링하면 모델링 시 불필요한 부분이 선택되는 것을 조절 가능하다.

2. 3D 형상 정의를 위한 이해

1) 2D, 3D 형상 정의

제품을 제작하기 전에 2D, 3D 모델링 데이터 생성에 필요한 정보를 수집해야 한다. 제품의 두께가 균일하지 않거나 제품의 보강이나 휨이 발생되는 부분의 리브의 설계를 어떻게 할 것인지, 또는 구조적 성능에 맞고 설계자의 의도에 따른 디자인에 만족할 수 있는 제품을 설계하였는가를 파악해야 한다.

2) 피쳐 기반 모델링

피쳐 기반 모델링 프로그램의 3D CAD 소프트웨어는 특징 형상을 생성하는 피쳐 명령들로 구성되어서 하나의 부품으로 완성되어진다.
2D 도면을 보고 3D 형상으로 만들기 위하여 모델링 작업을 시작할 때, 전체적인 형상에 따라 작업 순서를 정하고 베이스부터 단계별로 작업이 진행된다.

3) 파라메트릭 모델링

파라메트릭 모델링 작업에서는 최종형상과 비슷하게 대충 생성해 놓고, 구속조건과 치수를 입력하여 정확한 형상으로 만들어 간다.
나중에 치수를 수정하게 되더라도 형상은 그대로인 상태로 치수 값만 변하게 되어 쉽고 빠르게 형상을 변경할 수 있다. 또한 피쳐가 상호 연관성을 가지고 있어서 한 피쳐를 수정하게 되면, 그 부분과 관련된 피쳐도 함께 수정되어진다.

실기 내용

1. 반사

반사는 곡면의 반사광을 시뮬레이션 하여 외양 품질을 분석하고 결함을 찾는다. 곡면 같은 경우, 단순히 모델링 형상을 육안으로 보는 것만으로는 면의 품질을 확인하기 어렵다. 이러

그림 2-6 반사 적용 전 모델

그림 2-7 결과 모델

한 경우에 반사광을 이용하여 면의 품질을 확인할 수 있다. 면과 면이 연결되어지는 부분에 있어서 면의 품질이 조절이 중요하다.

2. 기울기

곡면 상의 모든 점에서 곡면 법선과 참조 곡선에 수직인 평면 사이 각도를 시각화 한다. 기울기 해석은 금형 설계자에게 특히 유용하다.

지정한 벡터를 참조하여 면에 대한 기울기가 색상별로 표현된다.

전체 형상에서의 각 면의 기울기를 확인할 수 있다.

그림 2-8 기울기 적용 전 모델 　　　　 그림 2-9 기울기 검증

3. 구배

금형에서 성형품을 쉽게 분리하기 위해서는 구배가 필요하다. 수직의 벽에는 각 측면에 1~2°의 빼기 구배가 들어간다. 성형품 측면에 2° 구배 작업이 완료되었다.

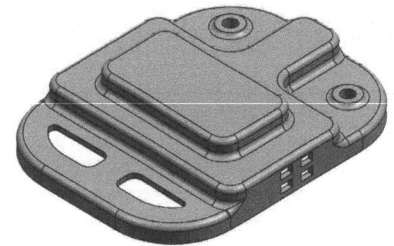 

그림 2-10 성형품 모델 　　　　 그림 2-11 구배 작업 후 모델

4. 언더컷

사출 성형기의 금형이 열리고 닫히고는 한 방향으로 작업하는 것이 표준 방식이다. 따라서 금형 개폐의 방향에 대해서 뽑아 낼 수 있는 성형품이 아니면 성형할 수 없다. 금형이 열리는 방향으로 성형품을 분리할 수 없는 부분을 언더컷이라고 한다.

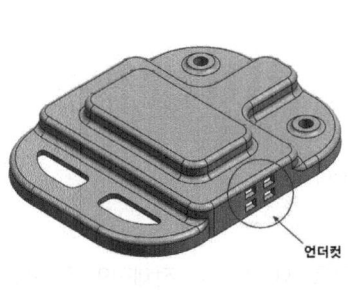
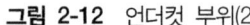

그림 2-12 언더컷 부위(2)

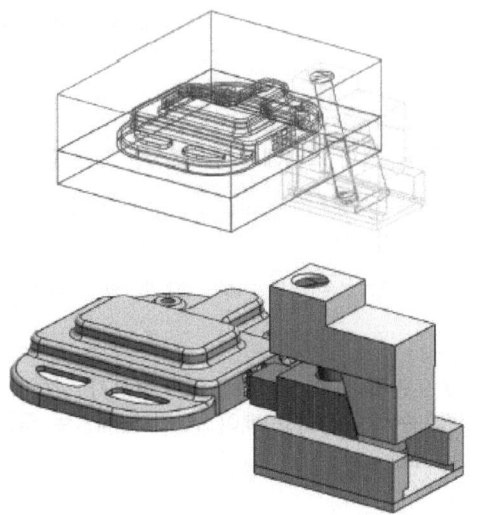

그림 2-13 슬라이드 코어 처리 후 형상

단원 핵심 학습 문제

01 다음 중 객체 스냅에서 선택할 수 있는 옵션이 아닌 것은?
① 객체의 선　　　　② 객체의 면
③ 객체의 커브　　　④ body
해설 : ④ 객체 스냅에서는 객체의 선, 면, 커브 등을 선택할 수 있는 옵션이 있다.

02 2D 도면을 보고 3D 형상으로 만들기 위하여 모델링 작업을 시작할 때, 전체적인 형상에 따라 작업 순서를 정하고 베이스부터 단계별로 작업이 진행하는 작업을 무엇이라 할 수 있는가?
해설 : 피쳐 기반 모델링

03 최종 형상과 비슷하게 대충 생성해 놓고, 구속조건과 치수를 입력하여 정확한 형상으로 만들어가는 모델링 기법은 무엇인가?
해설 : 파라메트릭 모델링

04 객체의 선, 면, 커브 등을 선택할 수 있는 옵션으로 모델링하면 모델링 시 불필요한 부분이 선택되는 것을 무엇이라 하는가?
해설 : 객체 스냅

05 금형 개폐의 방향에 대해서 뽑아 낼 수 있는 성형품이 아니면 성형할 수 없다. 금형이 열리는 방향으로 성형품을 분리할 수 없는 부분을 무엇이라 하는가?
해설 : 언터컷

06 금형에서 성형품을 쉽게 분리하기 위해서는 필요하며 수직의 벽에는 각 측면에 1~2° 의 빼기가 들어가는 것은?
해설 : 구배

07 곡면 같은 경우, 단순히 모델링 형상을 육안으로 보는 것만으로는 면의 품질을 확인하기 어렵다. 이러한 경우에 반사광을 이용하여 면의 품질을 확인할 수 것은?
해설 : 반사

08 효과적인 잔상 제거 방법을 서술하시오.
해설 : ① 전환 - Refresh를 이용한다.
② 업데이트 디스플레이 - Update Display를 선택한다.
③ 재생작업을 선택한다.

09 공간의 한 점 P에서 Z축에 평행하게 XY평면에 내린 수선의 발 P'의 좌표를 (x, y)라 하고 PP'의 값을 Z축 좌표로 하여, 점 P의 위치를 세 실수로 된 좌표 (x, y, z)로 표시하는 좌표계는?

해설 : 3차원 좌표계

10 좌표표현의 방법을 원점에서 대상 점에 이르는 거리와 원점을 지나는 기준선과 그 선분이 이루는 각으로 위치를 표시하는 좌표계는?

해설 : 2차원 좌표계

11 주로 직선과 같은 1차원 선형에 있어서 점의 위치를 표시하기 위한 좌표계는?

해설 : 1차원 좌표계

12 곡면 상의 모든 점에서 곡면 법선과 참조 곡선에 수직인 평면 사이 각도를 시각화 한 것이며, 금형 설계자에게 특히 유용한 것은?

해설 : 기울기

2-2 부품모델링하기

1. 스케치 모델링하기

1) 와이어프레임(Wire-frame) 모델링 시스템

물체 위의 특정한 선과 끝점으로 형상을 표현한다. 따라서 물체의 화면 표시도 이들 선과 점으로 구성되고 이들 선과 점의 수정을 통해 모델의 형상 수정이 이루어진다.

2) 곡면(Surface) 모델링 시스템

와이어프레임 모델에서 지원하는 특정한 선 및 끝점 정보에 덧붙여 면의 정보에 대한 수학적 표현을 포함하고 있다. 따라서 화면 위의 시각 모델을 조작하면 곡면 방정식의 목록, 곡선 방정식의 목록(List) 및 끝점의 좌표로 이루어진 모델 데이터가 갱신된다.

3) 솔리드(Solid) 모델링 시스템

솔리드 모델이란 정점, 선, 곡선, 면 및 질량을 표현한 형상 모델로서, 이것을 작성하는 것을 솔리드 모델링이라고 한다. 솔리드 모델링은 형상만이 아닌 물체의 다양한 성질을 좀 더 정확하게 표현하기 위해 고안된 방법이다. 솔리드 모델은 입체 형상을 표현하는 모든 요소를 갖추고 있어서, 중량이나 무게중심 등의 해석도 가능하다. 솔리드 모델은 설계에서부터 제조 공정에 이르기까지 일관하여 이용할 수 있다.

4) 솔리드 모델의 자료구조

솔리드 모델을 기술하기 위한 자료구조(Data Structure)는 저장되는 개체가 무엇이냐에 따라 크게 3가지로 나눌 수 있다.

① CSG(Constructive Solid Geometry) 표현

    기본 입체에 적용한 집합연산(Boolean Operation)의 과정을 트리(tree) 구조로 저장한다.

② 경계표현법(Boundary Representation ; B-Rep)

    솔리드의 경계정보(꼭지점, 모서리, 면과 이들의 연결 관계)를 저장한다.

③ 분해모델(Decomposition model)

    정육면체와 같은 간단한 기본 모델의 집합체로 솔리드를 표현하는 방법이다.

실기 내용

1. 스케치(그리기)

1) 스케치 곡선(Sketch Curve)

(1) 프로파일(Profile) : 선(Line)과 호(Arc)을 선택하여 연속성 있는 곡선(Curve)을 생성한다.

그림 2-14 프로파일

(2) 선(Line) : 직선의 선(Line)을 하나씩 생성한다. 옵션(Option)을 이용하면 선(Line)을 생성할 수 있다.

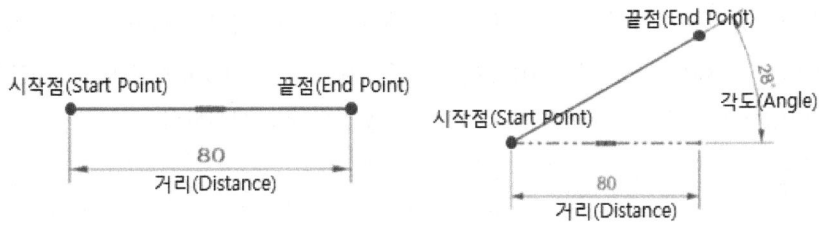

그림 2-15 선 그리기

(3) 원호(Arc) : 원호를 생성한다.

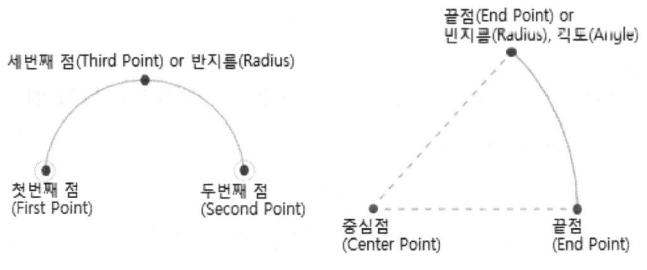

그림 2-16 원호 그리기

(4) 원(Circle) : 원을 생성한다.
① 중심 및 직경에 의한 원
② 3점에 의한 원

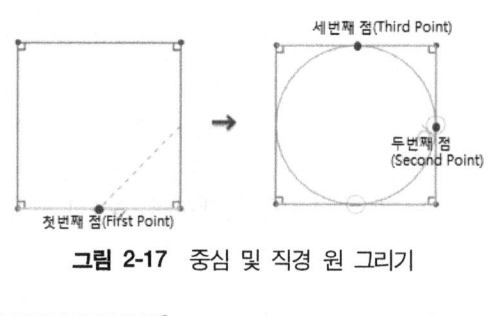

그림 2-17 중심 및 직경 원 그리기

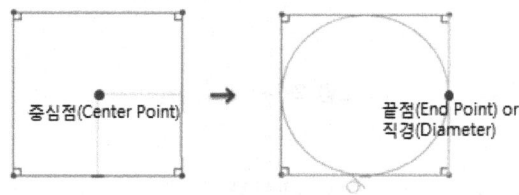

그림 2-18 3점원 그리기

(5) 필렛(Fillet) : 두 개의 곡선(Curve)이 교차하는 부분에 라운드(Radius)값을 적용한다.
① 트림(Trim input) : 트림 옵션(Trim Option)을 온오프(On/Off)하여 트림(Trim)을 적용한다.
② 언트림(Untrim) : 트림(Trim)을 하지 않고 필렛(Fillet)만 생성한다.

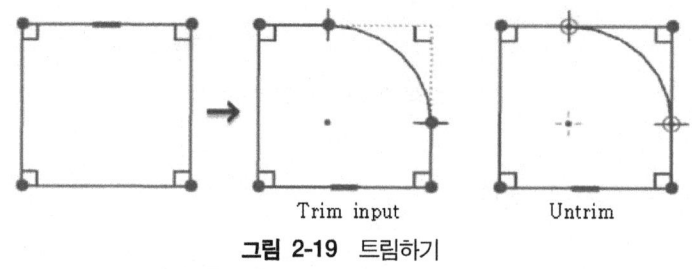

그림 2-19 트림하기

(6) 모따기(Chamfer) : 두 개의 곡선이 만나는 부분에 모따기를 생성한다.
① 오프셋을 대칭(Symmetric) : 거리입력
② 비대칭(Asymmetric) : 거리1, 거리2 입력한다.
③ 오프셋 및 각도(Offset and Angle) : 거리, 각도값을 입력한다.

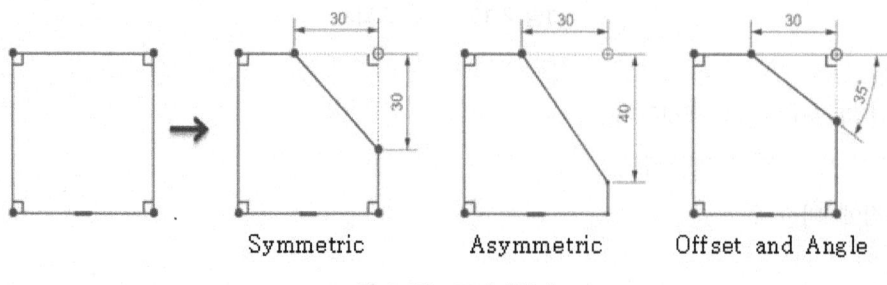

그림 2-20 모따기하기

(7) 직사각형(Rectangle) : 직사각형을 생성한다.
① 2점으로(By 2 Points) : 그림과 같이 대각선 두 개의 점을 선택하여 생성한다.
② 3점으로(By 3 Points) : 3개의 모서리 점을 정의하여 생성한다.
③ 중심에서(From Center) : 중심점을 기준으로 나머지 두 점을 정의하여 생성한다.

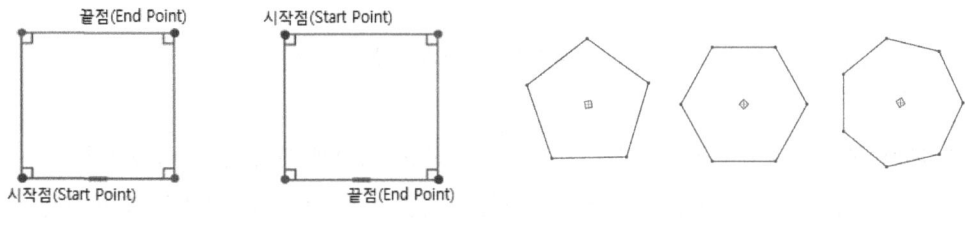

그림 2-21 직사각형 그리기   그림 2-22 다각형 그리기

(8) 다각형(Polygon) : 지정한 변의 수를 가지는 다각형을 생성한다.
① 중심점(Center Point) : 다각형의 중심 포인트를 선택한다.
② 면 수(Number of Sides) : 다각형 면의 수를 입력한다.
③ 크기(Size) : 변의 길이를 결정할 수 있다.

(9) 스플라인(Spline) : 다수의 점을 통과하는 곡선을 생성한다.
① 점 통과(Through Pont) : 각도(Degree) 값과 같은 양의 점(Points)을 선택하여 스플라인(Spline)을 정의한다. 생성된 스플라인(Spline)은 다시 정의가 가능하다.

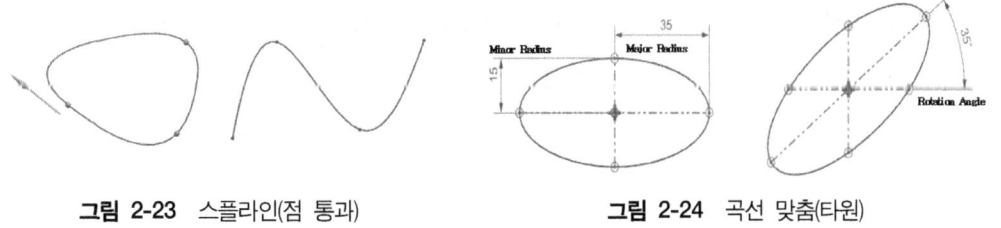

그림 2-23 스플라인(점 통과)   그림 2-24 곡선 맞춤(타원)

(10) 곡선 맞춤(타원) : 지정한 데이터 점에 맞춰 스플라인, 선, 원, 타원을 생성한다.

2. 스케치(수정, 편집하기)

1) 오프셋 곡선(Offset Curve) : 커브(Curve)를 외측이나 내측으로 지정한 값만큼 오프셋(Offset)한다.

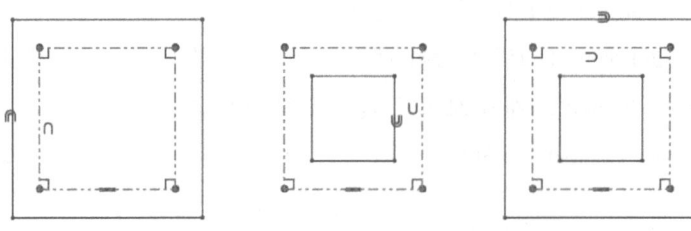

그림 2-25 오프셋 곡선

2) **패턴 곡선(Pattern Curve)** : 커브(Curve)를 패턴(Pattern)에 따라 정렬 복사한다.
(1) 선형 패턴(Linear) : 1개 또는 2개의 선형 방향을 사용하여 레이아웃을 정의한다.

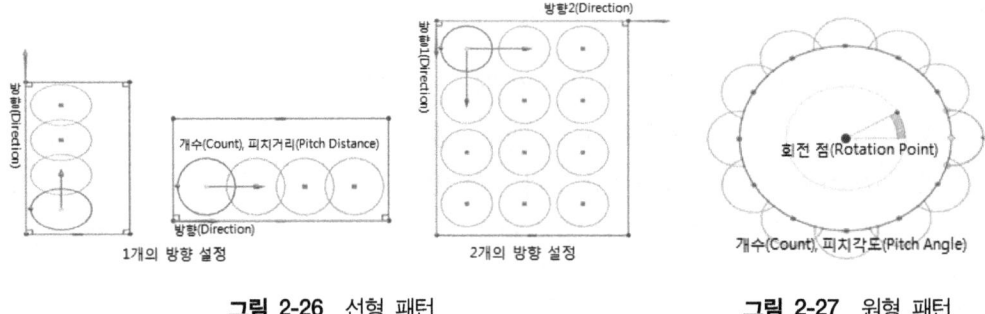

그림 2-26 선형 패턴　　　　　　　　　**그림 2-27** 원형 패턴

(2) 원형 패턴(Circular) : 회전축 및 선택 점의 방사형 간격 매개 변수를 사용하여 배열한다.

3) **대칭 곡선(Mirror Curve)** : 중심선(Center line)을 기준으로 선택한 커브(Curve)를 미러(Mirror)한다.

그림 2-28 대칭 곡선

4) **곡선 투영(Project Curve)** : 스케치 평면(Sketch plane)과 다른 위치에 있는 커브(Curve)나 형상의 모서리(Edge)를 스케치 평면으로 투영시켜 새로운 커브를 생성한다. 생성된 커브는 원본 커브와 연관성을 갖게 된다. 따라서 원본 커브가 수정되면 연관성을 갖는 생성된 커브도 같이 수정된다.

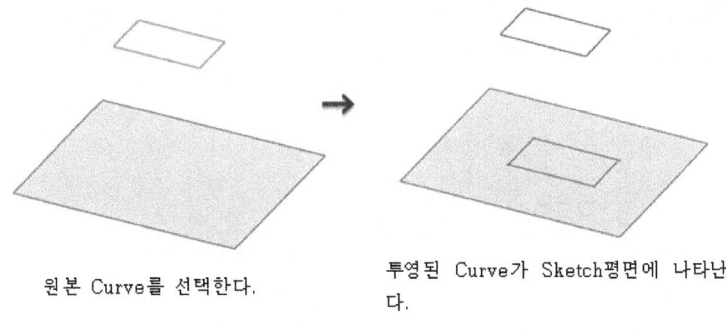

원본 Curve를 선택한다.   투영된 Curve가 Sketch평면에 나타난다.

그림 2-29 투영 곡선

5) **빠른 트리밍** : 가상의 교차되는 특정 곡선(Curve)까지 자르기(Trim)한다. 자르기(Trim)하고자 하는 곡선(Curve)을 선택한다.

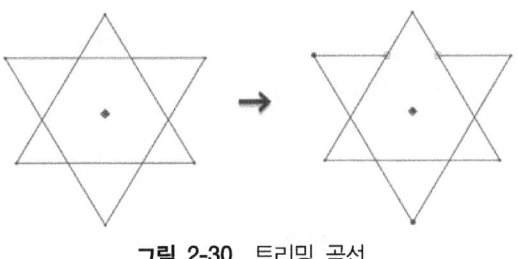

그림 2-30 트리밍 곡선

3. 스케치 치수(Sketch Dimensions)

1) **추정치수(Inferred)** : 자동으로 추측하여 치수를 기입하며, 치수(Dimensions)를 제외한 모든 명령을 대신하여 사용이 가능하다. 등록된 치수를 수정하려면 해당 치수를 선택한다.

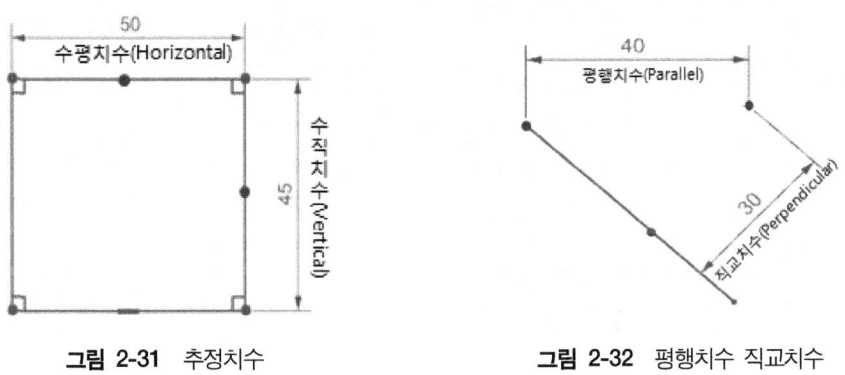

그림 2-31 추정치수   **그림 2-32** 평행치수 직교치수

2) **평행치수(Parallel)** : 두 점을 선택하여 두 점을 지나는 직선에 평행 치수를 기입한다.
3) **직교치수(Perpendicular)** : 하나의 직선과 하나의 점을 선택하여 직선에 수직 치수를 기입한다.

4) **각도치수(Angular)** : 두 선 사이의 각도 치수를 기입한다.
5) **직경치수(Diameter)** : 지름 치수를 기입한다.

그림 2-33 각도치수   그림 2-34 직경치수

6) **반경치수(Radius)** : 원이나 호의 반지름 치수를 기입한다.
7) **둘레치수(Perimeter)** : 체인형상의 둘레길이의 합산 치수를 기입한다.
8) **자동치수(Auto Dimensioning)** : 선택한 곡선에 자동적으로 치수를 생성한다.
9) **커브에 치수기입(Curves to Dimension)** : 자동으로 치수 기입할 곡선 및 포인트를 선택한다.

4. 스케치 구속조건(Sketch Constraints)

1) **지오메트리 구속조건(Geometric Constraints)** : 스케치 상에서 생성한 곡선에 정의될 수 있는 다수의 구속을 제시한다.

표 2-1 구속조건

Horizontal	수평 구속	Vertical	수직 구속
Coincident	두 개 이상의 Point 위치가 동일하게 구속	Point on Curve	선상의 점으로 구속
Parallel	평행으로 구속	Perpendicular	직각으로 구속
Tangent	곡선과 Tangent한 Curve로 구속	Equal Length	동일한 길이로 구속
Equal Radius	동일한 반지름으로 구속	Concentric	동심으로 구속
Collinear	동일선상 구속	Mid Point	Curve의 중간 Point에 구속
Constant Length	길이를 구속	Constant Angle	각도를 구속
Fully Fixed	객체의 위치를 완전히 고정하는 구속	Fixed	객체의 위치를 고정하는 구속

(1) 수직 구속
(2) 선상의 점으로 구속

그림 2-35 수직 구속 　　　　　 그림 2-36 선상의 점으로 구속

(3) 수평 구속
(4) 직각 구속

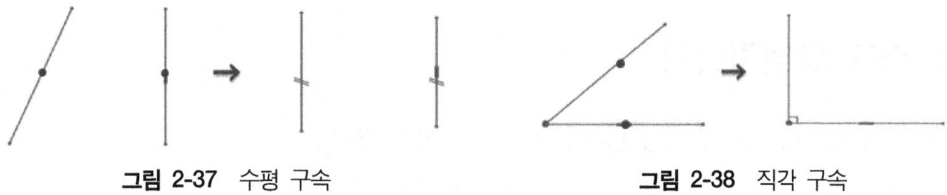

그림 2-37 수평 구속 　　　　　 그림 2-38 직각 구속

(5) 접선 구속
(6) 동등 길이 구속

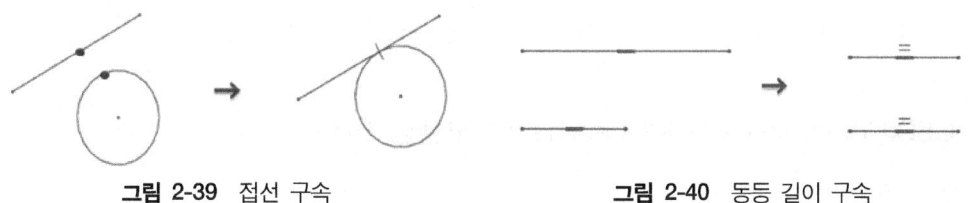

그림 2-39 접선 구속 　　　　　 그림 2-40 동등 길이 구속

(7) 동등 원 구속 ; 먼저 그려진 객체의 반지름에 구속

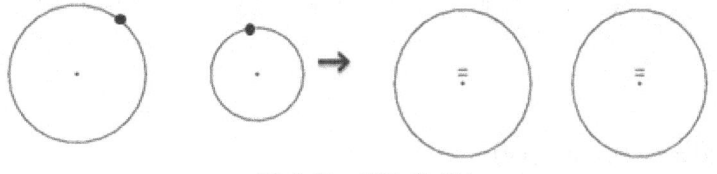

그림 2-41 동등 원 구속

(8) 동심 구속 : 먼저 그려진 객체의 동심으로 구속

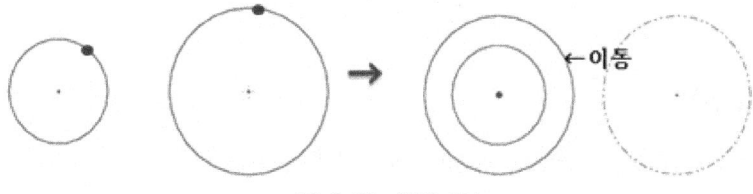

그림 2-42 동심 구속

(9) 동일 선상 구속
(10) 커브의 중간 점 구속

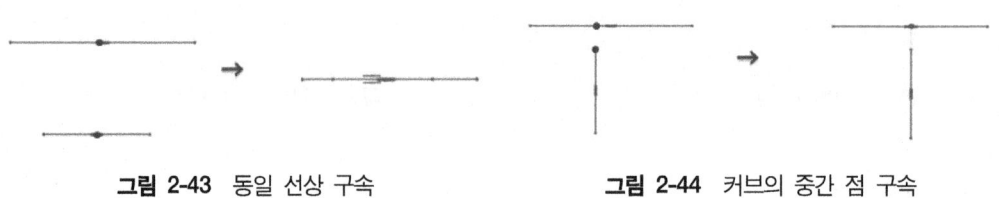

그림 2-43 동일 선상 구속   그림 2-44 커브의 중간 점 구속

2. 솔리드 모델링하기

1) CSG(Constructive Solid Geometry) 모델링 장점
① 간단하고 간결한(compact) 자료로 데이터 구조의 관리가 용이하다.
② 항상 유효한 입체를 표현한다. CSG에서 경계 표현(B-Rep) 방법으로 변환 가능하여 접속 가능한 응용 분야(application)가 많다.
③ 쉬운 매개변수(parametric) 모델링으로 기본 입체(primitive)의 매개변수(parameter) 변화에 의해 쉽게 모델 수정(model change)이 가능하다.

2) CSG(Constructive Solid Geometry) 모델링 단점
① 집합 연산만이 가능하다.
② 경계면이나 경계선 정보의 유도에 많은 계산이 필요하여 직접적인 표현(interactive display)가 곤란하다.
③ 모델링 할 수 있는 형상에 제약이 있다. 국부 수정(local modification) 기능의 사용이 불가하다.

3) 설계 이력(Design History)
돌출(Extrude)은 2차원 스케치한 도면을 한 방향 또는 양 방향으로 당겨서 모델링하는 방법이고 회전(revolution)은 회전하여 3차원 물체를 생성하는 것이다. 이런 내용들을 모아서 트리(Tree)화 시켜 수정이나 편집을 편리하게 할 수 있다.

4) 넙스(NURBS)
비 균일 유리 B-스플라인(Non-Uniform Rational B-spline)의 약자로서 3차원 기하형체를 수학적으로 재현하는 방식 중 하나이다. 2차원의 간단한 선분 원, 호, 곡선부터 매우 복잡한 3

차원의 유기적 형태의 곡면이나 덩어리까지 매우 정확하게 표현할 수 있으며 그 편집이 무척 쉽다. 이러한 유연성과 정밀성 때문에 넙스는 그림, 애니메이션이나 곡면의 물체를 생산하는 산업에까지 다양한 영역에서 사용된다.

실기 내용

1. 솔리드 모델링(Solid Modeling)

1) 피쳐 디자인(Design Feature)

(1) 돌출(Extrude) : 돌출 명령은 모든 모델링 프로그램에 기본이 되는 명령으로 곡선, 모서리, 면, 스케치 곡선 등을 선택하여 원하는 방향으로 돌출시켜 바디를 생성할 수 있다.
※불리안(Boolean) : 돌출로 형상을 생성 시 바로 차집합/교집합/합집합으로 연산 기능
구배에서 각도 값을 입력하여 돌출 바디를 구배 면으로 생성할 수 있다. 오프셋에서 돌출 생성방향의 가로방향으로 폭을 지정해 줄 수 있다.
설정 값에서 바디 유형을 솔리드 또는 시트로 설정해 줄 수 있고, 공차 값을 지정해 줄 수 있다.

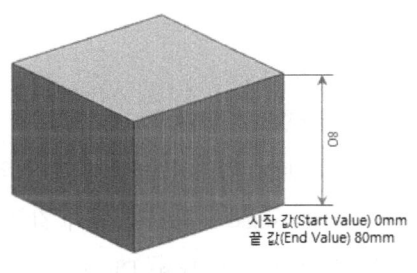

그림 2-45 돌출

(2) 회전
회전 명령은 단면 곡선을 선택하는 축을 기준으로 회전시켜 특징형상을 생성한다.
※불리안(Boolean) : 회전으로 형상을 생성 시 바로 차집합/교집합/합집합으로 연산 가능

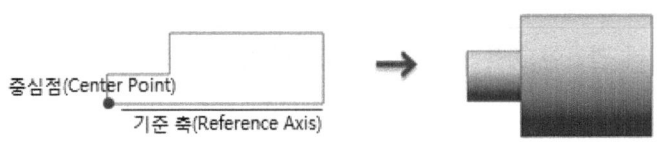

그림 2-46 회전

먼저 회전시킬 단면으로 곡선을 선택하거나 또는 스케치로 곡선을 생성하여 선택할 수 있

다. 축에서 회전의 기준이 되는 축과 축의 중심점을 선택할 수 있다.

2. 피처 모델링(Feature Modeling)

1) 블록(Block) : 사각형을 생성할 수 있다.
① 원점, 모서리 길이(Origin, Edge Lengths) : 원점, 모서리의 길이로 생성된다.
② 두 개의 점, 높이(Two Point, Height)
③ 두 개의 대각선 점(Two Diagonal Point)

2) 원통(Cylinder) : 원통의 기본을 생성한다.
① 축, 직경, 높이(Axis, Diameter, and Height) : 직경 및 높이 값을 정의한다.
② 호와 높이(Arc and Height) : 원호를 선택하고 높이 값을 입력하여 원통을 생성한다.

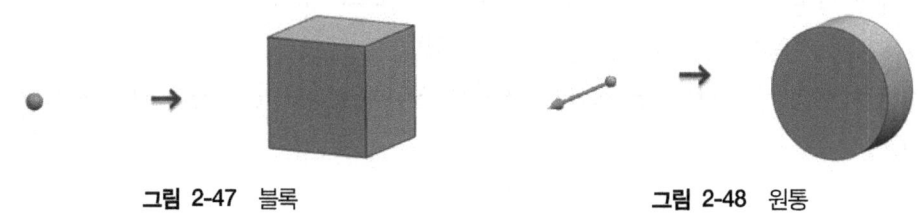

그림 2-47 블록　　　　　　　　　　　그림 2-48 원통

3) 원뿔(Cone) : 원뿔의 기본을 생성할 수 있다.
① 직경과 높이(Diameters and Height) : 직경과 높이 값을 정의한다.
② 직경과 반각(Diameters and Half Angle) : 직경과 반각 값을 정의한다.
③ 기준직경과 높이 절반 꼭지점 높이 각도(Base Diameter, Height and Half Angle)
④ 윗면 직경, 높이 그리고 절반 꼭지점 높이 각도(Top Diameter, Height and Half Angle)
⑤ 두 원호 동심 호(Two Coaxal Arcs) : 두 원호를 선택하여 정의한다.

4) 구(Sphere) : 구를 기본으로 생성할 수 있다.
① 중심점과 직경(Center Point and Diameter) : 원의 중심점의 위치와 직경의 값으로 구를 생성한다.
② 호(Arc) : 미리 만들어 놓은 Arc로 구를 생성한다.

그림 2-49 원뿔　　　　　　　　　　　그림 2-50 구

5) 홀(Hole)

구멍 옵션을 사용하면 솔리드 형상에 간단한 구멍, 카운터보어 또는 카운터싱크 구멍을 생성할 수 있다.

6) 나사산(Thread)

이 명령은 특징 형상의 구멍이나 원통형 형상에 대해 심볼 및 상세적인 형상을 생성할 수 있다.

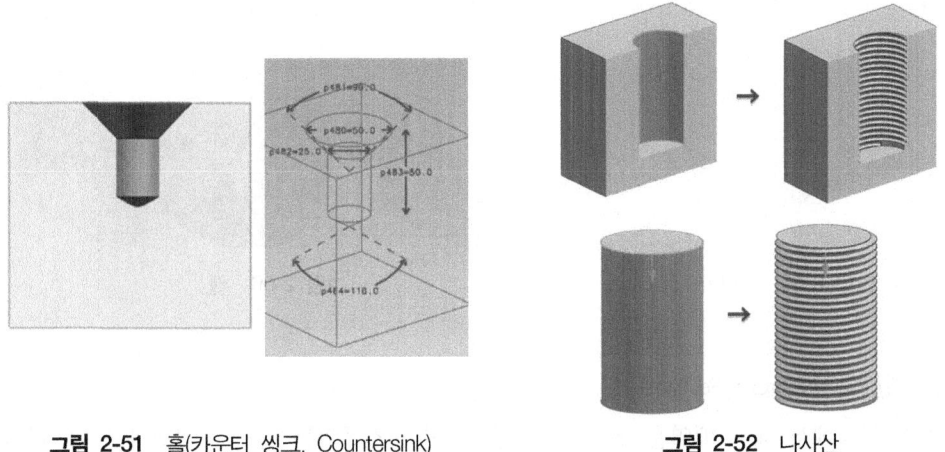

그림 2-51 홀(카운터 씽크, Countersink)   그림 2-52 나사산

7) 구배(Draft)

Draft 옵션을 사용하면 지정된 벡터 및 선택적인 참조 점을 기준으로 면 또는 모서리에 테이퍼를 적용할 수 있다.
구배는 지정된 축을 기준으로 면 또는 모서리에 테이퍼를 적용할 수 있다.

8) 모서리 블랜드(Edge Blend)

모서리에서 만나는 면에 볼이 계속 접촉하도록 유지하면서 블랜드(Blend) 할 모서리(Blend 반경)를 따라 볼을 굴려 수행된다.

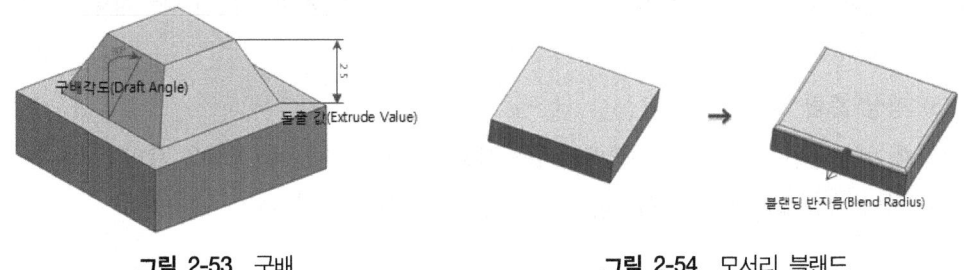

그림 2-53 구배   그림 2-54 모서리 블랜드

9) 모따기(Chamfer)

이 옵션을 사용하면 원하는 모따기 치수를 정의하여 솔리드 바디의 모서리에 빗각을 낼 수 있다. 모따기 기능의 작동 방식은 블랜드(Bland) 기능의 경우와 매우 흡사하다

10) 쉘(Shell)

이 옵션을 사용하면 지정된 두께 값을 사용하여 솔리드 바디의 내부를 비우거나 그 주위에 쉘을 생성할 수 있다. 각 면에 대해 개별 두께를 할당하고 천공할 면의 영역을 선택할 수 있다.

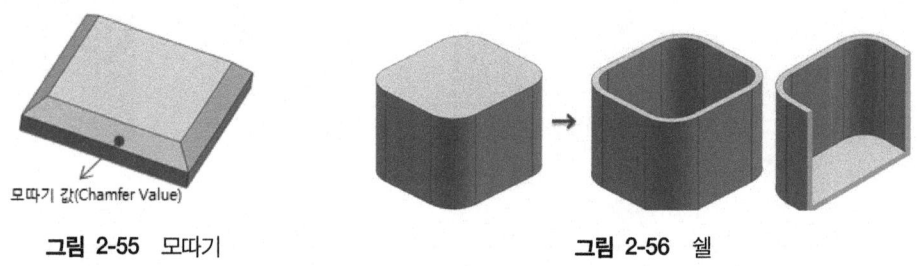

그림 2-55 모따기   그림 2-56 쉘

11) 패턴 피쳐(Pattern Feature)

기존의 형상에서 패턴 배열을 생성할 수 있다. 전 버전들과는 다르게 선형과 원형, 다각형, 나선 등 다양한 패턴을 생성할 수 있다.

12) 미러 피쳐(Mirror Feature)

피쳐(Feature)를 대칭 복사, 또는 회전 복사, 배열할 수 있는 기능이 있다.

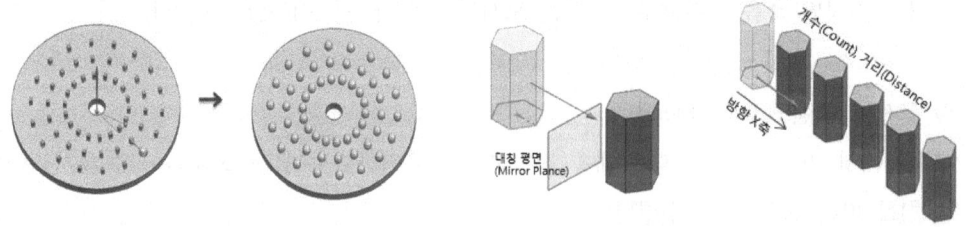

그림 2-57 원형 패턴 피쳐   그림 2-58 다양한 패턴 피쳐

13) 형상 트림

면, 데이텀 평면 또는 기타 지오메트리를 사용하여 하나 이상의 형상을 트리밍 할 수 있다. 유지하려는 형상의 부분을 선택하면 지오메트리의 트림이 적용된다.

14) 형상 분할

이 옵션을 사용하면 면, 데이텀 평면(Datum plane) 또는 형상을 사용하여 하나 이상의 형상을 분할할 수 있다.

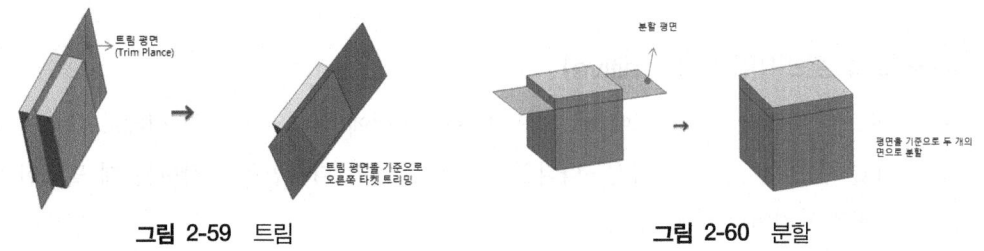

그림 2-59 트림   그림 2-60 분할

15) 연결

연결 옵션을 사용하면 두 개 이상의 시트 바디를 함께 결합하여 단일 시트를 생성할 수 있다. 연결할 시트의 컬렉션이 볼륨을 둘러싸는 경우 솔리드 형상이 생성된다.

16) 패치

옵션을 사용하면 면을 생성하여 솔리드 형상의 면의 일부를 교체할 수 있다.
트림으로 정의를 할 수 있지만 트림 면으로 지정할 땐 패치가 되는 부분에 대해서 정확하게 만나 있어야 한다.

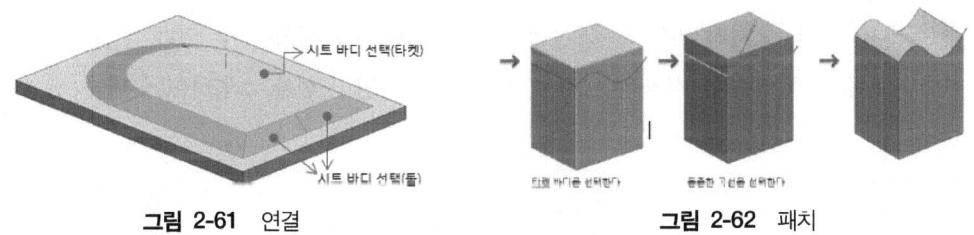

그림 2-61 연결   그림 2-62 패치

3. 서페이스 모델링하기

1) 점과 벡터

점과 벡터의 차이점은 사영 공간에 존재하지만, 벡터는 선형 공간에 존재한다. 점은 공간에 구속/고정된 것이며, 벡터는 이 점들에 움직임을 추가한 것이다.

2) 베지어(Bezier) 곡선과 비-스플라인(B-spline) 곡선

베지어 곡선과 비스플라인 곡선의 차이점으로는 베지어 곡선은 어느 한 일부분을 수정할 경우 곡선 전체의 변화를 가져오므로 전체의 수정의 성질이 있는 반면에, 비스플라인 곡선은 적용 시 블랜딩 함수를 통하여 치수와 조정점이 무관하도록 하여, 베지어 곡선과 달리 부분 수정이 가능하다.

3) 기하학적 프리미티브(Primitive)

프리미티브는 컴퓨터 그래픽스에서 그래픽스 프로그램에 의해 개별적인 실체로 그려지고 저장, 조작될 수 있는 선·원·곡선·다각형과 같은 그래픽 디자인을 창작하는 데 필요한 요소로 기하학적 프리미티브라고도 한다.

기본 입체(primitive)는 r-set에 의하여 표현되는 자체적으로 유효하며 경계가 있는 CSG 모델을 말한다. 예를 들면, 블록(Block), 원통(Cylinders), 원추(Cones), 구(Spheres) 등을 말하며, 생성되는 방법의 절차(procedure)에 의하여 저장되고, 크기를 결정하는 매개 변수(parameters)는 그 절차에 해당되는 인자(Arguments)로 전달된다.

실기 내용

1. 서페이스 모델링(Surface Modeling)

1) 가이드 따라서 생성되는 곡면

하나 이상의 곡선, 모서리 또는 면을 통해 구성된 가이드(경로)를 따라 열려있거나 닫힌 경계 스케치, 곡선, 모서리 또는 면을 돌출시켜 단일 바디를 생성할 수 있다.

곡선 스트링 선택 방법을 사용하는 경우 곡선 또는 단면 곡선을 스윕하여 곡면을 생성할 수 있다.

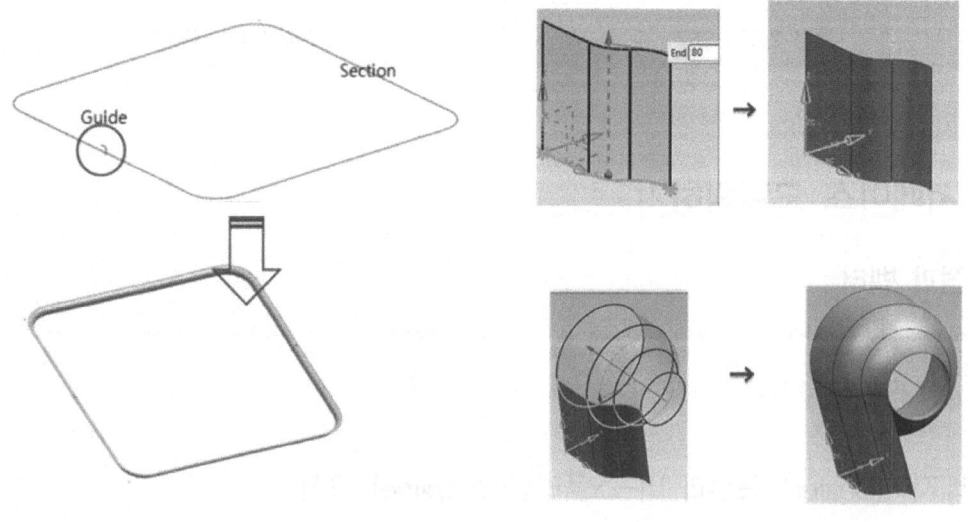

그림 2-63 Sweep 곡면   **그림 2-64** 다양한 룰드 서페이스

2) 두 개의 곡선에 생성되는 곡면

마주보는 두 개의 단면 형상을 선택하여 서페이스 곡면을 생성한다.

3) 연속 단면 곡선에 생성되는 곡면

2개 이상의 단면 연속선(Section string)을 선택하여 서페이스 곡면을 생성한다. 단면 연속선은 한 객체 또는 여러 객체로 구성될 수 있다.

각 개체로는 커브(Curve), 솔리드 모서리(Solid Edge), 또는 솔리드 면(Solid Face)을 사용할 수 있다.

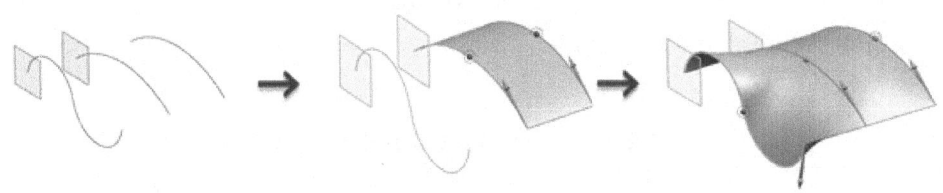

그림 2-65 단면 연속선을 따라 면 생성

4) 스웹(Swept)

공간상의 정의한 3차원 경로 곡선을 따라가는 단면 곡선을 선택하여 곡면을 생성할 수 있다. 단면 곡선은 반드시 가이드 곡선에 연결될 필요는 없다.

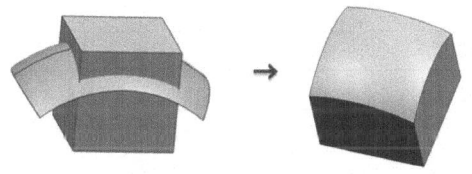

그림 2-66 곡선 따라 면 생성

4. 형상 모델링하기

1) 성형품의 두께

제품을 설계하는 경우 구조적인 기능이 우수하면서 경제적인 측면도 고려하여야 한다. 제품의 두께가 커질수록 강도와 강성은 증가하고 수지의 유동성도 좋아지며 변형량도 감소하게 된다. 그러나 두께가 커지면 금형 내의 냉각 고화 시간이 길어져 성형 사이클 타임 시간이 길어지므로 비경제적이다. 두께가 작아질수록 제품으로서 강도와 강성이 감소하여 금형으로

부터 이형될 때에도 파손이 쉽게 올 수 있으므로 제품의 두께를 신중히 결정하여 설계되어야 한다.

2) 빼기 구배

빼기 구배 설계 시에는 빼기 구배의 값은 다음과 같이 고려하여 결정한다.
① 재료의 특성(성형 수축률, 강성 및 윤활성)
② 성형품의 형상과 구조(성형품의 높이와 살 두께)
③ 금형의 구조(이젝팅 방법)
④ 금형의 제작(성형품의 빼기 방향, 다듬질 정도)
⑤ 성형 조건(금형 내 수지압력)

표 2-2 플라스틱 종류별 표준적인 제품의 두께

플라스틱	표준적인 두께(mm)
폴리에칠렌(중밀도, 고밀도)	0.5 ~ 3.0
폴리프로필렌	0.6 ~ 3.0
폴리아미드(나일론)	0.5 ~ 3.0
폴리아세탈	1.5 ~ 5.0
PBT수지	0.8 ~ 3.0
폴리스치렌	1.2 ~ 3.5
ABS수지	1.2 ~ 3.5
메탈크릴수지	1.5 ~ 5.0
폴리카보네이트	1.5 ~ 5.0
경질염화비닐수지	2.0 ~ 5.0

표 2-3 수지에 따르는 빼기구배

재 료	빼기 구배 허용값		
	정밀급	표준급	거친급(조급)
일반용 폴리스티렌	1/4	1/2	1
내충격성 폴리스티렌	1/4	1/2	1
고밀도 폴리에틸렌	1/2	3/4	1, 1/2
저밀도 폴리에틸렌	1/2	1	2
AS수지	1/4	1/2	1
메타크릴 수지	1/4	1/2	1

3) 파팅 라인(Parting line)

분할금형의 분할선이다. 보통 금형은 2개 이상으로 분할한다. 그 금형을 열 때의 2개 이상의 부분이 분리, 또는 금형을 닫을 때의 2개 이상의 부분이 접촉하는 선이다. 또 이런 금형을 사용하여 얻은 플라스틱 성형품의 외부 표면에 생기는 금형의 분할선의 줄흔이다. 통상은 플라스틱 성형재료가 금형의 분할선의 맞춤 짬에 흘러 들어가서 플래시를 성형하기 쉬우므로 그것을 삭제한 줄 흔적이 많이 남는다.

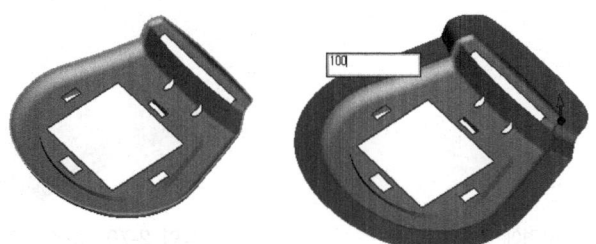

그림 2-67 파팅 라인과 파팅 서페이스

실기 내용

1. 모델 형상 1

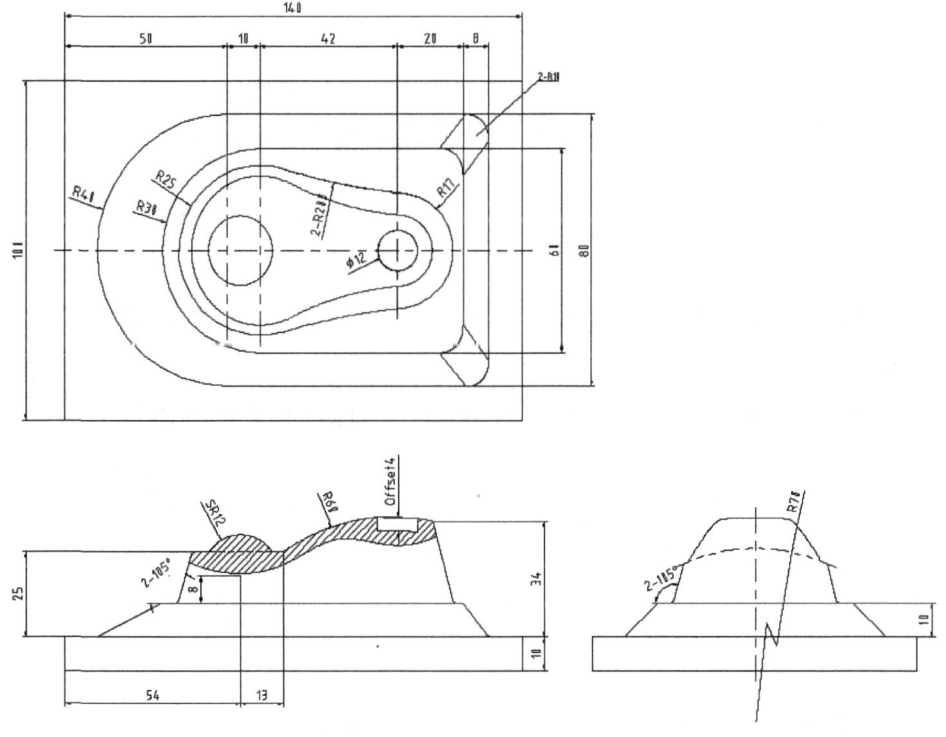

그림 2-68 제품도면

(1) 스케치 평면을 정의한 [그림 2-69]와 같이 스케치를 한다. 치수 조건과 구속조건을 이용한다.
(2) 바닥 베이스를 Z축 (−)방향으로 10mm 돌출한다. [그림 2-70]

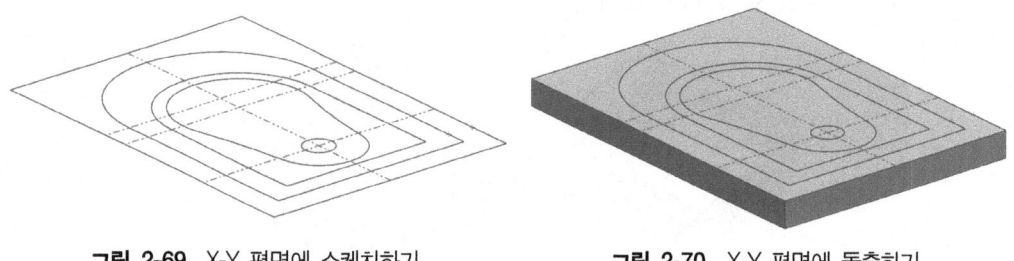

그림 2-69 X-Y 평면에 스케치하기　　　　　그림 2-70 X-Y 평면에 돌출하기

(3) 이동 거리를 Z축 (+) 방향으로 10mm로 스케치를 이동시킨다.
(4) 스케치 면을 X-Z평면을 선택하고, 교차점(Intersection Point)을 생성하고 직선을 이용하여 스케치한다.

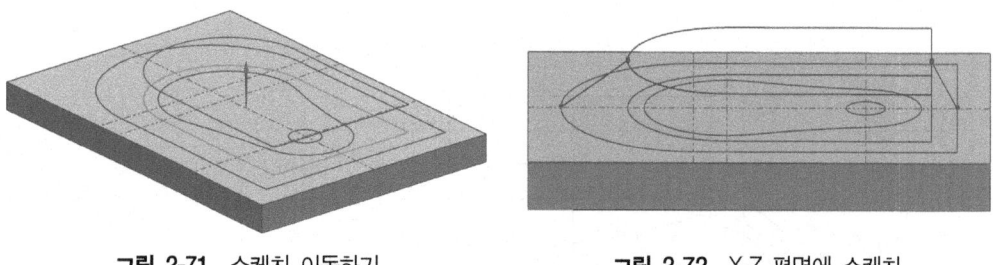

그림 2-71 스케치 이동하기　　　　　　　　그림 2-72 X-Z 평면에 스케치

(5) 스케치 면을 Y-Z평면을 선택하고, 교차점(Intersection Point)을 생성하고 직선을 이용하여 스케치한다.
(6) 두 개의 평면에서 생성된 커브를 스윕(Sweep)을 이용하여 면을 생성한다.

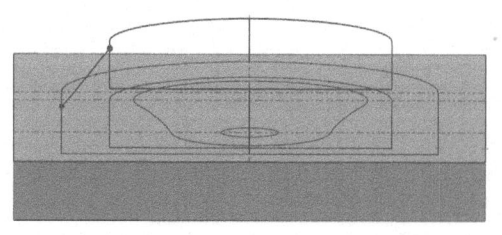 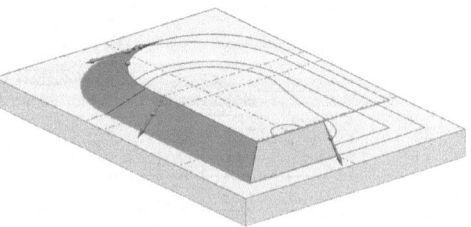

그림 2-73 Y-Z 평면에 스케치　　　　　　　그림 2-74 스윕 이용하여 면 생성

(7) 미러(Mirror)를 이용하여 X-Z면을 기준으로 대칭한다.
(8) 경계 평면을 이용하여 윗면을 생성한다.

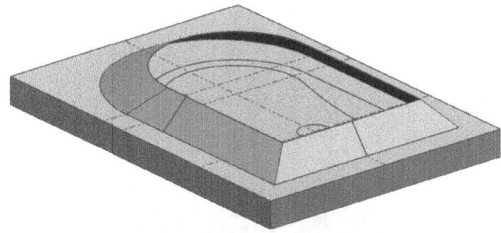

그림 2-75 미러 이용하여 면 대칭

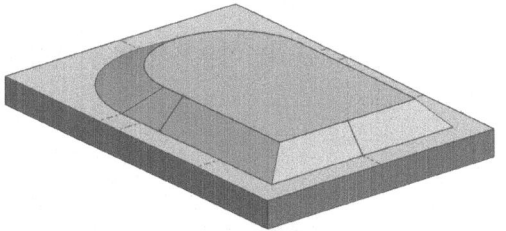

그림 2-76 경계 평면으로 면 생성

(9) 생성된 스윕(Sweep)한 면과 경계 평면을 결합한다.
(10) 연결을 이용하여 연결한 면(서페이스 상태)을 솔리드로 변환한다.

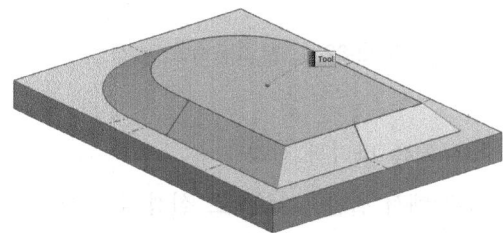

그림 2-77 생성된 두 개의 면 결합

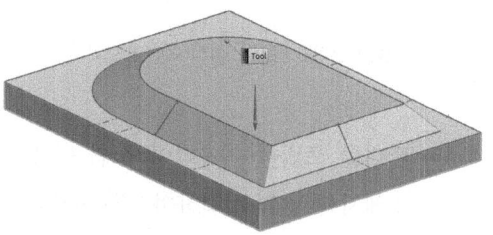

그림 2-78 면(서페이스)을 솔리드로 전환

(11) 가장 안쪽에 있는 스케치를 선택하고 구배(Draft)설정을 각도(Angle) 15도로 지정하여 돌출(Extrude)한다.
(12) 스케치 면을 X-Z평면으로 선택한다. 직선(Line), 호(Arc), 원호(Circle)로 스케치하고 치수를 기입한다.

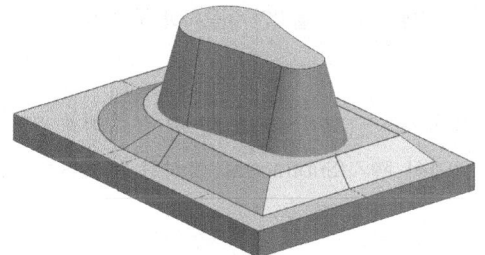

그림 2-79 구배각 설정하여 돌출

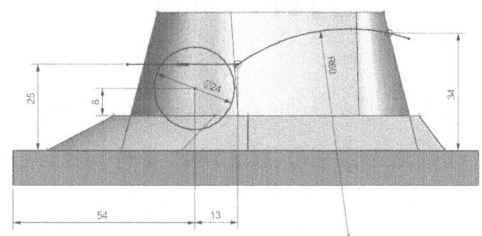

그림 2-80 X-Z 평면에 스케치하기

(13) 스케치 면을 경로상(On Path)으로 유형을 변형한 뒤 생성한다. 호(Arc)를 그리고 구속 조건 곡선 상의 점(Point On Curve)을 주어 호의 중심이 중앙에 구속되게 한 뒤 나머지 치수를 부여한다.
(14) 스윕(Sweep)을 이용하여 면을 생성한다.

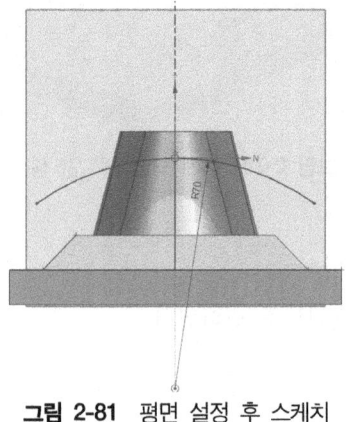
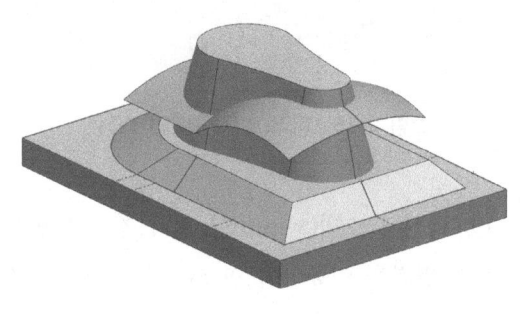

그림 2-81 평면 설정 후 스케치   그림 2-82 스웹 이용하여 면 생성

(15) 바디를 트림을 이용하여 스윕 면을 기준으로 위쪽 바디를 잘라낸다.
(16) 스케치한 원을 선택하며, 불리안(Boolean) 옵션에서 결합(Unite)으로 설정 후 구(Sphere)를 생성한다.

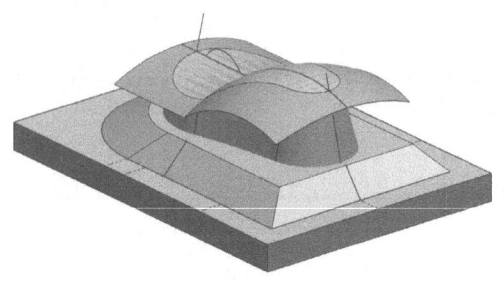
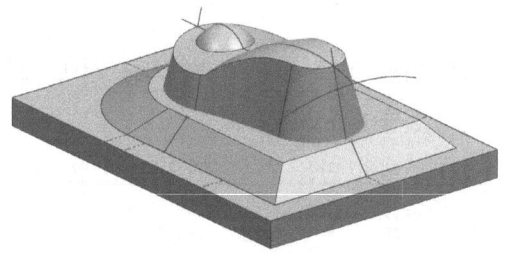

그림 2-83 바디 트림   그림 2-84 불리안 이용하여 구 생성

(17) 곡면 오프셋(Offset Surface)을 이용하여 윗면을 Z축 (−)방향으로 4mm 오프셋을 한다.
(18) 오프셋 면을 선택하여, 불리안(Boolean) 옵션에서 빼기(Subtract)로 설정한 뒤 돌출한다.

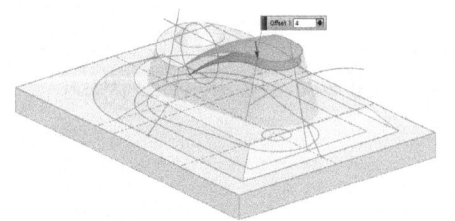
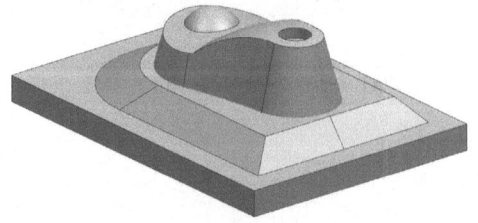

그림 2-85 곡면 오프셋   그림 2-86 오프셋 곡면 불리안 이용하여 빼기

(19) 라운드 부분을 필렛(Edge Blend)을 이용하여 블랜딩 한다.

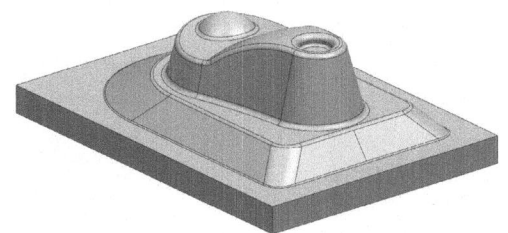

그림 2-87 라운드 블랜딩

5. 어셈블리하기

1) 정보 확인

모델링에 관련된 추가적인 정보를 도출하고 생성할 수 있다.

(1) 개체

확인하고자 하는 개체를 선택하여 정보를 확인한다.

원호 형상의 모서리를 선택하여 정보를 확인하는 상태이다. 날짜, 작업파트, 레이어, 유형, 색상, 폰트, 단위, 모서리 지오메트리, 포인트에 대한 좌표 값, 반경 직경 등의 여러 가지 정보리스트를 확인할 수 있다.

(2) 거리측정

거리측정 기능을 사용하면 점에서 점으로의 거리측정, 투영거리, 길이, 반경 등의 값을 확인해 볼 수 있다.

(3) 각도측정

각도측정 기능을 사용하면 면과 면의 각도측정, 모서리와 모서리 사이의 각도, 세 개의 점으로의 각도 값 등을 확인해 볼 수 있다.

(4) 파팅

제작성을 고려하여 용이하게 수정하고 서페이스나 솔리드 파팅 분할, 다양한 파팅 분할방향 지정, 자동으로 정확한 분할 방향을 표시하고 그 수에 관계없이 슬라이더와 리프터 지원하고 구배각과 언더컷을 분석하여 작업시간을 단축할 수 있다.

그림 2-88 파팅

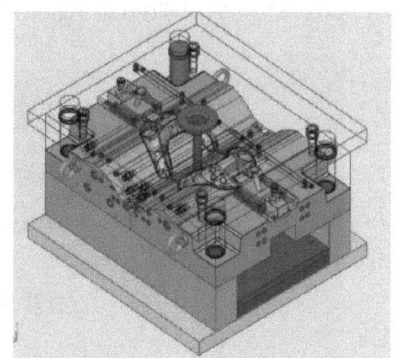
그림 2-89 몰드 디자인

(5) 금형 디자인
3D 몰드 베이스 기능은 측정기능, 분석 도구 및 파트간 충돌 검사 통해 설계 중 작업내용 검증할 수 있다.

2) 파트 조립 제작상의 고려할 사항

제품 모델링 과정에서 제작상의 문제점을 미리 검토하여 제작에 차질이 생기지 않도록 작업을 한다.

제작상의 고려할 사항에는 제품 모델링 후 가공 시에 문제점, 제작 형상의 강도, 안전성, 열적 특성, 강성, 마모, 체적 등이 있다.

3) 성형품의 두께 설계

(1) 기계적 강도 및 성형과 관련
① 두께가 두꺼우면 강도가 크고, 유동이 쉬우며, 휨이 적고, 냉각시간이 길다. 싱크마크나 보이드가 발생한다.
② 두께가 얇으면 강도가 낮고, 유동이 어려우며 웰드라인이 뚜렷하고 고화시간이 빠르다.
③ 가볍고 재료를 절감할 수 있다.
④ 균일한 두께는 균일한 냉각과 균일한 수축이 이루어진다.
⑤ 불균일한 두께는 냉각속도의 차이와 수축의 불균일에 의해 변형과 싱크마크가 발생한다.

(2) 살 두께 설정시의 설계 기준
① 부품의 기능상 두께에 변화를 주어야 할 때는 해당 부분에 코너 R을 가능한 크게 준다.
② 인서트 외주의 살 두께 ≥ 인서트의 외경 × 1/2
③ 힌지부의 살 두께는 0.3~0.5mm로 한다.

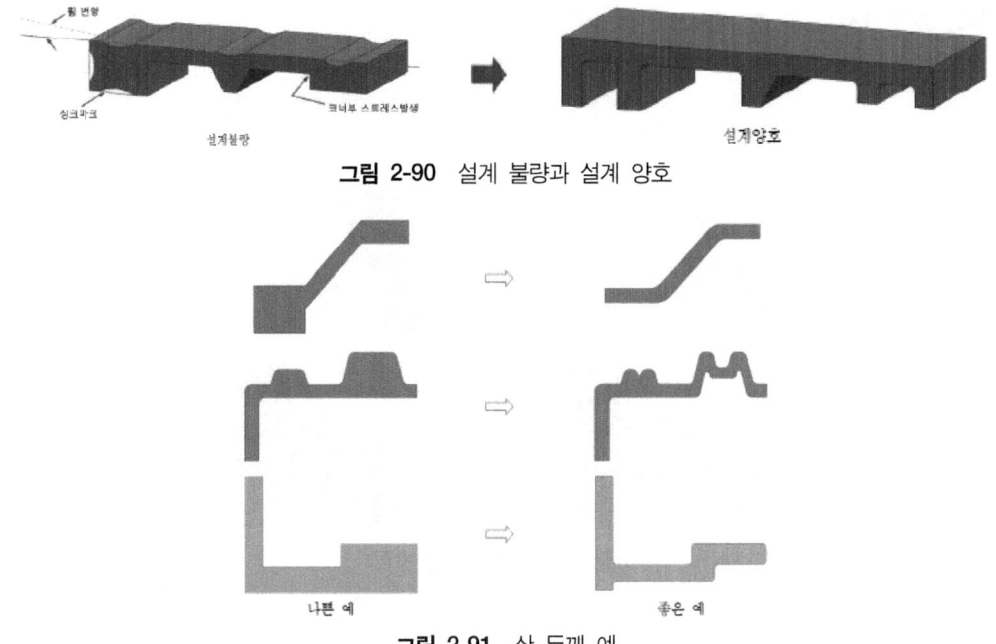

그림 2-90 설계 불량과 설계 양호

그림 2-91 살 두께 예

4) 가공을 고려한 모델링 수정 및 보정

(1) 언더컷 부분

내부에 언더컷이 있을 경우 가공이 힘들다. 그림에서처럼 상측에 구멍을 내어 슬라이드 없는 구조로 바꾼다.

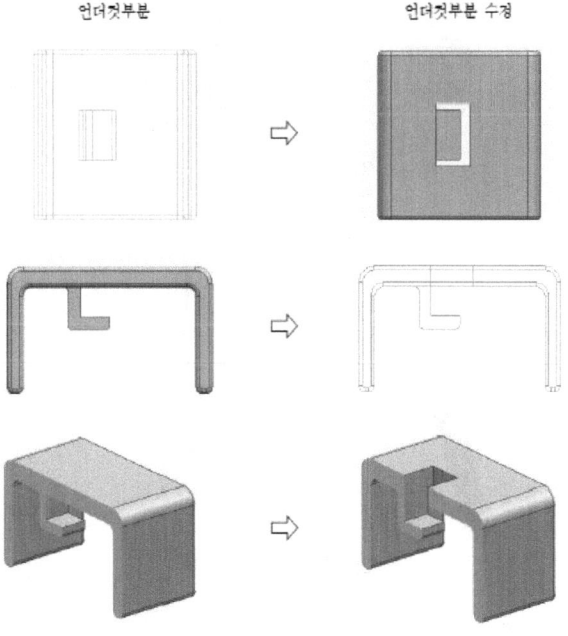

그림 2-92 언더컷 부분 형상 수정

(2) 엣지 부분

제품부에 날카로운 엣지가 있을 경우 깨지기 쉬우므로, 그림에서처럼 R로 생성한다.

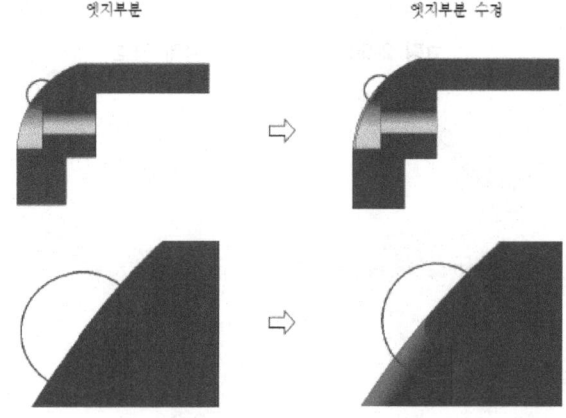

그림 2-93 엣지 부분 수정

실습 내용

그림 2-94 2매 금형

1. 2매 구성 금형 부품

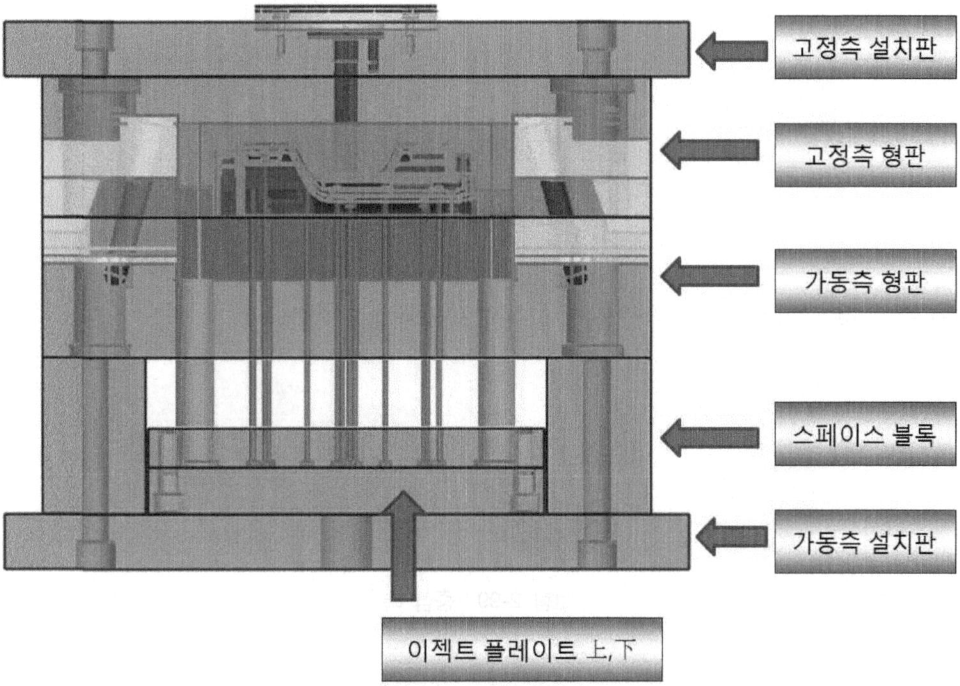

그림 2-95 몰드 베이스

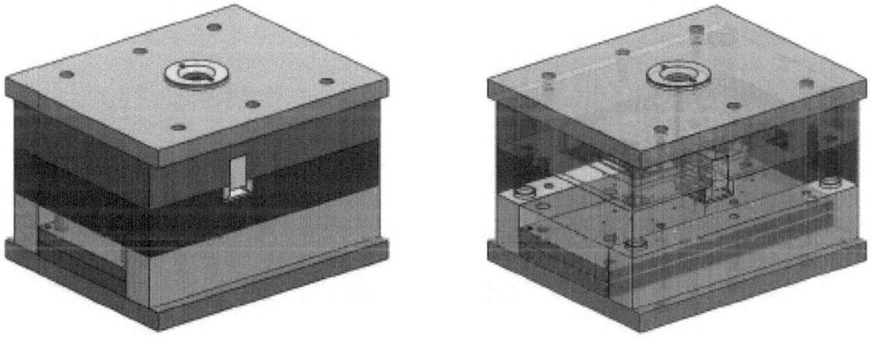

그림 2-96 몰드 베이스조립 형상

2. 어셈블리(Assembly)

1) 구속 조건(Constraints)

(1) 반대 구속 : 형상의 면이 마주보는 방향이 서로 반대 방향에 있도록 개체를 구속한다.

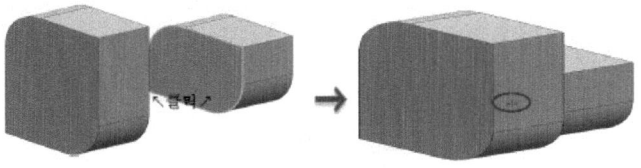

그림 2-97 반대구속

(2) 정렬 : 형상의 면의 방향이 같은 방향이 되도록 개체를 구속한다.

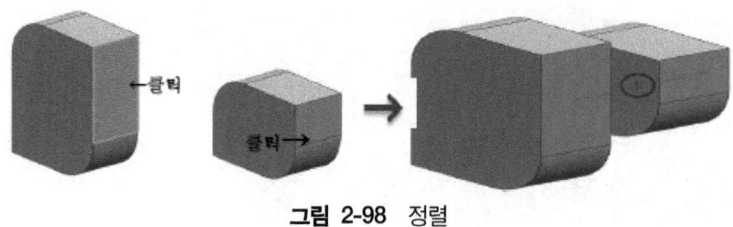

그림 2-98 정렬

(3) 중심 축 일치 : 추정되는 중심, 중심축을 일치하여 구속한다.

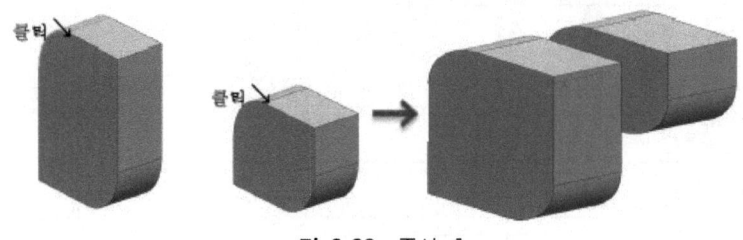

그림 2-99 중심 축

(4) 동심 : 중심이 일치하고 모서리가 동일 평면상에 놓이도록 두 컴포넌트를 원형 또는 타원형 모서리로 구속한다.

그림 2-100 동심

(5) 거리 : 두 객체 사이를 거리 값으로 위치 구속한다.

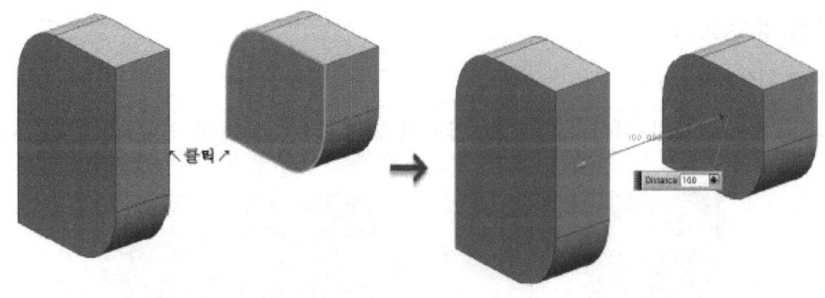

그림 2-101 거리

(6) 평행 : 두 객체의 방향 벡터를 서로 평행하게 정의한다.

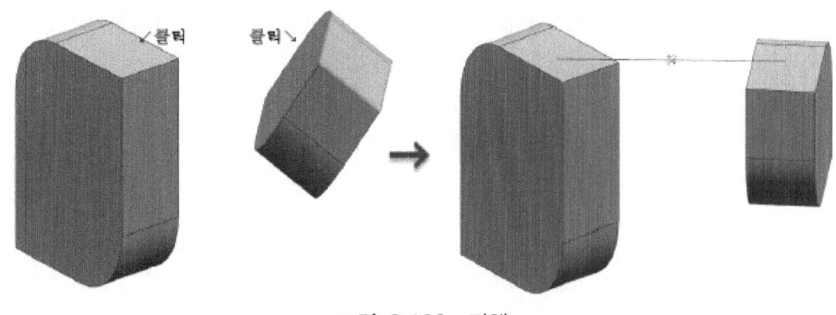

그림 2-102 평행

(7) 맞춤 : 선택한 두 개의 Hole의 중심축을 일치시킨다.
① 접착 : 두 객체를 하나로 연결시킨다.
② 중심 : 선택하는 객체의 위치를 일치시켜 구속한다.
③ 각도 : 두 객체 간에 각도를 지정하여 구속한다.

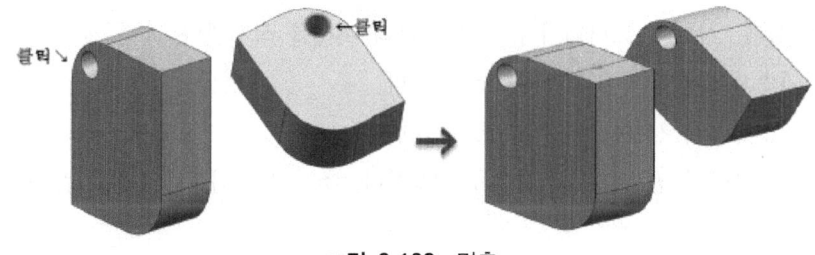

그림 2-103 맞춤

3. 분해 뷰(Exploded Views)

1) **새 분해** : 작업 뷰에서 새 분해를 생성한다. 새로운 분해에서 컴포넌트 위치를 변경하여 분해된 뷰를 생성할 수 있다.

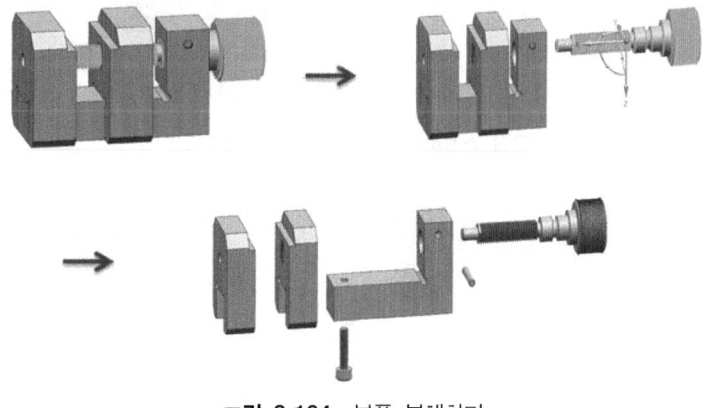

그림 2-104 부품 분해하기

(1) 위치 수정 : 현재 분해에서 선택한 어셈블리의 위치를 변경한다.
(2) 위치 변경 : 어셈블리 구속조건에 따라 분해 내에서 컴포넌트 위치를 변경한다.

그림 2-105 부품 위치 변경하기

(3) 원래 위치로 되돌리기 : 컴포넌트를 분해되지 않은 원래 위치로 되돌린다.
(4) 분해 삭제 : 뷰에서 표시되지 않은 어셈블리 분해를 삭제한다.
(5) 숨기기 : 뷰에서 선택한 컴포넌트를 숨긴다.
(6) 보이기 : 뷰에서 선택한 컴포넌트를 표시한다.
(7) 추적 : 분해에서 컴포넌트 추적선을 생성한다. 추적선은 컴포넌트가 조립된 위치를 표시한다.

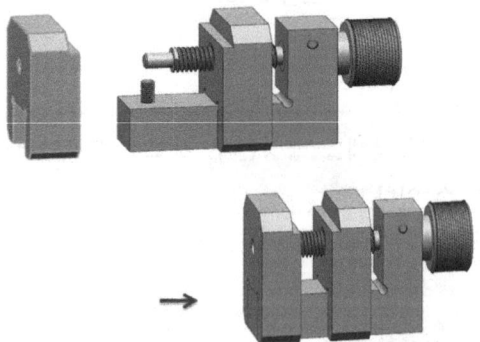

그림 2-106 부품 원래 위치 되돌리기

그림 2-107 부품 숨기기

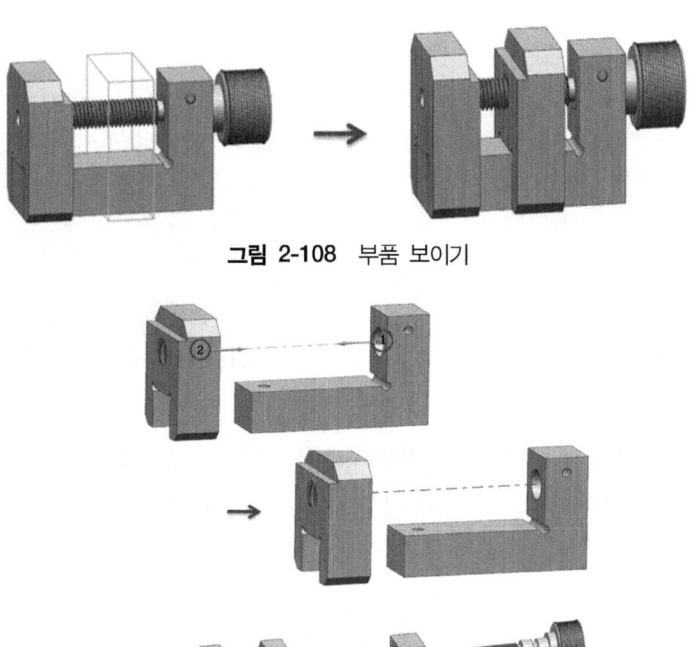

그림 2-108 부품 보이기

그림 2-109 추적선 생성하기

4. 간섭 체크

3D에서는 파트 간의 충돌 여부를 계속 검사할 수 있다. 충돌이 감지되면 모션이 자동으로 정지되고 간섭 부위가 강조 표시된다.

2D와 3D CAD 설계 간섭은 공차 문제로 인해 발생하기도 한다. 최대 및 최소 공차 조건을 자동으로 검사하는 기능도 제공하며 파트에 적용한다. 이 기능으로 어떤 공차가 공차 누적 문제에 공차를 줄일지 또는 치수 기입 구조를 변경할지 알 수 있다. 조립 및 기능 오류가 줄어들면 효율이 올라가고 시간, 인건비 및 재료비가 줄어든다.

전극영역 추출, 홀더 및 블랭크 자동 생성할 수도 있고 엣지면의 간섭이 생기면 엣지를 연장하여야 한다. 전극에서도 간섭이 일어나는 부위를 찾아서 형상을 수정하여 작업한다.

측정 기능, 분석 기능 및 파트간의 충돌 검사를 통해 설계 중 작업 내용을 검사할 수 있고 많은 양의(수천 개) 설계 변경 형상을 분석도 가능하다. [그림 2-111]은 이젝션 시스템 설계의 형상이다.

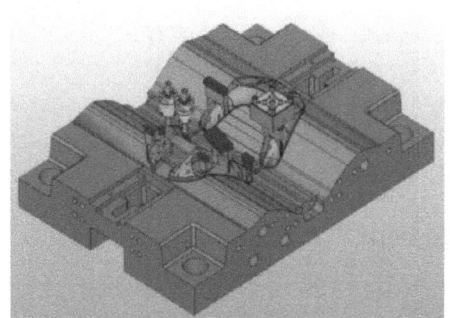
그림 2-110 전극 설계 간섭 체크

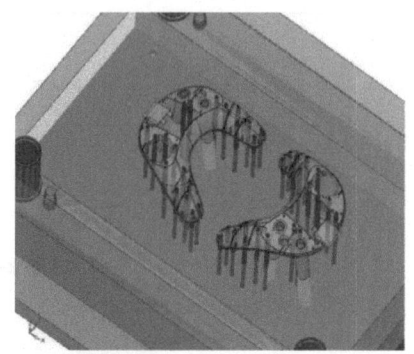
그림 2-111 이젝션 시스템 간섭 체크

냉각 설계에서는 냉각 채널, 플러그, 커넥터, 버플, 니풀 등을 설계하여야 하는데 다른 냉각 채널들이 근접하여 있을 경우 간섭이 발생을 한다. 이런 부분도 간섭 체크를 통한 설계가 필요하다.

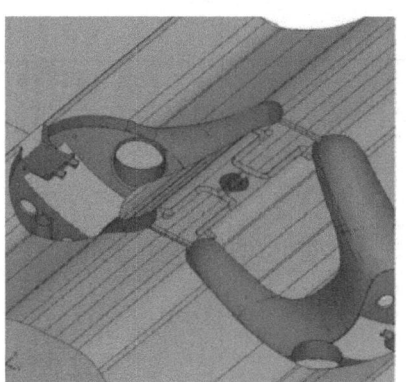
그림 2-112 냉각 시스템 간섭 체크

단원 핵심 학습 문제

01 다음 중 서페이스 모델링 곡면이 아닌 것은?
① 가이드 따라서 생성되는 곡면　　② 두 개의 곡선에 생성되는 곡면
③ 연속 단면 곡선에 생성되는 곡면　　④ 경사지게 생성되는 곡선

해설 : ④ 서페이스 모델링 곡면 - 가이드 따라서 생성되는 곡면, 두 개의 곡선에 생성되는 곡면, 연속 단면 곡선에 생성되는 곡면, 스웹(Swept)

02 2D와 3D CAD 설계 간섭은 공차 문제로 인해 발생하기도 한다. 최대 및 최소 공차 조건을 자동으로 검사하는 기능도 제공하며 파트에 적용한다. 이 기능으로 어떤 공차가 공차 누적 문제에 공차를 줄일지 또는 치수 기입 구조를 변경할지 알 수 있다. 조립 및 기능 오류가 줄어들면 효율이 올라가고 시간, 인건비 및 재료비가 줄일 수 있는 기능은?

해설 : 간섭체크

03 언더컷부분은 가공을 고려한 모델링 수정 및 보정은 어떻게 해야 하는가?

해설 : 내부에 언더컷이 있을 경우 가공이 힘들다. 상측에 구멍을 내어 슬라이드 없는 구조로 바꾼다.

04 금형 부품의 어셈블리(Assembly)시 구속조건을 쓰시오.

해설 : 반대 구속, 정렬, 중심 축 일치, 동심, 거리, 평행, 맞춤, 접착, 중심, 각도

05 이 옵션을 사용하면 지정된 두께 값을 사용하여 솔리드 바디의 내부를 비우거나 그 주위에 셀을 생성할 수 있다. 각 면에 대해 개별 두께를 할당하고 천공할 면의 영역을 선택할 수 기능은?

해설 : 쉘(Shell)

06 모서리에서 만나는 면에 볼이 계속 접촉하도록 유지하면서 블랜드(Blend) 할 모서리(Blend반경)를 따라 볼을 굴려 수행하는 기능은?

해설 : 모서리 블랜드(Edge Blend)

07 두 개의 곡선(Curve)이 교차하는 부분에 라운드(Radius)값을 적용하는 기능은?

해설 : 필렛(Fillet)

08 패턴 곡선(Pattern Curve)의 종류를 쓰고 설명하시오.

해설 : ① 선형 패턴(Linear) - 1개 또는 2개의 선형 방향을 사용하여 레이아웃을 정의한다.
　　　② 원형 패턴(Circular) - 회전축 및 선택 점의 방사형 간격 매개 변수를 사용하여 배열한다.

09 스케치 구속조건(Sketch Constraints)의 종류를 쓰시오.
> 해설 : 수직 구속, 선상의 점으로 구속, 수평 구속, 직각 구속, 접선 구속, 동등 길이 구속, 동등 원 구속, 동심 구속, 객체의 동심으로 구속, 동일 선상 구속, 커브의 중간점 구속

10 모든 모델링 프로그램에 기본이 되는 명령으로 곡선, 모서리, 면, 스케치 곡선 등을 선택하여 원하는 방향으로 돌출시켜 바디를 생성할 수 있는 명령은?
> 해설 : 돌출

11 모서리에서 만나는 면에 볼이 계속 접촉하도록 유지하면서 블랜드(Blend) 할 모서리(Blend반경)를 따라 볼을 굴려 수행하는 명령은?
> 해설 : 모서리 블랜드(Edge Blend)

12 공간상의 정의한 3차원 경로 곡선을 따라가는 단면 곡선을 선택하여 곡면을 생성은?
> 해설 : 스웹(Swept)

13 금형은 2개 이상으로 분할하며, 그 금형을 열 때의 2개 이상의 부분이 분리, 또는 금형을 닫을 때의 2개 이상의 부분이 접촉하는 선은?
> 해설 : 파팅 라인(Parting line)

14 성형품의 두께 설계에 대하여 쓰시오.
> 해설 : ① 두께가 두꺼우면 강도가 크고, 유동이 쉬우며, 휨이 적고, 냉각시간이 길다. 싱크마크나 보이드가 발생한다.
> ② 두께가 얇으면 강도가 낮고, 유동이 어려우며 웰드라인이 뚜렷하고 고화시간이 빠르다.

15 중심이 일치하고 모서리가 동일 평면상에 놓이도록 두 컴포넌트를 원형 또는 타원형 모서리로 구속하는 어셈블리(Assembly) 구속 조건은?
> 해설 : 동심

2-3 부품모델링 데이터 출력하기

1. 2D 도면화 작업

1) 도면 규격

(1) 설계의 표준규격

일정한 규격에 맞게 제품을 생산하면 생산을 능률화 할 수 있고, 제품의 균일화와 품질 향상 등 상호간의 호환성이 확보된다. 따라서 각 국가의 사정에 알맞은 산업표준이 제정되어 있으며 각국의 공업규격은 아래 표와 같다.

표 2-4 각국의 공업규격

국가명	규격기호	제정년도
한 국 공업규격	KS[Korean(Industrial) Standards]	1966
영 국 공업규격	BS[British Standards]	1901
독 일 공업규격	DIN[Deutsche Industrie Normen]	1917
미 국 공업규격	ANSI[American National Standards Institute]	1918
스위스 공업규격	VSM[Normen des Vereins Schweizerischer Machinen Industrieller]	1918
일 본 공업규격	JES-JIS[Japanese Industrial Standards	1921(1952)
국제 표준화기구	ISA-ISO[International Organization for Standardization	1928(1947)

우리나라의 경우 일반 공업에 적용되는 기본적인 제도통칙이 1966년에 KS A 0005로 제정되었고, 기계제도는 KS B 0001로 1967년 제정되었다.

표 2-5 한국 산업 표준

분류 기호	KS A	KS B	KS C	KS D	KS E	KS F	KS G	KS H	KS I	KS J	KS K
부문	기본	기계	전기	금속	광산	건설	일용품	식료품	환경	생물	섬유
분류 기호	KS L	KS M	KS P	KS Q	KS R	KS S	KS T	KS V	KS W	KS X	
부문	요업	화학	의료	품질 경영	수송 기계	서비스	물류	조선	항공 우주	정보	

2) 도면의 크기

우리나라는 (KS A 5201 또는 KS A 0106) A열의 A0~A6에 따르며, 도면의 길이방향을 좌우 방향으로 놓아서 그리는 것을 원칙으로 하며 A4는 예외이다.

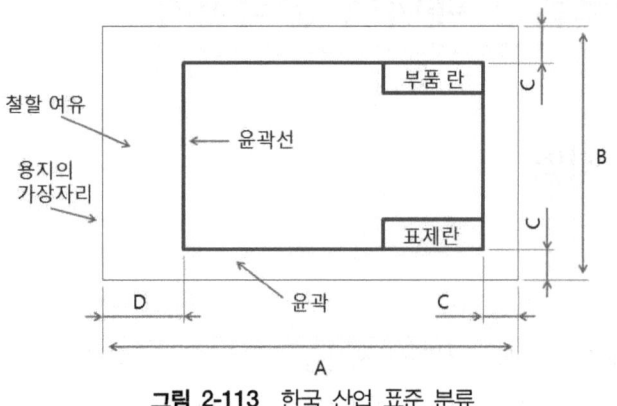

그림 2-113 한국 산업 표준 분류

표 2-6 도면 규격

호칭 크기	A	B	C	D 철할 경우	D 철하지 않을 경우
A0	1189	841	10	25	10
A1	841	594	10	25	10
A2	594	420	10	25	10
A3	420	294	5	25	5
A4	294	210	5	25	5

실습 내용

1. 뷰(View) 생성하기

1) 단면

생성한 섹션을 기준으로 단면 뷰를 추가로 생성한다. 파트 안쪽의 보이지 않는 형상을 자세히 표현할 때 사용된다.

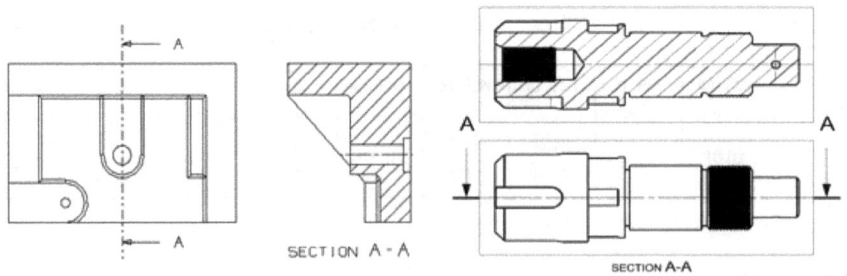

그림 2-114 단면

2) **회전 단면 뷰** : 회전된 부품의 섹션 뷰를 생성한다.
3) **상세 뷰** : 영역이 작은 부위에 중요한 치수나 기호가 있는 경우 확대하여 적당한 위치에 표기한다.

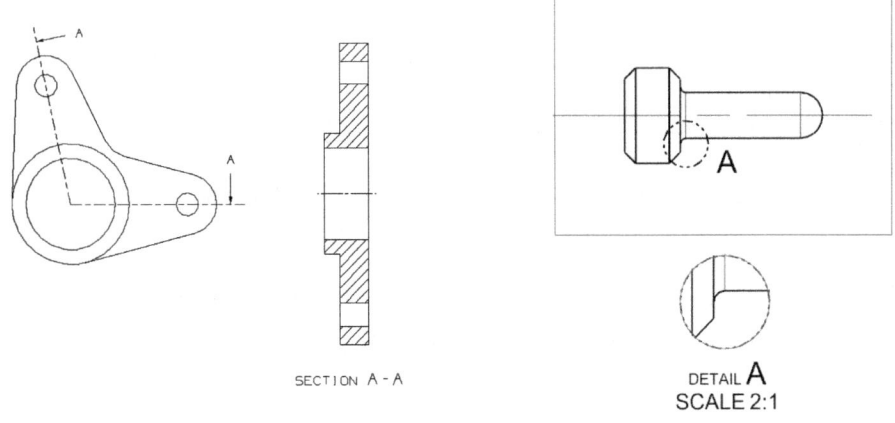

그림 2-115 회전 단면   그림 2-116 상세도

4) **반 단면도(Half Section View)** : 투영된 반 단면 뷰를 생성한다.
5) **파단(Drawing View)** : 도면 시트에 빈 뷰를 생성하여 스케치와 뷰 독립 개체를 생성한다.

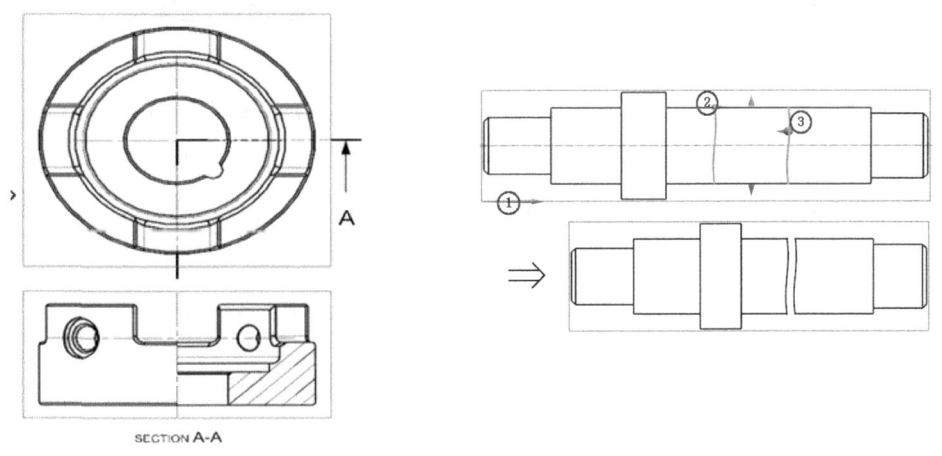

그림 2-117 반 단면도   그림 2-118 파단

2. 치수 생성

1) 추정 치수

치수 기입은 가장 많이 사용되는 명령으로 선택되는 방향과 선분의 위치를 기준으로 추정하여 대부분의 Dimension 명령을 대신한다.

2) 수평 치수
3) 수직 치수

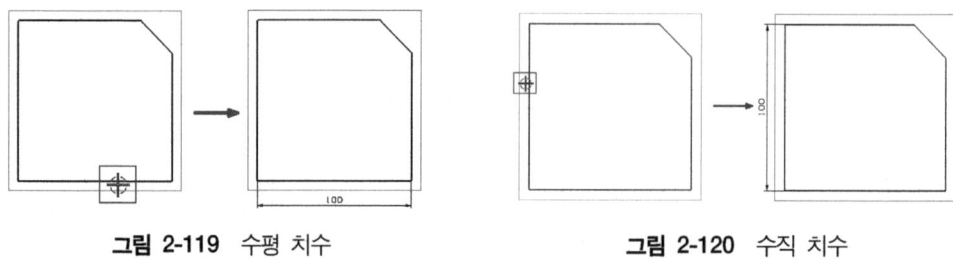

그림 2-119 수평 치수   그림 2-120 수직 치수

4) 각도 치수 : 각도(Angle)를 이용하여 치수 생성 각의 방향을 선택할 수 있다.
5) 평행 치수 : 점(Point)과 점(Point)의 직선거리 치수를 생성한다.

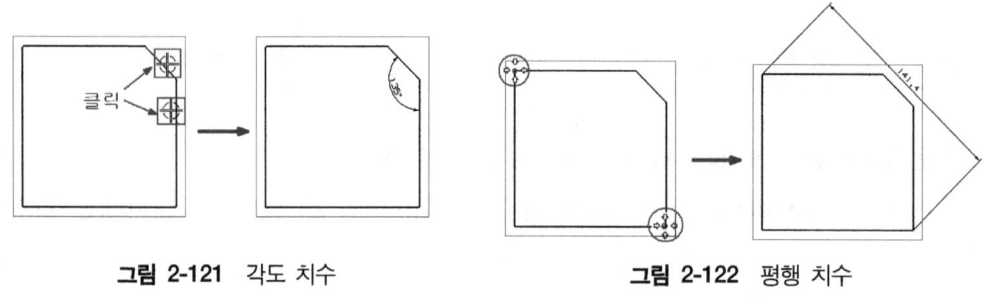

그림 2-121 각도 치수   그림 2-122 평행 치수

6) 직교 치수 : 치수선의 생성 기준이 되는 방향을 뷰(View)에 곡선을 선택하여 지정한 후 치수를 생성한다. 곡선(Curve)과 점(Point) 간의 거리 치수를 생성한다.
7) 모따기 치수 : 모따기 치수를 생성한다.

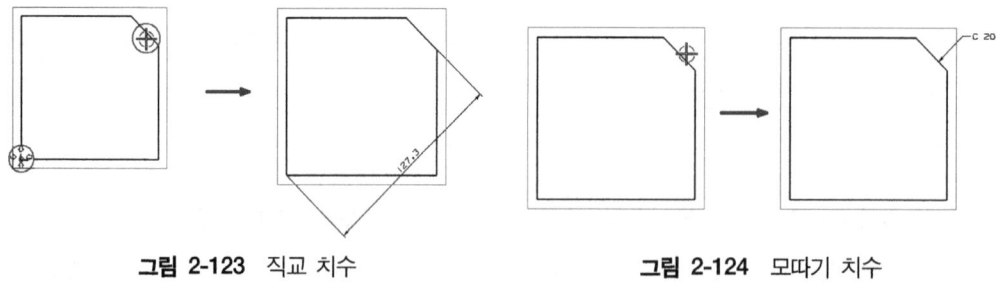

그림 2-123 직교 치수   그림 2-124 모따기 치수

8) 원통형 치수 : 기준선(Baseline)은 치수선의 기준이 되는 선(Line)을 선택한다.
9) 구멍 치수 : Hole 치수를 생성한다.

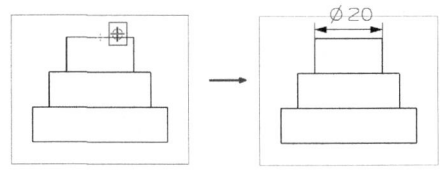
그림 2-125 원통형 치수

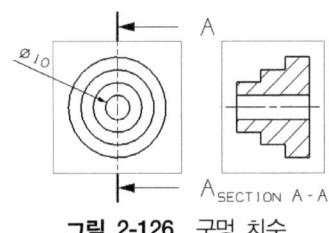
그림 2-126 구멍 치수

10) 직경 치수
11) 반경 치수

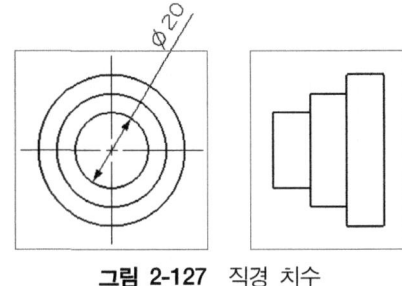

그림 2-127 직경 치수   그림 2-128 반경 치수

12) 중심 반경 치수
13) 꺾인 반경 치수 : 임의의 위치 중심 표시 접힌 반경 치수 생성이다.

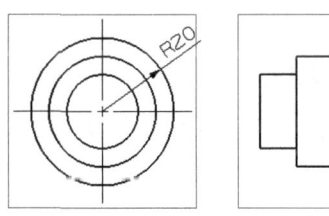
그림 2-129 중심 반경 치수

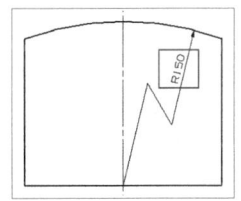
그림 2-130 꺾인 반경 치수

14) 두께 치수
15) 원호 치수 : 치수 위에 ⌒ 표시가 된다.

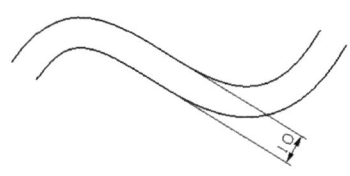
그림 2-131 두께 치수

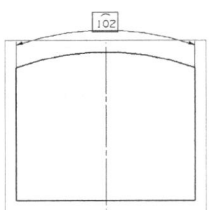
그림 2-132 원호 치수

16) **직렬 치수** : 수평(수직)으로 동시에 생성되는 치수이다.
17) **병렬 치수** : 수평(수직)에 관한 1번 선을 기준으로 치수를 생성한다.

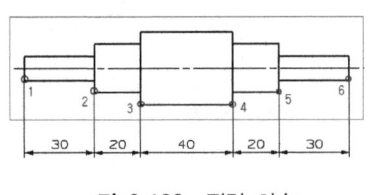

그림 2-133 직렬 치수

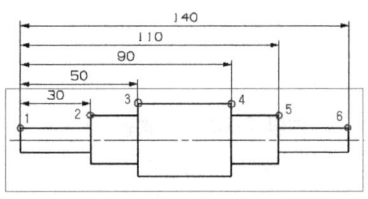

그림 2-134 병렬 치수

18) **좌표 치수** : 하나의 좌표를 기준으로 치수선 생성한다.

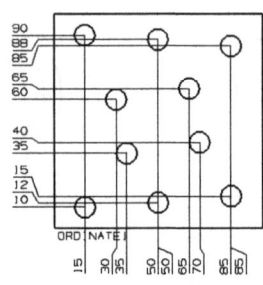

그림 2-135 좌표 치수

3. 주석

1) 노트

(1) 심볼(Symbols)에서 도면(Drafting)용 기호를 넣거나 형상기호를 넣을 수 있다.
(2) 형태(Style) : 주석(Annotation)의 모양, 크기, 칼라, 위치 등을 수정할 수 있다.

2) 식별 심볼

(1) 금형부품의 파트리스트 넘버를 표현할 때 사용한다.
(2) 유형 : 원하는 모양을 선택한다.
(3) 원점 : Symbol의 위치를 정한다.
(4) 지시선 : 리더 선으로 위치를 지정하여 생성한다.
(5) 텍스트 : 글자를 입력한다.
(6) 상속 : 다른 심볼(Symbols)의 속성을 가지고 온다.

3) 사용자 심볼

(1) 금형 이젝트-핀(Eject-pin)의 위치 등을 표현할 때 사용된다.
(2) 심볼을 가져와서 쓰거나 심볼을 생성하여 리스트에 추가한다.

4) 해칭

(1) 금형 슬라이드의 단면이나 금형의 섹션 단면을 표현할 때 사용한다.
(2) 영역(Boundary) : 해칭할 영역을 선택한다.
(3) 세팅(Settings) : 해칭의 형태나 모양을 바꿀 수 있다.

2. 2D, 3D 인터페이스

1) 데이터 전송 방법

(1) 병렬 전송(parallel Transfer)과 직렬 전송(Serial Transfer)

병렬 전송은 복수의 Bit를 모아서 한 번에 전송하는 방식으로 주로 16Bit 또는 32Bit 등의 단위로 통신한다. HDD, FDD, CD-ROM 등이 대표적인 방식이다.

직렬 전송은 복수의 Bit를 한 Bit씩 나열하여 전송하는 방식으로, 장거리 전송에 주로 사용되며 전송로의 비용을 저렴하게 구성할 수 있다. LAN, RS232C 등이 대표적인 방식이다.

(2) 통신의 종류(Communication Type)

통신의 종류에는 단방향 통신, 반이중 통신, 전이중 통신 방식이 있고, 데이터의 전송로는 2선식, 4선식 등이 있다. 주로 4선식 회선이 사용되나 필요하면 주파수 분할로 2선식 회선도 사용 가능하다.

(3) 통신의 방법

① 동기 방식

Time slot의 구분을 수신측에 알려주기 위하여 Data 신호선 외에 동기 체크용 신호선을 별도로 설치하는 방법이 있으나 현재는 많이 사용하지 않는다.
한 번에 긴 Data를 송수신 할 수 있으며, 비동기 방식에 비하여 전송 효율이 높아 문자 전송에 많이 사용한다.

② 비동기 방식

일정한 길이의 데이터(7 또는 9Bit) 앞뒤에 Start(0), Stop(1), Bit를 붙여서 전송하는 방법으로 NC data를 전송하는 경우에 많이 사용한다.

(4) RS-232C

직렬전송장치의 일종인 RS-232C는 ELA(Electronic Industries Association : 미국 전자 공업 협회)가 RS232B의 개정판으로 1969년에 발표, 1981년에 개정 승인한 규격이다.

RS-232C는 15m 이내의 거리나 9.6Kbps보다 낮은 비트율의 거리일 때 사용하며 RS-422은 1Mbps 상태에서 100m 이상의 거리에 사용한다.

① 규격 정의

직렬로 이어진 2진 데이터를 교환하는 데이터 터미널 장비(DTE)와 데이터 통신 장비(DCE) 사이의 인터페이스에 대한 제반사항을 규정한 것이다.

※ RS-232C 표준
- RS : Recommended
- 232 : 표준 식별 번호
- C : 최근에 발표된 버전 번호

② RS-232C와 전송 방식

RS-232C를 사용하는 경우는 반이중 방식과 비동기식 방법이 있다.

실습 내용

1. 2D 변환(Exchange) 작업

1) 2D 변환 파일 형식 : IGES, DXF, DWG 등이 있다.

(1) Cavity, Core 또는 Moldel 2차원 dwg 파일로 내보낸다.
(2) Drafting의 단면도 형상으로 작성해야 변환 가능하다.

2) 2D Cad로 저장

Export에서 CAD 파일로 출력하여 저장된다.

2. 3D 데이터 형식 저장 및 출력하기

1) 파일 내보내기

내보내기를 사용하면 3D 데이터를 다른 형태의 데이터로 내보낼 수 있다.

파트, Parasolid, STL, JT, 이미지파일, IGES, STEP, DXF/DWG, CATIA 등의 파일 형식으로 내보낼 수 있다.

2) 파일 변환

(1) Parasolid : Parasolid는 XT 파일 포맷을 갖는다.
(2) STL : 인터페이스 데이터 포맷으로 3D 프린터에서 많이 사용된다.
(3) JT : JT는 표준파일 포맷이다.
(4) 이미지파일 : JPEG, GIF, TIFF, BMP 등의 여러 가지 이미지 파일 형식을 지원한다.

(5) IGES : IGES는 3D 프로그램에서 많이 사용되어지는 범용 데이터로 면의 형태로 데이터를 지원한다.
(6) STEP : STEP은 stp파일 포맷을 갖고, 3D 프로그램에서 많이 사용되어지는 범용 데이터로 솔리드의 형태로 데이터를 지원한다.
(7) DXF/DWG : DXF/DWG는 도면파일로 2D파일로의 변환이 가능하다.
(8) 3D Cad 고유 파일 : 3D Cad 고유 형식 파일로 변환이 가능하다.

3. 출력하기

1) 조립도 배치

① 조립도에서 평면도의 상측은 열린 상태를 뒤집어서 보는 방향의 평면도를 왼쪽에 배치하고, 하측은 열린 상태를 위에서 본 평면도를 오른쪽에 위치하도록 배치한다.
② 조립도에서 측면도는 정면에서 본 것과 우측에서 본 것으로 나누어 나타내어 준다.
③ 측면도의 단면도는 해칭을 하지 않음을 원칙으로 하나, 성형재질이 들어가는 부위, 즉 스프루, 러너, 게이트, 캐비티에는 해칭도 가능하다.

(1) 성형품이 대칭일 경우 조립도 배치

① 가동측 평면도 절반은 평면도 중심선의 좌측이나 또는 아래측 고정측 평면도 절반은 중심선의 우측이나 또는 위측에 그린다.
② 복합조립 측면도는 정면도와 측면도 절반씩 그린다.
③ 조립도에서 평면도는 도면 중심에서 위쪽 측면도(정면도와 측면도를 복합한 측면도)는 도면 중심 아래쪽에 그린다.

(2) 조립도의 작성 방법

① 조립도의 측면도 작성 시 단면표기는 평면도에 표시되어 있는 모든 부품들을 중복되지 않게 나타내기 위하여 단면을 최대한 절단하여 복수 단면으로 그린다.
② 측면도의 단면에는 해칭을 하지 않음을 원칙으로 하나 성형수지가 흘러 들어가는 부위, 즉 스프루, 러너, 게이트, 캐비티에는 스모징(smudging) 한다.
③ 평면도상의 원형 이젝터 핀에는 판독하기 쉽게 4등분 원을 대칭되게 해칭한다.
④ 금형의 부품들은 조립도 상에 형상 및 치수를 모두 표기한다.
⑤ 구조가 간단한 부품들은 조립도에 그 부품의 형상 및 치수를 표기하고 부품도를 별도로 작성하지 않아도 제작에 지장 없다고 판단되면 생략한다.

⑥ 복잡한 부품은 별도로 부품도를 작성한다.
⑦ 조립도에 가이드포스트 및 부싱의 조립관련 치수, 이젝터 스트로크 등 가동부품의 움직이는 이동량 등의 기능적인 치수를 기입한다.
⑧ 가공자에게 보다 알기 쉽게 모든 명칭은 약어로 표기할 수 있다.
⑨ 표준품들은 호칭명과 호칭치수 [X] 전체 길이로 표시한다.
⑩ 조립도의 우측여백에 기본적으로 표기하여야 할 사항은 아래와 같다.
   (가) 금형 중량
   (나) 성형 수지명
   (다) 수지의 수축률
   (라) 캐비티 수
   (마) 천지 표기

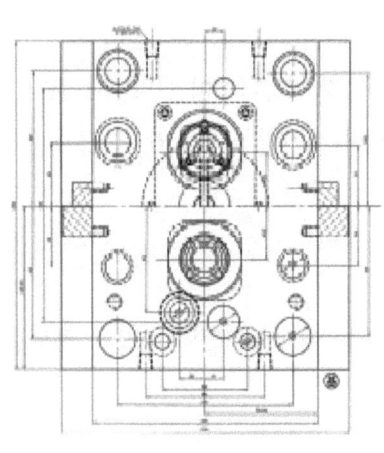

그림 2-136 평면도

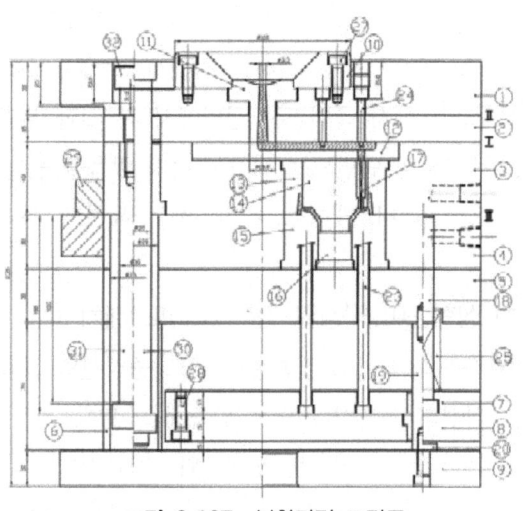

그림 2-137 복합단면 조립도

실습 내용

1. 2D 데이터 출력

사출금형설계 제도는 KS의 기계제도를 기본으로 하며 사출금형의 설계, 구조, 조립 등을 표현하는 제도방법으로 표시한다.

1) 3D로 모델링된 파트를 2D 데이터로 변환하기 위해서는 드래프팅(Drafting) 작업을 해야 한다.
2) 드래프팅(Drafting)에서 뷰(View) 기능을 이용하여, 2D 데이터로 변환이 가능하다.
3) 변환된 2D 데이터는 Plot이나 Printer를 통하여 인쇄가 가능하며 Export를 통하여 타 소프트웨어의 확장자로 변환이 가능하다.

2. BOM 출력

3D 데이터에서의 BOM생성 및 정보 산출은 3D 모델링 환경에서 이루어진다. 연관된 3D CAD 시스템으로 작업하면 현재 상태의 BOM을 정확히 반영할 수도 있다.

BOM은 파트와 어셈블리의 변경 사항을 자동으로 반영하므로 항상 정확하다. 데이터 관리는 제품 개발 과정에 있어 언제나 매우 중요하다. 설계는 개념 수립, 세부 엔지니어링 설계, 조립 및 테스트, 그리고 최종 제품 출시에 이르는 개발의 전단계를 거치는 경우가 많다. 제품 개발과 제조에 관여하는 모든 사람들을 고려할 때 데이터 제어는 특히 중요하다.

몰드베이스 및 표준 기술을 표준화, 인적 에러 감소, 생산주기 단축, 금형 설계의 효율성을 높일 수 있도록 많은 몰드베이스 및 표준 파트들이 사용 가능하다.

MISUMI, FUTABA, HASCO, DME와 LKM 등을 포함한 유명 업체로부터 다양한 종류의 표준 몰드베이스와 표준 파트를 제공한다.

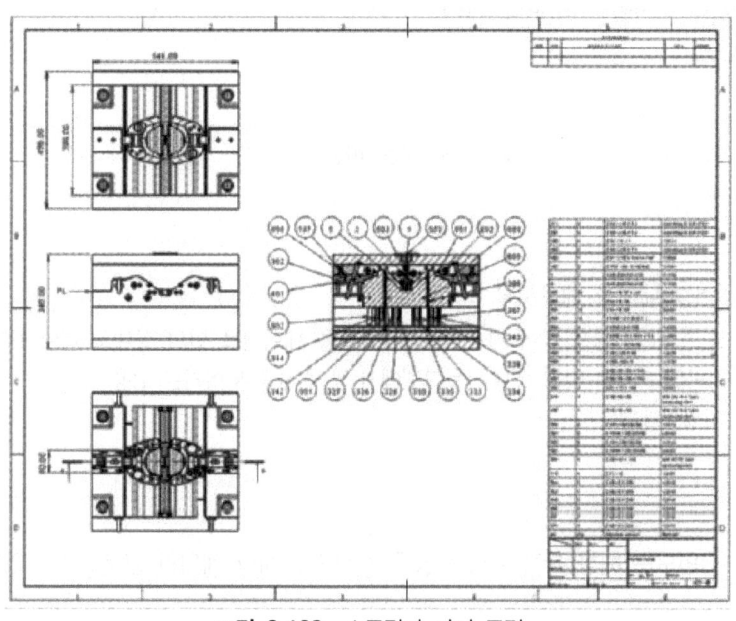

그림 2-138 스트립과 다이 도면

단원 핵심 학습 문제

01 다음 중 2D/3D 데이터 출력 형식이 아닌 것은?
① STL
② IGES
③ DXF/DWG
④ JPG

해설 : ④ 파일 내보내기 - 파트, Parasolid, STL, JT, 이미지파일, IGES, STEP, DXF/DWG, CATIA 등의 파일 형식으로 내보낼 수 있다.

02 RS-232C 표준 통신 방법에서 RS, 232, C가 의미하는 것은 무엇인가?

해설 : RS - Recommended, 232 - 표준 식별 번호, C - 최근에 발표된 버전 번호

03 2차원 형식으로 파일을 변환 형식은?

해설 : IGES, DXF, DWG 등이 있다.

04 3D 프린터나 3D 스캐너에서 많이 사용하는 파일 포멧은?

해설 : STL File

05 (   )에 들어갈 내용을 채우시오.
(   )는 3D 프로그램에서 많이 사용 되어지는 범용 데이터로 면의 형태로 데이터를 지원한다.
(   )은 stp파일 포맷을 갖고, 3D 프로그램에서 많이 사용 되어지는 범용 데이터로 솔리드의 형태로 데이터를 지원한다.

해설 : IGES, STEP

06 측면도의 단면도는 해칭을 하지 않는 것을 원칙으로 하나 예외인 경우는 무엇인가?

해설 : 성형재질이 들어가는 부위(스푸르, 런너, 캐비티)

07 3D 모델링 소프트웨어에서 재료주문, 품질 관리, 도면 관리 및 현장 작업자도면 생성하여 도면 표준 형식으로 도면 템플리트 생성 또는 기존 템플리트 재사용도 할 수 있는 것은 무엇이라 하는가?

해설 : BOM

08 다음 공업규격을 쓰시오.
한국 공업규격 : (   ), 영국 공업규격 : (   ), 독일 공업규격 : (   ), 미국 공업규격 : (   )
스위스 공업규격 : (   ), 일본 공업규격 : (   ), 국제 표준화기구 : (   )

해설 : 한국 공업규격 - KS, 영국 공업규격 - BS, 독일 공업규격 - DIN, 미국 공업규격 - ANSI
스위스 공업규격 - VSM, 일본 공업규격 - JIS, 국제 표준화기구 - ISO

09 15m 이내의 거리나 9.6Kbps보다 낮은 비트율의 거리일 때 사용하는 전송장치는?
해설 : RS-232C

10 여러 가지 이미지 파일 형식을 지원하는 파일 변환은?
해설 : JPEG, GIF, TIFF, BMP

11 조립도의 우측여백에 기본적으로 표기하여야 할 사항은?
해설 : 금형 중량, 성형 수지명, 수지의 수축률, 캐비티 수, 기준 표기

12 금형 슬라이드의 단면이나 금형의 섹션 단면을 표현할 때 사용하는 것은?
해석 : 해칭

13 치수 기입하는 방법의 종류를 쓰시오.
해설 : 직렬 치수, 병렬 치수, 좌표 치수

14 원호 치수 기입방법을 쓰시오.
해설 : 치수 위에 ⌢ 표시가 된다.

15 생성한 섹션을 기준으로 단면 뷰를 추가로 생성하며, 파트 안쪽의 보이지 않는 형상을 자세히 표현할 때 사용되는 것은?
해설 : 단면

16 A4와 A3의 도면 규격을 쓰시오.
해설 : A4 - 294 × 210
A3 - 420 × 294

17 다음 관련 한국 산업 표준을 고르시오.
① KS B   •   • ㉮ 금속
② KS C   •   • ㉯ 기계
③ KS D   •   • ㉰ 전기
해설 : ① - ㉯, ② - ㉰, ③ - ㉮

NCS적용

CHAPTER
03

사출금형 3D어셈블리모델링
(사출금형설계)

3-1 부품모델링 데이터 확인하기

1. 부품오류 점검

1) 점검 사항

도면의 각 부 치수를 확인하고 3D 데이터를 점검하여 오류를 확인한다.

부품 점검표		
	도면 치수	부품 치수
	138	
	60	
	82	
	R14	
	Ø11	
	4	
	12	
	R3	
	48	
	106	

실기 내용 – 부품오류 점검하기

1. 부품오류를 점검한다.

1) 도면 확인하기

다음 도면을 보고 거리 측정 기능을 이용하여 모델링 된 제품의 오류를 점검해보자.

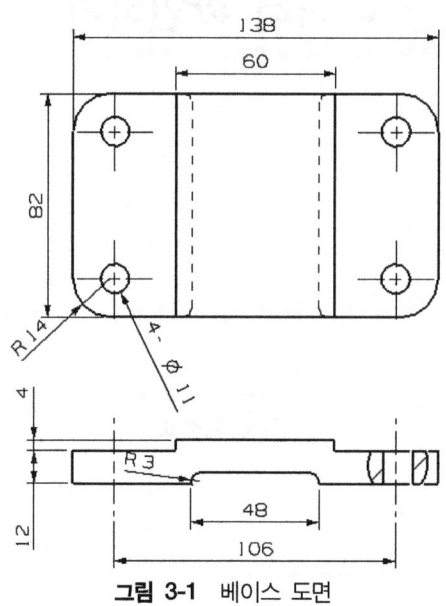

그림 3-1 베이스 도면

2) 거리 측정하기

해석 → 거리 측정을 클릭하고 아래와 같은 창이 뜨면 다양한 유형으로 거리를 측정해 볼 수 있다.

아래 그림과 같이 거리, 투영거리, 화면 거리, 길이, 반경, 곡선 상의 점, 세트 사이 등의 유형이 있다.

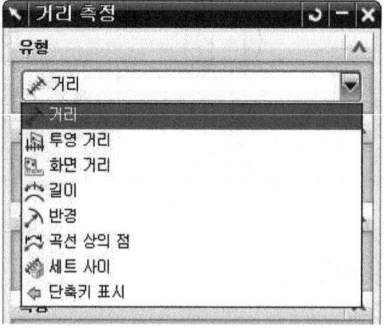

(1) 거리 측정하기

두 객체나 점 사이의 거리를 측정하는 기능이다.

거리를 클릭하고 우측 형상의 가장 좌측과 오렌지색의 가장 우측 모서리를 클릭하면 도면의 138mm보다 2mm가 작은 것을 확인할 수 있다.

좌측 거리 측정 대화상자에서 적용을 클릭하여 측정을 마치고 도면에 있는 치수 부위를 측정해 본다.

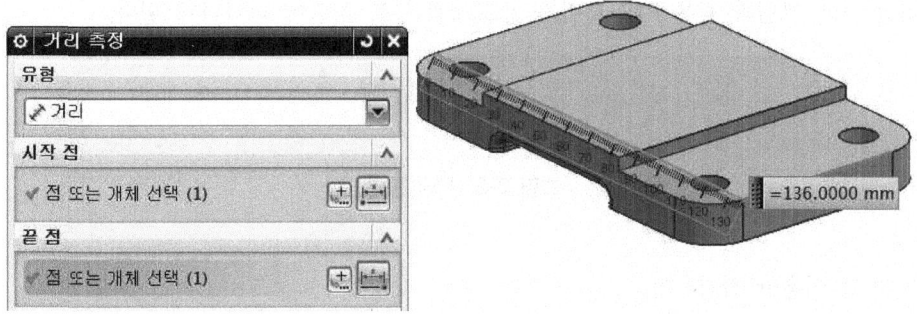

같은 방식으로 측정한 결과 도면상의 구멍간격은 106mm이나 2mm 부족한 104mm인 것을 확인할 수 있다.

아래 그림 좌측의 대화상자에서 확인을 클릭하여 명령을 종료한다.

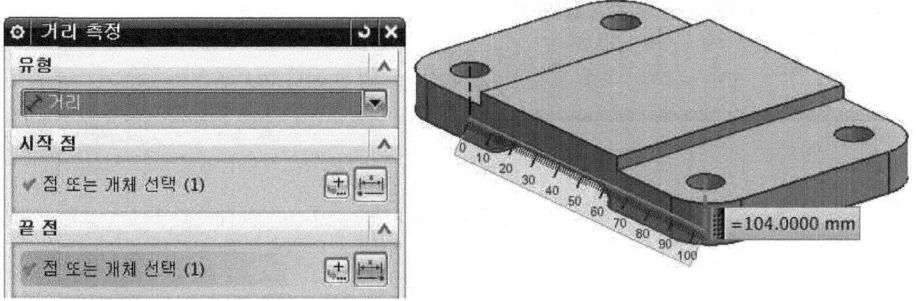

이 결과 최 외곽의 가로 길이와 좌측의 구멍 2개가 모델링 데이터의 오류로 확인되었다.

3) PMI로 오류 점검하기

(1) PMI 실행하기

3D모델링데이터에 치수기입을 할 수 있는 기능으로 오히려 거리 측정보다 간편하게 설계데이터의 오류를 검증할 수 있다.

표준 도구막대의 시작을 클릭하고 PMI를 클릭하여 체크되게 한다.

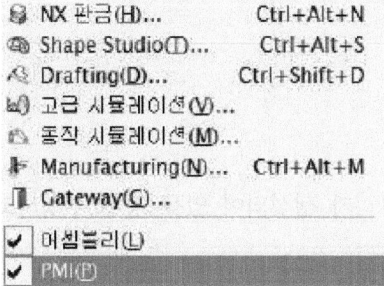

그러면 아래 그림과 같은 PMI 툴바가 프로그램 우측 하단에 나타나게 된다.

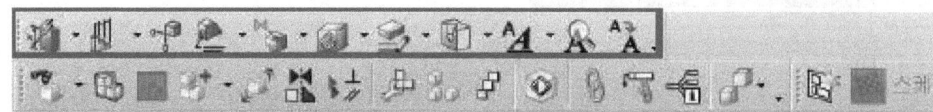

그림 3-2 PMI 툴바

(2) PMI를 이용한 점검하기

이 기능을 사용하기 위해서는 치수를 기입하고자 하는 방향에 수직으로 모델링 데이터를 배치하고 치수기입을 하여야 한다.

위 [그림 3-2]의 맨 좌측 아이콘인 추정 치수를 클릭하고 치수기입을 해보면 아래 그림의 박스 안의 두 치수가 2mm씩 오류가 있음을 알 수 있다.

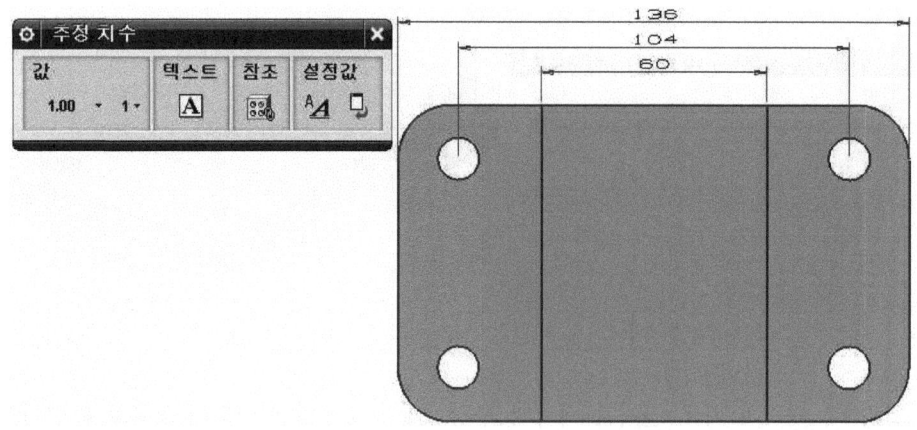

4) 오류 협의하기

점검된 부품의 오류를 자체점검리스트에 기록하고 기록된 내용을 토대로 관계부서와 협의한다. 또한 검토된 부분을 어떻게 수정할 것인지에 대한 방법도 협의한다.

2. 데이터 수정

1) 3D 데이터 수정

(1) 파트 탐색기

파트 탐색기에 모델 히스토리가 생성되어 있을 경우 수정하고자 하는 히스토리를 더블클릭하여 수정하는 방식이다.

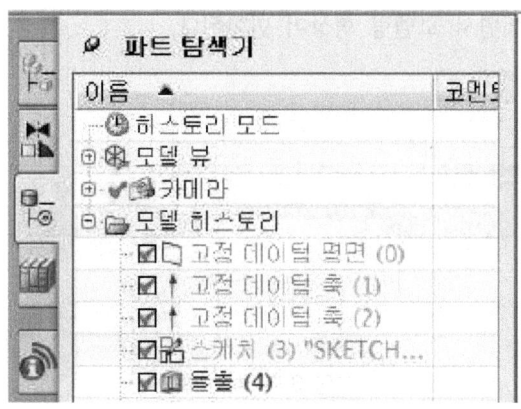

(2) 동기식 모델링

파트 탐색기에 모델 히스토리가 생성되어 있는 경우도 가능하며 모델 히스토리가 없는 경우에 수정이 가능하다.

실기 내용 – 데이터 수정하기

1. 2D 및 3D 데이터를 수정한다.

1) 히스토리를 이용한 수정하기

(1) 치수 수정하기

[그림 3-3] 파트 탐색기의 스케치를 더블클릭하여 [그림 3-4]와 같이 스케치를 편집할 수 있는 상태로 만든다.

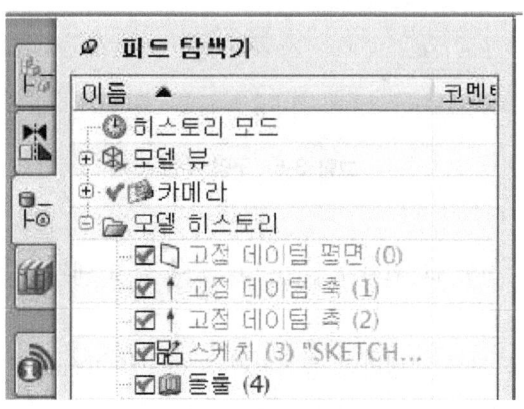

그림 3-3 파트 탐색기

치수 136을 더블클릭하여 138로 입력하고, 엔터키를 누른 후 스케치 종료 아이콘을 클릭한다.

모델링 상태로 복귀되면서 모델링 형상이 변화된다.

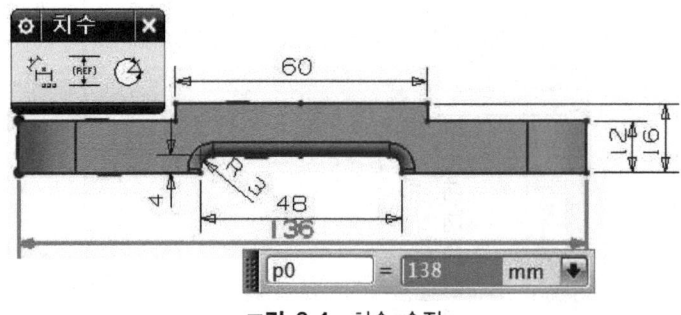

그림 3-4 치수 수정

(2) 구멍 위치 수정하기

[그림 3-3]의 파트 탐색기를 보면 단순 구멍이라는 히스토리가 있다.
구멍은 스케치로 생성되지 않고 구멍 기능을 이용해 생성되었으므로 [그림 3-5]와 같이 수정하고자 하는 구멍에서 마우스 우측 버튼을 클릭하고 위치 지정 편집을 클릭한다.

그림 3-5 구멍 수정

나타난 대화상자에서 치수 값 편집을 클릭하고 수식 편집 대화상자에 17 치수를 16으로 수정한다.
같은 방식으로 구멍을 모두 수정하면 중심거리 104mm를 106mm로 수정할 수 있다.
모델링 상태로 복귀되면서 모델링 형상이 변화된다.

2) 동기식 모델링을 이용하여 수정하기

아래 그림과 같이 파트 탐색기에 모델 히스토리가 없는 경우 모델링을 수정할 수 있으며 모델 히스토리가 있는 경우도 수정이 가능하다.

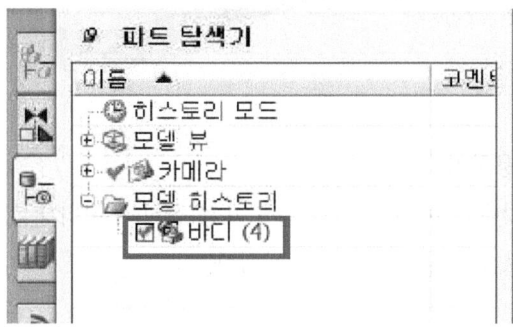

(1) 선형 치수를 이용하여 수정하기

삽입 → 동기식 모델링 → 치수 → 선형 치수를 클릭한다.

[그림 3-6]의 좌측 모서리를 먼저 클릭하고 우측 모서리를 클릭하여 137을 입력하고 적용 버튼을 클릭한다.

먼저 클릭한 좌측 모서리가 고정이 되므로 우측 모서리를 먼저 1mm 길게 수정한 것이다. 같은 방법으로 이번에는 우측 모서리를 먼저 클릭하고 좌측 모서리를 클릭하여 138을 입력하고 적용 버튼을 클릭한다.

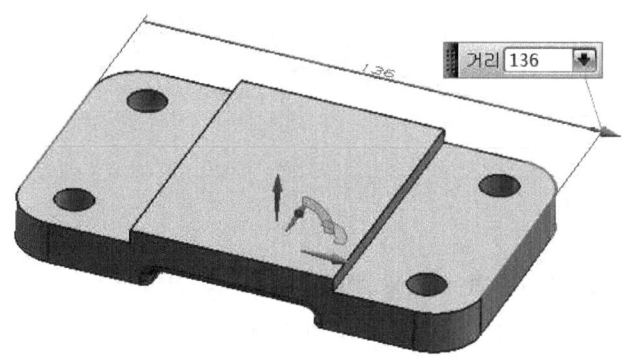

그림 3-6 선형 치수

구멍도 같은 방법으로 좌측과 우측을 번갈아 1mm씩 치수를 증가시켜 구멍사이의 간격이 106mm가 되게 한다.

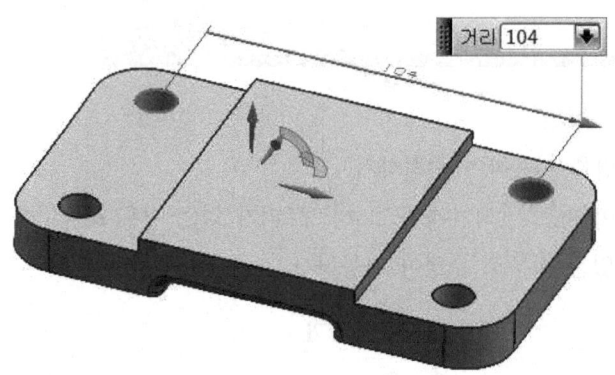

3) 동기식 모델링 활용하기

동기식 모델링 도구막대는 아래 그림과 같으며 적절히 도구막대를 이용하여 수정하는 것이 메뉴를 이용한 방법보다 빠르게 수정할 수 있다.

모델 히스토리가 없는 고정측 인서트코어로 다양한 수정을 하도록 한다.

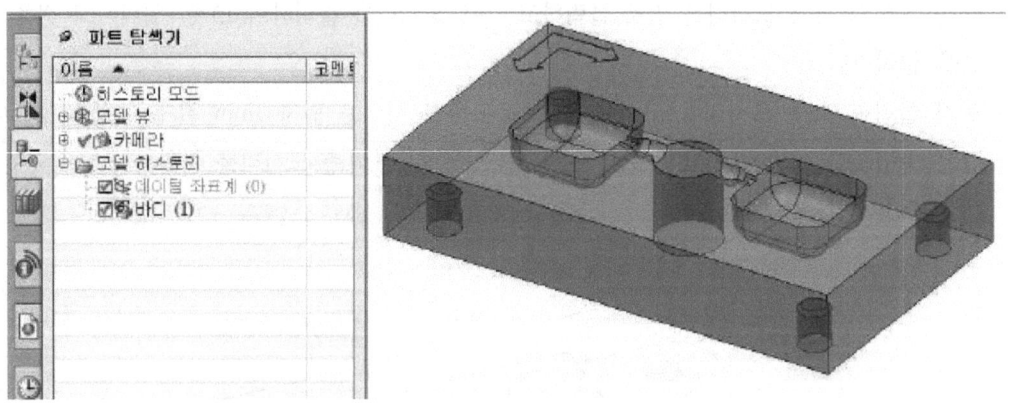

(1) 면 이동하기

삽입 → 동기식 모델링 → 면 이동을 클릭한 후 면을 선택한다.

이때 나타난 화살표를 드래그하거나 거리 값을 입력하여 수정이 가능하다. 거리 값에 10을 입력하고 확인을 클릭한다. 아래 그림과 같이 면이 이동된 것을 확인할 수 있다.

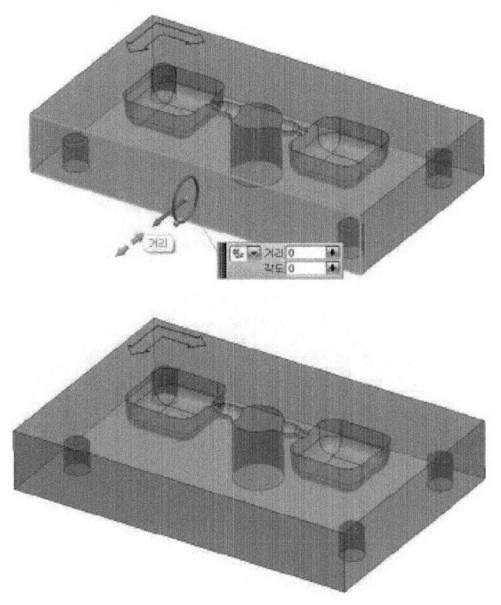

(2) 면 크기 조정하기

삽입 → 동기식 모델링 → 면 크기 조정을 클릭한 후 면을 선택한다.

직경 값에 10을 입력하고 확인을 클릭한다. 아래 그림과 같이 면 크기가 조정되었다.

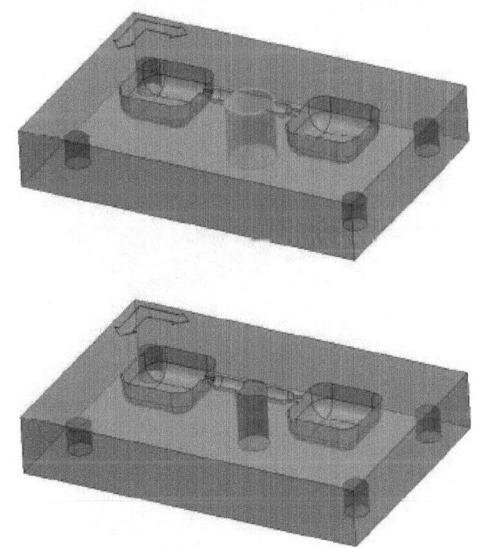

(3) 면 교체하기

삽입 → 동기식 모델링 → 면 교체를 클릭한 후 면을 선택한다.

교체할 새로운 면은 그림상의 맨 윗면을 클릭하면 다음 그림과 같이 면이 교체되어 선택한 면이 사라진 것을 확인할 수 있다.

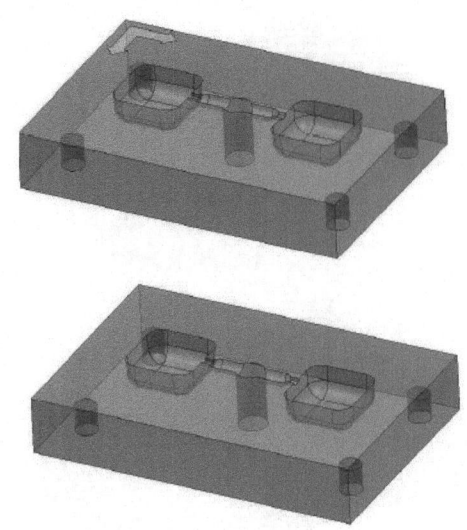

(4) 블랜드 크기 조정하기

삽입 → 동기식 모델링 → 상세 특징형상 → 블랜드 크기 조정을 클릭한 후 면을 선택한다. 블랜드 크기 조정은 선택한 곳의 반경 값을 확인할 수 있으며 다른 값을 입력하여 반경 값을 변경할 수 있다. 반경 값에 2를 입력하고 확인을 클릭하면 다음 그림과 같이 블랜드 크기가 변경된 것을 확인할 수 있다.

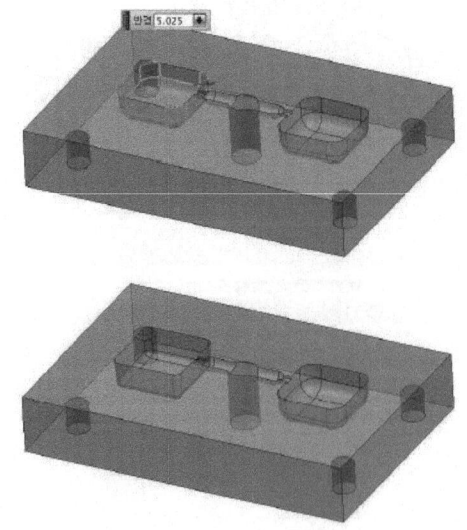

(5) 모따기 크기 조정하기

삽입 → 동기식 모델링 → 상세 특징형상 → 모따기 크기 조정을 클릭한 후 면을 선택한다. 모따기 크기 조정은 선택한 곳의 모따기 값을 확인할 수 있으며 다른 값을 입력하여 모따기 값을 변경할 수 있다. 모따기 값에 2를 입력하고 확인을 클릭하면 아래 그림과 같이 모따기 크기가 변경된 것을 확인할 수 있다.

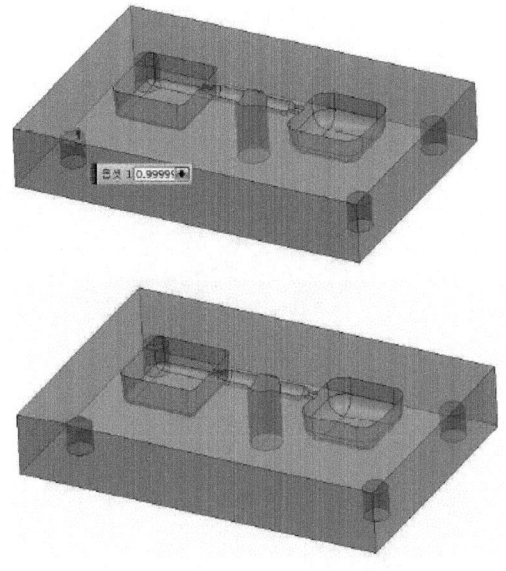

(6) 면 삭제하기

삽입 → 동기식 모델링 → 면 삭제를 클릭한 후 런너 부위의 면을 선택한다. 확인을 클릭하면 아래 그림과 같이 선택한 면이 삭제된 것을 확인할 수 있다.

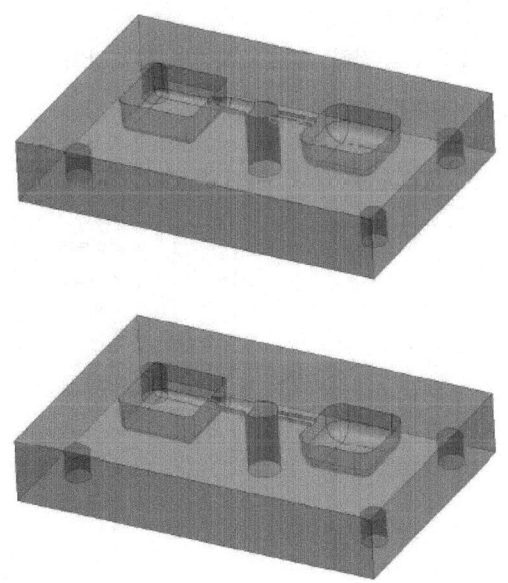

(7) 각도 치수 변경하기

삽입 → 동기식 모델링 → 치수 → 각도 치수를 클릭한 각도를 줄 두 개의 면을 선택하는데 고정이 될 면을 먼저 선택한다. 윗면을 먼저 선택한 후 우측면을 선택하고 각도가 위치할 곳을 클릭한다.

각도 값에 45를 입력하고 확인을 클릭하면 다음 그림과 같이 변화된 것을 확인할 수 있다.

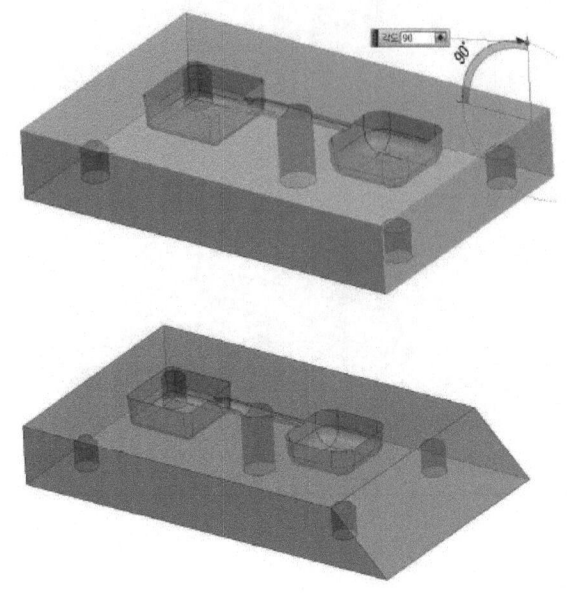

4) 2D 데이터 수정하기

(1) 업데이트를 이용한 수정하기

데이터의 수정은 3D 데이터를 수정한 후 3D 데이터를 저장하고 2D 도면 환경으로 가서 2D 데이터 업데이트를 통하여 바로 수정할 수 있다.

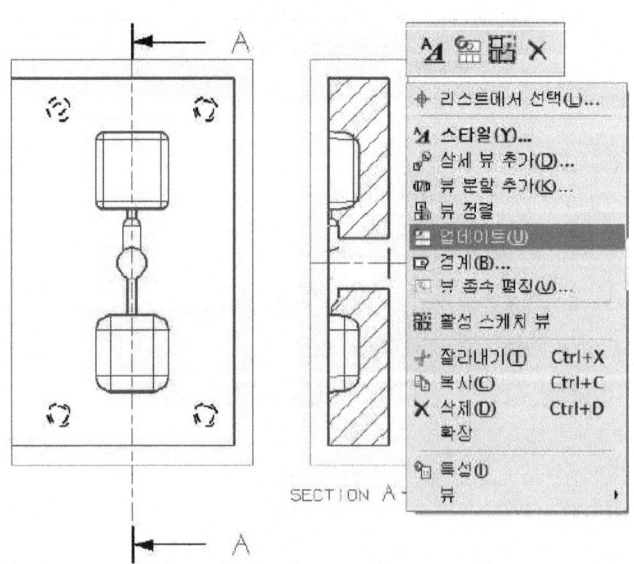

업데이트를 실행하면 지금까지 동기식 모델링 활용에서 변경된 모습이 그대로 반영된 것을 확인할 수 있다.

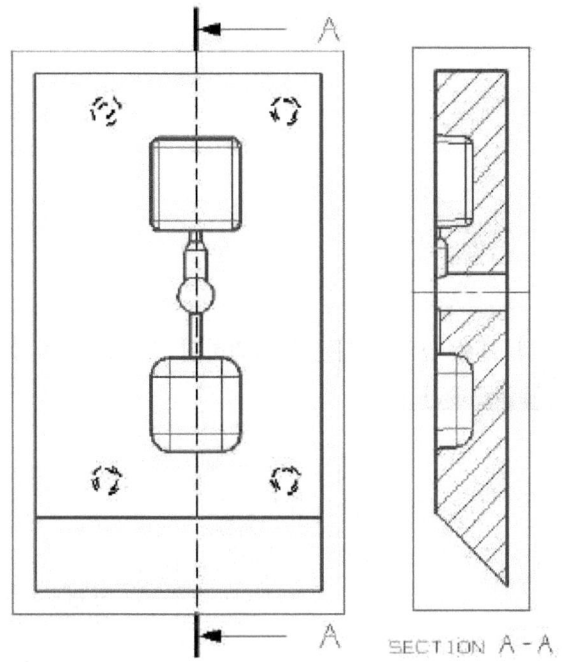

5) 구배 오류 점검 및 수정하기

사출금형의 제품은 모두 빼기 구배가 적용되어야 하나 구배가 없는 경우는 점검하여 구배를 적용해야 한다.

(1) 영역 체크하기

영역 체크 기능은 다양한 기능을 가지고 있지만 그 중 구배를 색으로 나타내는 기능을 이용하여 구배를 분석하고 빼기 구배를 적용하여 제품을 수정해 보도록 한다.

해석 → 몰드 파트 검증 → 영역 체크를 클릭하고 나타난 대화상자에서 계산 옆의 계산기 모양의 아이콘을 클릭한다.

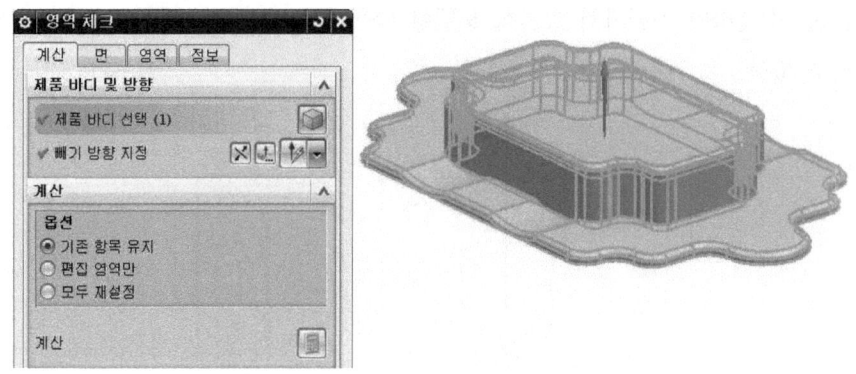

면 탭의 모든 면의 색 설정 옆의 아이콘을 클릭하면 수직인 면이 회색으로 표시되어 있다.

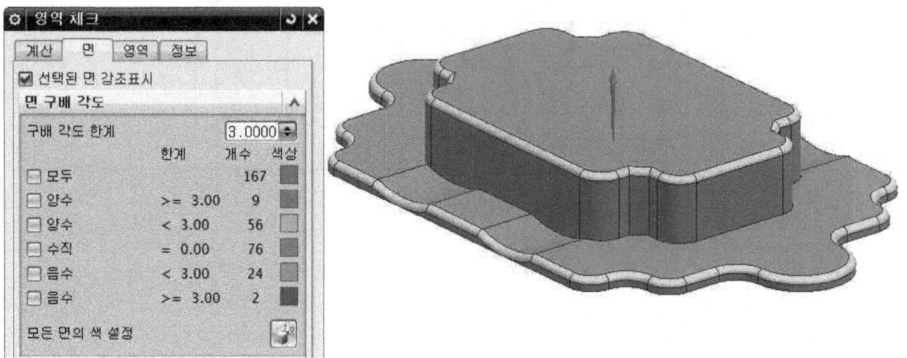

확인을 클릭하고 영역 체크 대화상자를 종료한다.

(2) 구배주기

삽입 → 상세 특징형상 → 구배를 클릭한다.

빼기 방향의 벡터 지정은 윗방향으로 지정하고 고정면은 가장 바닥면을 지정한다.

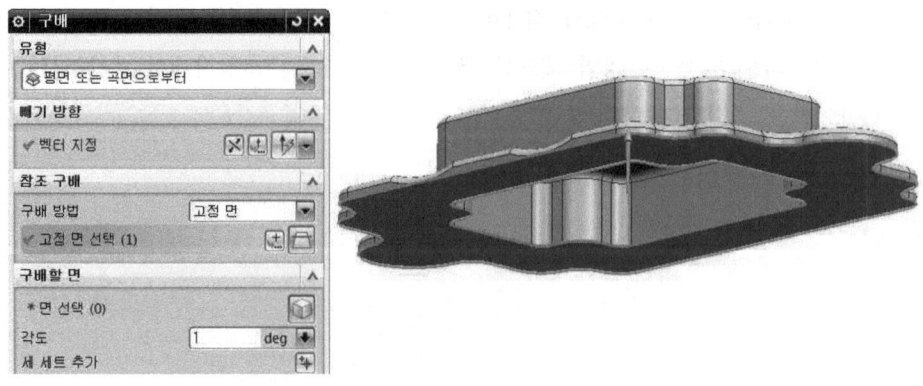

구배 대화상자에서 구배할 면의 면 선택을 클릭하고 일반 선택 필터에서 색상 필터를 클릭한다.

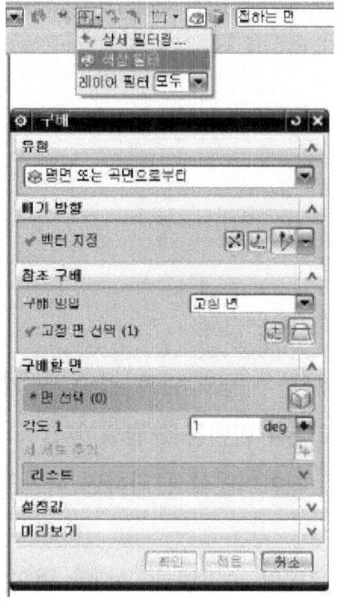

아래 그림의 개체에서 상속 아이콘을 클릭하고 화면상의 제품에서 회색을 클릭하고 확인 버튼을 클릭한다.

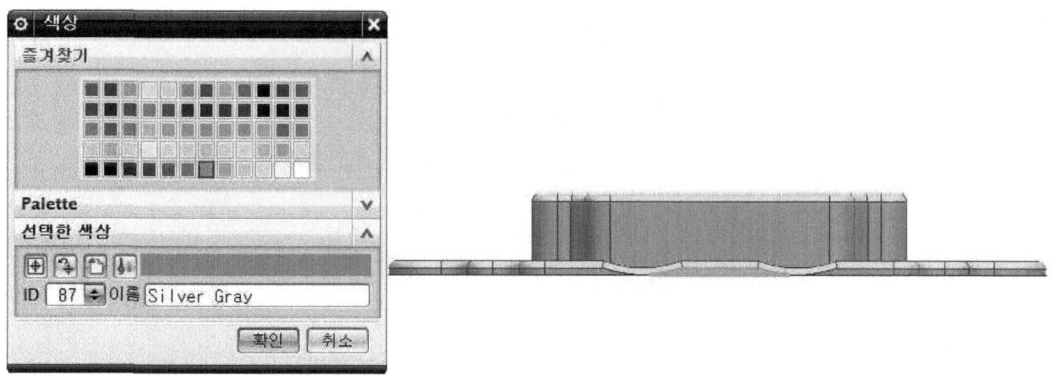

다음 그림의 빨간색 상자와 같이 드래그하여 하단의 회색으로 된 수직 부위가 모두 선택되도록 한 후 각도는 1을 입력하고 확인 버튼을 클릭한다.

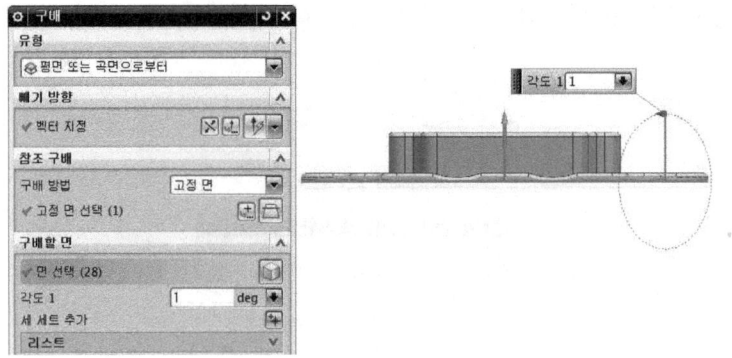

(3) 구배 수정 확인하기

위의 영역 체크에서와 같이 해석 → 몰드 파트 검증 → 영역 체크를 클릭하고 나타난 대화 상자에서 계산 옆의 계산기 모양의 아이콘을 클릭한다.

면 탭의 모든 면의 색 설정 옆의 아이콘을 클릭하면 하단의 회색부분의 구배가 수정되어 있는 것을 확인할 수 있다.

같은 방법으로 위 그림 참조 구배의 고정면과 구배할 면의 면 선택을 변경하여 수직으로 되어 있는 회색 면의 구배를 수정한다.

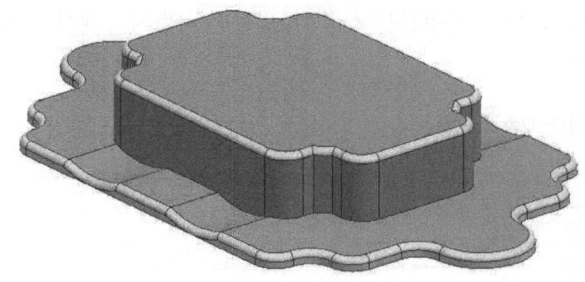

단원 핵심 학습 문제

01 동기식 모델링 활용하여 수정을 할 수 있는 것이 아닌 것은?
① 면 이동하기
② 면 크기 조정하기
③ 면 교체하기
④ 면 추가하기
해설 : ④ 상향 절삭의 장점
　　　　면 이동하기, 면 크기 조정하기, 면 교체하기
　　　　블랜드 크기 조정하기, 모따기 크기 조정하기, 면 삭제하기, 각도 치수 변경하기

02 2D 및 3D 데이터를 수정하는 방법을 쓰시오.
해설 : 히스토리를 이용한 수정하기
　　　 동기식 모델링을 이용하여 수정하기

03 히스토리를 이용한 수정하기의 예를 들어 쓰시오.
해설 : 치수 수정하기, 구멍 위치 수정하기

04 블랜드 크기 조정하기에 대하여 설명하시오.
해설 : 블랜드 크기 조정은 선택한 곳의 반경 값을 확인할 수 있으며 다른 값을 입력하여 반경 값을 변경할 수 있다. 반경 값에 2를 입력하고 확인을 클릭하면 블랜드 크기가 변경된 것을 확인할 수 있다.

05 모따기 크기 조정하기에 대하여 설명하시오.
해설 : 모따기 크기 조정은 선택한 곳의 모따기 값을 확인할 수 있으며 다른 값을 입력하여 모따기 값을 변경할 수 있다. 모따기 값에 2를 입력하고 확인을 클릭하면 모따기 크기가 변경된 것을 확인할 수 있다.

06 3D모델링데이터에 치수기입을 할 수 있는 기능으로 오히려 거리 측정보다 간편하게 설계데이터의 오류를 검증할 수 있는 것은?
해설 : PMI 실행하기

3-2 어셈블리모델링하기

1. 조립방법

1) 상향식 조립(bottom-up 방식)

일반적으로 사용되는 방식으로 [그림 3-7]과 같이 부품을 하나씩 모델링한 후에 라이브러리에 등록시켜 [그림 3-8]과 같이 조립시켜 나가는 방법이다. 동시에 여러 작업자가 부품을 모델링할 수 있는 장점이 있지만 작업자 상호간의 치수나 공차의 오류로 조립 시 문제가 발생할 가능성이 있다.

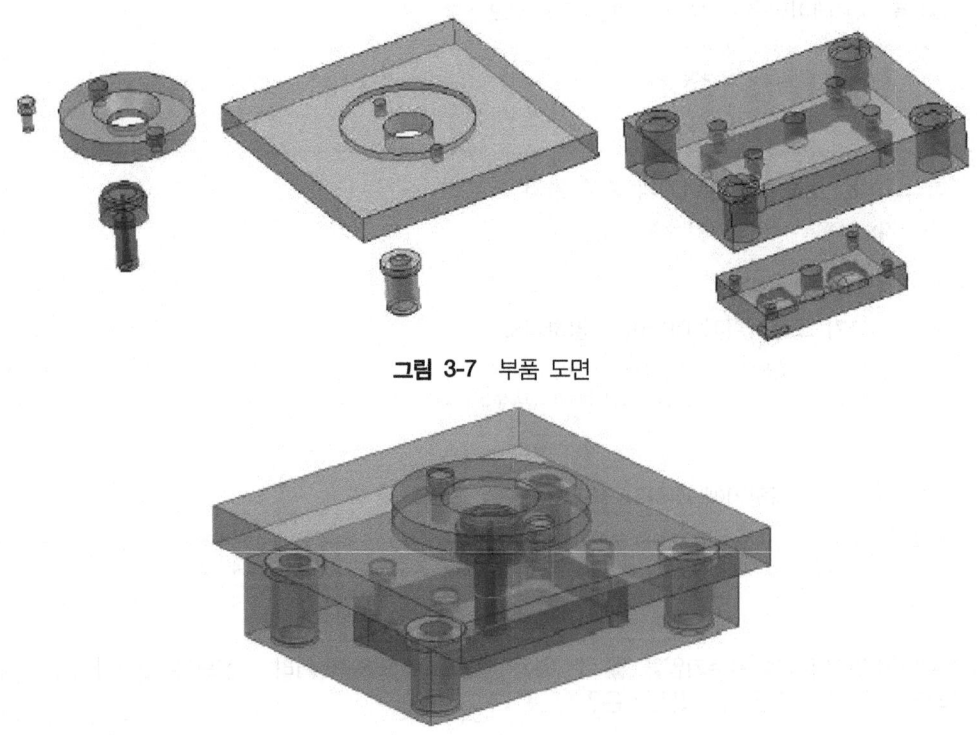

그림 3-7 부품 도면

그림 3-8 조립 도면

2) 하향식 조립(top-down 방식)

[그림 3-9]와 같이 상위 어셈블리에서 필요한 부품을 연관 설계하는 모델링 방식이며 한 파트 안에서 어셈블리 형태로 모델링하고 부품을 추출한다. 따라서 원본파트의 정보가 수정되면 같은 정보를 보유하고 있는 다른 파트의 정보도 같이 수정되어 일괄적으로 모델이 변경된다.

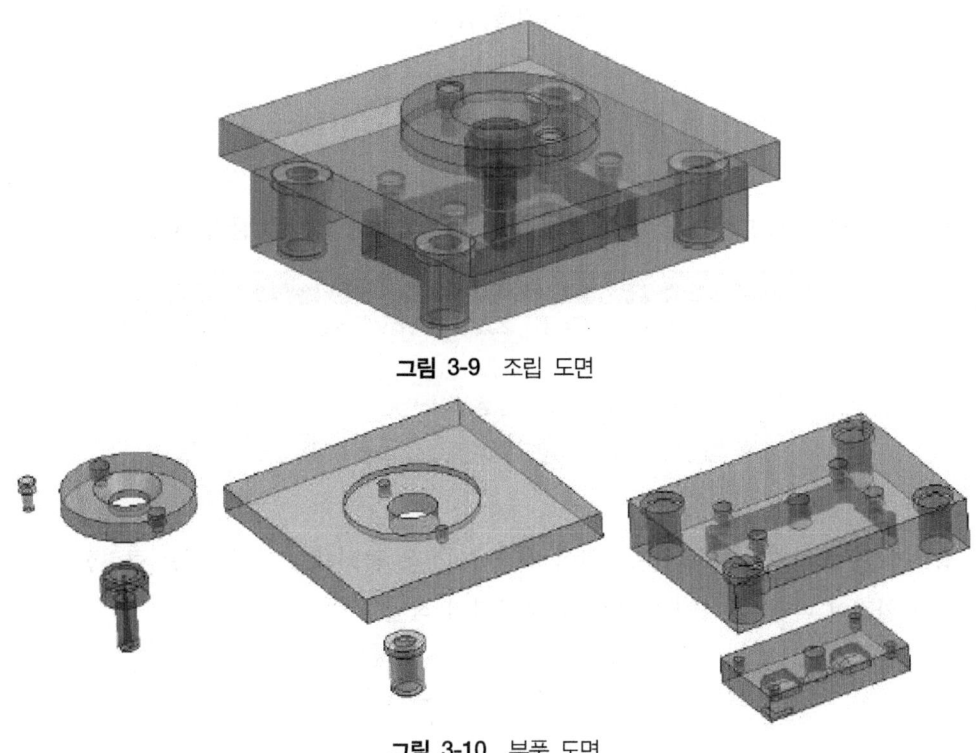

그림 3-9 조립 도면

그림 3-10 부품 도면

3) 혼용식
상향식과 하향식을 적절히 혼합하여 조립하는 방식이다.

4) 조립방법 결정
하향식으로 부품을 생성하며 조립을 하고 기존에 있는 부품은 상향식으로 조립하는 방식이 이상적일 수 있으나 모든 부품이 모델링되어 있다고 가정하고 상향식 조립방법으로 결정한다.

실기 내용 – 조립방법 사용하기

1. 어셈블리를 활용한다.

1) 어셈블리의 시작하기
어셈블리를 이용하면 실제 작업을 시작하기 전에 모의 표현을 생성할 수 있다. 그래픽 상에서 조립되는 부품 사이의 거리나 각도 등을 측정할 수 있다. 어셈블리를 이용하여 조립된 상태로 완성하고 그것을 이용하여 조립 도면을 만들 수도 있으며 조립하거나 분해하는데 필요한 동작을 정의할 수도 있다.

프로그램을 시작하고 파일 → 새로 만들기를 클릭한다.

그러면 다음의 새로 만들기 창이 뜨는데 모델을 클릭하고 확인을 클릭한다.

어셈블리를 시작하기 위해 다음과 같이 시작아이콘을 클릭하고 어셈블리를 클릭한다.
모델링 환경이 바뀌지는 않으나 비로소 어셈블리 작업을 실행할 수 있다.

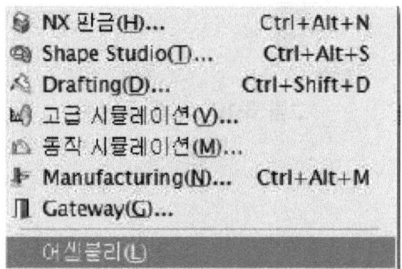

2) 어셈블리 탐색기 확인하기

우측 리소스바의 어셈블리 탐색기 탭을 클릭하면 현재 어셈블리에 있는 파트들을 확인할 수 있다.

2. 어셈블리 구속조건을 활용한다.

1) 어셈블리 구속조건 유형 확인하기

각각의 부품들을 구속조건을 통해 조립하는 명령이며 유형은 아래 그림과 같다.

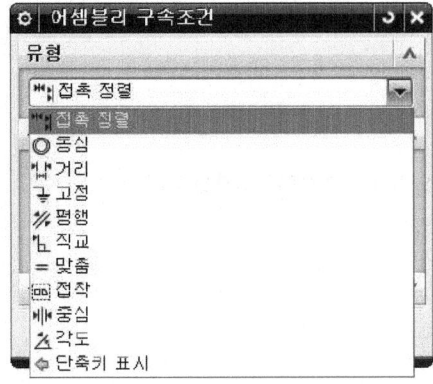

(1) 접촉 정렬 수행하기

선택한 평면을 마주보게 하거나 같은 방향을 바라보게 하는 기능이다.

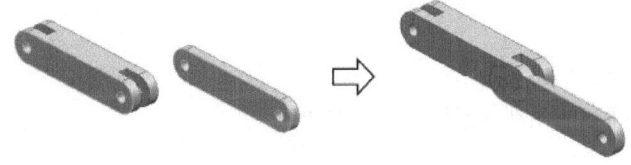

(2) 동심 수행하기

중심이 일치하고 모서리가 동일 평면에 놓이도록 맞추는 기능이다.

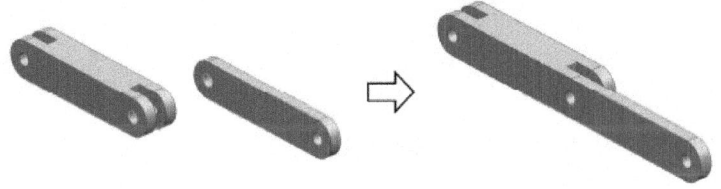

(3) 거리 수행하기

선택한 평면을 입력한 거리만큼 간격을 갖게 하는 기능이다.

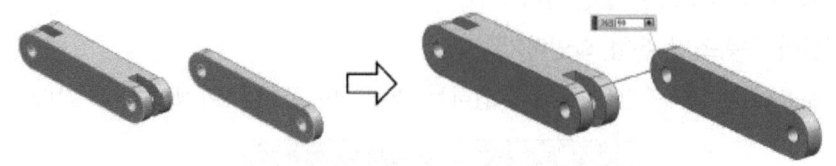

(4) 고정 수행하기

선택한 부품이 움직이지 않도록 고정하는 기능이다.

(5) 평행 수행하기

선택한 평면을 평행하게 하는 기능이다.

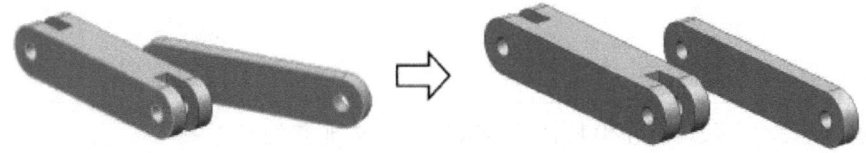

(6) 직교 수행하기

선택한 평면을 직각이 되게 하게 하는 기능이다.

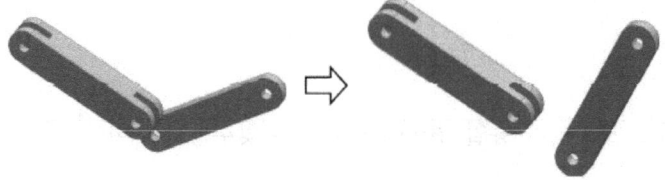

(7) 맞춤 수행하기

볼트 홀 중심축 맞춤으로 구속하는 기능이다.

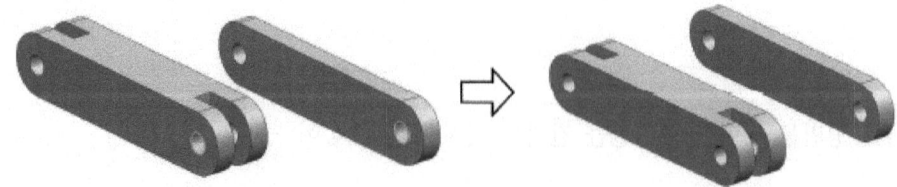

(8) 접착 수행하기

두 객체를 하나로 묶어 구속하는 기능이다.

(9) 중심 수행하기

아래 휠의 두면을 선택한 후 축의 두면을 선택하여 휠의 중심 면과 축의 중심 면을 일치시키는 기능이다.

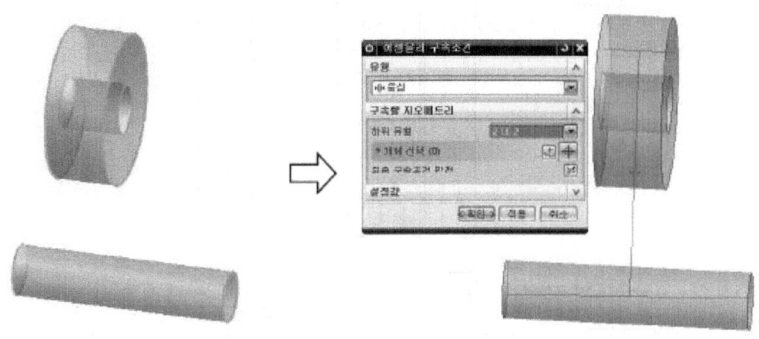

(10) 각도 수행하기

입력한 각도로 구속하는 기능이다.

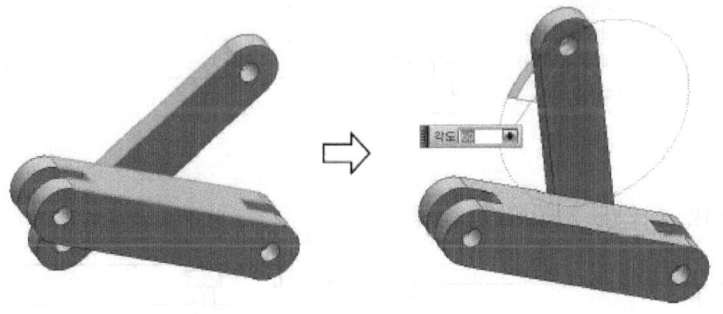

2. 조 립

1) 몰드베이스

사용빈도가 많은 몰드베이스는 기본 표준으로 제작되어 상품화 판매되고 있다. 이는 가격이 하락하고 납기를 단축시킬 수 있는 장점이 있다. 게이트 방식에 따라 사이드 게이트 및 핀 게이트 시리즈 등으로 나눌 수 있고 플레이트 수에 따라 2플레이트 타입 또는 3플레이트 타입 등으로 나누어진다.

(1) 2플레이트 타입(S 시리즈)의 구조와 명칭

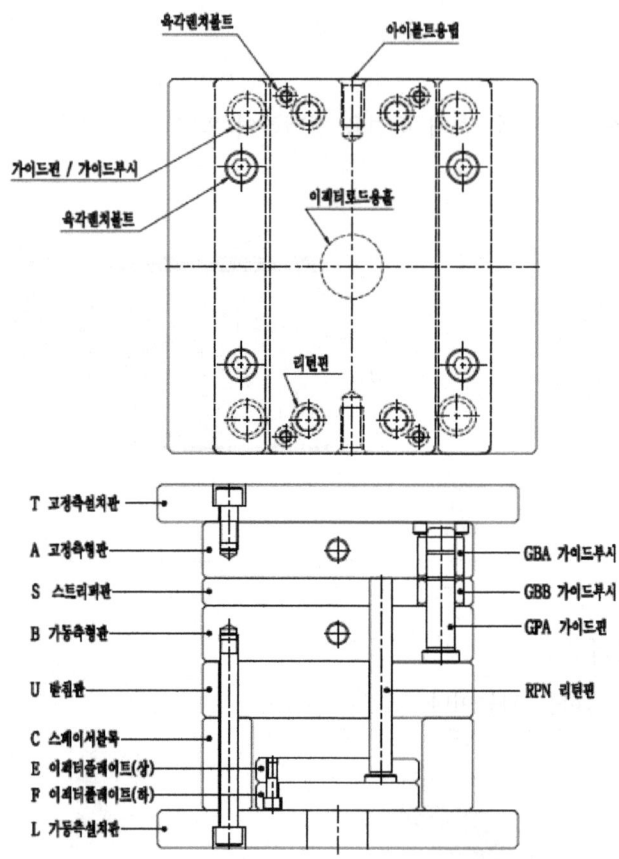

(2) 2플레이트 타입(S 시리즈)의 종류

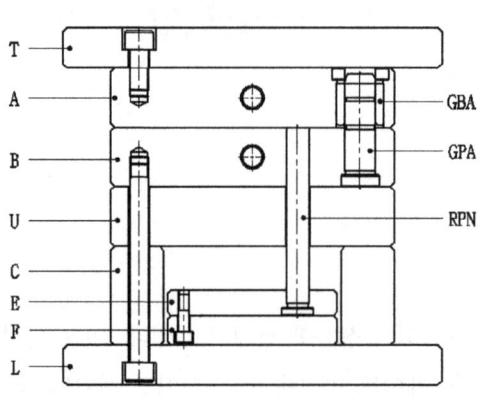

그림 3-11 SA 타입(이젝터 돌출방식)

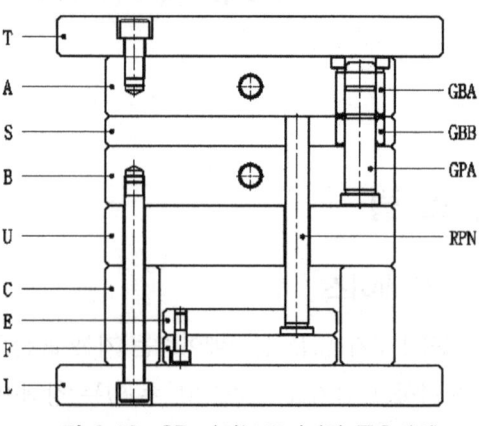

그림 3-12 SB 타입(스트리퍼판 돌출방식)

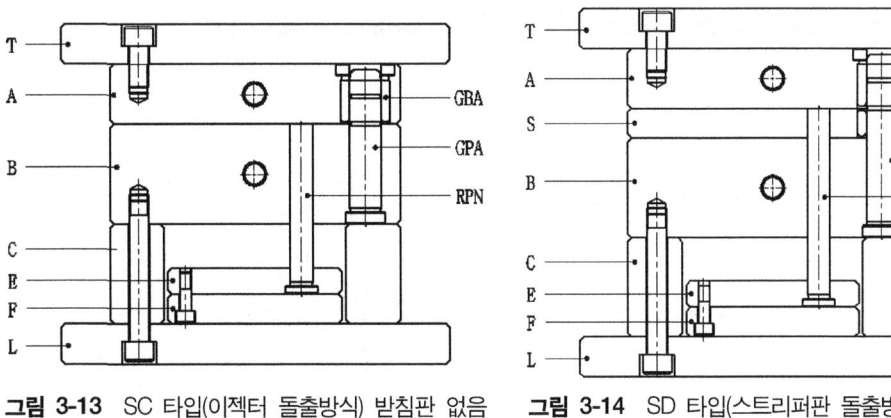

그림 3-13 SC 타입(이젝터 돌출방식) 받침판 없음

그림 3-14 SD 타입(스트리퍼판 돌출방식) 받침판 없음

(3) 3플레이트 타입(D 시리즈)의 종류

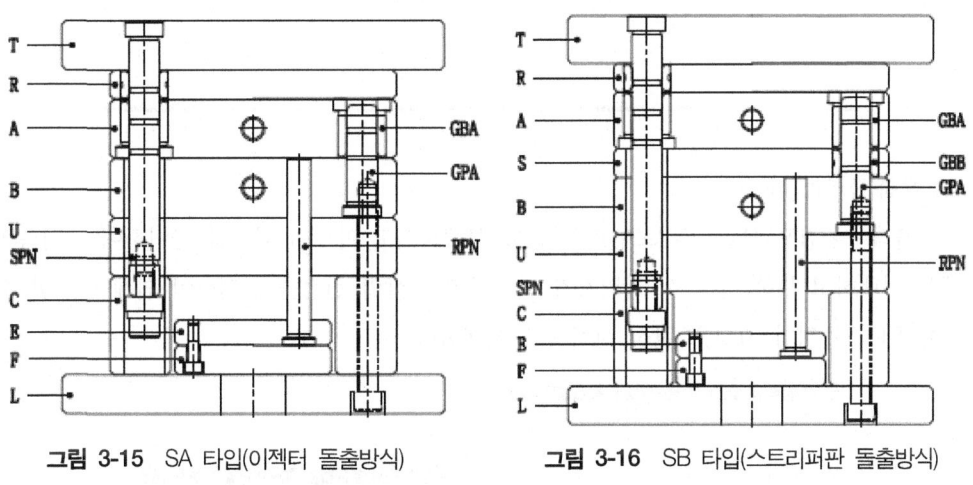

그림 3-15 SA 타입(이젝터 돌출방식)

그림 3-16 SB 타입(스트리퍼판 돌출방식)

실기 순서

1. 상향식 조립(bottom-up 방식) 방법으로 고정측을 조립한다.

1) 부품 삽입하기

미리 준비된 고정측 부품들을 각각 조립해 본다.

(1) 어셈블리 파트 생성하기

파일 → 새로 만들기를 이용하여 어셈블리 작업을 위한 파트를 생성시킨다. 이때 파트의 생성위치는 조립될 부품들과 같은 폴더에 만들어야 하며 어셈블리파트와 하위부품 파트를 구분하기 쉽도록 파일 이름을 assy_book1.prt로 정의한다.

(2) 부품 삽입하기

어셈블리 → 컴포넌트 → 컴포넌트 추가를 실행시키고 파트의 열기를 클릭하여 고정측의 부품을 선택하고 부품 삽입 시 작업자가 화면상에서 삽입 원점을 선택하여 쉽게 삽입할 수 있도록 배치의 위치 지정은 원점 선택으로 선택한다.

 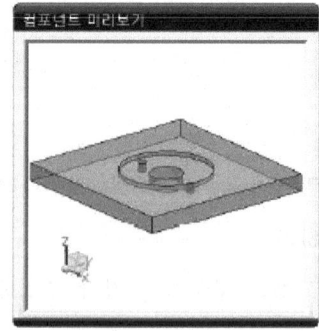

확인을 클릭하면 다음 그림과 같이 top_pt.prt 파일이 삽입된 것을 어셈블리 탐색기와 화면 상에서 확인할 수 있다.

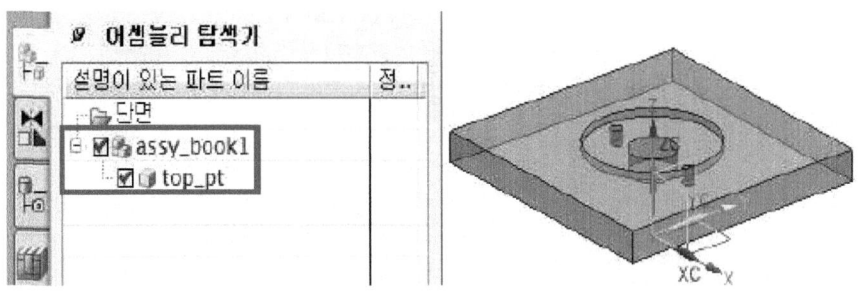

같은 방법으로 나머지 부품들을 모두 삽입한다.

2) 어셈블리 구속조건 수행하기

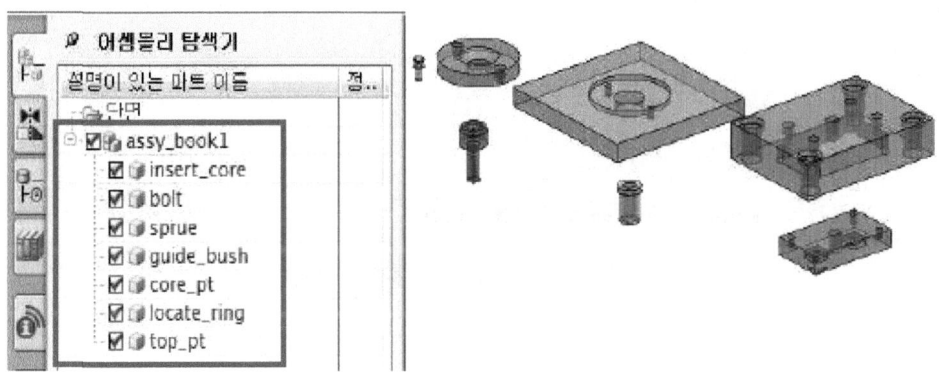

어셈블리 → 컴포넌트 위치 → 어셈블리 구속조건을 실행시켜 각각의 부품들을 조립할 수 있다.

(1) 기준 부품 고정하기

어셈블리 구속조건을 이용하여 조립을 시작하기 이전에 기준이 될 부품을 선택하고 그 파트를 고정시키도록 한다. 여기서는 고정측 설치판 top_pt.prt를 선택하여 고정한다.

(2) 로케이트 링 조립하기

어셈블리 구속조건 유형을 동심으로 선택하고 로케이트 링 볼트 구멍 맨 하단의 모서리와 고정측 설치판 볼트구멍 상단의 모서리를 선택하고 나머지 구멍도 같은 방법으로 동심으로 지정하고 적용을 클릭한다.

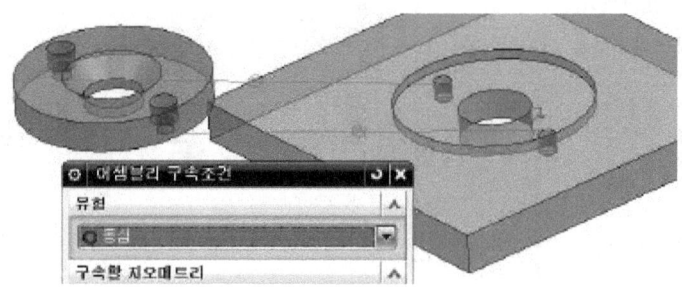

(3) 볼트 조립하기

어셈블리 → 컴포넌트 위치 → 컴포넌트 이동을 실행하고 복사에서 모드를 복사로 선택하여 로케이트 링에 조립되는 볼트를 2개로 한다.

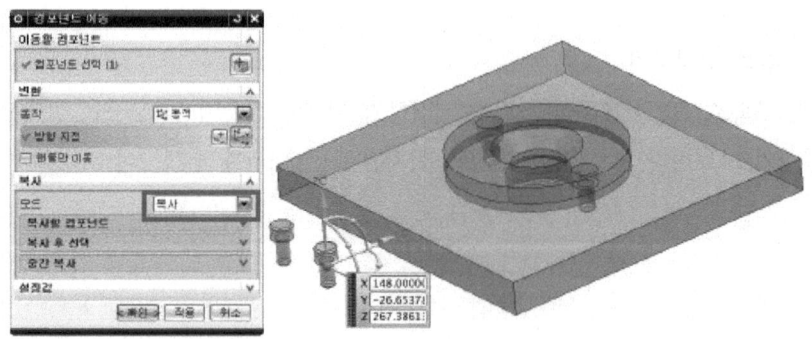

어셈블리 구속조건을 실행하고 볼트 머리 하단의 모서리와 로케이트링 볼트 머리구멍 하단의 모서리를 동심으로 구속한다.

(4) 스프루부시 조립하기

위와 같은 방법으로 스프루부시 머리 하단의 모서리와 고정측 설치판 중앙 구멍 하단의 모서리를 동심으로 구속한 후 어셈블리 구속조건 유형을 평행으로 변경하고 스프루부시 하단의 직선부와 고정측 설치판의 모서리를 평행하게 한다.

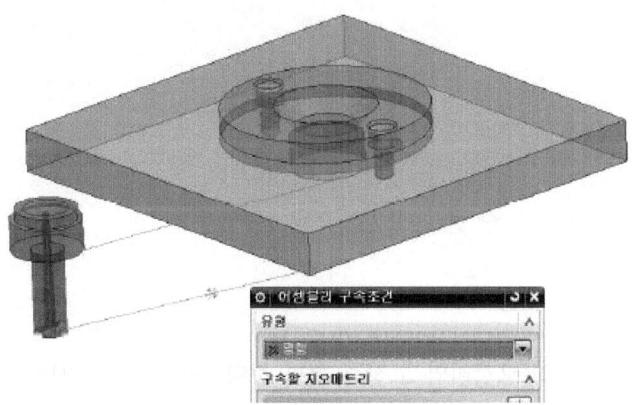

(5) 가이드부시 조립하기

어셈블리 → 컴포넌트 위치 → 컴포넌트 이동을 실행하고 복사의 모드를 복사로 선택하고 가이드부시를 4개로 만든다.

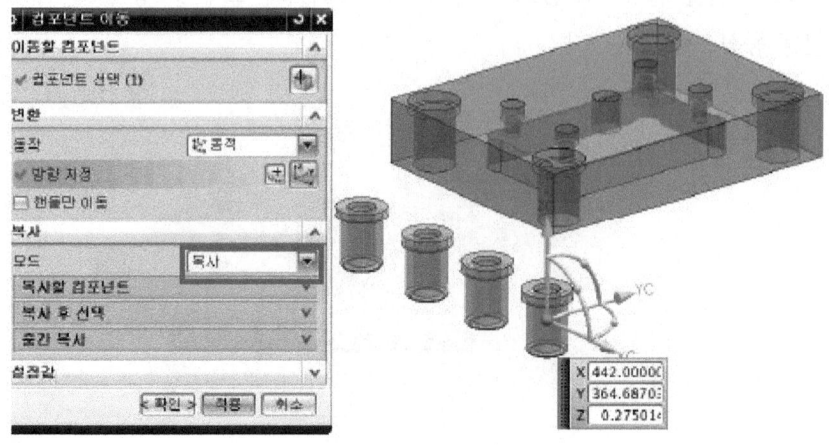

가이드부시 상단의 모서리와 고정측 형판 가이드부시 구멍 상단의 모서리를 동심으로 구속한다.

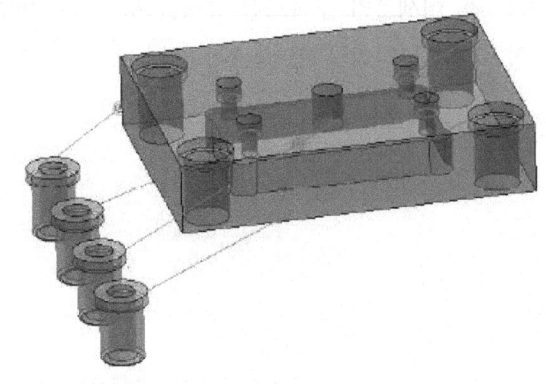

스프루부시 머리 하단의 모서리와 고정측 형판 중앙 스프루부시 구멍 상단 모서리를 동심으로 구속한다.

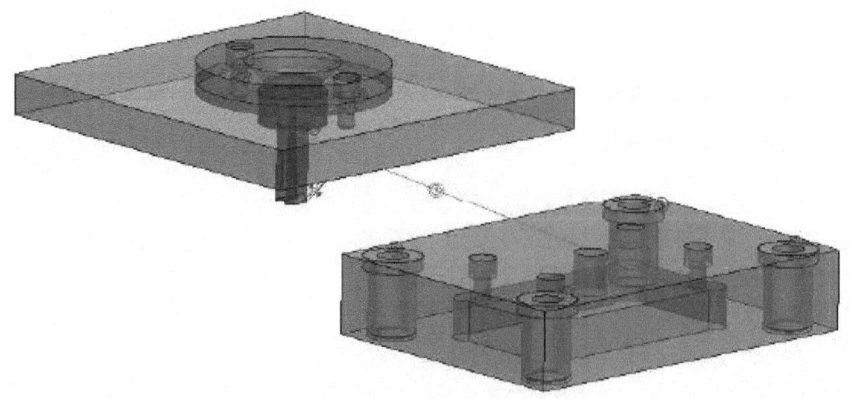

(6) 고정측 인서트코어 조립하기

어셈블리 구속조건 유형을 접촉 정렬로 변경하고 앞면, 측면, 윗면을 각각 구속한다.

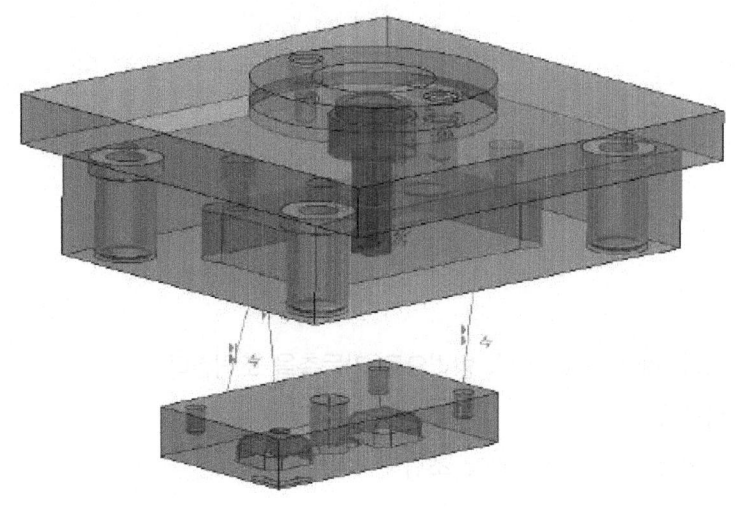

(7) 볼트 조립하기

고정측 형판과 고정측 인서트코어를 고정할 볼트를 컴포넌트 이동의 복사 기능을 이용하여 로케이트 링 조립 볼트로부터 4개를 생성한 후 동심 구속을 각각의 볼트에 적용한다.

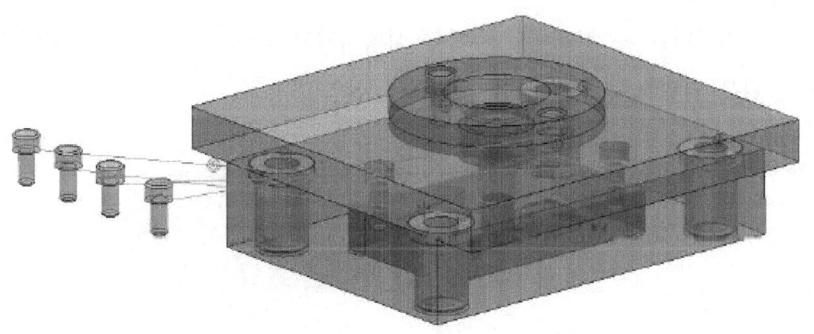

(8) 고정측 조립 완성 확인하기

다음 그림과 같이 어셈블리가 모두 완성된 것을 확인할 수 있다.

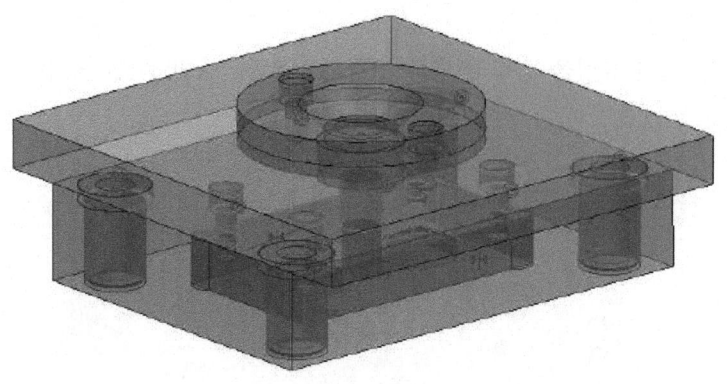

2. 상향식 조립(bottom-up 방식) 방법으로 가동측을 조립한다.
1) 부품 삽입하기
미리 준비된 가동측 부품들을 각각 조립해 본다.

(1) 어셈블리 파트 생성하기
파일 → 새로 만들기를 이용하여 파일 이름을 assy_book2.prt로 정의한다.

(2) 부품 삽입하기
어셈블리 → 컴포넌트 → 컴포넌트 추가를 실행시키고 파트의 열기를 클릭하여 고정측의 부품 삽입과 같은 방법으로 모든 부품들을 모두 삽입한다.

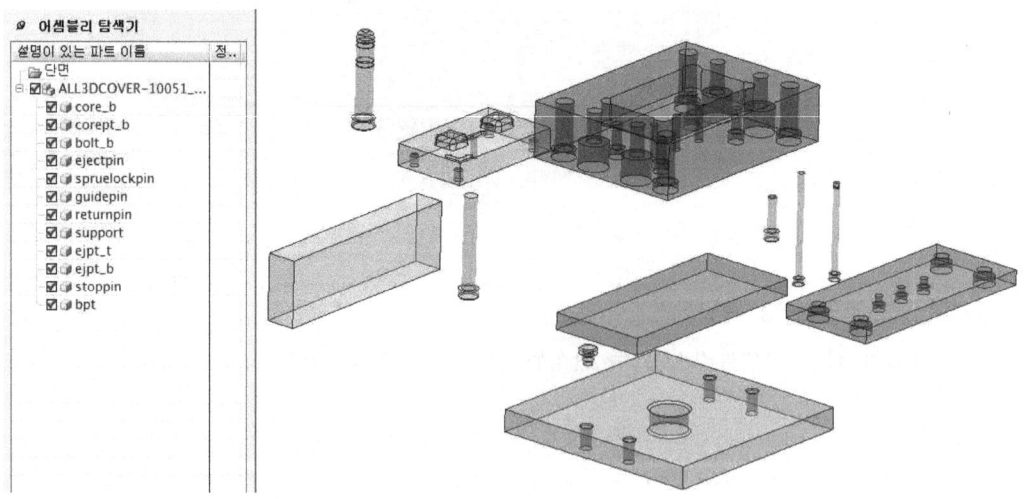

2) 어셈블리 구속조건 수행하기
어셈블리 → 컴포넌트 위치 → 어셈블리 구속조건을 실행시켜 각각의 부품들을 조립할 수 있다.

(1) 기준 부품 고정하기

기준이 될 부품을 선택하고 그 파트를 고정시키도록 한다. 여기서는 가동측 설치판 bpt.prt 를 선택하여 고정한다.

아래 그림의 붉은색 원 안에 고정 구속조건이 적용된 것을 확인할 수 있다.

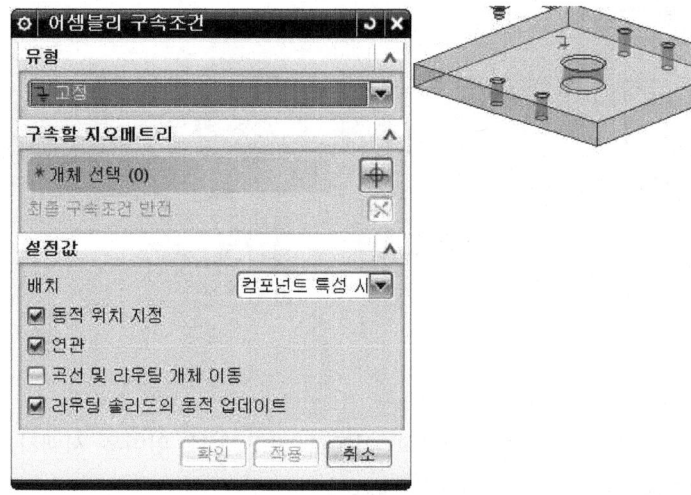

(2) 스톱핀 조립하기

어셈블리 구속조건 유형을 동심으로 선택한 후 스톱핀 머리부 하단의 모서리와 가동측 설치판 스톱핀 구멍 상단의 모서리를 선택한다.

어셈블리 구속조건 유형을 접촉 정렬로 선택하고 가동측 설치판 윗면과 스톱핀 머리부 하단 면을 선택하고 적용을 클릭한다.

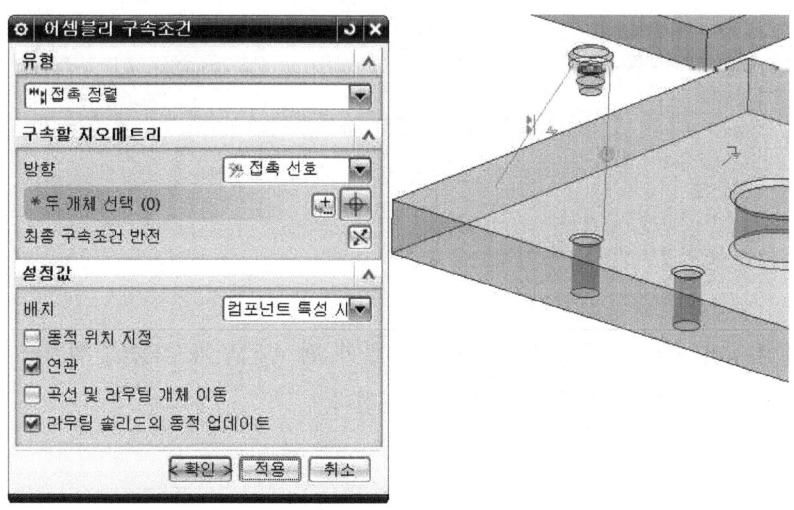

어셈블리 → 컴포넌트 위치 → 컴포넌트 이동을 클릭하고 복사 모드는 복사를 선택하고 스톱핀을 3개 더 생성하고 위와 같은 방법으로 조립한다.

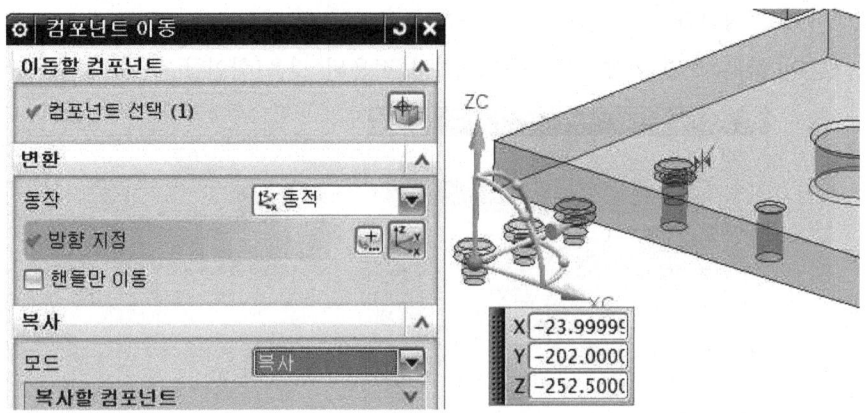

(3) 스페이스 블록 조립하기

접촉 정렬로 스페이스 블록 맨 아래면과 가동측 설치판 맨 윗면을 선택하고 스페이스 블록 맨 앞면과 가동측 설치판 맨 앞면을 선택한다.

아래 그림의 설정값에 동적 위치 지정이 체크되면 정렬 방향이 맞지 않는 경우 최종 구속조건 반전 아이콘을 클릭하여 방향을 변경할 수 있다.

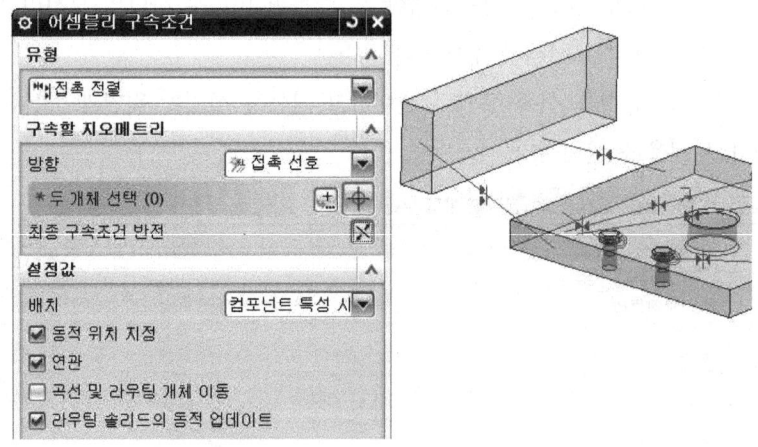

구속조건 유형을 거리로 변경하고 스페이스 블록 맨 우측면과 가동측 설치판 맨 우측면을 선택하고 거리에 25를 입력한 후 적용을 클릭한다.

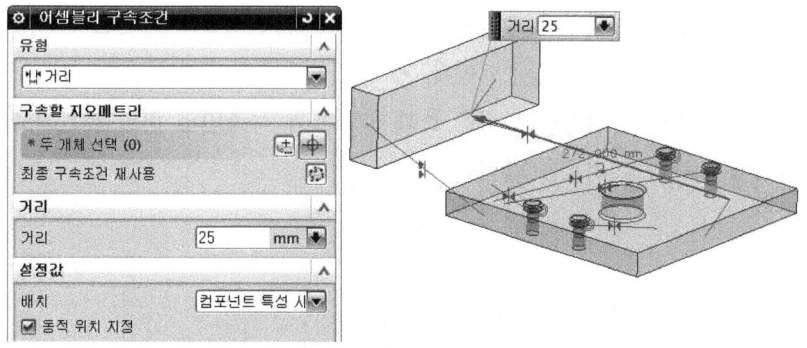

어셈블리 → 컴포넌트 위치 → 컴포넌트 이동을 클릭하고 복사 모드는 복사를 선택하고 스페이스 블록을 1개 더 생성하고 위와 같은 방법으로 조립한다.

현재까지 작업한 구속조건을 어셈블리 탐색기에서 선택하고 마우스 우측 버튼을 클릭하여 숨기기를 클릭한다.

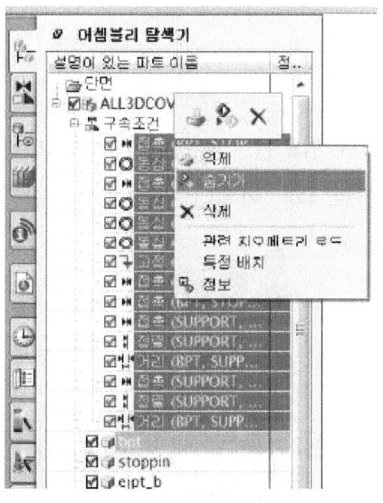

(4) 상밀판과 하밀판 조립하기

접촉 정렬로 상밀판과 하밀판의 세면을 먼저 정렬한다.

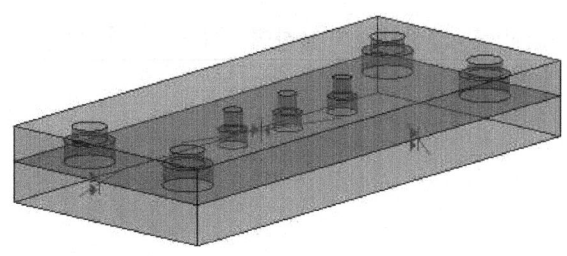

접촉 정렬로 하밀판의 아랫면과 스톱핀 머리의 상면을 선택하고 하밀판의 그림상의 정면과 가동측 설치판 정면을 선택하여 정렬한다.

구속조건 유형을 거리로 변경하고 좌측 스페이스 블록 우측면과 하밀판의 좌측면을 선택하고 거리에 2를 입력하고 적용을 클릭한다.

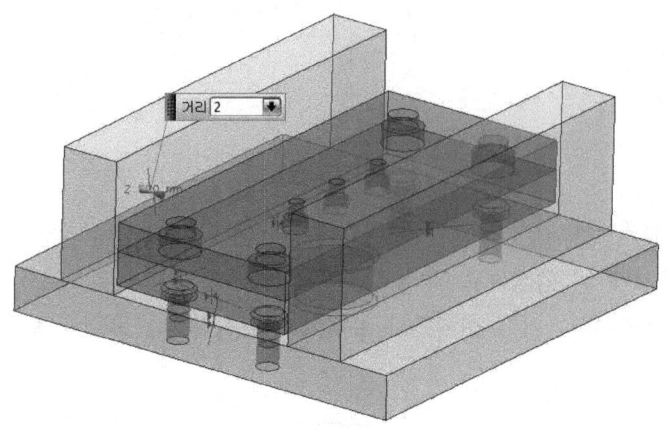

(5) 가이드핀 조립하기

어셈블리 → 컴포넌트 위치 → 컴포넌트 이동을 실행하고 복사의 모드를 복사로 선택하고 가이드핀 4개, 리턴핀 4개, 볼트 4개, 이젝터 핀을 2개로 만든다.

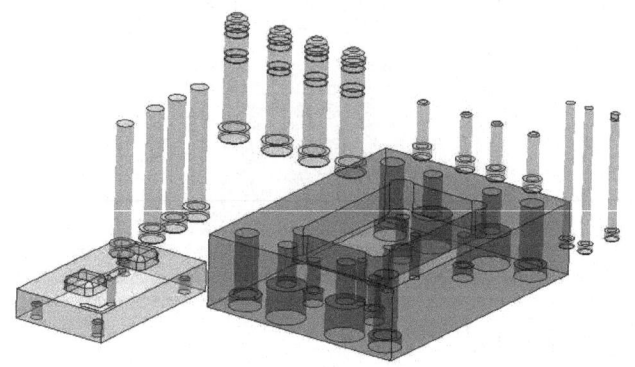

구속조건 유형을 동심과 접촉 정렬을 이용하여 다음 그림과 같이 조립한다.

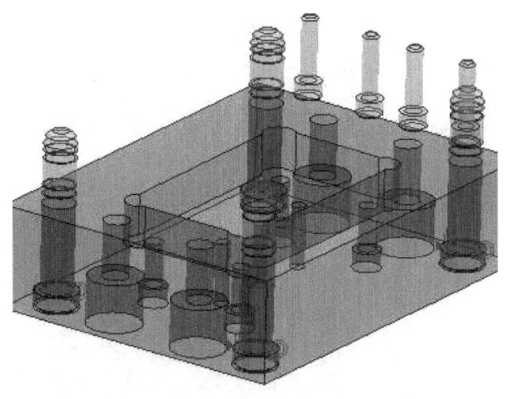

(6) 볼트 조립하기

볼트를 같은 방법으로 동심과 접촉 정렬을 이용하여 조립한다.

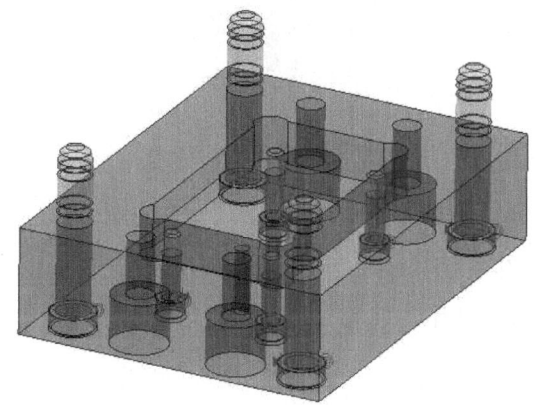

(7) 가동측 인서트코어 조립하기

어셈블리 구속조건 유형을 접촉 정렬로 변경하고 앞면, 측면, 바닥면을 각각 구속한다.

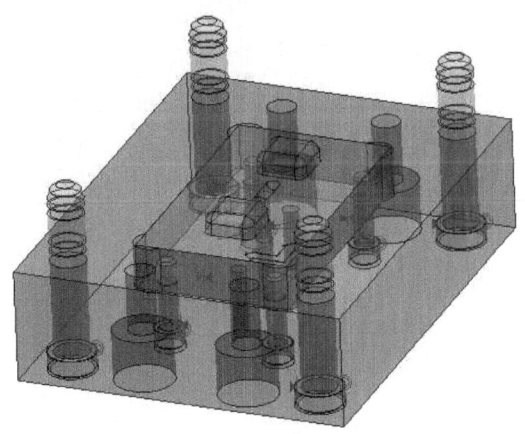

(8) 가동측 형판 조립하기

가동측 형판의 앞면, 우측면, 바닥면을 스페이스 블록과 접촉 정렬로 구속한다.

현재까지 구속한 구속조건을 어셈블리 탐색기에서 숨기기하면 아래 그림과 같이 조립된 것을 확인할 수 있다.

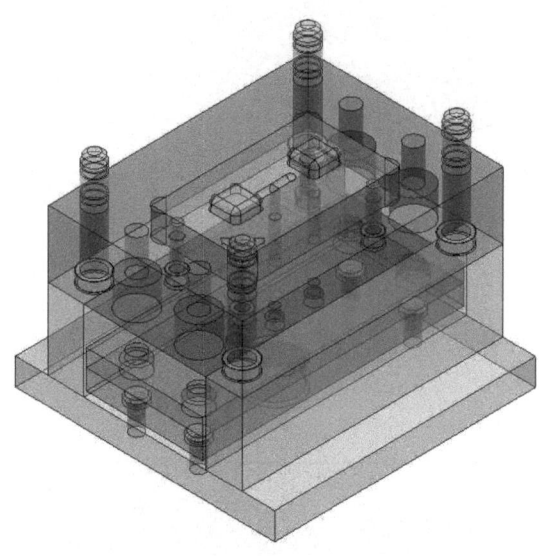

(9) 기타 부품 조립하기

지금까지 배운 방식으로 이젝터 핀, 스프루 록핀, 리턴핀을 조립한다.

(10) 가동측과 고정측 조립하기

어셈블리 → 컴포넌트 → 컴포넌트 추가를 클릭하여 앞서 조립한 고정측의 어셈블리 파일인 assy_book1.prt를 삽입하고 접촉 정렬을 이용하여 조립한다.

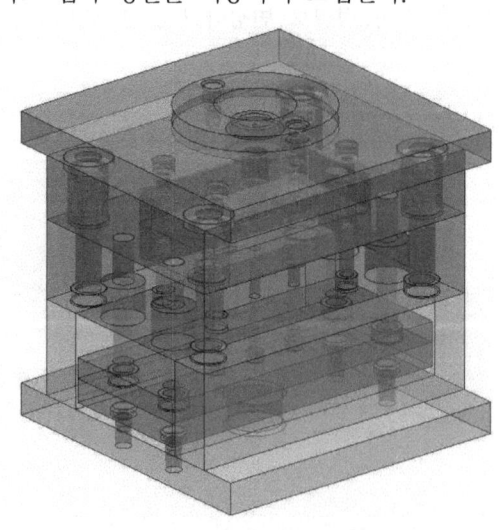

3) 조립 부품 수정하기

금형설계를 진행하다보면 제품의 변경 또는 성형해석상의 문제 그리고 기타 작업환경에 의하여 금형설계를 변경해야 하는 상황이 불가피하게 된다. 이때 금형의 조립상태나 부품의 모델링을 변경시키는 방법에 대하여 알아본다.

(1) 부품 숨기기

어셈블리 탐색기는 현재 조립되어 있는 부품들을 확인할 수 있다. 이 어셈블리 탐색기를 통하여 부품의 작업 내역을 수정하거나 구속조건 부분에서 부품간의 조립 구도를 변경시킬 수 있다.

작업의 편의상 고정측 설치판 부분의 부품들을 편집 → 표시 및 숨기기 → 숨기기를 클릭하고 선택한 부품을 숨긴다.

로케이트 링, 로케이트 링 고정 볼트 2개, 스프루 부시, 고정측 설치판을 선택한 후 확인을 클릭한다.

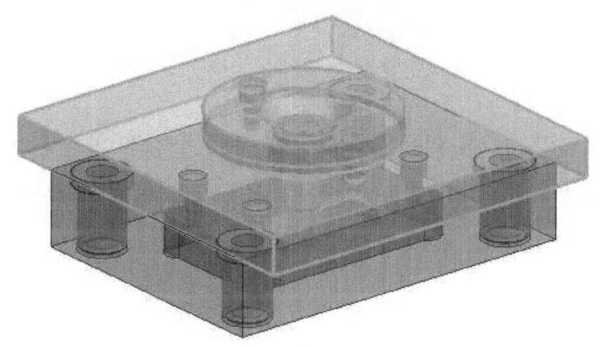

아래와 같이 선택한 부품이 숨겨진 것을 확인할 수 있다.

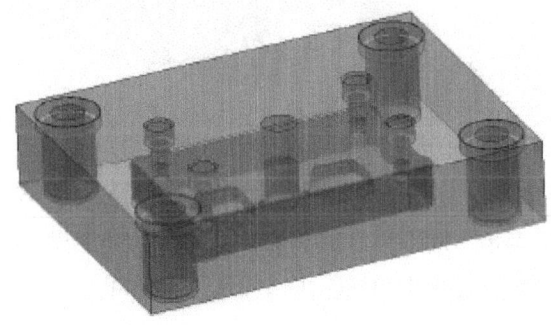

고정측 형판인 core_pt를 수정하기 위해 마우스 우측 버튼을 클릭하고 작업파트로 만들기를 클릭한다.

선택한 면이 시각적으로 잘 보일 수 있도록 편집 → 개체 화면표시를 클릭하여 고정측 형판의 색상을 변경한다.

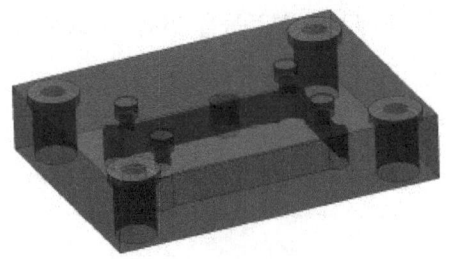

삽입 → 동기식 모델링 → 면 이동을 이용하여 볼트 구멍의 위치를 변화시킬 수 있다.
볼트 머리가 조립된 부분의 원통 면과 볼트 몸통이 조립될 부분의 원통 면을 선택하고 30mm 이동한다.

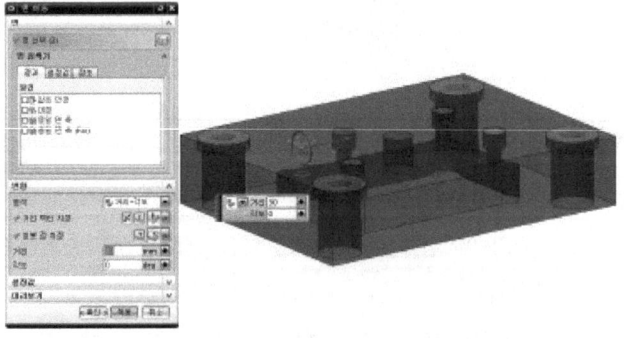

모델링이 수정되었으므로 어셈블리 탐색기의 assy_book1에서 마우스 우측 버튼을 클릭하고 작업 파트로 만들기를 클릭하여 어셈블리 상태로 이동한다.

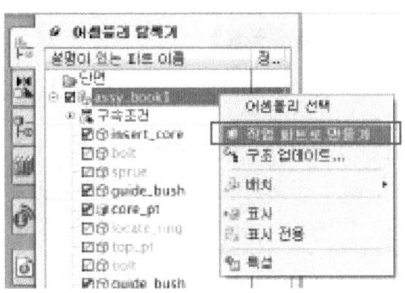

그림과 같이 조립된 볼트도 동심으로 구속되어 있기 때문에 함께 이동되는 것을 확인할 수 있다.

그러나 고정측형판의 볼트 구멍과 고정측 인서트코어의 볼트 구멍이 연관성 있게 Top-Down 방식으로 설계되지 않아 고정측 인서트코어의 볼트 구멍은 이동되지 않은 것을 확인할 수 있다.

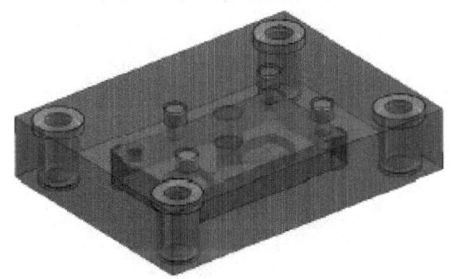

그림 3-17 볼트 구멍 수정

이러한 방식으로 부품의 설계변경이 필요하거나 오류가 있는 부분을 수정할 수 있다.

4) 간섭 확인하기

단품을 조립하다보면 부품간의 간섭이 일어날 경우가 발생한다. 이 경우 단품 조립이 들어가기 전에 어셈블리의 간섭체크 기능을 이용하여 사전에 간섭을 확인하고 해당 부품을 수정할 수 있어야 한다.

(1) 간단한 간격 체크하기

간단한 간격 체크 기능을 이용하여 단품간의 간섭을 체크해 볼 수 있다.

해석 → 어셈블리 간격 → 간단한 간격 체크 기능을 실행시키고 간섭을 체크할 단품들을 드래그하여 일괄 선택하고 확인 클릭한다.

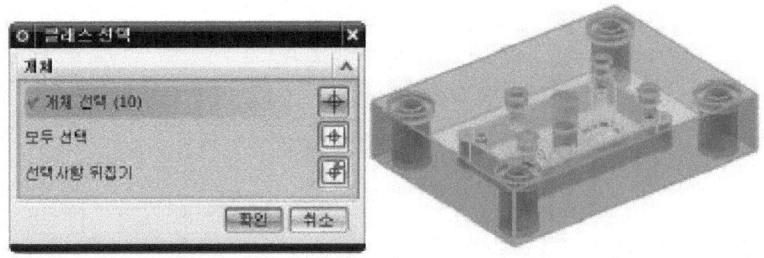

[그림 3-18]과 같이 간섭체크 창이 나타나며 [그림 3-17]에서 수정한 볼트 구멍으로 인해 볼트가 이동되었으며 이로 인해 볼트와 고정측 인서트코어가 간섭되어 있는 것을 확인할 수 있다.

(접촉)이라고 표현되면 부품간의 조립이 제대로 완성되어 있는 상태이며, (하드)라고 표현되면 부품간의 간섭이 일어난 상태이므로 단품을 조립상태에 알맞게 수정해야 한다.

그림 3-18 간섭 체크

(2) 단품 수정하기

단품을 수정하는 방법은 앞서 배운 방법으로 어셈블리 탐색기를 이용하여 수정한다.

수정할 대상을 작업 파트로 만들기를 클릭하고 아래 그림과 같이 볼트 구멍을 원래대로 수정한다.

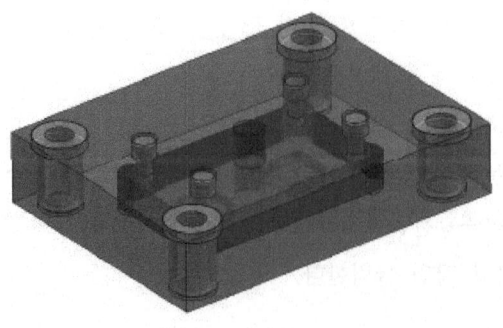

3. 하향식 조립(top-down 방식)을 수행한다.

1) 어셈블리 파트 생성하기

기존의 부품이 모델링되어 있지 않는 상태에서는 상호 연관 관계가 있게 하향식의 조립방법을 많이 사용하므로 하향식 조립을 해보도록 본다.

파일 → 새로 만들기를 클릭하고 아래 그림과 같이 경로와 파일 이름을 지정하고 확인을 클릭한다.

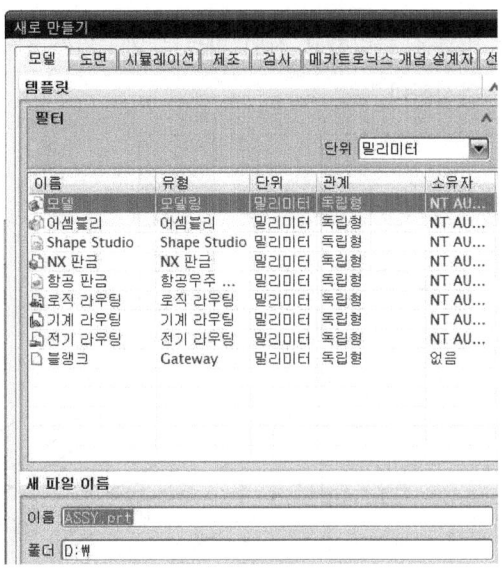

(1) 새 컴포넌트 생성하기

어셈블리 → 컴포넌트 → 새 컴포넌트 생성을 클릭하면 위 그림과 같은 대화상자가 다시 나오는데 이름을 NO1로 지정하고 확인을 클릭한다.

아래 대화상자가 나오면 만들어진 부품이 없으므로 확인을 클릭한다.

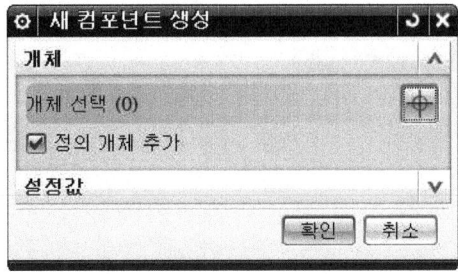

같은 방법으로 새 컴포넌트 생성을 클릭하여 파일명을 NO2를 생성한다.

어셈블리 탐색기를 보면 다음 그림과 같이 상위 어셈블리인 ASSY 아래에 NO1, NO2 파트가 추가된 것을 확인할 수 있다.

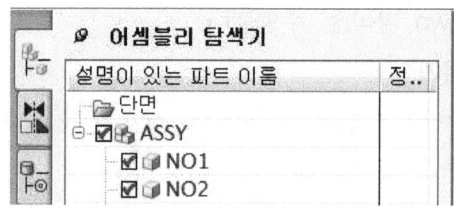

(2) 파트 모델링하기

NO1에서 마우스 우측 버튼을 클릭하고 작업 파트로 만들기를 클릭한다.
다음 도면의 모델링을 완성한다.

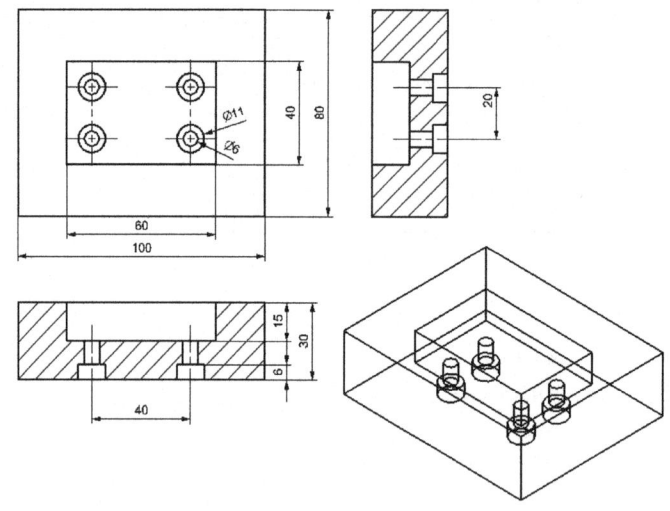

어셈블리 탐색기의 NO2에서 마우스 우측 버튼을 클릭하고 작업 파트로 만들기를 클릭한다. 삽입 → 연관 복사 → WAVE 지오메트리 연결기를 클릭하고 아래와 같이 유형을 면으로 선택한 다음 그림의 붉은색 면을 클릭한다.

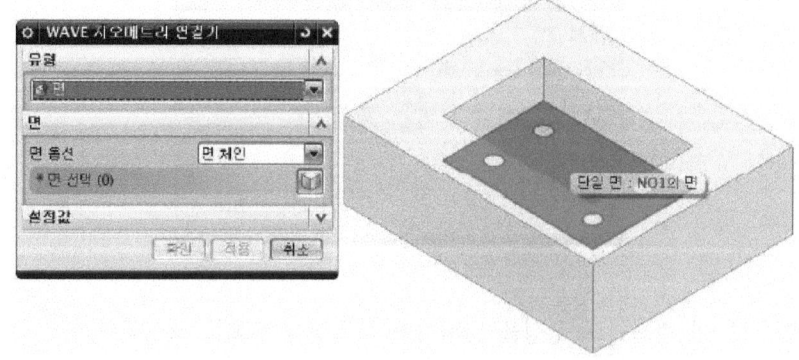

삽입 → 특징형상 설계 → 돌출을 클릭하고 곡선규칙에서 면 모서리를 선택한 후 앞서

WAVE 지오메트리 연결기로 생성한 연결된 면을 클릭하여 아래와 같이 설정하고 확인을 클릭한다.

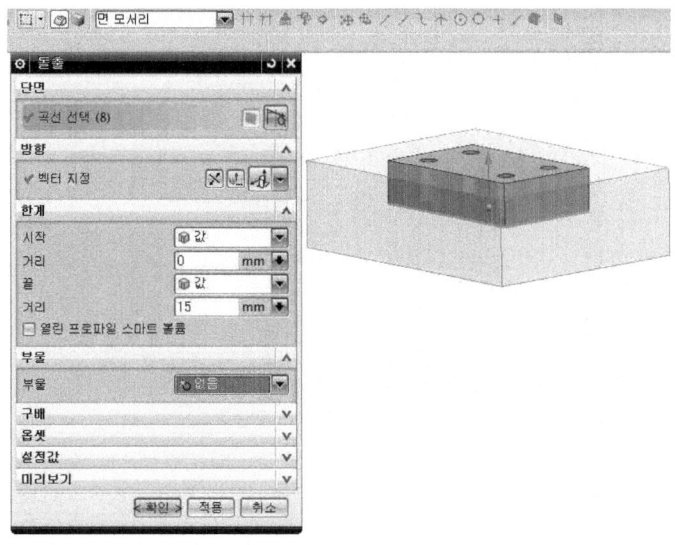

어셈블리 탐색기의 ASSY에서 마우스 우측을 클릭하고 작업 파트로 만들기를 클릭하면 아래 그림과 같이 두 개의 파트가 완성된 것을 확인할 수 있다.

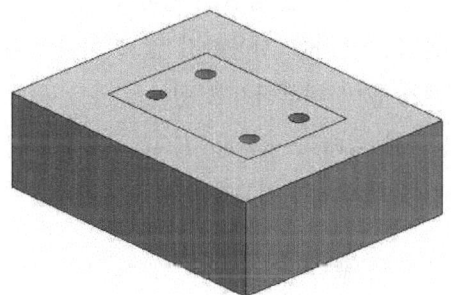

(3) 모델링 수정하기

NO1에서 우측을 클릭하고 작업 파트로 만들기를 클릭한다.

구멍 위치에서 마우스 우측을 클릭하고 스케치 편집을 클릭한다.

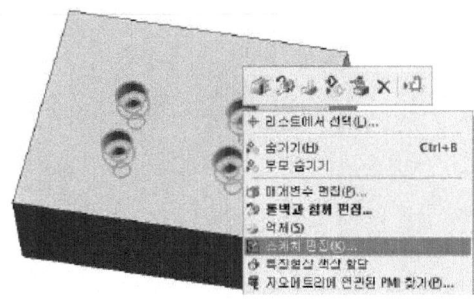

구멍 사이의 간격을 편집하였으며, 아래 그림과 같이 NO2도 함께 변경된 것을 확인할 수 있다.

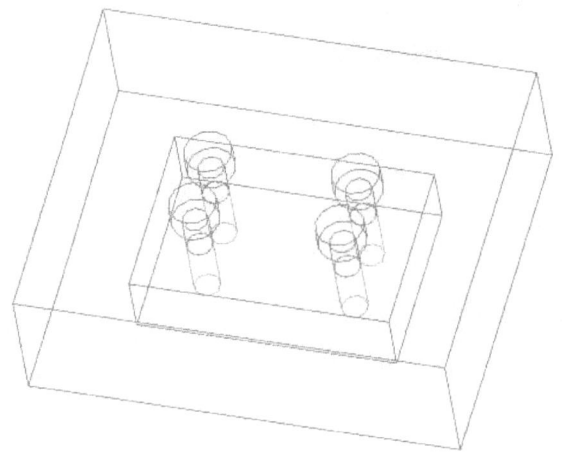

이와 같이 하향식 조립 방법은 상호 연관관계가 있게 설계가 되었을 경우 하나의 부품의 수정으로 다른 연관관계의 부품이 자동으로 수정된 것을 확인할 수 있다.

2) 하향식 조립(top-down 방식)의 다른 방법 수행하기

사출금형의 어셈블리는 몰드 마법사를 사용하지 않고 하나의 파트 내에 여러 개의 바디가 존재하는 방식으로의 설계가 많이 이루어지고 있다.
이러한 방식을 굳이 어셈블리 형태로 변환할 필요는 없지만 이미 만들어진 각각의 바디를 어셈블리로 변환하는 방법에 대해서 알아보자.

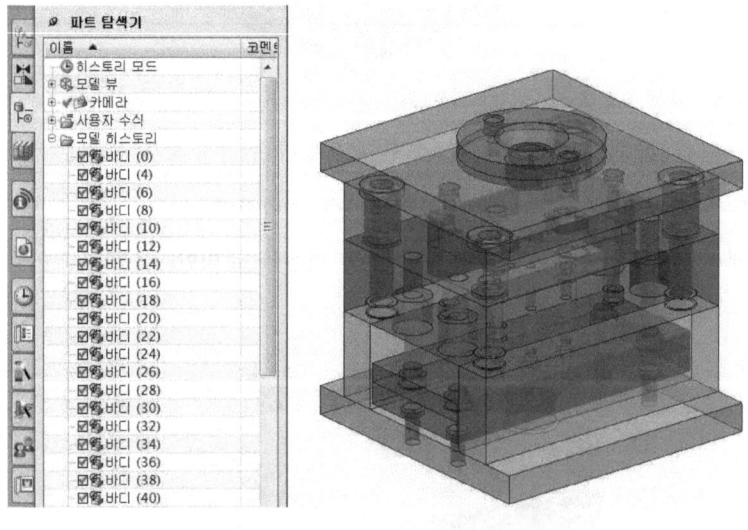

어셈블리 탐색기에 보면 현재 하나의 파트로 이루어져 있음을 확인할 수 있다.

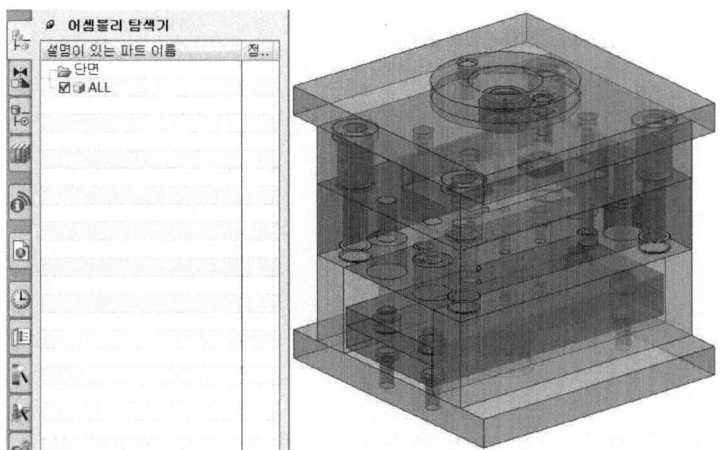

(1) 부품 추출하기

어셈블리 → 컴포넌트 → 새 콤포넌트 생성을 클릭하고 추출한 파트 이름을 locatering으로 하고 확인 버튼을 클릭한다.

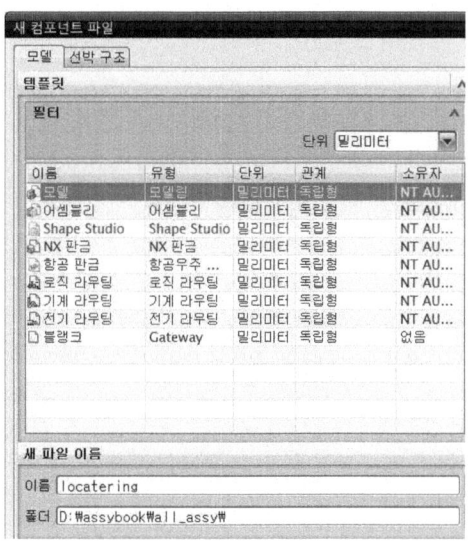

로케이트링을 선택하고 확인을 클릭한다.

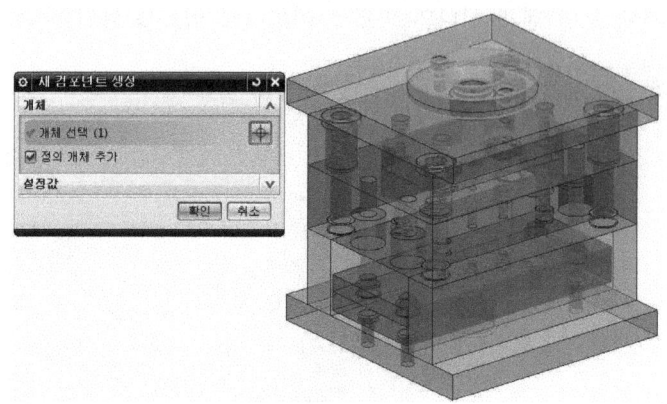

어셈블리 탐색기를 보면 locatering이 추출되어 하위 부품으로 생성된 것을 알 수 있으며 이와 같은 방법으로 다른 부품들도 추출하여 어셈블리를 만들 수 있다.

단원 핵심 학습 문제

01 어셈블리 모델링 조립방법이 아닌 것은?
① 상향식 조립(bottom-up 방식)
② 하향식 조립(top-down 방식)
③ 혼용식 조립
④ 수평식 조립
해설 : ④ 어셈블리 모델링 조립방법 - 상향식 조립(bottom-up 방식), 하향식 조립(top-down 방식), 혼용식 조립

02 일반적으로 사용되는 방식으로 부품을 하나씩 모델링한 후에 라이브러리에 등록시켜 조립시켜 나가는 방법은?
해설 : 상향식 조립(bottom-up 방식)

03 상위 어셈블리에서 필요한 부품을 연관 설계하는 모델링 방식이며 한 파트 안에서 어셈블리 형태로 모델링하고 부품을 추출한다. 따라서 원본파트의 정보가 수정되면 같은 정보를 보유하고 있는 다른 파트의 정보도 같이 수정되어 일괄적으로 모델이 변경되는 방법은?
해설 : 하향식 조립(top-down 방식)

04 어셈블리 구속조건의 유형을 쓰시오.
해설 : 접촉 정렬 수행하기, 동심 수행하기, 거리 수행하기, 거리 수행하기, 평행 수행하기
  직교 수행하기, 맞춤 수행하기, 접착 수행하기, 중심 수행하기, 각도 수행하기

05 중심이 일치하고 모서리가 동일 평면에 놓이도록 맞추는 기능의 어셈블리 구속조건은?
해설 : 동심 수행하기

06 선택한 평면을 마주보게 하거나 같은 방향을 바라보게 하는 기능의 어셈블리 구속조건은?
해설 : 접촉 정렬 수행하기

07 아래 휠의 두 면을 선택한 후 축의 두 면을 선택하여 휠의 중심면과 축의 중심면을 일치시키는 기능의 어셈블리 구속조건은?
해설 : 중심 수행하기

08 선택한 평면을 평행하게 하는 기능의 어셈블리 구속조건은?
해설 : 평행 수행하기

09 몰드베이스의 종류를 쓰시오.

해설 : 2플레이트 타입(사이드 게이트), 3플레이트 타입(핀포인트 게이트)

10 상향식 조립(bottom-up 방식) 방법으로 고정측을 조립하는 순서를 쓰시오.

해설 : 고정측 설치판을 선택하여 고정 → 로케이트 링 조립하기
→ 볼트 조립하기 → 스프루부시 조립하기 → 가이드부시 조립하기
→ 고정측인서트코어 조립하기 → 볼트 조립하기 → 고정측 조립 완성 확인하기

11 상향식 조립(bottom-up 방식) 방법으로 가동측을 조립하는 순서를 쓰시오.

해설 : 가동측설치판를 선택하여 고정 → 스톱핀 조립하기 → 스페이스 블록 조립하기
→ 상밀판과 하밀판 조립하기 → 가이드핀 조립하기 → 볼트 조립하기
→ 가동측인서트코어 조립하기 → 가동측형판 조립하기 → 기타 부품 조립하기

12 단품을 조립하다보면 부품간의 간섭이 일어날 경우가 발생한다. 이 경우 단품 조립이 들어가기 전에 어셈블리의 기능을 이용하여 사전에 간섭을 확인하고 해당 부품을 수정할 수 있는 것은?

해설 : 간섭체크 기능

13 2플레이트 타입(S 시리즈)의 종류의 종류를 쓰시오.

해설 : SA 타입(이젝터 돌출방식), SB 타입(스트리퍼판 돌출방식)
SC 타입(이젝터 돌출방식) 받침판 없음
SD 타입(스트리퍼판 돌출방식) 받침판 없음

3-3 어셈블리모델링 데이터 출력하기

1. 출력

1) 도면의 양식과 크기

(1) 도면에 반드시 설정해야 되는 양식

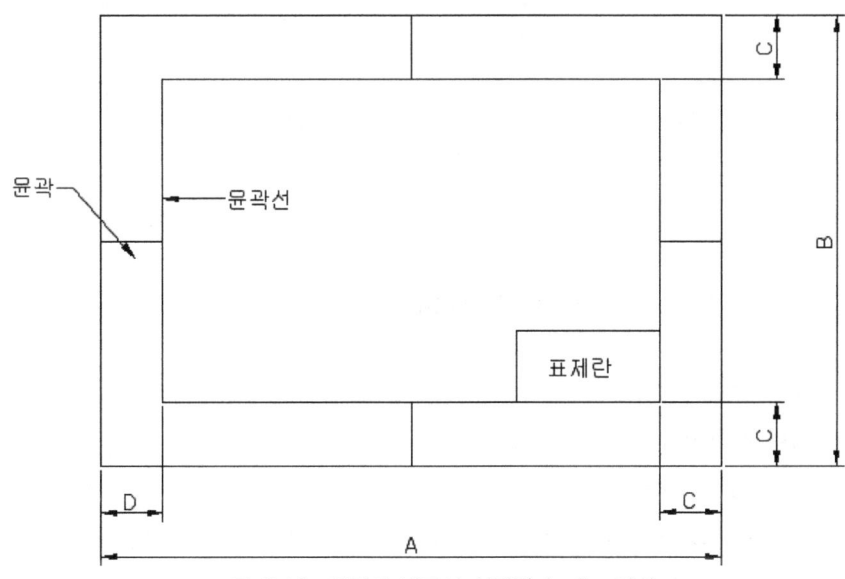

그림 3-19 도면에 반드시 설정해야 되는 양식

① 윤곽선

윤곽선은 도면으로 사용된 용지의 안쪽에 그려진 내용이 확실히 구분되도록 하고 종이의 가장자리가 찢어져서 도면의 내용을 훼손하지 않도록 하기 위해서 긋는데 0.5mm 이상의 실선을 사용한다.

② 표제란

표제란은 도면관리에 필요한 사항과 도면내용에 관한 중요한 사항을 정리하여 기입하는데 도면번호, 도면명칭, 기업(소속단체)명, 책임자의 서명, 도면작성 년월일, 척도, 투상법(각법)을 기입하고 필요시는 제도자, 설계자, 검도자, 공사명, 결재란 등을 기입하는 칸도 만든다.

③ 중심 마크

완성된 도면은 영구적으로 보관하기 위하여 마이크로필름으로 촬영하거나 복사하고자 할 때 도면의 위치를 알기 쉽도록 하기 위하여 표시하는 선이다. 도면을 정리하여 철하기에 편리하도록 0.5mm 굵기의 실선으로 용지의 가장자리까지 중심 마크를 긋는다.

(2) 도면의 크기
[그림 3-19]의 A, B, C의 치수는 다음과 같다.

크기 \ 호칭	A	B	C	D	
				철할 경우	철하지 않을 경우
A0	1189	841	10	25	10
A1	841	594	10	25	10
A2	594	420	10	25	10
A3	420	294	5	25	5
A4	294	210	5	25	5
A6	210	148	5	25	5
A7	148	105	5	25	5

실기 내용 - 2D · 3D 데이터 저장 및 출력하기

1. 2D 데이터 저장 및 출력한다.

1) 2D 데이터 저장하기

(1) Drafting 환경 들어가기

3D 데이터를 2D 도면으로 저장 및 출력하게 되면 추가적인 비용이 절감되며 이동성에 월등한 이점을 가지게 된다.

3D로 모델링된 파트를 2D 데이터로 변환하기 위해서는 Drafting작업을 해야 한다.

다음과 같이 시작을 클릭한 다음 Drafting을 클릭한다.

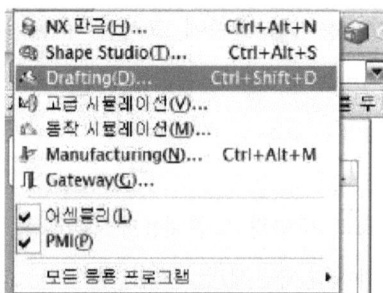

(2) Drafting하기

Drafting을 클릭하면 시트 대화상자가 나타나는데 다음과 같이 설정하고 확인을 클릭한다.

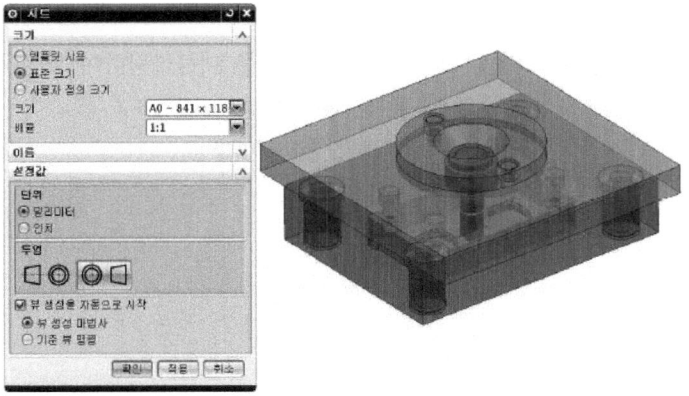

뷰 생성 마법사 대화상자에서 Drafting 하고자 하는 파트를 선정해야 하는데 다음과 같이 파트 선택에서 insert_core.prt를 선택한다.

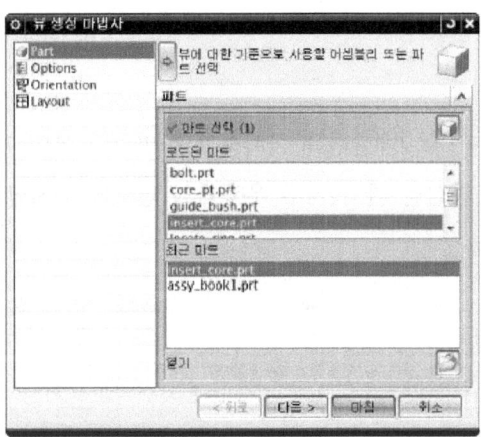

Orientation을 클릭하고 다음과 같이 모델 뷰에서 아래쪽을 선택한다.

다음과 같이 아래쪽에서 바라본 도면이 생성되었다.
도면이 생성되면 생성된 도면의 최 외곽 뷰의 경계를 더블클릭하여 배율을 1 : 1로 한다.

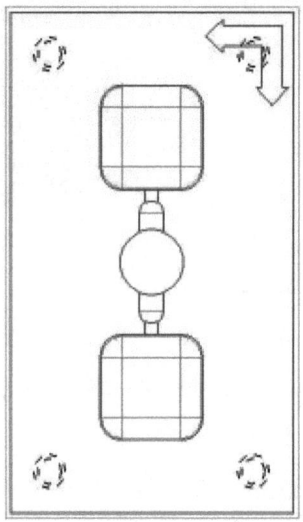

삽입 → 뷰 → 단면 → 단순/계단형을 클릭하고 화면상의 뷰의 경계를 클릭하고 중앙에 있는 스프루부시 구멍의 중심을 클릭한 후 우측에 단면도를 배치할 곳을 클릭하여 다음과 같이 단면도를 배치한다.

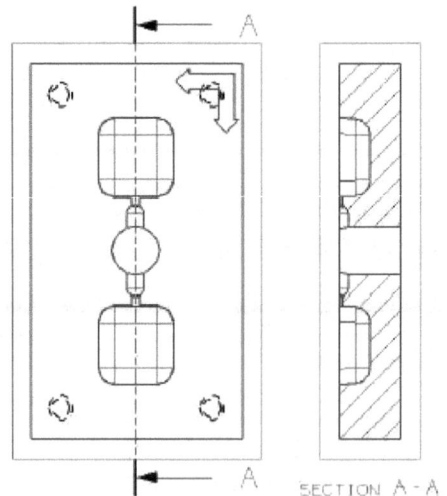

삽입 → 뷰 → 뷰 생성 마법사를 클릭하고 고정측 형판인 core_pt.prt를 같은 방법으로 삽입한다.
환경설정 → Drafting을 클릭하고 뷰 탭에서 경계의 경계 표시 체크를 해제한다.

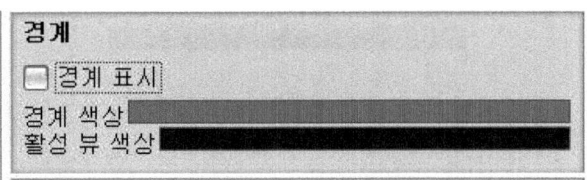

다음 그림과 같이 뷰의 경계 표시가 나타나지 않은 상태의 도면이 나타난다.

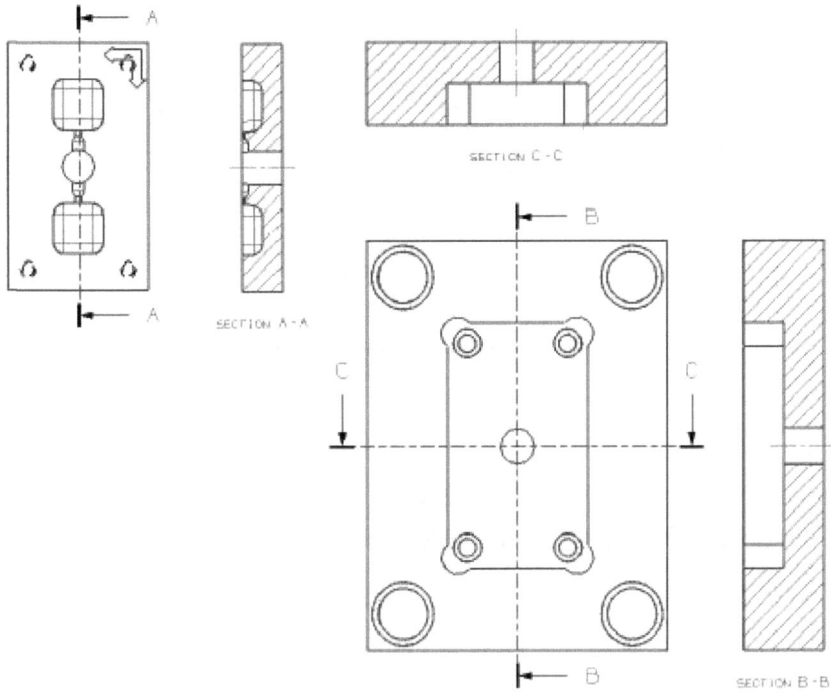

이와 같은 방식으로 모든 부품의 2D 도면을 원하는 대로 배치 가능하다.

(3) 2D 출력하기

또한 Drafting 환경에서 직접 치수기입이 가능하며 생성된 2D 데이터는 Plot이나 Printer를 통하여 인쇄가 가능하다.

파일 → 인쇄를 클릭하고 연결된 프린터로 기종을 변경하고 흑백 와이어프레임을 선택하고 확인을 클릭하면 다음 그림과 같은 흑백의 문서를 출력할 수 있다.

(4) 파일 내보내기

파일 → 내보내기 → AutoCAD DXF/DWG를 통하여 DWG나 DXF파일로 변환이 가능하다. 변환된 파일은 AutoCAD에서 열기가 가능하며 수정이나 치수를 기입을 할 수 있으며 출력 또한 가능하다.

AutoCAD 2D 도면으로 변환하기 전에 먼저 저장한다.

파일 → 내보내기 → AutoCAD DXF/DWG를 클릭하고 저장될 위치와 파일명을 입력하고 아래 그림과 같이 설정되었는지 확인한다.

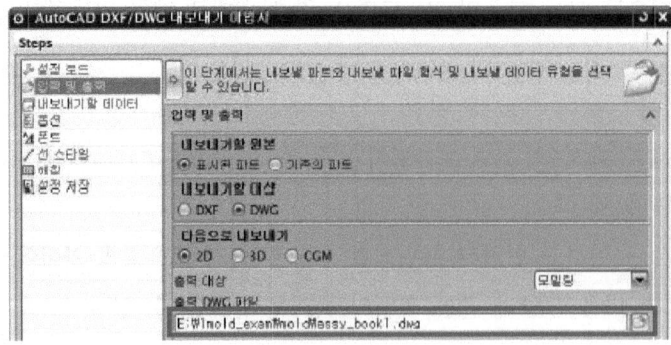

내보내기할 데이터에서 도면으로 체크되었는지 반드시 확인하고 마침을 클릭한다.

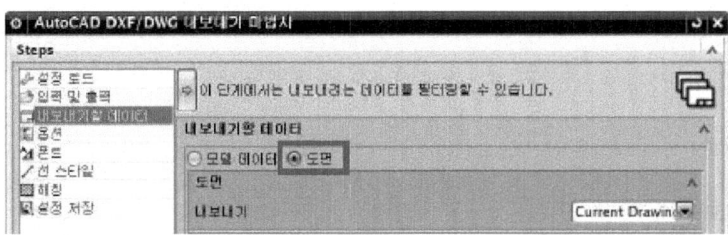

(5) AutoCAD 출력하기

AutoCAD에서 저장한 파일을 열기해보면 아래와 같이 열기된 것을 확인할 수 있다.

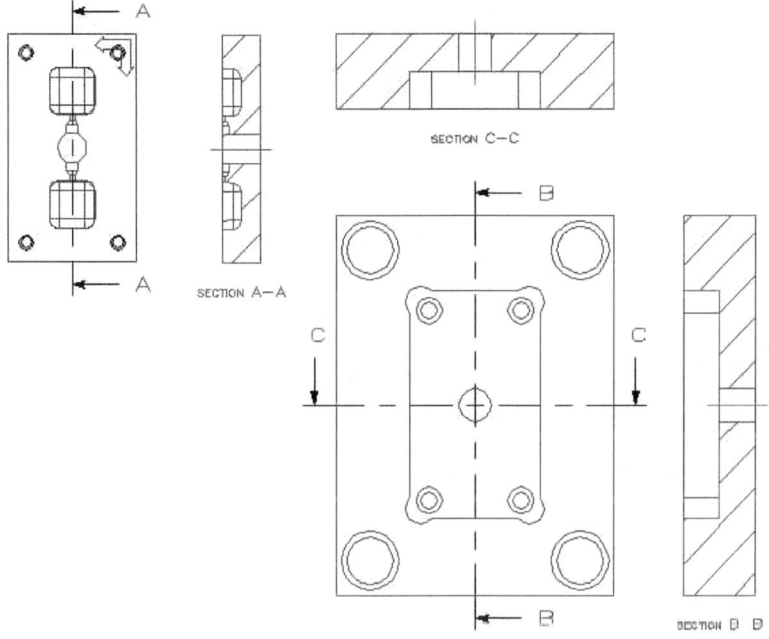

파일 → 플롯을 클릭하면 다음과 같은 대화상자가 나오며 주로 세팅하는 부분을 살펴보기로 한다.

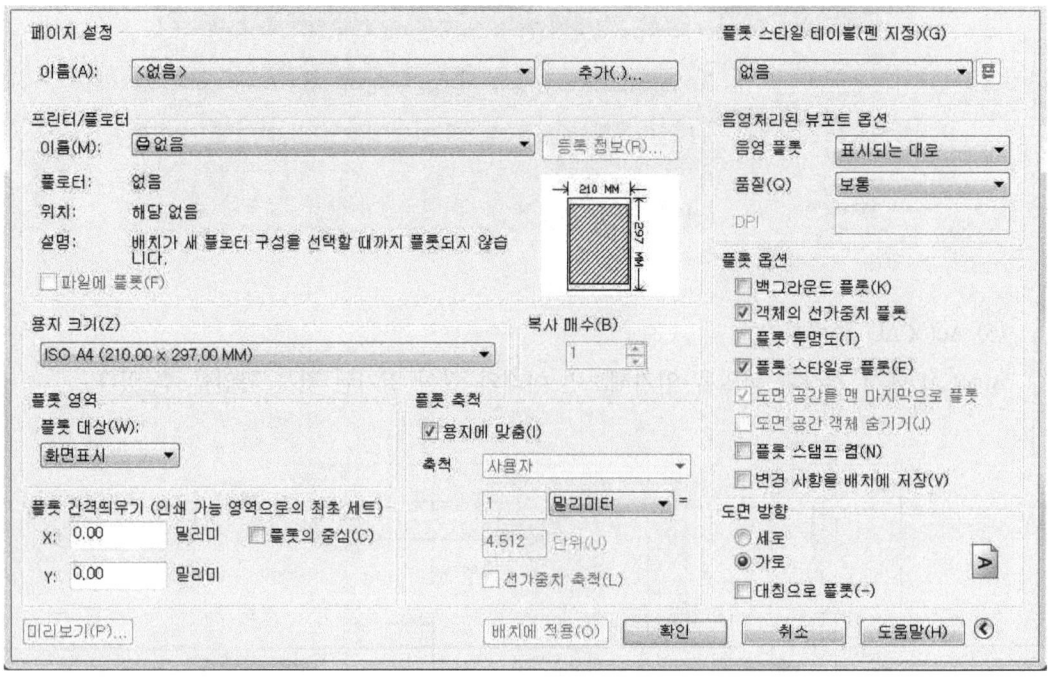

① 페이지 설정

　Plot 관련 사항을 저장해 놓고 사용할 수 있다.

② 프린터/플로터

　사용할 프린트나 플로터를 지정한다.

③ 용지 크기

　출력할 종이 크기를 지정한다.

④ 복사 매수

　출력물의 장수를 지정하며 같은 도면을 계속 출력하는 경우 이용한다.

⑤ 플롯 축척

　출력물의 정확한 축척을 정의한다.

⑥ 플롯 영역

　범위 : 출력물의 범위를 조정한다.

　윈도우 : 자신이 출력하고 싶은 범위를 window로 지정해서 출력한다.

　한계 : 한계 영역 전체를 출력할 때 사용한다(Limits 설정한 영역).

　화면표시 : 현재 화면에 표시된 부분만 출력한다.

⑦ 플롯 간격 띄우기

　주로 사용하는 플롯의 중심을 체크하면 도면이 출력될 종이의 가운데에 위치한다.

⑧ 플롯스타일 테이블(펜 지정)

플롯스타일 테이블(펜지정)을 조정합니다. 출력 시 펜에 색상을 지정하거나 흑백으로 출력하거나 등등 색상마다 효과를 주어 다양하게 출력을 할 수 있다.

⑨ 도면 방향

출력방향을 가로나 세로로 조정한다.

⑩ 출력

모든 사항의 확인이 끝났으면 미리보기를 클릭하여 도면이 정상적으로 보이는지 확인하고 마우스 우측버튼을 클릭하여 도면을 출력한다.

2. 3D 데이터 저장 및 출력한다.

1) 3D 데이터 저장하기

파일 → 내보내기를 사용하면 3D 데이터를 다른 방식의 데이터로 내보낼 수 있다.
아래에서 보이는 것처럼 파트, Parasolid, STL, JT, 이미지파일, IGES, STEP, DXF/DWG, CATIA 등의 파일형식으로 내보낼 수 있다.

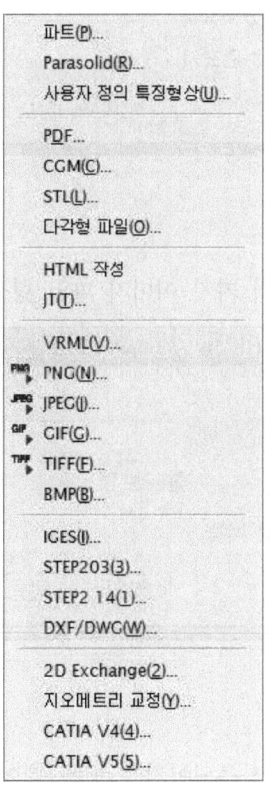

(1) Parasolid로 저장하기

Parasolid는 X_T 파일 포맷으로 저장할 수 있다.

(2) STL로 저장하기

STL은 Stereo Lithography File 포맷으로 3차원 CAD 시스템에서 이용되고 있는 표준적인 인터페이스 데이터 포맷이다

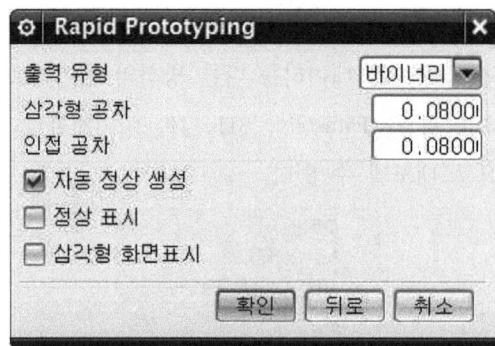

(3) 이미지파일로 저장하기

JPEG, GIF, TIFF, BMP 등의 여러 가지 이미지 파일 형식을 지원한다.

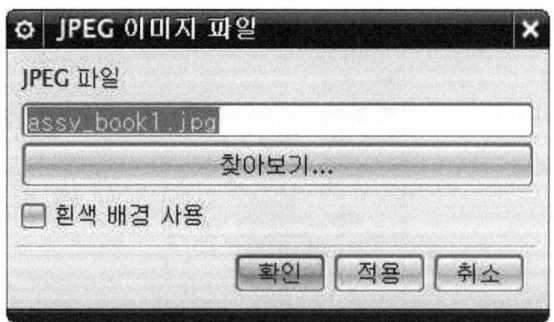

(4) IGES로 저장하기

IGES는 3D 프로그램에서 많이 사용되어지는 범용 데이터로 곡면의 형태로 데이터를 지원한다.

(5) STEP으로 저장하기

STEP은 stp파일 포맷을 갖고 3D 프로그램에서 많이 사용되어지는 범용 데이터로 솔리드의 형태로 데이터를 지원한다.

(6) CATIA로 저장하기

CATIA파일로 변환이 가능하다.

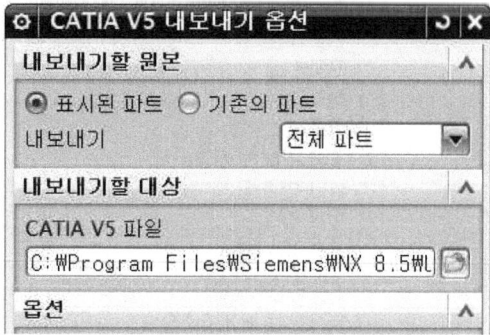

2) 3D 데이터 출력하기

Drafting에서 등각을 이용하여 도면을 다음 그림과 같이 변환이 가능하다.

파일 → 인쇄를 클릭하여 3D 데이터를 출력할 수 있다.

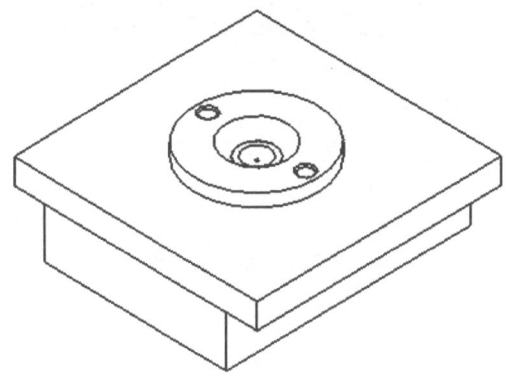

2. BOM 생성

1) 정보 산출

3D 데이터를 활용하여 치수, 파트 리스트, BOM 등의 각종 정보를 산출할 수 있다.

(1) 치수 기입

삽입 → 치수에서 아래와 같은 다양한 방법으로 치수를 기입할 수 있다.

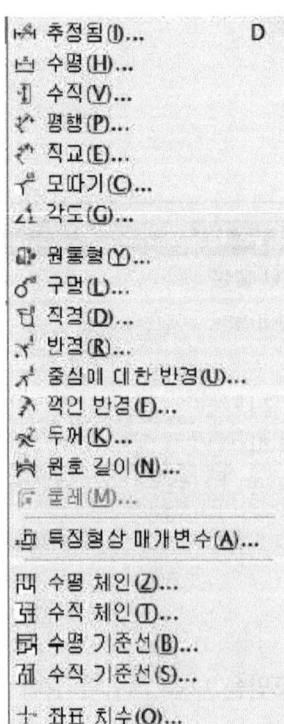

실기 내용 - BOM 생성하기

1. 정보를 산출한다.

1) 치수 기입하기

[그림 3-20]에서 생성된 2D 데이터에 길이나 각도의 치수를 넣을 수 있다. Drafting 환경에서 삽입 → 치수의 기능들을 이용하여 각종 치수의 종류를 선택하여 입력할 수 있다.

치수의 기능에는 수직거리, 수평거리, 각도 등을 넣을 수 있다. 하지만 삽입 → 치수 → 추정됨을 이용하면 위의 모든 기능을 자동으로 인식하여 치수 기입할 수 있다.

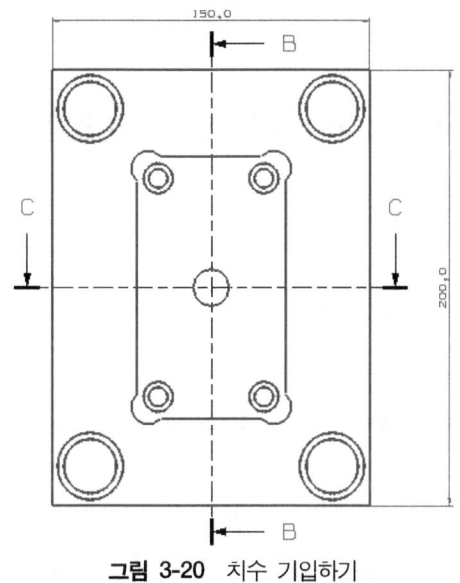

그림 3-20 치수 기입하기

2) Part List 삽입하기

어셈블리 상태에서 Drafting을 하게 되면 각각의 단품 부품의 파트 리스트를 생성시킬 수 있다. Drafting 환경에서 삽입 → 테이블 → 파트 리스트를 클릭하게 되면 자동적으로 단품의 개수 및 번호를 이용하여 파트 리스트가 생성이 된다.

7	INSERT_CORE	1
6	BOLT	6
5	SPRUE	1
4	GUIDE_BUSH	4
3	CORE_PT	1
2	LOCATE_RING	1
1	TOP_PT	1
PC NO	PART NAME	QTY

3) 자동 풍선도움말

이미 배치한 등각 도면에 파트 리스트를 기초로 하여 단품의 번호를 생성한다.

(1) 자동 풍선도움말 삽입하기

삽입 → 테이블 → 자동 풍선도움말을 클릭한다.

파트 리스트 자동 풍선도움말 대화상자가 나타나면 아래와 같이 이미 생성한 파트 리스트를 클릭하고 확인을 클릭한다.

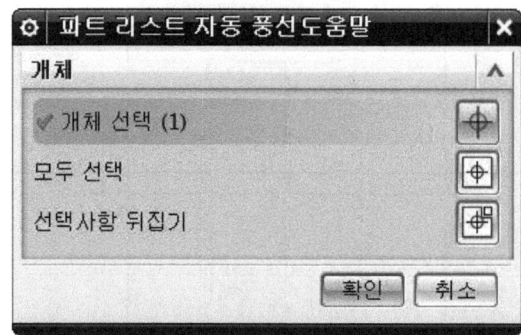

다음과 같이 생성한 등각도면 명칭을 선택하고 확인을 클릭한다.

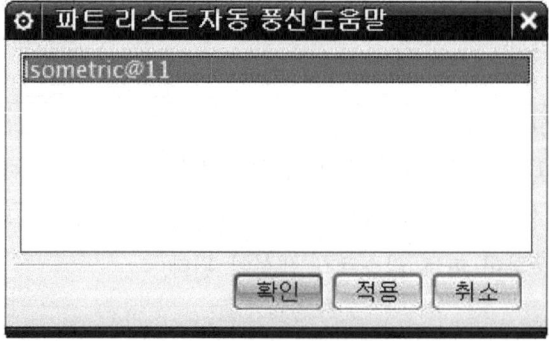

다음과 같이 자동 풍선도움말이 생성되었다.

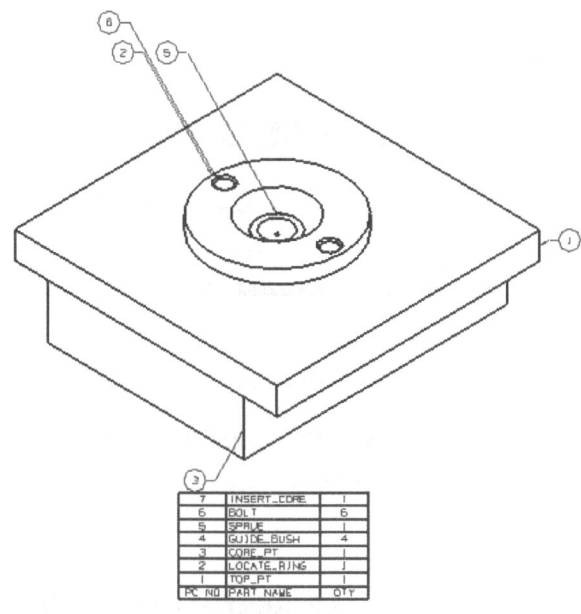

4) BOM 생성하기

(1) 몰드 마법사 실행하기

먼저 BOM 기능을 사용하기 위해서는 몰드 마법사를 실행해야 한다.

시작 → 모든 응용 프로그램 → 몰드 마법사를 클릭한다.

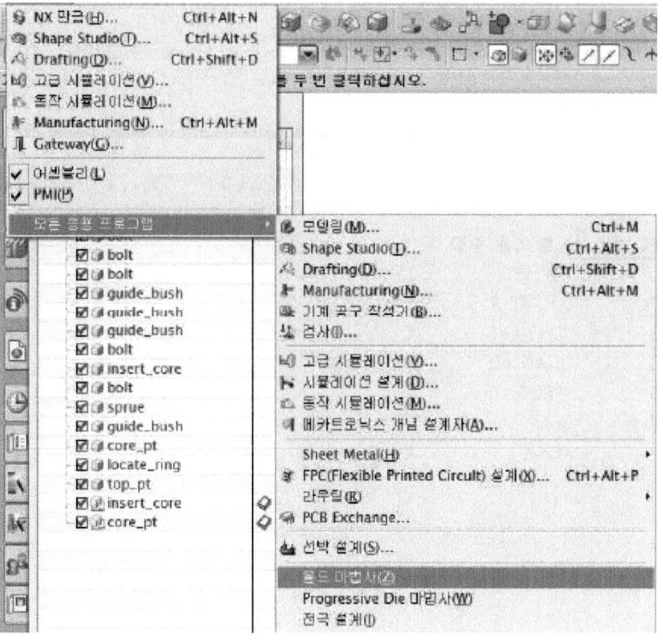

풀다운 메뉴에 도구 → 프레세스별 → 몰드 마법사 → BOM을 선택하거나 아래 보여지는 BOM 아이콘을 선택한다.

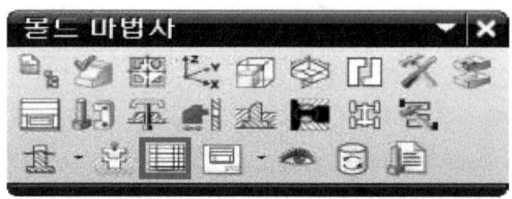

아래와 같이 BOM 리스트를 확인할 수 있으며 리스트 빈 공간에서 마우스 우측 버튼을 클릭하면 리스트를 브라우저 또는 스프레드시트로 내보낼 수 있다.
아래 그림의 좌측 위는 브라우저로 내보냈을 경우이고, 좌측 아래는 스프레드시트로 내보냈을 경우이다.

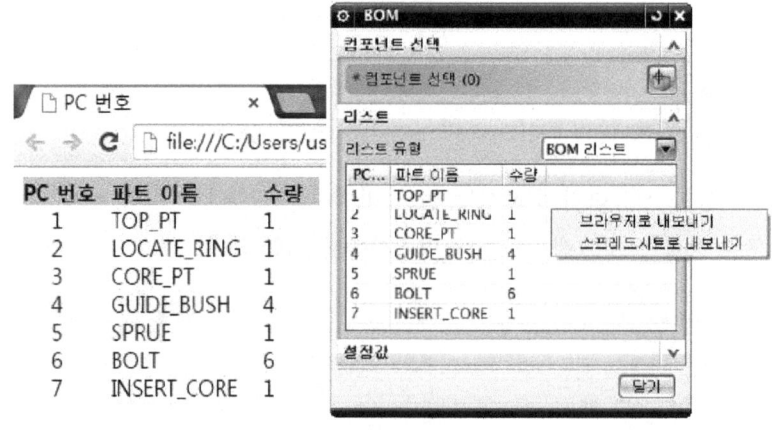

단원 핵심 학습 문제

01 도면에 반드시 설정해야 되는 양식이 아닌 것은?
① 윤곽선　　　　　② 표제란
③ 중심 마크　　　　④ 주서
해설 : ④ 도면에 반드시 설정해야 되는 양식 - 윤곽선, 표제란, 중심 마크

02 도면으로 사용된 용지의 안쪽에 그려진 내용이 확실히 구분되도록 하고 종이의 가장자리가 찢어져서 도면의 내용을 훼손하지 않도록 하기 위해서 긋는데 0.5mm 이상의 실선을 사용하는 것은?
해설 : 윤곽선

03 도면관리에 필요한 사항과 도면내용에 관한 중요한 사항을 정리하여 기입하는데 도면번호, 도면명칭, 기업(소속단체)명, 책임자의 서명, 도면작성 년월일, 척도, 투상법(각법)을 기입하는 것은?
해설 : 표제란

04 완성된 도면은 영구적으로 보관하기 위하여 마이크로필름으로 촬영하거나 복사하고자 할 때 도면의 위치를 알기 쉽도록 하기 위하여 표시하는 선은?
해설 : 중심 마크

05 A4와 A2의 도면의 크기를 쓰시오.
해설 : A4 – 294×210
　　　 A2 – 594×420

06 2D 출력하기의 파일 내보내기 방법은?
해설 : 파일 → 내보내기 → AutoCAD DXF/DWG를 통하여 DWG나 DXF파일로 변환이 가능하다.
　　　 변환된 파일은 AutoCAD에서 열기가 가능하며 수정이나 치수를 기입을 할 수 있으며 출력 또한 가능하다.

07 Stereo Lithography File 포맷으로 3차원 CAD 시스템에서 이용되고 있는 표준적인 인터페이스 데이터 포맷인 3D 데이터 저장하기는?
해설 : STL로 저장하기

08 이미지파일로 저장하기인 3D 데이터 저장하기는?
해설 : JPEG, GIF, TIFF, BMP 등의 여러 가지 이미지 파일 형식

09 3D 프로그램에서 많이 사용되어지는 범용 데이터로 곡면의 형태로 데이터를 지원하는 3D 데이터 저장하기는?

해설 : IGES로 저장하기

10 stp파일 포맷을 갖고 3D 프로그램에서 많이 사용되어지는 범용 데이터로 솔리드의 형태로 데이터를 지원하는 3D 데이터 저장하기는?

해설 : STEP으로 저장하기

11 BOM 기능을 사용하기 위해서는 몰드 마법사를 실행하여 리스트 빈 공간에서 마우스 우측 버튼을 클릭하면 리스트를 브라우저 또는 스프레드시트로 내보낼 수 있는 것은?

해설 : BOM 생성하기

12 AutoCAD 출력하기의 플롯 영역 종류를 쓰시오.

해설 : 범위 - 출력물의 범위를 조정한다.
　　　　윈도우 - 자신이 출력하고 싶은 범위를 window로 지정해서 출력한다.
　　　　한계 - 한계 영역 전체를 출력할 때 사용한다(Limits 설정한 영역).
　　　　화면표시 - 현재 화면에 표시된 부분만 출력한다.

NCS적용

CHAPTER
04

사출금형 부품도설계
(사출금형설계)

4-1 부품도 설계하기

1. 사출금형의 기본구조

금형의 구조는 성형품 형상, 재질, 사출 성형기의 사양 등의 여러 가지 조건을 고려하여 정해지며, 그 주요부는 형판 및 캐비티, 유동 및 주입기구, 이젝팅기구, 금형의 온도조절기구 등으로 이루어진다. 그림에서는 2매 사출금형의 각부 명칭을 보여준다.

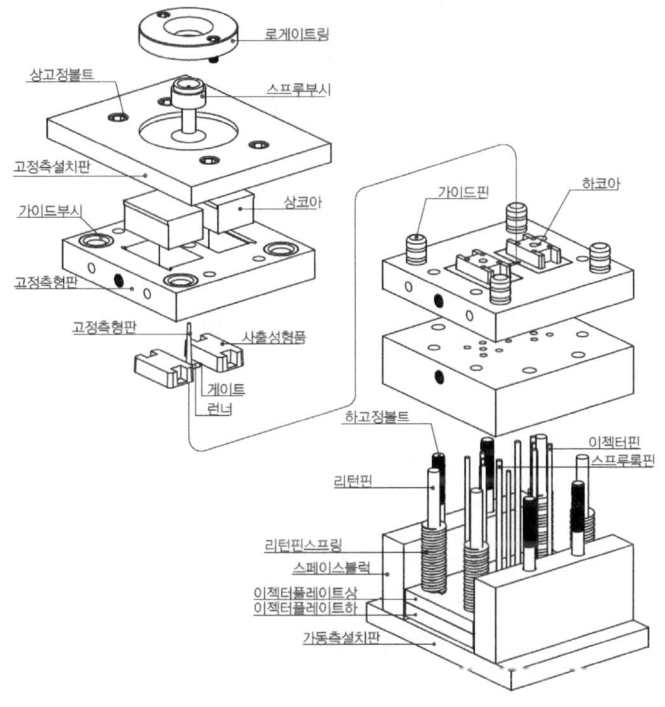

그림 4-1 사출금형 각부 명칭

1) 2매 구성 금형 구조

2단 금형은 파팅라인(parting line)에 의해 스프루, 런너, 게이트가 고정측과 가동측으로 나누어지는 금형으로 고정측에 고정측코어, 가동측에는 가동측코어 부분이 설치되어 있다. 이 사이에서 금형이 열려 성형품을 뽑을 수 있도록 되어있는 사이드 게이트 방식이 가장 일반적인 금형의 구조이다.

(1) 2단 금형의 특징
① 구조가 간단하고 조작이 쉽고 성형품의 자동낙하가 용이하다.

② 게이트의 형상과 위치 선정 및 임의의 변경이 용이하다.
③ 금형의 설계 변경이 쉽고 금형 값이 비교적 싸다.
④ 고장이 적고 내구성이 크고 성형 사이클을 빨리 할 수 있다.
⑤ 성형품과 게이트는 성형 후 절단가공을 하는 단점이 있다.
⑥ 게이트의 위치는 비교적 성형품 측면에 설치하는 경우가 많다.

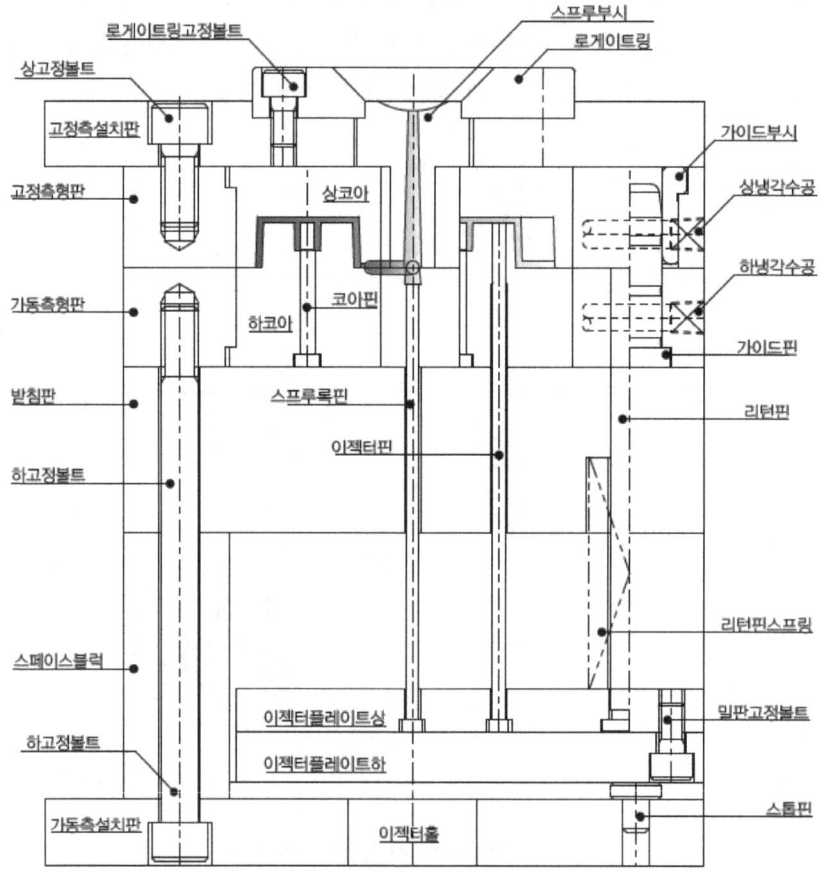

그림 4-2 2매 구성금형 각부 명칭

2) 3매 구성 금형 구조

3단 금형은 고정측 형판과 가동측 형판 사이에 런너를 빼기 위한 런너 스트리퍼판이 있고 이 플레이트와 고정측형판 사이에 런너가 있으며, 고정측 형판과 가동측형판 사이에 코어가 있도록 구성된 금형이다.

(1) 3단 금형의 특징
① 게이트의 위치를 성형품의 중앙 또는 임의 위치에 선정이 가능하다.

② 게이트가 자동 분리되므로 후 가공을 없앨 수 있다.
③ 핀 포인트 게이트의 사용이 가능하다.
④ 성형품과 스프루, 런너, 게이트를 따로 빼내야 하며 스트로크가 큰 성형기가 필요하다.
⑤ 성형 사이클이 길어지게 된다.
⑥ 금형값이 2단 금형에 비해 비싸다.

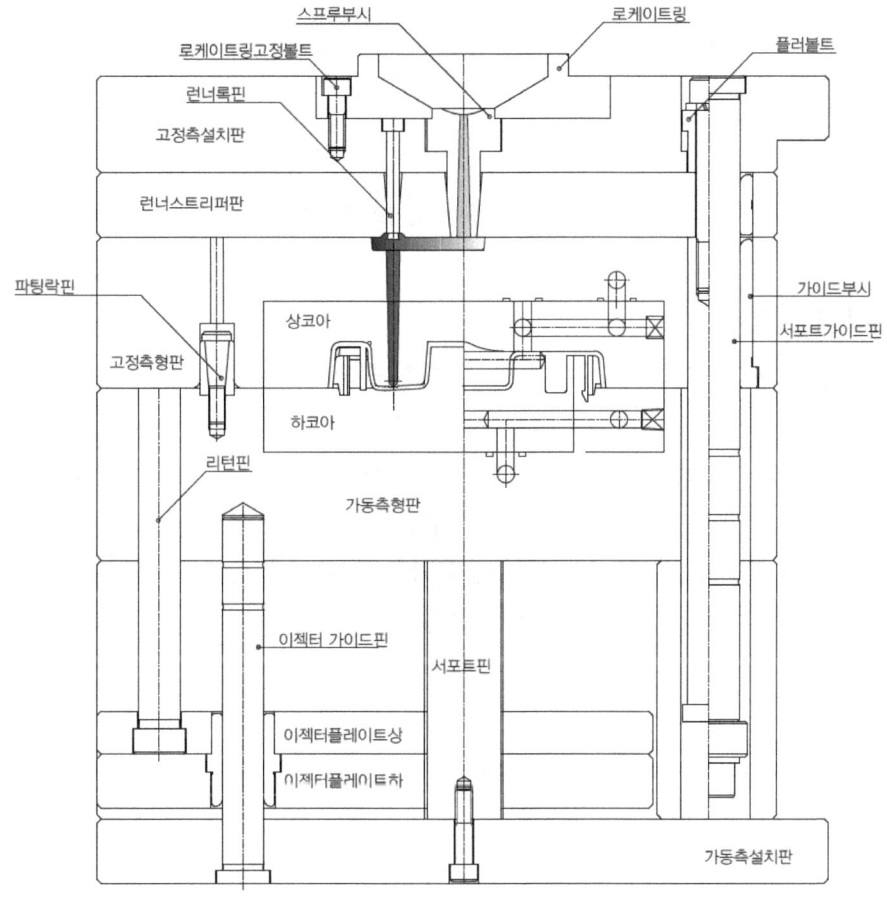

그림 4-3 3매구성 금형 각부 명칭

2. 사출금형의 작동원리

1) 2매 구성 금형

2매 구성 금형은 고정측 형판과 가동측 형판으로 구성되어 있는 금형으로서 파팅라인에 의하여 고정측과 가동측으로 분할되고, 고정측은 사출성형기의 고정측 다이 플레이트에 부착되어 수지가 사출되는 측이 된다. 가동측은 사출성형기의 가동측 다이플레이트에 부착되어 일반적으로 이 측에 성형품이 남도록 하므로 밀어내는 기구가 부속하게 된다. 그림은 2매 구성 금형 중 스트리퍼플레이트의 작동원리를 나타내고 있다.

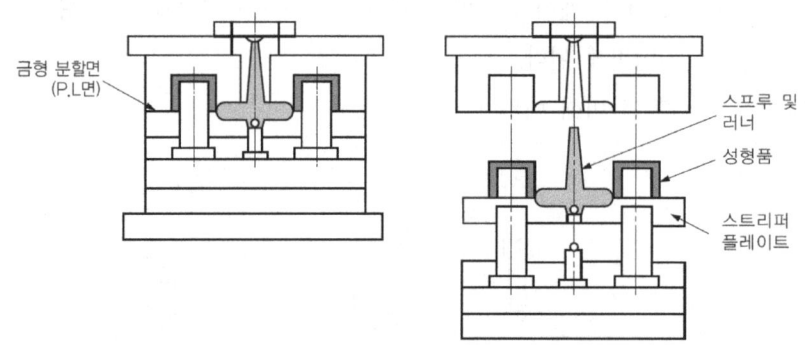

그림 4-4 2매 구성 금형의 작동원리

2) 3매 구성 금형

고정측 설치판과 고정측 형판 사이에 또 다른 한 장의 플레이트(러너 스트리퍼 플레이트라 함)가 있고, 이 플레이트와 고정측 형판 사이에 러너가 있으며, 고정측 형판과 가동측 형판 사이에 캐비티가 있도록 구성된 금형이다. 이 금형의 작동원리는 [그림 4-5]에 나타낸 것과 같이 고정측 설치판과 고정측 형판 사이에 러너 스트리퍼플레이트를 설치하여 고정측 설치판만 사출성형기의 고정측 다이플레이트에 부착한 후 고정측 형판과 러너 스트리퍼 플레이트는 가이드 핀의 위를 습동하도록 되어 있다.

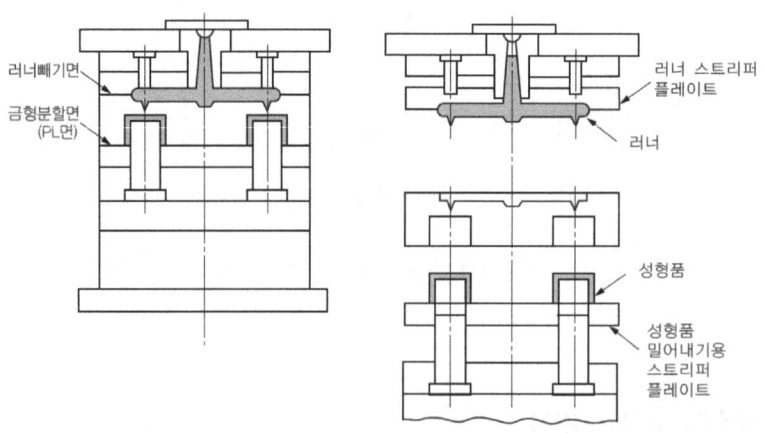

그림 4-5 3매 구성 금형의 작동원리

3. 사출금형 각부의 명칭 및 기능

① 고정측 설치판(Top Clamping Plate) : 금형의 고정측 부분을 사출기의 다이 플레이트(Die plate)의 고정 플레이트(고정반)에 부착하는 판

② 로케이트 링(Locate Ring) : 노즐의 위치가 스프루 부시의 중심에 잘 맞도록 해주는 링

③ 고정측 형판(Cavity Retainer Plate) : 금형의 고정측 부분으로 캐비티를 구성함 스프 루부시, 가이드 핀 부시 등이 끼워져 있다.

④ 가동측 형판(Core Retainer Plate) : 금형의 가동측 상부판으로 코어를 구성하고 있고 가이드 핀 등이 설치되어 있다. 고정측 형판과 함께 파팅라인을 형성한다.

⑤ 받침판(Support Plate) : 가동측 형판을 받쳐 주는 판

⑥ 가동측 설치판(Bottom Clamping Plate) : 금형의 가동측 부분을 사출기의 다이 플레이트의 이동 플레이트(이동반)에 부착하는 판

⑦ 스페이서 블록(Spacer Block) : 받침판과 하부 취부판 사이에 위치하며 이젝팅 핀이 움직일 수 있는 공간을 제공해 준다.

⑧ 이젝터 플레이트-상(Ejector Plate-Upper) : 이젝터 핀, 이젝터 리턴핀, 스프루 록핀 등을 끼어질 수 있게 카운터보어로 되어 있다.

⑨ 이젝터 플레이트-하(Ejector Plate-Lower) : 이젝터 핀, 이젝터 리턴핀, 스프루 록핀 등을 받치며 고정시키는 받침판으로 상부로 이젝터 플레이트와 볼트로 체결한다.

⑩ 스프루 부시(Sprue Bush) : 원뿔 모양으로 고정측 취부판에 고정되어 있으며, 여기에 사출기의 노즐이 밀착되어 용융수지를 주입한다.

⑪ 가이드 핀(Guide Pin) : 가동측 형판에 고정되어 있으며, 고정측 형판과의 정한결합이 되도록 가이드 해준다. 상대금형의 가이드 핀 부시에 결합된다.

⑫ 가이드 핀 부시(Guide Pin Bush) : 고정측 형판에 고정되어 있으며, 이동측 판과의 정확한 조립이 되도록 가이드 핀이 들어오는 홀을 제공 해준다.

⑬ 이젝터 핀(Ejector Pin) : 금형이 열리고 나서 제품이 빠지도록 제품을 밀어내는 핀, 이젝터 플레이트에 부착되며 이들과 함께 움직인다.

⑭ 스프루 록 핀(Sprue Lock Pin, Sprue Puller Pin) : 성형 후 금형이 열릴 때 스프루를 스프루 부시에서 빠지게 하도록 스프루를 잡도록 만든 핀

⑮ 리턴 핀(Return Pin) : 이젝터 핀이 제품을 밀어낸 다음 제자리로 돌아가도록 하는 핀으로 이젝터 플레이트에 부착되어 있다. 금형이 닫힐때 고정측형판(캐비티 금형)에 닿아서 뒤로 움직인다.

⑯ 캐비티(Cavity) : 용융 수지가 들어가도록 고정측 형판(금형)에 오목하게 만들어진 빈 공간 캐비티를 갖는 금형을 캐비티 금형이라 함.(고정측 코어=캐비티 금형)

⑰ 스톱 핀(stop pin) : 스톱핀은 가동측 부착핀에 부착되어 있으며 이젝터 플레트와 가동측 설치판 사이에 이물(異物)이 끼어들어 금형에 고장을 일으키는 것을 방지하는 기능을 다 진다.

실기 내용

1. 체결요소 부품 설계

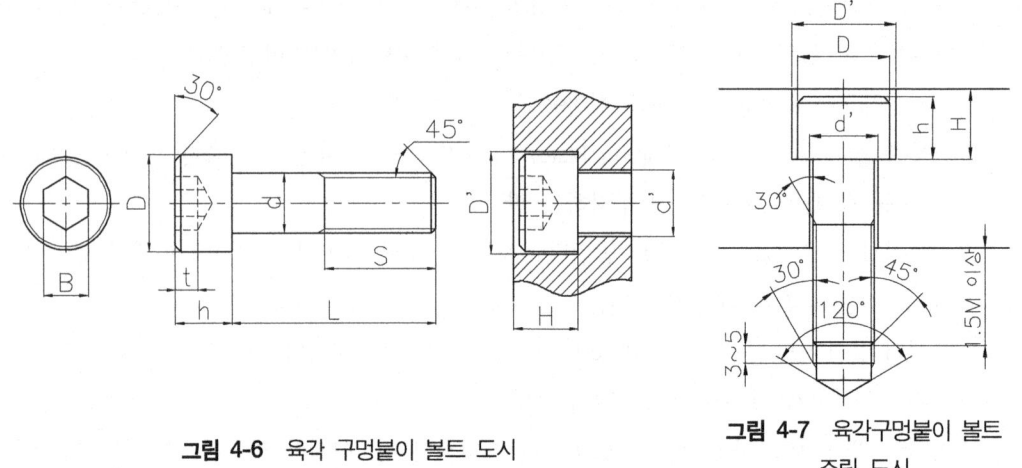

그림 4-6 육각 구멍붙이 볼트 도시

그림 4-7 육각구멍붙이 볼트 조립 도시

표 4-1 육각 구멍붙이 볼트 호칭치수 (단위 : mm)

나사호칭	M3	M4	M5	M6	M8	M10	M12	M14	M16	M18	M20
P(피치)	0.5	0.7	0.8	1.0	1.25	1.5	1.75	2	2	2.5	2.5
d	3	4	5	6	8	10	12	14	16	18	20
D	5.5	7	8.5	10	13	16	18	21	24	27	30
h	3	4	5	6	8	10	12	14	16	18	20
d'	3.4	4.5	5.5	6.5	9	11	14	16	18	20	22
D'	6.5	8	9.5	11	14	17.5	20	23	26	29	32
H	3.5	4.5	5.5	7	9	11	13	15	17	20	22
B	2.5	3	4	5	6	8	10	12	14	14	17
t	1.6	2.2	2.5	3	4	5	6	7	8	9	10
S	12	14	16	18	22	26	30	34 / 40	38 / 44	42 / 48	46 / 52

나사호칭	M3	M4	M5	M6	M8	M10	M12	M14	M16	M18	M20
L	4 5 6 8 10 12 14 16 20	4 5 6 8 10 12 14 16 20 25	8 10 12 14 16 20 25 30	10 12 14 16 20 25 30 35 40 45 50	12 14 16 20 25 30 35 40 45 50 55 60 65 70 75 80 85 90 100	14 16 20 25 30 35 40 45 50 55 60 65 70 75 80 85 90 100 110 120	20 25 30 35 40 45 50 55 60 65 70 75 80 85 90 100 110 120	20 25 30 35 40 45 50 55 60 65 70 75 80 85 90 100 110 120 130 140 150	25 30 35 40 45 50 55 60 65 70 75 80 85 90 100 110 120 130 140 150 160	30 35 40 45 50 55 60 65 70 75 80 85 90 100 110 120 130 140 150 160 170 180	35 40 45 50 55 60 65 70 75 80 85 90 100 110 120 130 140 150 160 170 180

2. 가이드 요소 부품설계

1) 가이드 핀 설계하기

(1) 적용 : 금형의 고정측 형판과 가동측 형판이 정확이 맞춰지도록 안내역할을 하는 가이드 핀을 설계한다.

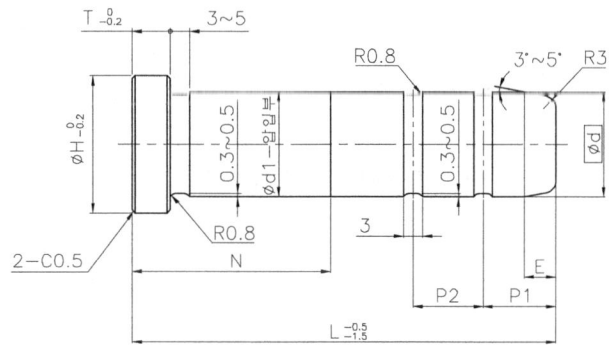

그림 4-8 가이드 핀 도시

표 4-2 가이드 핀 호칭치수 (단위 : mm)

호칭치수	∅d (슬라이딩부)		∅d1 (압입부)		∅H	T	E	P1 / P2
	치수	허용차	치수	허용차(m5)				
8	8	−0.015	8	+0.012	11	5	3	8
10	10	−0.020	10	+0.006	13		4	10

호칭치수	Ød (슬라이딩부)		Ød1 (압입부)		ØH	T	E	P1 / P2
	치수	허용차	치수	허용차(m5)				
12	12	−0.020 −0.025	12	+0.015 +0.007	17	5	5	12
13	13		13		18			13
16	16		16		21	6		16
20	20	−0.025 −0.030	20	+0.017 +0.008	25			20
25	25		25		30			25
28	28		28		33	8		28
30	30		30		35			30
32	32	−0.030 −0.040	32	+0.020 +0.009	37			32
35	35		35		40			35
40	40		40		45	10	8	40
50	50		50		56	12		50
60	60	−0.030 −0.040	60	+0.024 +0.011	65	15		60

2) 가이드 부시 설계하기

(1) 적용 : 금형 개폐시 가이드핀을 정확히 안내해 주며, 베어링 역할을 하는 가이드 부시를 설계한다.

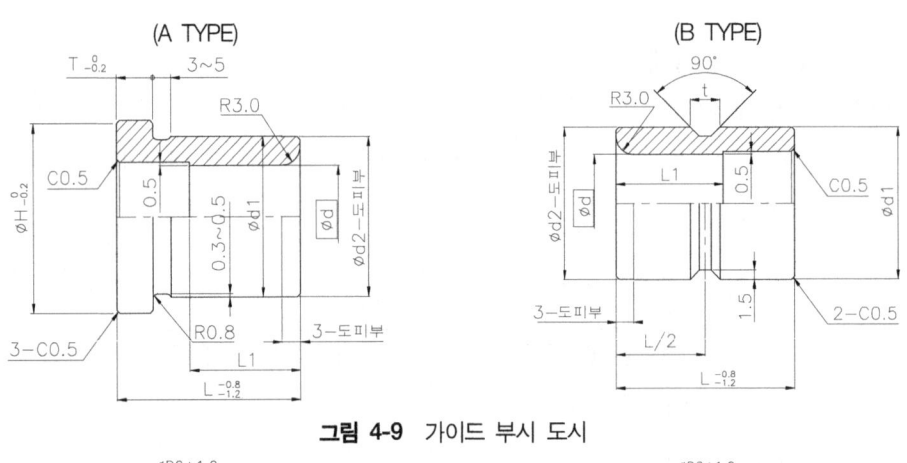

그림 4-9 가이드 부시 도시

그림 4-10 가이드 핀/가이드 부시 설치 예

표 4-3 가이드 부시 호칭치수 (단위 : mm)

호칭치수	∅d		∅d1		∅H	T	t	L
	치수	허용차 (G6)	치수	허용차 (m5)				
8	8	+0.014 +0.005	12	+0.015 +0.007	14	5	4	15,20,25
10	10		14		16			15,20,25,30,35,40
12	12	+0.017 +0.006	18		22		5	15,20,25,30,35,40,45,50
13	13		20		25			
16	16		25	+0.017 +0.008	30	6		15,20,25,30,35,40,45,50,60
20	20	+0.020 +0.007	30		35	8	6	15,20,25,30,35,40,45,50,60, 70,80,90,100
25	25		35		40			25,30,35,40,45,50,60, 70,80,90,100,110,120
28	28		40	+0.020 +0.009	45			
30	30		42		47		8	30,35,40,45,50,60,70,80,90, 100,110,120130,140,150
32	32		45		50	10		
35	35		48		54			
40	40	+0.025 +0.009	55		61		9	40,45,50,60,70,80,90, 100,110,120130,140, 150
50	50		70	+0.024 +0.011	76	12	11	
60	60	+0.029 +0.010	80		86			60,70,80,90,100,110, 120,130,140,150

3. 유동기구 부품설계

1) 로케이트 링 설계하기

(1) 적용 : 사출기 노즐과 스프루 부시의 구멍을 일치하기 위해 고정측 설치판에 고정하는 로케이트링을 설계한다.

① A형(JIS형)

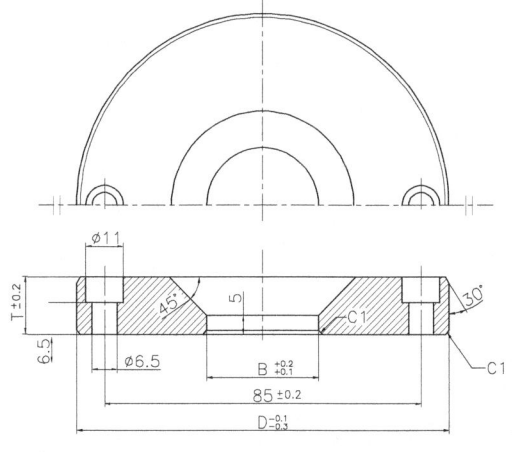
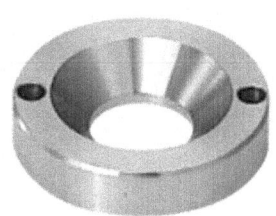

② B형(볼트형)

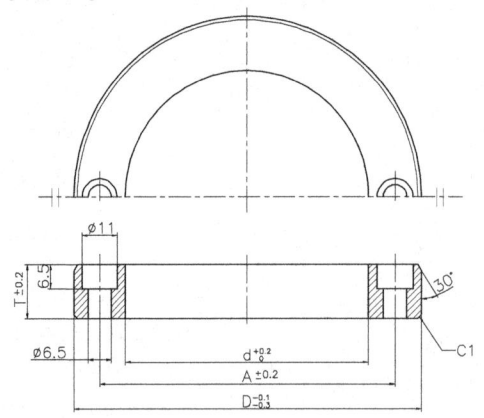
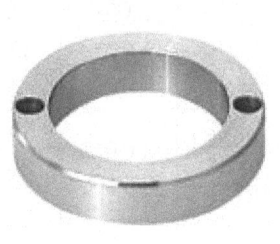

그림 4-11 로케이트 링 도시

호칭치수	100, 120

표 4-4 로케이트 링 호칭치수 (단위 : mm)

호칭치수	D	B	A	T
100	100	35	85	15
120	120	40	105	20
		50		25

2) 스프루 부시(A형) 설계하기

① A형(볼트 고정형)-스트레이트형   ② A형(볼트 고정형)-테이퍼형

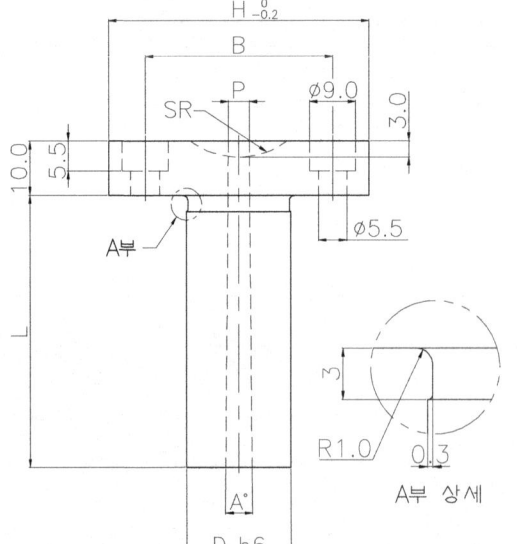
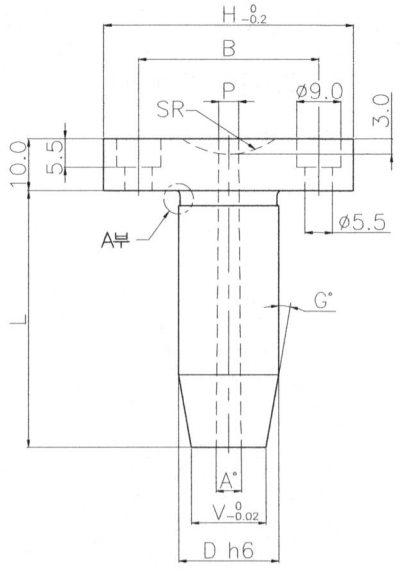

그림 4-12 스프루부시(A형) 도시

표 4-5 스프루부시(A형) 호칭치수 (단위 : mm)

호칭치수	D	H	B	P (0.5mm 단위)	A° (0.5° 단위)	V	G° (1° 단위)	SR
8	8	35	25	2~5	1~4	D−(4~5)	1~10	10
10	10							10.5
12	12							11
13	13							12
16	16	50	36					13
20	20							16

4. 금형 표준부품 설계하기

1) 금형 부품의 끼워맞춤 선택 기준

금형 부품은 조립 공차에 의해, 부품 상호간에 움직일 수 있는 끼워맞춤(헐거운 끼워맞춤)과 부품이 상대적으로 움직일 수 없는 끼워맞춤(중간 끼워맞춤, 억지 끼워맞춤)으로 구분된다.

실기 내용

1. 이젝트기구 부품설계

1) 리턴핀 설계하기

(1) 적용 : 이젝터 플레이트에 고정되어 있으며 금형이 닫힐 때 밀판의 원래의 위치로 복귀하게 되어 밀핀이나 스프루 로크핀을 보호하는 리턴핀을 설계한다.

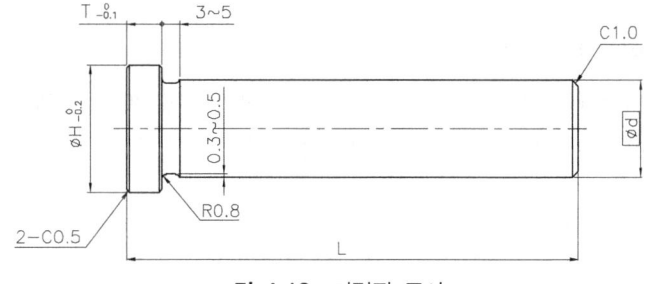

그림 4-13 리턴핀 도시

표 4-6 리턴핀 호칭치수 (단위 : mm)

호칭치수	Ød		ØH	T
	치수	허용차(f6)		
10	10	−0.013 −0.022	15	8
12	12	−0.016 −0.027	17	
13	13		18	
15	15		20	
16	16		21	
20	20	−0.020 −0.033	25	
25	25		30	
30	30		35	
32	32	−0.025 −0.041	37	
35	35		40	
40	40		45	
50	50		55	

(2) 리턴핀 설치(예)

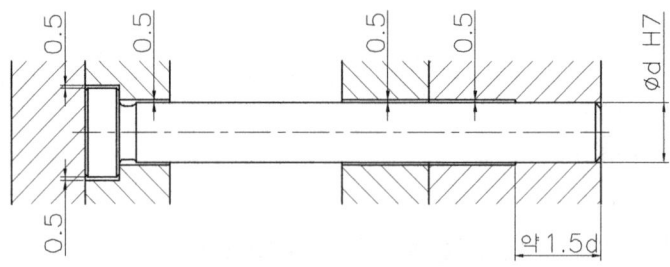

그림 4-14 리턴핀 설치 예

2) 스트레이트 이젝트 핀 설계하기

(1) 적용 : 이젝터 플레이트에 고정되어 있으며 금형이 열릴 때 밀판과 함께 전진하여 성형품을 밀어내는 스트레이트 이젝터 핀을 설계한다.

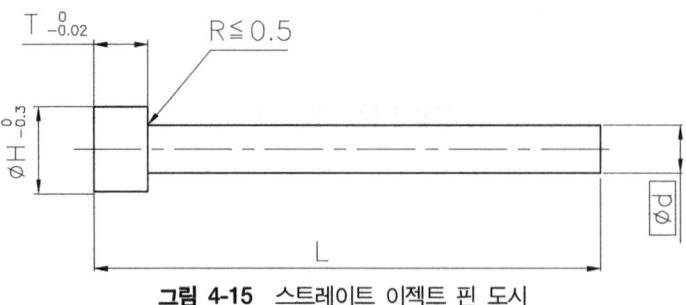

그림 4-15 스트레이트 이젝트 핀 도시

표 4-7 스트레이트 이젝트 핀 호칭치수 (단위 : mm)

호칭치수	∅d		∅H	T	호칭치수	∅d		∅H	T
	치수	허용차				치수	허용차		
1	1	-0.010 / -0.030	4	2	6	6	-0.020 / -0.050	9	6
1.5	1.5		5	3	7	7		10	
2	2		6	4	8	8		11	8
2.5	2.5				9	9		14	
3	3				10	10		15	
3.5	3.5		7		11	11		16	
4	4		8	6	12	12		17	
4.5	4.5				13	13		18	
5	5		9		14	14		19	

(2) 이젝트핀 설치(예)

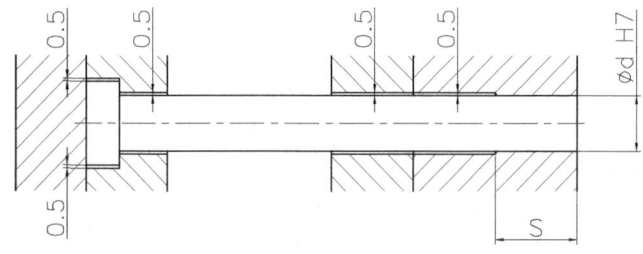

호칭치수	S치수
1~3	8
3.5~6	10
7~10	15
11~14	20

그림 4-16 스트레이트 이젝트 핀 설치 예

3) 이단 이젝트 핀 설계하기

(1) 적용 : 이젝터 플레이트에 고정되어 있으며 금형이 열릴 때 밀판과 함께 전진하여 성형품을 밀어내는 이단 이젝터 핀을 설계한다.

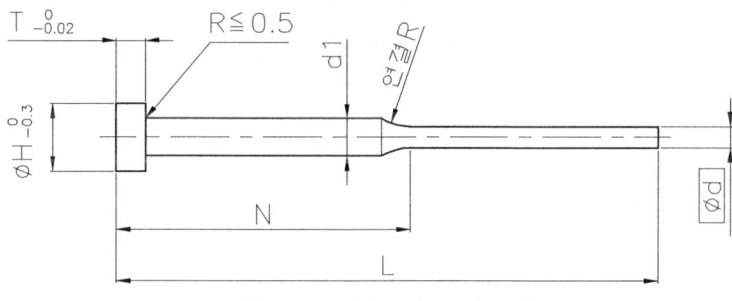

그림 4-17 이단 이젝트 핀 도시

표 4-8 이단 이젝트 핀 호칭치수   (단위 : mm)

호칭치수	Ød 치수	Ød 허용차	Ød1	ØH	T
1	1	−0.010 −0.030	3	6	4
1.5	1.5				
2	2		4	8	6
2.5	2.5				
3	3		6	10	
3.5	3.5				
4	4		8	13	8
4.5	4.5				
5	5				
6	6	−0.020 −0.050	10	15	

(2) 이젝트핀 설치(예)

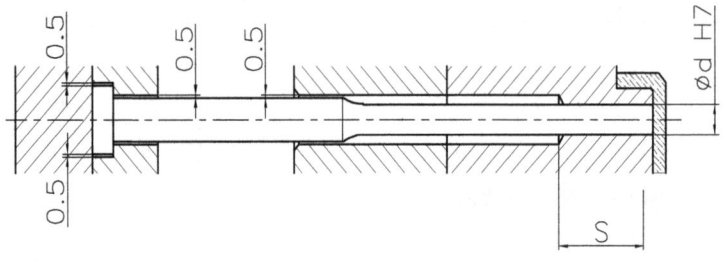

호칭치수	S치수
1~3	8
3.5~6	10

그림 4-18 이젝트핀 설치(예)

4) 스트레이트 이젝트 슬리브 설계하기

(1) 적용 : 제품 중앙에 긴 구멍이 있는 부시 모양의 성형품, 구멍이 있는 보스, 빠지기 어려운 가늘고 긴 코어가 있는 성형품의 이젝팅에 사용되는 스트레이트 이젝트 슬리브를 설계한다.

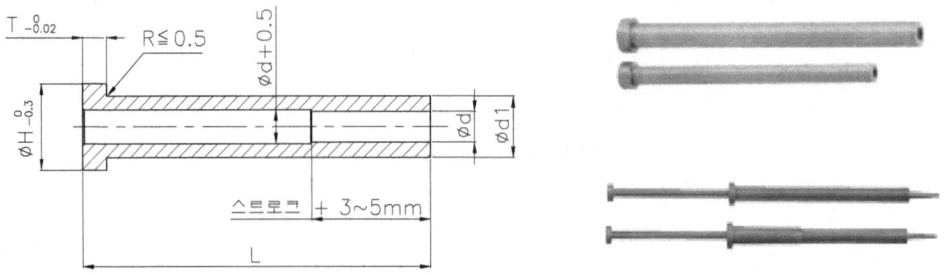

그림 4-19 스트레이트 이젝트 슬리브 도시

표 4-9 스트레이트 이젝트 슬리브 호칭치수 (단위 : mm)

호칭치수	∅d		∅d1		∅H	T
	치수	허용차(H7)	치수	허용차		
3	3	+0.009 0	6	−0.020 −0.050	10	6
4	4	+0.012 0	7		11	8
5	5		8		13	
6	6		10		15	
8	8	+0.015 0	12		17	
10	10		14		19	
12	12	+0.018 0	17		22	

(2) 스트레이트 이젝터 슬리브 설치(예)

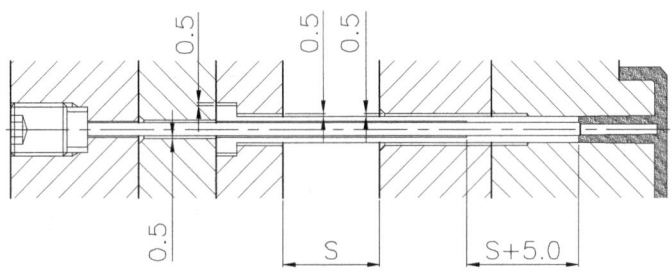

그림 4-20 스트레이트 이젝트 슬리브 설치 예

5) 이단 이젝트 슬리브 설계하기

(1) 적용 : 제품 중앙에 긴 구멍이 있는 부시 모양의 성형품, 구멍이 있는 보스, 빠지기 어려운 가늘고 긴 코어가 있는 성형품의 이젝팅에 사용되는 이단 이젝트 슬리브를 설계한다.

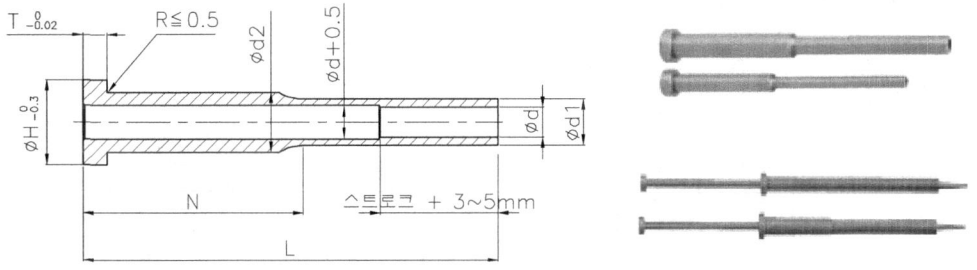

그림 4-21 이단 이젝트 슬리브 도시

표 4-10 이단 이젝트 슬리브 호칭치수 (단위 : mm)

호칭치수	Ød		Ød1		d2	ØH	T
	치수	허용차(H7)	치수	허용차			
3.5	3.5	+0.012 0	7	−0.020 −0.050	10	15	8
4	4		7		10	15	
			8		10	15	
4.5	4.5		8		10	15	
5	5		8		10	15	
			9		12	17	
6	6		9		12	17	
			10		12	17	
8	8	+0.015 0	12		15	20	

(2) 스트레이트 이젝터 슬리브 설치(예)

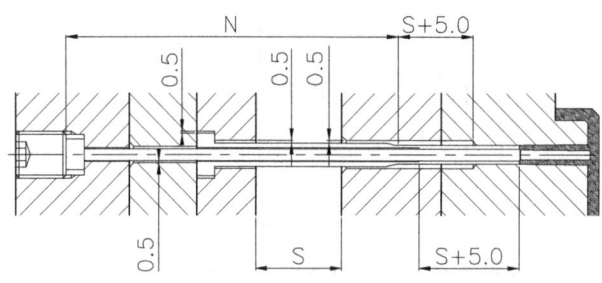

그림 4-22 이단 이젝트 슬리브 설치 예

6) 스톱핀 설계하기

(1) 적용 : 이젝터 플레이트와 가동측 설치판 사이에 장착하여 이물질이 끼어들지 않게 하기 위한 스톱 핀을 설계한다.

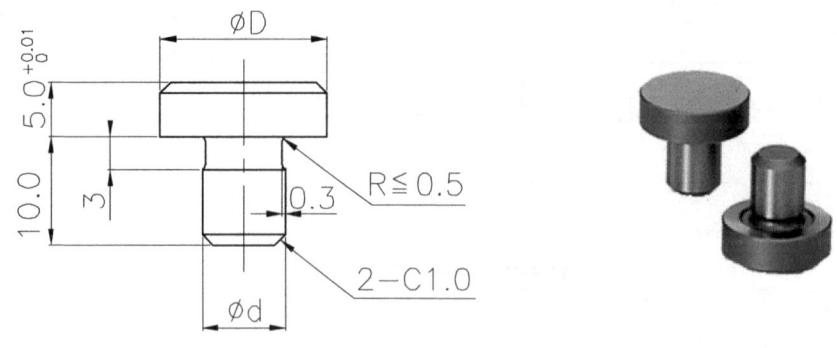

그림 4-23 스톱핀 도시

표 4-11 스톱핀 호칭치수(단위 : mm)

호칭치수	ØD	Ød	
		치수	허용차(k6)
16	16	8	+0.024
20	20	10	+0.015

(2) 스톱핀 설치(예)

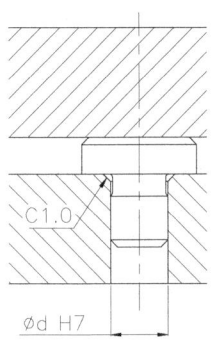

그림 4-24 스톱핀 설치 예

7) 이젝트 가이드 핀 설계하기

(1) 적용 : 제품 취출시 이젝터 플레이트의 가이드 역할을 하는 이젝터 가이드 핀을 설계한다.

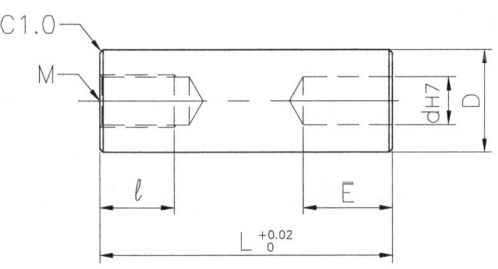

그림 4-25 이젝트 가이드 핀 도시

표 4-12 이젝트 가이드 핀 호칭치수   (단위 : mm)

호칭치수	D		M	l	d	E	L
	치수	허용차					
8	8	−0.015	M5×0.8	10	5	12	40~80
10	10	−0.020					40~100
12	12	−0.020	M6×1.0	12	6	15	40~100
13	13	−0.025					40~150
16	16						40~100

호칭치수	D		M	l	d	E	L
	치수	허용차					
20	20	−0.020 −0.025	M8×1.25	16	8	20	50~175
25	25				10		50~250
30	30		M10×1.5	20	13	25	50~300
32	32						50~300
35	35						50~300
10	40				16		50~350
50	50						50~350

8) 이젝트 가이드 부시 설계하기

(1) 적용 : 제품 취출시 이젝터 플레이트의 가이드 역할을 하는 이젝터 가이드 부시를 설계한다.

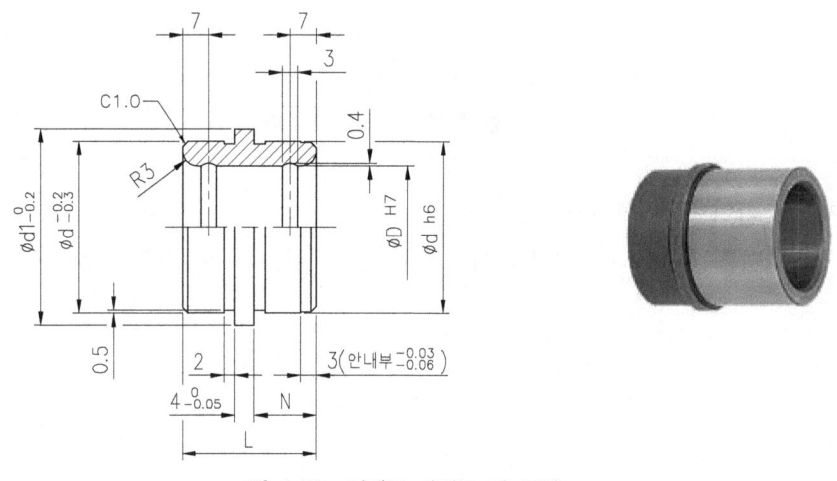

그림 4-26 이젝트 가이드 핀 도시

표 4-13 이젝트 가이드 핀 호칭치수 (단위 : mm)

호칭치수	D	d	d1	N	L
16	16	25	28	13	28
20	20	30	33		
25	25	35	38	15	30
30	30	40	44		
40	40	50	54	20	40
50	50	60	64	25	50
60	60	70	74	30	60

(2) 이젝터 가이드 핀 / 가이드 부시 설치(예)

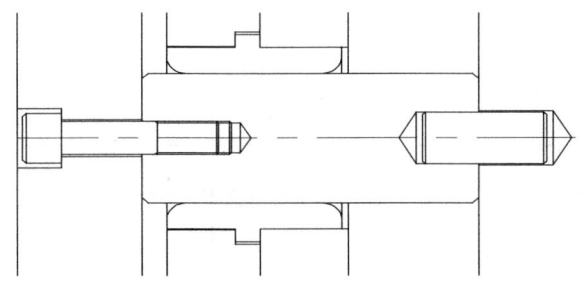

그림 4-27 이젝트 가이드 설치 예

2. 런너 관련 부품설계

1) 스프푸 록 핀 설계하기

(1) 적용 : 금형 형개시 스프루 및 런너가 고정측에 붙지 않고 가동측으로 딸려가기 위해 설치하는 스프루 록 핀을 설계한다.

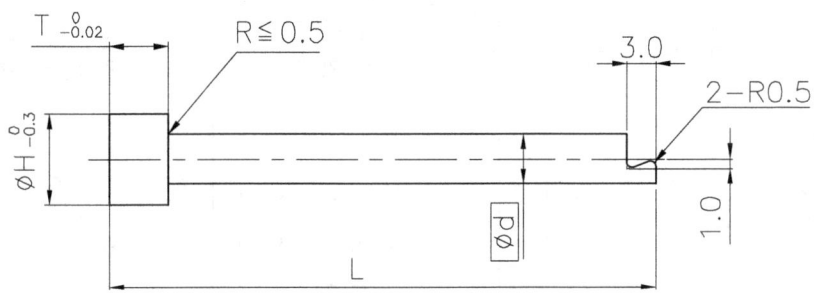

그림 4-28 스프푸 록 핀 도시

표 4-14 스르푸 록 핀 핀 호칭치수 (단위 : mm)

호칭치수	⌀d		⌀H	T	S
	치수	허용차			
4	4	−0.010 −0.030	8	6	10
5	5		9		
6	6				
7	7		10		15
8	8	−0.020 −0.050	11		
9	9		14		
10	10		15	8	
11	11		16		20
12	12		17		

(2) 스르푸 록 핀 설치(예)

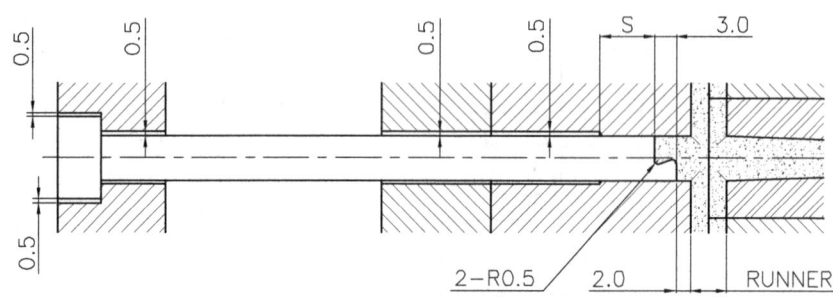

그림 4-29 스르푸 록 핀 설치 예

2) 런너 록 핀 설계하기

(1) 적용 : 3단 금형에서 형개시 핀 포인트 게이트와 성형품을 분리하기 위하여 사용되는 런너 록 핀을 설계한다.

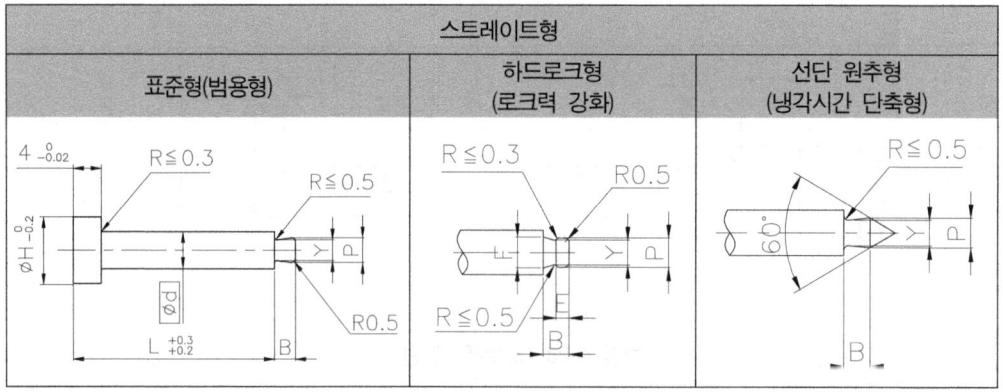

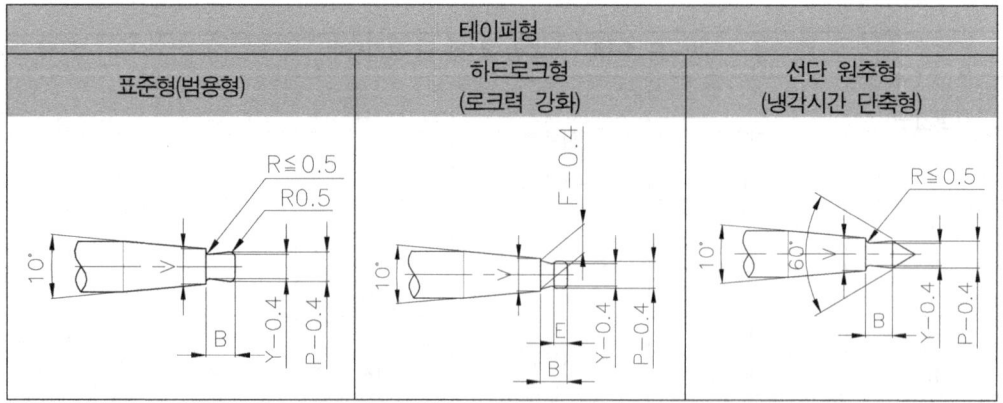

그림 4-30 런너 록 핀 도시

표 4-15 런너 록 핀 핀 호칭치수 (단위 : mm)

호칭치수	∅d		∅H	B	P	Y	E	V	F
	치수	허용차(f6)							
2	2	−0.006 −0.012	4	2	1.5	1.0	1	1.5	1.5
3	3	−0.010 −0.018	5		2.3	1.8		2.5	2.5
4	4		6	2.5	2.8	2.3		3	3
5	5	−0.013 −0.022	7	3	3.3	2.8	1.5	3.5	3.5
6	6		8		3.8	3.0		4	4
8	8		10	4	5.8	5.0	2	6	6

(2) 런너 록 핀 사용(예)

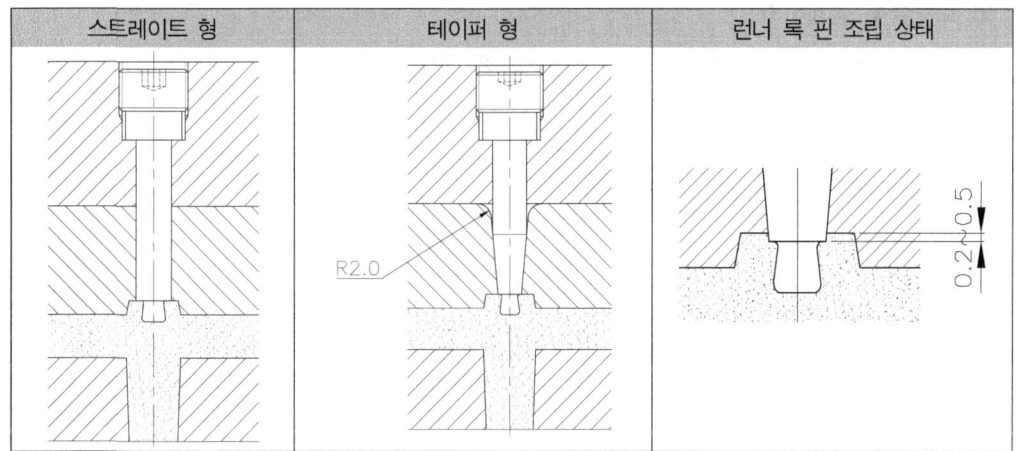

그림 4-31 런너 록핀 사용 예

3. 언더컷 처리 관련 부품설계

1) 앵귤러 핀 설계하기

(1) 적용 : 제품 형상에 언더컷이 있을 때 금형 개폐시 슬라이드 코어를 이동시키기 위해 사용 되는 앵귤러 핀을 설계한다.

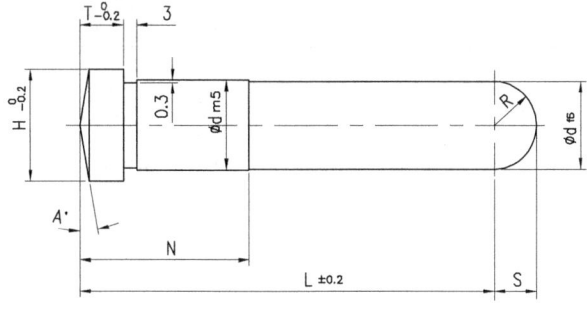

그림 4-32 앵귤러 핀 도시

표 4-16 앵귤러 핀 호칭치수 (단위 : mm)

호칭치수	d	T	H	A° (1° 단위)	호칭치수	d	T	H	A° (1° 단위)
4	4	5	7	0~30	20	20	13	23	0~30
5	5		8		25	25		28	
6	6		9		30	30	15	35	
8	8		11		32	32		37	
10	10	10	13		35	35		40	
12	12		15		40	40		45	
13	13		16		50	50	20	55	
15	15	13	18						
16	16		19						

2) 로킹블록 설계하기

(1) 적용 : 제품 형상에 언더컷이 있을 때 금형 개폐시 슬라이드 코어의 밀림 방지 편으로 사용되는 로킹블록을 설계한다.

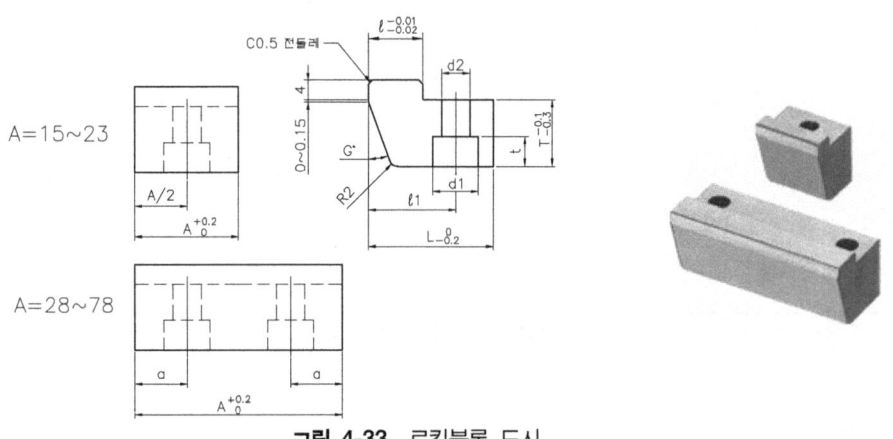

그림 4-33 로킹블록 도시

표 4-17 로킹블록 호칭치수 (단위 : mm)

호칭치수	L	T	A	G°	a	ℓ	ℓ1	d1	d2	t
2010	20	10	13 15 18 23 28 33 38 48	17 20 22	6	6	13	9.5	5.5	6
2015		15	15 18 23 28 33 38 48 58	15 17 20 22						
2020		20		15 17						
2510	25	10	23 28 33 38 48 58	17 20 22	7	10	17	11	6.5	7
2515		15	18 23 28 33 38 48 58 68 78	15 17 20 22						
2520		20								
3020	30	20	33 38 48 58 68 78	15 17 20 22	8	13	21	14	9	9
3025		25								
3030		30								

4. 3매 금형 관련 부품설계

1) 서포트 핀 설계하기

(1) 적용 : 3단 금형에서 가이드핀과 함께 런너 스트리퍼판, 고정측 형판, 가동측 형판의 위치를 잡아주는 서포트 핀을 설계한다.

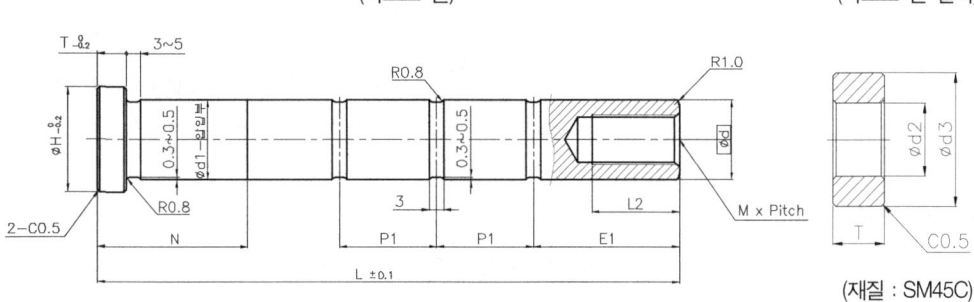

그림 4-34 서포트 핀 도시

표 4-18 서포트 핀 호칭치수 (단위 : mm)

호칭 치수	∅d (슬라이딩부)		∅d1 (압입부)		∅H	T	E1	P1	M	L2	∅d2	∅d3	T
	치수	허용차 (f6)	치수	허용차 (m5)									
12	12	−0.016	12	+0.018	17	6	20~	20	M6	12	6.1	16	5
16	16	−0.027	16	+0.007	20	8	30		M10	20	10.1	20	8
20	20	−0.020	20	+0.021	25	10	25~	25	M12	25	12.1	26	10
25	25	−0.033	25	+0.008	30	12	37		M14	30	14.1	31	12
30	30		30		35	14	30~	30				38	14
35	35	−0.025	35	+0.025	40	16	35	35	M16	35	16.1	43	16
40	40	−0.041	40	+0.009	45	18						48	18

2) 인장볼트 설계하기

(1) 적용 : 3단 금형에서 금형이 열릴 때 스트리퍼판을 잡아 당겨 주는 기능과 측 형판과 가동측 형판 사이를 열어 성형품을 이젝팅하기 위한 인장볼트를 설계한다.

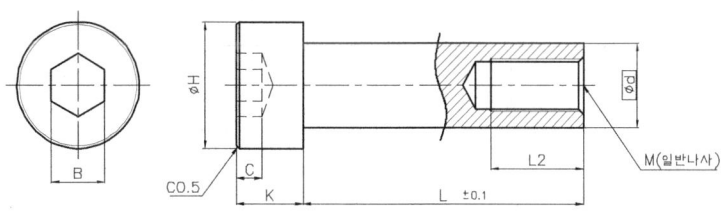

그림 4-35 인장볼트 도시

표 4-19 인장볼트 호칭치수   (단위 : mm)

호칭치수	∅d 치수	∅d 허용차	∅H 치수	∅H 허용차	K 치수	K 허용차	C	M	L	L2	B
10	10	0 / -0.15	16	0	8	0	4	M6	40~180	12	6
13	13	0 / -0.15	18	-0.43	10	-0.36	4	M8	20~280	23	8
16	16	0 / -0.15	24	0	14	0 / -0.43	7	M10	100~300	25	10
20	20	0 / -0.20	28	-0.43	14	0 / -0.43	9	M12	120~400	30	14
25	25	0 / -0.20	33	0 / -0.62	18	0 / -0.43	10	M16	170~400	35	17

3) 스톱볼트 설계하기

(1) 적용 : 3단 금형에서 런너 스트리퍼판이 인장볼트에 의해 당겨질 때 스프루를 취출하기 위하여 고정측 설치판과 런너 스트리퍼판 사이의 틈새를 제한하는 스톱볼트를 설계한다.

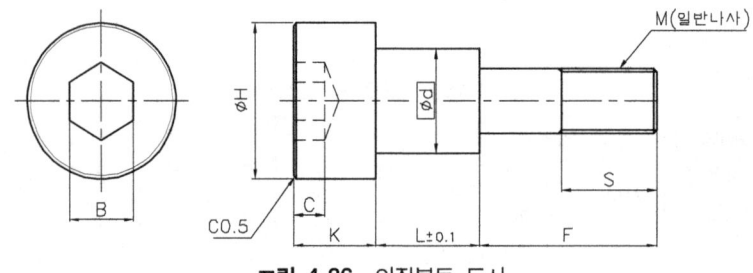

그림 4-36 인장볼트 도시

표 4-20 인장볼트 호칭치수   (단위 : mm)

호칭치수	∅d 치수	∅d 허용차	∅H 치수	∅H 허용차	K 치수	K 허용차	C	M	L	F	S	B
10	10	0 / -0.15	16	0 / -0.43	8	0 / -0.36	4	M6	10	19 24	17	6
									15	19 24 29		
									20	19 24 29 34		
13	13	0 / -0.15	18	0 / -0.43	8	0 / -0.36	4	M8	10	22 27	20	8
									15	22 27 32 37		
									20	22 27 32 37 42		
									25	27 32 37 42		
									30	27 32 37 42 47		
									35	37 42 47		
16	16	0 / -0.15	24	0 / -0.43	13	0 / -0.43	7	M10	10	30 35	23	10
									15	30 35 40		
									20	30 35 40 45		
									25	30 35 40 45 50		
									30	35 40 45 50 55		
									35	40 45 50 55		

호칭치수	Ød 치수	Ød 허용차	ØH 치수	ØH 허용차	K 치수	K 허용차	C	M	L	F	S	B
20	20	0 −0.20	27	0 −0.43	13	0 −0.43	9	M12	15	38 43	26	12
									20	38 43 48		
									25	38 43 48 53		
									30	48 53 58		
									35	48 53 58		
									45	53 58		
25	25		33	0 −0.62	18		10	M16	15	44 49	32	16
									20	49 54 59		
									25	49 54 59		
									30	49 54 59 64		
									40	54 59 64 69		

(2) 인장볼트 / 풀러볼트 설치(예)

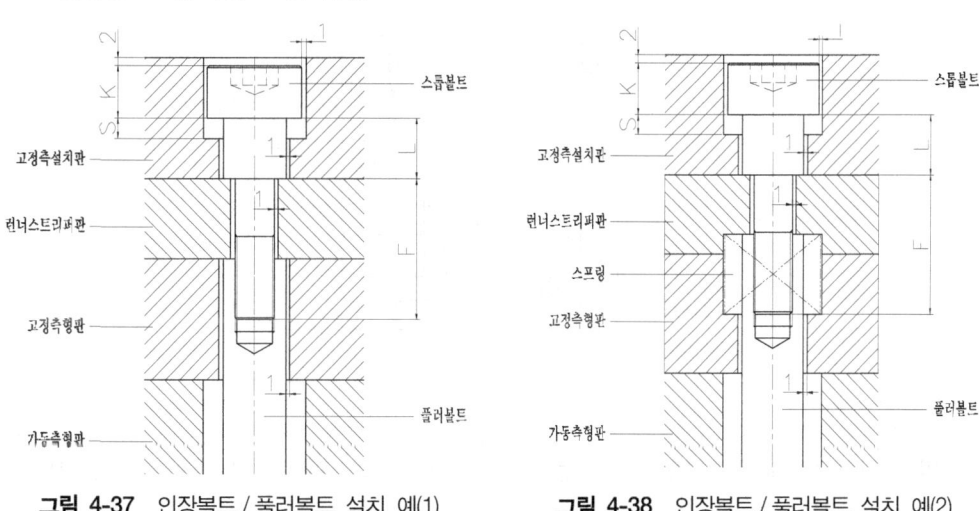

그림 4-37 인장볼트 / 풀러볼트 설치 예(1)　　**그림 4-38** 인장볼트 / 풀러볼트 설치 예(2)

5. 형판(플레이트) 설계하기

1) 표준 몰드베이스

금형에서 제품의 형상부로 이루어진 부분은 코어와 캐비티이고 이를 감싸고 있는 틀은 몰드베이스(Mold Base)이다. 금형의 구조는 이 몰드베이스에 의해 정해지는데 크게 2플레이트 타입(S 시리즈)과 3플레이트 타입(D, E 시리즈) 구분할 수 있다.

(1) 2플레이트 타입(S 시리즈) 구조 및 종류

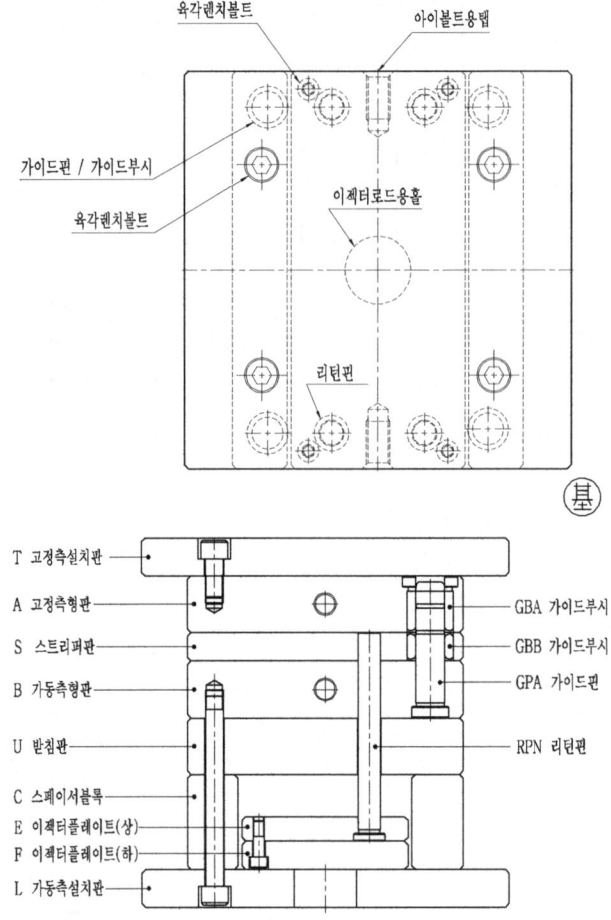

S타입 시리즈는 2매 구성금형에서 적용되는 몰드베이스로, 이젝팅 방식에 따른 분류와 받침판 유무에 따라 A, B, C, D의 4가지 타입으로 구분된다.

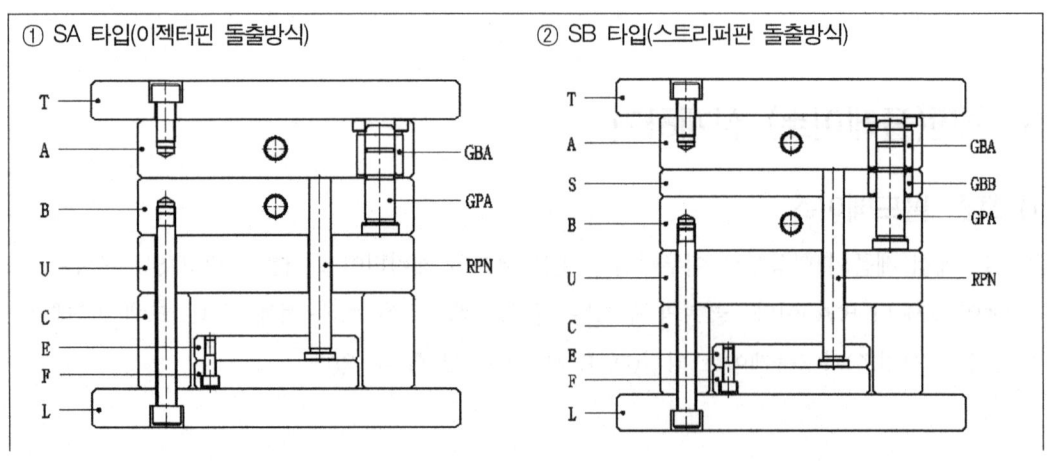

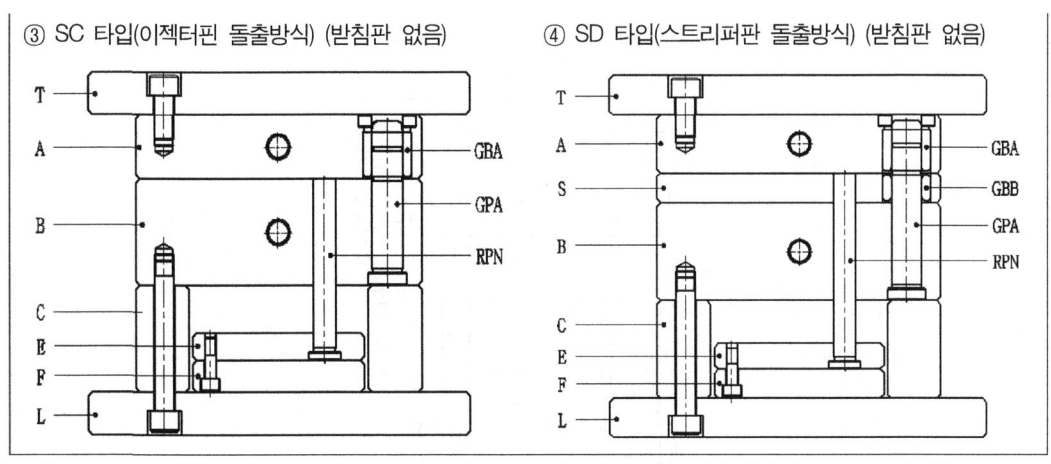

그림 4-39 2매 플레이트 타입의 종류

(2) 3플레이트 타입(D, E 시리즈) 구조 및 종류

3매 구성금형의 몰드베이스는 D, E, F, G, H의 5가지 종류로 구분되어 있으며, 일반적으로 D, E 타입을 많이 사용한다. 3단 금형에서는 핀포인트 게이트를 사용함으로써 런너를 분리할 수 있는 런너스트리퍼 판이 존재하는데 이 유무에 따라 D 타입은 런너플레이트가 있는 반면, E 타입은 없다.

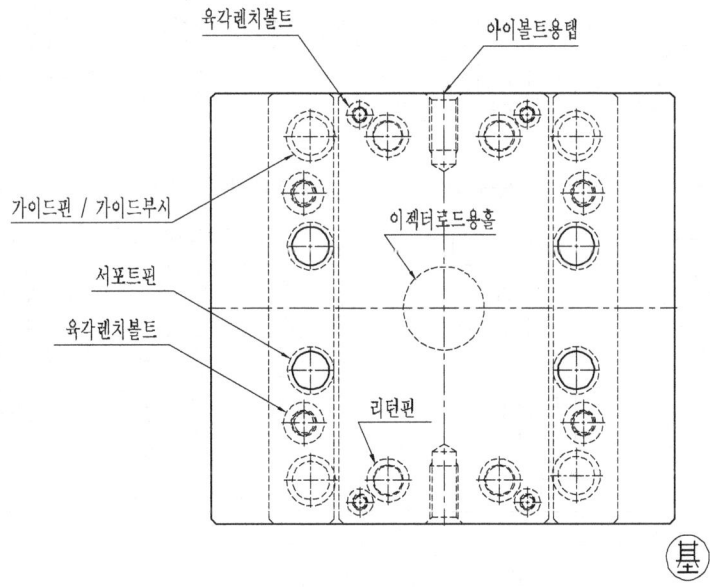

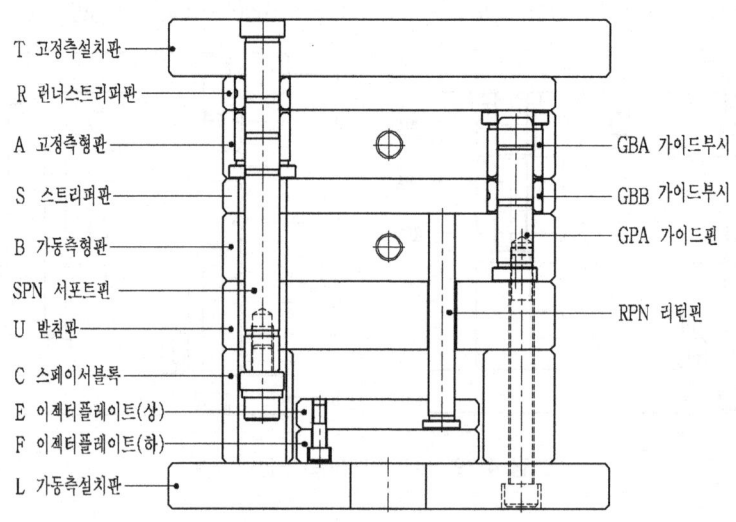

기호	명칭
T	고정측설치판
R	런너스트리퍼판
A	고정측형판
S	스트리퍼판
B	가동측형판
SPN	서포트핀
U	받침판
C	스페이서블록
E	이젝터플레이트(상)
F	이젝터플레이트(하)
L	가동측설치판
GBA	가이드부시
GBB	가이드부시
GPA	가이드핀
RPN	리턴핀

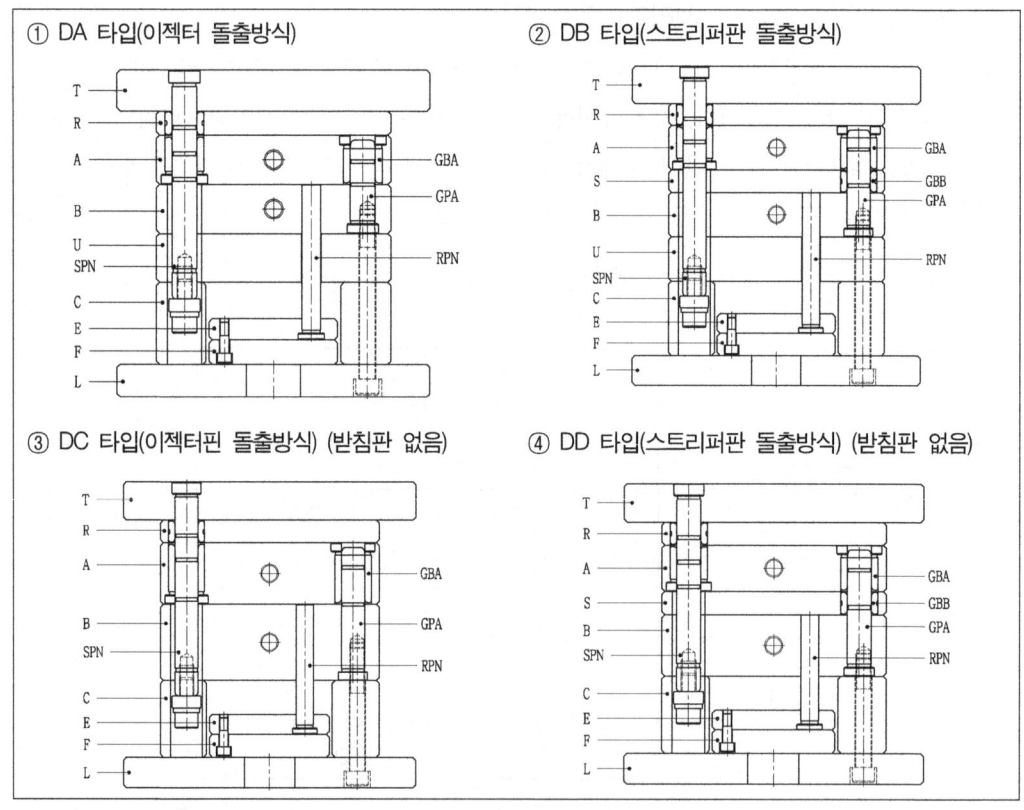

그림 4-40 3매 플레이트 타입의 종류

실기 내용

1. 고정측 / 가동측 형판(플레이) 설계하기

주어진 복합 조립도를 보고 고정측 / 가동측 형판(플레이트)을 설계한다.

- MOLD BASE : SA2327
- 4CAVITY, SIDE GATE 타입

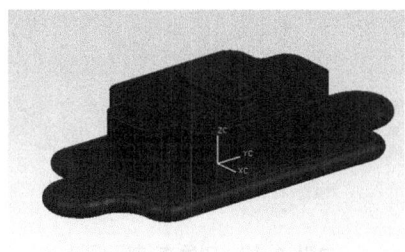

1) 고정측 설치판 설계하기

고정측 설치판은 사출성형기의 금형 부착판에 금형을 설치하기 위한 몰드베이스의 최 상부로서 로케이트링, 스프루부시 등이 부착된다. 로케이트링은 볼트(M6)으로 고정하며, 스프루부시 회전방지 홀을 설치한다.

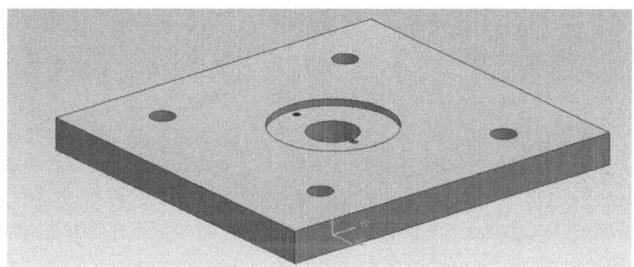

그림 4-41 고정측 설치판(3D)

2) 고정측 형판 설계하기

고정측 형판은 제품의 외형부를 성형하는 고정측 코어를 고정해주며, 가이드부시가 설치되어 형 개폐시 가이드 역할을 한다.

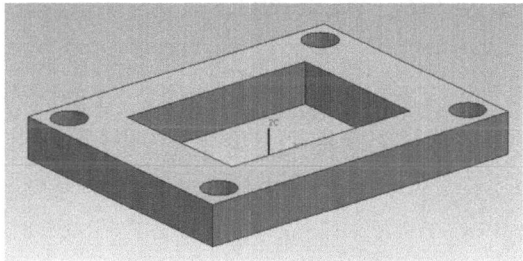

그림 4-42 고정측 형판(3D)

3) 가동측 형판 설계하기

가동측 형판은 코어를 삽입하기 위한 판으로, 고정측 형판과 함께 파팅라인(PL)을 형성한다.

가이드핀을 고정시켜 주며, 가동측 코어가 들어갈 수 있도록 사각 포켓을 파준다.

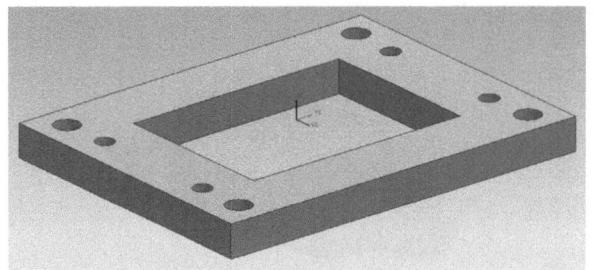

그림 4-43 가동측 형판(3D)

4) 받침판 설계하기

받침판은 가동측 형판 밑에 설치되는 판으로, 코어를 받쳐 주는 역할을 하며, 2매 몰드 베이스의 SA 타입의 구조이다.

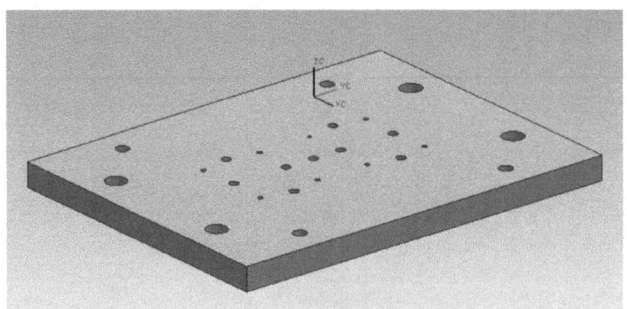

그림 4-44 받침판(3D)

5) 밀판(이젝트 플레이트) 설계하기

제품을 금형에서 취출을 하기위해 이젝트 핀을 설치하는데, 이때 핀을 고정해 주는 장치가 밀판이다. 밀판은 상측과 하측으로 하나의 세트로 조립되고, 상밀판은 핀을 잡아주는 역할을 하고, 하밀판은 핀을 받쳐주는 역할을 한다.

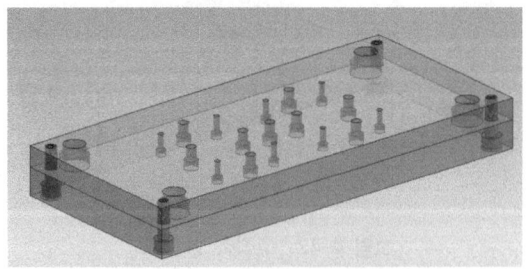

그림 4-45 밀판(이젝트 플레이트, 3D)

6. 코어 및 캐비티 설계하기

1) 코어와 캐비티의 구조

(1) 구조의 종류
① 일체식 : 캐비티형판 및 코어형판에 직접 성형부 형상을 가공하는 방식
② 분할식 : 캐비티 및 코어를 분할하여 조립한 후 사용하는 구조
③ 입자식 : 캐비티나 코어의 형판에 포켓 또는 구멍을 만들고 여기에 캐비티나 코어입자를 끼워서 만드는 방식

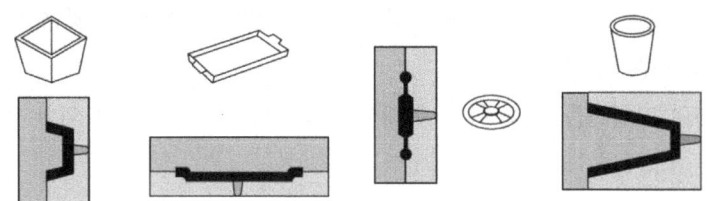

그림 4-46 일체식 형판

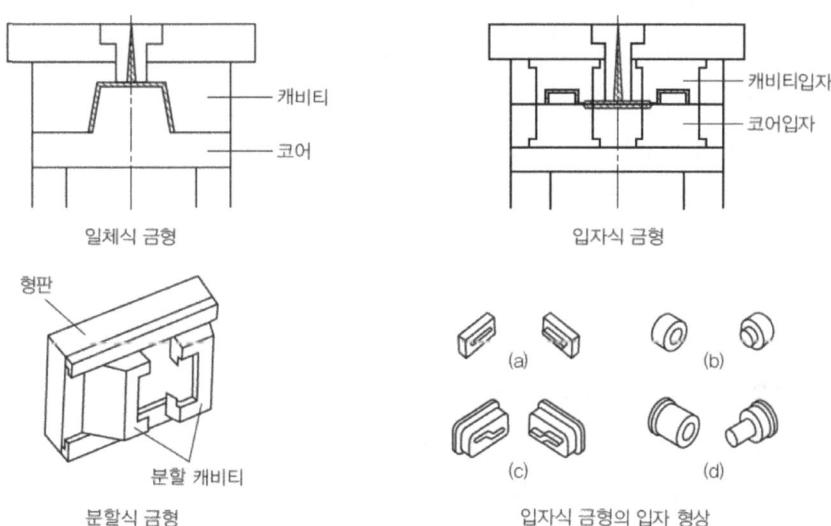

그림 4-47 일체식과 입자식과 분할식 금형

(2) 일체식 금형의 장·단점
① 장점
  (가) 금형이 일체형이기 때문에 견고하고 튼튼하여 수명이 길다.
  (나) 부품수가 적기 때문에 분해조립이 쉽고, 재조립 후에도 치수의 변화율이 분할식에 비해 적다.

(다) 분할편이 없기 때문에 성형품 외관에 분할편에 의한 자국이 발생하지 않는다.
(라) 금형의 크기가 다소 작게 된다.
(마) 밀링가공 및 방전가공기의 비중이 커진다.

② 단점
(가) 금형이 마모되면 부분적으로 교체하여 재사용함으로써 수명을 연장시킬 수 없다.
(나) 가공불량이 발생하면 전체적으로 폐기해야 되는 위험성이 있다.
(다) 캐비티 내가 밀폐형이므로, 가스가 빠져나가기 어려워 성형충진에 애로가 발생할 수 있다.
(라) 전극가공을 위해 3차원 자유형상의 가공이 많아지며, 이를 뒷받침하기 위한 기술적인 노하우가 필요하다.
(마) 표면의 거칠기를 좋게 하기 위해서는 분할식보다 수작업에 의한 비중이 크다.

(3) 입자식 금형의 장·단점

① 장점
(가) 부분적으로 적절한 재질, 경도 사용이 가능하다.
(나) 가공 속도 향상으로 납기 단축이 가능하다.
(다) 치수 정밀도가 향상된다.
(라) 가공상 용이하다.
(마) 공작 기계의 능력이 작아도 된다.
(바) 분할면은 에어벤트 효과로서 유효하게 이용된다.
(사) 부품 교환과 보수가 쉬워진다.

② 단점
(가) 성형품 디자인에 제약을 준다.
(나) 일체형에 비해 강도상으로 약해진다.
(다) 냉각 홈, 이젝터 설계시 장애가 되기 쉽다.

(4) 분할식 금형의 장·단점

① 분할금형
캐비티나 코어를 두 개 이상의 블록으로 만들어 조립하여 하나의 코어나 캐비티를 만드는 방식

② 분할금형의 필요성
(가) 성형품에 언더컷이 있을 때
(나) 금형 가공상 어려움이 있을 때

(다) 부분적으로 강도, 내마모성, 고정밀도가 요구될 때
(라) 분할 금형의 장·단점

③ 장점
   (가) 성형품의 형상에 따라 분할하여 분할편에 대해 적정 재료를 선택하고 필요한 열처리 및 표면처리 등을 함으로써 부분적으로 금형의 강도와 강성을 유지시킬 수 있다.
   (나) 분할편이 조립된 틈새로 가스가 빠져 나가기 때문에 성형 트러블이 많이 감소된다.
   (다) 부품의 연삭 가공이 가능하여 정밀도 있는 부품을 제작할 수 있으므로 수리 시 부품 교환이 용이하다.
   (라) 빼기구배를 용이하게 줄 수 있어 성형품의 취출에 도움이 된다.
   (마) 연마가공 및 와이어컷팅 가공의 비중이 커진다.

④ 단점
   (가) 부품 수량이 많아 금형가격이 상승될 수 있다.
   (나) 부품의 가공정밀도가 높지 않으면 금형의 정도가 유지되지 않는다.
   (다) 냉각수 구멍의 설치시에 많은 장애가 있다.
   (라) 분할편 때문에 성형품 외관에 분할편에 의한 자국이 발생한다.
   (마) 부품이 많으므로 제작과정에서부터 생산 진행이 복잡해지고 수리용 유보품(Spare Part)의 보관 및 관리가 어렵다. 한편 캐비티는 기계 가공이나 다듬질 가공을 쉽게 하기 위하여 분할하거나 부분입자를 쓰는 경우가 많다.

(5) 분할 코어 및 캐비티의 고정 방법

① 턱을 만들어 고정하는 방법

코어의 고정을 위한 방법으로 가장 널리 사용되는 것이 턱을 이용한 고정이다. 턱 고정에는 움직이면 안되는 턱, 움직여도 되는 턱이 있으며, 단순고정용과 조립기준용이 있다.

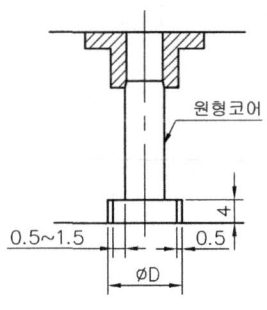 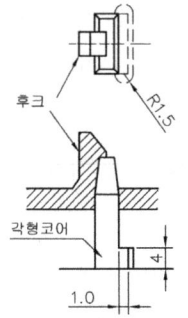 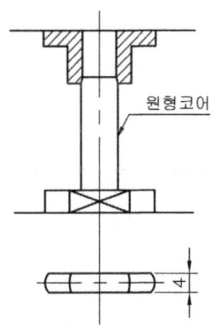

그림 4-48 원형코어고정 　　그림 4-49 각형코어고정 　　그림 4-50 턱의 회정방지

② 턱의 회전방지

원형 코어가 회전을 하여서는 안될 경우는 턱을 사용하여 회전방지를 실시한다. 자리 파기의 가공은 되도록 앤드밀을 사용하여 회전방지를 실시한다.

2) 에어 벤트(Air Vent)

캐비티에 용융 수지를 집어넣어 채울 때 캐비티 안의 공기 또는 수지의 휘발 가스를 금형 밖으로 배출해야 하며, 이 배출 통로를 에어 벤트 또는 배기 구멍이라고 한다.

(1) 에어 벤트의 중요성

에어벤트는 런너와 같이 사출금형에서는 수지의 유동성에 큰 영향을 주며 특히 정밀성형 금형에서는 매우 중요하다. 에어벤트를 설치하는 이유는 다음과 같다.

① 에어벤트는 사출되어 금형 내에 주입된 수지에서 발생한 가스를 제거할 목적으로 설치한다.

② 캐비티에 수지를 충진시킨다는 것은 사출 이전에 캐비티 내에 존재하던 공기와 수지의 자리바꿈이다. 충진을 순조롭고 빨리하기 위해서는 수지와 공기의 신속한 자리바꿈이 필요하다. 따라서 에어벤트는 효율이 높게끔 배기가 잘 되도록 설계 되어야 한다.

(2) 에어 벤트 불충분으로 발생하는 문제점

① 가스 연소

배기속도바다 충진속도가 빠르면 공기는 단열압축을 받아 선단부가 고온으로 된다. 경우에 따라 변색, 가스 잔류의 불량이 발생한다.

② 플래시(flash)

웰드선단부의 수지온도가 현저히 상승하여 점도가 떨어지므로 플래시의 발생이 쉽게 일어난다. 또한 공기가 충진을 방해하므로 사출압력이 상승하여 결과적으로 금형의 파팅라인이 열려 전체적인 플래시의 발생이 생긴다.

③ 미성형

가스 연소, 플래시가 생기지 않더라도 공기가 흐름을 방해하여 충진비율이 늦어져 미성형이 된다.

④ 기포, silver streak

공기와 수지가 합쳐져 기포, Silver line 등의 외관불량이 생긴다.

⑤ 사이클이 길어진다.

(3) 에어 벤트의 설치

① 에어 벤트 설치장소

   (가) 게이트의 반대측면

   (나) 웰드라인 발생부분

   (다) 깊은 보스 등의 주머니형상 부분

② 수지별 에어 벤트의 깊이

에어 벤트 홈의 단면적은 클수록 가스 배출효과가 좋다고 할 수 없다. 가스배출이 효과적으로 되기 위해서는 수지는 벤트의 홈 사이로 파고들지 않으면서(플래시의 발생은 없으면서) 가스만 배출될 수 있는 깊이로 설치해야 한다. 이 깊이는 [표 4-21]과 같고 수지의 유동성(용융점도)을 고려하여 결정한다.

표 4-21 수지별 에어 벤트 깊이

수지 재료	에어 벤트 깊이(μm)	
	성형품부	러너부
PA, PBT, PPS, LCP, TPE	5~10	10~15
PP, PE, POM, PVC(연)	10~20	15~25
PS, AS, ABS, PMMA, PPE, PC, PVC(경)	20~30	30~40

③ 에어 벤트의 도피

가스의 흐름길이(랜드)가 지나치게 길면 가스가 좁고 긴 틈새를 빠져 나가야 하고 경우에 따라서 홈의 일부가 막혀 에어 벤트의 기능을 저하시키므로 [그림 4-51]과 같이 적당한 길이의 랜드를 남기고 불필요 부분을 도피시킨다. 이때 도피 깊이는 0.2~0.3 정도가 좋다.

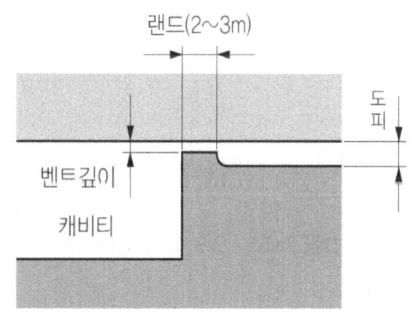

그림 4-51 벤트의 도피

(4) 에어 벤트 설치 방법

① 파팅면에 설치

일반적으로 가장 많이 사용하는 방법이다. 파팅면에 벤트를 설치하면 벤트에 묻은 점성 부착물의 제거가 용이하고 특히 가공이 쉽다.

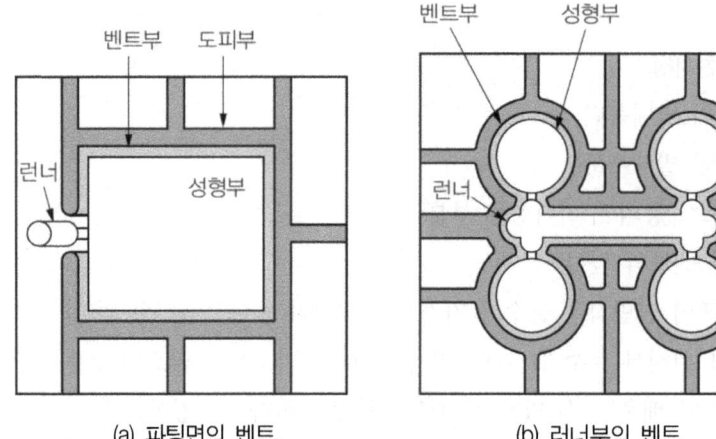

(a) 파팅면의 벤트   (b) 러너부의 벤트

그림 4-52 파팅면 에어 벤트 설치

② 이젝터핀을 이용

성형품의 형상에 따라서 또는 다점게이트의 경우는 파팅면 만으로는 가스빼기가 어렵다. 이 경우는 이젝터핀의 끼워맞춤 클리어런스를 이용하여 가스를 배출하면 효과적이다.

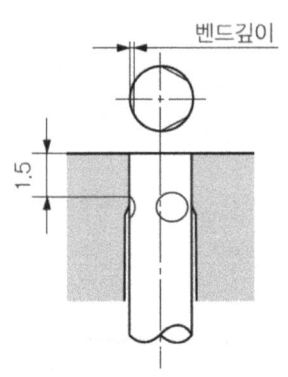

그림 4-53 밀핀을 이용한 에어 벤트

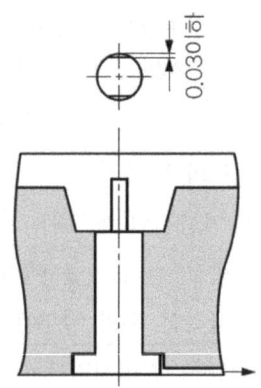

그림 4-54 코어핀을 이용한 에어 벤트

③ 코아 분할면을 이용

가스주머니 형상, 얇은 살두께부, 깊은 리브부 등의 가스가 모이기 쉬운 부분은 금형의 가공상 필요가 없지만 가스빼기 입자를 설치하여 입자의 끼워맞춤면을 이용하여 가스를 배출할 수가 있다.

④ 소결금속을 이용한 가스빼기

통기성이 있는 소결금속을 코어에 삽입하여 가스를 빼는 방법이다. 그러나 소결금속은 열전도율이 나쁘고 수지의 열에 의해 과열상태가 되어 구멍이 막힐 수 있고 내압강도가 낮아 변형의 가능성이 있음에 주의한다.

⑤ 진공펌프를 이용한 벤트

캐비티 내의 공기를 진공펌프를 이용하여 강제적으로 배기시키는 진공방식이다.

실기 내용

1. PLATE 사출금형 설계(사이드게이트 / 4 캐비티 타입)

1) 제품도

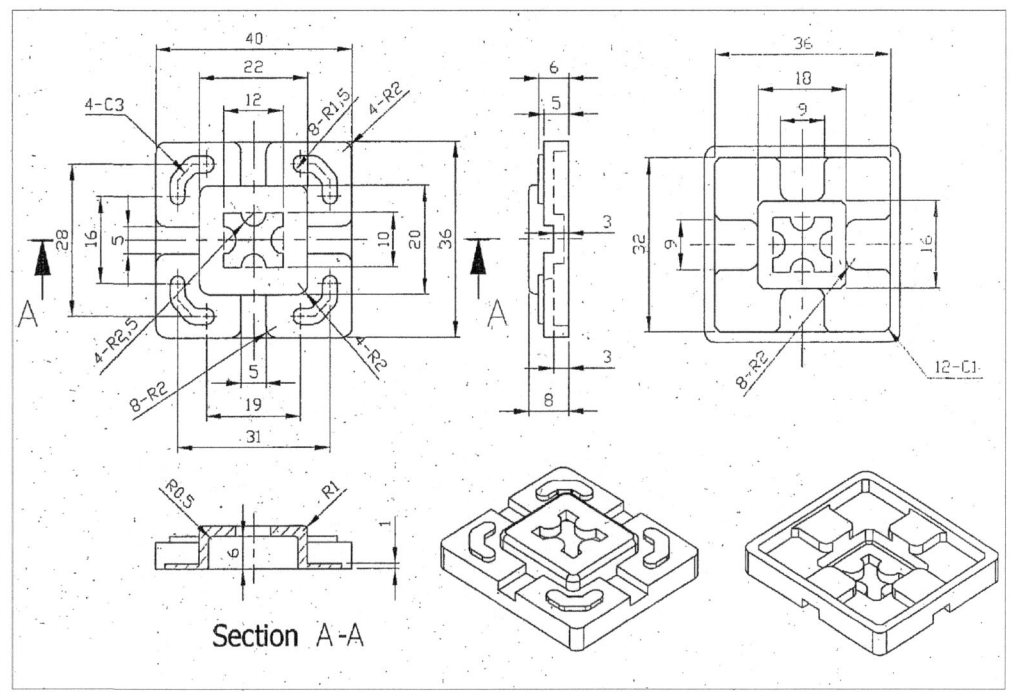

그림 4-55 PLATE 제품도

2) 제품도 3D 모델링

그림 4-56 PLATE 제품도(TOP)

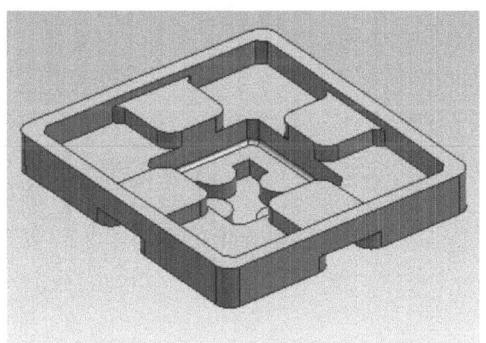

그림 4-57 PLATE 제품도(BOTTOM)

3) 제품 4 캐비티 배열

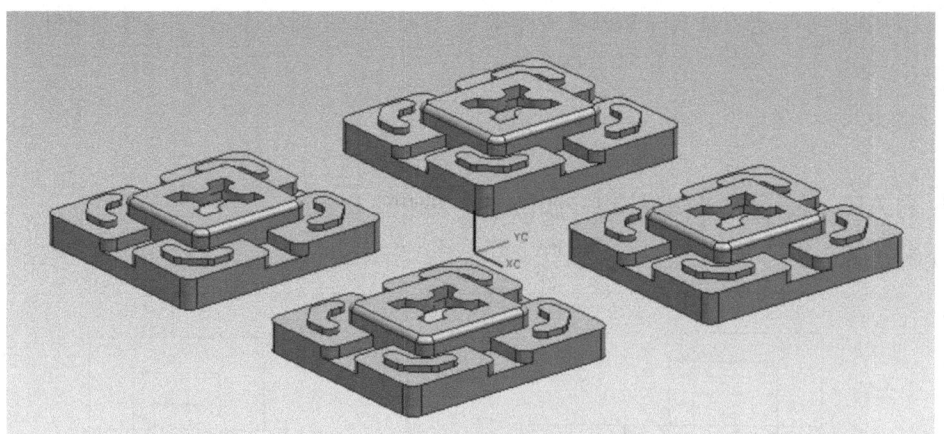

그림 4-58 코어 / 캐비티 어셈블리

4) 코어 / 캐비티 어셈블리

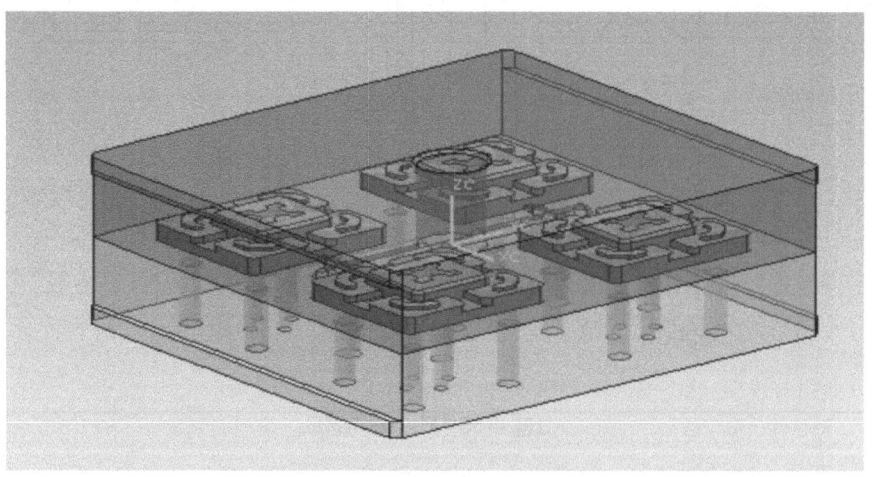

그림 4-59 코어 / 캐비티 어셈블리

5) 코어 / 캐비티 3D 모델링

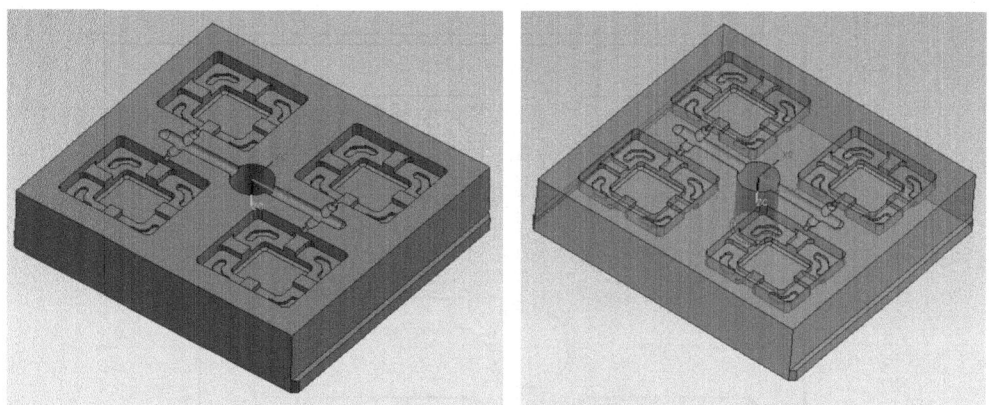

그림 4-60 캐비티 3D 모델링

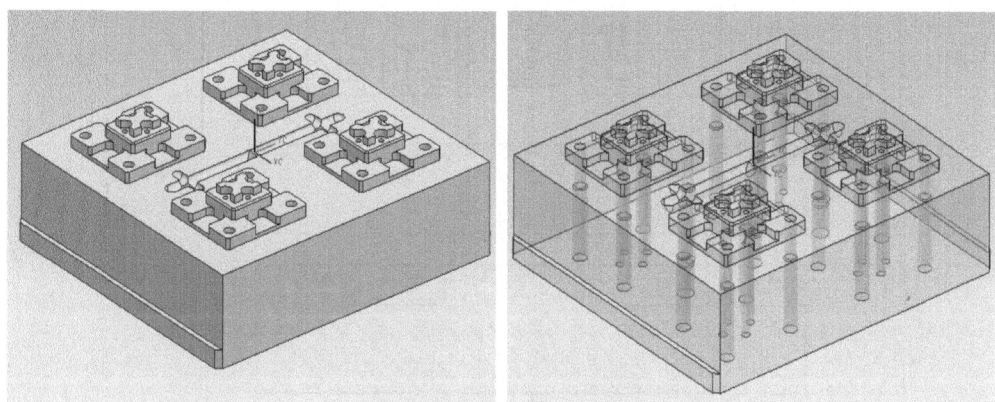

그림 4-61 코어 3D 모델링

6) 고정측 캐비티 설계

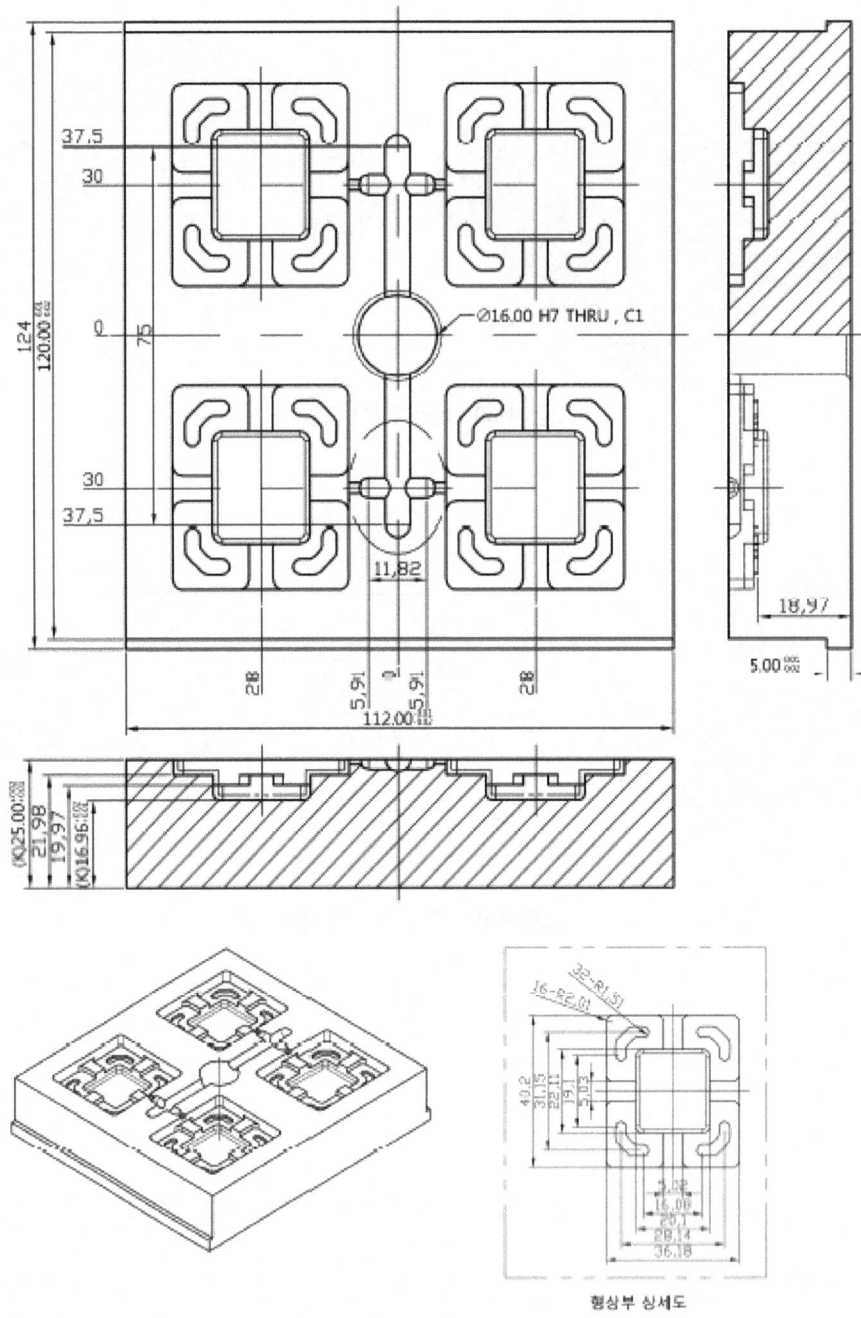

그림 4-62 PLATE 고정측 캐비티

7) 가동측 코어 설계

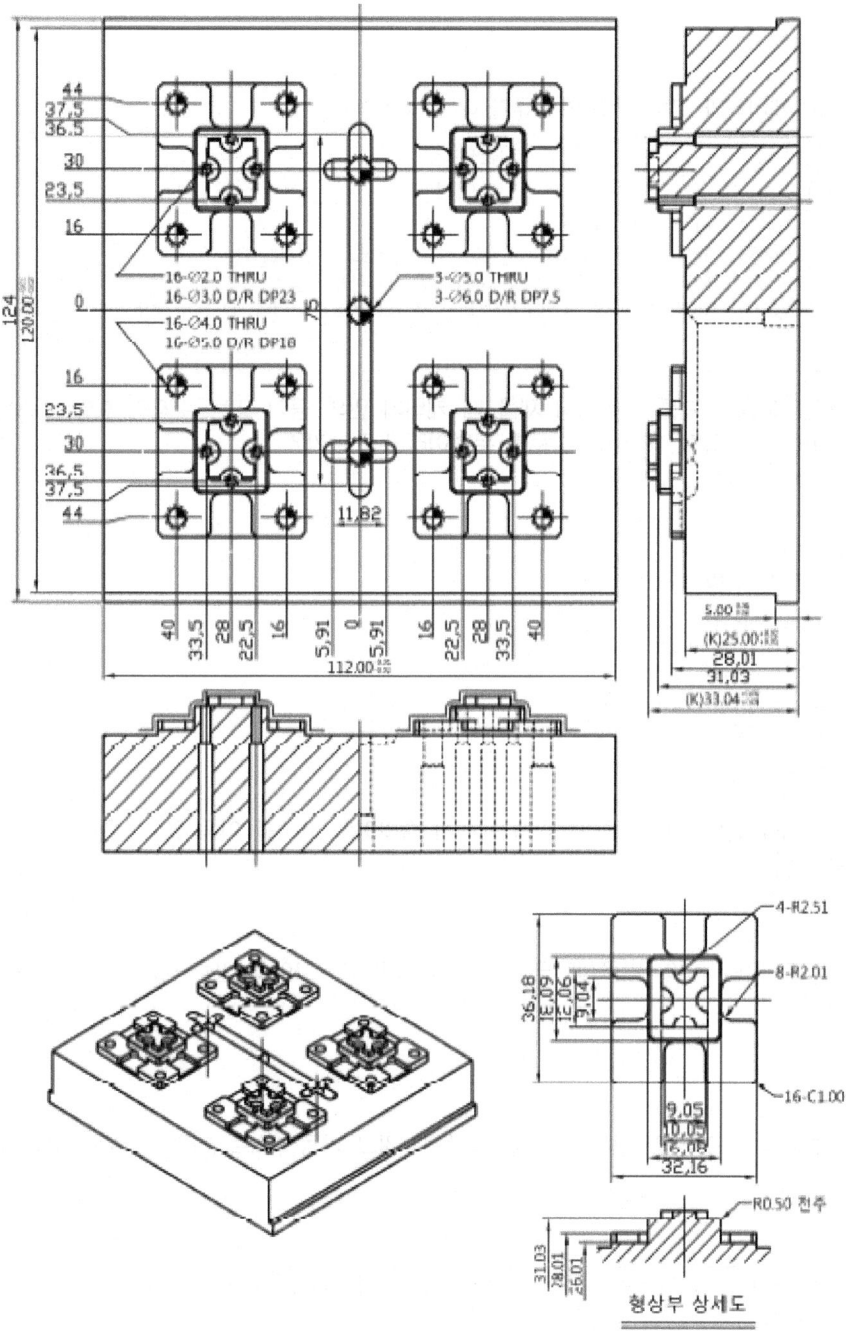

그림 4-63 PLATE 가동측 코어

단원 핵심 학습 문제

01 다음 중 캐비티와 코어 구조의 종류가 아닌 것은?
① 일체식　　　　　　② 분할식
③ 입자식　　　　　　④ 주입식
해설 : ④ 캐비티와 코어 구조의 종류
　　　　- 일체식 : 캐비티형판 및 코어형판에 직접 성형부 형상을 가공하는 방식
　　　　- 분할식 : 캐비티 및 코어를 분할하여 조립한 후 사용하는 구조
　　　　- 입자식 : 캐비티나 코어의 형판에 포켓 또는 구멍을 만들고 여기에 캐비티나 코어입자를 끼워서 만드는 방식

02 캐비티에 용융 수지를 집어넣어 채울 때 캐비티 안의 공기 또는 수지의 휘발 가스를 금형 밖으로 배출해야 하며, 이 배출 통로를 무엇이라고 하는가?
해설 : 에어 벤트 또는 배기 구멍

03 에어벤트 설치 방법을 쓰시오.
해설 : ① 파팅면에 설치
　　　　② 이젝터핀을 이용
　　　　③ 코아 분할면을 이용
　　　　④ 소결금속을 이용한 가스빼기
　　　　⑤ 진공펌프를 이용한 벤트

04 제품 형상에 언더컷이 있을 때 금형 개폐시 슬라이드 코어를 이동시키기 위해 사용되는 핀은?
해설 : 앵귤러 핀

05 제품 형상에 언더컷이 있을 때 금형 개폐시 슬라이드 코어의 밀림 방지 편으로 사용되는 부품은?
해설 : 로킹 블록

06 금형 형개시 스프루 및 런너가 고정측에 붙지 않고 가동측으로 딸려가기 위해 설치하는 핀은?
해설 : 스프루 록 핀

07 이젝터 플레이트와 가동측 설치판 사이에 장착하여 이물질이 끼어들지 않게 하기 위한 핀은?
해설 : 스톱 핀

08 이젝터 플레이트에 고정되어 있으며 금형이 열릴 때 밀판과 함께 전진하여 성형품을 밀어내는 핀은?
해설 : 이젝터 핀

09 젝터 플레이트에 고정되어 있으며 금형이 닫힐 때 밀판의 원래의 위치로 복귀하게 되어 밀핀이나 스프루 로크핀을 보호하는 핀은?

해설 : 리턴핀

10 사출기 노즐과 스프루 부시의 구멍을 일치하기 위해 고정측 설치판에 고정하는 부품은?

해설 : 로케이트링

11 금형의 고정측 형판과 가동측 형판이 정확이 맞춰지도록 안내역할을 하는 부품은?

해설 : 가이드 핀

12 받침판과 하부 취부판 사이에 위치하며 이젝팅 핀이 움직일 수 있는 공간을 제공해 주는 것은?

해설 : 스페이서 블록(Spacer Block)

13 원뿔 모양으로 고정측 취부판에 고정되어 있으며, 여기에 사출기의 노즐이 밀착되어 용융수지를 주입하는 것은?

해설 : 스프루 부시(Sprue Bush)

14 3매 구성 금형에서 고정측 설치판과 고정측 형판 사이에 또 다른 한 장의 플레이트가 있고, 이 플레이트와 고정측 형판 사이에 러너가 있으며 플레이트는?

해설 : 러너 스트리퍼 플레이트

15 2단 금형에서 가장 일반적인 금형의 구조에서 가장 많이 사용하는 게이트 방식은?

해설 : 사이드 게이트 방식

16 2단 금형의 특징을 쓰시오.

해설 : ① 구조가 간단하고, 조작이 쉽고, 성형품의 자동낙하가 용이하다.
② 게이트의 형상과 위치 선정 및 임의의 변경이 용이하다.
③ 금형의 설계 변경이 쉽고, 금형값이 비교적 싸다.
④ 고장이 적고, 내구성이 크며, 성형 사이클을 빨리 할 수 있다.
⑤ 성형품과 게이트는 성형 후 절단가공을 하는 단점이 있다.
⑥ 게이트의 위치는 비교적 성형품 측면에 설치하는 경우가 많다.

17 3단 금형의 특징을 쓰시오.

해설 : ① 게이트의 위치를 성형품의 중앙 또는 임의 위치에 선정이 가능하다.
② 게이트가 자동 분리되므로 후 가공을 없앨 수 있다.
③ 핀 포인트 게이트의 사용이 가능하다.
④ 성형품과 스프루, 런너, 게이트를 따로 빼내야 하며 스트로크가 큰 성형기가 필요하다.
⑤ 성형 사이클이 길어지게 된다.
⑥ 금형값이 2단 금형에 비해 비싸다.

18 금형 개폐시 가이드핀을 정확히 안내해 주며, 베어링 역할을 하는 부품은?

해설 : 가이드 부시

19 제품 중앙에 긴 구멍이 있는 부시 모양의 성형품, 구멍이 있는 보스, 빠지기 어려운 가늘고 긴 코어가 있는 성형품의 이젝팅에 사용되는 부품은?

해설 : 슬리브

20 제품 취출시 이젝터 플레이트의 가이드 역할을 하는 부품은?

해설 : 이젝트 가이드 핀

21 3단 금형에서 형개시 핀 포인트 게이트와 성형품을 분리하기 위하여 사용되는 부품은?

해설 : 런너 록 핀

4-2 부품표 작성하기

1. 부품표 작성하기

1) 금형재료 종류와 특징

금형재료는 금형제작용 재료와, 제품가공용 재료로 나눌 수 있으며, 여기에서는 주로 사용되는 금형제작용 재료의 종류와 특성에 대하여 설명한다.

(1) 주철 및 주강

① 종류

주철재로는 회주철(GC250), 강인주철(GC300), 구상흑연주철(GDC600) 등이 있고, 주강재로는 탄소강주강, 특수강주강, 구상흑연주강 등이 있다.

② 특징

(가) 주조성이 우수하다.

(나) 절삭가공이 용이하다.

(다) 흑연이 윤활작용을 한다.

(라) 부분적으로 표면처리가 가능하다.

(2) 일반구조용강 및 기계구조용강

① 종류

일반구조용강(SM41)과 기계구조용강(SM35C), (SM45C), (SM55C) 등이 있다.

② 일반구조용강의 특징

(가) 가격이 싸다.

(나) 구입이 용이하다.

(다) 가공성이 양호하다.

(라) 열처리하지 않고 사용한다.

③ 기계구조용강의 특징

(가) 탄소함유량이 높다.

(나) SM45C 이상 재는 열처리가 가능하다.

(다) 소량 생산용 펀치와 다이로 사용된다.

(라) 수냉처리함으로 균열발생이 생기기 쉽다.

(3) 탄소공구강

① 종류

STC1-STC7종으로 탄소함유량이 0.6~1.5%이다.

② 탄소강의 특징

(가) 수냉으로 높은 경도를 얻을 수 있다.

(나) 경도가 불균일 하고 균열 위험이 있다.

(다) 단단하지만 부스러지는 특성이 있다.

(라) 가격이 싸고 가공성이 우수하다.

(마) 가공열이 집중하기 쉽고 공구인선의 경도가 저하한다.

(4) 저 합금 공구강

① 종류

STS1-TS4종 등으로 탄소강에 Cr 및 W를 첨가한 강이다.

② 저합금 공구강의 특징 : 탄소 공구강과 비교해

(가) 담금질성이 우수하다.

(나) 열처리 변형도 비교적 적다.

(다) 절삭성과 연삭성이 우수하다.

(라) 연질재 타발에 많이 사용된다.

(5) 고 합금 공구강

① 종류

STD1, STD11, STD12, STD61종 등이 사용되며, 고 탄소 크롬강이며, C가 1~4%, Cr이 12~15%, Mo이 1%, W이 3%, V이 0.4% 함유한 금형용 강이다.

② 고합금 공구강의 특징

(가) 경화 내마모성 및 내충격성 높다.

(나) 공랭으로 열처리 변형이 적다.

(다) 열처리성이 우수하고 인성이 우수하다.

(라) 절삭성은 나쁘나 공구와 기계의 발전으로 문제가 해결됐다.

(마) 재료비가 고가이다.

(6) 고속도강

① 종류

SKH9(텅스텐계), SKH54(몰리브덴계), SKH61종 등이 사용되며, 이른바 18-4-1형의 (W-Cr-

Ⅴ) 공구강이다.

② 고속도강의 특징

(가) 내마모성과 인성이 뛰어나다.

(나) 고합금 공구강보다 강성이 뛰어나다.

(다) 고온에 특성을 잃지 않고 압축 내력이 크다.

(라) 소형 펀치 및 정밀 블랭킹용 펀치에 사용된다.

(마) 재료비가 고가이다.

(7) 초경합금

① 종류

V1-V6, 탄화텅스텐(WC)에 코발트(Co)의 분말로 소결한 재료

② 초경합금의 특징

(가) 내마모성과 내 소착성이 매우 뛰어나다.

(나) 거울면상으로 마무리할 수 있어 마찰계수가 적다.

(다) 프레스 가공시 변형이 적어 다이스강의 10배 수명이 있다.

(라) 값이 비싸고 가공이 대단히 곤란하다.

(마) 초대량 생산에 적합한 재료이다.

실기 내용

1. 2단 사이드 게이트 금형 부품표 작성

1) 사이드 게이트 특징

(1) 게이트의 치수 변경이 용이하여 일반적으로 많이 사용한다.

(2) 단면형상이 단순하여 가공이 용이하다.

(3) 보통 성형재료는 대부분 사이드 게이트를 사용할 수 있다.

(4) 일반적으로 다수 캐비티의 제품성형에 사용된다.

(5) 게이트의 위치는 일반적으로 성형품 측면에 설치하는 경우가 많다.

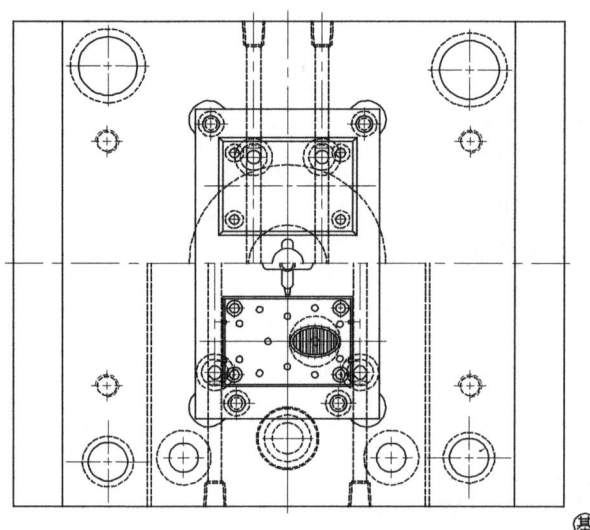

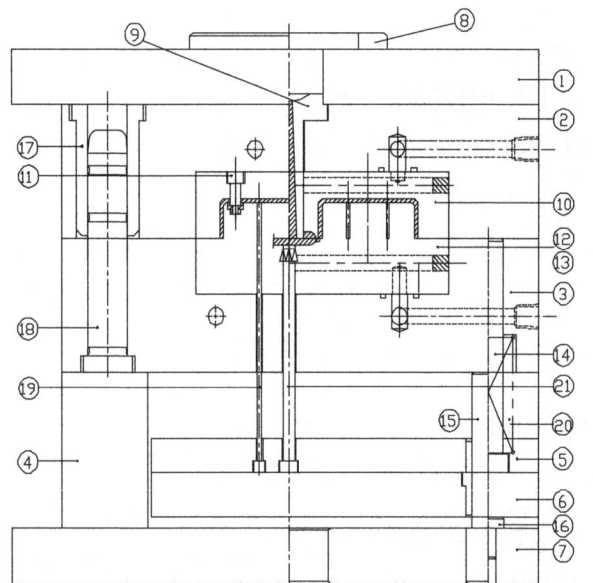

21	스르푸록핀	STD61	1
20	스프링	규격품	4
19	밀핀	STD61	22
18	가이드핀	STB2	4
17	가이드부시	STB2	4
16	스톱핀	SM45C	4
15	밀판가이드핀	STB2	2
14	리턴핀	STB2	4
13	가동측코어편	STD61	2
12	가동측코어	KP4M	1
11	고정측코어편	STD61	8
10	고정측코어	KP4M	1
9	스프루부시	STD61	1
8	로케이트링	SM45C	1
7	가동측설치판	SM55C	1
6	하밀판	SM55C	1
5	상밀판	SM55C	1
4	스페이서블록	SM25C	2
3	가동측형판	SM55C	1
2	고정측형판	SM55C	1
1	고정측설치판	SM55C	1
품번	품 명	재질	수량
2단-사이드 게이트 금형			

그림 4-64 2단 사이드 게이트 금형 조립도 & 부품도

2. 3단 핀 포인트 게이트 금형 부품표 작성

1) 게이트가 자동절단 된다.
2) 성형품의 게이트 자국이 거의 보이지 않으므로 후가공이 용이하다.
3) 투영 면적이 큰 성형품, 변형하기 쉬운 성형품을 다점 게이트로 성형함으로써 수축 및 변형을 적게 할 수 있다.
4) 초기 제작시 게이트 위치는 비교적 제약을 받지 않으나 금형 수정시 게이트 위치 변경은 어렵다.

CHAPTER 04 사출금형 부품도설계(사출금형설계)

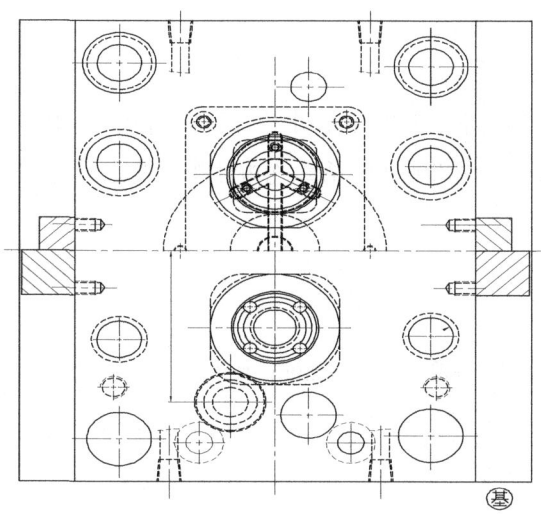

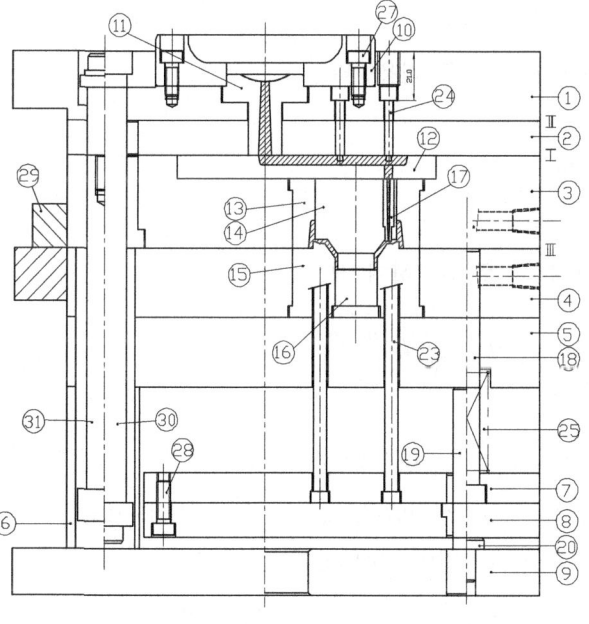

품번	품 명	재질	수량
31	풀러볼트	SCM435	2
30	서포트핀	STB2	4
29	롤로노크세트	규격품	2
28	육각구멍붙이볼트	규격품	4
27	육각구멍붙이볼트	규격품	2
26	육각구멍붙이볼트	규격품	4
25	스프링	규격품	4
24	런너록핀	SKH51	6
23	밀핀	STD61	6
22	가이드핀	STB2	4
21	가이드부시	STB2	4
20	스톱핀	SM45C	4
19	밀판가이드핀	STB2	2
18	리턴핀	STB2	4
17	핀포인트게이트부시	SKH51	6
16	가동측코어"B"	KP4M	4
15	가동측코어"A"	STC3	2
14	고정측코어"C"	KP4M	1
13	고정측코어"B"	KP4M	4
12	고정측코어"A"	KP4	2
11	스푸루부시	STD61	1
10	로케이트링	SM45C	1
9	가동측설치판	SM55C	1
8	하밀판	SM55C	1
7	상밀판	SM55C	1
6	스페이서블록	SM55C	2
5	받침판	SM55C	1
4	가동측형판	SM55C	1
3	고정측형판	SM55C	1
2	런너스트리퍼판	SM55C	
1	고정측설치판	SM55C	1
품번	품 명	재질	수량
3단-핀 포인트 게이트 금형			

그림 4-65 핀 포인트 게이트 금형 조립도 & 부품도

2. 부품 수급방법 결정하기

1) 금형강도 계산

금형 몰드베이스, 코어 및 캐비티는 사출 압력에 의해 휨이 발생하게 되어 제품의 정밀 성형에 있어 악영향을 미치게 될 수 있으며, 여기에서는 주로 성형압력에 따른 금형강도 계산에 대하여 설명한다.

(1) 허용 휨량의 결정
① 휨에 의해 Flash가 발생할 우려가 없을 경우 : 0.1~0.2mm 적용
② 휨에 의해 Flash가 발생할 우려가 있을 경우
 (가) 나일론(PA) 이외의 수지 : 0.05~0.08mm 적용
 (나) 나일론(PA) 수지 : 0.025mm 적용
 (다) 대형 제품일수록 적용 수치를 큰 쪽으로 택한다.
③ 고급 정밀금형의 휨량은 다음의 경험식에서 얻어지는 값 이하로 결정한다.
 ※휨량=성형품의 평균 살 두께×성형 수축률
④ 수지 내압(전 사출압력)은 500~700Kg/cm^{2}을 적용한다.

(2) 사각형 캐비티의 측벽 치수 계산
① 바닥이 일체형이 아닌 경우
 (양단 고정보의 등분포 하중을 받는 길로 간주하여 계산)

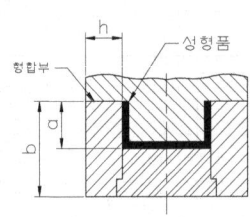

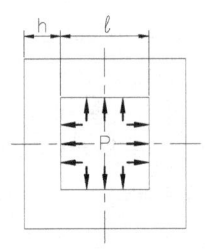

그림 4-66

$$h = \sqrt[3]{\frac{12pl^4a}{384Eb\delta}}$$

h : 측벽의 두께[mm]
p : 성형압력[Kg/cm^2] 500~700[Kg/cm^2]
l : 빔의 길이[mm]
a : 압력을 받는 부위의 높이[mm]
E : 영(young)계수(강, 2.1×10^6 [Kg/cm^2])
b : 캐비티 높이[mm]
δ : 허용 변형량[mm]

② 바닥이 일체형인 경우

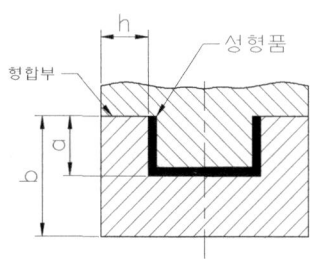

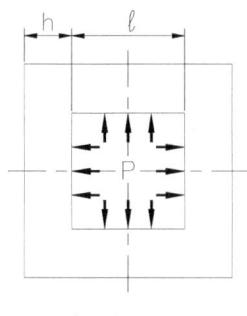

그림 4-67

$$h = \sqrt[3]{\frac{cpa^4}{E\delta}}$$

h : 측벽의 두께[mm]

p : 성형압력[Kg/cm^2] 500~700[Kg/cm^2]

l : 캐비티의 길이[mm]

a : 압력을 받는 부위의 높이[mm]

E : 영(young)계수(강, 2.1×10^6 [Kg/cm^2])

b : 캐비티 높이[mm]

δ : 허용 변형량[mm]

c : 상수 값

표 4-22 상수 데이터

l/a	1.0	1.1	1.2	1.3	1.4	1.5	1.6
c	0.044	0.053	0.062	0.070	0.078	0.084	0.090
l/a	1.7	1.8	1.9	2.0	3.0	4.0	5.0
c	0.096	0.102	0.106	0.111	0.134	0.140	0.142

③ 원형 캐비티의 측벽 치수 계산

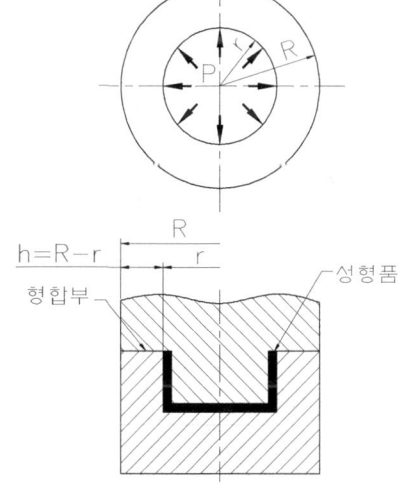

※일반적으로 안지름의 변형량 (δ)은 0.02mm 이하로 억제한다.

그림 4-68

(가) 안지름의 변형량(δ)

$$\delta = \frac{r\rho}{E}\left[\frac{R^2+r^2}{R^2-r^2}+m\right]$$

(나) 원형 캐비티의 측벽 두께(h)

$$h = R - r$$

$$R = \sqrt{\frac{r^2(\frac{E\delta}{r\rho}-m+1)}{\frac{E\delta}{r\rho}-m-1}}$$

δ : 안지름의 변형량[mm]

p : 성형압력[Kg/cm^2] 500~700[Kg/cm^2]

l : 빔의 길이[mm]

E : 강의 영(young)계수(2.1×10^6 [Kg/cm^2])

r : 캐비티의 안쪽 반지름[mm]

R : 캐비티의 바깥쪽 반지름[mm]

m : 포아슨 비(강, 0.25)

h : 측벽의 두께[mm]

실기 내용

1. 표준 몰드베이스 발주

일반적으로 표준몰드베이스는 회사 자체에서 제작하지 않고, 이를 전문적으로 생산하는 업체에 발주를 하게 된다. 이때 금형 크기 및 구조를 정확히 파악하여 주문을 해야 한다.

1) 2단 표준 몰드베이스 부품 발주

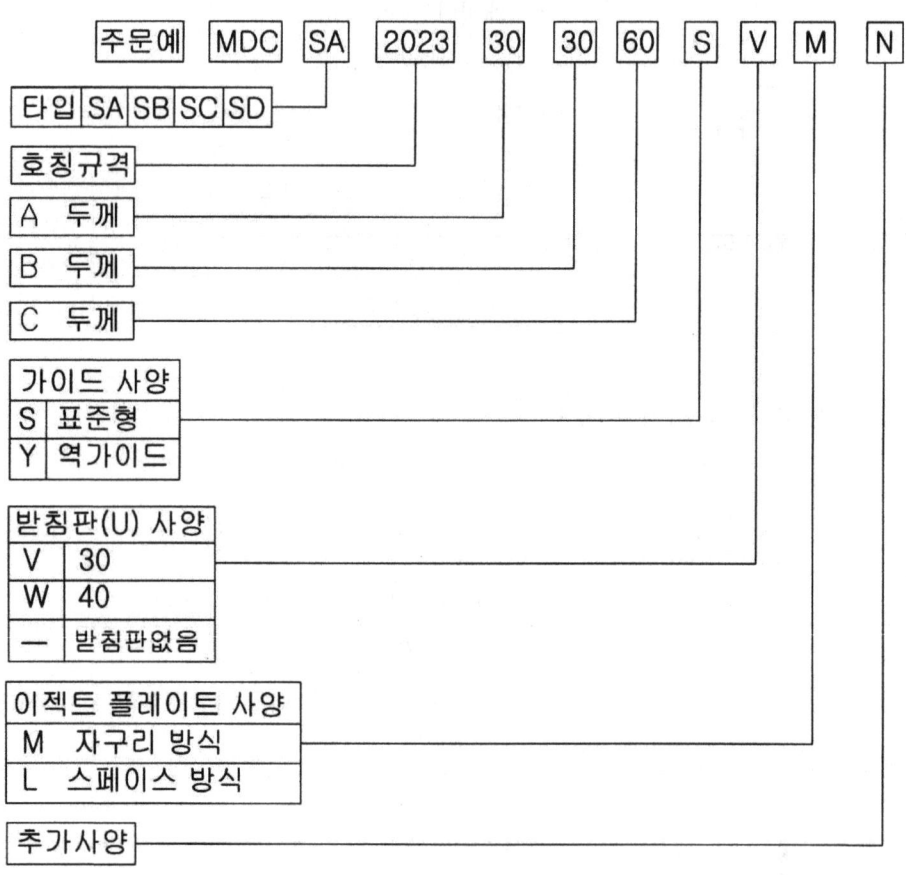

2단 표준 몰드베이스 발주 기호

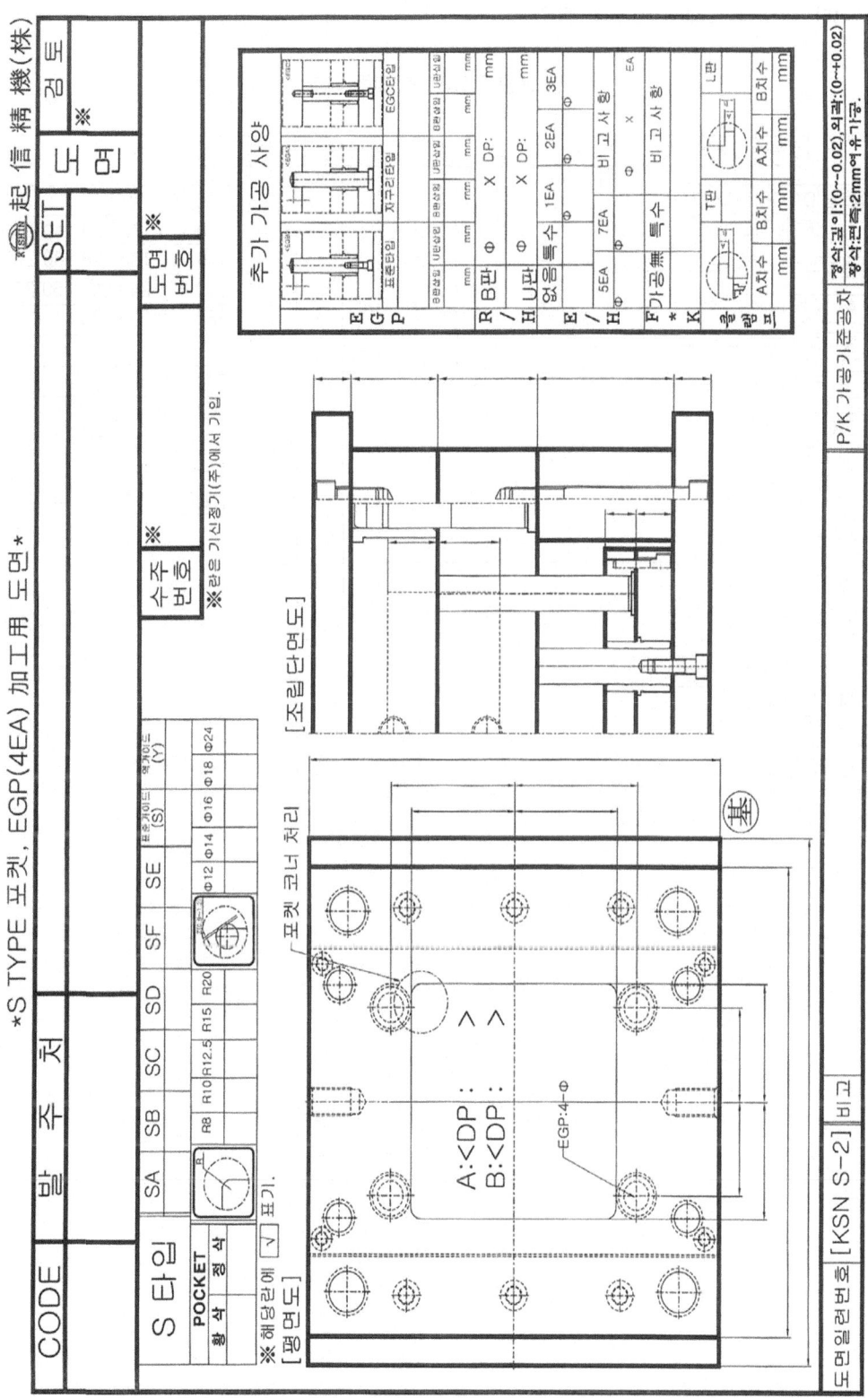

2) 3단 표준 몰드베이스 부품 발주

3단 표준 몰드베이스 발주 기호

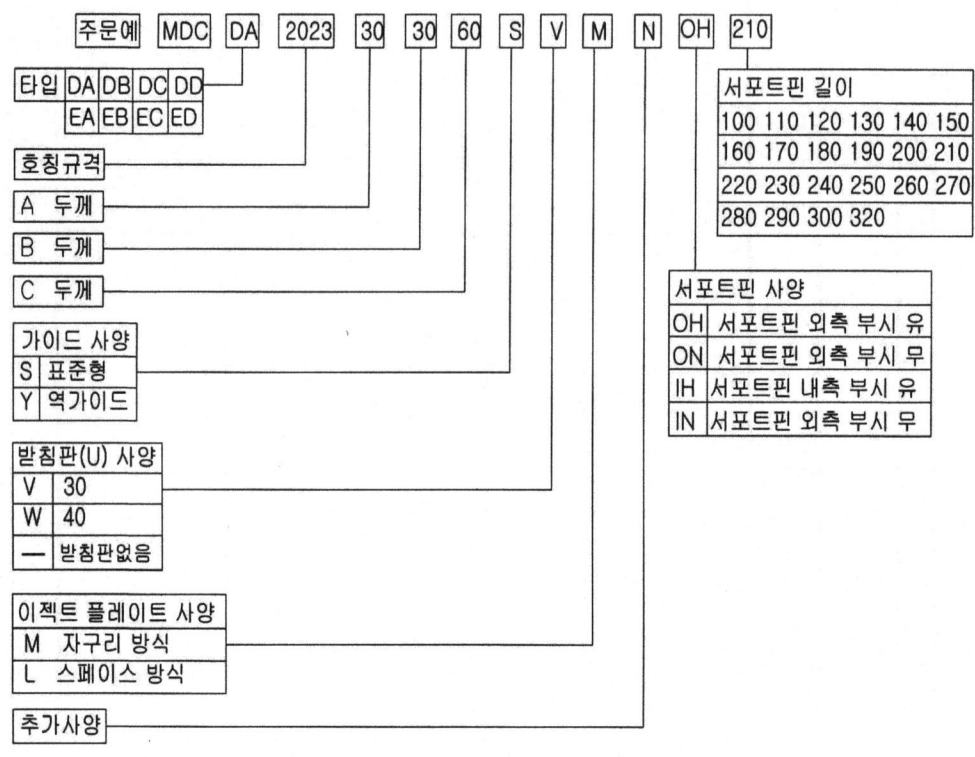

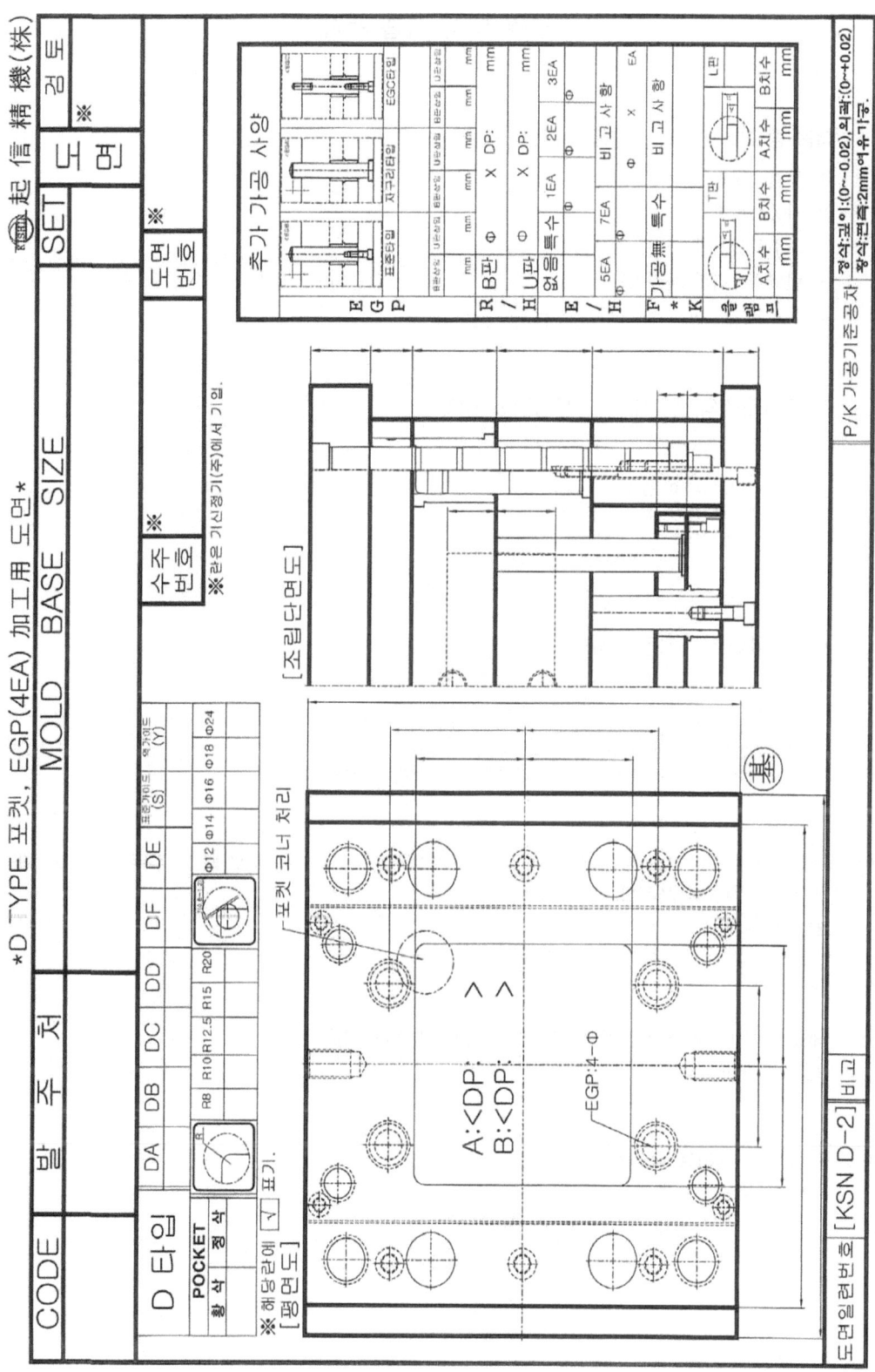

단원 핵심 학습 문제

01 다음 중 2매 금형의 구성품이 아닌 것은?
① 고정측형판
② 가동측형판
③ 고정측설치판
④ 런너스트리퍼 플레이트

해설 : ④ 런너스트리퍼 플레이트는 3매 금형 구성품이다.

02 기계구조용강의 종류를 쓰고 특징을 쓰시오.

해설 : ① 종류 - 기계구조용강(SM35C), (SM45C), (SM55C)
② 특징
- 탄소함유량이 높다.
- SM45C 이상 재는 열처리가 가능하다.
- 소량 생산용 펀치와 다이로 사용된다.
- 수냉처리함으로 균열발생이 생기기 쉽다.

03 사이드 게이트 특징을 쓰시오.

해설 : ① 게이트의 치수 변경이 용이하여 일반적으로 많이 사용한다.
② 단면형상이 단순하여 가공이 용이하다.
③ 보통 성형재료는 대부분 사이드 게이트를 사용할 수 있다.
④ 일반적으로 다수 캐비티의 제품성형에 사용된다.
⑤ 게이트의 위치는 일반적으로 성형품 측면에 설치하는 경우가 많다.

04 2단 표준 몰드베이스 부품 발주시, MDC SA 2023 30 30 60 S V M N 주문시에 V에 해당하는 3가지 타입을 쓰시오.

해설 : 받침판 사양
① V : 30, ② W : 40, ③ - : 받침판 없음

05 휨에 의해 Flash가 발생할 우려가 없을 경우에 허용 휨량은?

해설 : 0.1~0.2mm 적용

06 핀 포인트 게이트 특징을 쓰시오.

해설 : ① 게이트가 자동절단 된다.
② 성형품의 게이트 자국이 거의 보이지 않으므로 후가공이 용이하다.
③ 투영 면적이 큰 성형품, 변형하기 쉬운 성형품을 다점 게이트로 성형함으로써 수축 및 변형을 적게 할 수 있다.
④ 초기 제작시 게이트 위치는 비교적 제약을 받지 않으나 금형 수정시 게이트 위치 변경은 어렵다.

07 고 합금 공구강의 종류를 쓰고 특징을 쓰시오.

해설 : ① 종류 - STD1, STD11, STD12, STD61종
　　　② 특징
　　　　　- 경화 내마모성 및 내충격성 높다.
　　　　　- 공랭으로 열처리 변형이 적다.
　　　　　- 열처리성이 우수하고 인성이 우수하다.
　　　　　- 절삭성은 나쁘나 공구와 기계의 발전으로 문제해결 됨.
　　　　　- 재료비가 고가이다.

08 일반구조용강의 종류를 쓰고 특징을 쓰시오.

해설 : ① 종류 - SM41
　　　② 특징
　　　　　- 가격이 싸다.
　　　　　- 구입이 용이하다.
　　　　　- 가공성이 양호하다. 열처리하지 않고 사용한다.

09 2단 표준 몰드베이스 부품 발주의 주문 예를 쓰시오.

해설 : MDC-SA-2023-30-30-60-S-V-M-N

10 3단 표준 몰드베이스 부품 발주의 주문 예를 쓰시오.

해설 : MDC-DA-2023-30-30-60-S-V-M-N-OH-210

4-3 부품도 검토 및 승인받기

1. 부품도 체크 리스트

1) 기본 검토 항목

(1) 형상
① 이해하기가 곤란한 형상이나 누락된 부분은 없는가.
② 또 그 형상이 금형에 의해 만들어질 수가 있는가.

(2) 치수 정도
① 각 부분의 공차는 누락되어 있지 않는가.
② 또 정도가 너무 엄격하여 현재의 금형 가공 정도, 성형기술로 양산이 가능한가.

(3) 강도
① 모서리는 지나치게 예리하지 않고 적당한 R로 되어 있는가.
② 두께가 지나치게 얇거나 두껍지는 않는가.

(4) 표면 규격
① 성형품의 표면광택 정도는 어느 정도인가.
② 부식의 규격, 패턴은 정해져 있는가.
③ 도장, 핫 스탬핑 등의 2차 가공이 있을 경우 그 규격과 범위가 명확한가.

(5) 코어 분할 라인
성형부를 분할 가공할 경우 제품의 기능, 외관에 지장이 없는가.

(6) 상대부품과의 관계
① 어떤 형상, 재질의 부품이 어떻게 조립되는가.
② 끼워맞춤일 경우 조립공차는 어느 정도인가.

(7) 성형재료
사용되는 성형재료의 특징, 색, 투명도, 수축률은 알고 있으며, 새로운 재질일 경우 카탈로그는 확보되어 있는가.

(8) 성형불량에 대한 예측
형상, 치수 등과 함께 비교적 많이 발생되는 성형불량에 대해 검토한다.
① 싱크마크(sink mark) : 기준 두께에 대해 두꺼운 리브는 없는지, 국부적으로 두꺼운 부분이 없는지 체크한다.
② 돌출부가 너무 복잡하고 약해 성형 중 파손될 우려는 없는지 체크한다.
③ 충진 부족(short shot) : L/T와 관련하여 형상, 크기에 비해 두께는 적당한가. 부분적으로 흐름이 좋지 않은 얇은 부분은 없는가.
④ 웰드라인(weld line) : 웰드라인이 생겨서는 안 되는 부분과 범위는 어디이며, 웰드라인으로 크랙이 발생되지는 않는가.
⑤ 변형 : 굽힘, 비틀림, 휨 등의 변형이 생기지는 않는가. 만약 피할 수가 없을 경우, 허용 한도는 어느 정도인가.
⑥ 이형 불량 : 빼기구배가 너무 적어 취출 시 변형, 긁힘, 백화를 일으키지는 않는가. 부식 가공이 있을 경우 부식 깊이에 비해 빼기구배는 적당한가. 또는 부분적으로 취출이 어려운 형상은 없는가.

(9) 파팅라인
파팅라인이 생겨서는 안 되는 부분과 파팅라인의 마모로 발생되는 플래시(Flash)가 있어서는 안 되는 부분을 파악하고 플래시가 생길 경우 그 허용 한도는 어느 정도인가.

(10) 이젝터 위치
이젝터핀의 자국이 있어서는 안 되는 부분은 있는가.

(11) 게이트 위치
게이트의 자국이 제품의 기능, 외관에 지장이 있는 부분은 어디인가.

(12) 제품의 측정 기준
제품의 치수 정도를 정확하게 측정할 기준면은 명확하게 설정되어 있으며, 각 부분의 측정 방법과 측정 기기 등은 결정되어 있는가. 또한 측정이 곤란하여 치구가 필요할 경우 규격은 있는가. 상대와 조립성의 검토가 필요할 경우 그 규격은 있는가.

(13) 인서트 규격

인서트가 사용될 경우 인서트의 규격은 확실하며 인서트로 인하여, 크랙, 치수불량이 발생될 위험은 없으며 사용 중 빠질 우려는 없는가.

(14) 소요수량

월간, 연간 예정생산량과 총 소요량은 어느 정도인가.

2. 부품도 검토 및 승인

1) 가공 난이성 부분 검토 및 승인받기

(1) 가공 난이한 금형의 코어 분할 검토 및 승인

① 개요

금형에서 부품을 만드는 데에 있어서 일체로 만드는 방법과 분할형으로 만드는 방법이 있다.

② 분할의 필요성

(가) 성형품에 언더컷이 있어서 제품의 취출이 불가능 할 경우
(나) 특정의 가공기계로 가공하지 않으면 안 되는 경우
(다) 캐비티 코어 등의 부품입자에 강도 혹은 기계적 성능이 꼭 필요로 하고 사용하고자 하는 금형 재질을 요구하는 경우
(라) 사용기계의 보유 현황에 따라 외주 활용이 필요한 경우

(2) 가공 난이한 가동측 코어 분할 예

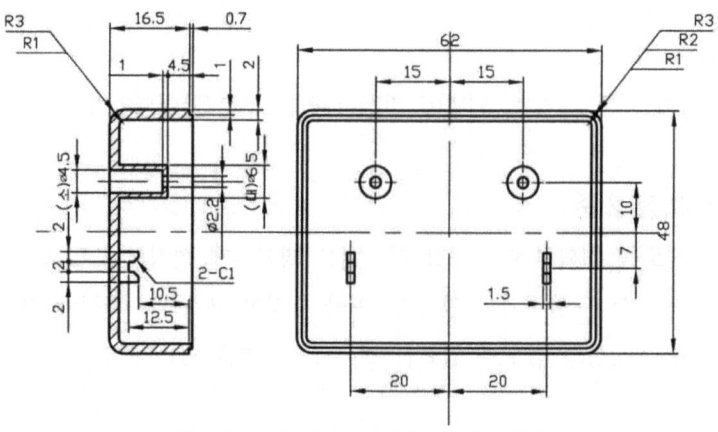

그림 4-69 가동측 코어 분할 예제 제품도

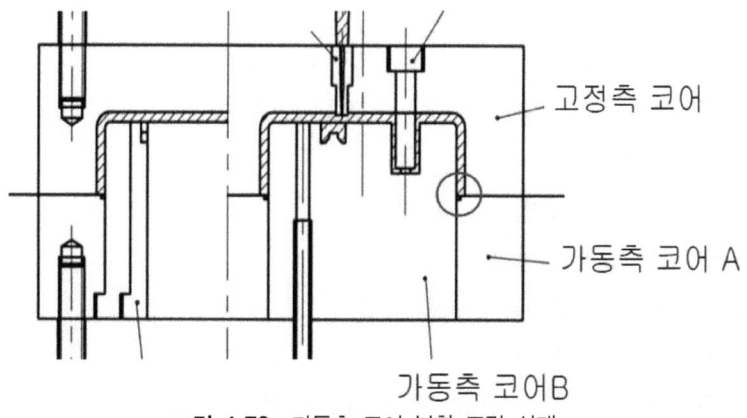

그림 4-70 가동측 코어 분할 조립 상태

2) 냉각 관련 검토 및 승인받기

(1) 냉각회로에 따른 냉각방법

① 직류식 냉각회로

(가) 냉각 구멍을 직선으로 가공하는 회로로 가공이 쉬워 많이 사용

(나) 각진 성형품에 적합하고 스프루에 가까운 곳에서부터 냉각수를 보낸다.

② 직류 순환식 냉각회로

원통형 성형품의 바깥 둘레를 직선 냉각 회로

③ 나선식 냉각회로

(가) 평면형 성형품의 상하 형판에 나선형의 냉각회로 설계

(나) 구리 파이프 위에 저온 용융합금으로 충전시켜 냉각효과를 높인다.

3) 에어 벤트 검토 및 승인받기

성형품이 중형 이상이고 제품의 내부에 기포가 발생하여 가스 벤트를 주 코어(메인)에 설치를 할 필요가 있을 때에 가스 벤트의 설치를 하여 고객의 승인을 받는다.

(1) 에어 벤트 설치

① 에어 벤트 설치장소

(가) 게이트의 반대측면

(나) 웰드라인 발생부분

(다) 깊은 보스 등의 주머니형상 부분

② 설계 적용 예

(가) Air Vent의 GROOVE를 먼저(폭 : 4mm, 깊이 : 0.5mm) 작도한다. 성형품의 외곽에서

4mm 떨어져서 작도한다.
　(나) Air Vent를 15/1,000~20/1,000mm 깊이로 작도한다.
　(다) 시험사출 후 GAS가 몰리는 부분에 Air Vent를 만들어 준다.
③ 에어 벤트의 방법 검토
　(가) 밀핀을 이용하는 방법
　(나) 코어핀을 이용하는 방법
　(다) 분할형 및 인서트 블록에 의한 방법
　(라) 진공흡입에 의한 방법
　(마) 캐비티 내의 가스를 진공펌프로 빼내는 방법
　(바) 파팅라인에 가스 벤트를 빼내는 방법
　(사) 폭은 3mm 정도, 깊이는 0.01~0.02mm 정도
　(아) 소결합금을 이용한 방법

단원 핵심 학습 문제

01 다음 중 형상, 치수 등과 함께 비교적 많이 발생되는 성형불량의 종류가 아닌 것은?
① 싱크마크(sink mark)
② 충진 부족(short shot)
③ 웰드라인(weld line)
④ 백래쉬

해설 : ④ 성형불량의 종류 - 싱크마크(sink mark), 충진 부족(short shot),
웰드라인(weld line), 변형, 이형 불량, 성형 중 파손

02 에어벤트 설치장소를 쓰시오.

해설 : ① 게이트의 반대측면
② 웰드라인 발생부분
③ 깊은 보스 등의 주머니형상 부분

03 에어 벤트의 방법을 쓰시오.

해설 : ① 밀핀을 이용하는 방법
② 코어핀을 이용하는 방법
③ 분할형 및 인서트 블록에 의한 방법
④ 진공흡입에 의한 방법
⑤ 캐비티 내의 가스를 진공펌프로 빼내는 방법
⑥ 파팅라인에 가스 벤트를 빼내는 방법
⑦ 폭은 3mm 정도, 깊이는 0.01~0.02mm 정도
⑧ 소결합금을 이용한 방법

04 부품도 체크시 기본 검토 항목을 쓰시오.

해설 : 형상, 치수 정도, 강도, 표면 규격, 코어 분할 라인, 상대부품과의 관계
성형재료, 성형불량에 대한 예측, 파팅라인, 이젝터 위치, 게이트 위치
제품의 측정 기준, 인서트 규격, 소요수량

05 냉각회로에 따른 냉각방법의 종류를 쓰시오.

해설 : 직류식 냉각회로, 직류 순환식 냉각회로, 나선식 냉각회로

06 가공 난이한 금형의 코어 분할의 필요성을 쓰시오.

해설 : ① 성형품에 언더컷이 있어서 제품의 취출이 불가능 할 경우
② 특정의 가공기계로 가공하지 않으면 안 되는 경우
③ 캐비티 코어 등의 부품입자에 강도 혹은 기계적 성능이 꼭 필요로 하고 사용하고자 하는 금형 재질을 요구하는 경우
④ 사용기계의 보유 현황에 따라 외주 활용이 필요한 경우

07 시험사출 후 GAS가 몰리는 부분에 Air Vent를 만들어 주는 설계 적용에 대하여 쓰시오.

해설 : ① Air Vent의 GROOVE를 먼저(폭 : 4mm, 깊이 : 0.5mm) 작도한다.- 성형품의 외곽에서 4mm 떨어져서 작도한다.
② Air Vent를 15/1,000~20/1,000mm 깊이로 작도한다.

08 냉각 구멍을 직선으로 가공하는 회로로 가공이 쉬워 많이 사용하며 각진 성형품에 적합하고 스프루에 가까운 곳에서부터 냉각수를 보내는 냉각회로는?

해설 : 직류식 냉각회로

09 원통형 성형품의 바깥 둘레를 직선 냉각 회로는?

해설 : 직류 순환식 냉각회로

10 파팅라인의 마모로 발생되는 불량은?

해설 : 플래시(Flash)

NCS적용

CHAPTER
05

사출금형 2D도면작성
(사출금형설계)

5-1 작업환경 설정하기

1. CAD 프로그램 사용의 기초 및 환경 설정

1) CAD의 개요

(1) CAD / CAM에 대하여

CAD란 Computer aided design의 약칭으로 컴퓨터를 이용하여 설계하는 뜻이며, CAM이란 Computer aided manufacturing의 약칭으로 컴퓨터를 이용하여 가공하는 뜻이다.

① CAD의 정의

컴퓨터에 저장된 프로그램을 이용하여 제도하고 설계하는 것으로, 제도자가 사용프로그램에 알맞은 명령어를 입력하거나 메뉴를 선택하여 모니터에 도면으로 그려지는 방식이다.

② CAD의 장·단점
   - (가) 도면 기본 요소(점, 선, 원)의 정확한 작도가 가능
   - (나) 도면 요소의 편집·수정이 용이
   - (다) 복잡한 형상의 입체적 표현 등이 가능
   - (라) 정확하고 신속한 계산
   - (마) 도면관리가 용이
   - (바) 제도시간 단축으로 인한 생산성 및 품질이 향상

③ CAD의 효과
   - (가) 설계시간의 단축으로 인한 설계비용을 절감할 수 있다.
   - (나) 프로그램에서 정확하고 신속한 계산이 이루어져 질적 향상을 할 수 있다.
   - (다) 초기설계 및 설계변경, 편집이 신속하게 이루어져 편리함을 가질 수 있다.
   - (라) 설계 자료가 도면이 아니고 데이터로 이루어져 있어서 보관이 편리하다.
   - (마) 표준화 즉 생산자와 설계자 간의 정확한 의사 전달이 된다.
   - (바) 신속함과 정확성으로 인한 납기 단축으로 생산성이 향상 된다.

(2) CAD의 응용 분야

CAD의 응용은 기계, 건축, 토목에서부터 군사, 과학 분야인 모의실험에 이르기 까지 매우 광범위하게 이용되고 있다.

① 자동차, 항공기, 선박 등의 기계설계(Mechanical Design)

② 건축, 토목설계(Architecture/Civil Engineering Design)

③ 전기, 전자설계(Electric/Electronic Design)

④ 조경설계(Landscape Design)

⑤ 지도제작(Cartography)

⑥ 산업, 공업, 실내, 제품디자인(Industrial/Interior/Product Design)

⑦ 군사, 과학 분야의 모의실험(Simulation)

⑧ 영화, 광고 등의 애니메이션(Animation)

(3) CAD SYSTEM의 구성

CAD시스템은 하드웨어(Hardware)와 소프트웨어(Software)의 복합체이다.

표 5-1 컴퓨터 시스템

```
입력(Input)장치 ─── 컴퓨터(Computer) ─── 출력(Output)장치
      │                   │                    │
   자판(Keyboard)      모니터 - 본체         프린터(Printer)
   마우스(Mouse)            │              플로터(Plotter)
   디지타이저         Operating System
   (Digitizer)              │
   터치펜(Touch Pen)   CAD용 소프트웨어
   스캐너(Scanner)
```

실기 내용

1. AutoCAD의 시작

1) AutoCAD 시작하기

(1) AutoCAD 20013 실행

AutoCAD의 시작은 Window 바탕화면에 있는 아이콘을 더블클릭해서 실행할 수 있다.

그림 5-1 AutoCAD 13

① 바탕화면에 아이콘이 없을 때

시작에서 프로그램, Autodesk 안에 있는 AutoCAD 2013을 선택하여 프로그램을 실행할 수 있다.

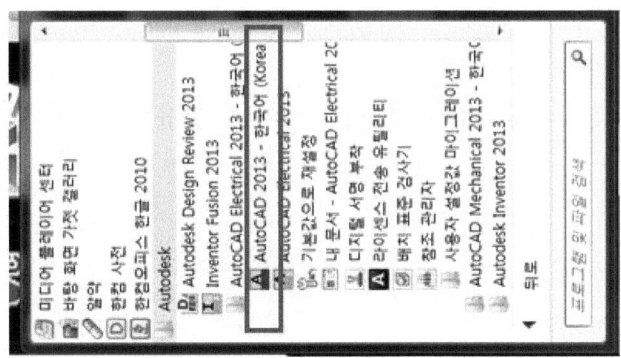

그림 5-2 AutoCAD 프로그램 위치

2. AutoCAD 작업환경

사용자가 작업하기 편리하도록 작업환경을 설정한다.

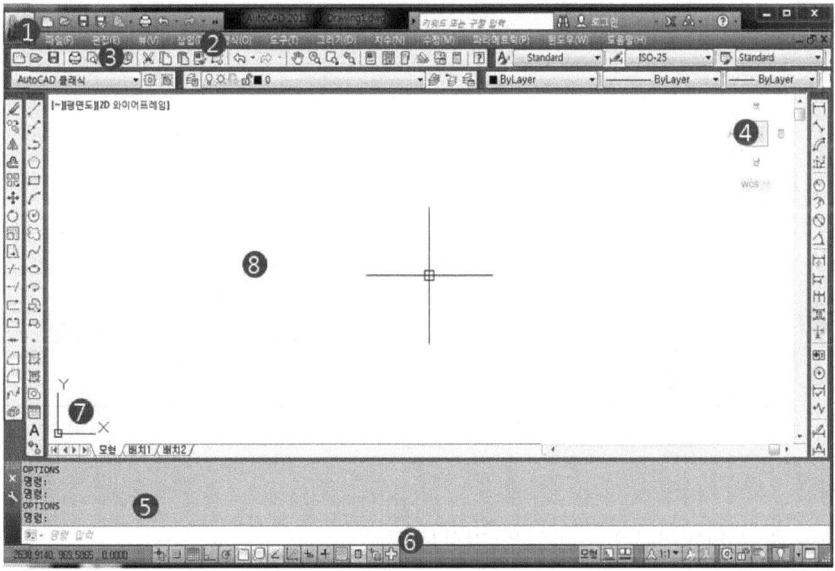

그림 5-3 CAD 작업 환경 창

① 응용 프로그램
② 신속접근 도구막대, 도움말 도구막대
③ 리본 탭, 리본패널
④ 뷰 큐브 및 뷰 도구막대

⑤ 명령 행
⑥ 상태 막대
⑦ UCS 좌표계
⑧ 도면 영역
⑨ 응용 프로그램 메뉴
⑩ 새로 만들기, 열기, 저장, 내보내기, 게시, 인쇄, 도면 유틸리티, 닫기 등으로 파일을 관리한다.

1) 응용 프로그램

(1) 새로 만들기

새로운 도면을 작성한다.

도면을 템플릿 파일로 새로 시작한다.

명령어	NEW, Q NEW
단축키	Ctrl + N
리본	응용 프로그램 메뉴>새로 만들기>도면
신속접근막대	

(2) 열기

기존의 도면을 연다.

명령어	OPEN
단축키	Ctrl + O
리본	응용 프로그램 메뉴>열기>도면
신속접근막대	

(3) 저장

현재 사용 중인 파일이름으로 파일을 저장한다.

명령어	SAVE, Q SAVE
단축키	Ctrl + S
리본	응용 프로그램 메뉴>저장
신속접근막대	

(4) 다른 이름으로 저장

현재 사용 중인 도면을 사본으로 즉 다른 파일명으로 저장한다.

	명령어	SAVE
	단축키	Ctrl + Shift + S
	리본	응용 프로그램 메뉴>저장
	신속접근막대	

(5) 닫기

① 현재의 도면을 닫는다.

현재의 도면을 닫는다.	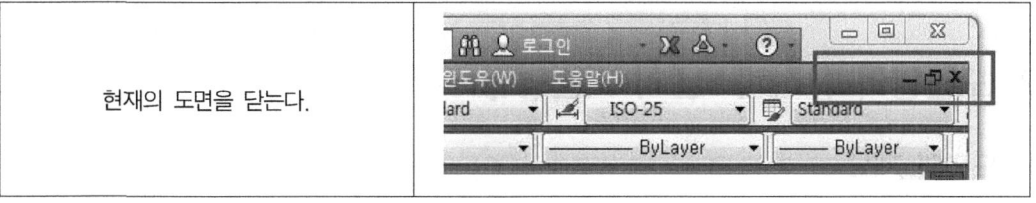

② AutoCAD 전체의 도면을 닫는다.

전체 도면을 닫는다.	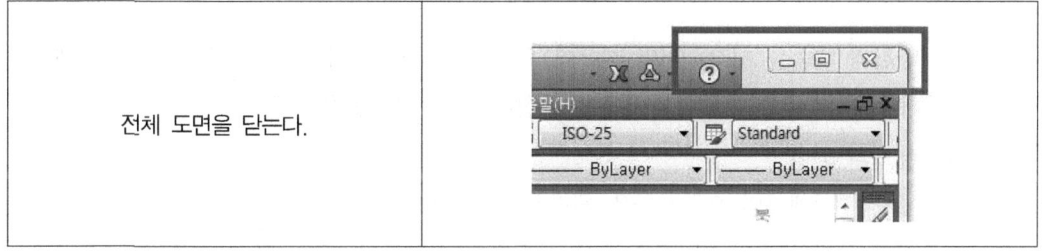

③ 명령행(Command) 사용하기

   명령 : Quit [Enter]

④ 명령행(Command) 사용하기

   명령 : Exit [Enter]

3. Auto CAD 2013의 명령 입력 방법

AutoCAD 2013은 기존 버전과 같은 방법으로 명령을 입력한다.

1) 마우스 왼쪽 버튼을 이용하여 위 화면 구성 중 풀다운 메뉴나 아이콘 메뉴의 기능들을 클릭하여 명령을 입력한다.

2) 키보드를 이용하여 위 화면 구성 중 명령 입력 라인에 풀 명령이나 단축 명령을 타이핑 하여 입력한다.

위 두 방법 중 메뉴를 이용하면 편리하지만, 드로잉 시간이 다소 느린 반면 단축명령을 이용하면 외우는 번거로움은 있지만 드로잉 시간을 줄여 속도를 빠르게 할 수 있다.

3) 입력장치의 활용 방법

(1) ENTER 기능

ENTER 기능은 입력키로서 AutoCAD에서는 명령을 시작 / 진행 / 종료하는 기능이 있다.

(2) ESC 기능

ESC 기능은 취소키로서 AutoCAD에서는 기능명령을 취소한다.

2. 도면영역과 객체스냅의 기본명령

1) 도면의 개요

(1) 도면의 개요

① 제도와 설계의 정의

(가) 설계의 의미

양질의 제품을 제작하려면 제품이 요구하는 용도나 기능에 적합한지 면밀한 계획을 세우게 되는데 이러한 내용들을 종합하는 기술을 설계라 한다.

(나) 제도의 의미

제도란 설계자의 요구사항을 제작자에게 정확하게 전달하기 위하여 일정한 규칙에 따라서 선과 문자 및 기호 등을 사용하여 생산품의 형상, 구조, 크기, 재료, 가공법 등을 제도 규격에 맞추어 정확하고 간단명료하게 도면을 작성하는 과정을 말한다. 제도의 목적을 달성하기 위해서는 다음의 기본 요건을 만족하여야 한다.

㉠ 대상물의 도형과 함께 필요로 하는 형상이나 구조, 조립상태, 치수, 가공법, 재질, 투상법, 면의 표면정도 등의 정보를 포함하여야 한다.

㉡ 도면은 명확하고 이해하기 쉬운 방법으로 표현하며, 애매한 해석이 생기지 않도록 난해하거나 복잡한 부분은 단면도와 상세도로 충분히 표현하여야 한다.

㉢ 기술의 각 분야에 걸쳐 정확성, 보편성을 가져야 한다.

㉣ 무역 및 기술의 국제교류 입장에서 국제적으로 통용될 수 있어야 한다.

㉤ 컴퓨터 및 마이크로필름에 의한 도면의 보존관리, 복사, 검색 등이 용이하도록 도면번호 부여와 일정양식에 의한 표제란 등록을 통하여 관리하여야 한다.

② 제도의 표준 규격

도면을 작성하는데 정해진 약속과 규칙을 제도의 표준 규격이라 한다.

표 5-2 국제 및 국가별 표준 규격과 기호

국제 및 국가별 표준 규격	규 격 기 호
국제 표준화 기구	ISO (International Organization for Standardization)
한국 산업 규격	KS (Korean Industrial Standards)
영국 규격	BS (British Standards)
독일 규격	DIN (Deutsche Industrie Normen)
미국 규격	ANSI (American National Standards Institute)
스위스 규격	SNV (Schweitzerish Normen des Vereinigung)
프랑스 규격	NF (Norme Francaise)
일본 공업 규격	JIS (Japanese Industrial Standards)

표 5-3 KS의 부문별 분류기호

분류 기호	kS A	kS B	kS C	kS D	kS E	kS F	kS G	kS H	kS I	kS J	kS K
부 문	기본	기계	전기	금속	광산	토건	일용품	식료품	환경	생물	섬유
분류 기호	kS L	kS M	kS P	kS Q	kS R	kS S	kS T	kS V	kS W	KS X	
부 문	요업	화학	의료	품질 경영	수송 기계	서비스	물류	조선	항공	정보산업	

(2) 선(KS A 0109, KS B 0001)

선은 물품의 형상을 표현하여 각 관계를 분명하고 알기 쉽게 하므로 명확하고 선명하며 진하게 되어야 하고, 농도 및 굵기가 일정하여야 한다.

① 선의 종류

　(가) 모양에 따른 선의 종류

　　㉠ 실선(continuous line) : 연속적으로 이어진 선

　　㉡ 파선(dashed line) : 짧은 선을 일정한 간격으로 나열한 선

　　㉢ 1점 쇄선(chain line) : 길고 짧은 2종류의 선을 번갈아 나열한 선

　　㉣ 2점 쇄선(chain double-dashed line) : 긴 선과 2개의 짧은 선을 번갈아 나열한 선

　(나) 굵기에 따른 선의 종류

　　같은 용도의 선이라도 도형의 크기와 복잡한 정도에 따라 굵기를 선택해야 하지만, 단, 선 굵기의 기준은 0.18, 0.25, 0.35, 0.5, 0.7, 1.0mm로 한다.

　(다) 용도에 따른 선의 종류

　　선은 선의 용도에 따라 [표 5-4]와 같이 사용한다. 또, 이 표에 의하지 않는 선을 사용할 때에는 그 선의 용도를 도면 내에 주기한다.

표 5-4 선 굵기의 비율(KS A 0109)

용도에 의한 명칭	선의 종류	선의 용도	비고
외형선	굵은 실선	대상물의 보이는 부분의 모양을 표시하는 데 쓰인다.	
치수선	가는 실선	치수를 기입하기 위하여 쓰인다.	
치수보조선		치수를 기입하기 위하여 도형으로부터 끌어내는 데 쓰인다.	
지시선		기술·기호 등을 표시하기 위하여 끌어내는 데 쓰인다.	
회전단면선		도형 내에 그 부분의 끊은 곳을 90° 회전하여 표시하는 데 쓰인다.	
중심선		도형의 중심선을 간략하게 표시하는 데 쓰인다.	
수준면선 (1)		수면, 유면 등의 위치를 표시하는 데 쓰인다.	
숨은선	가는 파선 또는 굵은 파선	대상물의 보이지 않는 부분의 모양을 표시하는 데 쓰인다.	
중심선	가는 1점 쇄선	(1) 도형의 중심을 표시하는 데 쓰인다. (2) 중심이 이동한 중심궤적을 표시하는 데 쓰인다.	
기준선		특히 위치 결정의 근거가 된다는 것을 명시할 때 쓰인다.	
피치선		되풀이하는 도형의 피치를 취하는 기준을 표시하는 데 쓰인다.	
특수지정선	굵은 1점 쇄선	특수한 가공을 하는 부분 등 특별한 요구사항을 적용할 수 있는 범위를 표시하는 데 사용한다.	
가상선(2)	가는 2점 쇄선	(1) 인접부분을 참고로 표시하는 데 사용한다. (2) 공구, 지그 등의 위치를 참고로 나타내는 데 사용한다. (3) 가동부분을 이동 중의 특정한 위치 또는 이동한계의 위치로 표시하는 데 사용한다. (4) 가공 전 또는 가공 후의 모양을 표시하는 데 사용한다. (5) 되풀이하는 것을 나타내는 데 사용한다. (6) 도시된 단면의 앞쪽에 있는 무게중심선 부분을 표시하는 데 사용한다.	
무게중심선		단면의 무게 중심을 연결한 선을 표시하는 데 사용한다.	
파단선	파형의 가는 실선 또는 지그재그선	대상물의 일부를 파단한 경계 또는 일부를 떼어낸 경계를 표시하는 데 사용한다.	
절단선	가는1점쇄선으로 끝부분 및 방향이 변하는 부분을 굵게 한 것	단면도를 그리는 경우, 그 절단 위치를 대응하는 그림에 표시하는데 사용한다.	
절단선	가는 실선으로 규칙적으로 줄을 늘어놓은 것	도형의 한정된 특정 부분을 다른 부분과 구별하는 데 사용한다. 보기를 들면 단면도의 절단된 부분을 나타낸다.	
특수한 용도의 선	가는 실선	(1) 외형선 및 숨은선의 연장을 표시하는 데 사용한다. (2) 평면이란 것을 나타내는 데 사용한다. (3) 위치를 명시하는 데 사용한다.	
	아주 굵은 실선	얇은 부분의 단선 도시를 명시하는 데 사용한다.	

실기 내용

1. 도면의 영역

1) 도면한계 설정 따라하기

명령 : limits [Enter]

모형 공간 한계 재설정 :

왼쪽 아래 구석 지정 또는 [켜기(ON)/끄기(OFF)] 〈0.0000,0.0000〉 : 0,0 [Enter]

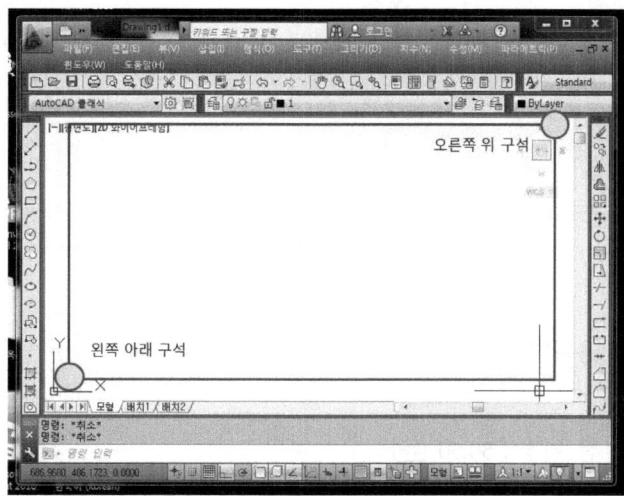

그림 5-4 도면 한계 표시 창

오른쪽 위 구석 지정 〈420.0000,297.0000〉 : 594,420 [Enter]

2) 선을 이용하여 도면 그리기

(1) 좌표계와 선을 이용하여 도면 그리기

① LINE

아이콘	명령어	단축명령어	설 명
	Line	L	직선을 작성한다.

좌표계의 종류에는 여러 가지가 있으나 CAD에서는 주로 절대 직교 좌표계, 상대 직교 좌표계, 상대 극 좌표계로 연습하여 본다.

구 분	표시 형식
절대 직교 좌표계	X,Y
상대 직교 좌표계	@X,Y
상대 극 좌표계	@거리<각도

정사각형 100×100의 크기를 절대 직교 좌표계, 상대 직교 좌표계, 상대 극 좌표계로 연습하기

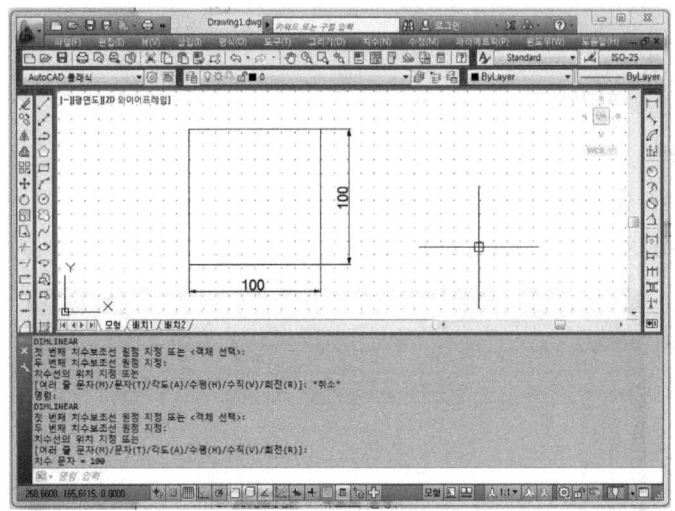

그림 5-5 정사각형 도면 창

(가) 명령행 사용하기(절대 직교 좌표계 이용)

명령 : line [Enter]

LINE 첫 번째 점 지정 : 50,50 [Enter]

다음 점 지정 또는 [명령 취소(U)] : 150,50 [Enter]

다음 점 지정 또는 [명령 취소(U)] : 150,150 [Enter]

다음 점 지정 또는 [닫기(C)/명령 취소(U)] : 50,150 [Enter]

다음 점 지정 또는 [닫기(C)/명령 취소(U)] : 50,50 [Enter]

(나) 명령행 사용하기(상대 직교 좌표계 이용)

명령 : line [Enter]

LINE 첫 번째 점 지정 : 50,50 [Enter]

다음 점 지정 또는 [명령 취소(U)] : @100,0 [Enter]

다음 점 지정 또는 [명령 취소(U)] : @0,100 [Enter]

다음 점 지정 또는 [닫기(C)/명령 취소(U)] : @-100,0 [Enter]

다음 점 지정 또는 [닫기(C)/명령 취소(U)] : @0,-100 [Enter]

다음 점 지정 또는 [닫기(C)/명령 취소(U)] : *취소*

따라하기 실행결과(상대 직교 좌표계 이용)

(다) 명령행 사용하기(상대 극 좌표계 이용)

명령 : line [Enter]

LINE 첫 번째 점 지정 : 50,50 [Enter]

다음 점 지정 또는 [명령 취소(U)] : @100<0 [Enter]

다음 점 지정 또는 [명령 취소(U)] : @100<90 [Enter]

다음 점 지정 또는 [닫기(C)/명령 취소(U)] : @100<180 [Enter]

다음 점 지정 또는 [닫기(C)/명령 취소(U)] : @100<-90 [Enter]

다음 점 지정 또는 [닫기(C)/명령 취소(U)] : *취소*

따라하기 실행결과(상대 극 좌표계 이용)

② AutoCAD의 좌표계

(가) 각도계

AutoCAD에서 좌표와 각도는 도면 작업 시 가장 중요한 것이며 정확한 도면작업을 위해서는 필수조건이기도 하다.

〈각도의 특징〉

각도는 0도를 기준으로 하여 시계 반대방향으로 회전하고 있다.

시계방향으로 설정할 경우에는 각도에 마이너스(-)를 지정하여 사용한다.

직교좌표계는 원점(0,0)을 기준으로 오른쪽 방향을 X+ 방향이라 하고 원점(0,0)을 기준으로 왼쪽 방향을 X- 방향이라 한다.

원점(0,0)을 기준으로 위쪽 방향을 Y+ 방향이라 하고 원점(0,0)을 기준으로 아래 방향을 Y- 방향이라 한다.

회전방향은 반시계 방향(CCW : counter clock wise)을 + 방향이라고 하고 시계방향(CW : clock wise)이라고 한다.

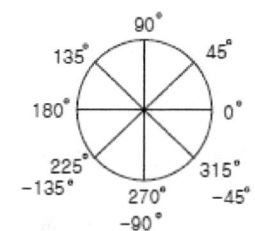

그림 5-6 CAD의 각도 방향

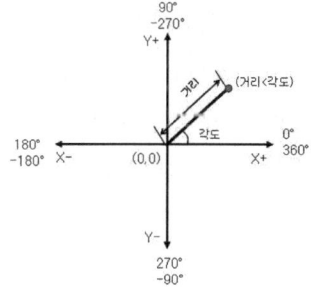

그림 5-7 극 좌표계 표시방법

(2) REGEN 또는 RE(단축명령) : 화면 다시 그리기

전체도면을 재생성하고 모든 요소의 화면 좌표와 뷰(view) 해상도(Resolution)를 다시 계산한다.

메뉴 : View / Regen

Command : Regen [Enter]

Command : REGEN [Enter]

Regenerating model

(3) U(UN DO)

명령 : 이전 실행 명령의 취소

U 명령은 최후에 내려진 명령을 역순으로 취소하는 명령이다.

Command : U [Enter]

(4) REDO

명령 : 취소 작업의 복구

U 명령으로 취소된 요소 1회 복구하는 명령이다.

Command : REDO [Enter]

(5) Zoom(줌)명령

화면을 확대하고 축소하는 명령으로 여러 객체가 있을 때 확대하거나 축소하여 화면을 볼 때 사용한다.

아이콘	명령어	단축명령어	설 명
	ZOOM	Z	화면을 확대나 축소를 한다.

명령행 사용하기

명령 : zoom

윈도우 구석을 지정, 축척 비율(nX 또는 nXP)을 입력, 또는

[전체(A)/중심(C)/동적(D)/범위(E)/이전(P)/축척(S)/윈도우(W)/객체(O)] 〈실시간〉 :

반대 구석 지정 :

(6) pan(초점이동) 명령

두 점의 거리와 방향을 지정하여 뷰를 이동한다.

아이콘	명령어	단축명령어	설 명
	PAN	없음	뷰 방향이나 배율을 변경하지 않고 뷰를 이동한다.

마우스로 기준점을 클릭한 후 손바닥으로 이동시킨다. 명령을 종료시키려면 ESC키 또는 ENTER를 입력하거나 마우스 우측버튼을 클릭하여 종료를 클릭한다.

(7) 객체스냅(OSNAP)

객체의 특정 지점을 정확히 찾도록 표시한다.

아이콘	단축키	F3, Ctrl + F
		Shift, Ctrl + 오른쪽 마우스 선택
	상태막대	객체스냅 > 오른쪽마우스 > 설정 선택
	설명	Object Snap의 줄인 말이다. Object는 객체, Snap은 재빨리 '잡아채다', '낚아채다'란 뜻이 있다. 말 그대로 어떤 객체의 특정부분을 잡아내는 역할을 한다.

명령행(Command) 사용하기

명령 : Osnap

Osnap을 실행하면 다음과 같은 대화상자가 나오는데 끝점, 중간점, 중심점, 사분점, 교차점에 체크하고 나머지는 체크하지 않으며 필요에 따라 적절히 선택하여 사용한다.

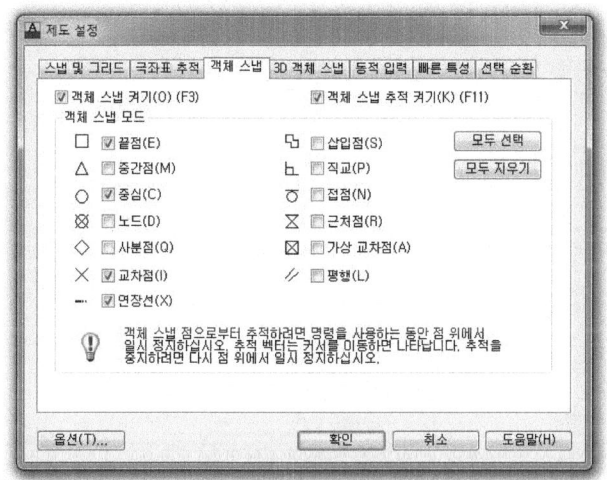

그림 5-8 OSNAP 의 종류

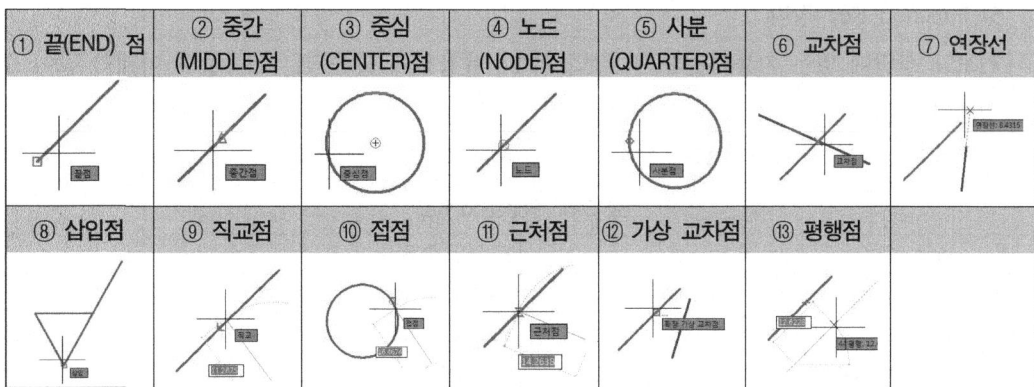

3) SELECT : 도면 요소 선택

"Select objects : "에서 요소를 선택할 때 내리는 기능이다.

Command : SELECT [Enter]

Select objects : ? [Enter] ⇨ 옵션 목록 표시

Window/Last/Crossing/BOX/ALL/Fence/WPolygon/CPolygon/Group/
Add/Remove/Multiple/Previous/Undo/AUto/Single/SUbobject/Object

Select objects : ⇨ 도면 요소 또는 옵션 선택

4) DDSELECT

요소 선택 모드를 설정한다.

메뉴 : Tools / Options / Selection

Command : DDSELECT [Enter]

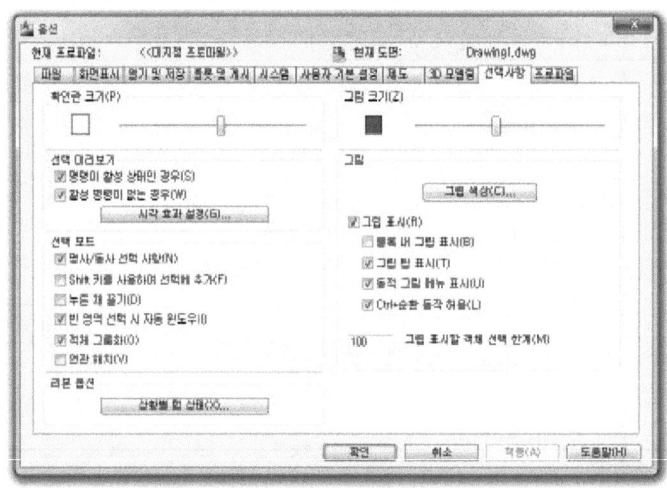

그림 5-9 DDSELECT

5) Function Key 정리

키보드 상단에 있는 기능키는 도면 작업 할 때 유용하게 활용되는 기능들로 아래와 같이 구성되어 있다.

표 5-5 Function Key

F1	'_help KEY	도움말 항목
F2	Graphic / text mode Toggle KEY	도면영역 / 텍스트 영역 전환
F3	Osnap on / off Toggle KEY	요소의 속성 점 선택 기능 켜기 / 끄기
F4	Tablet on / off Toggle KEY	테블렛 메뉴 설정 기능 켜기 / 끄기
F5	Isoplane Left / Top / Right Toggle KEY	등각모드(좌측 / 위 / 오른쪽) 전환

F6	Coords on / off(0,1,2) Toggle KEY	좌표 표시(끄기 / 절대좌표 / 극좌표) 전환
F7	Grid on / off Toggle KEY	격자점 사용 가시 / 비가시
F8	Ortho on / off Toggle KEY	직교모드 사용 켜기 / 끄기
F9	Snap on / off Toggle KEY	십자선 이동 켜기 / 끄기
F10	Polar on / off Toggle KEY	극점 추적 기능 켜기 / 끄기
F11	Object Snap Tracking on / off Toggle KEY	요소의 속성점 표시 (+) 점 추적기능 가시 / 비가시

6) 상태 바

화면 구성 하단에 있는 내용들로 마우스로 클릭하면 위와 같은 기능이 실행된다.

그림 5-10 상태 바 환경

7) SNAP : 스냅의 설정

그래픽 커서를 스냅(가상의 격자)의 위치로만 움직이게끔 제어하는 명령이다.
특히 스냅 기능의 on/off는 단축키 〈F9〉키를 이용해도 된다.

Command : SNAP [Enter]

Specify snap spacing or [ON/OFF/Aspect/Rotate/Style/Type] 〈10.0000〉: 10

8) GRID : 격자의 표시 및 설정

도면 영역 내에 일정 간격의 격자(grid)를 표시하거나 표시를 취소하는 명령이다.
격자의 on/off는 단축키 〈F7〉키를 이용해도 된다.

Command : GRID [Enter]

Specify grid spacing(X) or [ON/OFF/Snap/Aspect] 〈10.0000〉: 10

9) DSETTINGS : 대화상자를 이용한 격자, 스냅 설정

Snap, Grid 등의 도면 작성 보조 기능을 조정한다.

메뉴 : Tools / Drafting Setting

Command : DSETTINGS [Enter]

10) OSNAP 또는 OS(단축명령) : 도면 요소 스냅 설정
미리 요소들의 속성 점을 설정하기 위한 명령이다.
메뉴 : Tools / Options / Drafting Settings
Command : OSNAP [Enter]

11) OSNAP 또는 OS(단축명령) 후 OPTIONS 선택
요소의 속성점 찾기 기능을 미리 설정하고 표적 상자 크기를 변경한다.
메뉴 : Tools / Options / Drafting
Command : OSNAP [Enter]
options 선택
Comnmnd : OSNAP
options... 를 선택한다.

12) DDGRIPS 또는 GR(단축명령)
그립(Grip)을 작동 가능으로 만들고 그 색상과 크기를 조정하는 명령이다.
메뉴 : Tools / Options / Selection
Command : DDGRIPS [Enter]

13) GRID : 격자의 표시 및 설정
도면 영역 내에 일정 간격의 격자(grid)를 표시하거나 표시를 취소하는 명령이다.
격자의 on/off는 단축키 〈F7〉키를 이용해도 된다.

Command : GRID [Enter]

14) DSETTINGS : 대화상자를 이용한 격자, 스냅 설정
Snap, Grid 등의 도면 작성 보조 기능을 조정한다.
메뉴 : Tools / Drafting Setting
Command : DSETTINGS [Enter]

15) OSNAP 또는 OS(단축명령) : 도면 요소 스냅 설정
미리 요소들의 속성 점을 설정하기 위한 명령이다.
메뉴 : Tools / Options / Drafing Settings

Command : OSNAP [Enter]

16) OSNAP 또는 OS(단축명령) 후 OPTIONS 선택
요소의 속성점 찾기 기능을 미리 설정하고 표적 상자 크기를 변경한다.

메뉴 : Tools / Options / Drafting

Command : OSNAP [Enter]

options 선택

Commnmd : OSNAP

options... 를 선택한다.

17) DDGRIPS 또는 GR(단축명령)
그립(Grip)을 작동 가능으로 만들고 그 색상과 크기를 조정하는 명령이다.

메뉴 : Tools / Options / Selection

Command : DDGRIPS [Enter]

Command : DDGRIPS

단원 핵심 학습 문제

01 다음 중 모양에 따른 선의 종류가 아닌 것은?
① 실선(continuous line)
② 파선(dashed line)
③ 1점 쇄선(chain line)
④ 파단선
해설 : ④ 모양에 따른 선의 종류
실선(continuous line), 파선(dashed line), 1점 쇄선(chain line), 2점 쇄선(chain double-dashed line)

02 CAD에서 좌표계의 종류를 쓰시오.
해설 : 절대 직교 좌표계, 상대 직교 좌표계, 상대 극 좌표계

03 대화상자에서 끝점, 중간점, 중심점, 사분점, 교차점에 체크하고 나머지는 체크하지 않으며 필요에 따라 적절히 선택하여 사용하는 Command는?
해설 : Osnap

04 대상물의 보이지 않는 부분의 모양을 표시하는 데 쓰이는 선은?
해설 : 대상물의 보이지 않는 부분의 모양을 표시하는 데 쓰인다.

05 도면 영역 내에 일정 간격의 격자(grid)를 표시하거나 표시를 취소하는 명령은?
해설 : GRID

06 뷰 방향이나 배율을 변경하지 않고 뷰를 이동하는 명령어는?
해설 : PAN

07 CAD의 장단점을 쓰시오.
해설 : ① 도면의 기본 요소(점, 선, 원)의 정확한 작도가 가능
② 도면 요소의 편집, 수정이 용이하다.
③ 복잡한 형상의 입체적 표현 등이 가능
④ 정확하고 신속한 계산
⑤ 도면관리가 용이
⑥ 제도시간 단축으로 인한 생산성 및 품질이 향상

08 대화상자를 이용한 격자, 스냅 설정 등의 도면 작성 보조 기능을 조정하는 명령어는?
해설 : DSETTINGS

09 화면을 확대하고 축소하는 명령으로 여러 객체가 있을 때 확대하거나 축소하여 화면을 볼 때 사용하는 명령어는?

해설 : Zoom

10 다음 국제 및 국가별 표준 규격을 쓰시오.

국제 표준화 기구 : (　　), 한국 산업 규격 : (　　), 영국 규격 : (　　), 독일 규격 : (　　)
미국 규격 : (　　), 스위스 규격 : (　　), 프랑스 규격 : (　　), 일본 공업 규격 : (　　)

해설 : 국제 표준화 기구 - ISO, 한국 산업 규격 - KS, 영국 규격 - BS, 독일 규격 - DIN
　　　미국 규격 - ANSI, 스위스 규격 - SNV, 프랑스 규격 - NF, 일본 공업 규격 - JIS

11 가는 1점 쇄선을 사용하는 선의 종류를 쓰시오.

해설 : 중심선, 기준선, 피치선

12 가상선이나 무게중심선이 사용되는 선의 종류는?

해설 : 가는 2점 쇄선

13 좌표계의 종류에 따른 표시 형식을 쓰시오.

해설 : 절대 직교 좌표계 - X,Y (50,50)
　　　상대 직교 좌표계 - @X,Y (@100,20)
　　　상대 극 좌표계 - @거리＜각도 (@100＜90)

14 화면 다시 그리기의 명령어는?

해설 : REGEN 또는 RE(단축명령)

15 이전 실행 명령의 취소의 명령어는?

해설 : U

16 그립(Grip)을 작동 가능으로 만들고 그 색상과 크기를 조정하는 명령어는?

해설 : DDGRIPS 또는 GR

17 그래픽 커서를 스냅(가상의 격자)의 위치로만 움직이게끔 제어하는 명령어는?

해설 : SNAP

5-2 2D도면 작업하기

1. 도면 특성을 알고 분류하여 문자 및 치수기입

1) 도면의 개요

(1) 도면의 분류

① 용도에 따른 분류

　(가) 계획도(scheme drawing)

　　설계자의 설계의도와 계획을 나타낸 도면으로 기본 설계도와 실시 설계도가 있다.

　(나) 제작도(manufacture drawing, production drawing)

　　제작에 필요한 모든 정보를 전달하기 위한 도면으로 공정도, 시공도, 상세도가 있다.

　　㉠ 공정도(process drawing) : 제조 공정의 도중 상태, 또는 일련의 공정 전체를 나타낸 제작도로 공작 공정도, 검사도, 설치도가 포함된다.

　　㉡ 시공도(working diagram) : 현장시공을 대상으로 해서 그린 제작도이다(건축 부문).

　　㉢ 상세도(detail drawing) : 건조물이나 구성재의 일부에 대해서 그 형태·구조 또는 조립·결합의 상세함을 나타낸 제작도로서 일반적으로 큰 척도로 그린다(건축 부문).

　(다) 주문도(drawing for order)

　　주문하는 사람이 주문하는 물건의 크기, 형태, 정밀도, 정보 등의 주문 내용을 나타낸 도면으로 주문서에 첨부한다.

　(라) 견적도(drawing for estimate, estimation drawing)

　　견적 의뢰를 받은 사람이 의뢰받은 물건의 견적 내용을 나타낸 도면으로 견적서에 첨부한다.

　(마) 승인용 도면(drawing for approval)

　　주문자 또는 기타 관계자의 승인을 얻기 위한 도면이다.

　(바) 승인도(approved drawing)

　　주문자 또는 기타 관계자의 승인을 얻은 도면이다.

　(사) 설명도(explanation drawing)

　　사용자에게 물품의 구조·기능·성능 등을 설명하기 위한 도면으로 주로 카탈로그(catalogue)에 사용한다.

② 내용에 따른 분류
　(가) 부품도(part drawing)
　　부품에 대하여 최종 완성상태에서 구비해야 할 사항을 완전하게 나타내기 위하여 필요한 모든 정보를 기록한 도면이다.
　(나) 조립도(assembly drawing)
　　2개 이상의 부품 또는 부분 조립품을 조립한 상태에서 그 상호 관계와 조립에 필요한 치수 및 정보 등을 나타낸 도면으로 도면 내에 부품란을 포함하는 것과 별도의 부품표를 갖는 것이 있다.
　(다) 기초도(foundation drawing)
　　기계나 구조물을 설치하기 위한 기초를 나타낸 도면이다.
　(라) 배치도(layout drawing)
　　지역 내의 건물 위치나 공장 내부에 기계 등의 설치 위치의 상세한 정보를 나타낸 도면이다.
　(마) 배근도(bar arrangement drawing, bar scheduling)
　　철근의 치수와 배치를 나타낸 도면이다(건축, 토목 부문).

(2) 도면 작성 방법

① 투상법
어떤 물체에 광선을 비추어 하나의 평면에 맺히는 형태, 즉 형상, 크기, 위치 등을 일정한 법칙에 따라 표시하는 도법을 투상법(projection)이라 한다. 이때 광선을 나타내는 선을 투사선(projection line), 그림이 맺혀진 평면을 투상면(plane of projection), 그려진 그림을 투상도(projection drawing)라 한다.

② 투상도의 종류
　(가) 정 투상도(orthographic projection drawing)
　　투사선이 평행하게 물체를 지나 투상면에 수직으로 닿고 투상된 물체가 투상면에 나란하기 때문에 어떤 물체의 형상도 정확하게 표현할 수 있다. 이러한 투상법을 정 투상법이라 하며 이때 그려진 도면을 정 투상도라 한다.
　(나) 등각 투상도(isometric projection drawing)
　　[그림 5-12(a)]와 같이 정면, 평면, 측면을 하나의 투상면 위에 동시에 볼 수 있도록 두 개의 옆면 모서리가 수평선과 30°가 되게 하여 그림 (b)와 같이 세 축이 120°의 등각이 되도록 입체도로 투상한 것을 등각 투상도라고 한다.

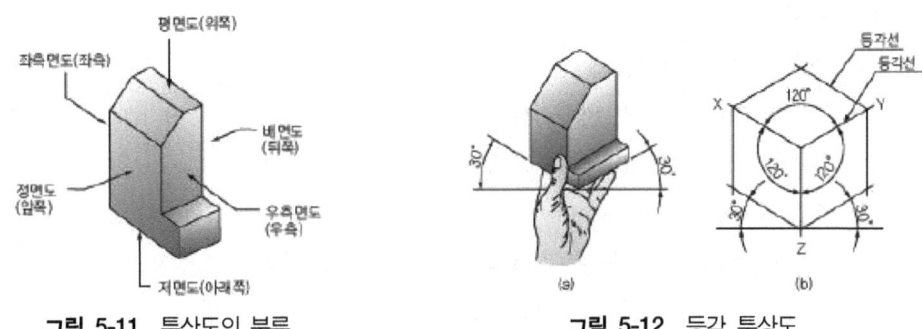

그림 5-11 투상도의 분류   그림 5-12 등각 투상도

(다) 사투상도(oblique projection drawing)

그림 (a)와 같이 투상선이 투상면을 사선으로 평행하도록 무한대의 수평 시선으로 얻은 물체의 윤곽을 그리게 되면, 그림 (b)와 같이 육면체의 세 모서리는 경사 축이 α각을 이루는 입체도가 되며, 이를 그린 그림을 사투상도라고 한다.

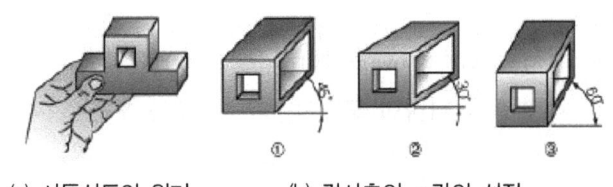

(a) 사투상도의 원리   (b) 경사축의 α각의 선정

그림 5-13 상태 바 환경

(라) 투시도법(perspective projection)

원근감을 갖게 하기 위해 시점과 물체를 방사선으로 표시하는 방법으로 주로 건축 및 토목 조감도 등에 널리 쓰인다.

(3) 제1각법과 제3각법

① 제1각법의 원리

제1각의 직육면체 공간을 [그림 5-14(a)]와 같은 원리로 분리하여, (b)와 같이 분리된 제1

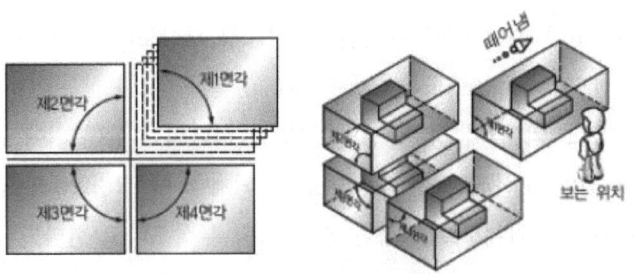

(a) 제1면각의 분리되는 모습   (b) 제1면각 안의 물체 투상 모습

그림 5-14 제1각법의 원리

1면각 공간 안에 물체를 각각의 면에 수직인 상태로 중앙에 놓고 '보는 위치'에서 물체 뒷면의 투상면에 비춰지도록 하여 처음 본 것을 정면도라 하고, 각 방향으로 돌아가며 비춰진 투상도를 얻는 원리를 제1각법이라 한다.

② 제3각법의 원리

제3각의 직육면체 공간을 그림 (a)와 같은 원리로 분리하여, 그림 (b)와 같이 분리된 제3면각 공간 안에 물체를 각각의 면에 수직인 상태로 중앙에 놓고 '보는 위치'에서 물체 앞면의 투상면에 반사되도록 하여 처음 본 것을 정면도라 하고, 각 방향으로 돌아가며 보아서 반사되도록 하여 투상도를 얻는 원리를 제3각법이라 한다.

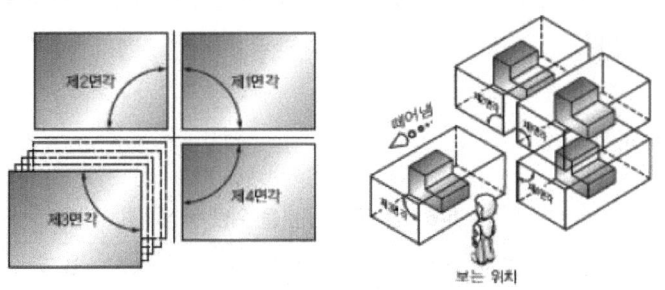

(a) 제3면각의 분리되는 모습   (b) 제3면각 안의 물체 투상 모습

그림 5-15 제3각법의 원리

③ 제1각법과 제3각법의 각법을 표시하는 기호

도면의 제도에 사용된 각법의 표시는 '제1각법' 또는 '제3각법'의 문자 기호로 표제란에 기입하거나, 한국 산업 표준(KS)과 국제 표준(ISO)으로 각법 기호표시를 그림과 같이 표제란의 각법란 또는 표제란의 가까운 곳에 표시한다.

(a) 제1각법의 그림 기호   (b) 제3각법의 그림 기호

그림 5-16 각법을 표시하는 기호

실기 내용

1. 도면 작성

1) 도면층 설정하기

도면층에 객체의 표시여부를 조정하고, 색상과 선 종류 등의 특성을 설정하고 관리한다.

① LAYER(도면층 특성) 명령

도면층 특성을 수정, 편집 및 관리한다.

아이콘	명령어	단축명령어	설 명
	LAYER	LA	도면층을 생성한다.

도면을 여러 층을 나누어 작업하는 것으로 필요에 따라 보이지 않게 하거나 보이지만 편집이 되지 않게 하거나, 출력이 되지 않게 하거나 하는데 사용되며 layer를 적절히 활용하면 도면작업이 쉬워진다.

② 도면층의 대화창

표 5-6 선 굵기 구분을 위한 색상

선의 굵기	색 상	용 도
0.7 mm	하늘색(Cyan)	윤곽선
0.5 mm	초록색(Green)	외형선, 개별주서 등등
0.35 mm	노란색(Yellow)	숨은선, 치수문자, 일반주서
0.25 mm	흰색(White), 빨강색(red)	해칭, 중심선, 치수선, 치수보조선 등등

③ LAYER의 기본 설정 예

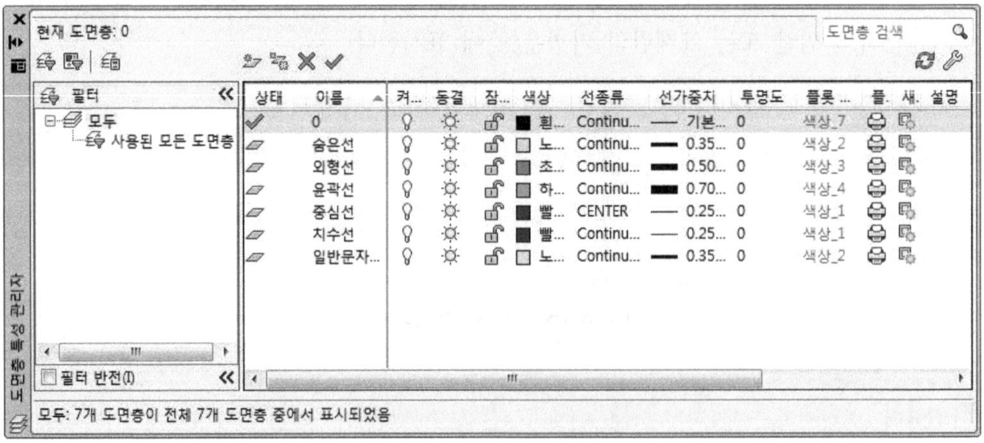

그림 5-17 레이어 기본 설정

색상은 1번부터 7번까지의 색을 사용하고 있다. 256가지의 색을 사용할 수 있지만 8번이 넘어가면 색과 색 사이의 구분이 명확하게 구분을 할 수 없다.

선두께는 제도 기본에서 정한 것처럼 0.25mm : 0.5mm : 1mm로 사용하나 프린터 사정에 따라 눈에 보기 좋게 0.15mm : 0.4mm : 0.6mm로 해도 된다.

2. 도면 그리기

1) 구성선(XLINE)

구성선 그리기 명령은 수직, 수평 또는 경사방향의 무한대의 선을 그리는데 사용한다. 주로 단일 투상이 아닌 정면도를 기준으로 측면도, 평면도 등을 작업할 때 보조 및 작도용으로 쓰이는 명령이다.

메뉴 : 그리기 / 구성선

명령 : Xline (단축키 : XL)

점을 지정 또는 [수평(H)/수직(V)/각도(A)/이등분(B)/간격띄우기(O)] :

2) PLINE 또는 PL(단축명령) : 직선의 폴리라인 그리기

직선과 호의 연결 도형인 폴리라인을 그리는 명령이다. 이 명령을 이용하면 직선이나 호의 끝점에 이어 다른 직선이나 호를 연속해서 그릴 수 있으며, 선 굵기도 달리하여 그릴 수 있다.

그림 5-18 P 라인의 형태

그림 5-19 P 라인의 아이콘

메뉴 : Draw / Polyline

Command : PLINE

Specify start point : ⇨ 폴리라인의 시작점 지점

Specify next point or [Arc/Halfwidth/Length/Undo/Width] ⇨ 다음 점 또는 옵션 선택

3) PEDIT 또는 PE(단축명령) : 폴리라인의 수정

P line으로 불규칙하게 그려진 선을 Pedit명령을 이용하여 Spline화 시키는 방법이다.

Command : PEDIT [Enter]

Select polyline or [Multiple] : ⇨ 편집할 폴리라인 선택

Enter an option [Open/Join/Width/Edit vertex/Fit/Spline/Decurve/Ltype gen/Undo] :

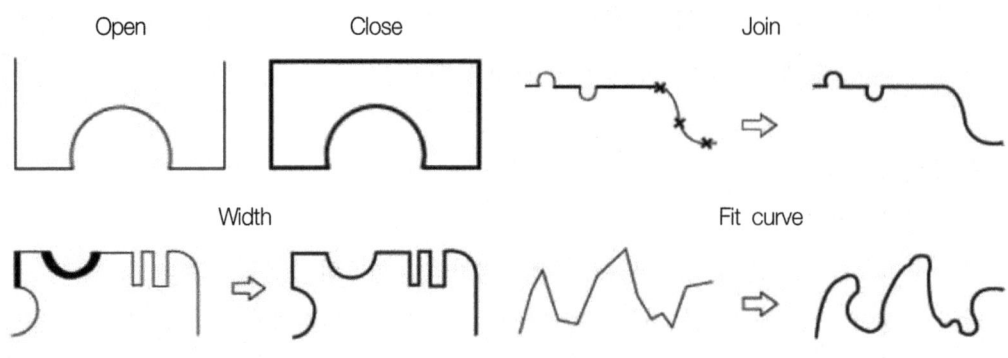

그림 5-20 폴리라인의 형태

4) POLYGON 또는 POL(단축명령) : 정다각형 그리기

폴리라인의 정다각형을 그리는 요소 명령이다. 정다각형은 3각형부터 1,024각형까지이다.

그림 5-21 폴리곤의 아이콘

메뉴 : Draw / Polygon
Command : Polygon [Enter]

한 변의 길이로 정 다각형 정의

Command : POLYGON [Enter]
Enter number of sides ⟨4⟩ : ⇨ 3과 1024 사이의 값을 입력
Specify center of polygon or [Edge] : ⇨ Edge 옵션 선택
Specify first endpoint of edge : ⇨ 첫 점
Specify second endpoint of edge : ⇨ 두 번째 점(자동 좌표로 사용)

원의 내접(I) / 외접(C)하여 정 다각형 정의

Command : POLYGON [Enter]
Enter number of sides ⟨4⟩ : ⇨ 3과 1024 사이의 값을 입력
Specify center of polygon or [Edge] : ⇨ 원의 중심점을 입력
Enter an option [Inscribed in circle/Circumscribed about circle] ⟨I⟩ :
⇨ 원의 내접한(I) / 원의 외접한(C)
Specify radius of circle : ⇨ 원의 반경

한 변으로 그리기　　　　원에 내접한 다각형　　　　원에 외접한 다각형

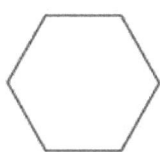  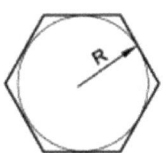

그림 5-22 정다각형의 그림

5) RECTANG 또는 REC(단축명령) : 사각형 그리기

지정한 두 점을 마주보는 꼭지점으로 하는 사각형을 그리는 명령이다. 이때 그려진 사각형은 LINE 명령으로 그린 사각형과 달리 하나의 도면요소로 구성된 폴리라인(polyline)이다.

그림 5-23 직사각형의 아이콘

메뉴 : Draw / Rectangle

Command : RECTANG Enter

Specify first corner point or [Chamfer/Elevation/Fillet/Thickness/Width] : ⇨ 옵션 선택
첫 번째 모서리 점 또는 [모따기/z축의 높이/라운드/면두께/선두께]
Specify other corner point or [Area/Dimensions/Rotation] : ⇨ 두 번째 모서리 점

6) ARC 또는 A(단축명령) : 호 그리기

호를 그리는 요소 명령이다.

그림 5-24 호의 아이콘

메뉴 : Draw / Arc

Command : Arc Enter

(1) 호(ARC)의 일반 사항

① 호(ARC)는 세 점 정의로 그린다.
② 호(ARC)는 반시계방향으로 정의되기 때문에 시작점 위치를 알맞게 선택해야 한다.
③ 일반적인 호(ARC)는 원(CIRCLE)을 편집해서 그리는 것이 편리하다.
④ 호(ARC) 작도 기능에서 S(시작점)/E(끝점)/A(각도)를 기억해서 사용하면 편리하다.
　　A(Angle), L(Length), R(Radius)

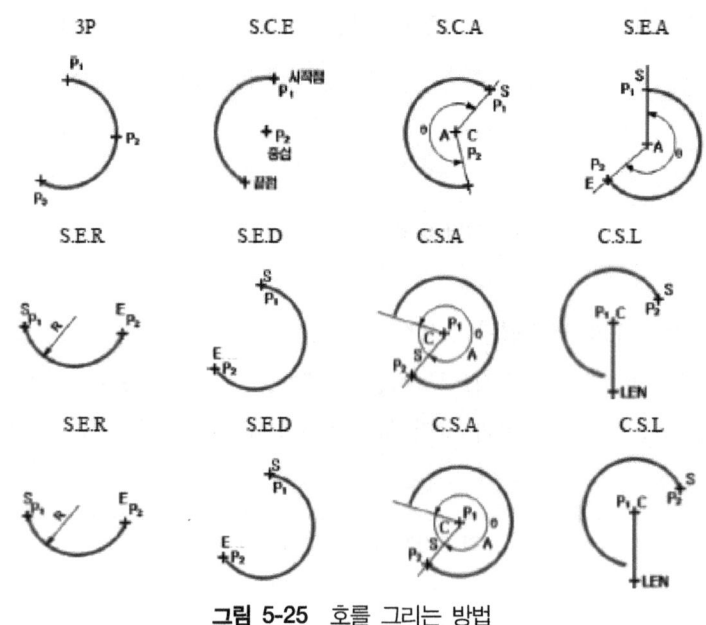

그림 5-25 호를 그리는 방법

7) CIRCLE 또는 C(단축명령) : 원 그리기

그림 5-26 원를 그리는 아이콘

메뉴 : Draw / Circle

Command : Circle [Enter]

Specify center point for circe or [3P/2P/Ttr (tan tan radius)] :

⇨ 중심점이나 선택사항을 입력한다.

(1) Center point : 중심점(Center point)과 반지름(Radius) 또는 지름(Diameter)에 기초하여 원을 그린다.
(2) 3P : 원주(Circumference)위의 세 점을 기초하여 원을 그린다.
(3) 2P : 지름의 양 끝점에 기초하여 원을 그린다.
(4) TTR(Tangent Tangent Radius) : 지정된 반지름을 가지고 두 요소에 접하는 원을 그린다.

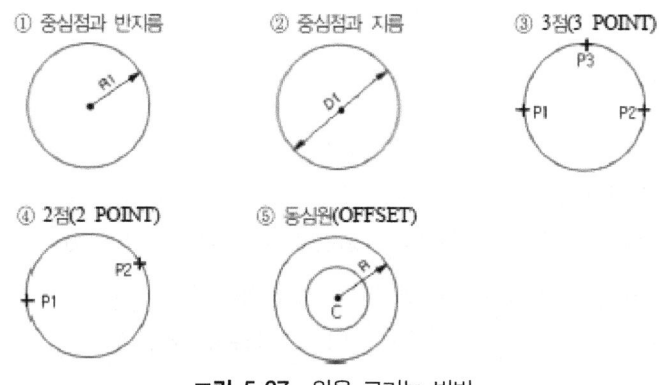

그림 5-27 원을 그리는 방법

8) SPLINE 또는 SPL(단축명령) : 스플라인 곡선 그리기

스플라인 곡선을 그리는 명령이다. 또한 이 명령은 PEDIT 명령의 Spline 옵션으로 곡선화한 폴리라인을 스플라인 곡선으로 변경할 수도 있다.

그림 5-28 스플라인 아이콘

메뉴 : Draw / Spline
Command : SPLINE [Enter]
Specify first point or [Object] : ⇨ 스플라인의 시작점 지정
Specify next point : ⇨ 스플라인의 다음 점 지정

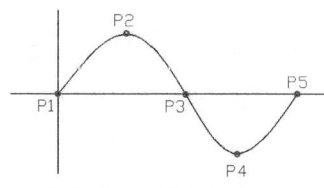

그림 5-29 스플라인 완성 그림

9) ELLIPSE 또는 EL(단축명령) : 타원 그리기

타원이나 타원 모양의 호를 그리는 명령이다. 타원을 그리는 방법은 장축과 단축의 양 끝점 (Axis distance, 중심점부터 축의 한쪽 끝점까지의 거리), 편심각(Rotation) 등이 이용된다.

그림 5-30 타원형 아이콘

메뉴 : Draw / Ellipse
Command : ELLIPSE [Enter]

장축의 직경과 단축의 반경으로 타원 그리기
Command : ELLIPSE [Enter]
Specify axis endpoint of ellipse or [Arc/Center] : ⇨ 장축의 직경 첫 점
Specify other endpoint of axis : ⇨ 직경 두 번째 점
Specify distance to other axis or [Rotation] : ⇨ 단축의 반경 점

10) POINT 또는 PO(단축명령) : 점 그리기
도면 내의 특정 위치에 점을 그릴 때 사용한다. 그릴 점의 형태와 크기는 미리 지정되어 있어야 한다.

그림 5-31 점 아이콘

메뉴 : Draw / Point
Command : POINT [Enter]

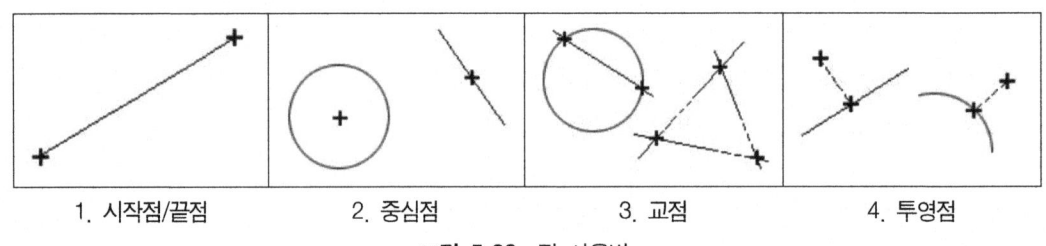

1. 시작점/끝점   2. 중심점   3. 교점   4. 투영점

그림 5-32 점 사용법

Command : POINT [Enter]
Current point modes : PDMODE=0 PDSIZE=0.0000 ⇨ 현재 설정된 점의 유형 표시
Specify a point : ⇨ 점의 위치 지정

11) BHATCH 또는 BH(단축명령)
대화상자를 통해 HATCH 명령에 비해 쉽게 해치할 수 있다.

그림 5-33 해치 아이콘

메뉴 : Draw / Bhatch

Command : BHATCH [Enter]

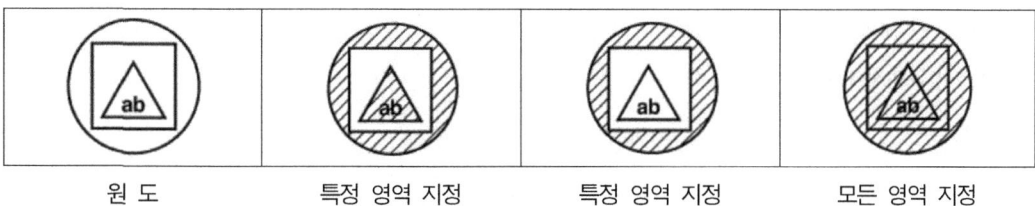

| 원 도 | 특정 영역 지정 | 특정 영역 지정 | 모든 영역 지정 |

그림 5-34 해치 영역

12) **MTEXT 또는 MT(단축명령)** : 문서 편집기를 이용한 문자 입력

AutoCAD 문서 편집기(text editor)를 이용하여 문자를 입력한다. 이 명령은 여러 문장으로 이루어진 문자열을 입력할 때 사용하면 편리하다.

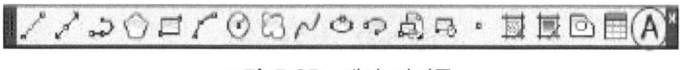

그림 5-35 해치 아이콘

메뉴 : Draw / Text / Multiline Text

Command : MTEXT [Enter]

Specify corner ; ⇨ 문자 입력 위치 지정

Specify opposite or [Height/Justify/Line spacing/Rotation/Style/Width/Columns]

그림 5-36 Text 의 입력 대화창

※특수 문자 : %%p : ± , %%d : ° , %%c : ∅

3. 치수의 개요

1) 치수 기입하기

부품의 형상에 대한 그리기 작업이 완성되면, 작도된 형상의 크기를 정의하기 위해서 치수들을 기입해야 한다. 치수는 도면을 보는 사람에게 설계자의 의도를 정확히 전달하는 수단이므로 분명하게 기입하여야 하겠지만 중복해서 기입되지 않도록 한다.

2) 치수의 구성

(1) 치수선(Dimension line)

(2) 치수 보조선(Extension line)

(3) 치수문자(Dimension text)

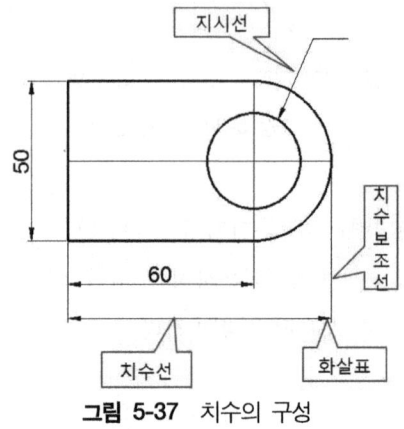

그림 5-37 치수의 구성

3) 치수 기입의 종류

치수를 기입할 때 기입할 형상에 따라 다섯 가지로 구분한다.

(1) 선형 치수(Linear)

(2) 원형 치수[지름(Circle), 반지름(Radial)]

(3) 각도 치수(Angular)

(4) 세로좌표 치수(Ordinate)

(5) 호 길이 치수(Arc length)

(6) 지시선 치수(Leader)

4) 치수기입의 원칙

(1) 치수선과 치수보조선은 가는 실선으로 한다.

(2) 치수선 끝은 원칙적으로 1~3mm 크기의 화살표를 붙인다.

(3) 치수 보조선은 치수선을 지나 2~3mm 정도 더 긋는다.

(4) 치수보조선은 외형선으로 부터 0.3~1.0mm 정도 띄운다. 단, 치수보조선을 중심선으로 부터 끌어낼 때에는 띄우지 않는다.

(5) 치수문자의 크기는 2.5~7.5mm의 종류가 있지만 주로 3.15의 크기를 사용한다.

(6) 치수문자와 치수선의 간격은 0.3~1.0mm 정도 띄운다.

(7) 치수선과 치수선의 간격은 7~10mm 정도로 일정하게 한다.

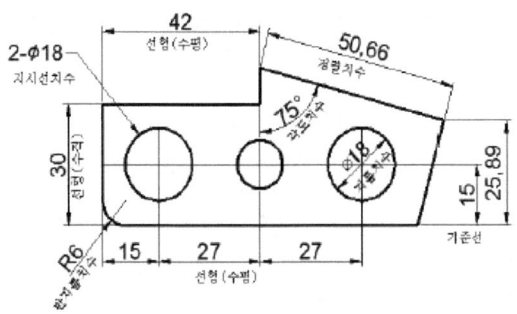

그림 5-38 치수 기입 방법

5) 치수 보조기호

정면도 하나만으로 부품을 표현할 수 있을 경우에 나머지 투상도를 그리지 않는다. 즉 일면도 또는 이면도로 대상체를 도시할 때 다음 모양 기호를 사용한다.

표 5-7 치수 보조기호

구 분	기 호	읽 기	사 용 법
지름	∅	파이	지름 치수의 치수 수치 앞에 붙인다.
반지름	R	알	반지름 치수의 치수 수치 앞에 붙인다.
구역 지름	S∅	에스 파이	파이 구의 지름 치수의 치수 수치 앞에 붙인다.
구의 반지름	SR	에스 알	구의 반지름 치수의 치수 수치 앞에 붙인다.
정사각형의 변	□	사각	정사각형의 한 변 치수의 치수 수치 앞에 붙인다.
판의 두께	t	티	판 두께의 치수 수치 앞에 붙인다.
원호의 길이	⌒	원호	원호의 길이 치수의 치수 수치 위에 붙인다.
45°의 모따기	C	시	45° 모따기 치수의 치수 수치 앞에 붙인다.
이론적으로 정확한 치수	▭	테두리	이론적으로 정확한 치수의 치수 수치를 둘러싼다.
참고 치수	( )	괄호	참고 치수의 치수 수치(치수 보조 기호를 포함한다)를 둘러싼다.

6) DIM STYLE(치수 스타일)

아이콘	명령어	단축명령어	설 명
	Dim style	d	치수의 스타일을 정의 해주는 명령어이다.

명령행 사용하기

명령 : dimstyle [Enter]

미리보기 화면을 잘 관찰하면서 세팅값을 조정하면 쉽게 이해할 수 있다.

수정(M)을 클릭하여 여러 가지 옵션을 조정한다.

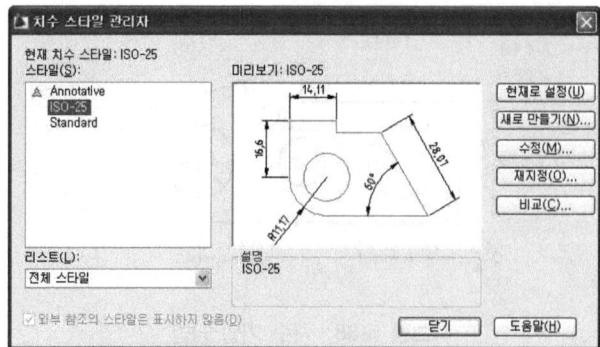

그림 5-39 DIM STYLE

(1) 치수선(Line)

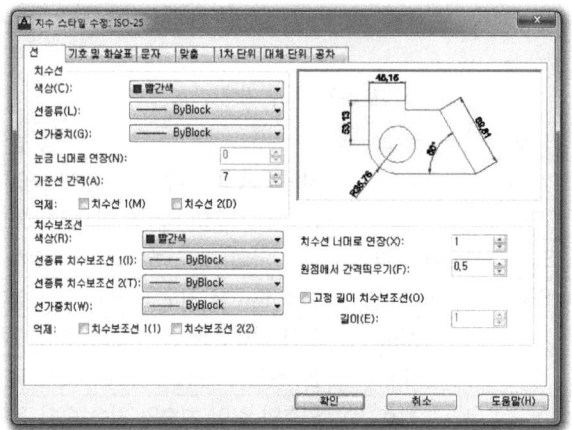

그림 5-40 치수선 대화창

(2) 기호 및 화살표

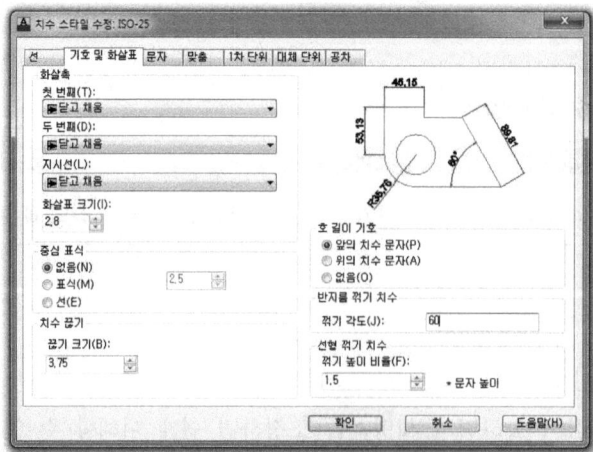

그림 5-41 치수선 대화창

(3) 문자

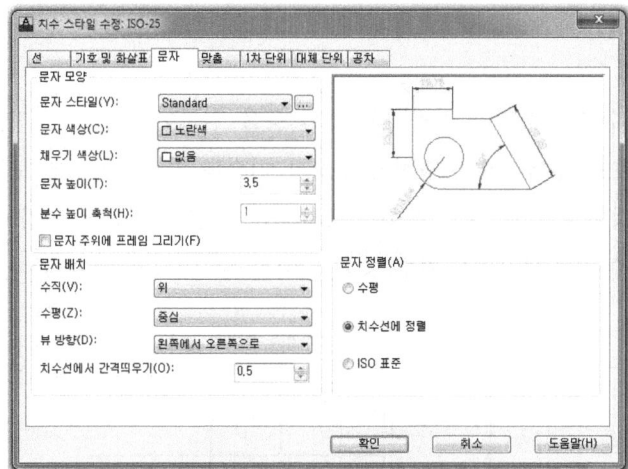

그림 5-42 문자 대화창

(4) 맞춤(FIT)

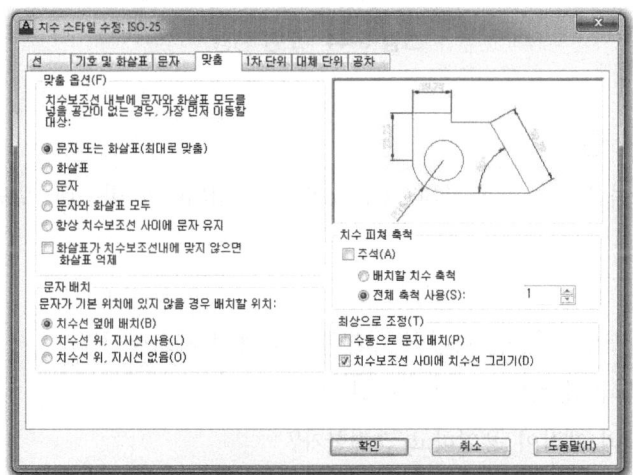

그림 5-43 맞춤 대화창

2. 부품도 작성 후 부품도 수정 편집

1) 도면의 검도

(1) 도면의 검사

도면의 오류를 방지하기 위하여 도면을 출도하기 전에 여러 가지 항목 즉, 설계자의 의도에 따른 가공, 조립 등의 생산에 적합성, 제품의 구조와 모양, 치수, 공차, 표면 거칠기, 재료의 선정 등 전반적인 사항을 면밀하게 도면을 검사하여 오류를 수정·보완해야 한다.

(2) 도면 변경

제품의 형상, 치수를 바꾸거나 가공법의 개선 등을 위하여 도면을 변경할 경우에는 변경개소에 적당한 기호를 부여하고 변경전의 형상과 치수를 알 수 있도록 보존한다.

그림과 같이 수정된 부분에 수정 기호를 표시하고, 도면 변경란에 변경이유 및 연월일을 기입한다. 이 때, 수정 전의 도형, 치수 등을 알아볼 수 있도록 해야 한다.

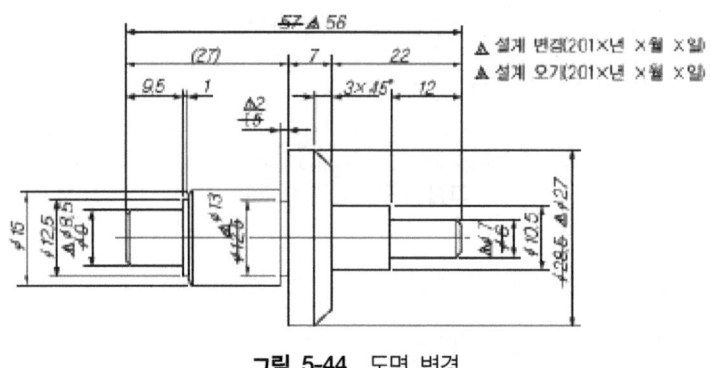

그림 5-44 도면 변경

(3) 도면의 검사 항목

도면의 검사 항목은 제품의 구조와 특성에 따라 작성되어야 하는데, 일반적인 검사 항목은 다음과 같다.

① 구조 기능
    (가) 제품의 모양, 성능을 충분히 이해한 상태에서 제도하였는가?
    (나) 각 부품의 형상은 조립이 가능한가?
    (다) 각 부품의 제작이 용이하고 간편한가?
    (라) 제품의 기능과 수명에 적합한 재료를 사용하였는가?
    (마) 각 부품의 가공방법과 사용 치 공구 선택이 용이한가?

② 도형
    (가) 도면의 척도는 적절한가?
    (나) 투상도의 선택과 배열은 적절한가?
    (다) 불필요하거나 부족한 도형은 없는가?
    (라) 필요한 단면도의 누락여부와 단면 표시가 적절한가?
    (마) 도형의 배치는 적당한가?
    (바) 가공과 조립이 편리한 구조로 그려졌는가?

(사) 모양이 불분명한 곳은 없는가?
③ 치수, 공차 및 각종 기호
　(가) 치수와 치수 보조 기호의 표시는 바른가?
　(나) 치수선과 치수 보조선은 규격에 맞게 그려졌는가?
　(다) 상대 부품과 관련치수는 한 곳에 모아서 알아보기 쉽게 기입했는가?
　(라) 누락이나 중복 치수, 계산을 해야 하는 치수는 없는가?
　(마) 조립과 가공 또는 기능상 필요한 치수공차와 끼워 맞춤 공차의 적절성 및 누락은 없는가?
④ 도면의 양식 및 일반 주의사항
　(가) 도면의 양식은 규격에 맞는가?
　(나) 표제란과 부품란에 필요한 내용이 기입되었는가?
　(다) 요목표 및 요목표 내용의 누락은 없는가?
　(라) 부품 번호의 부여와 기입이 바른가?
　(마) 부품의 명칭이 적절한가?
　(바) 규격품에 대한 호칭 방법은 바른가?
　(사) 조립 작업에 필요한 주의 사항을 기록하였는가?

실기 내용

1. 부품도 작성하기

1) 파트리스트 작성하기

(1) 문자 쓰기

① MText

아이콘	명령어	단축명령어	설 명
A	MText	MT	문자를 여러 줄을 쓸 수 있는 명령어이다.

명령 : MT [Enter]

첫 번째 구석 지점

두 번째 구석 지점

문자 스타일 : Standard

글꼴 : romans, whgtxt

글자 크기 : 3.5

여러 줄 문자 자리 맞추기 : 중간 중심으로

확인 : 체크

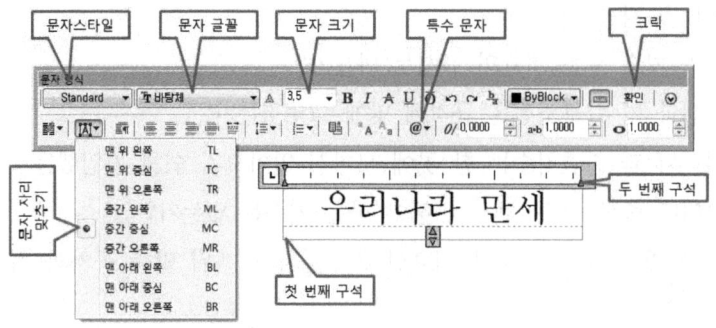

그림 5-45 문자 작성 순서

② 주로 많이 사용되는 특수 문자는 다음과 같다.

%%c : ∅(직경을 표시한다.)

%%d : °(각도를 표시한다.)

%%p : ±(Plus/Minus를 표시한다.)

%%o : 윗줄긋기

%%u : 아래줄긋기

%%% : %표시

2. 도면 작성하기
1) 도면의 환경설정
(1) 도면용지 설정

도면 시트의 크기는 A3(297×420)이고 축척이 1 : 1이며 철하지 않은 도면으로 윤곽선과 중심마크를 작도한다.

(2) 새 도면

새 도면 열기를 하고 축척을 적용한 도면 시트 용지를 위한 도면 한계(영역)을 A3로 설정한다.

명령 : LIMITS [Enter]

모형 공간 한계 재설정 :

왼쪽 아래 구석 지정 또는 [켜기(ON)/끄기(OFF)] ⟨0.0000,0.0000⟩ :

오른쪽 위 구석 지정 ⟨420.0000,297.000⟩ : 420,297

명령 : LIMITS [Enter]

모형 공간 한계 재설정 :
왼쪽 아래 구석 지정 또는 [켜기(ON)/끄기(OFF)]〈0.0000,0.0000〉: ON

명령 : ZOOM [Enter]
윈도우 구석을 지정. 축척비율 [nX 또는 nXP]을 입력. 또는
[전체(A)/중심(C)/동적(D)/범위(E)/이전(P)/축척(S)/윈도우(W)/객체(O)]〈실시간〉: A

(3) 도면 용지 윤곽선을 작도한다.
① 명령행 사용하기
명령 : RECTANG [Enter]
첫 번째 구석점 지정 또는 [모따기(C)/고도(E)/모깎기(F)/두께(T)/폭(W)] : 100,100
다른 구석점 지정 또는 [영역(A)/치수(D)/회전(R)] : 410,287

② 도면 윤곽선의 좌우상하 중심점에 4개의 중심마크를 작도한다.
명령 : line(단축키 : L) [Enter]
첫 번째 점 지정 : mid <-P1
다음 점 지정 또는 [명령취소(U)] : @-100,0
다음 점 지정 또는 [명령취소(U)] :

명령 : [Enter]
첫 번째 점 지정 : mid <-P2
다음 점 지정 또는 [명령취소(U)] : @100,0
다음 점 지정 또는 [명령취소(U)] :

명령 : [Enter]
첫 번째 점 지정 : mid <-P3
다음 점 지정 또는 [명령취소(U)] : @0,100
다음 점 지정 또는 [명령취소(U)] :

명령 : [Enter]
첫 번째 점 지정 : mid <-P4
다음 점 지정 또는 [명령취소(U)] : @0,-100
다음 점 지정 또는 [명령취소(U)] :

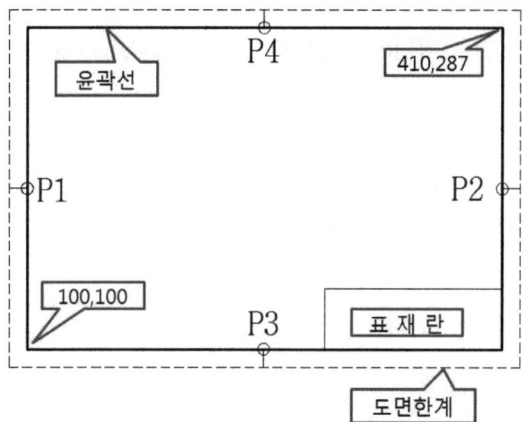

그림 5-46 완성된 도면영역 및 중심마크

(4) 표재란 및 자재 리스트 작성하기

20	40	20	20	20
3	핸 들	GC200	1EA	
2	작 동 편	SKD61	1EA	
1	베 이 스	SM45C	1EA	
품 번	품 명	재 질	수 량	비 고
품 목	SLIDER PUNCH		척 도	1:1
			각 법	3각법

그림 5-47 완성된 표재란 및 자재 리스트

(5) 이 외에 수정과 편집을 위한 명령어를 설명하겠다.

① 모깎기(Fillet)

아이콘	명령어	단축명령어	설 명
⌒	Fillet	F	두 선이 만나는 모서리를 임의의 라운드로 형상을 추가하는 명령

그림 5-48 Fillet의 형상

```
명령 : fillet (단축키 : F) [Enter]
현재 설정 값 : 모드=TRIM, 반지름=15.0
첫 번째 객체 선택 또는 [폴리선(P)/반지름(R)/자르기(T)] : r
모깎기 반지름 지정 <0.0000> : 15
첫 번째 객체 선택
두 번째 객체 선택
```

② 분해(Explode)

아이콘	명령어	단축명령어	설 명
	Explode	Explode	복합 객체의 구성요소를 개별적으로 수정하려 할 경우 복합 객체를 분해한다.

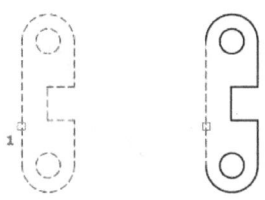

(a) 분해 전 상태   (b) 분해 후 상태

그림 5-49 Fillet의 형상

직사각형, 다각형, 폴리선 등의 작업이나, 치수기입, 블록의 인서트 작업 시에는 여러 객체가 하나의 객체로 묶여 있게 된다. 이럴 때 도형의 일부분만을 수정하기 위해서는 묶여진 객체를 분해해야 하는데 여기에 쓰이는 명령이 분해(Explode) 명령이다.

③ 연장(Extend)

아이콘	명령어	단축명령어	설 명
	Extend	EX	연장 명령은 선, 원, 호 등의 단일 객체를 지정된 객체까지 원하는 길이만큼 연장하는 명령이다.

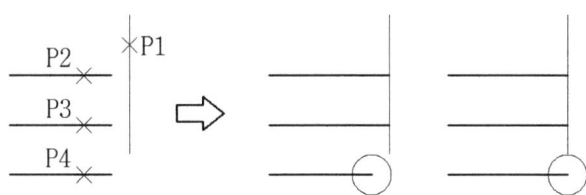

그림 5-50 Extend의 형상

④ 이동(move)

아이콘	명령어	단축명령어	설 명
✥	move	M	선택된 좌표, 그리드스냅, 객체스냅, 및 기타도구를 사용하여 정밀하게 객체를 도면상의 임의의 위치로 옮기는 명령이다

⑤ 회전(Rotate)

아이콘	명령어	단축명령어	설 명
↻	Rotate	RO	선택된 객체를 기준점을 중심으로 절대각도로 회전시키는 명령이다.

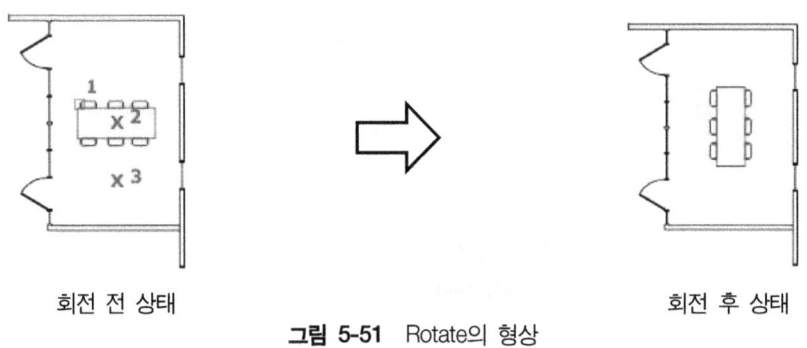

회전 전 상태　　　　　　　　　　　회전 후 상태

그림 5-51 Rotate의 형상

회전 각도를 지정할 때 0도 방향은 3시 방향이고 0도를 기준으로 시계반대 방향이 +값이다. 만약 회전 각도입력을 −30으로 하면 객체는 양의 방향으로는 270도 회전한 결과와 같게 된다. 즉, 270도와 −30도의 방향은 같다는 것을 의미한다.

단원 핵심 학습 문제

01 다음 중 투상도의 종류가 아닌 것은?
① 정 투상도(orthographic projection drawing)
② 등각 투상도(isometric projection drawing)
③ 사 투상도(oblique projection drawing)
④ 조립도

해설 : ④ 투상도의 종류
  정 투상도, 등각 투상도, 사 투상도, 투시도법

02 지정한 두 점을 마주보는 꼭지점으로 하는 사각형을 그리는 명령어는?
해설 : RECTANG 또는 REC(단축명령)

03 타원이나 타원 모양의 호를 그리는 명령어는?
해설 : ELLIPSE 또는 EL(단축명령)

04 AutoCAD 문서 편집기(text editor)를 이용하여 문자를 입력한다. 이 명령은 여러 문장으로 이루어진 문자열을 입력할 때 사용하면 편리한 명령어는?
해설 : MTEXT 또는 MT(단축명령)

05 치수의 구성을 쓰시오.
해설 : 치수선(Dimension line), 치수 보조선(Extension line), 치수문자(Dimension text)

06 다음의 치수 보조기호를 쓰시오.
지름, 반지름, 구역 지름, 구의 반지름, 판의 두께, 참고 치수
해설 : 지름 Ø, 반지름 R , 구역 지름 SØ, 구의 반지름 SR, 판의 두께 t, 참고 치수 ( )

07 다음의 사용되는 특수 문자를 쓰시오.
Ø(직경), °(각도), ±(Plus/Minus 표시)
해설 : Ø (직경) - %%c
  ° (각도) - %%d
  ± (Plus/Minus 표시) - %%p

08 표제란에 기입되는 항목을 쓰시오.
해설 : 품번, 품명, 재질, 수량, 비고

09 두 선이 만나는 모서리를 임의의 라운드로 형상을 추가하는 명령어는?

해설 : 모깎기(Fillet)

10 복합 객체의 구성요소를 개별적으로 수정하려할 경우 복합 객체를 분해하는 명령어는?

해설 : 분해(Explode)

11 부품에 대하여 최종 완성상태에서 구비해야 할 사항을 완전하게 나타내기 위하여 필요한 모든 정보를 기록한 도면은?

해설 : 부품도(part drawing)

12 2개 이상의 부품 또는 부분 조립품을 조립한 상태에서 그 상호 관계와 조립에 필요한 치수 및 정보 등을 나타낸 도면은?

해설 : 조립도(assembly drawing)

13 직선과 호의 연결 도형인 폴리라인을 그리는 명령은?

해설 : PLINE 또는 PL(단축명령)

14 폴리라인의 정다각형을 그리는 요소 명령은?

해설 : POLYGON 또는 POL(단축명령)

15 호를 그리는 요소 명령은?

해설 : ARC 또는 A(단축명령)

16 스플라인 곡선을 그리는 명령은?

해설 : SPLINE 또는 SPL(단축명령)

17 도면 내의 특정 위치에 점을 그릴 때 사용하는 명령은?

해설 : POINT 또는 PO(단축명령)

18 대화상자를 통해 HATCH 명령에 비해 쉽게 해치할 수 있는 명령은?

해설 : BHATCH 또는 BH(단축명령)

19 미리보기 화면을 잘 관찰하면서 셋팅값을 조정하면 쉽게 이해할 수 명령어는?

해설 : dimstyle

20 새 도면 열기를 하고 축척을 적용한 도면 시트 용지를 위한 도면 한계(영역)을 설정하는 명령어는?

해설 : LIMITS

21 연장 명령은 선, 원, 호 등의 단일 객체를 지정된 객체까지 원하는 길이만큼 연장하는 명령어는?

해설 : Extend

22 선택된 좌표, 그리드스냅, 객체스냅, 및 기타도구를 사용하여 정밀하게 객체를 도면상의 임의의 위치로 옮기는 명령어는?

해설 : move

23 선택된 객체를 기준점을 중심으로 절대각도로 회전시키는 명령어는?

해설 : Rotate

24 윈도우 구석을 지정, 축척비율을 입력하는 명령어는?

해설 : ZOOM

25 도면 변경 방법을 쓰시오.

해설 : 수정된 부분에 수정 기호를 표시하고, 도면 변경란에 변경이유 및 연월일을 기입한다. 이 때, 수정 전의 도형, 치수 등을 알아볼 수 있도록 해야 한다.

26 치수의 구성을 쓰시오.

해설 : 치수선(Dimension line), 치수 보조선(Extension line), 치수문자(Dimension text)

5-3 2D도면데이터 출력하기

1. 도면의 저장 및 출력

1) 도면의 출력

(1) 도면의 크기

도면의 크기가 서로 다르면 보관과 관리가 불편하기 때문에 도면은 반드시 일정한 크기로 만들어야 한다. 도면의 크기는 표의 A열 사이즈를 사용한다. 다만, 연장하는 경우에는 연장 사이즈를 사용하며, 윤곽의 치수는 도형의 크기와 척도에 따라 결정한다.

제도 용지의 세로와 가로의 비는 $1 : \sqrt{2}$ 이고, A열 A0의 넓이는 약 $1m^2$ 이다. 큰 도면을 접을 때에는 A4의 크기로 접는 것을 원칙으로 한다.

표 5-8 도면의 윤곽 치수표

A열 사이즈					연장 사이즈				
호칭 방법	치수 a×b	c 최소	d (최소)		호칭 방법	치수 a×b	c 최소	d (최소)	
			철하지 않을때	철할 때				철하지 않을때	철할 때
-	-	-	-	-	A0×2	1189×1682	20	20	25
A0	841×1189	20	20	25	A1×3	841×1783			
					A2×3	594×1261			
A1	594×841				A2×4	594×1682			
					A3×3	420×891	10	10	
A2	420×594				A3×4	420×1189			
					A4×3	297×630			
A3	297×420	10	10		A4×4	297×841			
A4	210×297				A4×5	297×1051			
					-	-			

d부분은 도면을 철하기 위하여 접었을 때로, 표제란의 왼쪽이 되는 곳에 마련한다.

(2) 도면의 양식

① 도면에 반드시 설정해야 되는 양식

(가) 윤곽선(borderline) : 윤곽선은 도면으로 사용된 용지의 안쪽에 그려진 내용이 확실히 구분되도록 하고, 종이의 가장자리가 찢어져서 도면의 내용을 훼손하지 않도록 하기 위해서 긋는데, 0.5mm 이상의 실선을 사용한다.

(나) 표제란(title block, title panel) : 표제란은 도면관리에 필요한 사항과 도면내용에 관

한 중요한 사항을 정리하여 기입하는데, 도면번호, 도면명칭, 기업(소속단체)명, 책임자의 서명, 도면작성 년월일, 척도, 투상법(각법)을 기입하고 필요시는 제도자, 설계자, 검도자, 공사명, 결재란 등을 기입하는 칸도 만든다.

(다) 중심 마크(centering mark) : 완성된 도면은 영구적으로 보관하기 위하여 마이크로필름으로 촬영하거나, 복사하고자 할 때 도면의 위치를 알기 쉽도록 하기 위하여 표시하는 선이다. 도면을 정리하여 철하기에 편리하도록, 0.5mm 굵기의 실선으로 용지의 가장자리까지 중심 마크를 긋는다.

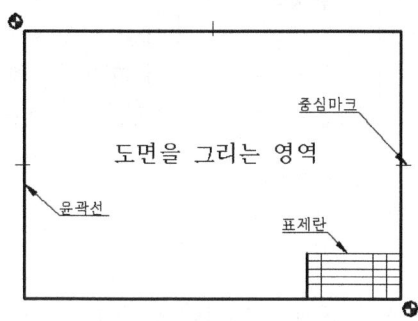

그림 5-52 도면의 필수 설정 양식

② 도면에 설정하는 것이 바람직한 양식

(가) 비교 눈금(metric reference graduation, comparative graduation) : 비교 눈금은 도면을 축소 또는 확대했을 경우, 그 정도를 알기 위해 도면의 아래쪽에 중심마크를 중심으로 하여 마련한다.

(나) 도면의 구역(division, zone) : 도면을 읽을 때 윤곽 안에 있는 특정한 부분의 그림 위치를 읽거나 지시해야 할 때, 도면의 구역을 표시해 주면 편리하다.

(다) 재단 마크(trimming mark, cutting mark) : 재단 마크는 인쇄, 복사 또는 플로터로 출력된 도면을 규격에서 정한 크기로 자르기에 편리하도록, 마련한다.

③ 도면 접기

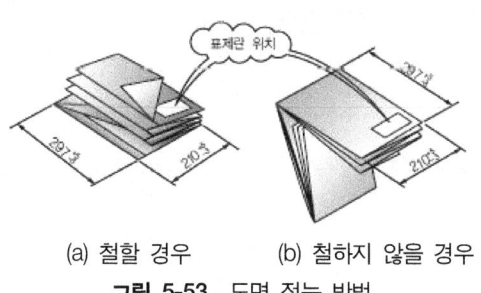

(a) 철할 경우   (b) 철하지 않을 경우
그림 5-53 도면 접는 방법

원도는 접지 않고 편 상태로 보관하거나 또는 말아서 보관한다. 복사도는 필요에 따라서

[그림 5-53(a)]와 같이 표제란이 표면의 아래쪽에 오도록 접어서 철하거나, 그림 (b)와 같이 접어서 봉투 등에 보관한다.

실기 내용

1. 도면의 저장

1) 도면 저장하기

아이콘	명령어	단축명령어	설 명
💾	SAVE		현재도면 이름이나 사용자가 지정하는 이름으로 저장하며, 최근에 작성된 내용을 포함한 내용까지 저장하는 명령어다.

명령행(Command) 사용하기

명령 : save [Enter]

화면 하단의 Command Line에서 Save를 입력한 후 [Enter] 키를 누르면 파일명을 물어보는 Save Drawing As 대화상자가 나타난다.

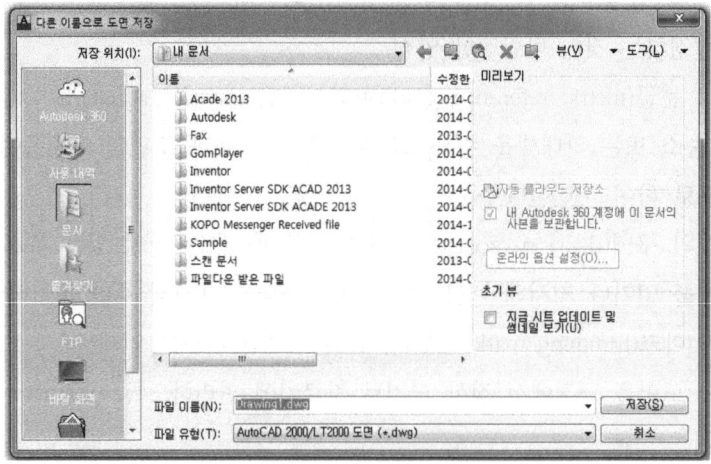

그림 5-54 SAVE 대화 창

(1) 파일 이름

현재까지 진행한 작업을 컴퓨터상 즉 D 드라이브, C 드라이브에 다른 이름으로 저장을 할 때 사용한다.

(2) 파일유형

AutoCAD 2013의 버전이나 하위버전으로 저장할 수 있다.

확장자를 DWG나 DXF로도 저장을 할 수 있다.

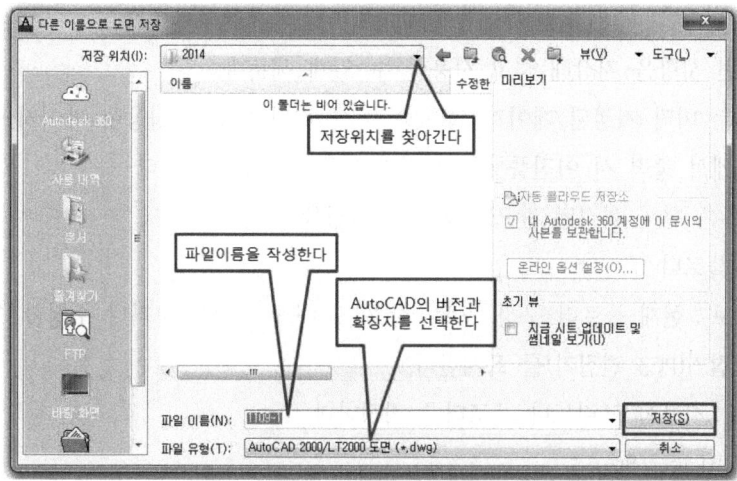

그림 5-55 파일 저장방법

2. 도면의 출력

1) 도면 출력을 위한 프린터 사양 결정하기

아이콘	명령어	단축명령어	설 명
🖨	PLOT		도면을 프린터나 플로터를 이용하여 출력한다.

명령행(Command) 사용하기

명령 : plot [Enter]

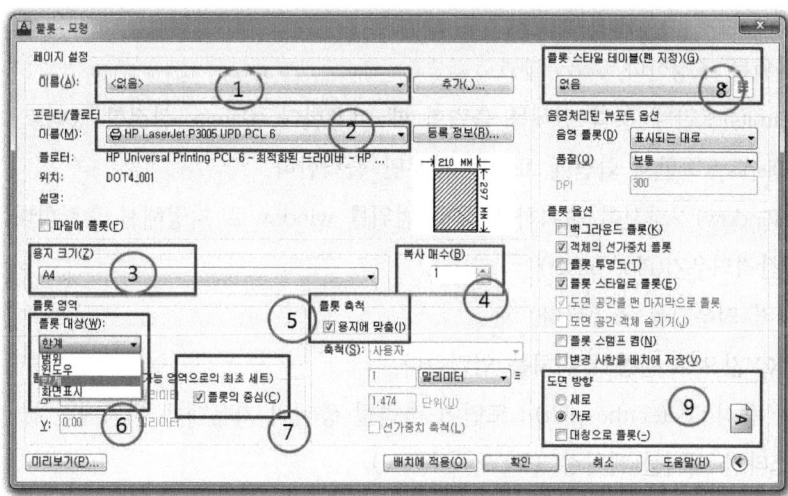

그림 5-56 파일 출력 순서

(1) 페이지 설정
① Plot 관련 사항을 저장해 놓고 사용할 수 있게 해준다.
② 이름(A)는 미리 지정된 페이지 설정을 지정하거나 이전에 사용한 페이지를 선택한다.
③ 이름(A)에서 출력 시 이전플롯을 선택하여 출력도 할 수 있다.
④ 추가버튼은 현재 설정된 값으로 페이지 설정을 한다.

(2) 프린터/플로터
① 등록 정보 : 현재 플로터 구성, 포트, 장치 및 매체 설정을 보거나 수정할 수 있는 플로터 구성 편집기(PC3 편집기)를 표시한다.
② 이름(M) : 사용할 프린트나 플로터를 지정한다.

(3) 용지크기(Paper Size)
① 출력할 종이 크기를 지정한다.
② 하드웨어에 따라 다른 용지크기가 나타난다.
③ 주로 A3나 A4의 용지를 사용한다.

(4) 복사매수(Number of copies)
① 출력물의 장수를 지정한다.
② 같은 도면을 계속 뽑아야 하는 경우 이용한다.

(5) 플롯축척(Plot scale)
① 축척 : 플롯의 정확한 축척을 정의한다.
② 단위 : 지정된 인치, 밀리미터 또는 픽셀 수와 동일한 단위 수를 지정한다.
③ Scale : 사용자에 맞는 척도를 지정한다.

(6) 플롯영역(Plot area)
출력된 범위를 조정한다.
① 한계(Limits) : 한계 영역 전체를 출력할 때 사용한다. (Limits 설정한 영역)
② 화면(Display) : 현재 화면에 표시된 부분만 출력한다.
③ 윈도(Window) : 자신이 출력하고 싶은 범위를 window로 지정해서 출력한다.

(7) 플롯 간격띄우기(Plot offset)
플롯의 간격 띄우기를 조종한다.
① X,Y : X,Y값으로 원점의 위치를 입력한다.
② 플롯의 중심(Center the plot) : 도면이 출력될 종이의 가운데에 위치시킨다.

(8) 플롯스타일 테이블(펜지정, Plot style table)
플롯 스타일 테이블(펜지정)을 조정한다. 출력 시 펜에 색상을 지정하거나, 흑백으로 출력하거나 등등 색상마다 효과를 주어 다양하게 출력을 할 수 있다.

(9) 도면방향(Drawing orientation)
① 출력방향을 조정한다.
  (가) 세로(Portrait) : 가로 방향으로 출력한다.
  (나) 가로(Landscape) : 세로 방향으로 출력한다.
  (다) 대칭으로 플롯(Plot upside-down) : 상하 뒤집어서 출력한다.
  (라) 원고방향과 원고크기를 출력하고자 하는 용지와 일치시킨다.
② 도면방향을 출력하고자 하는 방향과 일치시킨다.
③ 미리보기를 클릭한다.
  중앙에 간단한 미리보기가 있으므로 다른 옵션들을 선택할 때마다 확인하는 습관을 갖는 것이 좋다.
(10) 확인이 끝났으면 마우스 우측버튼을 클릭하여 플롯을 하거나 상단의 프린터를 클릭하여 출력한다.

2. 출력된 도면 데이터 관리

1) 작성된 부품도 관리

(1) 도면 관리

도면의 등록, 보관, 출도, 변경 등 도면관리 절차를 능률적으로 하기 위하여 회사의 실정에 맞게 업무 절차를 정하여 시행하는 것이 필요하다.

(2) 도면 관리와 변경

도면으로 부품을 가공하고 조립하여 운반, 설치, 수리, 개선 및 판매를 하며 새로운 모델의 제품을 개발하는데 중요자료로 활용된다.
① 도면 번호의 부여
  (가) 도면 번호를 부여하는 방법
    ㉠ 도면의 작성 순서에 따라 일련번호를 붙이는 방법
    ㉡ 일련번호대로 기입하지 않고 기계의 종류, 형식, 조립도, 부품도의 구분, 도면의 크기 등에 따라 효율적인 도면관리가 되도록 도면 번호를 부여하는 방법
    ㉢ 날짜로 관리하여 일련번호를 부여하는 방법
    ㉣ 업체명과 년도와 순위별로 관리하여 일련번호를 부여하는 방법
  (나) 도면 번호는 표제란에 기입하되 도면의 왼쪽 위에 거꾸로 기입해 두면 도면을 정리할 때 편리하며, 표제란이 훼손되었을 때에도 당황하지 않게 된다.

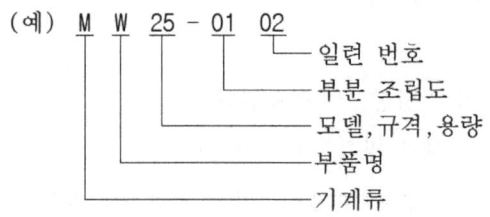

그림 5-57 등록 번호 설정

② 도면의 등록

도면 작성이 완료된 도면은 도면 대장에 등록하여야 한다. 도면 대장에는 등록일, 품명, 도면의 크기별 매수 등을 기재하며, 도면을 폐기하거나 마이크로필름으로 촬영하였을 때에는 근거를 기록하여 둔다.

검도와 승인을 거쳐 도면 대장에 등록한 도면을 원도(registered drawing)라 한다.

③ 도면의 보관

도면은 화재나 수해, 도난으로부터 안전하게 보관되어야 한다. 도면 보관함에는 도면 번호, 도면 명칭, 도면 크기 등을 표시하고 원도는 가능한 한 접지 않고 꺼내기 쉽도록 보관한다.

④ 도면 출도

제품 생산을 위하여 제작 부서에 도면을 출도할 때에는 복사도를 사용한다. 복사도는 보통 도면 출도 의뢰서에 의하여 출도하며, 출도 상황은 관리 대장을 작성하여 관리하며, 사용한 후에는 회수하여 폐기하여야 한다. 출도할 때에는 그림과 같은 도면 출도인을 날인하여 반출 한다.

그림 5-58 도면 출도도장 예

⑤ 마이크로필름에 의한 도면 관리

마이크로필름은 도면을 1/15~1/30의 일정한 크기로 축소 촬영한 것으로, 보관 장소를 적게 차지할 뿐만 아니라, 도면의 보관과 이동이 간단하며 수명이 반영구적이어서 많은 양의 도면 관리 방법으로 많이 이용되고 있다.

⑥ 컴퓨터를 이용한 도면 관리 시스템

(가) 컴퓨터에 의한 도면 관리 시스템은 도면의 유실 및 보안상의 문제를 제거하고, 다량의 도면을 관리, 조회, 수정, 출력할 수 있는 시스템으로 업무의 생산성을 높이며, 도면 정보의 데이터베이스(data base, DB)화로 고품질의 정보 서비스를 제공한다. 그림은 도면(수작업, CAD), 기술 문서 등 다량의 정보관리, 정보 공유, 관리 체제를 확립하여 도면을 수정, 배포하는 기본적인 컴퓨터 도면 관리 시스템의 예이다.

(나) 컴퓨터 도면 관리 시스템의 장점
　　㉠ 여러 가지 도면 자료 및 파일(file)의 통합 관리 체계를 구축한다.
　　㉡ 도면의 질과 정확도를 향상시킬 수 있다.
　　㉢ 설계의 표준화를 이룰 수 있다.
　　㉣ 네트워크(network)를 통해 도면 및 문서, 자료를 공유할 수 있다.
　　㉤ 반영구적인 저장 매체로 유실 및 훼손의 염려가 없다.
　　㉥ 설계 변경 요구나 도면 검색의 필요시 신속하게 처리할 수 있다.
　　㉦ 별도의 도면 보관 장소가 필요 없고, 도면 보관 장소를 극소화할 수 있다.

단원 핵심 학습 문제

01 다음 중 도면에 반드시 설정해야 되는 양식이 아닌 것은?
① 윤곽선(borderline)
② 표제란(title block, title panel)
③ 중심 마크(centering mark)
④ 중심선

해설 : ④ 도면에 반드시 설정해야 되는 양식
윤곽선(borderline), 표제란(title block, title panel), 중심 마크(centering mark)

02 도면을 축소 또는 확대했을 경우, 그 정도를 알기 위해 도면의 중심마크를 중심으로 마련한 양식은?

해설 : 비교 눈금

03 도면으로 사용된 용지의 안쪽에 그려진 내용이 확실히 구분되도록 하고, 종이의 가장 자리가 찢어져서 도면의 내용을 훼손하지 않도록 하기 위해서 긋는데, 0.5mm 이상의 실선을 사용하는 것은?

해설 : 윤곽선

04 완성된 도면은 영구적으로 보관하기 위하여 마이크로필름으로 촬영하거나, 복사하고자 할 때 도면의 위치를 알기 쉽도록 하기 위하여 표시하는 선은?

해설 : 중심 마크(centering mark)

05 현재도면 이름이나 사용자가 지정하는 이름으로 저장하며, 최근에 작성된 내용을 포함한 내용까지 저장하는 명령어는?

해설 : SAVE

06 인쇄, 복사 또는 플로터로 출력된 도면을 규격에서 정한 크기로 자르기에 편리하도록, 마련한 것은?

해설 : 재단 마크

07 도면을 프린터나 플로터를 이용하여 출력하는 명령어는?

해설 : PLOT

08 출력된 범위를 조정하는 플롯영역(Plot area)의 종류 3가지를 쓰시오.

해설 : ① 한계(Limits) - 한계 영역 전체를 출력할 때 사용합니다. (Limits 설정한 영역)
② 화면(Display) - 현재 화면에 표시된 부분만 출력한다.
③ 윈도(Window) - 자신이 출력하고 싶은 범위를 window로 지정해서 출력한다.

09 표제란은 도면관리에 필요한 사항과 도면내용에 관한 중요한 사항을 정리하여 기입하는 항목은?

해설 : 도면번호, 도면명칭, 기업(소속단체)명, 책임자의 서명, 도면작성 년월일, 척도, 투상법(각법)을 기입하고 필요시는 제도자, 설계자, 검도자, 공사명, 결재란 등을 기입하는 칸도 만든다.

10 도면 크기를 쓰시오.

A1, A2, A3, A4

해설 : A1 - 594×841, A2 - 420×594, A3 - 297×420, A4 - 210×297

11 도면 접기할 때 기준이 되는 도면의 크기는?

해설 : A4

12 플롯영역(Plot area)의 종류를 쓰시오.

해설 : ① 한계(Limits) - 한계 영역 전체를 출력할 때 사용합니다.(Limits 설정한 영역)
② 화면(Display) - 현재 화면에 표시된 부분만 출력한다.
③ 윈도(Window) - 자신이 출력하고 싶은 범위를 window로 지정해서 출력한다.

13 도면 번호를 부여하는 방법을 쓰시오.

해설 : ① 도면의 작성 순서에 따라 일련번호를 붙이는 방법
② 일련번호대로 기입하지 않고 기계의 종류, 형식, 소립노, 무품노의 구분, 노번의 크기 등에 따라 효율적인 노번관리가 되도록 도면 번호를 부여하는 방법
③ 날짜로 관리하여 일련번호를 부여하는 방법
④ 업체명과 년도와 순위별로 관리하여 일련번호를 부여하는 방법

NCS적용

CHAPTER
06

사출 제품도 분석
(사출금형설계)

6-1 제품도 검토하기

1. 금형구조의 적합성 검토하기

1) 런너의 개요

금형의 3대 밸런스 중 유동밸런스에 속하는 부분으로 스프루(Sprue)에서 게이트(Gate) 입구까지의 길이를 말한다.

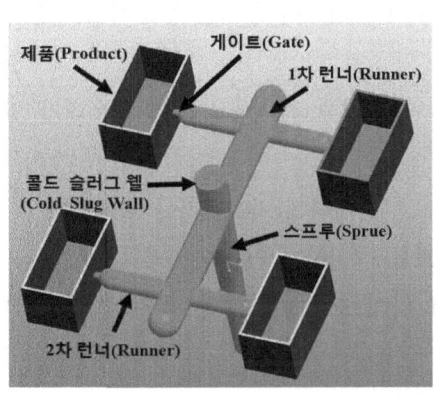

그림 6-1 Delivery system   그림 6-2 런너의 분류

(1) 런너의 분류

① 콜드 런너

일반 금형에서 사용하는 것으로 런너를 금형의 온도로만 컨트롤(Control)하므로 성형 후 재 분쇄하여 사용하는 경우가 많다.

② 핫트 런너

런너 리스(Runner less) 금형이라고도 부르며, 런너 주위에 금형의 온도 외에 별도로 열을 가하게 하여 항상 일정한 온도를 유지하도록 별도의 블록(매니폴드)을 설치한 것이다.

(2) 런너의 설계시 고려사항

① 런너의 크기는 성형품의 살 두께보다 굵게 한다.
② 런너의 길이는 최대한 짧게 한다.
③ 수지의 유동성이 나쁜 수지의 성형은 유동성이 좋은 수지보다 런너의 단면적을 크게 한다.
④ 런너의 방향이 변하는 코너부에는 콜드 슬러그 웰을 설치한다.

⑤ 런너의 단면적은 성형 사이클을 좌우하는 것이어서는 안된다.

2) 게이트의 개요
런너의 종점이고 캐비티의 입구를 말한다.

(1) 게이트의 설정 요령
① 게이트는 그 성형품의 가장 두꺼운 부분에 설치하는 것을 원칙으로 한다.
② 게이트 위치는 각 캐비티의 말단까지 동시에 충전되는 위치에 설치한다.
③ 상품가치상 눈에 띄지 않는 곳 또는 게이트 마무리가 간단하게 되는 부분에 설치한다.
④ 웰드라인이 생성되기 어려운 곳에 설치한다.
⑤ 가는 코어나 리브 핀이 가까운 곳 또는 유동압력에 의해 편육하고 쓰러질 우려가 있는 방향은 피한다.
⑥ 가스가 고이기 쉬운 방향의 반대쪽에 설치하고, 그 반대쪽에 가스빼기를 설치한다.
⑦ 큰 힘이나 충격하중이 작용하는 부분에는 게이트를 설치하지 않는다.
제팅(Jetting)을 방지하고 흐름을 순조롭게 하기 위해 코어형을 향해 용융수지가 흐르는 위치에 설치한다.
⑧ 성형품의 기능, 외관을 손상하지 않는 부분에 설치한다.
⑨ 인서트 기타 장애물을 피할 수 있는 곳을 선택한다.

(2) 게이트의 분류
게이트는 크게 제한 게이트와 비제한 게이트로 나누어지고, 다이렉트 게이트는 비제한 게이트에 속한다. 다이렉트 게이트를 제외한 나머지 게이트는 제한 게이트에 속한다.

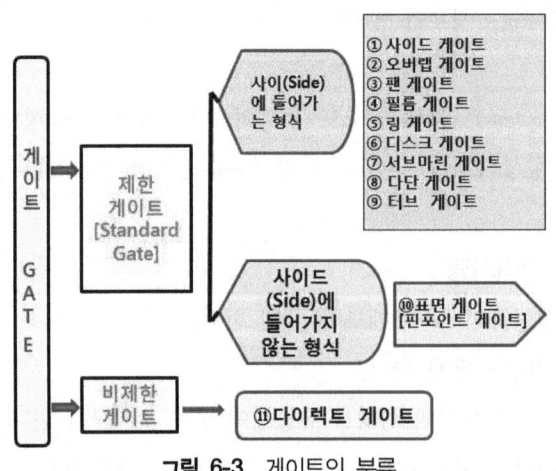

그림 6-3 게이트의 분류

(3) 제한 게이트와 비제한 게이트의 비교

표 6-1 제한 게이트와 비제한 게이트 비교

제한게이트	비제한 게이트
① 압력 손실이 적다.	① 게이트 부근의 잔류응력이 감소된다.
② 수지량이 절약된다.	② 성형품의 휨, 균열 등의 변형이 감소된다.
③ 금형 구조가 간단하다.	③ 게이트의 고화시간이 짧으므로 사이클(Cycle)을 단축할 수 있다.
④ 사이클이 연장되기 쉽다.	④ 다수 개 캐비티인 경우 게이트 밸런스가 용이하다.
⑤ 게이트의 후 가공이 필요하다.	⑤ 게이트의 제거가 간단하다.
⑥ 잔류응력, 압력에 의한 충전변형과 크랙이 발생하기 쉽다.	⑥ 게이트 통과 시 압렵 손실이 크다.

3) 언더컷 개요

일반적으로 성형품은 사출기가 열리는 방향으로만 취출이 가능하다. 성형품 기능이나 용도상 사출기가 열리는 방향의 운동만으로 빼낼 수 없는 경우 즉, 성형품의 구멍이나 돌출 또는 오목한 부분이 있는데 이러한 부분을 언더컷이라 하며, 성형품의 내측에 언더컷이 있는 것을 내측 언더컷, 외측에 있는 것을 외측 언더컷이라 하며 내측 언더컷이 외측 언더컷보다 처리하기가 복잡하다. 그림에서 보는 바와 같이 오목이나 돌출부를 말한다.

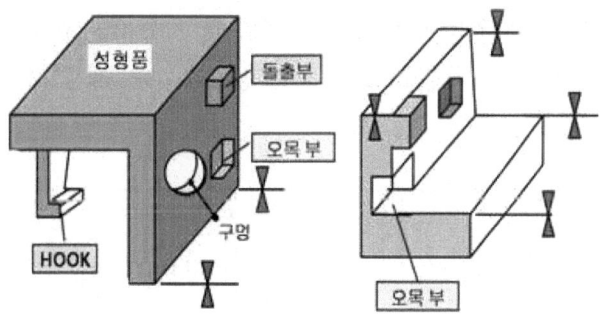

그림 6-4 언더컷의 형상

(1) 언더컷이 있는 성형품의 특징

① 금형의 구조가 복잡해지므로 금형 가격이 비싸다.
② 언더컷(Undercut)처리 부품들의 긁힘, 마모, 절손 등 사고 우려가 많다.
③ 사이드 코어를 사용할 경우에 분할선에 의한 흔적이 남는다.
④ 사이드 코어가 크게 될 경우에 금형 온도 조절기구 설치가 어렵다.
⑤ 성형 사이클 시간이 길어질 수 있다.

(2) 언더컷 제품을 언더컷이 없도록 개선하기 위한 방법

① 리브가 내부에 있는 형상

리브가 내부에 있는 형상은 평면 부분에 구멍을 추가하여 상하 부분에서 서로 맞닿게 하여 언더컷이 없도록 한다.

② 측벽에 구멍이 있는 형상

측벽에 구멍이 있는 형상은 상측의 제품살을 커팅(Cutting)하여 만드는 방법과 하측의 제품살을 커팅(Cutting)하여 만드는 방법이 있다.

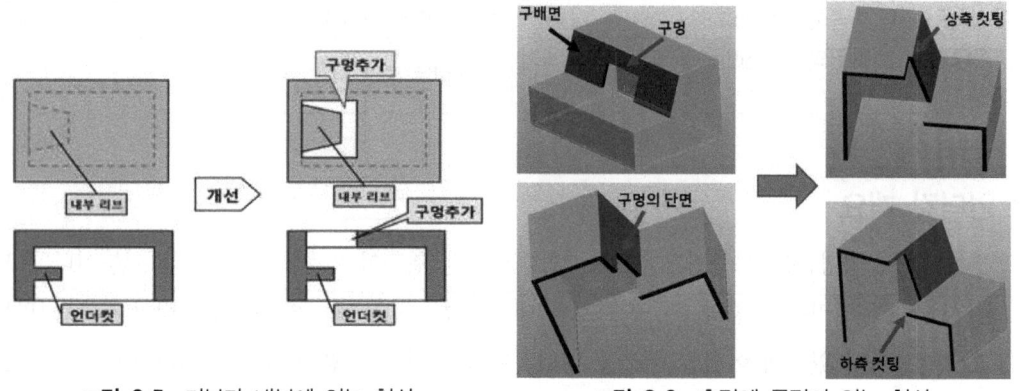

그림 6-5 리브가 내부에 있는 형상　　　그림 6-6 측면에 구멍이 있는 형상

③ 구멍(Hole)이 경사면에 있는 형상

구멍(Hole)이 경사면에 있는 형상에서는 치수 A와 치수 B의 관계에서 그림에서 보는 바와 같이 상측의 제품살을 커팅(Cutting)하는 방법과 하측 제품살을 커팅(Cutting)하는 방법이 있다.

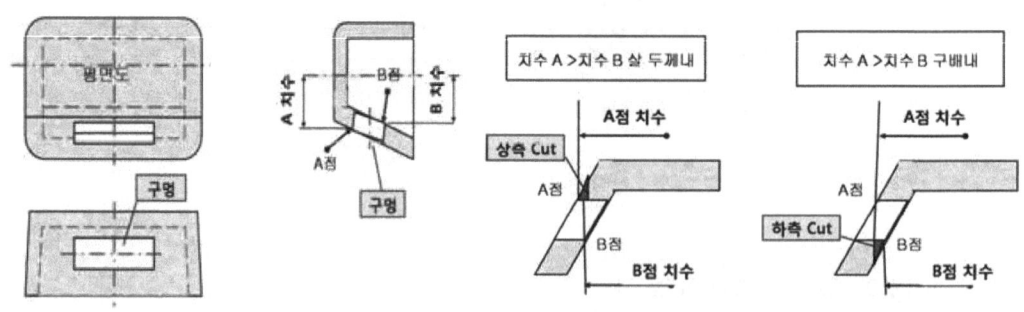

그림 6-7 경사면에 구멍이 있는 형상

(3) 언더컷 처리 방법

언더컷이 있는 제품을 처리하는 방법에는 언더컷이 외부에 있는 것과 내부에 있는 것으로 나눈다. 언더컷이 외부에 있는 것은 슬라이드 코어형으로 취출을 하고, 내부에 있을 경우에는 그 작동 형상에 따라 경사핀이나 내부 슬라이드 방식으로 나누어진다.

① 강제로 취출하는 방법
   (가) 손으로 빼내는 방법
      ㉠ 탄성이 풍부한 PE, PP의 수지일 때
      ㉡ 언더컷 처리가 다소 곤란한 대형의 성형품일 경우
      ㉢ 생산 수량이 적을 경우
   (나) 스트리퍼 플레이트를 이용하는 방법

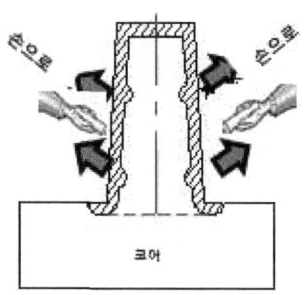
그림 6-8 손으로 빼내는 방법

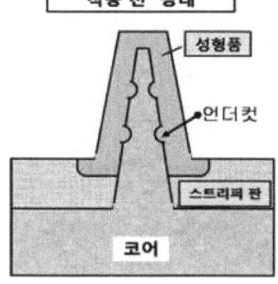
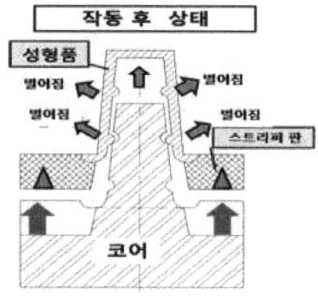
그림 6-9 스트리퍼 판으로 빼내는 방법

   (다) 블록으로 빼내는 방법
      스트리퍼 판 구조가 어려울 경우, 블록으로 강제 취출하는 방법을 사용한다. 금형 구조에서는 작동 전 상태에서 보면 둥근 언더컷 부분이 있고, 이 부분을 밀핀에 연결된 블록으로 취출을 하게 되면, 작동 후에서 보는 바와 같이 둥근 언더컷 부분이 강제로 회전하여 억지로 취출하는 금형 구조이다.

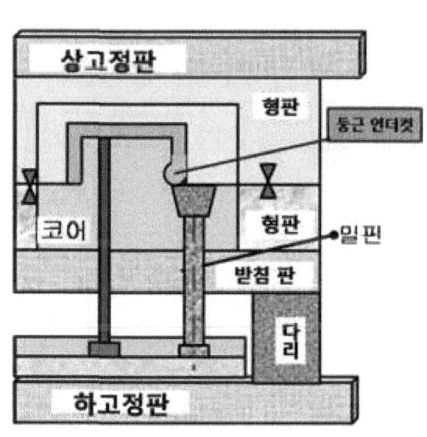
(a) 작동 전

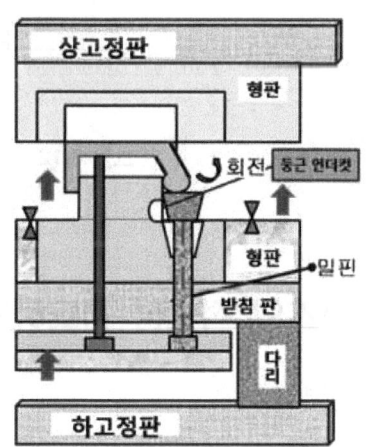
(b) 작동 후

그림 6-10 블록으로 빼내는 방법

② 내부 언더컷 처리 방법

언더컷 부분을 코어의 분할형 또는 슬라이드 코어를 분리하는 역할을 하는 경사 핀을 직접 이용하여 성형품의 일부 형상을 구성하도록 하는 방식이다.

③ 외부 언더컷 처리 방법

슬라이드 코어에 의한 처리 방법으로 언더컷(Under Cut)이 있는 제품에서 금형이 열림이 열리면 슬라이드가 작동되어 언더컷을 처리하는 구조다.

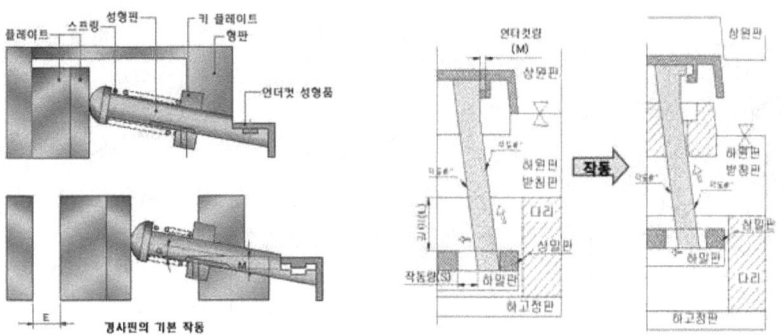

(a) 스프링을 이용한 언더컷 처리 방법   (b) 밀판의 홈을 이용한 언더컷 처리 방법

그림 6-11 손으로 빼내는 방법

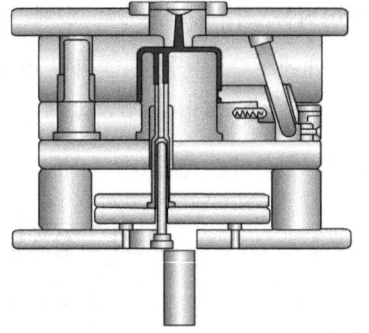

그림 6-12 슬라이드 코어에 의한 방법

2. 제품구조의 적합성 검토하기

1) 제품도 분석

제품의 두께가 두꺼워 수축이 발생할 부분과 제품의 두께가 얇아 성형이 되지 않는 부분이 없는지를 파악해야 한다. 그리고, 제품의 파팅라인의 설정방법과 언더컷은 없는지, 금형 구조상 강도가 약한 부분은 없는지를 먼저 파악해야 한다.

(1) 제품의 외관불량 분석

[그림 6-13]은 제품의 살두께가 두꺼운 부분에 수축이 발생할 수 있는 경우를 나타냈다. 제품의 살두께를 균일하게 하여 수축 발생을 미연에 방지할 수 있다.

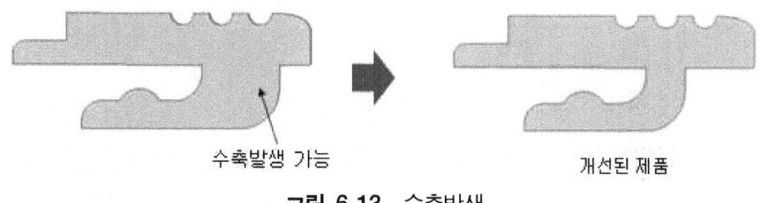

그림 6-13 수축발생

(2) 제품의 구배 분석

[그림 6-14]의 노란색 부위는 제품에 구배가 없는 경우를 나타냈다. 일반적으로 도면에 지시하는 구배가 1~3°로 표기된 경우 지시하는 구배를 적용한다.

예를 들어 제품의 전장 치수 $15.0\,^{\,0}_{-0.1}$가 전폭의 치수가 $5.0\,^{\,0}_{-0.1}$일 경우, 공차가의 반을 적용하여 치수값 전장 14.95와 전폭 4.95에서 벗어나지 않도록 구배를 적용한다.

(3) 제품의 언더컷 분석

[그림 6-15]는 제품의 외부에 언더컷이 있는 구조이다. 파팅라인은 돌기의 윗부분 평면이 되므로 돌기의 빈 공간면이 언더컷이 된다. 제품이 금형에서 취출될 때, 빠지지 않고 금형에서 걸리게 된다. 외부 언더컷은 슬라이드 구조에 의한 처리 방법으로 가능하다.

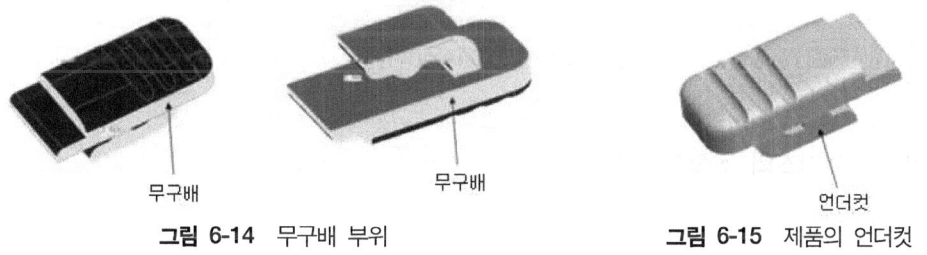

그림 6-14 무구배 부위   그림 6-15 제품의 언더컷

(4) 제품의 조립성 검토

단품에 대한 분석이 끝나면 조립에 대한 분석을 해야 한다. 제품 조립 시 문제가 발생하면 제품도를 수정할 수 있도록 피드백(Feed Back) 해주어야 한다.

① 보스 부위 간섭

[그림 6-16]은 3D 상에서 면이 서로 겹치거나 면과 면이 1 : 1로 만나기보다는 약간의 여유(0.5 mm)를 주는 것이 좋다. 보스 부위에 간섭이 발생하여 조립이 되지 않으므로 간섭

이 되는 부위를 확인하여 제품도를 수정한다.

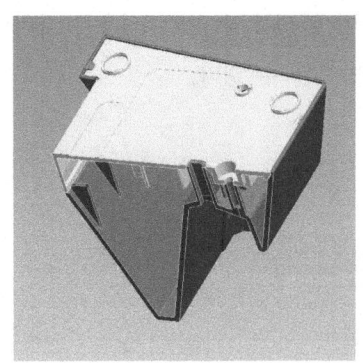 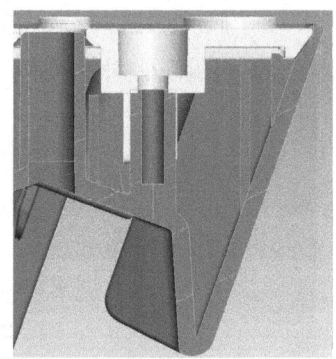

그림 6-16 보스 부위의 간섭

② 후크 부위 간섭

[그림 6-17]은 후크 부위가 한쪽 면을 침범하여 조립이 되지 않는 경우로 간섭이 일어난 것을 볼 수 있다. 배터리 충전기의 커버(Cover)나 바텀(Bottom) 둘 중에 하나를 가공하기 쉬운 방향으로 수정을 하는 것이 좋다.

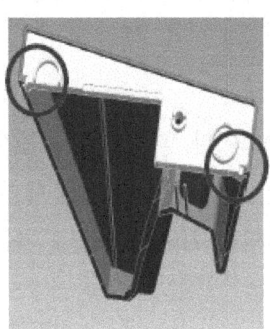 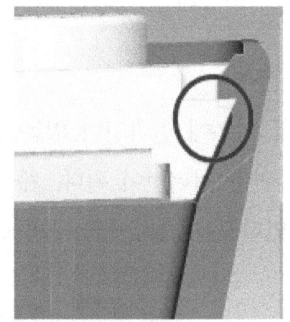

그림 6-17 후크 부위의 간섭

(5) 휴대폰 케이스의 조립성 확인

① 가이드 핀 간섭

[그림 6-18]은 제품을 가이드 하는 핀과 간섭이 발생하여 조립이 되지 않는 경우를 나타내었다. 핀을 커팅(Cutting)하여도 조립에 문제가 없다면 제품을 수정한다. 커팅(Cutting)에 문제가 발생을 한다면, 상대물을 수정하는 게 좋다.

② 가이드 리브 간섭

[그림 6-19]는 위치 가이드 리브의 높이가 높아 상대물과의 간섭이 발생하였다. 리브를 커팅을 하든지 간섭이 일어나는 상대물을 도피하여 준다.

 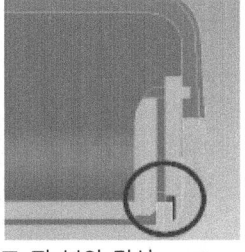  

그림 6-18 가이드 핀 부위 간섭   **그림 6-19** 가이드 리브 간섭

③ 배터리 리드(Batt-Lid) 간섭

[그림 6-20]은 배터리 리드(Batt-Lid)와 상대물과의 조립을 나타내었다. 위치를 고정시켜 주는 리브에 상대물과의 간섭이 발생하였고, 간섭이 일어나는 고정 리브를 수정한다.

④ 탑 커버(Top-Cover) 간섭

[그림 6-21]은 탑 커버(Top-Cover)와 상대물과의 조립을 나타내었다. 위치를 고정시켜주는 리브에 상대물과의 간섭이 발생하였고, 탑 커버(Top-Cover)나 프런트 로어(Front-Lower) 중에 하나를 수정해야 한다.

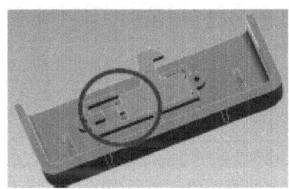 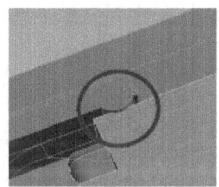

그림 6-20 배터리 리드(Batt-Lid)의 가이드 리브 간섭

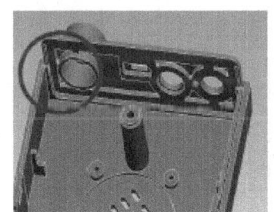 

그림 6-21 Top-Cover의 가이드 리브 간섭

실기 내용

1. 제품구조의 적합성에 대한 작업순서

1) 3D 모델링 제품을 준비한다.
2) 모델링의 파팅라인을 결정한다.
3) 모델링의 빼기구배를 확인한다.
4) 제품의 언더컷을 확인한다.

5) 금형의 언더컷처리 방법을 확인한다.

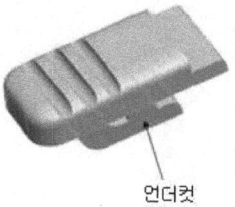

그림 6-22 3D 모델링

3. 조립 공차 결정하기

1) 제품도 주요 공차부 확인

(1) 프런트 업퍼(Front-Upper) 도면의 주요부 확인

전체 도면으로 모든 치수를 측정해야 하고, 공차가 기입된 치수들은 상대물과의 조립이나, 디자인과 관련된 중요한 치수이므로, 이들 치수는 더욱더 정밀하게 측정할 필요가 있다.

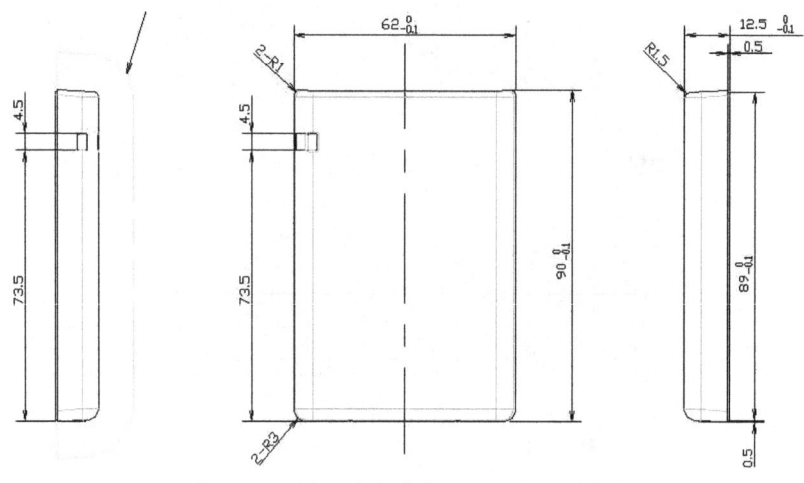

그림 6-23 제품도면의 정면도, 우측면도, 좌측면도

[그림 6-23]은 제품도면의 정면도, 우측면도, 좌측면도를 나타내었다. 공차가 적용된 치수들을 살펴보면 다음과 같다. 전폭은 −0.1mm이므로 치수는 62~61.9mm로 관리되어야 하고, 전장은 −0.1mm로 치수는 90~89.9mm로 관리되어야 한다. 제품의 높이는 −0.1mm로 치수는 12.5~12.4mm로 관리되어야 한다. 이 치수를 넘게 되면 상대물과 조립을 할 때에 조립이 되지 않을 수도 있다. 89mm에 −0.1mm로 표기되어 있는 치수는 가이드 리브라고 하여, 상대물과의 조립시 위치를 안내해 주는 역할을 한다. 이 치수가 정확히 관리가 되지 않는다면,

제품 외관상 문제가 될 것이다.

[그림 6-24]는 제품도면의 단면도와 배면도를 나타내었다. 단면도 A-A에서 보스의 높이나 후크부위는 치수를 (+) 관리를 하고 있다. 도면에서 중요도가 약간 낮은 치수들은 (±)로 표기되었다. 치수 (±)0.1은 88.1~87.9mm로 관리를 해야 한다.

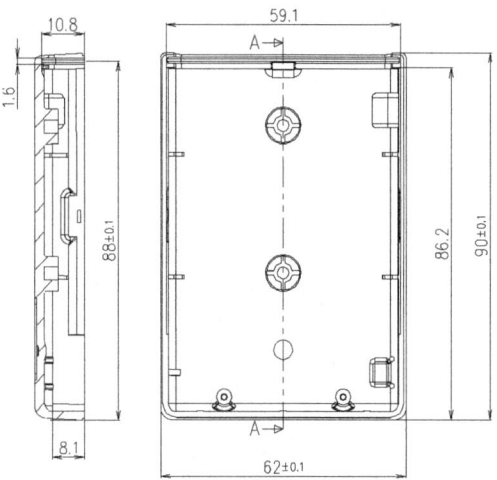

그림 6-24 제품도면의 단면도와 배면도

[그림 6-25]는 치수 (−)0.1은 61~60.9mm와 치수 (+)0.1은 55.1~55mm가 중요 치수로 집중해서 관리해야 한다. 표기된 나머지 치수들도 확인한다.

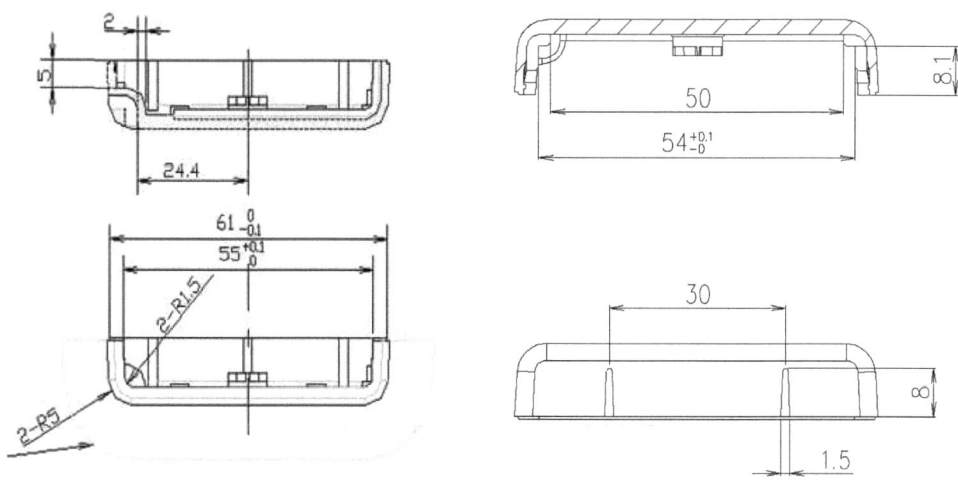

그림 6-25 제품도면의 단면도와 평면도　　**그림 6-26** 제품도면의 단면도와 처면도

[그림 6-26]에서 치수 (+)0.1은 54.1~54mm가 중요 치수로 집중해서 관리해야 한다. 표기된 나머지 치수들도 확인한다.

(2) 프런트 로어(Front-Lower) 도면의 주요부 확인

[그림 6-27]은 제품도면의 정면도, 우측면도, 좌측면도를 나타내었다. 공차가 적용된 치수들을 살펴보면 다음과 같다. 가이드 리브의 높이의 치수는 1.8mm에서 공차는 +0.0과 -0.1mm이므로 치수는 1.7~1.8mm로 관리되어야 하고, 홀과 홀과의 거리는 40.0±0.1mm이므로 치수는 39.9~40.1mm로 관리되어야 한다. 공차가 적용된 치수들을 집중적으로 관리한다.

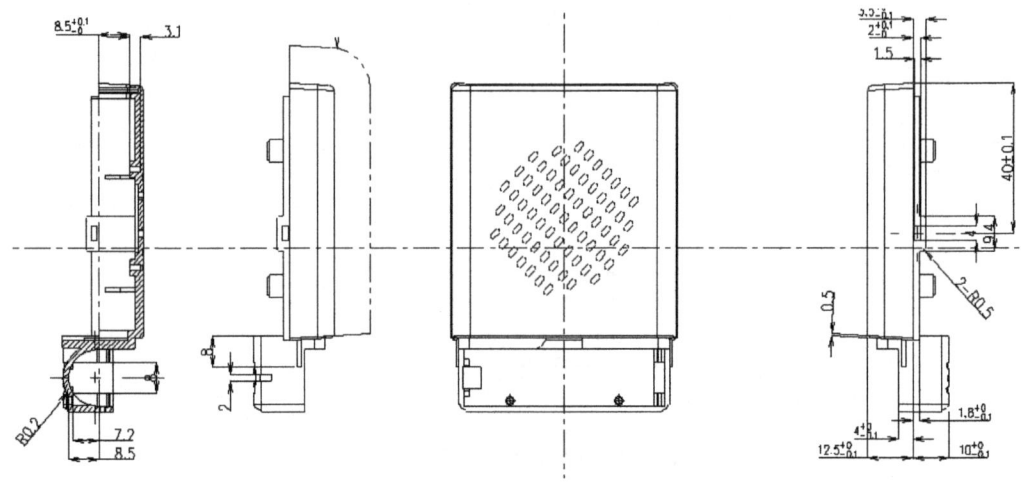

그림 6-27 제품도면의 단면도와 처면도

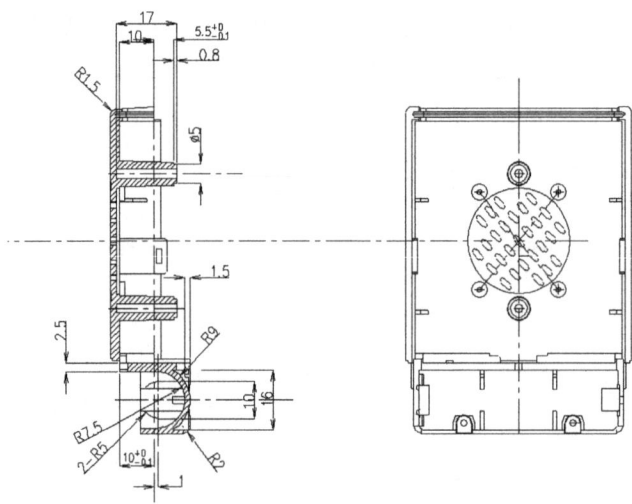

그림 6-28 제품도면의 단면도와 배면도

[그림 6-28]은 제품도면의 단면도와 배면도를 나타내었다. 공차가 적용되어 있는 부분은 집중적으로 관리되어야 한다. 표기된 나머지 치수들도 확인한다.

[그림 6-29]는 홀과 홀의 거리 치수 (±)0.1에서 26.1~25.9mm는 중요 치수로 집중해서 관리해야 한다. 나머지 공차 치수와 나머지 치수를 확인한다.

[그림 6-30]은 치수 (+)0.1은 54.1~54mm, 치수 (+)0.1은 11~11.1mm, 치수 (+)0.1은 6~6.1mm가 중요 치수로 집중해서 관리해야 한다.

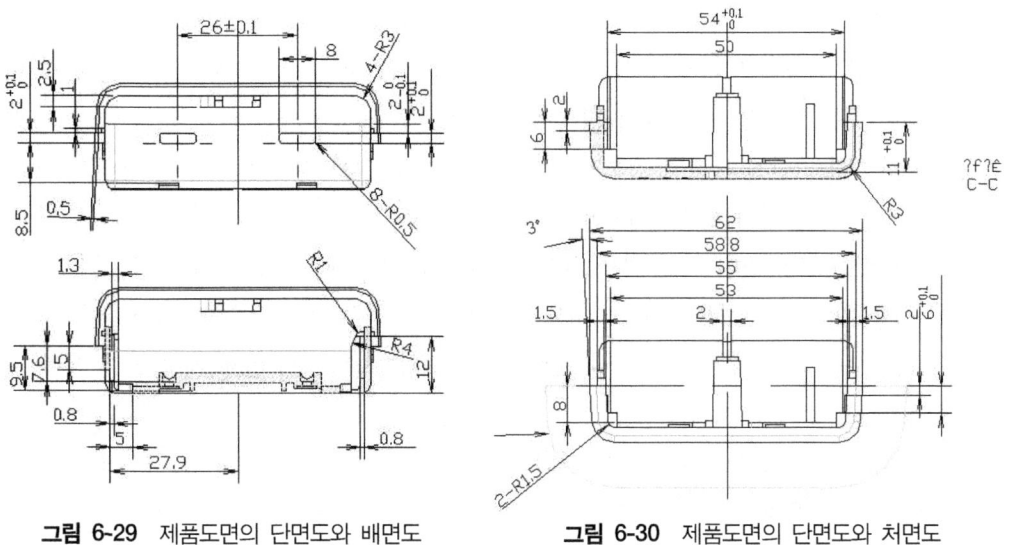

그림 6-29 제품도면의 단면도와 배면도   그림 6-30 제품도면의 단면도와 처면도

(3) 정밀치수 공차와 일반 공차

① 정밀치수 공차

지름 40mm인 축의 도면을 그릴 때, 그 축이 어떻게 사용되었는가를 고려하고 실용상 허용할 수 있는 오차의 범위를 미리 결정하여, 그 치수 범위 내로 완성하면 된다. 예를 들면, 40mm라고 정하지 말고, 40.05mm에서 39.96mm 사이로 완성하면 된다고 지정하고, [그림 6-31(a)]와 같이 치수를 기입한다. 이것은 완성된 치수가 이 범위 내에 있으면 모두 합격품으로 한다.

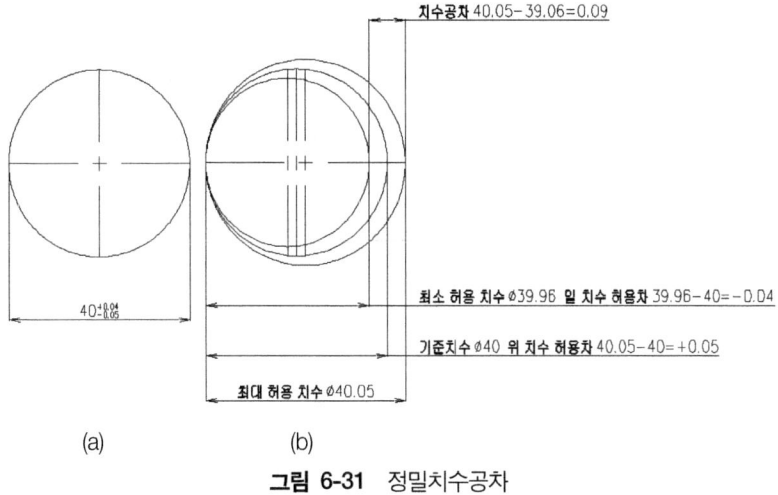

그림 6-31 정밀치수공차

이때, 실제로 가공된 치수를 실 치수라 하고, [그림 6-31(b)]와 같이 대(40.05mm), 소(39.96mm) 두 개의 허용할 수 있는 한계를 표시하는 치수를 허용 한계 치수, 그 큰 치수를 최대 허용 치수, 작은 치수를 최소 허용 치수라 한다. 기계 부품의 호환성을 유지하기 위하여 그 기능에 따라서 완성 치수가 표준화된 대, 소 두 개의 치수의 허용 한계 내에 있도록 하는 방식을 치수 공차 방식이라 한다.

40mm는 허용 한계 치수의 기준이 되는 치수이므로 기준 치수라 부르고, 이 구멍과 끼워 맞춰지는 축의 기준 치수는 40mm라고 한다.

[그림 6-31(b)]와 같이 최대 허용 치수와 기준 치수와의 대 수차 (최대 허용 치수) - (기준 치수)를 위의 치수 허용차, 최소 허용 치수와 기준 치수와의 소 수차 (최소 허용 치수) - (기준치수)를 밑의 치수 허용차라고 한다. 기준 치수보다 허용한계 치수가 클 때는 치수 허용차수치에 + 부호를, 작을 때는 - 부호를 붙인다.

최대 허용 치수와 최소 허용 치수와의 차, [그림 6-31(b)]와 같이 위의 치수 허용차와 아래의 치수 허용차와의 차를 치수 공차(Tolerance), 또는 공차라 한다.

② 치수 허용 한계의 기입법

(가) 기준 치수 다음에 치수 허용차(위의 치수 허용차 및 아래의 치수 허용차)의 수치를 그려 표시한다. 이때, 위의 치수 허용차는 위쪽에, 아래의 치수 허용차는 아래쪽에 쓴다. 이때, 소수점 이하의 자릿수는 가지런히 쓴다. [그림 6-32(a)]

위·아래의 치수 허용차 중 어느 한쪽 수치가 영일 때는 숫자 0으로 표시한다. 0에는 +, -의 부호는 붙이지 않는다. [그림 6-32(b)]

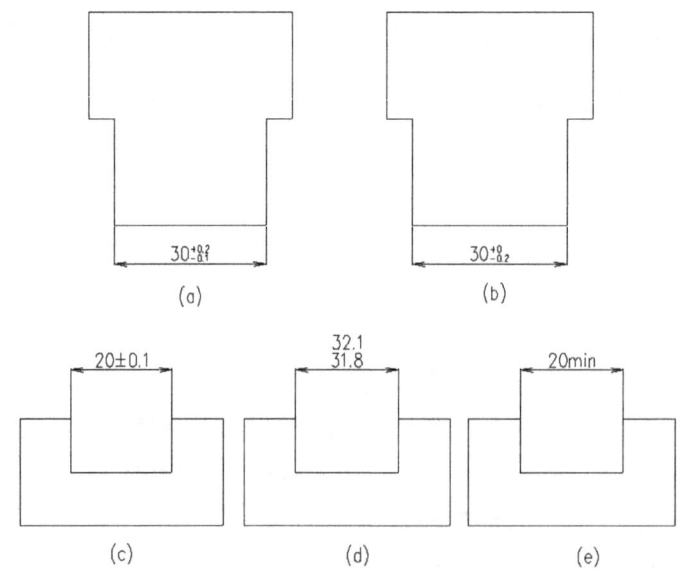

그림 6-32 치수 허용 한계의 기입

양측 공차(+, −를 갖는 것)에서 위·아래의 치수 허용차가 같을 때(절대 값이 같다)는 수치를 하나로 하고 그 부호를 붙인다. [그림 6-32(c)]

(나) 허용 한계 치수(최대 허용 치수, 최소 허용 치수)로 표시한다. 이때, 최대 허용 치수는 위쪽에, 최소 허용 치수는 아래쪽에 기입한다. [그림 6-32(d)]

(다) 최대 허용 치수 또는 최소 허용 치수의 어느 한쪽을 지정할 필요가 있을 때는, 치수 수치 앞에 "최대" 또는 "최소"라고 기입하거나, 또는 치수 수치 다음에 "max" 또는 "min"이라고 기입한다. [그림 6-32(e)]

③ 일반 공차

도면의 치수는 공차 표시에 따라서 확실하고, 완전하게 표시하지 않으면 안된다. 그러나, 도면 지시를 간단하게 할 목적으로 각각 공차의 지시가 없는 길이 치수에 대한 공차 등급의 일반 공차에 대하여 규정하고 있다. 이것을 일반 공차라 한다.

이 규격은 금속 가공 또는 판금 성형에 의하여 제작된 부품의 치수에 적용한다. 이들의 공차는 금속 이외의 재료에 적용해도 된다.

단원 핵심 학습 문제

01 다음 중 제한 게이트의 종류가 아닌 것은?
① 사이드 게이트　　　② 팬 게이트
③ 서브마린 게이트　　④ 다이렉트 게이트

해설 : ④ 다이렉트 게이트는 비제한 게이트이다.

02 일반적으로 성형품은 사출기가 열리는 방향으로만 취출이 가능하다. 성형품 기능이나 용도상 사출기가 열리는 방향의 운동만으로 빼낼 수 없는 경우 즉, 성형품의 구멍이나 돌출 또는 오목한 부분이 있는데 이러한 부분을 무엇이라고 하는가?

해설 : 언더컷

03 언더컷 처리 방법에 대하여 쓰시오.

해설 : 강제로 취출하는 방법, 내부 언더컷 처리 방법, 외부 언더컷 처리 방법

04 런너의 설계시 고려사항을 쓰시오.

해설 : ① 런너의 크기는 성형품의 살 두께보다 굵게 한다.
② 런너의 길이는 최대한 짧게 한다.
③ 수지의 유동성이 나쁜 수지의 성형은 유동성이 좋은 수지보다 런너의 단면적을 크게 한다.
④ 런너의 방향이 변하는 코너부에는 콜드 슬러그 웰을 설치한다.
⑤ 런너의 단면적은 성형 사이클을 좌우하는 것이어서는 안된다.

05 게이트의 설정 요령을 쓰시오.

해설 : ① 게이트는 그 성형품의 가장 두꺼운 부분에 설치하는 것을 원칙으로 한다.
② 게이트 위치는 각 캐비티의 말단까지 동시에 충전되는 위치에 설치한다.
③ 상품가치상 눈에 띄지 않는 곳 또는 게이트 마무리가 간단하게 되는 부분에 설치한다.
④ 웰드라인이 생성되기 어려운 곳에 설치한다.
⑤ 가는 코어나 리브 핀이 가까운 곳 또는 유동압력에 의해 편육하고 쓰러질 우려가 있는 방향은 피한다.
⑥ 가스가 고이기 쉬운 방향의 반대쪽에 설치하고, 그 반대쪽에 가스빼기를 설치한다.
⑦ 큰 힘이나 충격하중이 작용하는 부분에는 게이트를 설치하지 않는다.
⑧ 성형품의 기능, 외관을 손상하지 않는 부분에 설치한다.
⑨ 인서트 기타 장애물을 피할 수 있는 곳을 선택한다.

06 런너의 분류를 쓰시오.

해설 : ① 콜드 런너 - 일반 금형에서 사용하는 것으로 런너를 금형의 온도로만 컨트롤(Control)하므로 성형 후 재 분쇄하여 사용하는 경우가 많다.
② 핫 런너 - 런너 리스(Runner less) 금형이라고도 부르며, 런너 주위에 금형의 온도 외에 별도로 열을 가하게 하여 항상 일정한 온도를 유지하도록 별도의 블록(매니폴드)을 설치한 것이다.

07 비제한 게이트의 종류를 들고 특징을 쓰시오.

해설 : 종류 - 다이렉트 게이트
특징 - ① 게이트 부근의 잔류응력이 감소된다.
② 성형품의 휨, 균열 등의 변형 감소
③ 게이트의 고화시간이 짧으므로 사이클(Cycle)을 단축할 수 있다.
④ 다수 개 캐비티인 경우 게이트 밸런스가 용이하다.
⑤ 게이트의 제거가 간단하다.
⑥ 게이트 통과 시 압력 손실이 크다.

08 제한 게이트의 종류를 들고 특징을 쓰시오.

해설 : 종류 - 사이드 게이트, 오버랩 게이트, 팬 게이트, 필름 게이트, 링 게이트
디스크 게이트, 서브마린 게이트, 다단 게이트, 터브 게이트
특징 - ① 압력 손실이 적다.
② 수지량이 절약된다.
③ 금형 구조가 간단하다.
④ 사이클이 연장되기 쉽다.
⑤ 게이트의 후 가공이 필요하다.
⑥ 잔류응력, 압력에 의한 충전변형과 크랙이 발생하기 쉽다.

09 강제로 제품을 취출하는 방법을 쓰시오.

해설 : ① 손으로 빼내는 방법
② 스트리퍼 플레이트를 이용하는 방법
③ 블록으로 빼내는 방법

10 내부 언더컷 처리 방법을 쓰시오.

해설 : 언더컷 부분을 코어의 분할형 또는 슬라이드 코어를 분리하는 역할을 하는 경사 핀을 직접 이용하여 성형품의 일부 형상을 구성하도록 하는 방식이다.

11 외부 언더컷 처리 방법을 쓰시오.

해설 : 슬라이드 코어에 의한 처리 방법으로 언더컷(Under Cut)이 있는 제품에서 금형이 열림이 열리면 슬라이드가 작동되어 언더컷을 처리하는 구조다.

12 제품도를 분석할 시 항목을 쓰시오.

해설 : 제품의 외관불량 분석, 제품의 구배 분석, 제품의 언더컷 분석, 제품의 조립성 검토

13 치수 허용 한계의 기입의 예를 들어 쓰시오.

해설 : $30^{+0.2}_{-0.1}$, $30^{+0}_{-0.2}$, $20^{\pm 0.1}$, $32.1 \atop 31.8$, $20 \min$

14 $40^{+0.05}_{-0.04}$의 경우에 다음을 쓰시오.

치수 공차(Tolerance), 또는 공차

최소 허용 치수, 밑의 치수 허용차라

최대 허용 치수, 위의 치수 허용차

해설 : 치수 공차(Tolerance) 또는 공차 = 40.05 − 39.96 = 0.09
　　　최소 허용 치수 = 39.96, 밑의 치수 허용차 = 39.96 − 40 = −0.04
　　　최대 허용 치수 = 40.05, 위의 치수 허용차 = 40.05 − 40 = +0.05

15 80 (±)0.1인 경우 제품 치수는?

해설 : 88.1~87.9mm로 관리를 해야 한다.

6-2 금형구조 검토하기

1. 런너와 게이트의 형상 및 크기 결정하기

1) 런너의 형상

(1) 원형 런너

[그림 6-33(a)]는 원형 런너로서 수지의 유동성이 가장 좋으나 분할면을 경계로 양측에 R로 가공하여야 함으로 가공 시간이 길다. 그러므로 흐름성이 매우 좋지 않은 수지 또는 형상일 경우 사용한다.

(2) U자형 런너

[그림 6-33(b)]는 원형의 형상에 편측 10° 정도의 각도를 적용한 U자형 런너이다. 한쪽 면만 가공하는 형상으로는 유동성이 가장 좋으나 가공 깊이가 효율에 비해 너무 깊어 가공시간이 비교적 길다. 3단 금형의 런너 가공에 많이 사용된다.

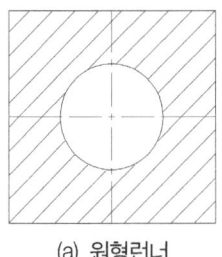
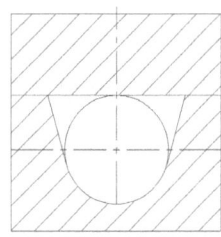

(a) 원형런너   (b) U자형 런너

그림 6-33 런너의 형상

(3) 사다리꼴 런너 설계

한쪽 면만 가공하는 형상으로는 가공시간이 가장 짧고, 널리 사용하나 흐름성이 조금 떨어지는 단점이 있다.

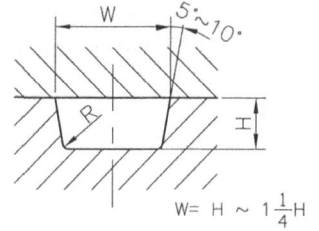

그림 6-34 런너의 형상

(4) 반원형 런너 설계

금형의 한 면만 가공하면 되며, 가공연마가 용이하고 탈 형성이 좋으나 재료 압송 압력이 크고 압송시간이 길다.

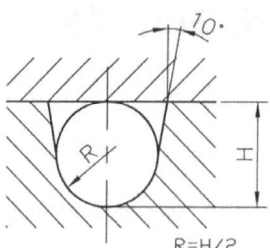

그림 6-35 반원형 런너

2) 게이트 설계

게이트는 런너의 종점이고 캐비티의 입구를 말한다. 좋은 게이트 설계는 다음과 같다.
① 런너로 부터 제품의 분리가 용이하고 깨끗하게 분리가 되어야 한다.
② 균형 있게 설계된 런너에서 압력 분배가 균등하게 될 수 있는 게이트로 만들어야 한다.
③ 캐비티 내에 수지 유입시 유동 및 압력분배가 원활하게 유입되어야 웰드라인 혹은 제팅 등의 불량이 감소한다.
④ 캐비티 내 압력보존 및 수축조절을 위해 런너와 제품 사이에 차단 역할을 하므로 보압의 기능을 가질 수 있어야 한다.
⑤ 제품의 품질과 생산성의 중요한 요소인 적정 성형시간을 제공하는 게이트 냉각시간을 고려한 설계가 되어야 한다.
⑥ 성형수지 특성을 고려하여야 한다.

(1) 게이트의 종류

① 표준 게이트(Side Gate)

소형에서 중형품까지 여러 개 빼기 성형품에 많이 이용된다. 게이트의 치수는 경험에 의해 일반적으로 정하거나 사용되고 있는 치수의 범위 내에서 치수를 조정하여 설계를 한다. 일반적으로 표준 게이트에서 게이트의 폭과 높이는 3 : 1 정도이며, 게이트의 깊이는 소형 및 중형제품에서 1.5~2.5mm 정도로 설계를 한다.

② 서브 마린 게이트

게이트가 런너로 부터 경사지게 터널식으로 뚫려 제품의 측면에 설치되는 형식의 게이트로서 일명 터널 게이트(Tunnel gate)라고도 한다. 2단 금형 구조에 적용되나 금형이 열릴 때는 3단 금형 핀 포인트 게이트처럼 게이트부가 자동적으로 절단되기 때문에 2차 가공이 생략된다.

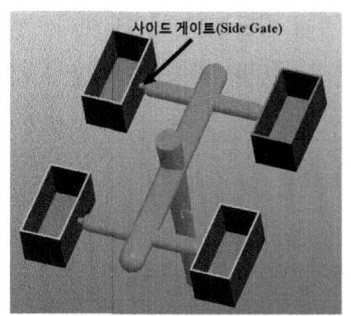

그림 6-36 표준 게이트

그림 6-37 서브 마린 게이트

(가) 서브마린 게이트의 상측에 위치

게이트부분이 위쪽에 있으며 이때에는 게이트의 위치가 외관상 보이지 않도록 주의를 해야 한다.

(나) 서브마린 게이트의 하측에 위치

게이트부분이 아래쪽에 있으며 이때에는 게이트의 위치를 설정하는 세 가지 방법이 있다.

㉠ 성형품에 있는 리브에 설치하는 방법
㉡ 임의의 리브를 세워 성형 후 절단하는 방법
㉢ 밀어내기 핀을 이용하는 방법

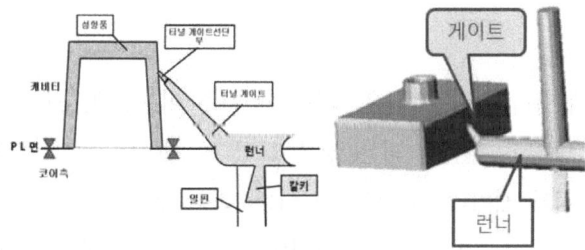

그림 6-38 상측에 위치한 서브마린게이트

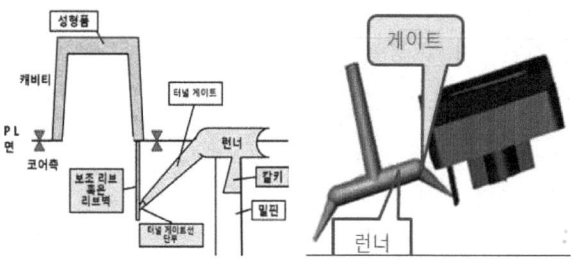

그림 6-39 하측에 위치한 서브마린 게이트

③ 핀 포인트 게이트

3단방식의 게이트로서 성형품의 중앙에 게이트를 설치할 때 사용되는 게이트이다. 성형의 용이성 및 정밀도를 위해 여러 개의 게이트를 성형품의 표면에 설치할 때 많이 사용된다. 핀 포인트 게이트의 특징은 다음과 같다.

(가) 게이트 위치가 비교적 제한받지 않고 자유롭게 결정된다.
(나) 게이트 부근에 잔류응력이 적다.
(다) 투영 면적이 큰 성형품, 변형하기 쉬운 성형품의 경우 다점 게이트로 하므로 수축, 변형을 작게 할 수 있다.
(라) 금형을 3매 구성 금형으로 하면 형개력에 의해 게이트는 자동적으로 절단되고 다듬질공정을 생략할 수 있다.
(마) 게이트 단면적이 적어 압력손실이 크므로 저점도 수지를 사용하거나 사출압력을 높게 해야 한다.
(바) 3매 구성 구조의 금형으로 성형 사이클이 길게 된다.

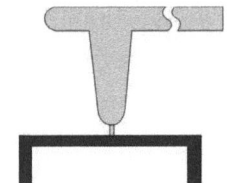 

그림 6-40 핀 포인트 게이트

④ 다이렉트 게이트

비제한 게이트에 속하며, 크고 깊은 성형품에 자주 이용된다. 게이트 부근에 잔류 응력이 집중하고 크랙 발생이 원인이 되는 경우도 있다. 게이트 부의 후면에는 온도가 떨어져 낮은 온도의 수지가 캐비티 안으로 유입되는 것을 막기 위해 성형품 살두께의 1/2 두께의 콜드 슬러그 웰(Cold slug well)을 설치할 필요가 있다. 게이트 절단 후 게이트 흔적의 다듬질이 필요하고, 외관상 좋지 않다. 다이렉트 게이트의 특징은 다음과 같다.

(가) 압력손실이 적다.
(나) 금형구조가 간단하며, 고장이 적다.
(다) 큰 성형품에 주로 사용된다.
(라) 성형성이 좋고, 면 수축이 적다.
(마) 성형 사이클의 연장되기 쉽다.
(바) 게이트의 후가공이 필요하다.
(사) 잔류응력, 변형 및 크랙이 발생하기 쉽다.

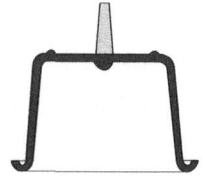 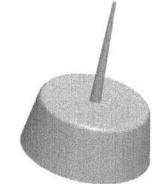 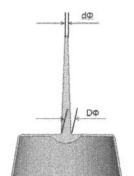

그림 6-41 다이렉트 게이트

⑤ 팬 게이트(Fan Gate)

면적이 큰 평면 형상의 성형품을 성형하는데 기포나 플로우 마크가 발생하지 않고, 원활하게 또는 균일하게 충전하는데 적당한 게이트이다. 게이트의 절단이 번잡하고 흔적도 남기 때문에 게이트 위치를 결정할 때에는 성형성은 물론 끝마무리를 고려하여야 한다. 특징은 다음과 같다.

(가) 캐비티를 향하여 부채꼴로 넓어지는 게이트이다.
(나) 게이트 부근의 결함을 최소로 하는데 효과가 있다.
(다) 얇고 넓은 성형품의 경우에 원활하게 충전시킬 수 있다.
(라) 게이트의 절단이 번잡하고, 흔적이 남는다.

⑥ 코끼리 게이트 혹은 지(G) 게이트

바나나 게이트는 서브마린(터널) 게이트의 변형 형상으로 일명 코끼리 게이트 혹은 지(G) 게이트라고도 한다. 이 게이트는 가공을 하는데 있어서 코어를 분할하여 곡선을 각각 가공하여 서로 붙여서 만들어야 한다. 게이트의 곡선 가공에 주의를 기울여야 하고 또한 시간이 걸리므로 특별한 경우가 아니면 사용을 자제하는 경우가 많다. 코끼리 게이트의 특징은 다음과 같다.

(가) 업체미디 각도 방법과 제품의 형상에 따라 다르므로 각자의 설계자가 결정하여 작도하는 것이 일반적이다.
(나) 통상 바나나 게이트는 외관상에 게이트 자국이 나타나지 않도록 내부에 설치하는 것이 원칙이다.
(다) 바나나 게이트의 곡선은 게이트 취출 시에 런너에 의하여 취출되므로 게이트 부위는 얇고 런너 부위는 두껍다.
(라) 제품 성형 시에 게이트 부위가 금형 내부에 남아 있을 경우를 고려하여 게이트 취출을 위해 성형기 취부 상태로서 분리할 수 있도록 하여야 한다.
(마) 바나나 곡선의 가공을 위하여 게이트 부위를 분할하여 설계, 제작한다.
(바) 바나나 게이트 취출을 위하여 들어가는 밀어내기 핀의 위치는 구부러진 런너의 시작점을 기준으로 하여 밑판까지 거리와 게이트 절단점까지의 거리를 비교할 때 밀핀까지의 거리가 최소한 같아야 한다.

(사) 가스 투입용 바나나 게이트의 경우 게이트 직경은 최소 $\phi 3.0$mm 이상이어야 한다.

(아) 특히 TV 전면 커버에 많이 사용하고 있으며 이 경우 게이트 취출 시에 브라운관의 접촉면에 상처를 낼 수 있다. 이때에는 밀어내기 핀의 하단에 시간차 밀어내기 기구를 설치하는 것이 좋다.

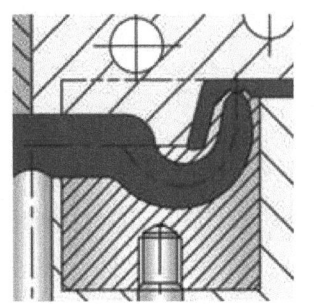 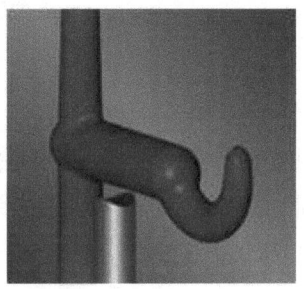

그림 6-42 코끼리 게이트

2. 특수 금형 구조 결정하기

1) 특수 금형 구조

(1) 공 · 유압에 의한 처리 방법

코어를 공기압이나 유압을 사용하는 실린더를 부착하여 사용하는 방법이다.

(2) 나사 제품의 처리 방법

나사는 일반적으로 언더컷(Under Cut)으로 되어 있는 경우가 많으며, 그 처리방법은 일반 언더컷과는 상당히 다르다. 이때 나사 부분이 파손 변형되지 않고 성형품을 밀어내기 위하여 나사부를 돌려서 밀어내는 방법을 말한다.

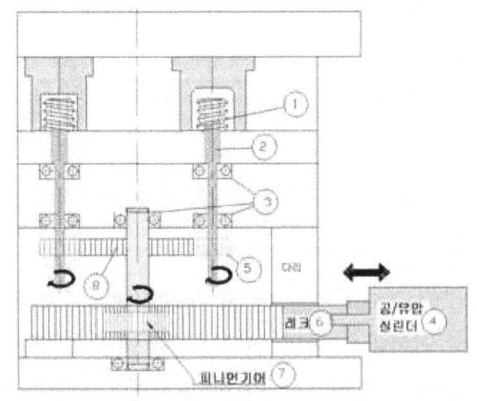  

그림 6-43 공 · 유압 시스템 구조   그림 6-44 나사 형상

(3) 컬랩서블(Collapsible) 코어에 의한 이형 방법

미국의 DME사가 개발한 것으로 일종의 슬리브와 슬리브 속 핀을 변형시켜 두 개의 부품으로 분할하여 이 부품의 탄성으로 항상 안쪽으로 수축하도록 되어 있는데 안쪽 코어가 빠진 후에 바깥 코어가 수축하게 하여 언더컷 부분을 빠져 나오도록 하는 것과 안쪽에서 코어 핀을 밀어 넣어 바깥코어를 확장시키면서 원래의 위치로 되돌아가서 성형이 가능한 상태가 되도록 만드는 금형 구조다.

① 일반적으로 캡 종류의 제품에 많이 사용한다.
② 분할코어의 가공이 어렵다.
③ 금형의 분해 조립에 시간이 많이 걸린다.

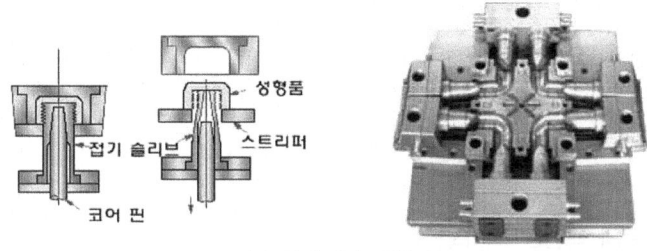

(a) 컬랩서블 금형 구조

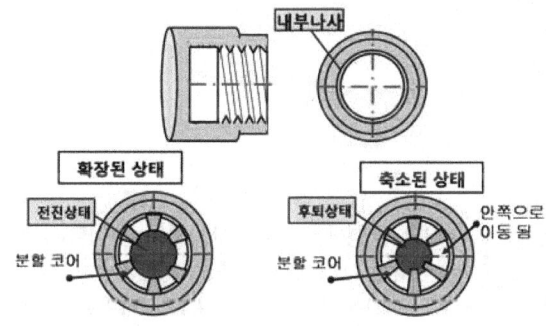

(b) 컬랩서블 코어 형상

그림 6-45 컬랩서블(Collapsible) 코어

단원 핵심 학습 문제

01 다음 중 게이트 종류 중에서 2단이나 3단 금형에서 주로 사용하는 게이트의 종류가 아닌 것은?

① 표준 게이트
② 핀 포인트 게이트
③ 서브 마린 게이트
④ 링 게이트

해설 : ④ 주로 사용하는 게이트의 종류 - 표준 게이트, 핀 포인트 게이트, 서브 마린 게이트

02 핀 포인트 게이트의 특징을 쓰시오.

해설 : ① 게이트 위치가 비교적 제한받지 않고 자유롭게 결정된다.
② 게이트 부근에 잔류응력이 적다.
③ 투영 면적이 큰 성형품, 변형하기 쉬운 성형품의 경우 다점 게이트로 함으로 수축, 변형을 작게 할 수 있다.
④ 금형을 3매 구성 금형으로 하면 형개력에 의해 게이트는 자동적으로 절단되고 다듬질 공정을 생략할 수 있다.
⑤ 게이트 단면적이 적어 압력손실이 크므로 저점도 수지를 사용하거나 사출압력을 높게 해야 한다.
⑥ 3매 구성 구조의 금형으로 성형 사이클이 길게 된다.

03 다이렉트 게이트의 특징은 쓰시오.

해설 : ① 압력손실이 적다.
② 금형구조가 간단하며, 고장이 적다.
③ 큰 성형품에 주로 사용된다.
④ 성형성이 좋고, 면수축이 적다.
⑤ 성형 사이클이 연장되기 쉽다.
⑥ 게이트의 후가공이 필요하다.
⑦ 잔류응력, 변형 및 크랙이 발생하기 쉽다.

04 게이트 종류 중에서 2단이나 3단 금형에서 주로 사용하는 게이트에 대해서 설명하시오?

해설 : ① 표준 게이트(Side Gate) - 소형에서 중형품까지 여러 개 빼기 성형품에 많이 이용된다.
② 서브 마린 게이트 - 게이트가 런너로 부터 경사지게 터널식으로 뚫려 제품의 측면에 설치되는 형식의 게이트로서 일명 터널 게이트(tunnel gate)라고도 한다.
③ 핀 포인트 게이트 - 3단방식의 게이트로서 성형품의 중앙에 게이트를 설치할 때 사용되는 게이트이다. 성형의 용이성 및 정밀도를 위해 여러 개의 게이트를 성형품의 표면에 설치할 때 많이 사용된다.

05 면적이 큰 평면 형상의 성형품을 성형 하는데 기포나 플로우 마크가 발생하지 않고, 원활하게 또는 균일하게 충전하는데 적당한 게이트는?

해설 : 팬 게이트(Fan Gate)

06 런너의 형상의 종류를 쓰시오.

해설 : 원형 런너, U자형 런너, 사다리꼴 런너 설계, 반원형 런너 설계

07 한쪽면만 가공하는 형상으로는 가공시간이 가장 짧고, 널리 사용하나 흐름성이 조금 떨어지는 단점이 있는 런너는?

해설 : 사다리꼴 런너

08 게이트가 런너로 부터 경사지게 터널식으로 뚫려 제품의 측면에 설치되는 형식의 게이트로서 일명 터널 게이트(Tunnel gate)라고도 한다. 2단 금형 구조에 적용되나 금형이 열릴 때는 3단 금형 핀 포인트 게이트처럼 게이트부가 자동적으로 절단되기 때문에 2차 가공이 생략되는 게이트는?

해설 : 서브 마린 게이트

09 비제한 게이트에 속하며, 크고 깊은 성형품에 자주 이용된다. 게이트 부근에 잔류 응력이 집중하고 크랙 발생이 원인이 되는 경우도 있는 게이트는?

해설 : 다이렉트 게이트

10 특수 금형 구조의 종류를 쓰시오.

해설 : 공·유압에 의한 처리 방법, 나사 제품의 처리 방법, 컬랩서블(Collapsible) 코어에 의한 이형 방법

6-3 가공공정 검토하기

1. 가공공정 결정하기

1) 기계선정 및 가공방법

(1) 절삭가공 과 공작기계

① 가공방법 분류에 의한 공작기계

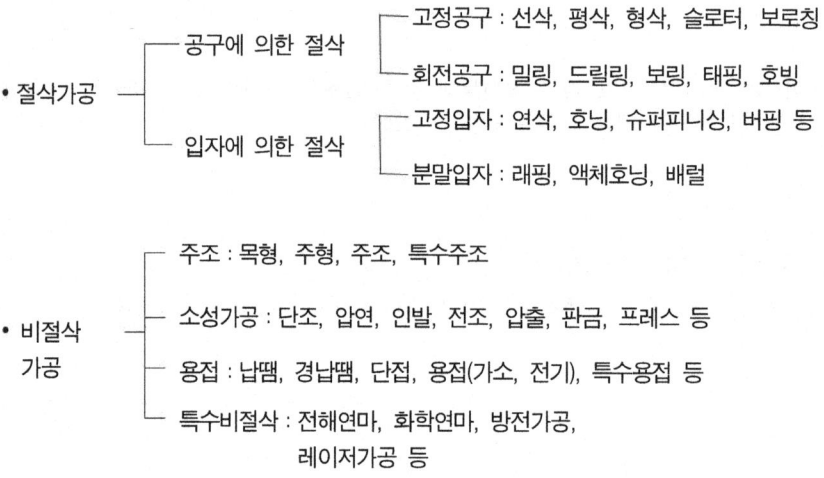

② 절삭 공구 분류에 의한 공작기계

(2) 3D 금형도에 의한 가공방법 결정

[그림 6-46]은 하측 3D 금형도를 나타내었다. 가공은 냉각이나 볼트 부위를 가공하기 위하여 드릴가공이 필요하고, 정확한 치수로 가공하기 위하여 연마 가공도 필요하다. 그 밖에 밀링, 와이어 방전가공, 형조 방전가공, CNC 고속가공이 필요하다.

그림 6-46 3D 금형도

① 밀링 머신

밀링커터를 장치하여 회전운동을 하는 주축(主軸)과 가공물을 장치하여 이송하는 테이블이 있으며, 그 구조에 따라 니형(무릎형)·베드형으로 분류한다. 주축에 고정된 절삭 공구회전, 일감을 전후, 좌우, 상하로 직선 이송을 한다.

  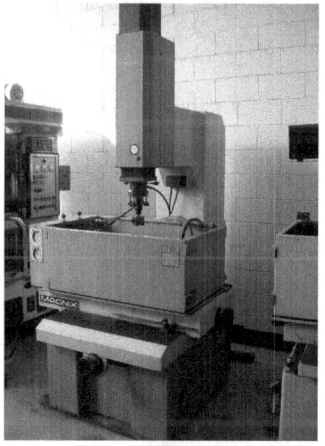

그림 6-47 밀링 머신　　**그림 6-48** 드릴링 머신　　**그림 6-49** 형조 방전가공 머신

② 드릴링 머신

전동기에 의해 회전하는 축에 드릴과 같은 절삭 공구를 고정시키고, 회전시키면서 수직 운동을 하여 구멍을 뚫을 때 사용하는 공작 기계이다. 크기나 작업 형태에 따라 핸드 드릴링 머신, 직립 드릴링 머신, 레이디얼 드릴링 머신, 탁상 드릴링 머신, 평 드릴링 머신, 다축(多軸) 드릴링 머신 등 여러 가지 종류가 있다.

③ 형조 방전가공

전기절연성 액체(등유나 이온교환수 등) 중에서 피가공재와 전극간에 펄스상 방전 전압을 주어 불꽃 방전을 반복하여, 피가공재를 전극에 맞게 제거하고, 목적한 형상으로 만드는 가공방법을 말한다. 피가공재에 도전성이 있다면, 재질, 경도, 취성에 관계없이 가공할 수 있으며, 피가공재에 압력이 걸리지 않기 때문에, 얇은 박과 같은 것도 변형되지 않고 가공할 수 있다. 방전가공은 특정한 형상의 전극(동이나 흑연 등)을 사용한 형조(型彫) 방전가공과 세선(細線, 동이나 텅스텐)을 전극으로 한다.

④ 와이어 방전가공

주행하는 와이어 전극과 공작물 사이에서 방전을 일으켜 발생하는 스파크를 톱날처럼 이용하여 가공물을 잘라내는 가공 방법이다. 와이어컷 방전가공 또는 와이어 방전가공이라고도 한다.

⑤ 머시닝센터

주축(主軸)의 운동 방향에 따라 수직형 머시닝센터(MC, machining center)와 수평형 머시닝센터(MC, machining center), 수직·수평형의 기종(機種)으로 구분한다. 머시닝센터의 운동은 직선운동·회전운동·주축회전의 세 가지가 있으며, 이들 운동은 수치제어(數値制御 : NC) 서보와 NC스핀들에 의해 위치결정과 주축속도가 제어된다. 머시닝센터의 구성은 기계 본체와 20~70개의 공구를 절삭조건에 맞게 자동적으로 바꾸어 주는 자동공구교환대(automatic tool changer : ATC) 및 NC장치로 되어 있다. 단 한 번의 세팅으로 다축가공(多軸加工)·다공정가공이 가능하므로 다품종 소량부품(多品種少量部品)의 가공공정 자동화에 유리하다.

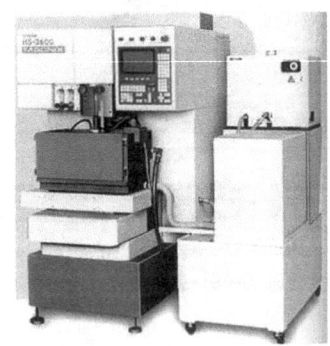
그림 6-50 와이어 방전가공 머신

그림 6-51 CNC 고속가공

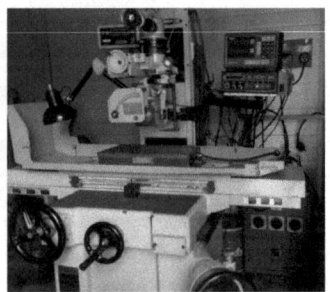
그림 6-52 연삭가공

⑥ 연삭

숫돌을 고속으로 회전시켜 피절삭물 표면을 미세한 가루로 제거하는 정밀 마무리법을 말한다. 마무리 면의 거칠기는 보통, 최대 높이 $3\mu m$ 정도 이하이지만 입도가 미세한 숫돌을 사용하면 최대 높이 $0.1~0.3\mu m$의 경면 마무리를 할 수 있다. 인쇄용 롤에서는 동·

도금면을 연삭, 가공하여 경면 마무리를 한다.

⑦ 랩핑(Lapping)

랩핑은 매끈한 표면을 얻는 가공 방법이다. 금속, 보석 등을 가공하고, 마모현상을 응용한 방법으로 많이 사용하고 있다. 일반적으로 가공물과 랩 사이에 미세한 분말 상태의 랩제를 넣고, 가공물에 압력을 가하여 상대운동을 시켜 표면 거칠기가 매우 우수한 가공면을 얻는 가공 방법이다.

(가) 랩핑의 장점

㉠ 가공면이 매끈한 거울면을 얻을 수 있다.
㉡ 정밀도가 높은 제품을 가공할 수 있다.
㉢ 가공면은 윤활성 및 내마모성이 좋다.
㉣ 가공이 간단하고, 대량생산이 가능하다.
㉤ 잔류응력 및 열적 저항을 받지 않는다.
㉥ 가공면은 내식성과 내마모성이 양호하다.

(나) 랩핑의 단점

㉠ 가공면에 랩제가 잔류하기 쉽고, 제품 사용시 잔류한 랩제가 마모를 촉진시킨다.
㉡ 고도의 정밀 가공은 숙련이 필요하다.

2. 표준부품과 가공부품 결정하기

1) 2단 금형 표준부품

2단 금형은 스프루, 런너, 게이트기 캐비티의 동일면에 있는 금형을 말한다. 피팅라인에 의해 고정측과 가동측으로 분할되는 가장 일반적인 구조이며, 특징은 다음과 같다.

① 구조가 간단하고 취급하기 쉽다.
② 고장요인이 적고 내구성이 뛰어나다.
③ 성형 사이클이 빠르다.
④ 금형 제작비가 낮다.
⑤ 게이트의 형상 및 위치를 비교적 임의로 결정할 수 있다.
⑥ 성형품과 게이트는 성형 후에 절단해야 한다.

(1) 몰드 베이스

몰드 베이스란 플라스틱 성형기계에서 제품을 성형하고 이젝팅할 때 필요한 모든 금형 요소들을 포함하고 있는 하우징 전체를 말한다.

(2) 몰드 베이스 분류 및 호칭

몰드 베이스는 금형의 종류 또는 게이트(Gate) 형식 등에 따라 여러 분류방법이 있으나 일반적으로 많이 사용하고 있는 금형의 게이트 형식에 따른 사이드 게이트(Side gate type)형과 핀 포인트 게이트(Pin point gate type)형으로 분류하며 핀 포인트 게이트형은 런너 스트리퍼판(Runner stripper plate)이 있는 것과 없는 것으로 분류한다. 런너 스트리퍼판이 있는 형을 'R'형, 사이드 게이트형을 'S'형으로 표기한다.

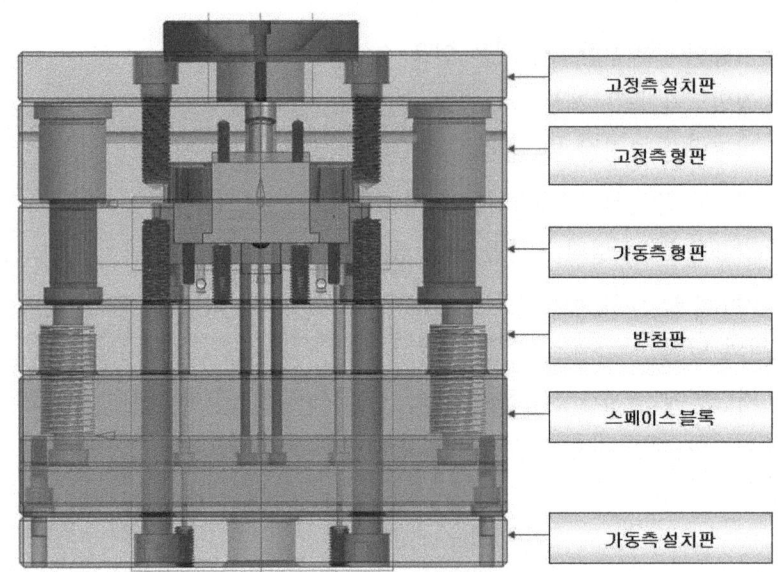

그림 6-53 2단 금형의 명칭

① 고정측 설치판(stationary-side clamping plate)
    사출성형기계의 고정부착판에 금형을 설치하는 부품의 하나로 Top clamping Plate라고도 한다.
② 고정측 형판(stationary plate)
    스프루 부싱(Sptue bushing)과 가이드 핀 부싱(Guide pin bushing)이 고정되어 있으며 금형의 캐비티(Cavity)부가 있는 판으로 상형판(Top cavity retainer plate)이라고도 한다.
③ 가동측 형판(Moveable-side core retainer)
    고정측 형판과 함께 파팅라인을 형성하는 판으로 코어(Core)를 내재하고 있으며 하형판(Bottom core retainer plate)이라고도 한다.
④ 받침판(Support plate)
    플라스틱수지의 사출성형 시 고압에 의해 가동측 형판에 휨이 일어나지 않게 받쳐주는 판이다.

⑤ 스페이서 블록(Spacer block)

설치판 사이에 성형품을 빼낼 때 밀판(Ejector plate)이 상하로 움직일 수 있게 공간(Space)을 만들어 주는 부품으로 다리라고도 한다.

⑥ 밀핀 고정판(Ejector retainer plate)

밀핀(Ejector pin), 리턴핀(Return pin), 스프루 록핀(Spurue lock pin)의 자리가 카운터 보링되어 있으며 밀핀을 상하로 움직일 때 밀핀을 고정시켜 준다.

⑦ 밀핀 받침판(Ejector base plate)

밀핀 고정판에 볼트로 체결되어 있으며 밀핀 고정판에 설치되어 있는 핀들의 받침판 역할을 하는 부품이다.

⑧ 가동측 설치판(Movable-side clamping plate)

금형을 사출성형기의 가동측 부착판에 설치하는 부품으로 가동측 고정판(Bottom clamping plate)이라고도 한다.

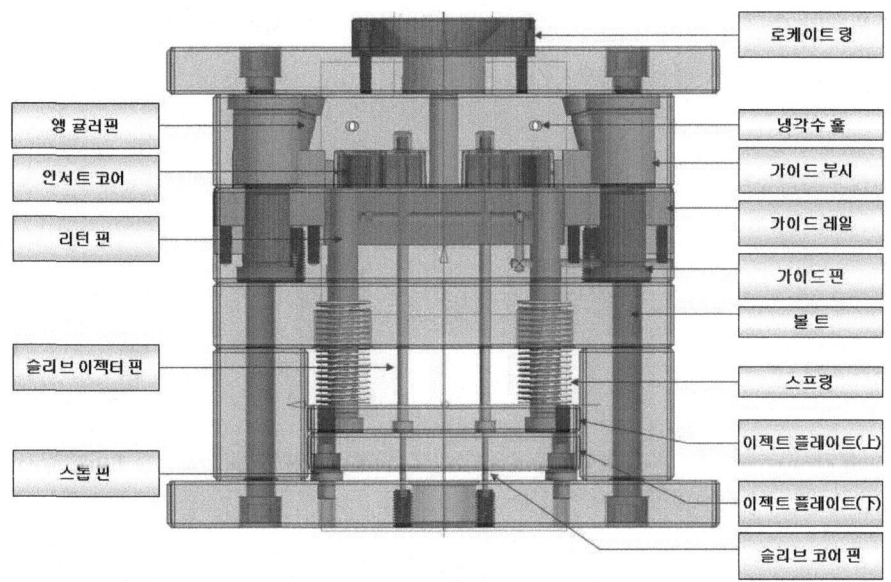

그림 6-54 2단 금형의 명칭

(3) 표준 부품 분류

① 스톱핀(Stop pin)

스톱핀은 가동측 설치판에 부착되어 밀판과 가동측 설치판 사이에 이물(異物)이 끼어들어 금형 고장이 일어나는 것을 방지하는 기능을 가진 부품이다.

② 로케이팅 링(Locating ring)

고정측 설치판의 카운터 보링자리(Countor bore)에 들어가며 사출성형기의 노즐과 스프루 부싱의 중심을 맞추는데 사용되는 부품으로 사출성형기의 노즐에 따라 여러 형태가 있다.

③ 스프루 부싱(Sprue bushing)

사출성형기의 노즐에 밀착되어 플라스틱수지 재료가 런너로 들어가는 원뿔형태의 구멍이 있는 부품으로 노즐에 따라 여러 형태가 있다.

④ 가이드 핀 부싱(Guide pin bushing of Guide bush)

고정측 형판에 고정되어 가이드 핀에 대해 베어링의 역할을 해주는 부품이다.

⑤ 가이드 핀(Guide pin 또는 Leader pin)

고정측 형판과 가동측 형판을 정확하게 맞추어지도록 안내 역할을 하는 부품으로, 가이드 핀은 일반적으로 가동측 형판에 고정되어 있으며 고정측 형판에 고정된 것도 있다.

⑥ 리턴 핀(Return pin)

밀핀 고정판에 고정되어 있으며 금형이 닫힐 때 밀핀이나 스프루 록 핀을 보호하여 원위치로 돌아가게 하는 핀 종류의 부품이다.

⑦ 스프루 록 핀(Sprue lock pin 또는 sprue puller pin)

스프루의 출구편 바로 밑에 있는 핀으로 플라스틱수지 사출 후 성형된 스프루를 스프루 부싱 밖으로 당겨 빼는 기능을 가진 부품이다.

그림 6-55 표준 부품

⑧ 밀핀(Ejector pin)

밀판에 고정되어 있으며 플라스틱 수지의 성형제품을 금형 밖으로 빼내 주는 기능을 가진 부품이다.

2) 가공 부품

(1) 캐비티(Cavity)

용융 수지가 들어가도록 고정측 형판(금형)에 오목하게 만들어진 빈 공간 캐비티를 갖는 금형을 캐비티 금형이라 한다. (고정측 형판=캐비티 금형)

(2) 코어(Core)

가동측 형판(금형)에 볼록하게 만들어진 형상 코어를 갖는 금형을 코어 금형이라 한다. (가동측 형판=코어 금형)

 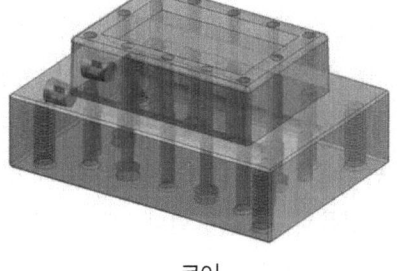

캐비티   코어

그림 6-56 메인 코어

(3) 슬라이드 블록

내측이나 외측 언더컷을 처리하기 위한 장치 중의 하나로 앵귤러 핀에 의해 금형 내부에서 슬라이드 운동을 하는 부품으로 일반적으로 슬라이드 코어를 고정하여 언더컷 처리를 한다.

(4) 슬라이드 코어

슬라이더에 고정되어 언더컷 부분의 성형부를 형성하는 부품을 말한다.

(5) 앵귤러 핀

금형의 개폐 동작을 슬라이드 코어가 움직이는 방향으로 움직임을 변화시켜주는 부품으로 소정의 각도를 갖고 끼워 맞춤된 부품을 말한다.

(6) 록킹 블록
슬라이드 코어가 성형압에 밀리지 못하도록 하기 위해 받혀주는 부품으로 슬라이드 코어의 위치 결정에 결정적인 영향을 주는 부품을 말한다.

앵귤러 핀   슬라이드 블록   슬라이드 코어   록킹 블록

그림 6-57 부품류

3) 3단 금형 표준 부품

3단 금형은 고정형과 가동형이 있고, 고정형 위에 1매의 플레이트를 가지고 있는데, 이 플레이트를 런너 플레이트라고 하며, 고정형 사이에 런너가 있다. 특징은 다음과 같다.
① 핀 포인트 게이트를 채용할 수 있다.
② 핀 포인트 게이트를 채용하면 게이트 절단에 일손을 필요로 하지 않는다.
③ 성형품과 스프루, 런너, 게이트를 각각 취할 필요가 있다.
④ 구조가 복잡하고, 금형비가 비싸다.
⑤ 성형 사이클이 길어진다.
⑥ 형개 스트로크가 큰 성형기가 필요하다.

(1) 표준 부품 분류
① 런너 스트리퍼 플레이트(Runner Striper Plate)
3단 금형에서 고정측 설치판과 고정측 형판 사이에 설치한 것으로, 스프루 부시에 있는 스프루를 뽑아내는 기능을 한다.
② 인장 볼트(Puller Bolt)
금형이 열릴 때 런너 스트리퍼판을 당겨주는 기능과 고정측 형판과 가동측 형판 사이를 열어 성형 제품을 뽑기 위한 파팅 기능을 한다.

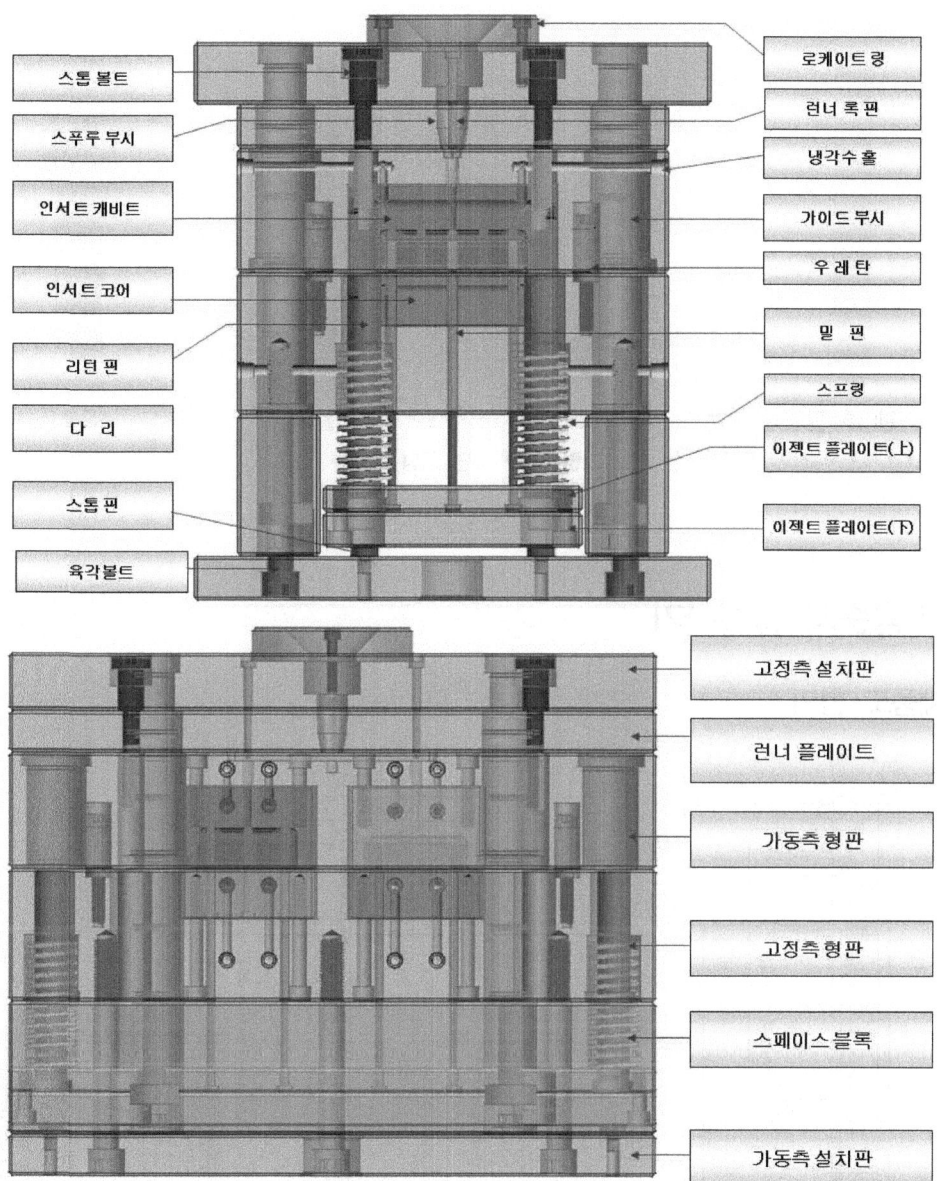

그림 6-58 3단 금형의 명칭

③ 서포트 핀(Support Pin)

가이드 핀과 함께 런너 스트리퍼판, 고정측 형판, 가동측 형판의 위치를 잡아주는 역할을 한다.

그림 6-59 3단 금형 부품류

3. 가공순서 결정하기

1) 제품도 협의

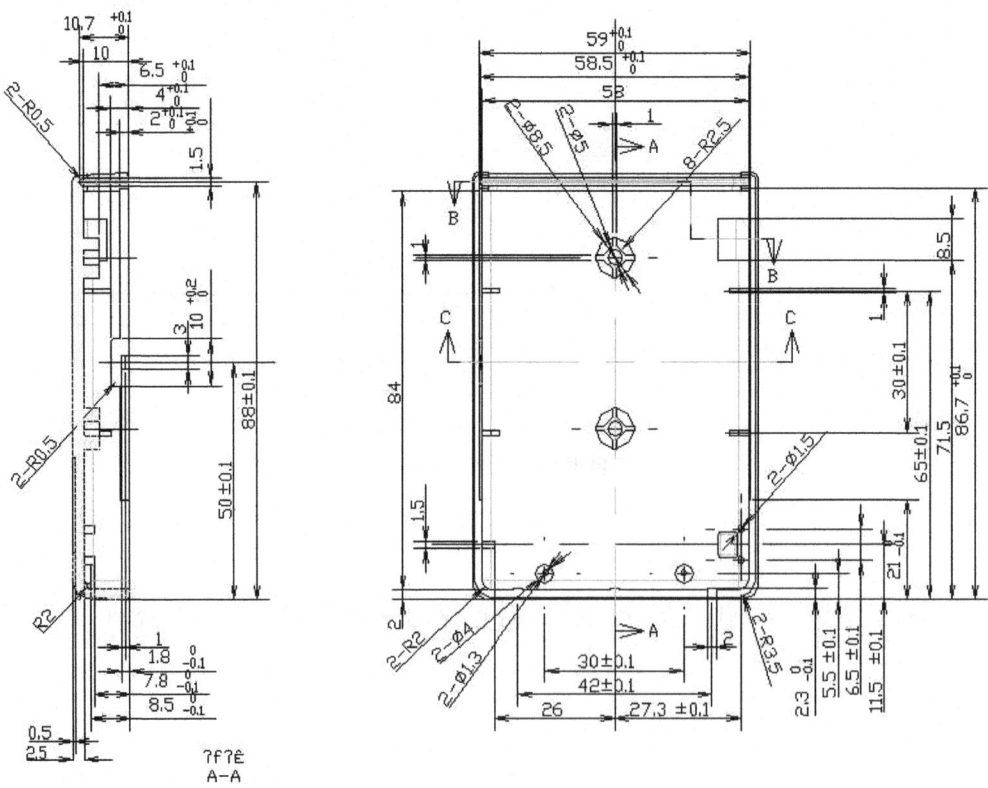

그림 6-60 제품도

(1) 제품도에 대한 설계 시 예상문제점 협의

① 제품 두께에 따른 수축 협의

② 게이트 위치 결정

③ 주요 치수부 측정방법 협의

④ 외관 제품 사양 결정

⑤ 생산처 및 사출성형기에 의한 협의

2) 캐비티 및 코어 가공 순서

(1) 고정측 캐비티

① 고정측 캐비티 가공시 주의 사항

    (가) 캐비티 날부 랩핑(Lapping)으로 R발생 주의

    (나) 제품 게이트부 부식 작업 시 게이트 날 마모로 제품 긁힘 발생 주의

    (다) 게이트 절단 시 이물질 발생 주의

② 고정측 캐비티 가공 공정도

    소재절단 → 밀링작업 → 드릴작업 → 평면연삭 → CNC밀링 → 열처리 → 성형연삭 →
방전가공 → 래핑 → 부식 → 성형연삭 → 래핑 → 조립완성

(2) 가동측 코어 가공 공정 순서

① 가동측 코어 가공 공정도

    소재절단 → 밀링작업 → 평면연삭 → CNC밀링 → 열처리 → 성형연삭 → 방전가공 →
지그그라인딩 → 성형연삭 → 래핑 → 조립완성

그림 6-61 캐비티   **그림 6-62** 코어   **그림 6-63** 입자 코어

(3) 가동측 입자 코어 가공 순서

① 가동측 코어 가공 공정도

    소재절단 → 밀링작업 → 평면연삭 → CNC밀링 → 열처리 → 성형연삭 → 방전가공 →

성형연삭 → 래핑 → 조립완성

3) 런너, 게이트 가공 순서

(1) 런너, 게이트 공정 순서

런너와 게이트 가공 공정도는 다음과 같다.

① 소재 절단 원자재를 기계톱으로 절단한다.
② 밀링작업 외각 6면을 도면 치수에 맞추어 예비 가공한다.
③ 평면연삭 외각 6면을 도면 치수에 맞추어 예비 가공한다.
④ CNC밀링으로 런너 형상을 가공한다.
⑤ 열처리 HRC55 정도로 담금질 한다.
⑥ 성형연삭 외각 6면을 도면 치수에 맞추어 완성 가공한다.
⑦ 래핑작업은 런너와 게이트부의 수지가 잘 흘러 들어가도록 경면 래핑한다.
⑧ 가공 완료 후 코어를 측정하여 합격하면 조립한다.

4) 랩핑 작업

기계가공과 조립과정이 끝이 나면, 마지막으로 사출 성형한 제품이 잘 빠질 수 있도록 캐비티나 코어의 리브 등을 랩핑을 해야 한다.

(1) 캐비티 작업

캐비티는 일반적으로 제품의 상측 표면이 되기 때문에 경면 사상을 요구하는 경우가 많다. 캐비티는 방전가공을 하고 랩핑을 하게 되는데, 기업체마다 어느 정도의 방전면에서 랩핑을 하는지는 다르다. 방전면이 고울수록 랩핑 작업을 하기에는 빠르고 편리할 것이다. 그러나 다른 공정 작업을 위해 일반적으로 랩핑 다듬질 여유는 예비가공의 조도에 따라 틀리지만 보통 5~10 마이크로미터 정도가 적당하며 가공 표면의 거칠기는 0.01~0.025 마이크로미터 정도로 하는 것이 일반적이다.

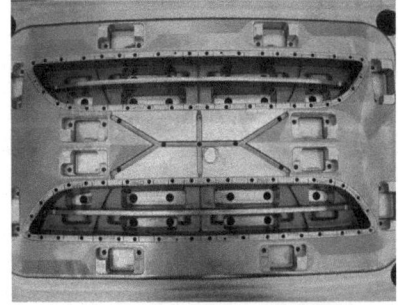

그림 6-64 캐비티의 방전가공

그림 6-65 코어

(2) 코어 작업

코어는 제품의 외관이 아니기 때문에 캐비티 만큼 외관이 중요하지는 않다. 그러나 리브에 가공 자국이 있으면 제품이 빠질 때 힘을 많이 받는다. 리브에 랩핑을 함으로써 힘을 적게 받아 제품이 빠지는데 쉽게 된다.

단원 핵심 학습 문제

01 다음 중 가공 부품이 아닌 것은?
① 캐비티(Cavity) ② 코어(Core)
③ 슬라이드 블록 ④ 가이드 핀

해설 : ④ 가이드 핀은 표준 부품이다.

02 2단 금형의 특징을 쓰시오.

해설 : ① 구조가 간단하고 취급하기 쉽다.
② 고장요인이 적고 내구성이 뛰어나다.
③ 성형 사이클이 빠르다.
④ 금형 제작비가 낮다.
⑤ 게이트의 형상 및 위치를 비교적 임의로 결정할 수 있다.
⑥ 성형품과 게이트는 성형 후에 절단해야 한다.

03 3단 금형의 특징을 쓰시오.

해설 : ① 핀 포인트 게이트를 채용할 수 있다.
② 핀 포인트 게이트를 채용하면 게이트 절단에 일손을 필요로 하지 않는다.
③ 성형품과 스프루, 런너, 게이트를 각각 취할 필요가 있다.
④ 구조가 복잡하고, 금형비가 비싸다.
⑤ 성형 사이클이 길어진다.
⑥ 형개 스트로크가 큰 성형기가 필요하다.

04 랩핑작업의 장점과 단점을 쓰시오.

해설 : ① 랩핑작업의 장점
- 가공면이 매끈한 거울면을 얻을 수 있다.
- 정밀도가 높은 제품을 가공할 수 있다.
- 가공면은 윤활성 및 내마모성이 좋다.
- 가공이 간단하고, 대량생산이 가능하다.
- 잔류응력 및 열적 저항을 받지 않는다.
- 가공면은 내식성과 내마모성이 양호하다.
② 랩핑의 단점
- 가공면에 랩제가 잔류하기 쉽고, 제품 사용시 잔류한 랩제가 마모를 촉진시킨다.
- 고도의 정밀 가공은 숙련이 필요하다.

05 전기절연성 액체(등유나 이온교환수 등) 중에서 피가공재와 전극간에 펄스상 방전 전압을 주어 불꽃 방전을 반복하여, 피가공재를 전극에 맞게 제거하고, 목적한 형상으로 만드는 가공방법은?

해설 : 형조 방전가공

06 플라스틱 성형기계에서 제품을 성형하고 이젝팅할 때 필요한 모든 금형 요소들을 포함하고 있는 하우징 전체를 무엇이라고 하는가?

해설 : 몰드 베이스

07 설치판 사이에 성형품을 빼낼 때 밀판(Ejector plate)이 상하로 움직일 수 있게 공간(Space)을 만들어 주는 부품으로 다리라고도 하는 부품은?

해설 : 스페이서 블록(Spacer block)

08 가동측 설치판에 부착되어 밀판과 가동측 설치판 사이에 이물(異物)이 끼어들어 금형 고장이 일어나는 것을 방지하는 기능을 가진 부품은?

해설 : 스톱핀(Stop pin)

09 밀핀 고정판에 고정되어 있으며 금형이 닫힐 때 밀핀이나 스프루 록 핀을 보호하여 원위치로 돌아가게 하는 핀 종류의 부품은?

해설 : 리턴 핀(Return pin)

10 주행하는 와이어 전극과 공작물 사이에서 방전을 일으켜 발생하는 스파크를 톱날처럼 이용하여 가공물을 잘라내는 가공 방법은?

해설 : 와이어 방전가공

11 고정측 설치판의 카운터 보링자리(Countor bore)에 들어가며 사출성형기의 노즐과 스프루 부싱의 중심을 맞추는데 사용되는 부품은?

해설 : 로케이팅 링(Locating ring)

12 스프루의 출구핀 바로 밑에 있는 핀으로 플라스틱 수지 사출 후 성형된 스프루를 스프루 부싱 밖으로 당겨 빼는 기능을 가진 부품은?

해설 : 스프루 록 핀(Sprue lock pin 또는 sprue puller pin)

13 밀판에 고정되어 있으며 플라스틱 수지의 성형제품을 금형 밖으로 빼내 주는 기능을 가진 부품은?

해설 : 밀핀(Ejector pin)

14 사출성형기의 노즐에 밀착되어 플라스틱 수지 재료가 런너로 들어가는 원뿔형태의 구멍이 있는 부품으로 노즐에 따라 여러 형태가 있는 부품은?

해설 : 스프루 부싱(Sprue bushing)

15 용융 수지가 들어가도록 고정측 형판(금형)에 오목하게 만들어진 빈 공간은?

해설 : 캐비티(Cavity)

16 가동측 형판(금형)에 볼록하게 만들어진 형상은?

해설 : 코어

17 금형의 개폐 동작을 슬라이드 코어가 움직이는 방향으로 움직임을 변화시켜주는 부품으로 소정의 각도를 갖고 끼워 맞춤된 부품은?

해설 : 앵귤러 핀

18 슬라이드 코어가 성형압에 밀리지 못하도록 하기 위해 받혀주는 부품으로 슬라이드 코어의 위치 결정에 결정적인 영향을 주는 부품은?

해설 : 록킹 블록

19 3단 금형은 고정형과 가동형이 있고, 고정형 위에 1매의 플레이트를 가지고 있는데, 이 플레이트의 부품은?

해설 : 런너 플레이트

20 3단 금형에서 금형이 열릴 때 런너 스트리퍼판을 당겨주는 기능과 고정측 형판과 가동측 형판 사이를 열어 성형 제품을 뽑기 위한 파팅 기능을 하는 부품은?

해설 : 인장 볼트(Puller Bolt)

21 3단 금형에서 가이드 핀과 함께 런너 스트리퍼판, 고정측 형판, 가동측 형판의 위치를 잡아주는 역할을 하는 부품은?

해설 : 서포트 핀(Support Pin)

6-4 사양서 작성하기

1. 제품의 특성 파악하기

1) 제품의 용도 및 형상 분석

플라스틱 성형품의 사용용도에 따라 사출 금형은 그 구조가 다르게 결정된다. 즉 다음의 표는 플라스틱 성형재료에 따른 사용 용도에 대해 표로 나타낸 것이다.

표 6-2 플라스틱 성형재료

분류			수지	용도
플라스틱	열경화성 수지		페놀 수지(PH)	적층품(판), 성형품
			에폭시 수지(EP)	도료, 접착제, 절연재
			멜라민 수지	화장판, 도료
			우레아 수지	접착제, 섬유, 종이 가공품
			불포화폴리에스테르 수지	FRP(성형품, 판)
			알키드 수지	도료
			규소 수지	성형품(내열, 절연), 오일, 고무
			폴리우레탄 수지	발포제, 합성피혁, 접착제
	열가소성수지	비닐중합계 (범용수지)	폴리에틸렌(PE)	필름, 시트, 성형품, 섬유
			폴리프로필렌(PP)	성형품, 필름, 파이프, 섬유
			폴리스틸렌(PS)	성형품, 발포재료, ABS수지
			염화비닐(PVC)	파이프, 호스, 시트, 판
			염화비닐리덴(PVDC)	필름, 섬유
			플로오르수지	내약품 기계부품, 반시라이닝
			아크릴 수지	판, 성형품(건축재, 디스플레이)
			폴리아세트산 비닐수지	도료, 접착제, 츄잉검
		중축합개환중합계 (엔지니어링 플라스틱)	폴리아미드 수지(PA)	기계부품
			폴리카보네이트(PC)	기계부품, 디스플레이
			아세탈 수지	기계부품
			폴리페닐렌옥사이드	전기, 전사부품
			폴리에스테르	FRP(성형품, 판) 화장판, 필름
			폴리술폰	내열성형품, 전기, 전자부품, 식품
			폴리이미드(PI)	내열성 필름, 접착제

2) 사용용도에 따른 성형의 분류

성형품의 사용용도에 따라 성형방법으로 분류하면 크게 나누어 나사 금형 구조, 이중사출 금형 구조, 인 몰드 금형 구조, 이색사출 금형 구조, 가스사출 금형 구조 등으로 나누어진다.

(1) 나사 금형 구조

성형품에 있는 나사부분을 회전시켜 사출 성형하는 금형 구조로 다음의 사항을 검토하여 구조결정을 한다. 나사가 있는 성형품 금형을 설계할 때 검토 사항은 다음과 같다.

① 나사의 형식 : 수나사 또는 암나사
② 나사의 형상 : 둥근나사, 삼각나사, 사각나사
③ 나사의 치수 : 피치(Pitch), 줄의 수, 지름
④ 나사의 종류 : 연속나사, 불연속나사
⑤ 나사의 강도 : 파팅-라인의 허용여부
⑥ 성형방식 : 수동, 반자동, 완전자동 금형
⑦ 캐비티의 수 : 단일 캐비티, 복수 캐비티
⑧ 나사의 수량
⑨ 금형의 나사부(코어부)를 분할형 또는 슬라이드 블록
⑩ 금형의 나사부 또는 성형품을 회전

(가) 나사 부분의 처리 방법

표 6-3 나사처리 방법

나사의 형식	처리방법	특 징
암나사 성형	캐비티 회전형	캐비티부를 회전시켜 암나사를 밀어내기
	컬럽서블 코어	수축이 가능한 설계의 코어를 사용하여 밀어내기
수나사 성형	코어 회전형	코어부를 회전시켜 수나사를 밀어내기
	코어 분할형	나사부에 파팅라인이 있어도 지장이 없는 경우에 사용

(2) 이중사출 금형 구조

이중사출은 2종의 다른 수지 또는 다른 2가지 색의 수지를 사용하여 2개의 사출장치와 가동판에 회전 기구를 설치한 구조의 사출기 또는 코어나 슬라이드 구조를 이용하여 이중사출 가능하게 설계된 금형으로 최초에 성형한 1차 성형품과 2차 캐비티와의 공간에 2차 수지를 충전하여 성형하는 것이다. 1차측과 2차측의 캐비티가 정확히 교체되므로 형상의 제약이 적고 제품적용의 폭이 넓어 디자인의 다양화가 가능하다.

한 번에 사출함으로써 기존의 일반 사출이 2차례에 걸쳐 2개의 부품으로 성형하여 용착 또는 도장공정의 2차 가공을 행하여 제품화 하던 것을 한 번의 성형으로 이를 해결함으로써 원가절감은 물론 다양한 디자인의 제품생산이 가능하게 되었다.

그림 6-66 이중사출제품

(3) 인 몰드 사출 금형 구조

사출 성형품의 표면에 필름에 있는 인쇄부분 혹은 필름을 넣어 사출 성형하는 금형 구조를 말한다.

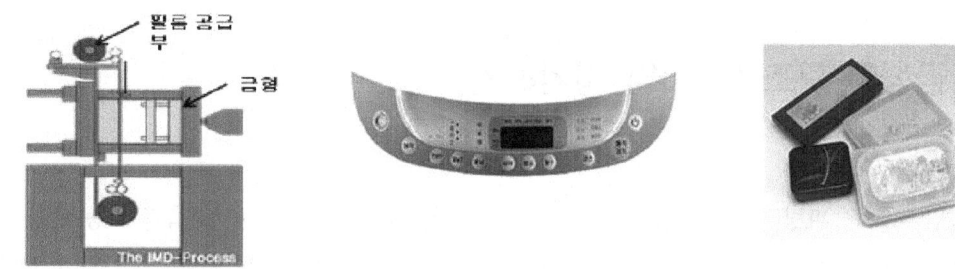

그림 6-67 인 몰드 사출 금형   **그림 6-68** 인 몰드 사출성형품

(4) 이색사출 금형 구조

두 가지 이상의 색으로 사출 성형하는 금형 구조를 말한다.

그림 6-69 이색사출 금형 구조

(5) 가스사출성형 금형 구조

가스성형이란 원리적으로 사출성형과 비슷하지만 성형 시에 미리 설정한 일정한 양의 고분자를 금형 내에 주입한 후미성형 상태에서 고분자 대신 질소가스를 주입하여 최적(體積)을 보상(補償)하고, 성형품을 냉각시키고 질소가스를 취출하여 최종 요구하는 성형품을 확보하

는 플라스틱 성형공법이다.

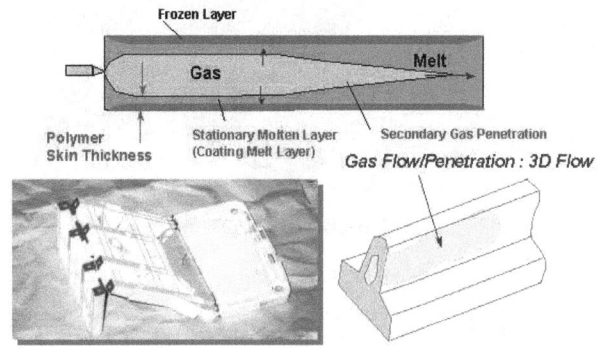

그림 6-70 가스사출성형 금형 구조

2. 금형의 구조 및 사양 파악하기

1) 2단 금형

2단 금형은 파팅라인(parting line)에 의해 스프루, 런너, 게이트가 고정측과 가동측으로 나누어지는 금형으로 고정측에 고정측 코어, 가동측에는 가동측 코어 부분이 설치되어 있다. 이 사이에서 금형이 열려 성형품을 뽑을 수 있도록 되어 있는 사이드 게이트 방식이 가장 일반적인 금형의 구조이다.

(1) 2단 금형의 특징
① 구조가 간단하고 조작이 쉽고 성형품의 자동낙하가 용이하다.
② 게이트의 형상과 위치 선정 및 임의의 변경이 용이하다.
③ 금형의 설계 변경이 쉽고 금형값이 비교적 싸다.
④ 고장이 적고 내구성이 크고 성형 사이클을 빨리 할 수 있다.
⑤ 성형품과 게이트는 성형 후 절단가공을 하는 단점이 있다.
⑥ 게이트의 위치는 비교적 성형품 측면에 설치하는 경우가 많다.

2) 3단 금형

3단 금형은 고정측 형판과 가동측 형판 사이에 런너를 빼기 위한 런너 스트리퍼판이 있고, 이 플레이트와 고정측 형판 사이에 런너가 있으며, 고정측 형판과 가동측 형판 사이에 코어가 있도록 구성된 금형이다.

(1) 3단 금형의 특징

① 게이트의 위치를 성형품의 중앙 또는 임의 위치에 선정이 가능하다.
② 게이트가 자동 분리되므로 후가공을 없앨 수 있다.
③ 핀 포인트 게이트의 사용이 가능하다.
④ 성형품과 스프루, 런너, 게이트를 따로 빼내야 하며 스트로크가 큰 성형기가 필요하다.
⑤ 성형 사이클이 길어지게 된다.
⑥ 금형값이 2단 금형에 비해 비싸다.
⑦ 금형구조가 복잡하고 고장요인이 많아 내구성이 떨어진다.

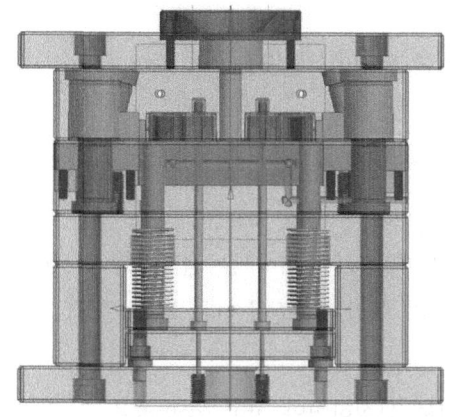 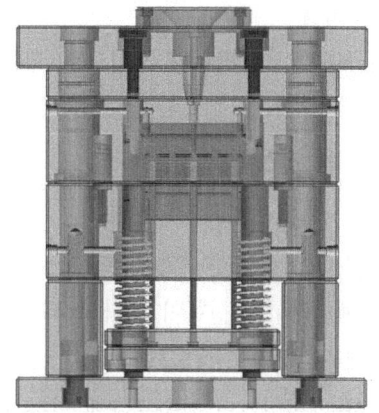

그림 6-71 2단 금형 　　　　　그림 6-72 3단 금형

3. 금형 사양서 파악하기

1) 금형제작 사양서 검토

(1) 금형 사양서

사출금형 설계 제작 사양서는 일명 시방서(示方書)라고도 한다. 사출 금형을 설계하고 제작하는 데에 필요한 모든 기초관련 사항을 고객의 요구사항에 맞도록 상세하게 기술하여 놓은 실명서이다. 사출 금형 설계 제작 사양서는 제품도 부분, 사출기계 부분, 금형구조 부분으로 크게 나누어지고 각각의 부분에는 다시 항목으로 나누어져 있다.

(2) 성형재료 관련 검토

① 열경화성 수지
　(가) 특성 : 열에 의해 한번 굳어진 다음에는 다시 가열해도 부드러워지지 않고 녹지도 않는다.

(나) 종류 : 페놀 수지, 아미노 수지, 에폭시 수지 등
② 열가소성 수지
(가) 특성 : 열을 가할 때마다 부드럽고 유연하게 되거나 녹으며, 냉각되면 단단하게 굳어진다.
(나) 종류 : 폴리염화비닐 수지, 폴리스티렌 수지, 폴리에틸렌 수지, 폴리프로필렌 수지, 아크릴 수지, 나일론 등
③ Grade NO
각 성형 수지의 생산 번호 혹은 특성별 부여된 번호로 수축률이 다르다.
④ 수축률
금형제작에 필요한 사항으로 제품의 치수에 큰 영향을 미친다.

(3) 제품 정보관련 검토
① 인서트(Insert) 유무 정보
인서트 삽입 유무에 따라 수평식 사출 성형기 혹은 수직식 사출 성형기를 선정한다.
(예) 인서트 성형이 있다고 되어 있으므로 미리 연락 후 준비한다.
② 제품중량
사출 성형기의 사출용량에 맞는 사출 성형기를 선정하여야 하고, 성형품을 후 가공의 유무 확인이 필요하며, 포장 관계도 확인이 필요하다.
(예) 후가공이 있다고 되어 있으므로 포장방법을 미리 강구할 필요가 있다.

(4) 사출 성형기 정보 관련 검토
사출 성형기의 크기를 나타내는 것으로 형체력 톤(Ton)수와 최대 사출중량 온스(Oz)가 있다. 형체력은 사출 수지압에 의해 금형이 벌어지지 않도록 하는 금형 체결력을 의미한다.

관계식 : $F(ton) = A(cm^2) \times P(kg/cm^2) \div 1,000$

여기서, F : 필요한 형체결력, A : 금형 내의 성형품 투영면적,
P : 금형 내의 압력

- 투영면적 : 성형품의 금형 이동방향에 직각한 면의 단면적
- 금형 내 압력 : 금형 내에 재료가 주입될 시에 금형 내의 형상, 스프루, 런너 등을 통해 사출압력에 압력손실이 생긴 후, 최종적인 금형 내의 압력=사출압-압력손실
- 압력손실 : 금형 내를 수지가 흐르면서 발생하는 전단응력에 의한 압력손실 성형품이 박육일수록 압력손실은 커지게 된다.

(5) 사출 성형기 형체행정 거리 관련 검토

최대 형개 거리란 금형이 열릴 수 있는 최대 거리로 성형품 높이의 약 2.2~2.5배 정도가 필요하다.

금형 제작 사양서 예(2)에서 보는 바와 같이 금형의 최소 두께는 150mm이고 금형 두께가 250mm이므로 이 금형을 사출 성형하기 위해서는 최소 스트로우크가 400mm 이상의 사출 성형기가 필요하게 되는 것이다.

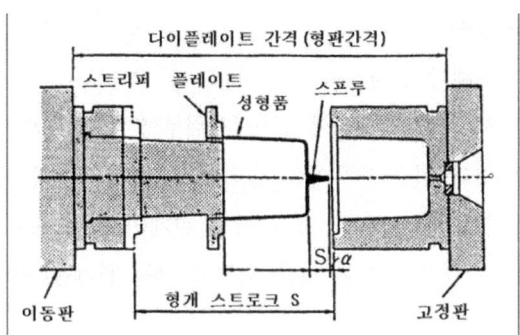

관계식 : S(mm) = H(mm) × (2.2~2.5) + M(mm)

(6) 사출 성형기의 노즐 관계 관련 검토

① 노즐반경과 직경

금형의 스프루 노즐터치 부분의 반경과 직경의 관계가 있는 것으로 금형의 노즐 직경을 확인할 필요가 있다.

(가) 금형 Sprue Bush 반경 ≥ 설비 노즐 반경

(나) 금형 Sprue Bush 직경 ≥ 설비 노즐 직경

② 로케이트 링

금형의 로케이트 링과 다이플레이트에 해당 부분직경과 관계가 있다.

③ 클램프 형식

체결방식을 확인하여 사용 사출 성형기와 비교

(7) 캐비티 관련 검토

캐비티란 사출 성형기가 한번 금형이 닫혔다가 열릴 때 금형에서 나오는 제품의 수를 나타낸 것으로 표기방법에는 몇 개취 혹은 숫자 곱하기 일(★×1)로 표기하고 있다.

(8) 제품 취출 관련 검토

사출 성형 작업 공정에서 분할면이 열릴 때에 성형품과 런너의 취출 방법을 나타내었다. 표기방법은 다음과 같다.

① 자동낙하 성형품과 런너 부분을 사출 성형기 아래로 자연 낙하시킨다.
② 로봇취출 성형품과 런너 부분의 어느 하나 혹은 둘 다 로봇으로 제품을 취출하는 것으로 사출 성형기의 이젝터 부분에 주의를 요할 필요가 있다.
③ 수동낙하(취출) 성형품과 런너 부분의 어느 하나 혹은 둘 다 사람의 손으로 제품을 취출하는 것으로 사출 성형기의 이젝터 부분에 주의를 요할 필요가 있다.

(9) 언더컷 관련 정보 검토

다음과 같은 사항을 검토해야 한다.
① 언더컷 유무에 있어서 사출 성형기에 금형을 취부할 때에 주의를 기울여야 한다.
② 하늘 방향으로 언더컷이 있을 경우에는 슬라이드 코어의 낙하에 주의가 필요하다.
③ 경사 밀어 내기에 있을 경우에는 스프링 작동 관계의 검토 필요하다.
④ 내측 슬라이드가 있을 경우에 시험 사출 초기에 작동 관계를 필히 확인 후 시험 사출 작업을 해야 한다.

(10) 냉각방법 관련 검토

다음과 같은 사항을 검토해야 한다.
① 온조기 사용 유무 파악이 필요하다.
② 냉각 니플의 치수관련 관계 검토 필요하다.
③ 분배관의 사용 유무 판단이 필요하다.

표 6-4 금형 제작 사양서

구 분	항 목	내 용
제품도	도면 Data 유무	2D데이터 (유 무) 모델 (유 무) 3D데이터 (유 무)
	Data 신뢰성 수준	상 (데이터 수정 3%) 중 (10%) 하 (20%) 최하 (재설계)
	제품크기(X,Y,Z)	(, ,)
	성형재료	수지명 ( ) Grade no ( ) 수축률 (/ 1,000)
	제품정보	인서트 (유 무) 제품 중량 (g) 후가공 ( )
	제품정밀도	일반성형공차 (○), 정밀성형공차 ( )
사출 기계	사용기계	(Tons) 메이커 ( )
	금형 최소두께	금형 두께 (mm)
	기타 사양	성형기노즐경 (∅) 로케이트링 (∅) 클램프형형식 ( )

구분	항목	내용
금형 구조	캐비티 수	(개취)
	제품 취출방법	자동낙하 ( ) 로봇 취출 ( ) 수동낙하 ( )
	금형 형식	2매 구성 ( ) 3매 구성 금형 특수형식
	런너 형식	원형 ( ) 사다리꼴 ( ) 반원형 ( ) 런너레스 적용유무 (유 무)
	게이트 형식	
	언더컷	개소 (상 하) 변형밀핀 ( )
	금형 재질	원판 ( ) 캐비티측 ( ) 코어측 ( ) 기타 부품 ( )
	냉각방법	물 (℃) 기름 (℃) 분배관 부착 여부 ( )
	특수 가공관계	금형 열처리 ( ) 부식 ( ) 도금 ( ) 가스투입 ( ) 조각 ( ) 지그 유무 ( )
	금형 사이즈	표준 사용 ( ) 특별 주문 ( )

4. 사출 성형기의 개요

사출 성형기의 기본적인 기능은 금형을 개폐하고 수지를 용융해서 고압(1,000~2,000kg/cm^2)으로 금형의 캐비티에 충전 및 냉각 후 성형품을 취출하는 것이다.

1) 사출 성형기 구성 요소

(1) 사출장치

사출장치 수지를 용융하고 일정량을 계량하여 금형 내에 사출한다.

① 호퍼(Hopper) : 가열 실린더에 공급할 플라스틱 재료의 저장용기

② 가열 실린더 : 플라스틱 재료를 용융, 사출하는 부분

③ 노즐(Nozzle) : 가열 실린더의 선단에 결합하여 사출 시에는 금형의 스프루 부시(Bush)에 밀착해 용융수지의 유로를 형성하는 부분

(2) 형체장치

사출시 금형이 열리지 않도록 강한 형체력으로 닫고, 사출된 수지가 고화되면 열어서 성형품을 밀어낸다.

① 다이플레이트(Die plate) : 금형을 설치하는 한 개의 플레이트로서 노즐측의 고정 다이플

레이트와 금형의 개폐 동작을 하는 가동 다이플레이트를 가리킨다.
② 타이바(Tie bar) : 다이플레이트를 지지하고 있으며 가동판이 금형 개폐운동을 할 때 가이드 역할을 하고 형체 시에는 형체력을 받는 봉재
③ 형체 실린더 : 가동 다이플레이트에 금형의 개폐동작을 시키고, 형체력을 발생하는 유압 실린더이다. 직압식에서는 램이 직접 플레이트에 결합하고, 토글식에서는 이 사이에 링크기구가 조립되어 힘의 확대가 이루어진다.
④ 이형장치 : 형개 과정 마지막에 성형품을 금형에서 밀어내는 장치
⑤ 사출(유압) 실린더 : 스크류 또는 플랜저를 전진시켜 여기에 사출 압력과 사출 속도를 부여하는 유압 실린더.

(3) 유압구동장치
사출기구와 형체기구를 움직이게 하는 유압실린더에 압력 유를 공급한다. 전동기, 펌프 등의 동력원, 유압의 방향, 유량 등을 제어하는 밸브류, 기름 탱크, 유압배관 등으로 구성된다.

(4) 제어장치
사출기구와 형체기구의 작동과 가열 실린더나 노즐온도 등을 제어한다.

(5) 프레임(Frame)
사출기구, 형체기구, 유압구동부 등이 조합되는 부분으로 기계의 토대가 된다. 유압구동식에서는 그 내부가 기름 탱크를 겸하고 있는 것도 있다. 기계 각 부분에서 발생하는 힘을 받아 진동에 견디고 정밀도를 오래 유지할 수 있도록 강도와 강성을 충분히 가질 필요가 있다. 강판 용접 구조인 것이 많다.

2) 사출 성형기의 종류
(1) 구조에 따른 분류
① 수직형 사출 성형기
 (가) 기계설치 면적이 적다.
 (나) 사출 시에 인서트 부품삽입이 쉽고, 안정적이다.
 (다) 수지의 흐름이 균일하다.
② 수평형 사출 성형기
 (가) 고속성형이 가능하며, 조작이 용이하다.
 (나) 금형 교환이 쉽다.

(다) 성형품의 취출이 편리하다.

(라) 보수, 점검이 편리하다.

(마) 성형재료의 공급이 편리하다.

③ 플렌저식 사출 성형기

(가) 성형기의 값이 싸다.

(나) 소형으로 고속 사출이 가능하다.

④ 플렌저 스크류식 사출 성형기

(가) 체적이 큰 실린더가 필요하다.

(나) 실린더1 : 수지 용융

(다) 실린더2 : 수지 사출

⑤ 인라인 스크류식 사출 성형기

(가) 가소화 능력이 크다.

(나) 사출 압이 작아도 된다.

(다) 나쁜 재료도 쉽게 성형된다.

(라) 분해되기 쉬운 재료에 적합하다.

(마) 재료의 색상 바꿈이 쉽다.

(2) 형 체결방식에 따른 분류

표 6-5 형체장치의 직압식과 토글식의 특성비교

항목	직압식	토글식
형체력 가압기구	직접 작동유의 압력에 의한다.	토글 기구에 의한 타이바의 신장에 의한다.
금형의 개폐 속도	거의 변하지 않는다.	거의 변하지 않는다.
금형의 설치와 형체력의 설정	비교적 단순	조작이 복잡
형체력의 특징	형체력은 변하지 않는다.	사출압력에 의해 금형이 조금 열리면 형체력은 급속히 증가한다.
다이플레이트와 금형의 치수관계	S : 형체스트로크 L2 : 최내 나이플레이트 간격 T : 금형두께 ⊿L : 스페이서 두께 S = L2 - T	S : 형체스트로크 L2 : 최내 나이플레이트 간격 T : 금형두께 ⊿L : 스페이서 두께 S = L2 - T - ⊿L

(3) 기타 특수 성형기 분류

① 복합 성형기

(가) 수직 성형기와 수평 성형기의 장점만을 살린 성형기이다.

(나) 설치면적이 적다.
(다) 인서트 부품의 삽입이 쉽고 안정된다.
(라) 고속 성형이 가능하며, 조작이 편리하다.
(마) 보수, 점검이 편리하다.
(바) 성형재료의 공급이 편리하다.

② 2색 성형기
(가) 2가지의 성형품을 만든다.
(나) 주로 부가가치를 높인 제품에 사용이 된다.
(다) 2개의 실린더로 구성이 된다.
(라) 금형이 2회전을 하여 성형품이 완성된다.

③ 로터리 성형기
2개의 금형을 회전 원반상에 배치 생산성 강화

④ 가스성형
질소 가스에 의한 측면 내부 압력 조절에 의한 성형법.
금형에 수지가 일정량 사출된 후, Gas가 주입된다. 성형품이 고화되면, Gas방출 후 제품을 얻는 성형기이다.

⑤ 저압사출 성형법
게이트나 런너를 통해 보압을 하는 기존의 방법과 달리 금형이 열린 상태에서 재료를 주입한 후 형체력이나 금형 내의 코어를 통해 보압을 도와준다.

단원 핵심 학습 문제

01 다음 중 열경화성 수지가 아닌 것은?
① 페놀 수지
② 아미노 수지
③ 에폭시 수지
④ 폴리염화비닐 수지

해설 : ④ 폴리염화비닐 수지는 열가소성 수지이다.

02 성형재료의 종류에 대하여 쓰고 간단히 설명하시오.

해설 : ① 열경화성 수지
　　　- 특성 : 열에 의해 한번 굳어진 다음에는 다시 가열해도 부드러워지지 않고 녹지도 않는다.
　　　- 종류 : 페놀 수지, 아미노 수지, 에폭시 수지 등
　　② 열가소성 수지
　　　- 특성 : 열을 가할 때마다 부드럽고 유연하게 되거나 녹으며, 냉각되면 단단하게 굳어진다.
　　　- 종류 : 폴리염화비닐 수지, 폴리스티렌 수지, 폴리에틸렌 수지, 폴리프로필렌 수지, 아크릴 수지, 나일론 등

03 사출 성형기의 크기를 나타내는 것을 쓰시오.

해설 : 형체력 톤수(Ton)와 최대 사출중량 온스(Oz)

04 사출 성형기 구성 요소를 쓰시오.

해설 : 사출장치, 형체장치, 유압구동장치, 제어장치, 프레임(Frame)

05 사출 성형품의 표면에 필름에 있는 인쇄부분 혹은 필름을 넣어 사출 성형하는 금형구조의 금형은?

해설 : 인 몰드 사출 금형

06 2종의 다른 수지 또는 다른 2가지색의 수지를 사용하여 2개의 사출장치와 가동판에 회전 기구를 설치한 구조의 사출기 또는 코어나 슬라이드구조를 이용하여 이중사출 가능하게 설계된 금형은?

해설 : 이중사출 금형

07 원리적으로 사출성형과 비슷하지만 성형 시에 미리 설정한 일정한 양의 고분자를 금형 내에 주입한 후미성형 상태에서 고분자 대신 질소가스를 주입하여 최적(體積)을 보상(補償)하고, 성형품을 냉각시키고 질소가스를 취출하여 최종 요구하는 성형품을 확보하는 플라스틱 성형공법은?

해설 : 가스성형

08 나사 부분의 처리 방법에 대하여 쓰시오.
해설 : 암나사 성형 - 캐비티 회전형, 컬랩서블 코어
　　　수나사 성형 - 코어 회전형, 코어 분할형

09 2단 금형은 파팅라인(parting line)에 의해 스프루, 런너, 게이트가 고정측과 가동측으로 나누어지는 금형으로 고정측에 고정측 코어, 가동측에는 가동측 코어 부분이 설치되어 있는 금형은?
해설 : 2단 금형

10 고정측 형판과 가동측 형판 사이에 런너를 빼기 위한 런너 스트리퍼판이 있고, 이 플레이트와 고정측 형판 사이에 런너가 있으며, 고정측 형판과 가동측 형판 사이에 코어가 있도록 구성된 금형은?
해설 : 3단 금형

11 사출 성형기 형체행정 거리는 성형품 높이의 몇 배가 적당한가?
해설 : 금형이 열릴 수 있는 최대 거리로 성형품 높이의 약 2.2~2.5배 정도가 필요하다.

12 사출기의 사출 장치는?
해설 : 호퍼(Hopper), 가열실린더, 노즐(Nozzle)

13 사출기의 형체 장치는?
해설 : 다이플레이트(Die plate), 타이바(Tie bar), 형체 실린더, 이형장치, 사출(유압) 실린더

14 수직형 사출 성형기의 특징을 쓰시오.
해설 : ① 기계설치 면적이 적다.
　　　② 사출 시에 인서트 부품삽입이 쉽고, 안정적이다.
　　　③ 수지의 흐름이 균일하다.

15 수평형 사출 성형기의 특징을 쓰시오.
해설 : ① 고속성형이 가능하며, 조작이 용이하다.
　　　② 금형교환이 쉽다.
　　　③ 성형품의 취출이 편리하다.
　　　④ 보수, 점검이 편리하다.
　　　⑤ 성형재료의 공급이 편리하다.

16 사출 성형기의 형 체결방식에 따른 분류하시오.
해설 : 직압식, 토글식

17 직압식, 토글식 사출 성형기의 형체력의 특징을 쓰시오.

해설 : 직압식 - 형체력은 변하지 않는다.
　　　토글식 - 사출압력에 의해 금형이 조금 열리면 형체력은 급속히 증가한다.

18 금형의 최소 두께는 150mm이고 금형 두께가 250mm이므로 이 금형을 사출 성형하기 위해서는 사출 성형기의 최소 스트로우크가 얼마가 필요한가?

해설 : 최소 스트로우크가 400mm 이상의 사출 성형기가 필요

19 성형기의 형체력 F=100Ton, 캐비티 내에 작용하는 수지압력 P=500kg/cm²로 성형하고자 한다. 이 성형기에서 성형이 가능한 성형품의 투영면적은?

해설 : 형체력(F) ≧ 유효사출압력(P) × 투영면적(A)
$$A \leq F/P = 100{,}000kg/5kg/cm^2 = 200cm^2$$

20 사출정형기의 스크류식 직경 D=22mm, 스트로크 S=50mm, 용융수지의 밀도 P=1g/cm³, 효율 η=85%일 때 사출용량은?

해설 : $W = \dfrac{\pi}{4} \times D^2 \times S \times \rho \times \eta$
$\quad\quad\ = \dfrac{\pi}{4} \times 22^2 \times 50 \times 10^{-3} \times 0.85 = 16\,g$

21 사출금형에서 수지의 평균압력이 400kgf/cm²이고 캐비티의 투영면적이 40cm²라면, 형조임력은 몇 ton인가?

해설 : F = P × A = 400 × 40 = 16,000kgf = 16ton

NCS적용

CHAPTER 07

가공지원 도면작성
(사출금형설계)

7-1 방전가공용 전극도면 작성하기

1. 방전가공 영역 결정

1) 방전가공 영역 결정하기

(1) 방전가공 영역에 대한 결정은 도면에 대한 충분한 분석이 이루어진 후, CNC밀링 및 고속가공기에서 가공이 이루어지고 난 후에 최종적으로 가공이 이루어지는 부분으로 가능하면 범위와 양을 줄여서 가공영역을 결정한다.

(2) 방전가공 영역을 결정하기에 앞서 후가공을 고려해야 하는데, 후가공이란 처음 공정(예 : CNC 밀링, 고속가공기, W·WC 등)에서 작업이 이루어진 후 재가공하는 것으로 방전가공은 대부분 후 가공에 해당되므로 불량이 발생되지 않도록 가공한다.
아래 사각 표시된 부분은 전극가공 후 전체적인 방전작업에 의한 완성이 되어야 하며, 원형으로 표시된 부분도 게이트의 형상이므로 역시 전극가공 후 방전가공으로 완성을 시켜야 하며, 주변의 러너형상은 고속가공기에 의해 완성한다.

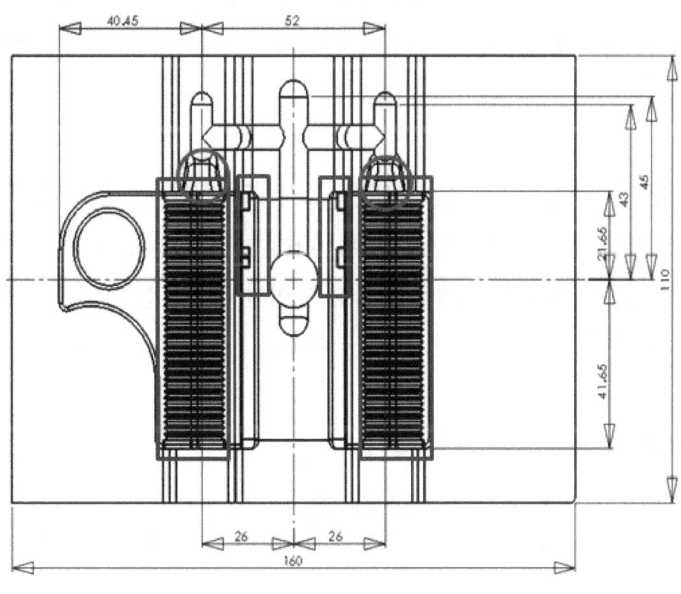

그림 7-1 상코아 도면

2) 생산성을 고려한 작업방법

금형의 제작비용의 70% 정도가 공정별 임률에 의해 발생하고 있으므로 공정을 줄이고 작업

방법을 개선하는 것만으로도 제조원가를 줄일 수 있으며, 생산성을 높일 수 있다.

3) 후가공을 고려한 작업방법

금형을 제작하기 위해서 가장 효과적이고 효율적인 방법은 하나의 공정에서 모든 작업이 완료되는 것이다. 이러한 기술이 오늘날 우리 금형산업에 많은 변화를 가져오기도 하였다. 고속가공기의 출현으로 현재 황삭 가공 후 정삭 가공의 개념이, 열처리가 된 상태의 재료에 고속가공으로 완성 가공을 하는 작업방법으로 공정의 혁명이다.

4) 가공기기를 고려한 작업방법

가공기기의 특성 및 성능을 고려한 작업방법은 매우 중요하다.
고속가공기에서는 일반적으로 부가가치가 높은 메인코어를 후가공이 필요하지 않는 범위 내에서 가공을 하고, 일반적인 정밀도를 요구하는 몰드베이스 및 기타 부품(소형)들의 가공에는 범용 가공기를 사용하게 된다.

5) 방전가공 영역 결정

(1) 방전가공 영역에 대한 결정은 도면에 대한 충분한 분석이 이루어진 후
CNC밀링 및 고속가공기에서 가공이 이루어지고 난 후에 최종적으로 가공이 이루어지는 부분으로 가능하면 범위와 양을 줄여서 가공한다.

(2) 방전가공 영역을 결정하기에 앞서 또한 고려해야 하는 것이 후가공이다.
방전가공은 금형 부품 중 코어가공을 할 경우, 여러 가공 공정 중에 가장 마지막 공정에 위치하고 있으므로 방전가공 중에 발생하는 불량은 이전 작업공정의 모든 가공을 다시 작업하여야 하는 경우가 발생하므로 세심한 주의가 필요하다.

(3) 도면을 분석하여 방전가공 영역 결정
도면을 분석한 후 방전가공 영역 결정 및 순서는
① 코어 도면의 분석 → ② 방전가공 영역 결정 → ③ 전극가공방법 결정 → ④ 재료준비 → ⑤ 공정별 코어가공으로 완성한다.

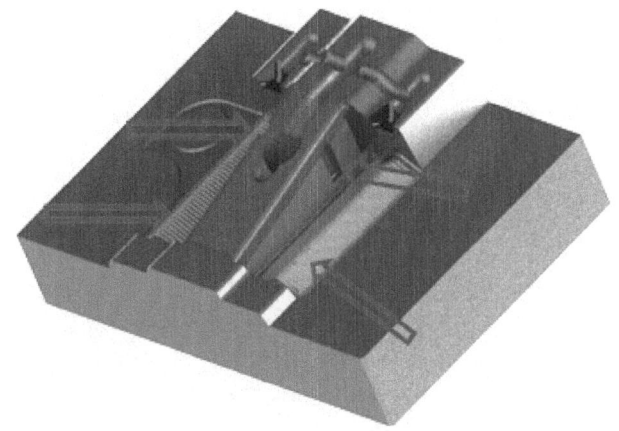

그림 7-2 코어 분석도

실기 내용

1. 가공 공정별 금형도면 분석

금형 도면분석과정에서 방전가공 위주로 행하여지는 상코어 도면을 2D화 한 것이다. 도면을 분석하면 다수의 방전가공 부분과, 격자 형상에서 사용하는 코아부, CNC가공부, 입자 가공부 등으로 구성되어 있다.

방전가공은 가공시간이 많이 소요되므로 CNC가공 시 최대한 적은 공구를 사용하여 방전가공 부위를 줄여 주어야 한다.

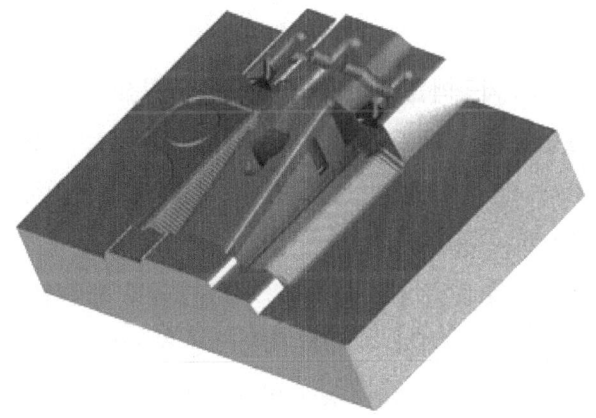

그림 7-3 3D모델링 방전가공부 식별하기

상기 도면을 파악하고 코아 제품부, 게이트 가공부등을 구별하고 도면을 3D S/W에 실습 위주의 학습을 진행한다.

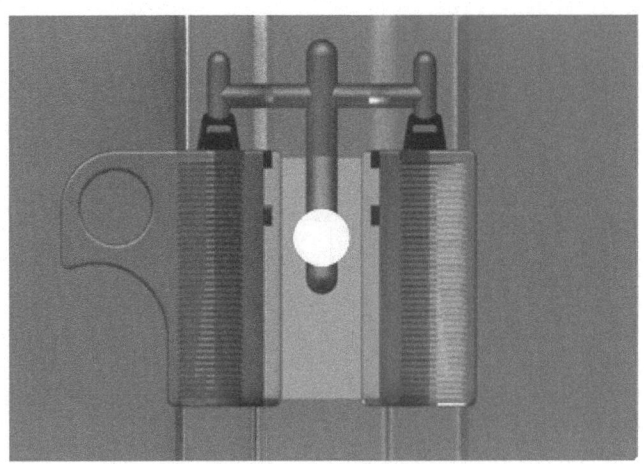

그림 7-4 3D 방전가공부 식별하기(평면도)

2. 방전영역에 맞는 전극 모델링하기

1) 방전가공기의 구조

(1) **주축대**(ramhead) : 주축대는 Z축으로 상하 이송하며, DC서버모터로 가공깊이를 제어한다.

(2) **컬럼**(Colum) : 주축대 및 주축 구동부를 지지하고 전면에 주축대 안내부가 설치되어 있다.

(3) **베드**(bead) : 기계 전체를 지지하는 베이스 부분으로 중앙부는 테이블과 새들, 후면부는 컬럼이 고정되어 있다.

(4) **가공탱크**(work tank) : 가공액을 담아 가공 중 그 속(침전식)에서 가공할 수 있도록 만든 구조이며 가공액은 분사와 흡인을 선택할 수 있는 장치로 구성된다.

(5) **저장탱크**(dielectric tank) : 가공액의 저장, 침전, 여과, 공급을 행하는 부분으로 저장 탱크, 펌프, 필터 등으로 구성된다.

(6) **자동전극 교환장치**(automatic tools change) : 여러 전극을 사용하여 가공할 경우 전극을 program에 의해 자동으로 교환할 수 있는 기능이며 전극의 보정이 가능하다.

(7) **전원 공급 장치**(control unit) : 방전가공에 알맞은 전류 및 전압을 발생시키는 장치로서 방전시간과 크기를 조절하고 가공조건의 조정이 가능하다.

(8) **CNC 제어장치** : 컴퓨터 제어에 의해 방전가공기의 모든 부분을 제어하고 조정한다.

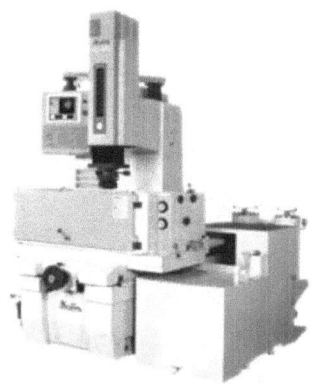

그림 7-5 3D 방전 가공기

2) 방전 가공기 조작하기

(1) 방전하고자 하는 금형을 베드 위에 올리고 인디게이터로 x축, y축 차례로 기준면 Setting 한다.
(2) 이어 전극을 주축대에 장착하고 인디게이터로 x축, y축 수평을 보정 후 z축 수직 각도를 setting한다.
(3) 금형의 기준면을 터치하여 가공하고자 하는 지점에 일치시킨다.
(4) 이때 전극의 setting면이 중요하므로 세팅면 기준이 되어야 한다.
(5) 전극의 꼭지점을 금형의 parting line에 터치시키고 Z 0.0한다.
(6) 도면의 주어진 치수를 기준으로 방전 조건 등을 설정하고 가공한다.

3) 방전 가공용 전극의 조건

(1) 방전이 안전하고 가공속도가 커야 한다.
(2) 가공 정밀도가 높아야 한다.
(3) 기계 가공이 쉬워야 한다.
(4) 가공 전극의 소모가 적어야 한다.
(5) 구하기 쉽고 가격이 싸야 한다.

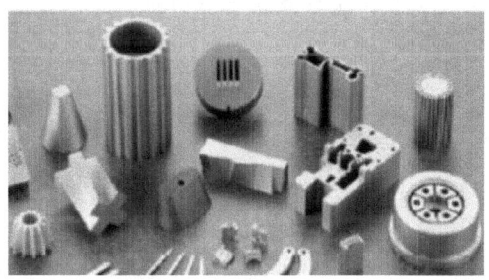

그림 7-6 방전 가공전극

4) 방전가공 기술과의 관계

가공기를 유효하게 사용하기 위해 방전가공, 기술을 작업내용에 따라 구분하면 ① 전극의 설계제작, ② 피 가공물의 예비가공, ③ 전극, 피 가공물의 위치결정, ④ 방전가공의 전기 조건의 설정, ⑤ 가공분의 제거 등 5항목으로 구분할 수 있다.

실기 내용

1. 3D 프로그램 실행하기(UG NX6.0 이상)

1) 바탕화면의 NX6.0 아이콘을 더블 클릭한다.
2) 열기 아이콘으로 상 코아 도면을 오픈한다.

그림 7-7 cad프로그램 실행

2. 작업창에 불러온 상코아 도면을 보고 전극 취출할 영역을 결정한다.

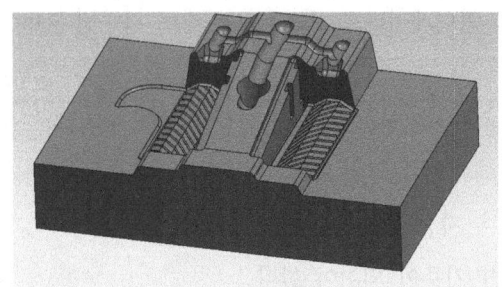 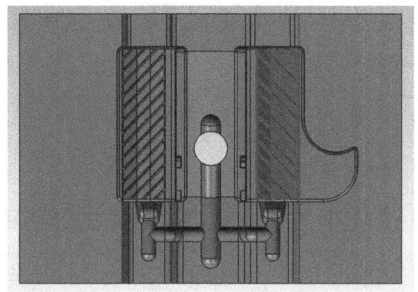

그림 7-8 3D 방전 가공부 식별하기(등각도 및 평면도)

3. 전극 작업할 수 있는 아이콘 불러오기

시작 → 모든 응용 프로그램 → 전극 설계 선택한다.

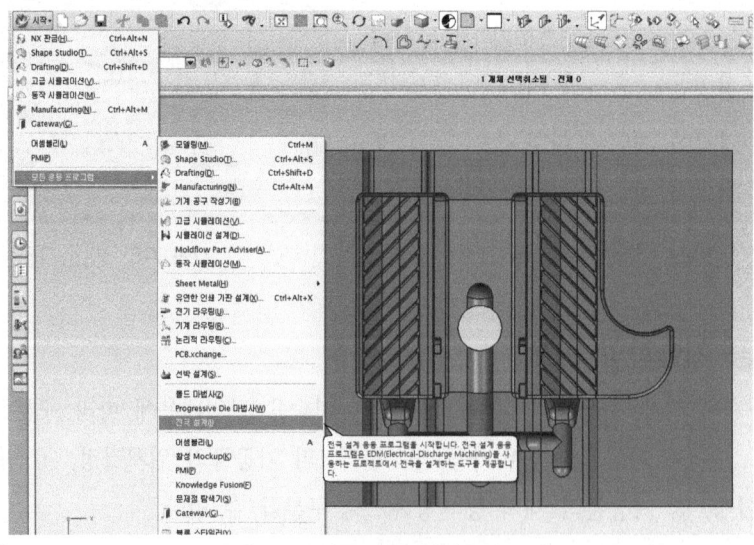

그림 7-9 전극 모듈 불러오기

4. 전극을 만들기 위하여 필요한 아이콘 구성.

전극생성의 아이콘을 확인하고 "상자생성" 아이콘을 선택한다.

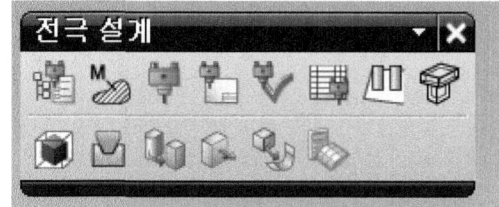 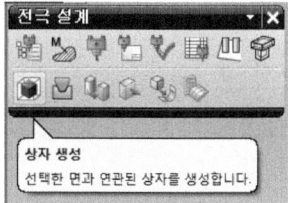

그림 7-10 전극 아이콘실행

5. 선택면 ① → ② → ③의 측면을 선택하고 전극의 높이인 "Z값"을 10mm 입력, "확인" 한다.

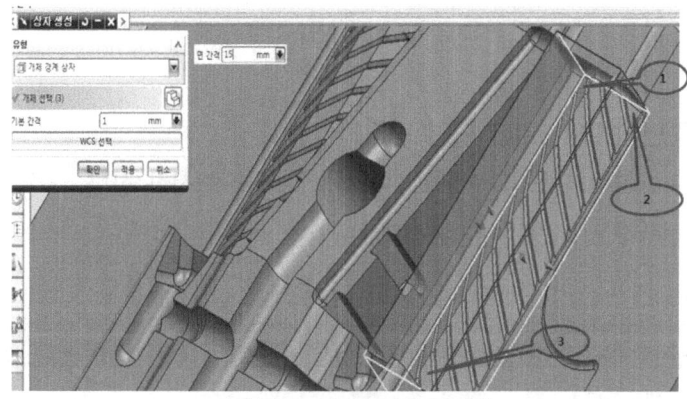

그림 7-11 전극 영역 면선택

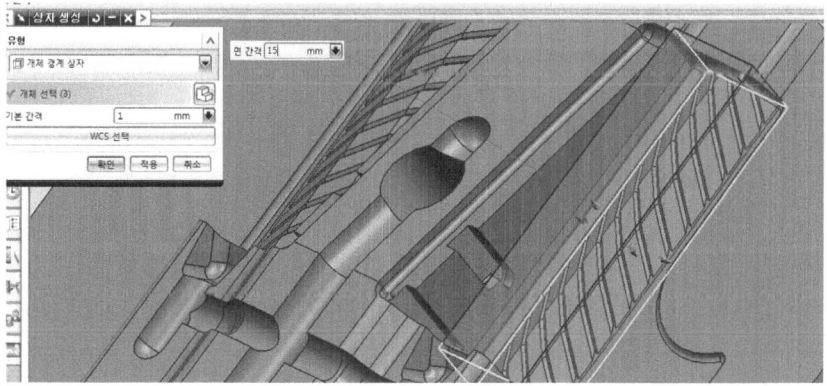

그림 7-12 전극 면 간격조정

6. 전극도면 편집하기

1) 삽입 → 바디결합 → 빼기 선택

2) 타겟 바디를 전극을 선택하고 → 공구를 상코아도를 선택한다(이때 툴유지 아이콘을 활

성화 상태로 하여 준다).

3) "ctrl+B"로 상코아 도면을 감추기 한다.

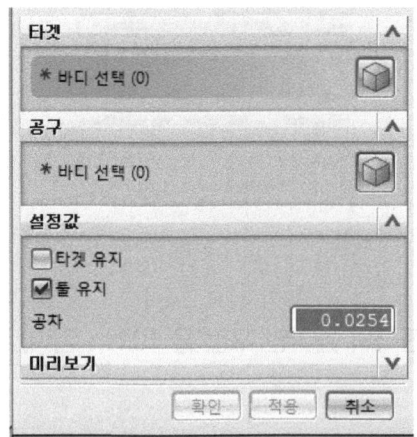
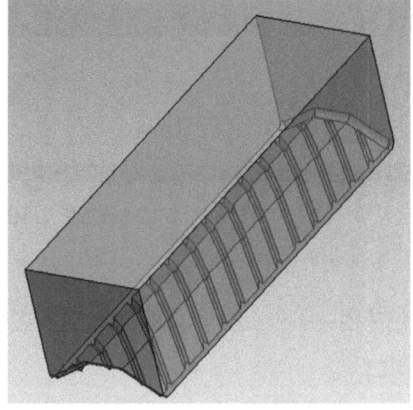

그림 7-13 생성된 전극

7. 전극의 기준면 만들기 위한 도면 편집하기

1) 툴도구 빈 공간에 마우스 우클릭하여 동기식 모델링 활성화 한다.
2) 옵셋 영역 선택하고 ①면(수평)을 선택한다.

그림 7-14 전극 수정

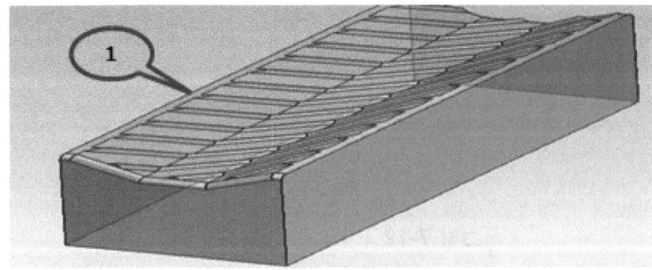

그림 7-15 전극 수정면 선택

8. 윗면을 선택하여 소재보다 약 편측 3mm 크게 블록 생성한다.

1) 이때 블록의 크기는 정치수(소수점 이하 치수가 안되게)로 입력해서 방전 작업자가 쉽게

작업할 수 있도록 한다.
2) 3mm 크게 생성한 블록은 인디게이터나 다이얼게이지로 전극의 기준점 및 수평, 수직을 맞추기 위함이다.

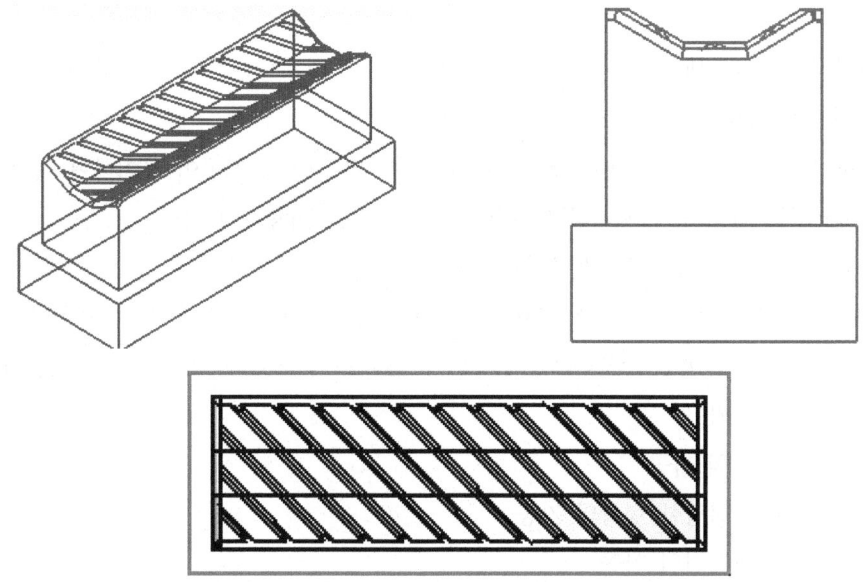

그림 7-16 전극 모듈불러오기

3. 공차를 결정하고, 방전 작업 지시서를 작성하기

방전가공에서의 공차(갭) 적용이란?
황삭 전극, 중사 전극, 정사 전극으로 구분되나 대부분 현장에서 황사과 정사으로 구분되어 가공하고 있다. 황삭 전극은 모델링 시 제품면을 편측 −0.05 옵셋하여 적용되고 정삭 전극은 모델링 시 제품면을 편측 −0.03 옵셋하여 가공한다. 이는 방전가공 후 제품부를 방전 거칠기면 제거와 경면 사상하기 위함이다.

1) CNC 방전가공의 전극 재료

방전가공용 전극의 재료는 이론적으로는 도전성이 좋은 재료라면 무엇이든 사용할 수 있으나 전기 저항값이 적고 전기 전도도가 큰 재료, 방전 가공성이 좋으며, 성형이 용이하고 가격이 저렴한 재료가 많이 사용된다.

(1) 방전가공용 전극 재료의 구비 조건으로는
① 전기 저항값이 낮고 전기 전도도가 크고,

② 방전 가공성이 우수하며,
③ 융점이 높아 방전시 전극 소모가 적고,
④ 성형이 용이하고 가격이 저렴하여야 한다.

(2) 방전가공용 전극 재료의 종류
① 금속 재료 : 전기동, 동·텅스텐, 은·텅스텐 등
　(가) 전기동 : 전기 전도도가 높아 방전 가공성이 우수하고, 가공이 용이하여 가장 많이 사용되고 있으며, 기계가공 및 산에 의한 침식을 이용하여 가공.
　(나) 동·텅스텐(Cu-W), 은·텅스텐(Ag-W)
　　기계가공이 용이하고 강성이 좋아 정밀도를 필요로 하는 전극에 널리 사용되고 있으나, 가격이 고가이고 주조나 단조를 할 수 없는 단점도 있어 사용범위가 제한적이다.
　　　㉠ 초경재의 가공
　　　㉡ 깊은 구멍의 가공
　　　㉢ 미세하고 복잡한 형상의 가공
　　　㉣ 예리한 모서리의 가공
　　　㉤ 미세한 부품의 대량 가공
② 비금속 재료 : 흑연(Graphite)
　흑연이 주성분인 그라파이트는 절삭성이 좋아 기계가공이 가능하며, 다음과 같은 특성이 있다.
　(가) 동에 비하여 1/5의 가벼운 무게를 가지므로 대형 전극의 제작에 적합하다.
　(나) 열변형이 적음(동의 1/4 정도)
　(다) 방전성이 좋아 거친 절삭가공에 적합
　(라) 전극 가공시 분말가루가 많이 비산된다.

실기 내용 – 방전가공의 전극 제작과 지시서 작성하기

1. CNC 방전가공의 전극 제작 Tip
방전가공의 경우 전극의 재질 선택과 제작은 매우 중요하므로 전극용 재료의 특성과 전극의 제작방법을 충분히 고려하여 요구하는 정밀도를 얻을 수 있도록 전극 제작공작기계에 의한 제작 동은 CNC 선반이나 밀링가공, 와이어 컷 방전가공이 용이하고, 동은 타 금속에 비하여 끈적끈적(연성)한 성질이 있으므로 50% 정도의 지방유와 50% 정도의 광유를 혼합한 혼합유를 절삭제로 사용하는 것이 좋다.

2. CNC 선반가공에 의한 전극 제작 Tip

황삭 전극은 모델링시 제품면을 편측 −0.05 옵셋하여 적용되고, 정삭 전극은 모델링시 제품면을 편측 −0.03 옵셋하여 가공한다.

1) 원형 전극 도면(황삭 및 정삭)

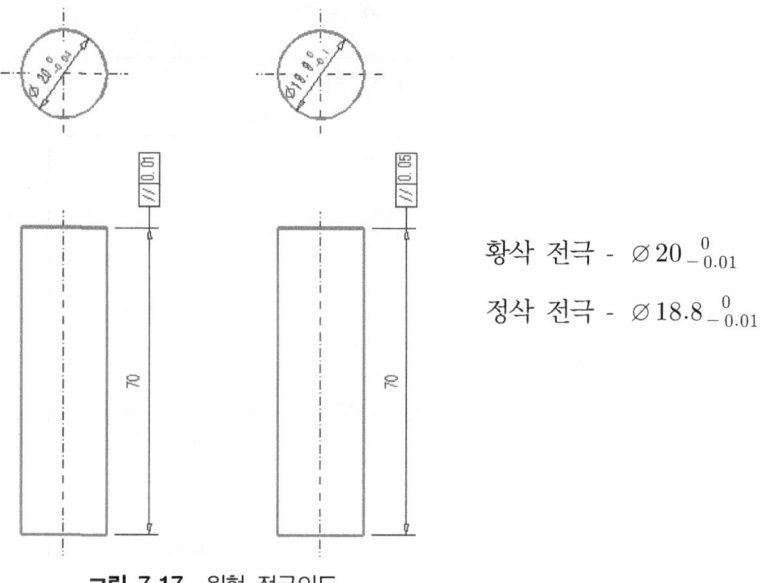

황삭 전극 - $\varnothing 20_{-0.01}^{\;\;0}$

정삭 전극 - $\varnothing 18.8_{-0.01}^{\;\;0}$

그림 7-17 원형 전극의도

2) 사각 전극 도면(정삭 및 황삭)

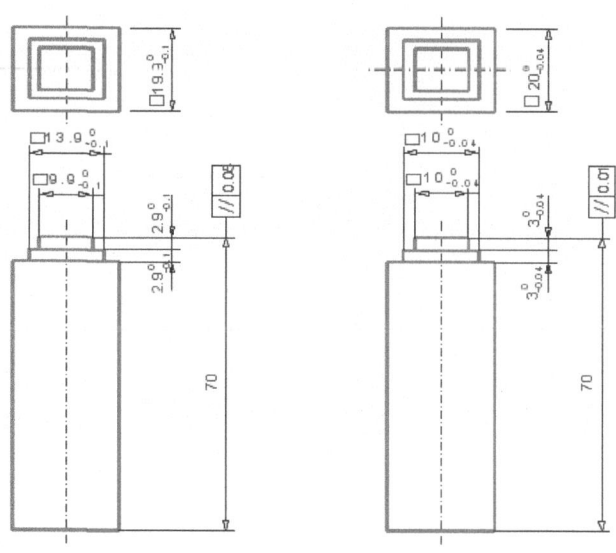

도면의 재료의 크기는 가로와 세로의 치수가 각각 25mm이며, 길이는 72mm이다.

그림 7-18 사각형 전극의도

3) 작업 지시서 작성하기

(1) 단원 1-2의 실기내용을 습득한 후 아래 도면과 같이 전극 도면을 작성하고 2D 도면화 한다.

(2) 이때 전극의 기준면과 금형의 기준면에서의 세팅 기준은 필수이며 방전가공에서의 기본 이 된다.

(3) 작업자가 식별이 용이하도록 아래 도면과 같이 "◗"표기한다.

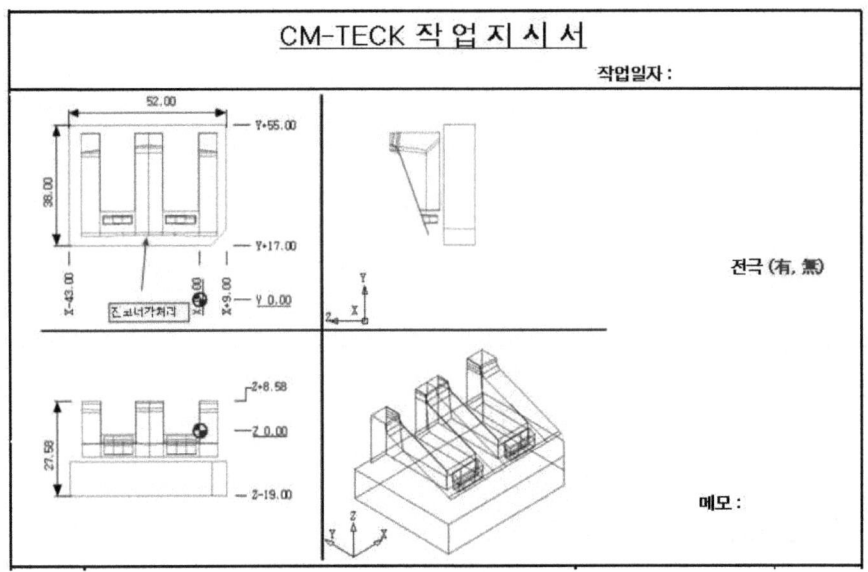

단원 핵심 학습 문제

01 방전 가공용 전극의 조건이 아닌 것은?
① 방전이 안전하고 가공속도가 커야 한다.
② 가공 정밀도가 높아야 한다.
③ 기계 가공이 쉬워야 한다.
④ 가공 전극의 소모가 커야 한다.
해설 : ④ 방전 가공용 전극의 조건
- 방전이 안전하고 가공속도가 커야 한다.
- 가공 정밀도가 높아야 한다. 기계 가공이 쉬워야 한다.
- 가공 전극의 소모가 적어야 한다. 구하기 쉽고 가격이 싸야 한다.

02 도면을 분석한 후 방전가공 영역 결정 및 순서는?
해설 : ① 코어 도면의 분석 → ② 방전가공 영역 결정 → ③ 전극가공방법 결정 → ④ 재료준비 → ⑤ 공정별 코어가공으로 완성한다.

03 가공기를 유효하게 사용하기 위해 방전가공, 기술을 작업내용에 따라 구분하시오.
해설 : ① 전극의 설계제작
② 피 가공물의 예비가공
③ 전극, 피 가공물의 위치결정
④ 방전가공의 전기 조건의 설정
⑤ 가공분의 제거 등 5항목으로 구분할 수 있다.

04 방전가공에서의 공차(갭) 적용은 얼마로 하는가?
해설 : 황삭 전극은 모델링 시 제품면을 편측 -0.05 옵셋하여 적용되고 정삭전극은 모델링 시 제품 면을 편측 -0.03 옵셋하여 가공한다. 이는 방전 가공 후 제품부를 방전 거칠기면 제거와 경면 사상하기 위함이다.

05 방전가공용 전극 재료의 종류
해설 : 금속 재료 - 전기동, 동·텅스텐, 은·텅스텐
비금속 재료 - 흑연(Graphite)

06 선기 선도도가 높아 방전 가공성이 우수하고, 가공이 용이하여 가장 많이 사용되고 있는 전극 재료는?
해설 : 전기동

07 흑연(Graphite) 전극의 특성을 쓰시오.
해설 : ① 동에 비하여 1/5의 가벼운 무게를 가지므로 대형 전극의 제작에 적합하다.
② 열변형이 적음(동의 1/4 정도)
③ 방전성이 좋아 거친 절삭가공에 적합
④ 전극 가공시 분말가루가 많이 비산된다.

08 방전가공용 전극 재료의 구비 조건은?

해설 : ① 전기 저항 값이 낮고 전기 전도도가 크고,
② 방전 가공성이 우수하며,
③ 융점이 높아 방전시 전극 소모가 적고,
④ 성형이 용이하고 가격이 저렴하여야 한다.

09 기계가공이 용이하고 강성이 좋아 정밀도를 필요로 하는 전극에 널리 사용되고 있으나, 가격이 고가이고 주조나 단조를 할 수 없는 단점도 있어 사용범위가 제한적인 전극은?

해설 : 동·텅스텐(Cu-W), 은·텅스텐(Ag-W)

10 방전가공을 고려한 가공기기를 고려한 작업방법은?

해설 : 고속 가공기 - 일반적으로 부가가치가 높은 메인코어를 후가공이 필요하지 않는 범위 내에서 가공
범용 가공기 - 일반적인 정밀도를 요구하는 몰드베이스 및 기타 부품(소형)들의 가공

11 방전가공을 고려한 후 가공을 고려한 작업방법은?

해설 : 고속 가공기를 이용하여 열처리가 된 상태의 재료에 고속 가공으로 완성 가공을 하는 작업방법

12 방전가공기의 구조에 대하여 쓰시오.

해설 : 주축대(ramhead), 컬럼(Colum), 베드(bead), 가공탱크(work tank),
저장탱크(dielectric tank), 자동전극 교환장치(automatic tools change),
전원 공급장치(control unit), CNC 제어장치

7-2 가공지원 도면 작성하기

1. 도면을 분석하여 형상 특성 결정하기

1) 도면분석하기

(1) 3D 모델링 형상 파악하기

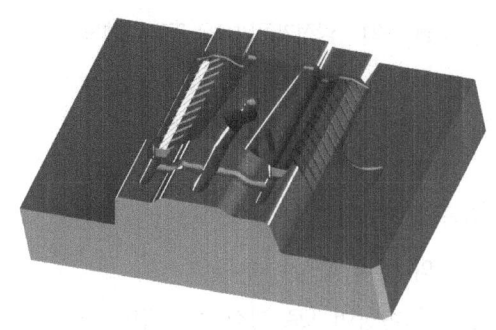

그림 7-19 방전가공의 코어선정

(2) 금형도면을 분석하고 전극의 필요 수량과 필요 요소를 파악한다.

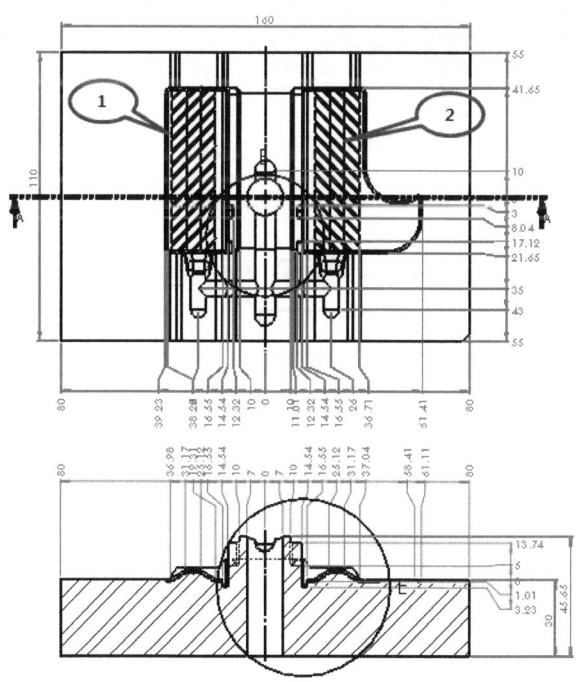

그림 7-20 방전가공의 2D 도면

금형도면의 상세도

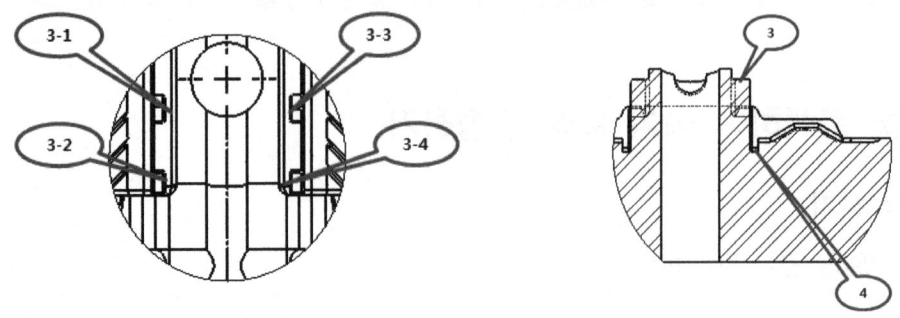

그림 7-21 방전가공의 2D 도면(상세도)

실기 내용

1. 도면을 분석하고 필요부의 전극도면 생성하기

1) 그림 7-21의 ①번 지시부의 전극 생성

(1) ①, ②의 전극은 좌우대칭 형상이므로 황삭 2ea, 정삭 2ea를 각각 가공 지시한다.

(2) 이때 전극의 소요량, 크기, 사용 재질 등은 미리 준비하도록 지시한다.

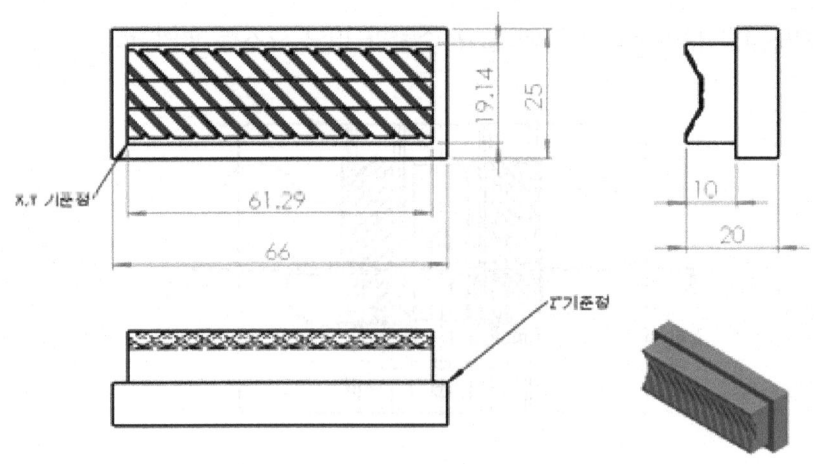

그림 7-22 전극도면 1

2) ②번 지시부의 도면 생성

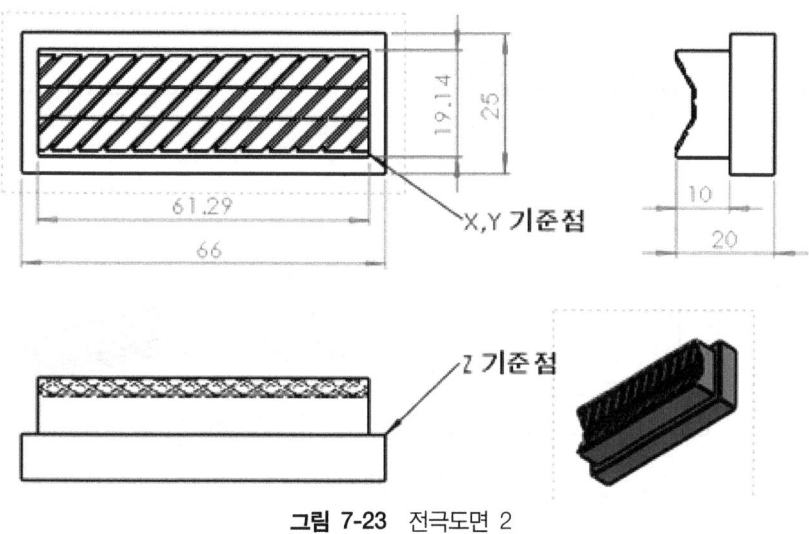

그림 7-23 전극도면 2

3) ③번 지시부의 도면 생성

(1) 7-20의 측벽 전극과 7-21의 전극을 일체화하였다.

(2) 측벽부를 먼저 방전작업하고 전극부로 이동하여 작업한다(일체형으로 가공시 CNC 기계의 가공시간 단축, 프로그램시간 단축, 금형제작비용의 원가 절감 등의 효과를 볼 수 있다).

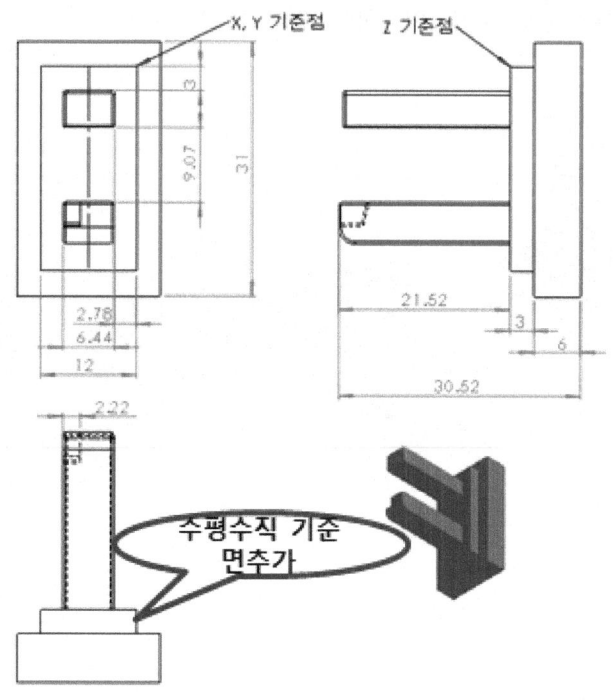

그림 7-24 전극도면 3

4) ④번 지시부의 도면 생성

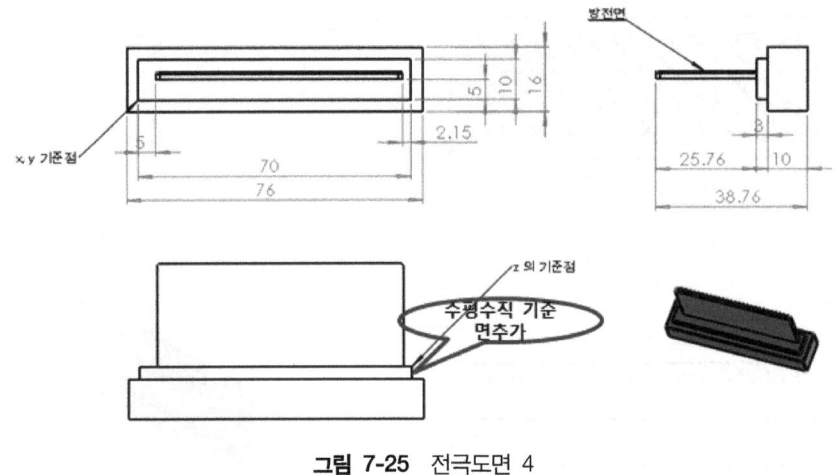

그림 7-25 전극도면 4

2. 가공에 필요한 정보를 생성하기

1) CAM프로그램을 이용하여 가공 데이터 생성하기

(1) 3D 모델링 전극 가공 DATA 생성

작성한 전극의 모델로 3D CAM을 이용하여 가공 DATA 생성한다.

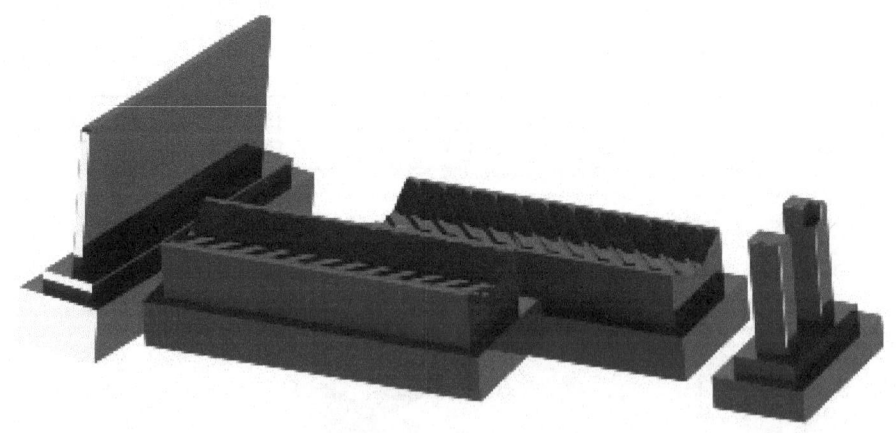

실기 내용

1. 모델링이 끝난 후 cam을 통하여 NC데이터를 생성할 수 있다.
1) 3D 전극 가공 DATA 생성

(1) Start → Manufacturing ①을 선택하고 ② 선택하여 NC데이터 생성할 준비한다. 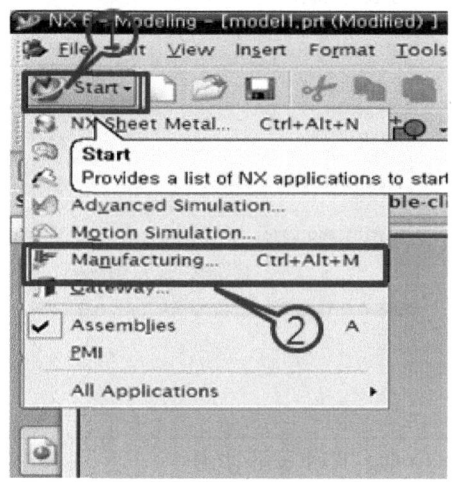	(2) Cam → mill_contour ①을 선택하고 ② 선택하여 3차원 NC데이터 생성할 준비한다. 
(3) Geometry View → work Piece → Edit 작업네비게이터에서 ① 선택 후 ② 선택하여 마우스 우 클릭 편집 선택한다. 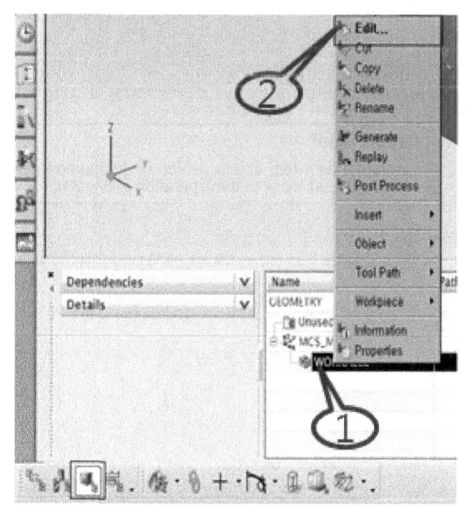	(4) 가공 후(모델) 형상 지정 가공할 공작물을 선택한다. 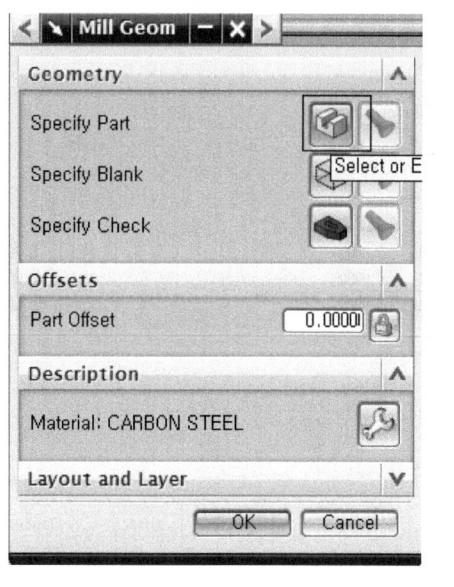

(5) Select All → ok
전체 선택 후 OK 한다. ⇒ 화면이 자동으로(6)으로 전환된다.

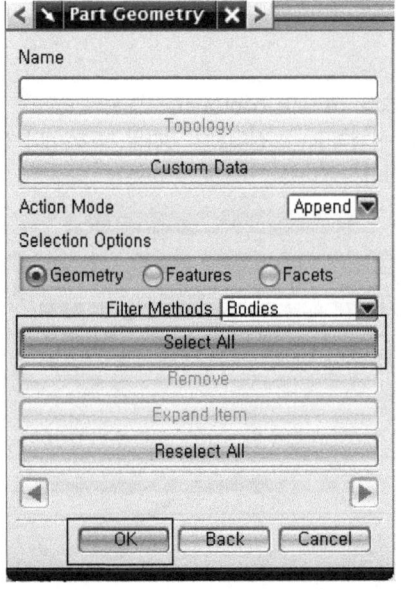

(6) 가공 전 소재 지정
가공소재의 최초크기를 결정하고 필요시 (7)과 같이 5mm 크게 설정한다.

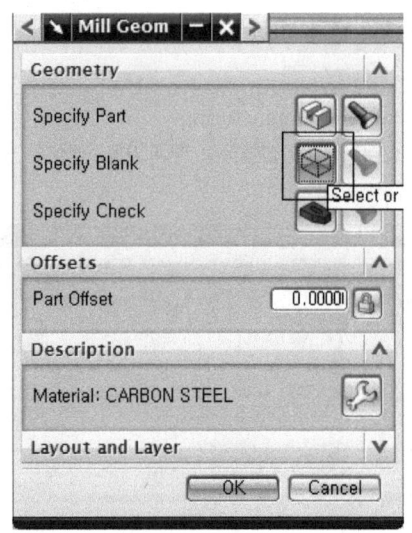

(7) Auto Block → Z5 → Ok
원 모델의 형상과 최초 가공소재의 선택은 완료되었다.

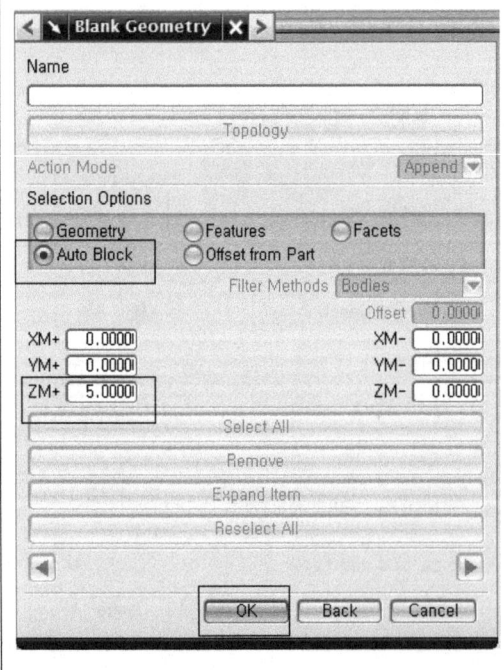

(8) Create Tool(공구생성)
순서에 의하여 필요공구를 등록하고 선택해서 가공툴링을 생성한다.

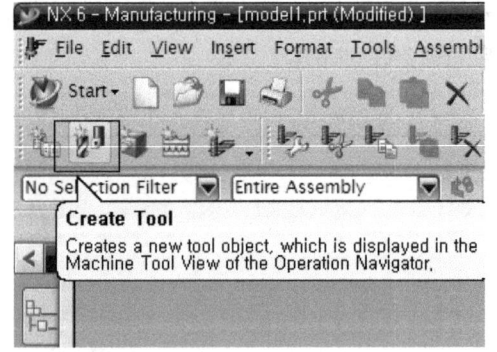

CHAPTER 07 가공지원 도면작성(사출금형설계)

(9) 공구지정 평 → 엔드밀 지정
평엔드밀 선택하고 하단의 ∅6.0 등록한다.

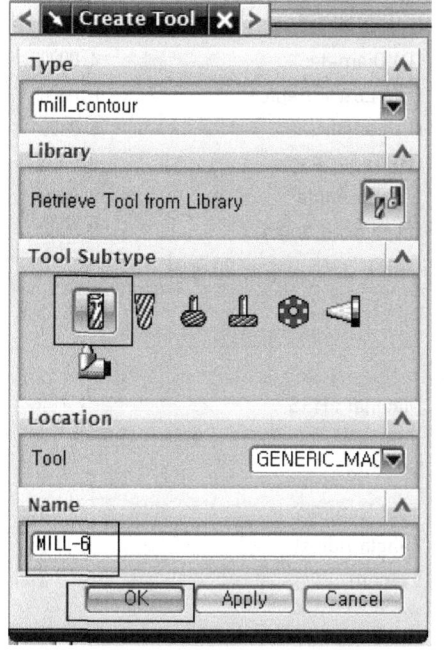

(10) 지름 6mm, Number 1,1,1 수정 → ok
∅6.0 등록하고 하단부의 툴 번호 등을 동일하게 등록하고 ok한다.

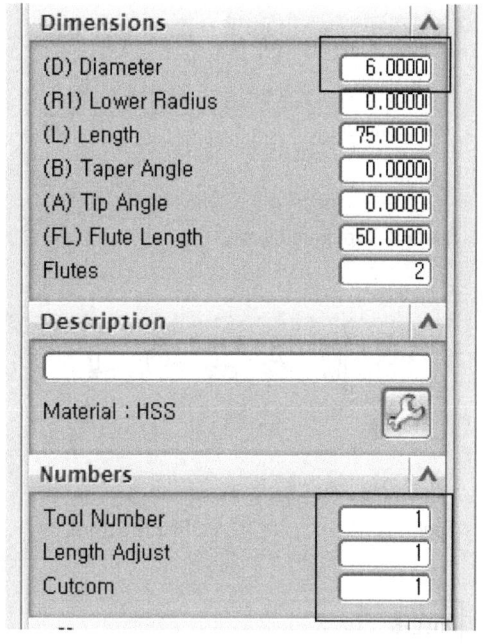

(11) 볼 엔드밀 지정
볼 형상의 아이콘을 선택하고 아래 부분에 ball-4 등록하여 식별이 용이하게 등록한다.

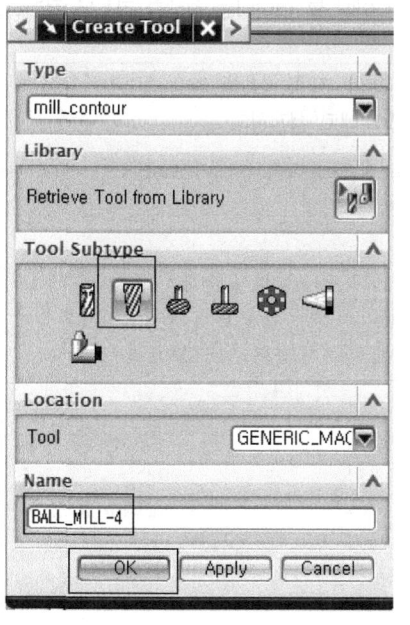

(12) 지름 4mm, Number 2,2,2 수정 → ok
∅4.0 등록하고 하단부의 툴 번호 등을 동일하게 등록하고 ok한다.

(13) 테두리 평 엔드밀 지정 → ok
(계속해서 필요공구 등록한다.)

(14) 지름 4mm, Number 3,3,3 수정 → ok
∅4.0 등록하고 하단부의 툴 번호(3) 등을 동일하게 등록하고 ok한다.

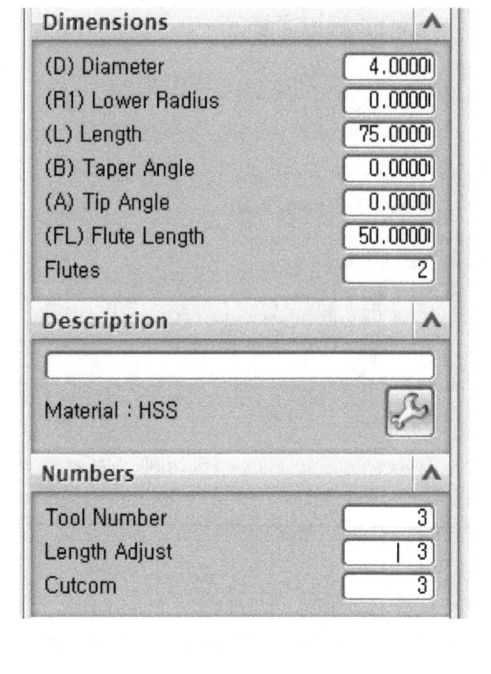

가공 방법을 등록한다.
황삭 ⇒ 중삭 ⇒ 정삭 ⇒ 잔삭의 순으로 툴 데이터를 생성하며 이때 툴 데이터는 최대한 피치를 적게하고 속도는 빠르게 설정하여준다.

(15) 가공조건 지정

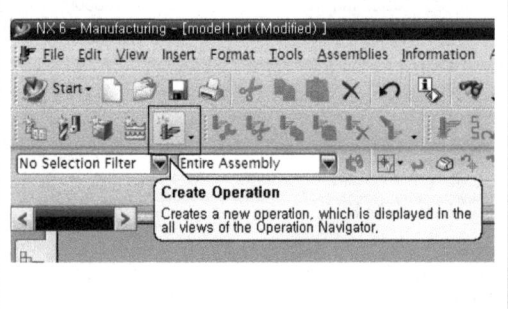

(16) 황삭 가공 설정
①, ② 차례로 설정한다.

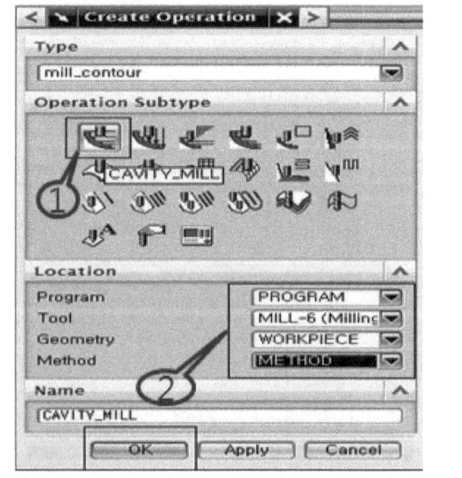

(17) 절삭조건 설정(1) 경로간격3, 절입량3 최대한 적은 양(현장에서는 0.5)으로 설정한다.

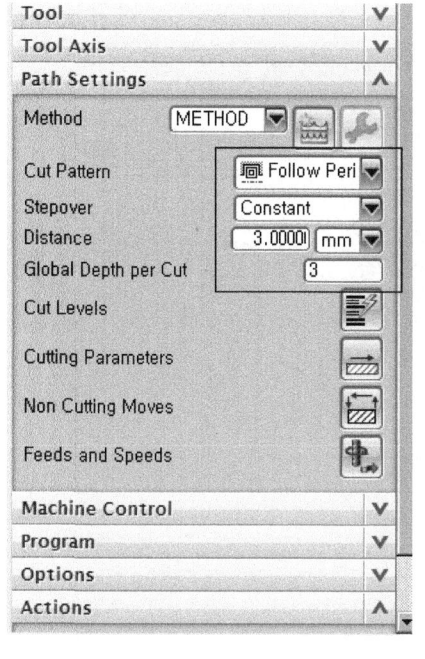

(18) 절삭조건(2)

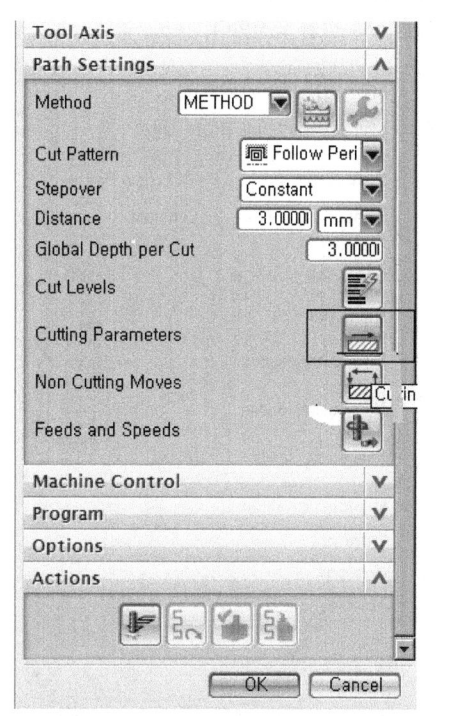

(19) Strategy 설정

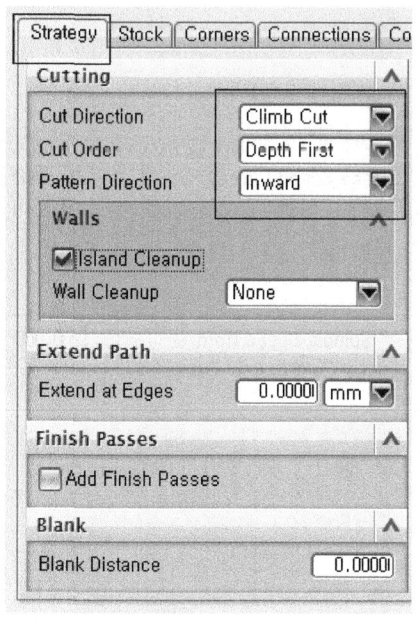

(20) Stock 설정
황삭 가공 후 정삭을 하기 위한 잔량을 의미한다.

(21) 절삭조건(3)
가공형상에 따라 공구의 진행방향(G01), 공구의 비절삭이동(G00) 등을 입력한다.

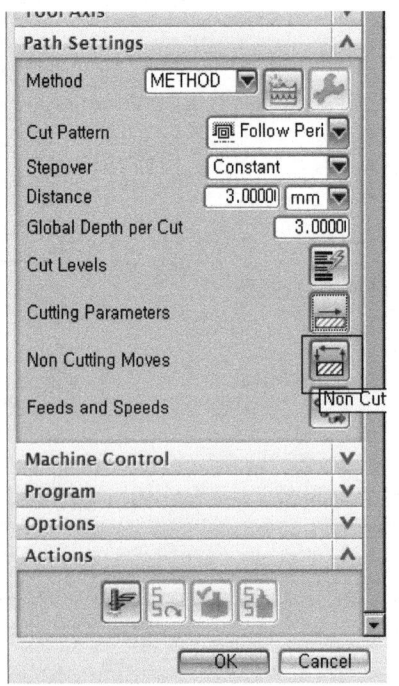

(22) Transfer / Rapid 설정
(Plane → Specify Plane 그림 클릭)

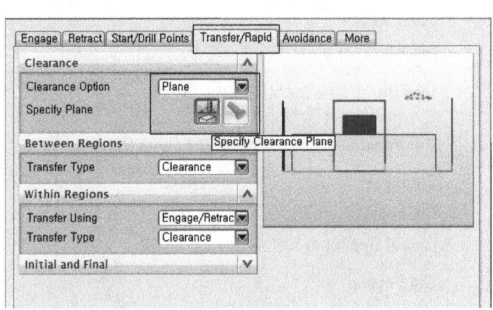

(23) 안전높이 50 설정 → ok
현장에서 안전높이는 작업자의 숙련도에 따라 50mm를 입력한다.

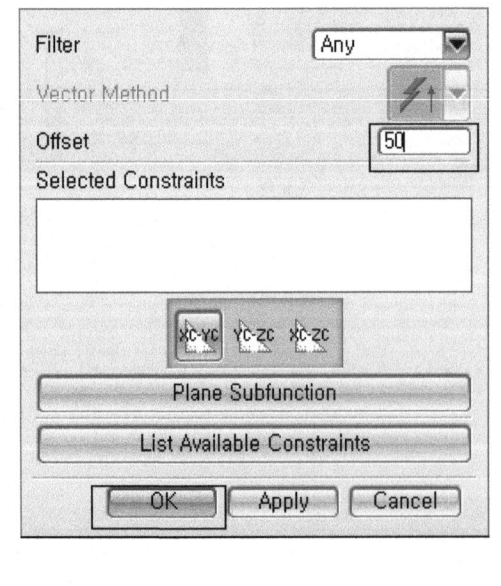

(24) 회전 수 / 이송 설정
기계의 과부하이내에서 최대한 설정한다.

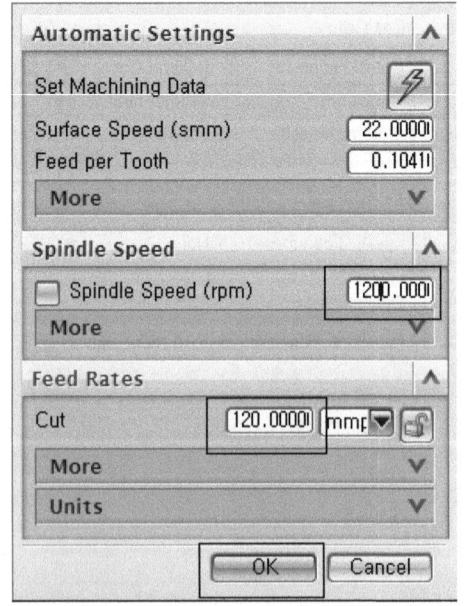

CHAPTER 07 가공지원 도면작성(사출금형설계) **417**

(25) 모의가공 (Generate) → (Verify)
가공형상을 확인하기 위하여 아래 아이콘을 선택하고 (26) 플레이 버튼으로 확인한다.

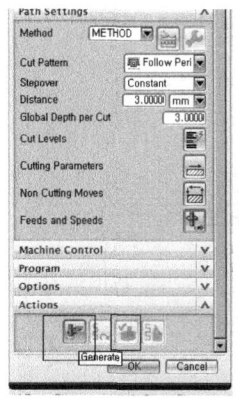
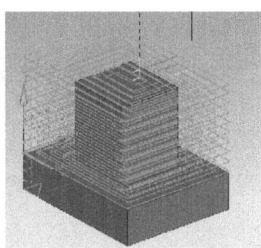

(26) 모의가공 확인

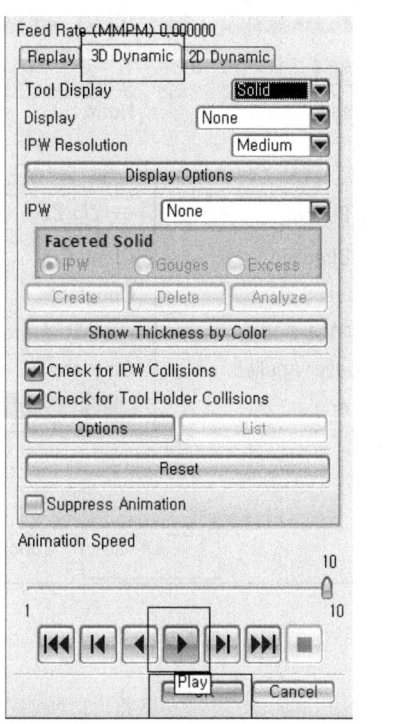

(27) 정삭 설정(볼 엔드밀)
① 가공 형상아이콘 ② 공구 등 아래와 같이 설정한다.

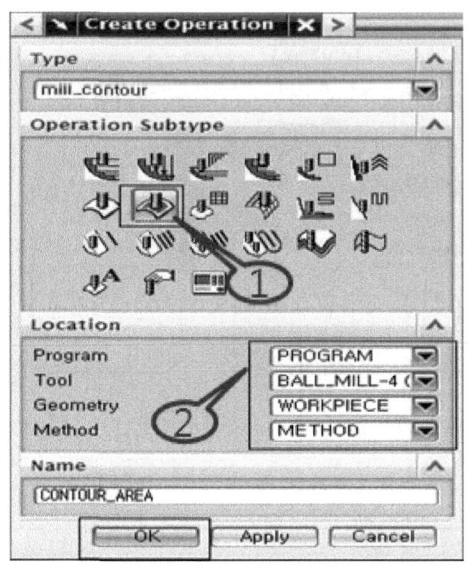

(28) Edit 클릭

(29) 정삭 절삭조건(1)

(30) 정삭 절삭조건(2)

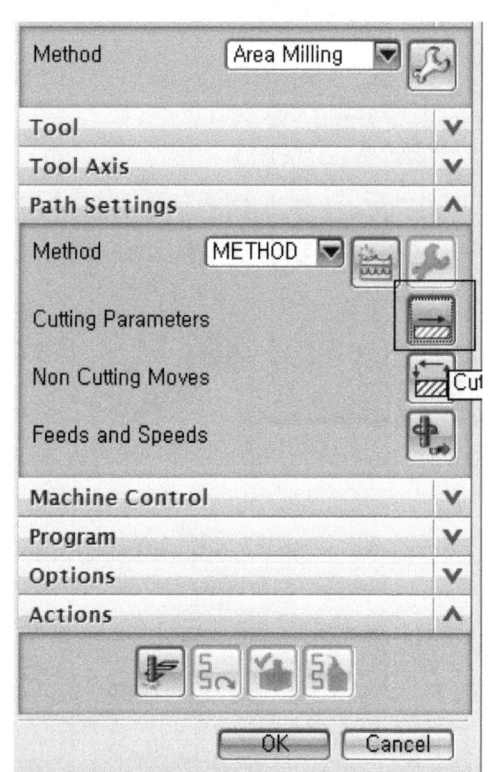

(31) Strategy 설정(Climb Cut, Automatic)

(32) Stock 설정

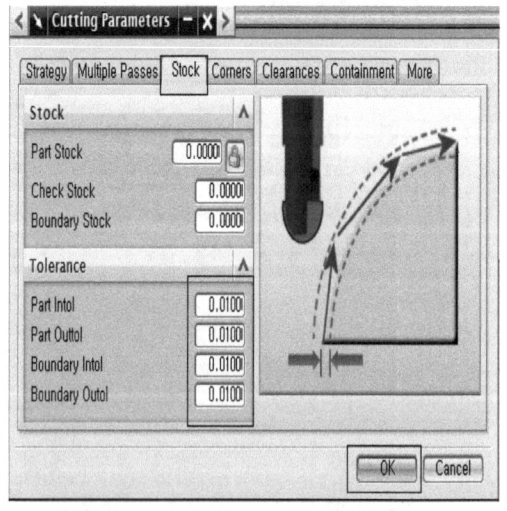

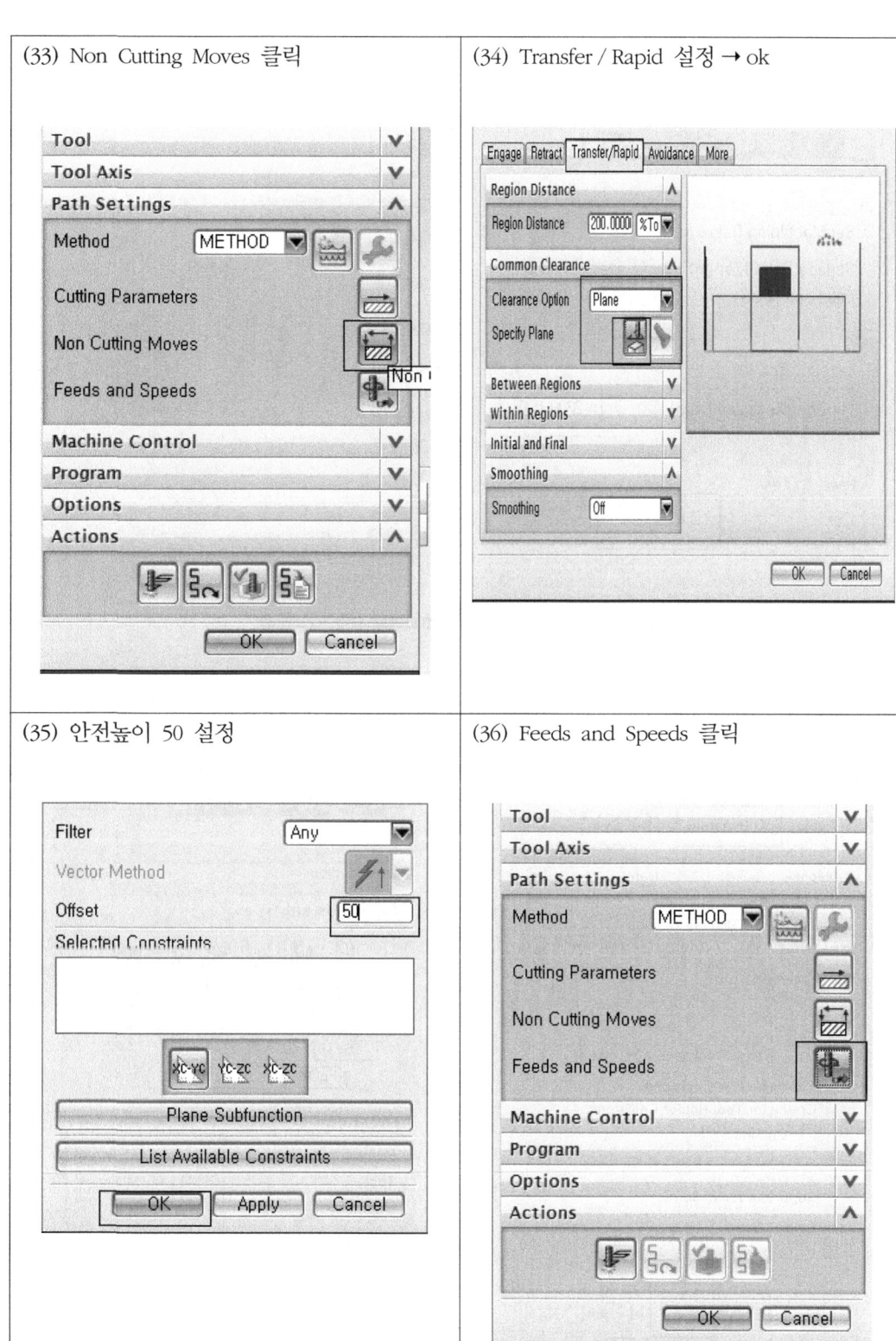

(37) 회전수 / 이송 설정

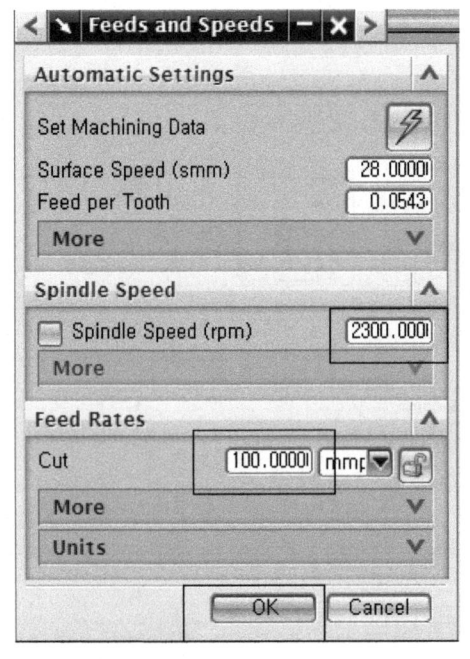

(38) 모의가공

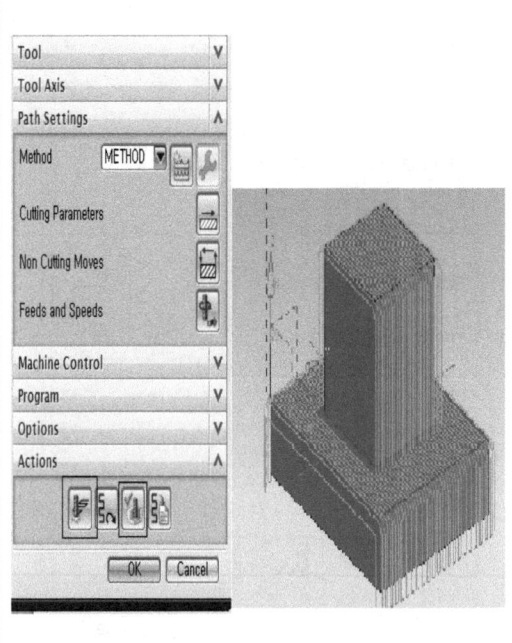

(39) 모의가공 확인

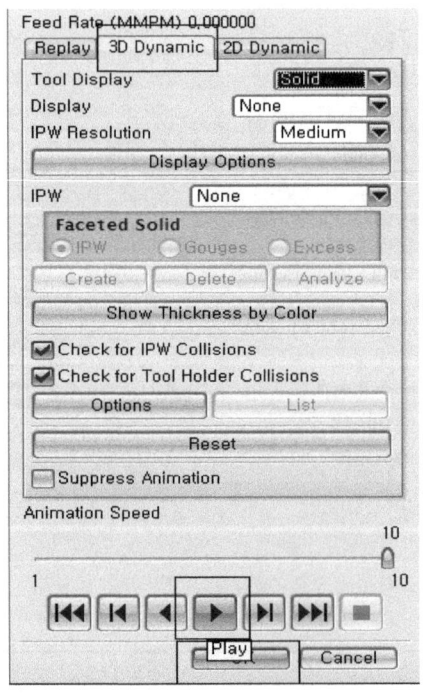

(40) 잔삭 설정(평엔드밀)

(41) Zig Zag 설정 → Cutting Parameters 클릭

(42) Stock 설정(Tolerance 전부 0.01 설정)

(43) Transfer / Rapid 설정 → Plane → Specify Plane 클릭

(44) 안전높이 50 설정

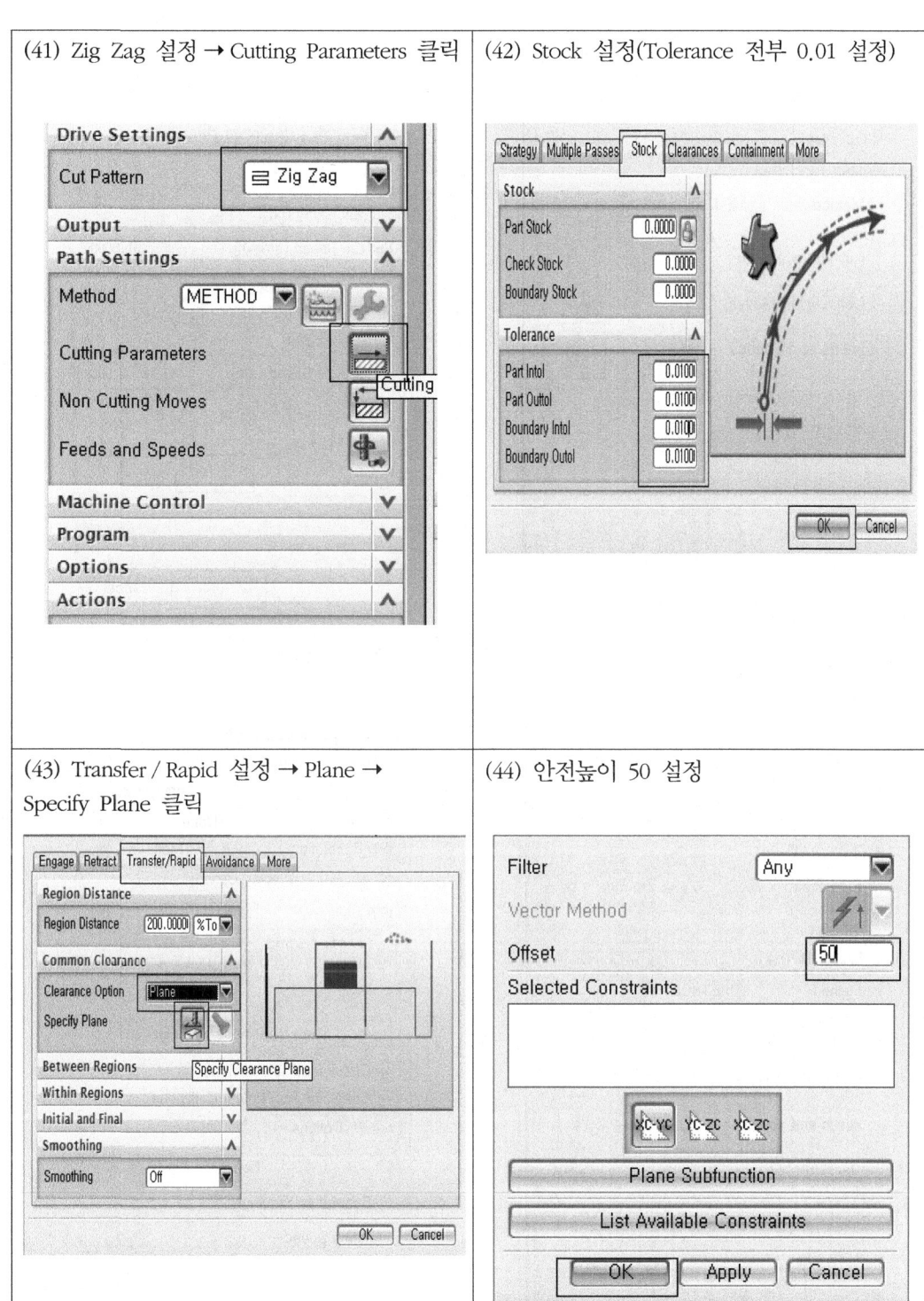

(45) Feeds and Speeds 클릭

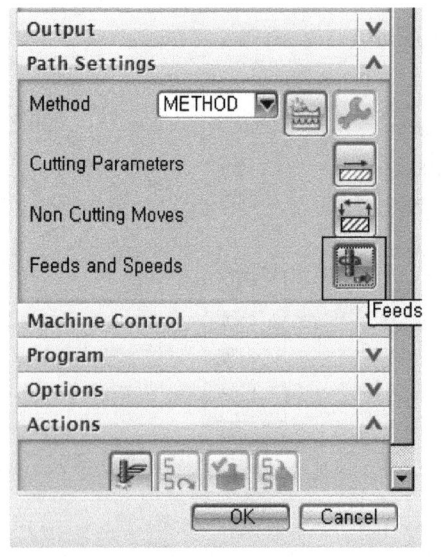

(46) 회전수 / 이송 설정

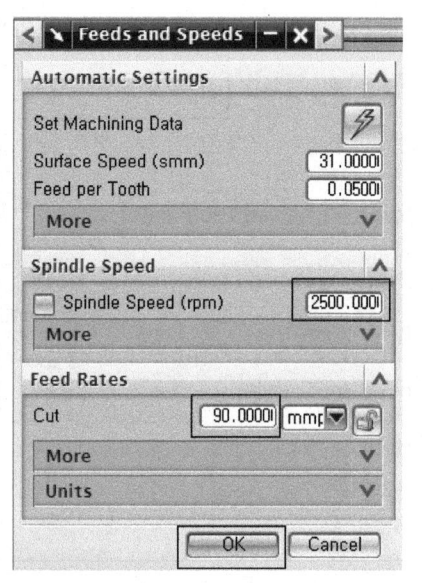

(47) 모의가공

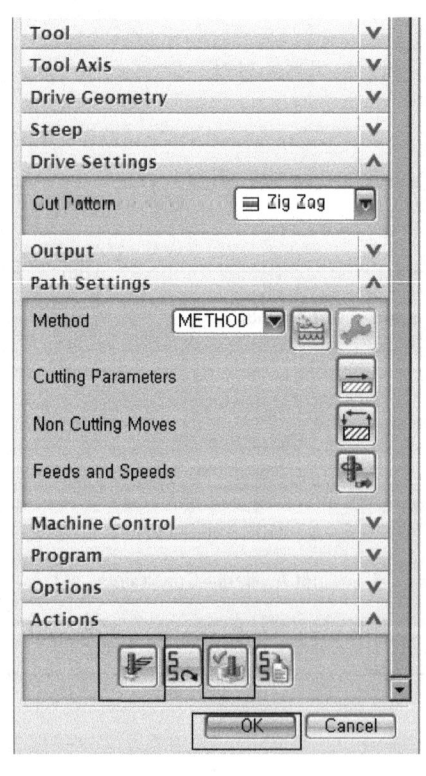

(48) 모의가공 확인

(49) 황삭, 정삭, 잔삭 선택 후 Post Process 클릭

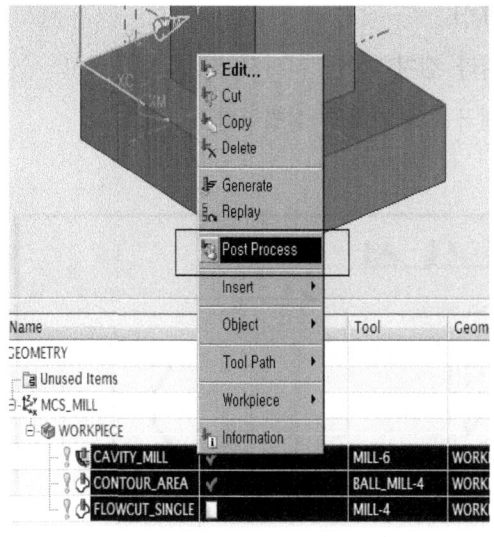

(50) MILL-3-AXIS-Metric / PART 선택

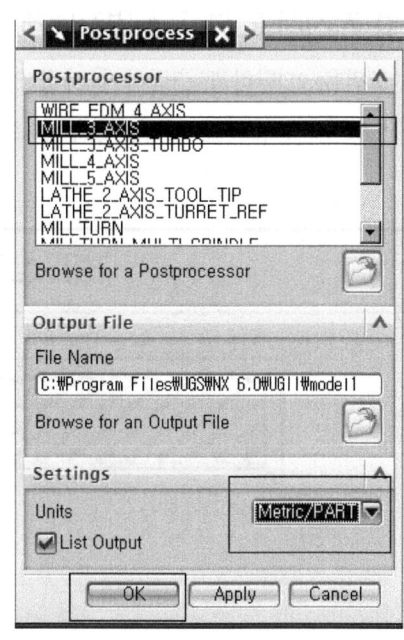

(49)의 선택 시 CNC 기계에 ATC가 장착되지 않을 시 1개씩 선택하여야 한다.

(51) NC데이터

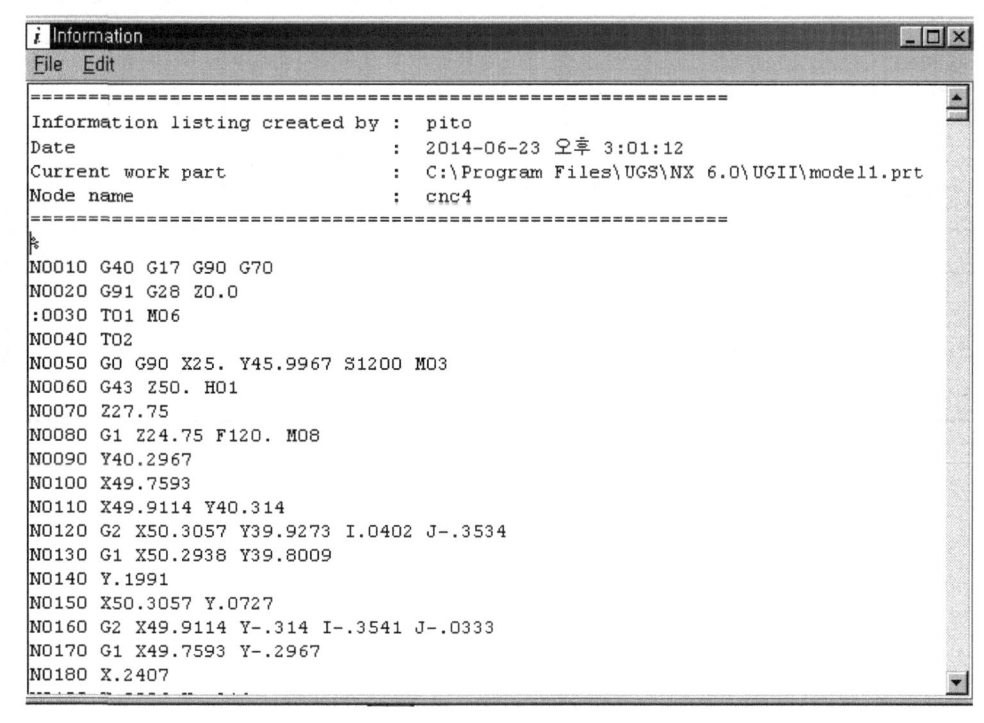

3. 가공 작업자에게 작업을 지시하기

1) 작업 지시서를 보고 작업자에게 설명하기
(1) 도면을 2D화하고 출력하여 사내 양식에 따라 캡쳐화하여 지시서양식에 삽입하고,
(2) 또한 지시서의 표기란에 황삭 전극, 정삭전극을 표기하고 설명한다.

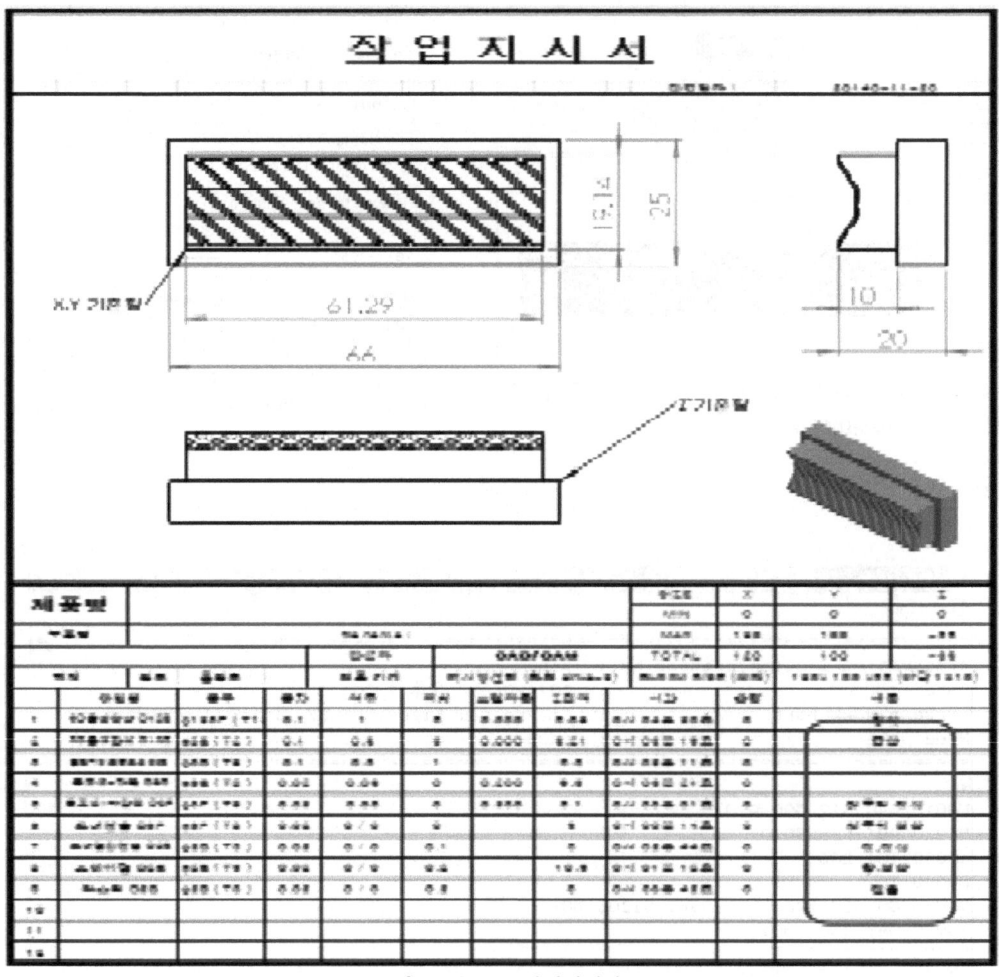

그림 7-26 ① 작업지시서

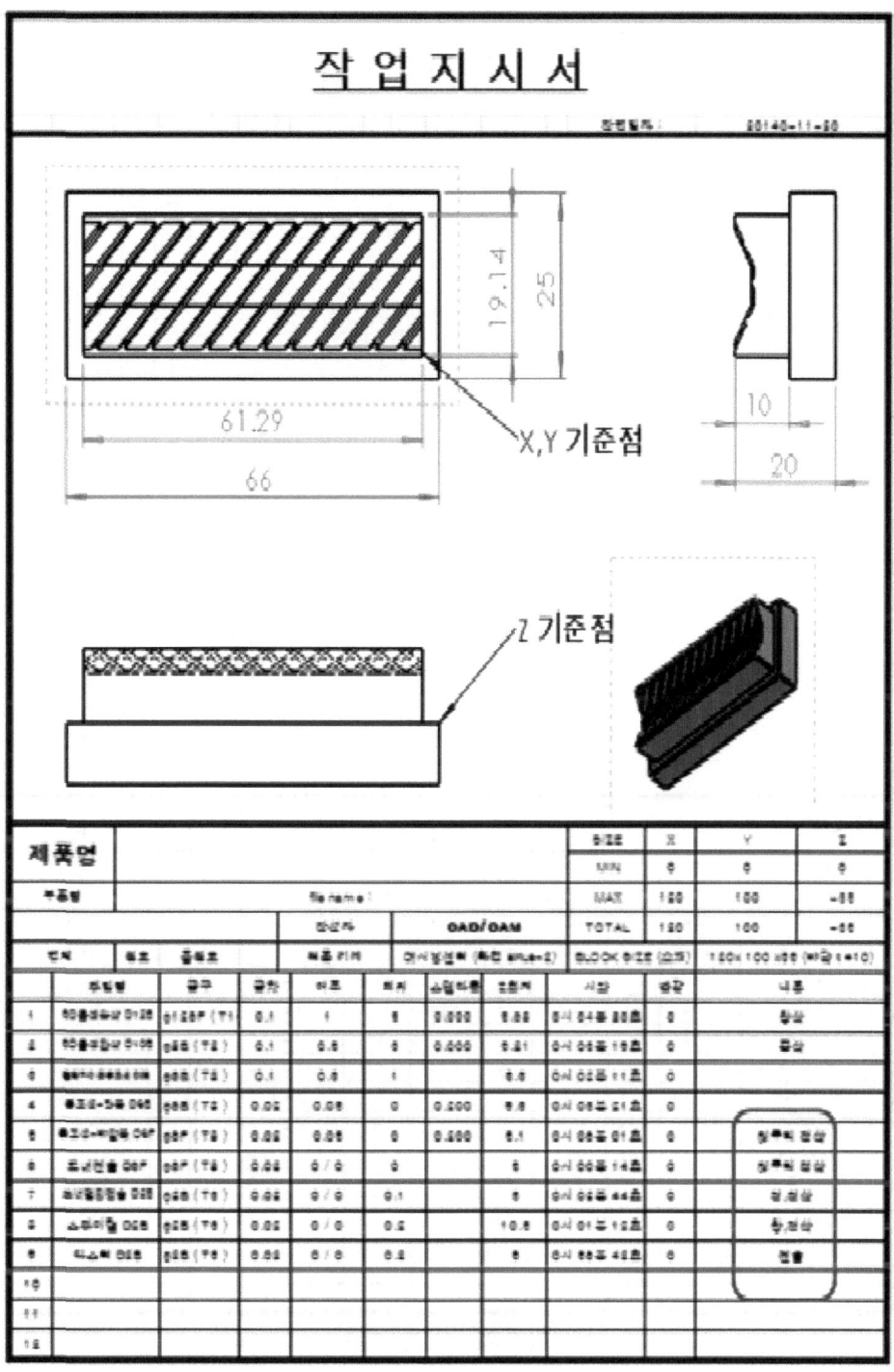

그림 7-27 ② 작업지시서

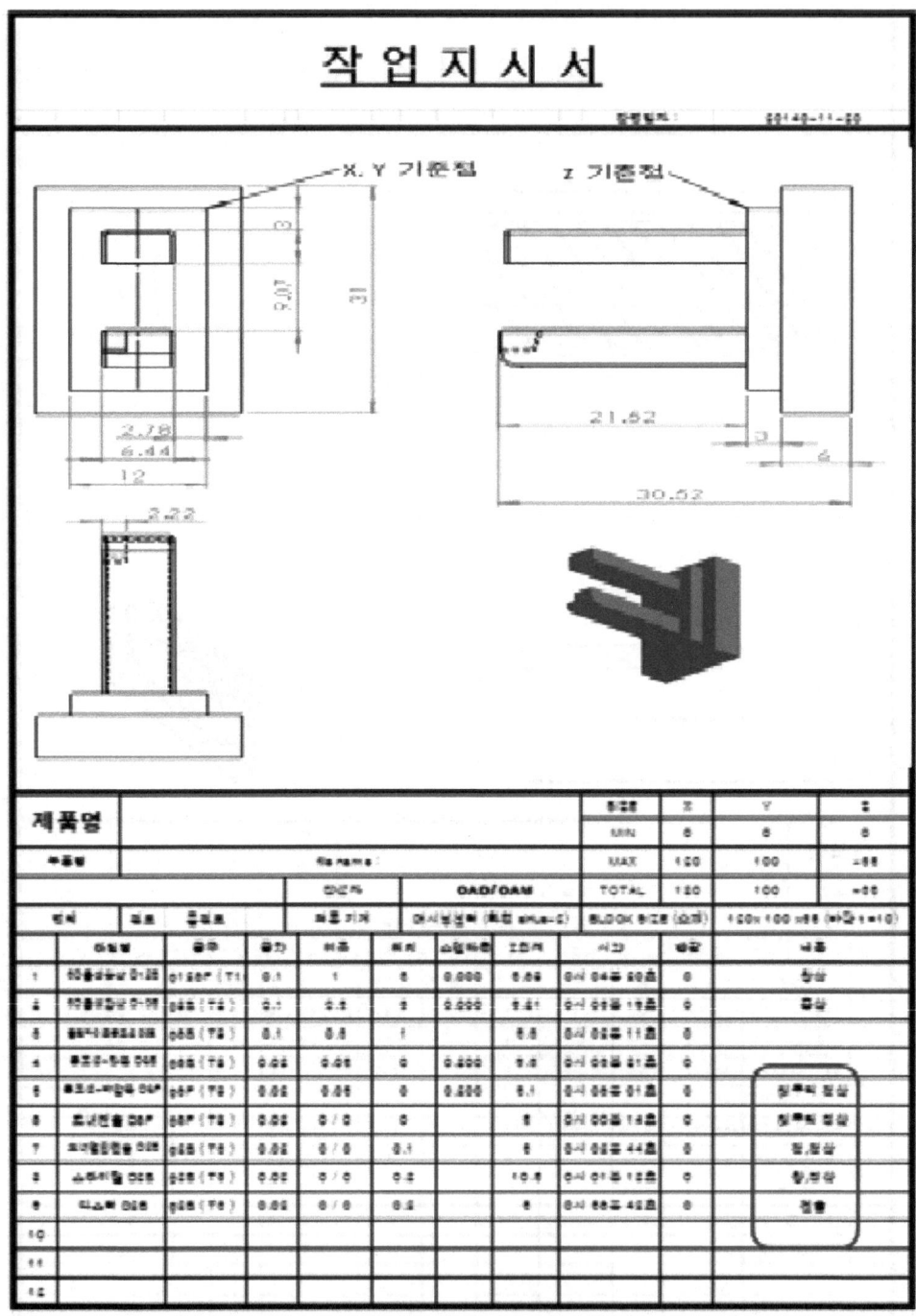

그림 7-28 ③ 작업지시서

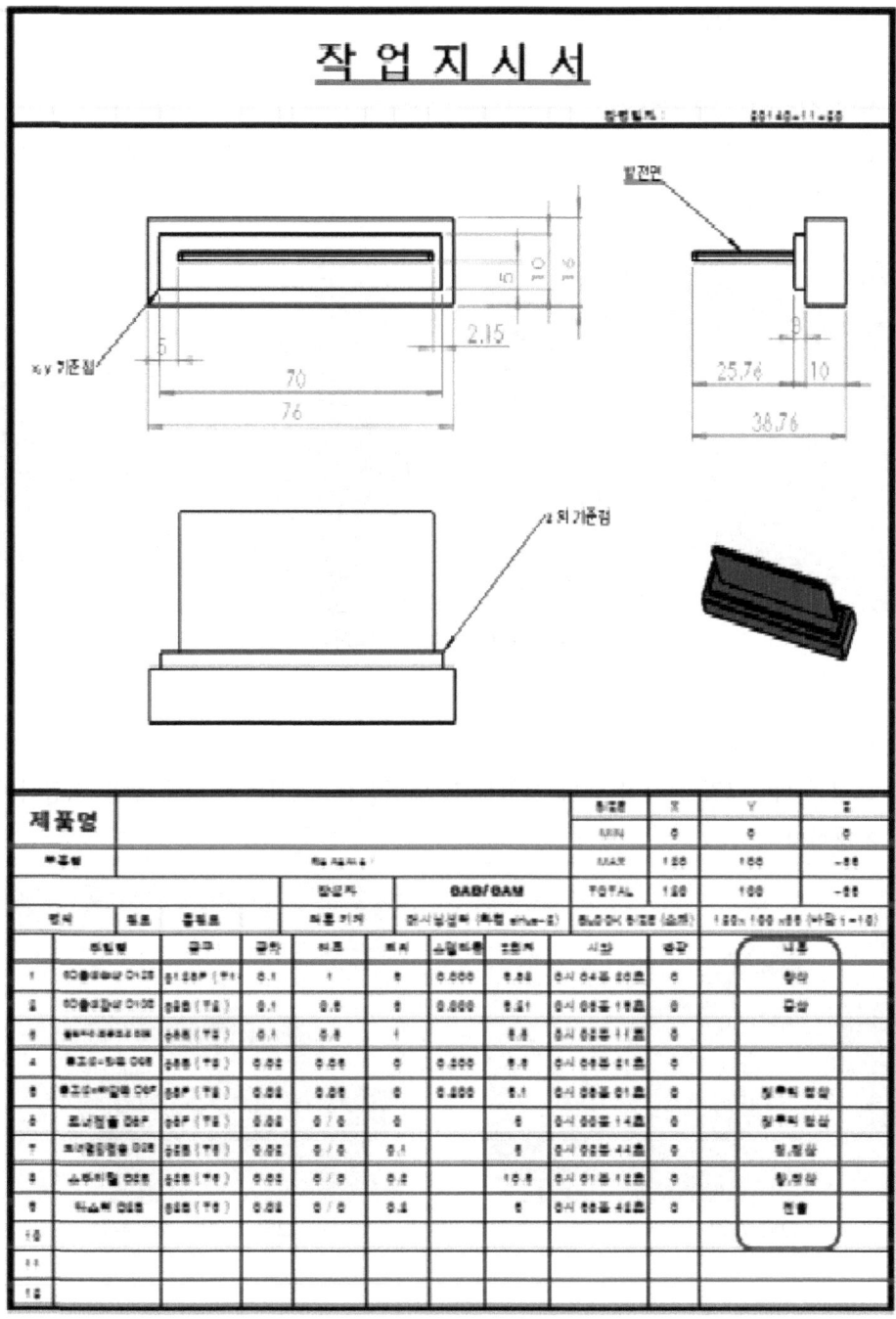

그림 7-29 ④ 작업지시서

실기 내용 – 방전작업 습득하기

1. 방전 가공기 조작하기

(1) [그림 7-30] 방전하고자 하는 금형을 베드 위에 올리고 인디게이터로 x축, y축 차례로 기준면 Setting 한다.

그림 7-30 코어 위치시키기

(2) [그림 7-32] 전극을 치공구에 부착한다.

소형전극은 그림과 같이 본딩 부착하고, 대형방전기에서는 전극에 탭을 가공하여 부착 사용한다.

그림 7-31 코어 세팅   **그림 7-32** 전극 부착

(3) 부착된 전극을 주축대에 장착한다.

(4) 이어 전극을 주축대에 장착하고 다이얼 인디게이터로 x축, y축 수평을 보정 후 z축 수직 각도를 setting 한다.

이때 측정기 사용법을 숙지하고 인디게이터의 바늘은 세팅부와 수직이 되도록 하여 세팅 오차가 발생하지 않아야 한다.

그림 7-33 코어 체결

그림 7-34 기준 잡기

(5) [그림 7-35] 다이얼 인디게이터로 "0"점 조정될 때까지 주축대의 조절레버로 미세 조정하여 준다.

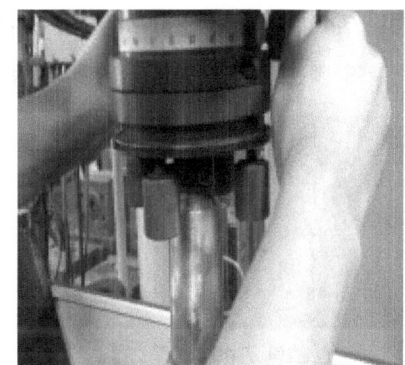

그림 7-35 주축대 조정하기

(6) [그림 7-36] 전극의 기준면과 코어의 기준면을 일치시킨다. 이때 터치방법은 불꽃으로 하며 터치된 면 전체에서 불꽃이 발생하는 것을 확인한다.
[그림 7-37] X, Y축의 행정거리가 적을 경우 세팅 블록으로 보조하여 사용한다.

그림 7-36 기준작업

그림 7-37 기준 잡기(보조블록)

(7) 터치하여 가공 조건표를 기준하여 가공하고자 하는 지점에 일치시킨다.

그림 7-38 가공위치

그림 7-39 가공조건

(8) 도면의 주어진 치수를 기준으로 방전 조건 등을 설정하고 가공한다.

방전의 조건은 황삭, 중삭, 정삭의 구분으로 나누어지며 가공 재질별, 전극의 재질별[그림 7-40] 황삭 조건표와, [그림 7-41]의 정삭 조건표를 회사별 지정 저장하였다가 불러들여 빠른 시간에 방전작업이 실행될 수 있도록 한다.

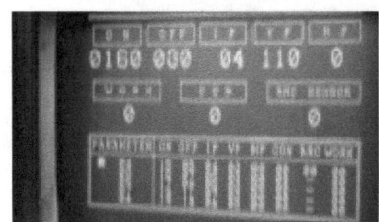

그림 7-40 가공조건

그림 7-41 가공조건

그림 7-42 작업하기

방전 작업 후의 전극의 형상

그림 7-43 방전가공 후 전극

금형이 제작되어 성형 후의 제품

① 성형 재질 : P.P(G P15%)
② 캐비티 : 1*1*1
③ 제품의 용도 : 낚시대 이탈방지용 걸이
④ 제품의 표면 : 거친 부식처리

그림 7-44 성형품

단원 핵심 학습 문제

01 황삭 가공 후 정삭을 하기 위한 잔량은 얼마가 적당한가?

해설 : 0.5mm

02 전극 가공할 때의 순서는?

해설 : 황삭 ⇒ 중삭 ⇒ 정삭 ⇒ 잔삭의 순으로 툴 데이터를 생성하며 이때 툴 데이터는 최대한 피치를 적게하고 속도는 빠르게 설정하여 준다.

03 전극 가공소재의 최초크기를 결정하고 필요시 얼마 크게 설정하는가?

해설 : 5mm 크게 설정

04 현장에서 안전높이는 작업자의 숙련도에 따라 얼마를 입력하는가?

해설 : 50mm

05 방전 가공기의 조작하기의 순서를 쓰시오.

해설 : ① 금형을 베드 위에 올리고 인디게이터로 x축, y축 차례로 기준면 Setting
② 전극을 치공구에 부착
③ 부착된 전극을 주축대에 장착
④ 전극을 주축대에 장착하고 다이얼 인디게이터로 x축, y축 수평을 보정 후 z축 수직 각도를 setting
⑤ 다이얼 인디게이터로 "0"점 조정될 때까지 주축대의 조절레버로 미세 조정
⑥ 전극의 기준면과 코어의 기준면을 일치
⑦ 터치하여 가공 조건표를 기준하여 가공하고자 하는 지점에 일치
⑧ 도면의 주어진 치수를 기준으로 방전 조건 등을 설정하고 가공

06 전극을 치공구에 부착 방법은?

해설 : 소형전극은 그림과 같이 본딩 부착하고, 대형방전기에서는 전극에 탭을 가공하여 부착 사용

7-3 치공구 및 게이지도면 작성하기

1. 치공구 및 게이지도 작성하기

1) 작업 지시서를 보고 작업자에게 설명하기

(1) 치공구 설계자의 숙지 사항

① 가공방법, 가공조건, 제작방법 등을 잘 알고 있어야 한다.
② 완벽함과 적당함의 조화로 다른 견해도 수용할 수 있는 유연성을 가져야 한다.
③ 내가 담당하는 업무는 누구보다 내가 정확히 파악하고 해결한다.
④ 항상 새로운 구상과 도전의식이 있어야 한다.
⑤ 기술자(기능자)로서의 철학을 가지고 업무를 진행한다.

방전가공에 의한 불량가공의 대부분은 위치불량에 있다. 이것은 전극이 이형(異形)이므로 일반 공작기계에 비해 위치결정(전극과 공작물의 상대위치를 결정하는 것)이 매우 어렵기 때문이다.

위치결정의 최초작업은 전극과 공작물의 평행을 내는 데 있다.

이 작업에는 2가지 방법이 있다. 전극의 각도를 기준으로 하여 공작물을 취부하는 경우와 다른 한 가지는 전극의 회전이 가능한 경우에 공작물의 기준면 또는 전극의 기준면을 테이블 이송에 대하여 평행하게 하여 양쪽의 평행을 내는 경우이다.

2) 치공구 설계자의 주요임무

① 치공구 설계자는 치공구 설계 아이디어에 대한 스케치와 공구도면을 완성할 책임이 있다.
② 치공구 설계자의 감독범위는 회사에 따라 다르나 생산기술 및 설계 부서, 공구제작 부서 및 생산 전담 부서에 대한 협조와 감독의 책임이 있다.
③ 치공구 설계자는 때에 따라 치공구 제작에 필요한 원자재를 계속적으로 조달할 책임이 있다.
④ 치공구 설계자는 제작된 치공구가 작업에 적합한가를 검사하거나 기능시험을 해야 한다. 또한 검사와 기능실험이 완료된 후 생산 부서에서 생산이 진행되고 있는 동안에도 주기적으로 확인해야 한다.

[그림 7-45]는 소형 Rib에 적합한 지그이다.

그림 7-45 작은 rib 전극

3) 전극의 각도를 기준으로 한 위치 결정

전극의 각도를 기준으로 한 위치 결정에는 평행 블록과 스트레치(stretch : 직각자)를 사용하는 방법이 있는데, 이 경우는 먼저 전극측의 수직 정도를 내어서 취부하고 공작물 쪽은 견고하게 취부하지 않고 약간의 충격을 주면 어느 정도 움직일 수 있도록 해둔다.

그리고 평행이 되어야 할 공작물의 기준면에, 대응하는 전극측의 기준면이 되는 평행 블록을 밀어붙여 그 평행 블록의 반대측면이 공작물의 기준면과 일치하도록 테이블과 공작물을 이동시켜 비뚤어진 만큼 스트레치를 보면서 평행을 내는 방법이다.

이 평행 블록과 스트레치 대신에 깊이 게이지(depth indicator) 또는 깊이 마이크로미터(depth micrometer)를 이용하는 경우도 있다.

이 방법의 경우 깊이 마이크로미터를 이용하는 것이 좋은 결과를 낳을 수 있다.

다음 그림은 폭이 넓으며 깊은 홈 Rib에 적합한 지그이다.

그림 7-46 중대형 Rib 지그

4) 전극의 회전조정이 가능한 경우

전극의 어떤 기준면이 테이블의 이송방향에 대해서 평행이 되도록 인디케이터(indicator)를 취부하여 측정하면서 전극의 회전, 조정을 행한다.

그 다음 공작물이 테이블 이송에 평행이 되도록 측정하면서 테이블에 취부한다. 전극의 기준면이 작을 때는 그 부분에 평행 블록(예를 들면, 블록 게이지 등)을 접착제 등으로 취부하고 그 부분에서 측정하면 고정도(高靜度)의 평행도가 얻어진다.

또, 전극에 기준면이 없는 경우는 전극 제작시 방전가공과 관련이 없는 전극에 기준면을 만들어 두는 것이 편리하다.

단, 전극지지부에 기준이 있는 경우는 그 기준면을 이용하는 방법이 좋고 또 광학 측정장치를 이용하면 그럴 필요가 없다.

아래 그림은 사각이며 형상이 있는 소형 지그의 사용이다.

그림 7-47 형상을 취부하는 소형 지그　　　그림 7-48 형상을 가진 중형 지그

실기 내용 - 방전작업 습득하기

1. 도면파악하고 치공구 및 게이지 도면 작성하기

- 1*4 캐비티이고 제품이 같은 형상으로 6개 형상임.
- 표시부는 rib형상이 테두리에 형성되어 있음.
- 전극의 형상은 1개의 캐비티별 전극으로 가공한다.

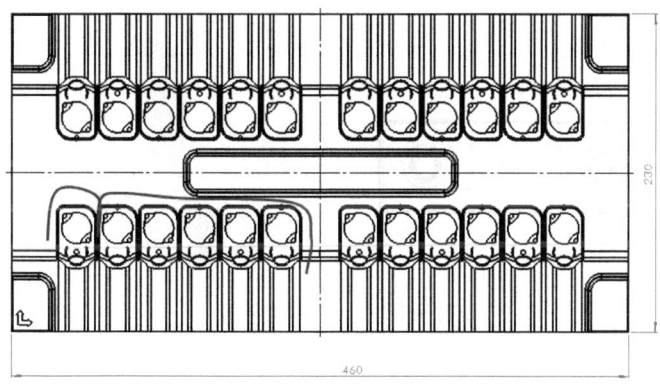

그림 7-49 하코아 도면

1) 사용할 지그제작하기

(1) 아래와 같이 제작하고 전극의 가공부 후면에 2-M6*DP15 TAP 가공 후 견고하게 취부하여 방전작업 진행할 것.

(2) 사용소재 : ① 23 * 23 * 63=1ea, ② 18 * 23 * 83=1ea

(3) 재질 : 탄소강

(4) 열처리 : Hrc 50 이상

(5) 가공공정 : 상기 입고되어진 소재를 규격보다 0.3 여유를 주고 직각 작업한다.

체결용 볼트 2개소를 카운터보 작업한다.

열처리를 실시한다.

성형연삭작업으로 도면에 기입되어진 치수로 정치수 작업한다.

①+② 체결한다.

금형 도면을 파악하고 표시부의 전극을 2-M6 TAP 작업하고 체결한다(또는 순간접착제로 체결한다).

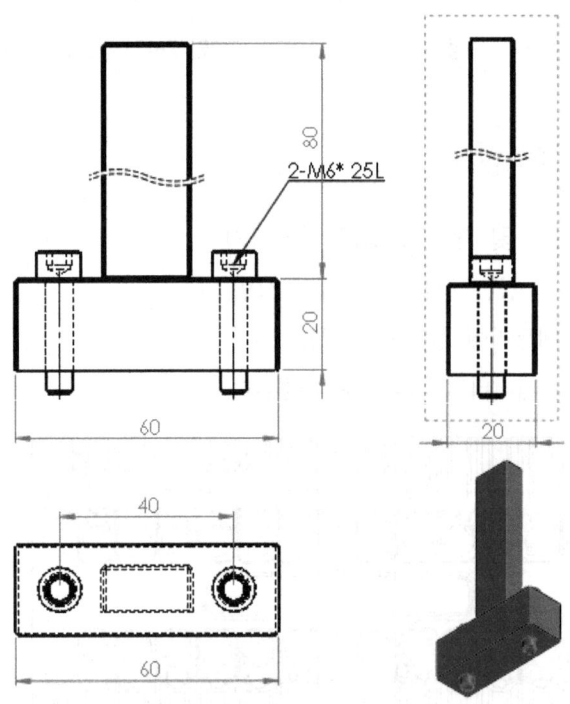

그림 7-50 코어 체결 지그

2) 체결하고 방전작업하기

기준면을 파악하고 다이얼 인디게이터 및 블록게이지를 이용하여 공작물과 전극의 수평수직도를 확인하고 방전 실시한다.

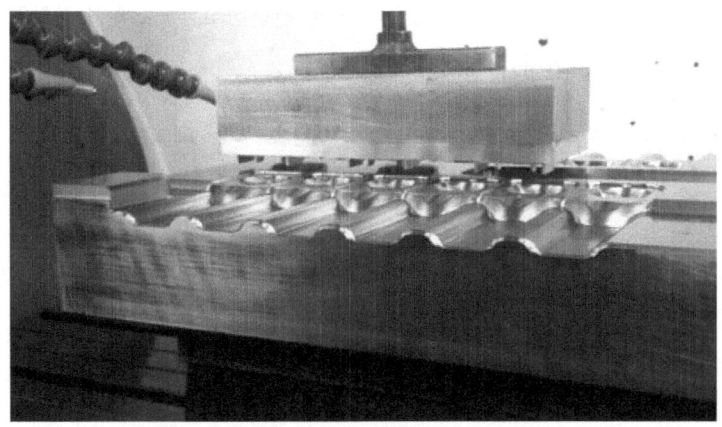

그림 7-51 사용된 코어체결 지그

하코어의 원형 리브 6개소 1개의 전극으로 가공한다(6개소로 통전극가공시 방전작업의 공정 및 금형의 납기가 단축되어진다).

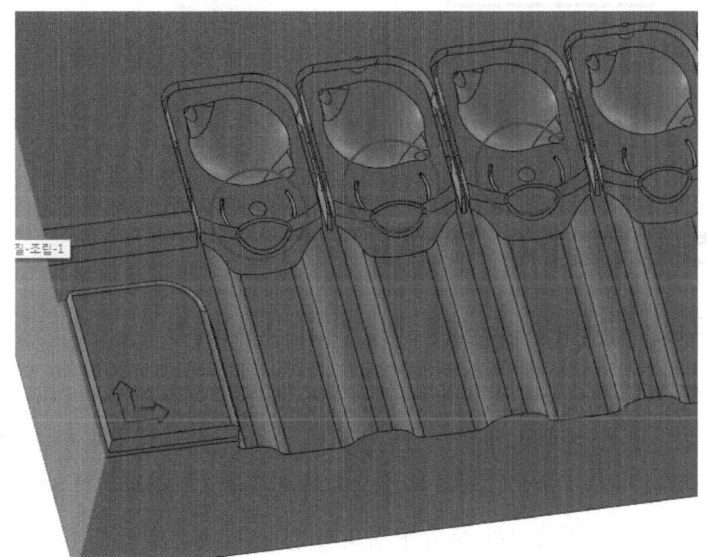

그림 7-52 기준작업

그림의 전극 작업은 4개소이다. 황삭전극과 정삭전극을 가공하고 황삭 방전작업을 먼저 실시하고 정삭전극 작업으로 마무리한다.

3) 치공구 사전작업하기

깊은 형상의 리브 치구용이다.

진공청소기, 김치냉장고, 로봇 청소기 등은 하측코어에 많은 리브가 설치되어 있다.

상기와 같은 리브 전용 치구를 제작하여 최대한 간단하고 빠르게 방전작업이 이루어질 수 있도록 사전 작업이 이루어져야 한다.

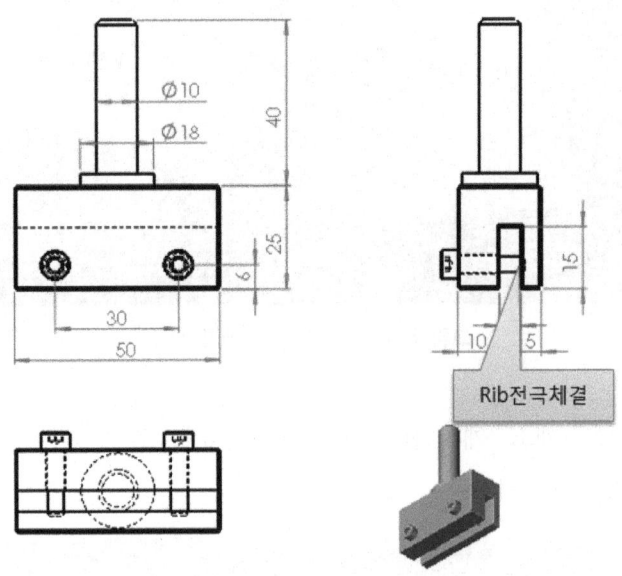

그림 7-53 기준작업

2. 작성도면을 설명하고 작업지시하기

1) 사내에서 주로 사용하는 도면을 작성하고 지시하기

(1) 부품도 사전 분석

부품도의 목적은 실제 제품을 제작하는데 관련된 사람들에게 전달해 주는 방법을 제공해 주는 것이다. 제품생산과 관련된 부서 책임자와 사전 협의를 통하여 부품도에 나타난 요구사항이 충족시킬 수 있도록 충분한 토의와 합의가 있어야 하며 부품도 치수 등 변경은 반드시 기록으로 표시되어야 한다.

(2) 부품도 이해방법

복잡한 부품도를 이해하는데 어려움이 있을 때 3D 모델링 S/W를 이용하여 형상을 파악하여 나타내든지, 단면도로 공작물의 모양을 나타내어 준다. 경우에 따라서는 실제 부품을 준비하여 제시하든가 나무나 플라스틱 등으로 간단하게 모형을 만들어 제시한다.

(3) 부품도(part drawing) 분석

부품도를 분석할 때 치공구 설계 및 선정에 직접적인 영향을 주는 다음 사항 등을 고려하게 된다.

① 부품의 전반적인 치수와 형상

치공구 설계자는 부품의 크기 및 형상에 따라 어떤 형태의 치공구로 설계할 것인가를 고려해야 한다.

② 부품제작에 사용될 재료의 재질과 상태

가공제품의 재질과 상태는 치공구 제작에 직접적인 영향을 준다. 알루미늄, 동, 마그네슘 같은 연질의 제품은 경질의 재료보다 절삭력이 적게 발생하므로 빠르고 쉽게 절삭할 수 있다.

③ 적합한 기계 가공 작업의 종류

수행해야 할 기계가공 작업의 종류에 따라서 제작될 치공구의 형태가 결정된다. 일반적으로 단일 목적으로 쓰이는 치공구는 고속생산에 적합하다. 또한 필요에 따라서는 2가지 이상의 목적에 사용할 수 있도록 다목적용 치공구, 즉 지그와 고정구를 함께 사용할 수 있도록 설계될 수도 있다.

④ 요구되는 정밀도 및 형상 공차

치공구 부품의 제작 공차는 제품 공차보다 더 정밀한 공차로 제작되어야 요구하는 제품 공차를 만족시킬 수 있다.

⑤ 생산할 부품의 수량

소량제품의 생산을 목적으로 하는 치공구는 가능한 단순하고 저렴하게 제작하여야 한다. 같은 제품이라도 대량제품 생산을 하고자 한다면, 구조가 복잡하더라도 생산성이 좋고 견고한 치공구로 제작되어야 한다. 일반적으로 생산량이 많은 경우에는 치공구는 보다 고급화 되고 제작비용이 높아지므로 치공구의 수명이 길어지고 생산성이 좋아진다. 또한 치공구의 사용시간이 길면 교체가 필요한 부품이 생기게 되므로, 이러한 점을 치공구 설계 시 고려해야 한다.

⑥ 위치결정면과 클램핑 할 수 있는 면의 선정

치공구의 위치결정면은 공작물 품질과 치공구의 구조에도 중요한 영향을 미치는 부분이다. 고정면은 충분한 강성이 있어야 하고, 공작물에 휨이나 뒤틀림 등의 변형이 생기지 않도록 고정되어야 한다. 완성 가공된 표면을 고정면으로 작업할 경우 클램프에 의해 제품에 손상이 가지 않도록 보호 캡이나 패드를 사용한다.

⑦ 작업순서

먼저 하는 공정은 다음 공정을 위해 만들 치공구를 위해 우수한 위치 결정을 할 수 있게 한다.

(가) 소형전극일 경우 아래와 같이 선반척을 방전기의 헤드에 부착하여 사용한다.
(나) 선반척에 진직도가 양호한 리턴핀과 밀핀을 사용하여 전극을 부착한다.
(다) 이 때 핀의 길이는 되도록 적게 하는 것이 좋다.

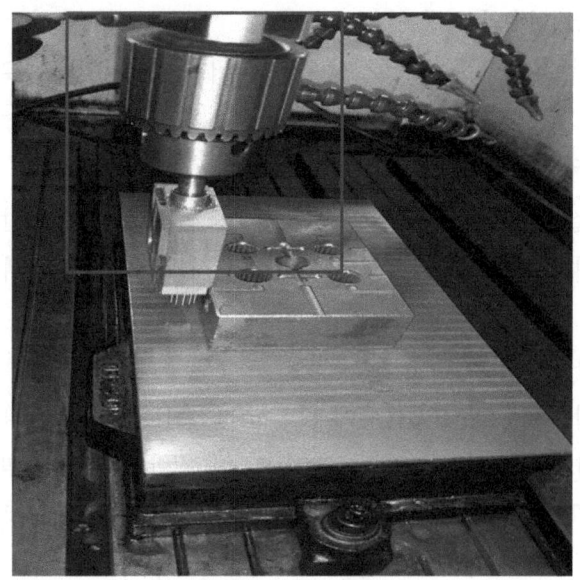

그림 7-54 취부방법

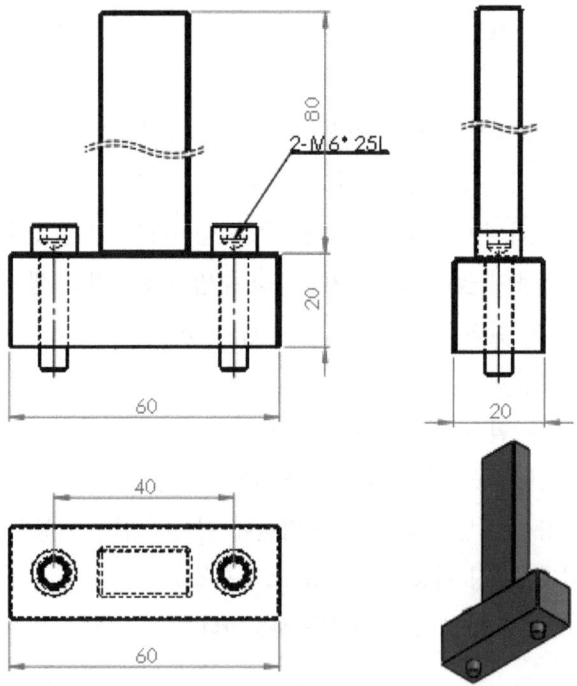

그림 7-55 지그도면

(라) 아래도면에 ③ 볼트홀은 40*40으로 하여 전극에 탭 작업시 회사의 규격화가 될 수 있도록 한다.

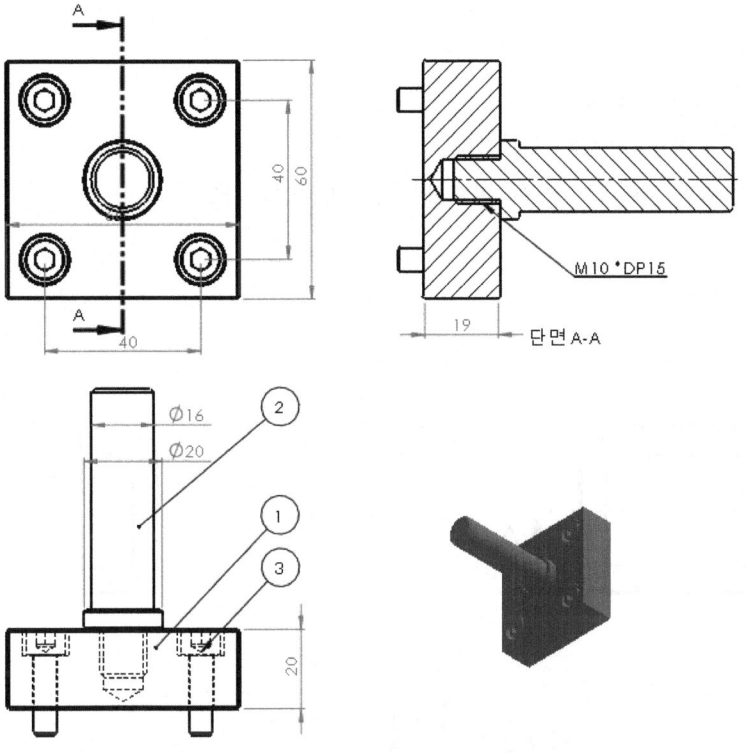

그림 7-56 지그도면

실기 내용 - 가공지원 도면작성하기

① 코어규격 : 설계자가 선정할 것
② 재질은 ABS 수지, 수축률 5/1,000
③ 사이드 게이트, 2 Cavities
④ 가동측 코어도(금형제작도) 작도
⑤ 전극도(도면 파악 후 전극이필요한 4개소 도면)를 작도

※도면

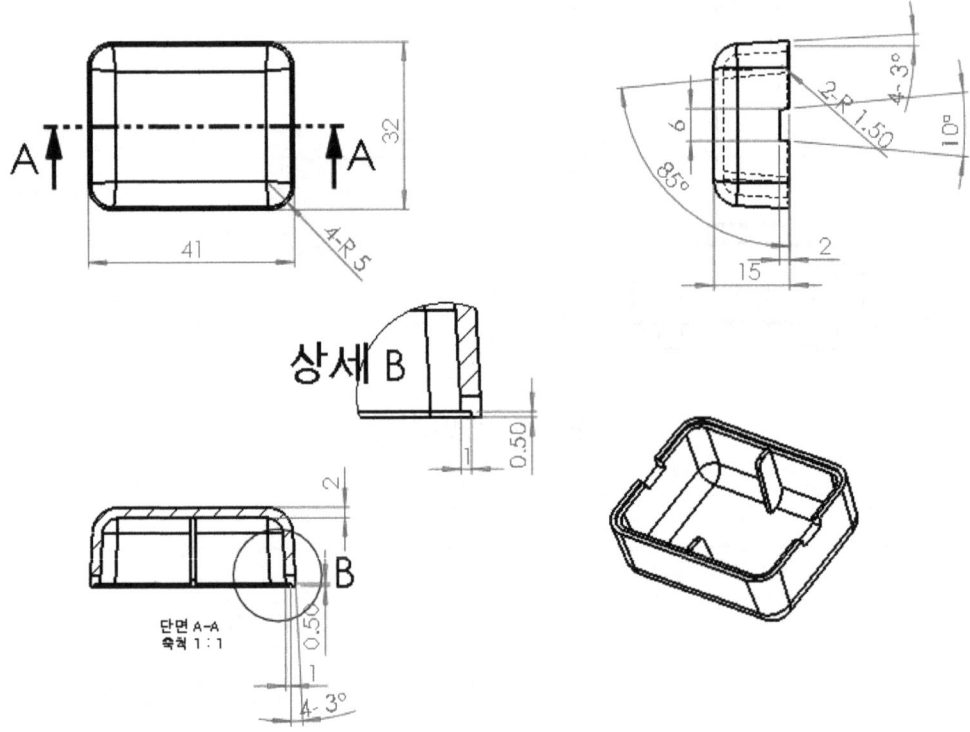

1. 하코어 도면

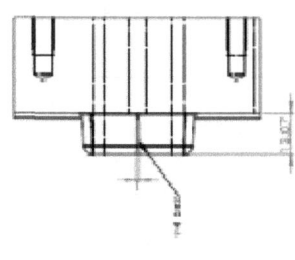
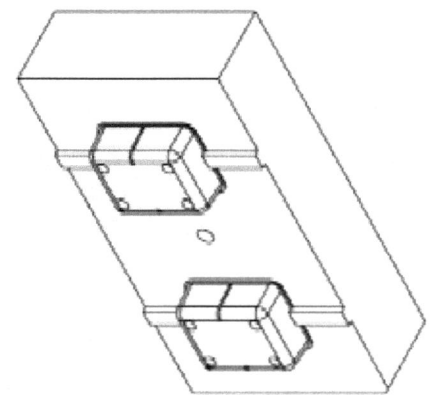
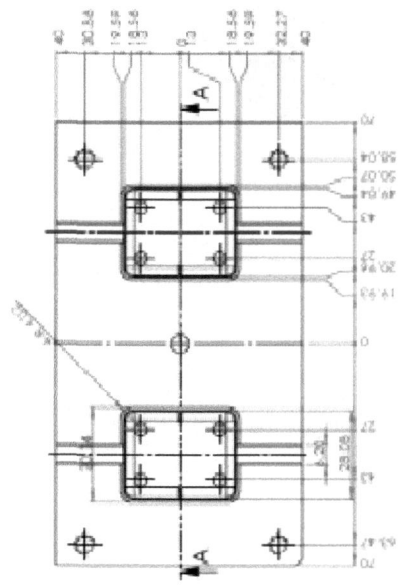
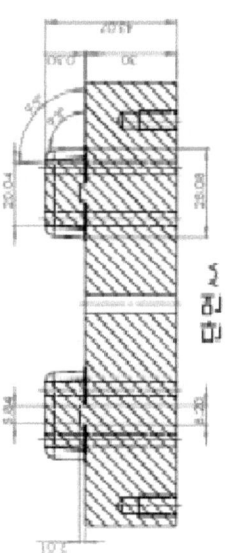

2. 전극도면 1

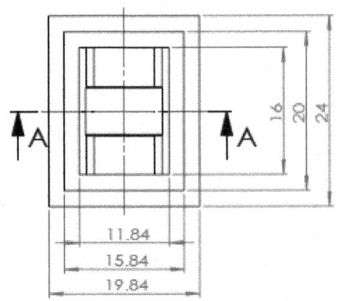
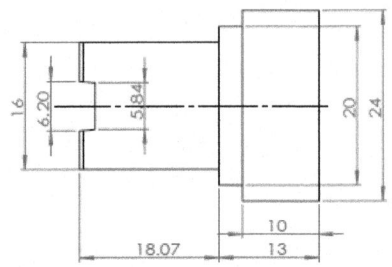
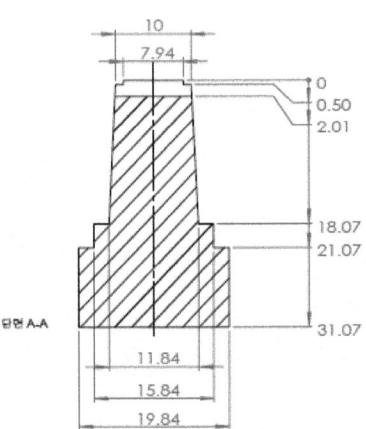
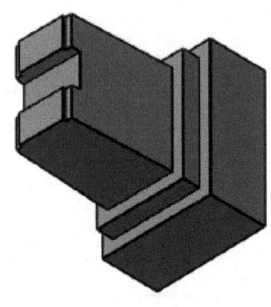

단면 A-A

3. 전극도면 2

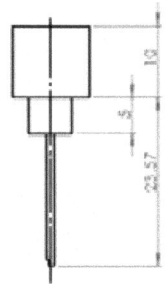

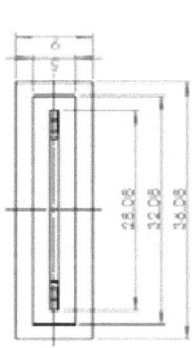
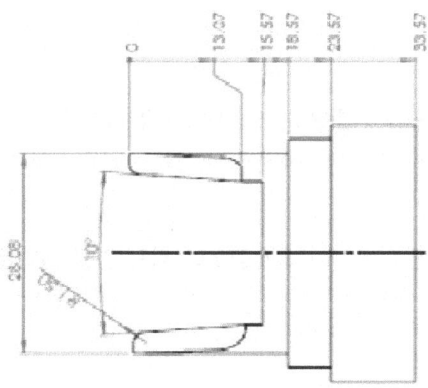

단원 핵심 학습 문제

01 치공구 설계자의 숙지할 사항을 쓰시오.

해설 : ① 가공방법, 가공조건, 제작방법 등을 잘 알고 있어야 한다.
② 완벽함과 적당함의 조화로 다른 견해도 수용할 수 있는 유연성을 가져야 한다.
③ 내가 담당하는 업무는 누구보다 내가 정확히 파악하고 해결한다.
④ 항상 새로운 구상과 도전의식이 있어야 한다.
⑤ 기술자(기능자)로서의 철학을 가지고 업무를 진행한다.

02 방전가공에 의한 불량가공의 대부분은 어떤 것인가?

해설 : 위치불량

03 위치결정의 최초작업은 전극과 공작물의 평행을 내는 데 있는데 이 작업에는 2가지 방법은?

해설 : ① 전극의 각도를 기준으로 하여 공작물을 취부 하는 경우
② 전극의 회전이 가능한 경우에 공작물의 기준면 또는 전극의 기준면을 테이블 이송에 대하여 평행하게 하여 양쪽의 평행을 내는 경우이다.

04 전극의 각도를 기준으로 한 위치 결정 방법은?

해설 : 평행 블록과 스트레치(stretch ; 직각자)를 사용하는 방법

05 전극의 회전조정이 가능한 경우의 위치 결정 방법은?

해설 : 전극의 어떤 기준면이 테이블의 이송방향에 대해서 평행이 되도록 인디케이터(indicator)를 취부 하여 측정하면서 전극의 회전, 조정을 행한다.

06 전극 가공을 위한 부품도(part drawing) 분석의 고려사항은?

해설 : 부품의 전반적인 치수와 형상, 부품제작에 사용될 재료의 재질과 상태, 적합한 기계 가공 작업의 종류, 요구되는 정밀도 및 형상 공차, 생산할 부품의 수량 위치결정면과 클램핑 할 수 있는 면의 선정

NCS적용

CHAPTER 08

시제품 측정
(사출금형품질관리)

8-1 측정부위 결정하기

1. 중요치수 부분 결정하기

1) 제품도 주요 공차부 확인

(1) 프런트 업퍼(Front-Upper) 도면의 주요부 확인

전체 도면으로 모든 치수를 측정해야 하고, 공차가 기입된 치수들은 상대물과의 조립이나, 디자인과 관련된 중요한 치수이므로, 이들 치수는 더욱더 정밀하게 측정할 필요가 있다.

[그림 8-1]은 제품도면의 정면도, 우측면도, 좌측면도를 나타내었다. 공차가 적용된 치수들을 살펴보면 다음과 같다. 전폭은 −0.1mm이므로 치수는 62~61.9mm로 관리되어야 하고, 전장은 −0.1mm로 치수는 90~89.9mm로 관리되어야 한다. 제품의 높이는 −0.1mm로 치수는 12.5~12.4mm로 관리되어야 한다. 이 치수를 넘게 되면 상대물과 조립을 할 때에 조립이 되지 않을 수도 있다. 89mm에 −0.1mm로 표기되어 있는 치수는 가이드 리브라고 하여, 상대물과의 조립시 위치를 안내해 주는 역할을 한다. 이 치수가 정확히 관리가 되지 않는다면, 제품 외관상 문제가 될 것이다.

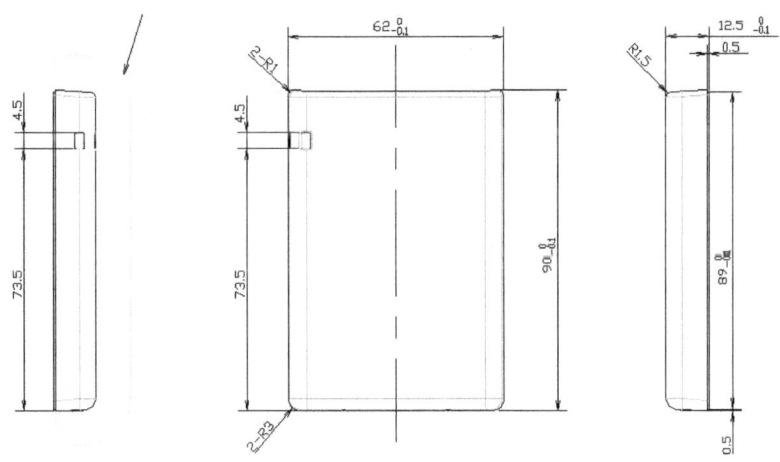

그림 8-1 제품도면의 정면도, 우측면도, 좌측면도

[그림 8-2]는 제품도면의 단면도와 배면도를 나타내었다. 단면도 A-A에서 보스의 높이나 후크부위는 치수를 (+) 관리를 하고 있다. 도면에서 중요도가 약간 낮은 치수들은 (±)로 표기되었다. 치수 (±)0.1은 88.1~87.9mm로 관리를 해야 한다.

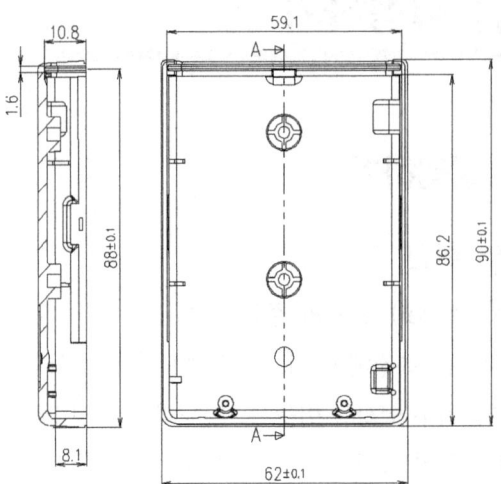

그림 8-2 제품도면의 단면도와 배면도

[그림 8-3]은 치수 (−)0.1은 61~60.9mm와 치수 (+)0.1은 55.1~55mm가 중요 치수로 집중해서 관리해야 한다. 표기된 나머지 치수들도 확인한다.

[그림 8-4]에서 치수 (+)0.1은 54.1~54mm가 중요 치수로 집중해서 관리해야 한다. 표기된 나머지 치수들도 확인한다.

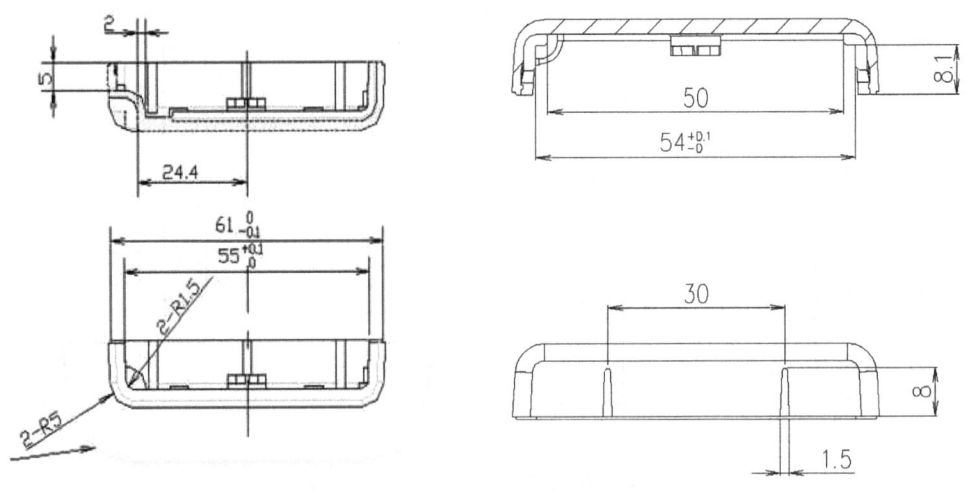

그림 8-3 제품도면의 단면도와 평면도   그림 8-4 제품도면의 단면도와 저면도

(2) 프런트 로어(Front-Lower) 도면의 주요부 확인

[그림 8-5]는 제품도면의 정면도, 우측면도, 좌측면도를 나타내었다. 공차가 적용된 치수들을 살펴보면 다음과 같다. 가이드 리브의 높이의 치수는 1.8mm에서 공차는 +0.0과 −0.1mm이므로 치수는 1.7~1.8mm로 관리되어야 하고, 홀과 홀과의 거리는 40.0±0.1mm이므로 치

수는 39.9~40.1mm로 관리되어야 한다. 공차가 적용된 치수들을 집중적으로 관리한다.

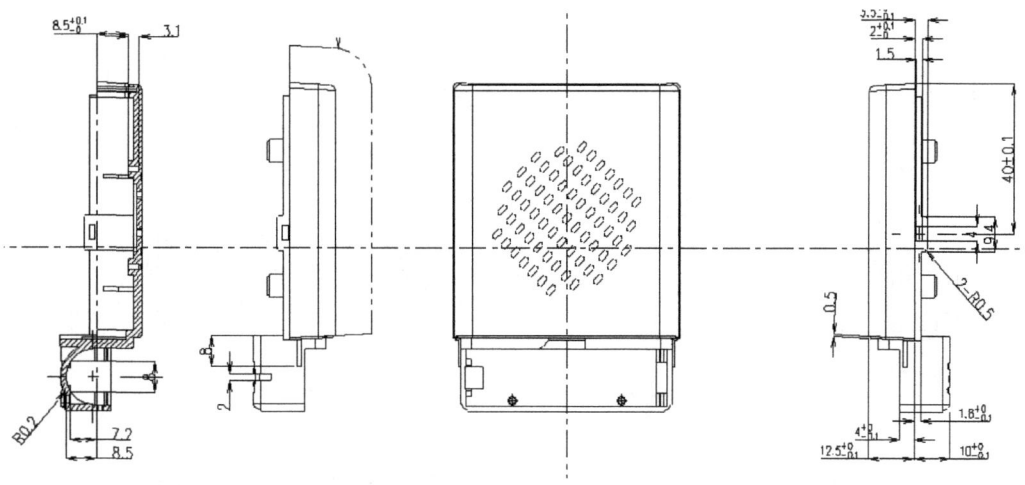

그림 8-5 제품도면의 단면도와 처면도

그림은 제품도면의 단면도와 배면도를 나타내었다. 공차가 적용되어 있는 부분은 집중적으로 관리되어야 한다. 표기된 나머지 치수들도 확인한다.

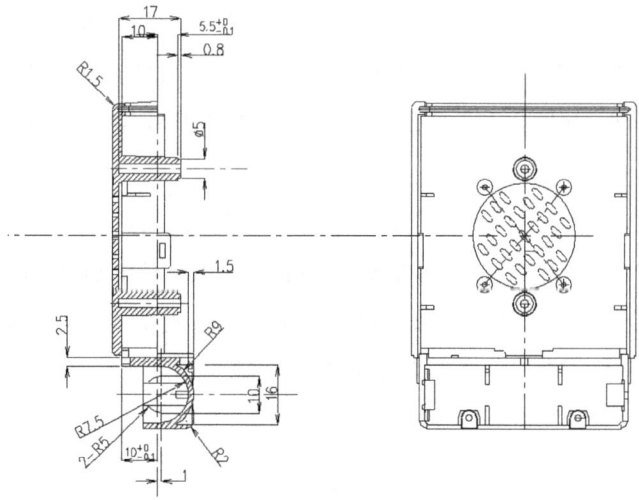

그림 8-6 제품도면의 단면도와 배면도

[그림 8-7]은 홀과 홀의 거리 치수 (±)0.1에서 26.1~25.9mm는 중요 치수로 집중해서 관리해야 한다. 나머지 공차 치수와 나머지 치수를 확인한다.

[그림 8-8]은 치수 (+)0.1은 54.1~54mm, 치수 (+)0.1은 11~11.1mm, 치수 (+)0.1은 6~6.1mm가 중요 치수로 집중해서 관리해야 한다.

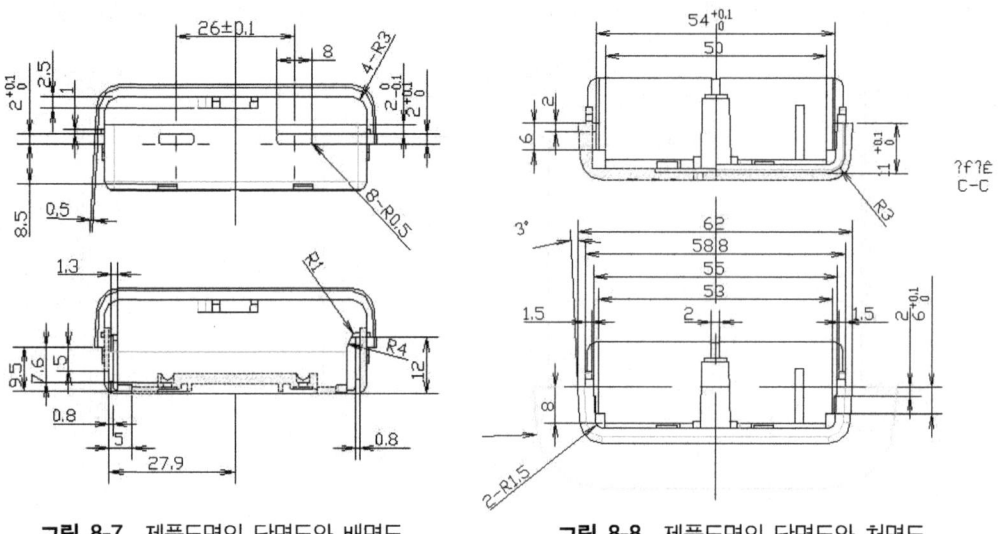

그림 8-7 제품도면의 단면도와 배면도 **그림 8-8** 제품도면의 단면도와 저면도

(3) 정밀치수공차와 일반 공차

① 정밀치수공차

지름 40mm인 축의 도면을 그릴 때, 그 축이 어떻게 사용되었는가를 고려하고 실용상 허용할 수 있는 오차의 범위를 미리 결정하여, 그 치수 범위 내로 완성하면 된다. 예를 들면, 40mm라고 정하지 말고, 40.05mm에서 39.96mm 사이로 완성하면 된다고 지정하고, [그림 8-9(a)]와 같이 치수를 기입한다. 이것은 완성된 치수가 이 범위 내에 있으면 모두 합격품으로 한다.

이때, 실제로 가공된 치수를 실치수라 하고, [그림 8-9(b)]와 같이 대(40.05mm), 소(39.96mm) 두 개의 허용할 수 있는 한계를 표시하는 치수를 허용 한계 치수, 그 큰 치수를 최대 허용 치수, 작은 치수를 최소 허용 치수라 한다. 기계 부품의 호환성을 유지하기 위하여 그 기능에 따라서 완성 치수가 표준화된 대, 소 두 개의 치수의 허용 한계 내에 있도록 하는 방식을 치수 공차 방식이라 한다.

40mm는 허용 한계 치수의 기준이 되는 치수이므로 기준 치수라 부르고, 이 구멍과 끼워 맞춰지는 축의 기준 치수는 40mm라고 한다.

[그림 8-9(b)]와 같이 최대 허용 치수와 기준 치수와의 대 수차 (최대 허용 치수)−(기준 치수)를 위의 치수 허용차, 최소 허용 치수와 기준 치수와의 소 수차 (최소 허용 치수)−(기준치수)를 밑의 치수 허용차라고 한다. 기준 치수보다 허용한계 치수가 클 때는 치수 허용차수치에 + 부호를, 작을 때는 − 부호를 붙인다.

최대 허용 치수와 최소 허용 치수와의 차, [그림 8-9(b)]와 같이 위의 치수 허용차와 아래의 치수 허용차와의 차를 치수 공차(Tolerance), 또는 공차라 한다.

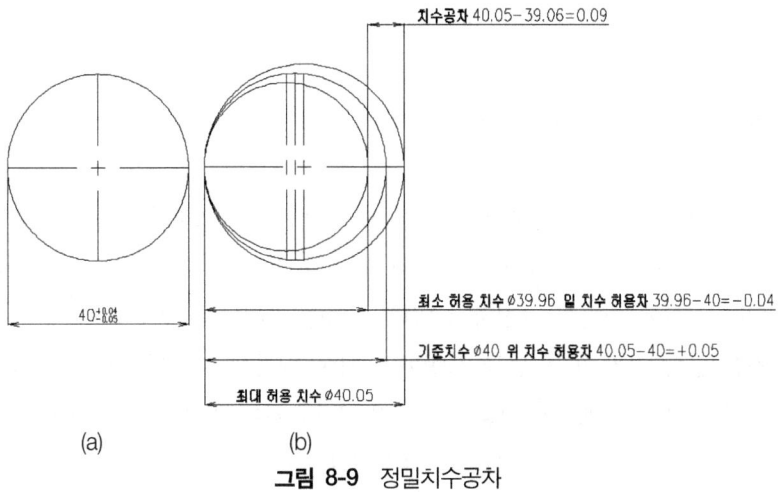

그림 8-9 정밀치수공차

② 치수 허용 한계의 기입법

(가) 기준 치수 다음에 치수 허용차(위의 치수 허용차 및 아래의 치수 허용차)의 수치를 그려 표시한다. 이때, 위의 치수 허용차는 위쪽에, 아래의 치수 허용차는 아래쪽에 쓴다. 이때, 소수점 이하의 자릿수는 가지런히 쓴다. [그림 8-10(a)]

위·아래의 치수 허용차 중 어느 한쪽 수치가 영일 때는 숫자 0으로 표시한다. 0에는 +, -의 부호는 붙이지 않는다. [그림 8-10(b)]

양측 공차(+, -를 갖는 것)에서 위·아래의 치수 허용차가 같을 때(절대 값이 같다)는 수치를 하나로 하고 그 부호를 붙인다. [그림 8-10(c)]

(나) 허용 한계 치수(최대 허용 치수, 최소 허용 치수)로 표시한다. 이때, 최대 허용 치수는 위쪽에, 최소 허용 치수는 아래쪽에 기입한다. [그림 8-10(d)]

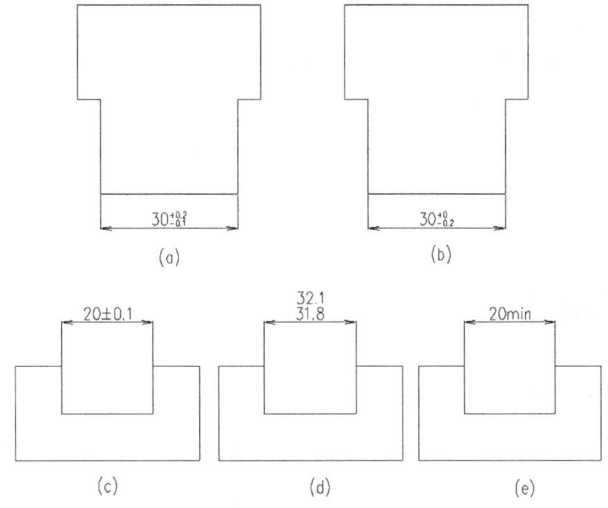

그림 8-10 치수 허용 한계의 기입

(다) 최대 허용 치수 또는 최소 허용 치수의 어느 한쪽을 지정할 필요가 있을 때는, 치수 수치 앞에 "최대" 또는 "최소"라고 기입하거나, 또는 치수 수치 다음에 "max" 또는 "min"이라고 기입한다. [그림 8-10(e)]

③ 일반공차

도면의 치수는 공차 표시에 따라서 확실하고, 완전하게 표시하지 않으면 안된다. 그러나, 도면 지시를 간단하게 할 목적으로 각각 공차의 지시가 없는 길이 치수에 대한 공차 등급의 일반 공차에 대하여 규정하고 있다. 이것을 일반 공차라 한다.

이 규격은 금속 가공 또는 판금 성형에 의하여 제작된 부품의 치수에 적용한다. 이들의 공차는 금속 이외의 재료에 적용해도 된다. 도면 위에 일반 공차를 적용할 때는 다음 사항을 표제란 속에 또는 그 가까이에 표시한다.

(가) 각 기준 치수의 구분에 대한 일반 공차의 공차 등급이나, 그 수치의 표를 나타낸다.
(나) 적용하는 규격 번호, 공차 등급 등을 나타낸다.
　(예) JIS B 0405 JIS B 0405-m(KS B 0412, KS B 0412-m)
(다) 특정 허용차의 값을 나타낸다.
　(예) 치수 허용차를 지시하고 있지 않는 치수 허용차는 ±0.25로 한다.

표 8-1 절삭 가공 치수에 대한 허용차   단위(mm)

치수의 구분	등급	정밀급 (12급)	일반급(보통급) (14급)	거친급 (16급)
0.5 이상	3 이하	± 0.05	± 0.1	−
3 초과	6 이하	± 0.05	± 0.1	± 0.2
6 초과	30 이하	± 0.1	± 0.2	± 0.5
30 초과	120 이하	± 0.15	± 0.3	± 0.8
120 초과	315 이하	± 0.2	± 0.5	± 1.2
315 초과	1,000 이하	± 0.3	± 0.8	± 2
1,000 초과	2,000 이하	± 0.5	± 1.2	± 3

JIS B 0405(KS B 0412)

2. 시제품 측정하기

1) 측정 데이터(Data)와 제품도면 비교

제품도면을 확인하고, 사출 성형품을 측정하였다면, 측정 데이터(Data)와 비교하여 합격·불합격을 판단해야 한다. 불합격된 치수는 원인을 파악하고, 금형제작상의 문제인지, 설계에서의 문제인지를 파악하여 수정하고 다시 측정해야 한다.

(1) 프런트 로어(Front-Lower) 도면과 측정 데이터(Data)의 비교

[그림 8-11]은 프런트 로어(Front-Lower) 도면과 측정 데이터(Data)를 나타내었다. 공차가 기입된 치수들을 먼저 측정하고, 나머지 치수들을 측정하였다. 프런트 업퍼(Front-Upper)와 같이 측정하기 위한 샘플은 5개를 측정하였다. 공차가 적용되어 있지 않는 나머지 치수들을 측정하였다. 공차가 없는 치수들은 도면에 표기된 일반 공차를 적용하여 준다. 일반 공차는 (±)0.3을 적용하였다. 결과가 OK이므로, 양산품으로 바로 생산할 수가 있다.

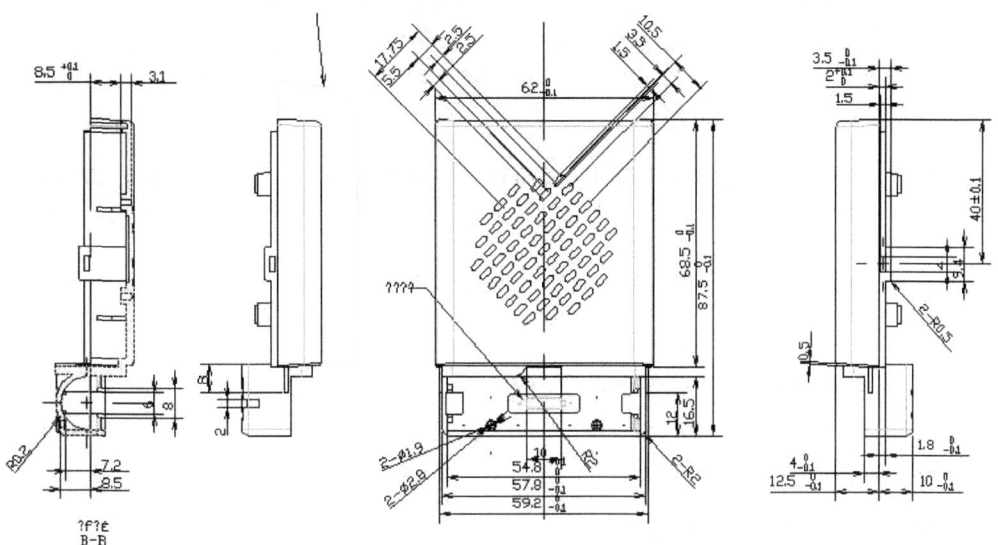

그림 8-11 프런트 로어(Front-Lower)

표 8-2 검사성적서

( ) 샘플 검사성적서

No.	종류	규격	+	-	#1-1	#1-2	#1-3	#1-4	#1-5	#1-6	#1-7	#1-8	#1-9	#1-10	Target Min	Target Max	판정	Max	Min	Spec. 70%구간		사용 측정기
41	⌀	2.060	0.050	0.000					측정불가													
42	⌀	2.700	0.050	-0.050																		
43	⌀	4.500	0.000	-0.005	4.498	4.498	4.498	4.498	4.498	4.498	4.498	4.498	4.498	4.498	4.497	4.499	OK	-0.001	-0.003	4.496	4.499	V-CMM
44	⌀	5.000	0.000	-0.005	4.997	4.997	4.997	4.997	4.997	4.997	4.997	4.997	4.997	4.997	4.995	4.997	OK	-0.003	-0.005	4.996	4.999	V-CMM
45	⌀	5.400	-0.005	-0.012	5.394	5.394	5.394	5.394	5.394	5.394	5.394	5.394	5.394	5.394	5.390	5.392	OK	-0.006	-0.010	5.389	5.394	V-CMM
46	⌀	5.500	-0.003	-0.010	5.496	5.496	5.496	5.496	5.497	5.496	5.496	5.496	5.496	5.496	5.493	5.495	OK	-0.003	-0.007	5.491	5.496	V-CMM
47	⌀	5.600	0.010	0.000	5.606	5.606	5.606	5.606	5.606	5.606	5.606	5.606	5.606	5.606	5.601	5.604	OK	0.006	0.001	5.602	5.609	V-CMM
48	⌀	5.750	0.050	-0.050	5.750	5.750	5.751	5.751	5.750	5.751	5.750	5.750	5.750	5.750			OK	0.001	0.000	5.715	5.785	V-CMM
49	○	0.000	0.005	0.000	0.001	0.002	0.002	0.002	0.002	0.001	0.002	0.002	0.002	0.002			OK	0.002	0.001	0.001	0.004	V-CMM
	X																					
	Y																					
50	⊕	0.000	0.005	0.000	0.001	0.002	0.001	0.002	0.002	0.001	0.001	0.001	0.001	0.001			OK	0.002	0.001	0.001	0.004	V-CMM
51	/○/	0.000	0.003	0.000	0.000	0.000	0.000	0.000	0.001	0.000	0.001	0.000	0.000	0.000			OK	0.001	0.000	0.000	0.003	V-CMM
52	⊥	0.000	0.003	0.000	0.001	0.001	0.001	0.001	0.001	0.000	0.001	0.000	0.000	0.000			OK	0.001	0.000	0.000	0.003	V-CMM
53	○	0.000	0.005	0.000	0.004	0.004	0.004	0.005	0.004	0.005	0.004	0.004	0.004	0.004			OK	0.005	0.004	0.001	0.004	V-CMM
	X																					
	Y																					
54	⊕	0.000	0.005	0.000	0.004	0.002	0.002	0.003	0.003	0.003	0.003	0.005	0.002	0.003			OK	0.005	0.002	0.001	0.004	V-CMM
55	/○/	0.000	0.003	0.000	0.003	0.003	0.003	0.003	0.003	0.003	0.003	0.003	0.002	0.002			OK	0.003	0.002	0.000	0.003	V-CMM
	X																					
	Y																					
56	⊕	0.000	0.005	0.000	0.004	0.004	0.001	0.003	0.003	0.002	0.004	0.003	0.003	0.001			OK	0.004	0.001	0.001	0.004	V-CMM
57	/○/	0.000	0.003	0.000	0.000	0.000	0.001	0.000	0.001	0.001	0.000	0.001	0.001	0.001			OK	0.001	0.000	0.000	0.003	V-CMM
58	◇	0.000	0.010	0.000	0.005	0.005	0.010	0.004	0.007	0.005	0.007	0.006	0.006	0.010			OK	0.010	0.004	0.002	0.009	V-CMM

단원 핵심 학습 문제

01 제품치수가 $40^{+0.05}_{-0.04}$인 경우 다음 치수를 구하시오.

① 최대 허용 치수　　② 최소 허용 치수
③ 기준 치수　　　　 ④ 위의 치수 허용차
⑤ 밑의 치수 허용차　⑥ 치수 공차(Tolerance), 또는 공차

해설 : ① 최대 허용 치수=40.05mm, ② 최소 허용 치수=39.96mm, ③ 기준 치수=40mm, ④ 위의 치수 허용차=+0.05
⑤ 밑의 치수 허용차=-0.04, ⑥ 치수 공차(Tolerance), 또는 공차=40.05-39.96=0.09

02 도면의 치수는 공차 표시에 따라서 확실하고, 완전하게 표시하지 않으면 안된다. 그러나, 도면 지시를 간단하게 할 목적으로 각각 공차의 지시가 없는 길이 치수에 대한 공차 등급에 대하여 규정하고 있는 것은?

해설 : 일반 공차

03 치수 허용 한계의 기입의 예를 들어 쓰시오.

해설 : $30^{+0.2}_{-0.1}$, $30^{+0}_{-0.2}$, $20^{\pm 0.1}$, $^{32.1}_{31.8}$, 20 min

04 80 (±)0.1인 경우 제품 치수는?

해설 : 88.1~87.9mm로 관리를 해야 한다.

05 0.5 이상 3 초과의 경우 정밀급(12급)인 경우 절삭 가공 치수에 대한 허용차는?

해설 : ± 0.05

06 30 이하의 경우 정밀급(12급)인 경우 절삭 가공 치수에 대한 허용차는?

해설 : ±0.1

07 120 이하의 경우 정밀급(12급)인 경우 절삭 가공 치수에 대한 허용차는?

해설 : ±0.15

08 315 이하의 경우 정밀급(12급)인 경우 절삭 가공 치수에 대한 허용차는?

해설 : ±0.2

8-2 측정공구선정 및 측정방법 결정하기

1. 중요치수 부분 결정하기

1) 조립방법에 따른 제품도 검토

(1) 조립순서 확인

[그림 8-12]는 표시된 조립 형상을 갖추기 위한 여러 개의 부품이 조립될 경우에는 부품별 조립순서와 조립방향 등을 파악하여 조립해야 오 조립을 방지하고, 단품의 훼손을 예방하며, 조립 후 제품의 기능을 발휘할 수 있다.

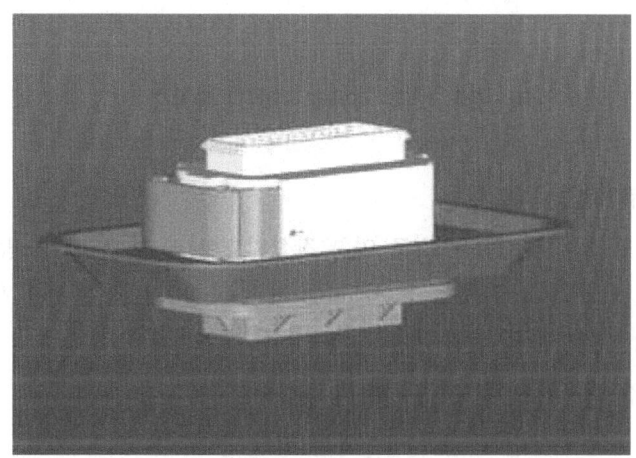

그림 8-12 조립된 제품

① 부품의 조립방향 검증

조립방향이 바뀔 경우에는 부품이 훼손되어 제품 조립이 완료된 후에도 제품의 기능을 발휘할 수 없거나 오작동의 우려가 있기 때문에 조립방향을 잘 확인해야 한다.

② 부품의 조립순서의 검증

부품의 조립순서 또한 [그림 8-13]과 같이 정리할 수 있어야 한다. 조립순서가 바뀔 경우에는 부품이 누락이나 훼손이 염려되기 때문에 조립이 완료된 후에도 제품의 기능을 발휘할 수 없거나 오작동의 우려가 있기 때문이다.

(2) 조립 가이드 확인

부품 조립시 조립을 용이하게 하기 위하여 상대물에 제품설계자가 사전에 반영해둔 부품간의 가이드를 찾아 조립해야만 쉽게 조립할 수 있다.

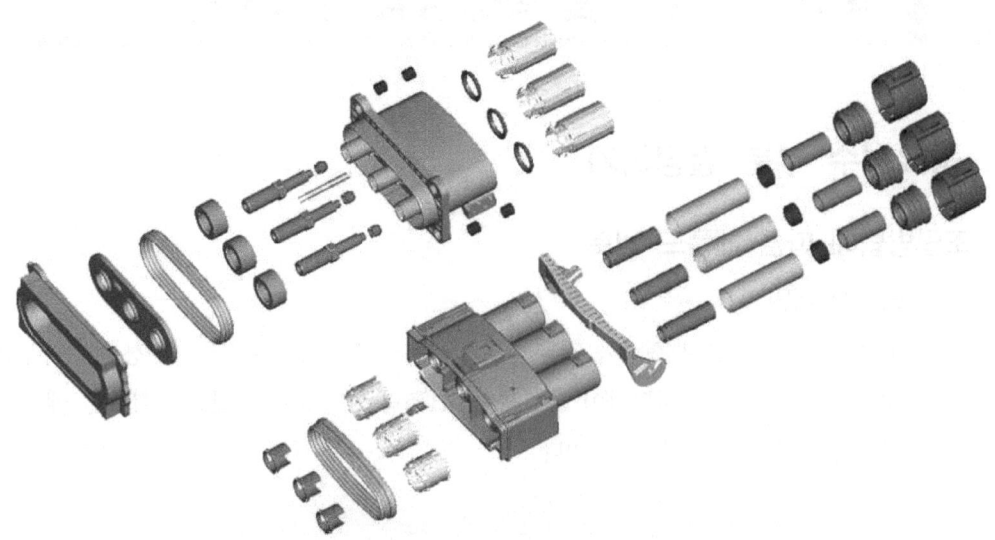

그림 8-13 부품의 조립방향 및 순서

(3) 조립 간섭부 확인
조립 중에 단품의 설계 및 제작미스로 인한 간섭의 발생과 부품의 조립방향 등이 바뀌어 조립과정 또는 조립 완료 후에 간섭이 발생하는 것을 정확하게 파악해야 한다.
① 부품의 설계미스에 의한 조립 간섭이 발생하는 경우
② 부품 생산 후 변형에 의한 조립 간섭이 발생하는 경우
③ 조립방향이 바뀌어 조립 간섭이 발생하는 경우 등이 있다.

(4) 오 조립 방지 방법의 확인
단품 조립순서를 정하여 조립순서가 잘못되었을 경우에는 조립이 되지 않도록 제품설계단계에서 사전에 반영해 놓은 오 조립 방지 내용을 숙지하여야 한다.
① 부품간의 정해진 조립방향을 준수해야 한다.
② 부품간의 정해진 조립순서를 준수해야 한다.
③ 부품간의 정해진 조립 가이드를 파악하여 부품의 오 조립을 예방해야 한다.

2) 조립 후 외관 검토 및 협의
(1) 유격 및 간섭 검토
단품을 조립한 후에 설정해둔 치수의 이상 유무는 물론 유격 또는 간섭을 검토해야 한다.

(2) 단차 검토

근접부품이 조립된 상태에서 제품의 변형이나 부품치수의 이상 등으로 인하여 조립된 제품의 단차규격 이상 유무를 검토해야 한다.

(3) 지지강도 검토

조립방법에 따라 영구 고정방법인 경우에는 필요한 고정강도를 검토하고, 분해 조립을 위한 로킹 구조의 조립인 경우에는 분해 조립 시 발생되는 삽입력과 이탈력을 검토하여야 한다.

3) 분해 조립 용이성 검토

(1) 유격 및 간섭 검토

레버가 부착된 부품을 조립했을 경우에는 조립 시 삽입력과 이탈력 등이 규격 내에 관리되어야 한다.

그림 8-14 부품의 분해 조립 용이성 검증

4) 각종 조립 문제점 협의

(1) 조립 전에 발견된 단품의 개선대책 수립

생산된 단품상태에서의 문제점을 찾아내어 사전에 개선함으로써 조립에는 영향을 끼치지 않도록 한다.

(2) 조립방법에 대한 개선대책 수립

제품설계상에서 발견되지 못한 문제점이 조립과정에서 문제점이 노출되어 개선대책을 수립해야 한다.

(3) 조립 후 외관 개선대책 수립

생산된 단품상태에서는 노출되지 않았으나 조립 후에 파악된 금형의 사상정도에 의한 외관 미려도 저하 또는 부품간의 조립단차 발생 등에 대한 대책을 수립해야 한다.

2. 측정기 선정하기

1) 제품 형상에 따른 측정기 선택

측정 샘플을 확보하였다면, 제품 형상에 따라 측정기를 선택해야 한다. 시험 사출 후, 간단히 성형품의 전장과 전폭을 확인할 수 있어야 하는데, 디지털 버니어 캘리퍼스로 측정할 수 있다. 그러나 도면의 중요 치수들을 측정하기 위해서는 3차원 측정기나 투영기로 측정할 수 있다.

(1) 성형품 형상에 의한 측정기 선택

[그림 8-15]에서 둘레와 높이, 내경의 측정은 디지털 버니어 캘리퍼스로 측정이 가능하다. 그러나 좀 더 정밀하게 측정하기 위해서는 3차원 측정기로 측정을 하는 것이 좋다.

그림 8-15 원 형상의 성형품

그림 8-16 타원 형상의 성형품

[그림 8-16]은 성형품의 둘레의 형상이 타원이기 때문에 디지털 버니어 캘리퍼스를 비스듬히 기울여 전장을 측정한다. 홀이나 높이도 측정이 가능하다. 그러나 정밀하게 측정하기 위해서는 3차원 측정기로 측정을 하는 것이 좋다. 이 성형품은 정밀을 요하는 제품이 아니기 때문에 디지털 버니어 캘리퍼스만으로 측정이 가능하다.

제품도면이나 제품의 형상에 따라서, 어떠한 측정기가 필요한지를 파악하고, 이 제품이 정밀도를 요구하는 제품인지, 정밀도를 요구하지 않는 제품인지를 파악하여, 측정할 수 있는 측정기를 파악하고, 적절한 측정기를 선택한다.

2) 버니어 캘리퍼스

(1) 버니어 캘리퍼스의 정의

버니어 캘리퍼스는 어미자와 아들자가 하나의 몸체로 조립되어 있으며, 측정물의 안지름, 바깥지름 및 깊이 등을 측정할 수 있는 편리한 기기이다. 보통, 버니어 캘리퍼스는 용도에 따라 M_1형, M_2형, CB형, CM형의 네 종류가 있으며, 호칭 치수는 미터식인 경우 대개 150mm, 200mm, 300mm, 600mm, 1,000mm의 크기로 구분한다.

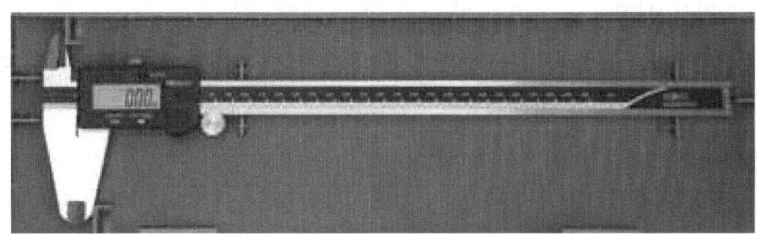

그림 8-17 버니어 캘리퍼스

(2) 버니어 캘리퍼스의 사용방법

분해능이 0.05mm인 측정기이다. [그림 8-18]에서 먼저, 아들자의 0점 바로 앞의 어미자 눈금을 읽는다. 어미자의 눈금과 아들자의 눈금이 일치하는 곳을 찾아 그 값을 읽는다. 이 두 값을 더한다. 값은 81.55mm이다.

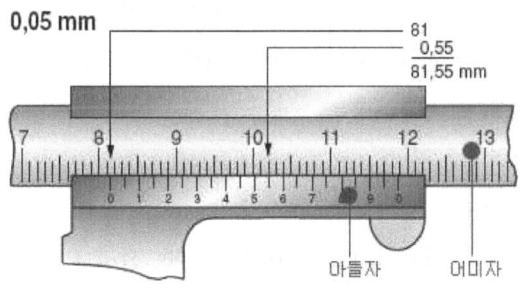

그림 8-18 버니어 캘리퍼스 사용방법

(3) 버니어 캘리퍼스의 측정방법

버니어 캘리퍼스는 제품의 외경, 내경, 두께, 깊이, 높이를 측정할 수 있다. [그림 8-19]는 측정부위를 나타내었다.

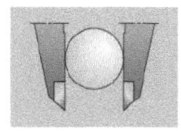 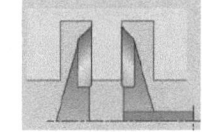 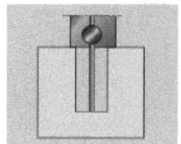 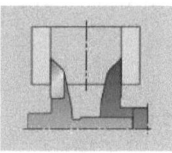 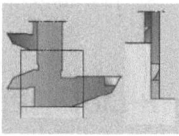

| 외경측정 | 두께측정 | 깊이측정 | 내경측정 | 높이측정 |

그림 8-19 버니어 캘리퍼스 측정방법

(4) 버니어 캘리퍼스의 검사

버니어 캘리퍼스는 1년에 수 회, 사용빈도에 따라 정기검사가 필요하다.

① 일반적인 검사 사항

   (가) 눈금면의 외관상 바른가, 턱의 끝에 파손이 없는가를 먼저 관찰하여 판단한다.

   (나) 슬라이더의 작동이 원활한가를 검사한다.

② 기차(器差)의 검사

   (가) 외측 측정기의 기차는 외측 측정면 사이에 게이지 블록을 끼워 측정하여 버니어 캘리퍼스의 측정치로부터 게이지 블록의 치수를 뺀다.

   (나) 내측 측정기의 기차는 내측 측정면에서 게이지 블록과 평행 조오를 홀더로 조합한 내측 게이지를 측정해서 버니어 캘리퍼스의 측정치로부터 게이지 블록의 치수를 뺀다.

③ 성능 검사

외측 측정에 있어서는 외측 측정면 사이에 게이지 블록을 끼워 측정하며, 내측 측정에 대하여는 게이지 블록과 그 부속품을 이용하여 버니어 캘리퍼스의 내측 측면을 사이에 끼워 내측을 측정하여 오차를 검사할 수가 있다.

3) 마이크로미터

(1) 마이크로미터의 정의

마이크로미터는 정확한 피치의 나사를 이용하여 실제 길이를 측정하는 기기로서, 수나사와 암나사의 끼워맞춤을 이용하여 측정물의 외측 및 내측 길이와 깊이를 측정하는 기기이다.

그림 8-20 마이크로미터

마이크로미터는 길이 측정용으로 널리 사용되고, 같은 목적의 버니어 캘리퍼스보다 정밀도가 높아, 미터용은 1/100mm와 1/1,000mm 단위까지를 측정할 수 있고, 마이크로미터의 종류에는 그 사용 목적에 따라 외측 마이크로미터, 내측 마이크로미터 및 깊이 마이크로미터가 있다. 각 마이크로미터의 모양은 그 측정면의 형상에 따라 구별된다.

(2) 마이크로미터의 사용방법

표준형 마이크로미터의 읽는 방법은 먼저 딤블이 위치한 슬리브의 읽는 값과 슬리브의 기선과 딤블이 위치한 딤블의 읽음 값을 더해서 읽는다. 나사의 피치 0.5mm 딤블의 원주 눈금이 50등분이 되어 있어, 최소 측정값은 0.01mm까지 읽을 수 있다. 슬리브의 눈금이 12와 13 사이에 있으며, 딤블의 40 눈금이 슬리브와 일치하므로 12.40mm로 읽는다.

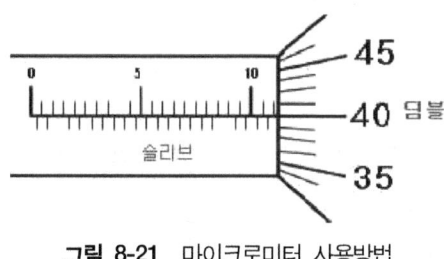

그림 8-21 마이크로미터 사용방법

(3) 마이크로미터의 종류

① 내측 마이크로미터

홈의 너비 또는 내경을 측정하는 측정기로서 단체형, 캘리퍼스형, 삼정식 내측 마이크로미터로 구분된다.

② 깊이 마이크로미터

깊이 게이지와 같이 깊이 측정에 사용되는 측정기로 깊이 바아의 형식에 따라 단체형과 로드 교환형으로 구분된다.

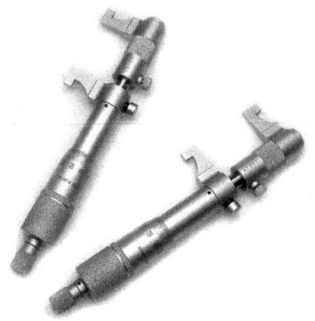

그림 8-22 내측 마이크로미터

그림 8-23 깊이 마이크로미터

③ 글루브 마이크로미터

[그림 8-24]와 같이 보이지 않는 내측 홈 또는 홈 간격측정에 편리하다.

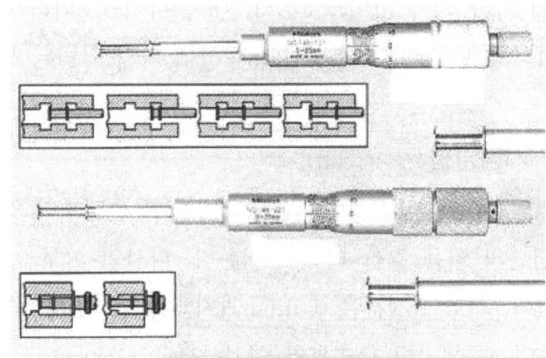

그림 8-24 글루브 마이크로미터

(4) 마이크로미터의 검사

마이크로미터는 보통 3개월에 한번 또는 4개월에 한번 사내의 정기검사를 실시해야 한다.

① 일반적인 검사 사항

    (가) 각 부분의 도장이나 도금이 벗겨지지 않아야 한다.

    (나) 각인, 눈금 등에 결점이 없어야 한다.

    (다) 딤블과 슬리브의 틈새는 균일하게 회전하기 위해서는 딤블의 흔들림이 눈에 띄지 않아야 한다.

    (라) 나사부분의 끼워 맞춤은 전 행정에 걸쳐서 미끄러워야 하며, 헐거워서는 안 된다.

    (마) 슬리브의 눈금에 대해서 딤블의 단면은 정상의 읽음에 차이가 없어야 한다.

    (바) 래칫 스톱 또는 프릭션 스톱의 회전은 원활해야 한다.

    (사) 클램프는 확실하고, 또 사용상 오차의 원인이 되어서는 안 된다.

② 검사방법의 주순서(主順序)

    (가) 끼워맞춤 검사

    (나) 평면도, 평행도 검사

    (다) 래칫의 회전 검사

    (라) 클램프의 정지 검사

    (마) 스핀들 물림 부분, 나사부분의 검사

    (바) 슬리브, 딤블의 눈금 검사

    (사) 슬리브와 딤블 사이의 간격 검사

    (아) 영점(0점) 일치여부 검사

    (자) 피치 검사

(차) 그 밖의 홈, 외관 검사

4) 다이얼 게이지

다이얼 게이지(Dial Gage)는 랙(Rack)과 피니언(Pinion)을 이용하여 미소 길이를 확대 표시하는 기구로 되어 있는 측정기이며, 회전축의 흔들림 점검, 공작물의 평행도 및 평면상태의 측정 등에 사용된다.

[그림 8-25]와 같은 스핀들(Spindle)식 다이얼(Dial gage)에서는 스핀들(Spindle)이 측정면에 대하여 항상 직각이어야 하므로 좁은 곳, 또는 구멍의 내부 등을 측정할 필요가 있을 때에는 곤란하기 때문에 지렛대식 다이얼 게이지(Dial Gage)를 사용하면 편리하며, 최소 눈금은 0.01mm이고 측정압과 지시범위는 각각 30g, 0.5mm 정도이나 최근에는 $2\mu m$ 의 것이 제작되고 있다.

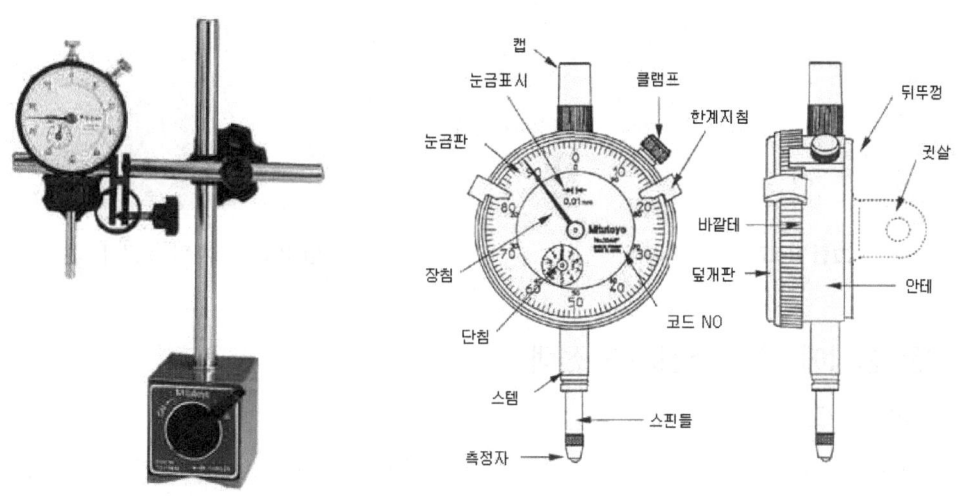

그림 8-25 다이얼 게이지　　　그림 8-26 스핀들식 다이얼 게이지의 구조

5) 공구 현미경

공구 현미경은 길이 및 각도측정, 윤곽의 검사 등에 편리하도록 된 현미경의 일종이며, 특히 절삭공구의 측정에 많이 사용된다. [그림 8-27]과 같이 부착된 마이크로미터(Micrometer)를 이용하여 측정물 지지대(Micrometer stage) 위에 놓인 측정물을 현미경을 보면서 측정 시작점에서 종점까지 이동하고 마이크로미터(Micrometer)의 눈금을 읽어 길이를 측정하며 각도, 진원도 및 반경은 형판접안(形板接眼) 렌즈(Lens)에 의하여 측정 및 검사한다. 지지대는 좌우로 25~150mm, 전후로 25~50mm의 이동범위를 갖고 있고, 정밀도는 0.01~0.001mm의 범위에 있다. 배율은 대물렌즈(Lens)의 교환에 의하여 10, 15, 30, 50배 정도로 할 수 있다.

6) 3차원 측정기

3차원 측정기란 프로브(Probe)가 물체의 표면 위치를 3차원적으로 이동하면서 각 측정점의 공간좌표를 검출하여 그 데이터(Data)를 컴퓨터(Computer)에서 처리함으로써 3차원적인 크기나 위치, 방향 등을 알 수 있게 하는 만능측정기로서 물체 표면에서 점들의 좌표를 알아내기 위하여 프로브(Probe)를 움직이는 일종의 NC 기계(Machine)이다. 3차원 측정기를 이용하면 복잡한 형상의 물체도 쉽게 측정할 수 있으며, 소프트웨어(Software)를 이용하여 응용범위를 확대할 수 있고, 다른 시스템(System)과도 데이터(Data) 통신이 용이하다.

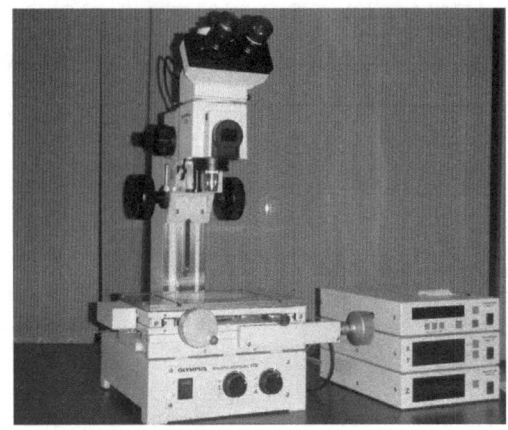

그림 8-27 공구 현미경

그림 8-28 3차원 측정기

7) 제품 형상에 따른 측정지그 선택

(1) 게이지(Gauge)

게이지(Gauge)란 정해진 크기(길이, 각도)를 이용하여 제품의 크기를 측정 및 검사하는데 사용되는 것으로서, 제품이 정해진 크기 내에 있는가를 검사하는 한계(限界) 게이지(Gauge)와 측정범위를 변화시키면서 제품의 기본치수로부터 이탈 정도를 측정하는 인디게이트 게이지(Indicating Gage) 등이 있다.

① 표준 게이지

표준 블록 게이지(Block Gauge)는 직육면체의 합금강 블록(Block)을 열처리하고, 내부응력을 제거하여 연삭 및 래핑(lapping)한 것이며, HRC=65 이상이고 지정된 치수로 되어 있다.

(가) 블록 게이지의 특징

㉠ 광 파장으로 부터 직접 길이를 측정할 수 있다.

㉡ 표시하는 길이의 정도가 아주 높다.

㉢ 손쉽게 사용할 수 있으며, 또한 측정면이 서로 밀착하는 특성을 가지고 있어서, 몇 개의 수로 많은 치수의 기준을 얻을 수 있다.

그림 8-29 표준 블록 게이지

② 표준 봉 게이지

[그림 8-30]과 같은 형상의 것으로 양단의 길이가 75, 100, 125, 150, … 등과 같은 규정 치수로 되어 있으며, 양단이 평면인 것과 구면(球面)인 것이 있다. 주로 평행면, 원통지름 및 정밀측정공구의 검사, 캘리퍼스(calipers)의 조절 등에 사용된다.

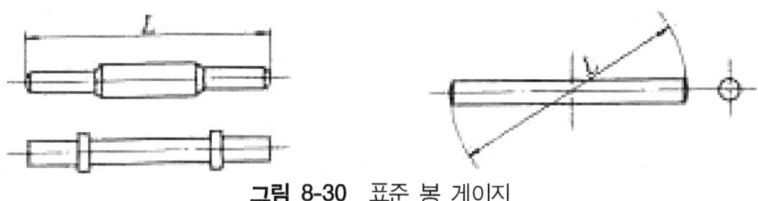

그림 8-30 표준 봉 게이지

③ 원통 게이지

[그림 8-31]과 같이 플러그 게이지(Plug gauge)와 링(Ring gauge) 게이지가 한 세트로 되어 있으며, 담금질하여 호칭치수로 다듬는다. 플러그 게이지(Plug gauge)는 구멍가공을 할 때 공경(孔徑)을 검사하거나 마이크로미터(Micrometer)의 검사에 사용되고, 링(Ring Gauge) 게이지는 축의 바깥지름을 검사하거나 캘리퍼스(Calipers)로 치수를 옮길 때 사용된다.

그림 8-31 플러그 게이지(좌)와 링 게이지(우)

④ 테이퍼 게이지

테이퍼 게이지(Taper Gauge)는 각도를 측정할 때 사용되나 표준 게이지(Gauge)의 일종이다. 표준 플러그 게이지(Plug Gage), 표준 링 게이지(Ring Gauge)처럼 플러그 테이퍼(Plug Taper Gage)와 링 테이퍼 게이지(Ring Taper Gauge)가 한 세트를 이루며, 공작물의 테이퍼 측정에 사용된다.

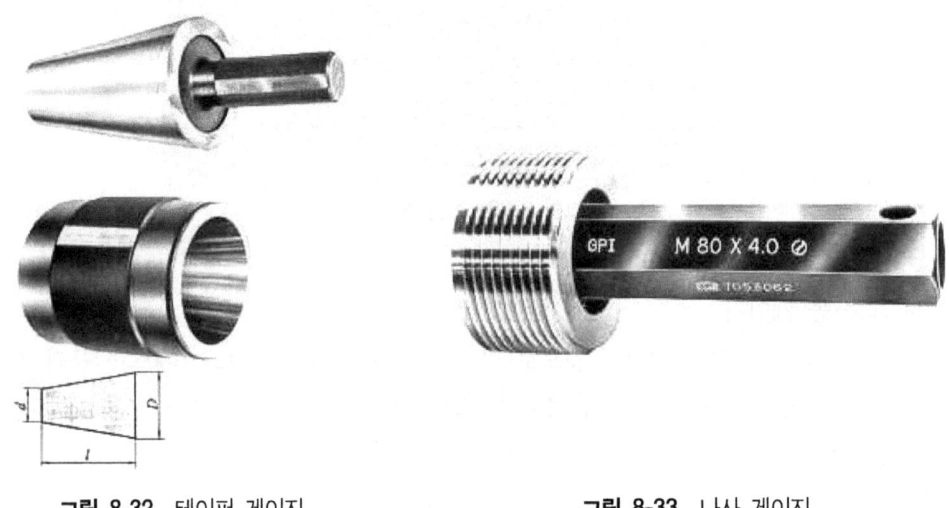

그림 8-32 테이퍼 게이지   그림 8-33 나사 게이지

⑤ 나사 게이지

[그림 8-33]과 같은 형상으로 각종 치수의 나사 가공 시에 사용된다. 특히 다이(Die)와 탭(Tap) 등의 정밀한 나사를 제작할 때 필요하다.

8) V 블록

V 블록은 직육면체 또는 정육면체의 블록의 중심에 90도의 v형 홈을 가진 블록이다. 각 부분은 직각으로 정밀하게 가공되어 있고, 정반에 올려두고 측정용으로 사용한다. 정반에 대하여 직각인 부분은 판재 등의 측정을 위해 사용되고 v형 홈은 둥글거나 유사한 형상을 움직이지 않고, 측정할 수 있도록 하는 용도로 널리 사용된다.

그림 8-34 V 블록

(1) 블록 게이지를 이용한 측정 방법

3차원 측정기로 측정을 하기 위해서는 성형품을 움직이지 않도록 고정해야 한다. 다음은 성

형품을 측정하기 위한 방법들을 그림과 함께 간단한 설명을 나타내었다. [그림 8-35]는 블록 게이지를 이용하여 성형품을 측정하기 위한 방법을 나타내었다. 타원의 형상이기 때문에 측면을 측정하기 위해서, 고정을 해야 하는데 게이지 블록이 없이, 고정을 할 수가 없다. 그림처럼, 성형품을 세우고 양끝을 게이지 블록으로 고정시켜, 성형품을 측정하게 된다.

그림 8-35 블록 게이지를 이용한 측정 방법

단원 핵심 학습 문제

01 다음 중 버니어 캘리퍼스로 측정할 수 없는 것은?
  ① 외경측정   ② 두께측정
  ③ 깊이측정   ④ 나사측정

해설 : ④ 버니어 캘리퍼스로 측정 - 외경측정, 두께측정, 깊이측정, 내경측정, 높이측정

02 그림과 같이 버니어 캘리퍼스가 나타낼 때, 치수값은?

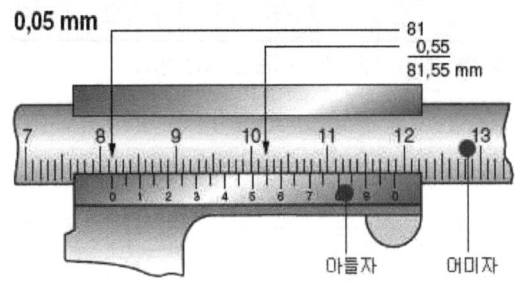

해설 : 아들자의 0점 바로 앞의 어미자 눈금을 읽는다. 어미자의 눈금과 아들자의 눈금이 일치하는 곳을 찾아 그 값을 읽는다. 이 두 값을 더한다. 값은 81.55mm이다.

03 그림과 같이 마이크로미터가 나타낼 때, 치수 값은?

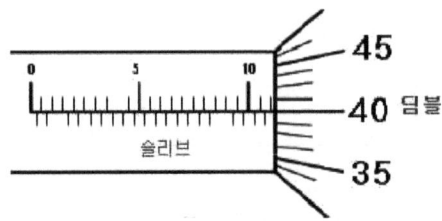

해설 : 슬리브의 눈금이 12와 13 사이에 있으며, 딤블의 40 눈금이 슬리브와 일치하므로 12.40mm로 읽는다.

04 랙(Rack)과 피니언(Pinion)을 이용하여 미소 길이를 확대 표시하는 기구로 되어 있는 측정기이며, 회전축의 흔들림 점검, 공작물의 평행도 및 평면상태의 측정 등에 사용되는 측정기는?

해설 : 다이얼 게이지(Dial Gage)

05 제품도를 검토할 때, 조립 방법에 따른 제품도 검토 방법이 있다. 어떤 부분들을 검토해야 하는지 쓰시오.

해설 : 조립순서 확인, 조립 가이드 확인, 조립 간섭부 확인

06 제품을 조립하기 위해 오 조립 방지하기 위한 방법은?

해설 : ① 부품간의 정해진 조립 방향을 준수해야 한다.
② 부품간의 정해진 조립 순서를 준수해야 한다.
③ 부품간의 정해진 조립 가이드를 파악하여 부품의 오 조립을 예방해야 한다.

07 버니어 캘리퍼스는 어미자와 아들자가 하나의 몸체로 조립되어 있으며, 측정물의 안지름, 바깥지름 및 깊이 등을 측정할 수 있는 편리한 측정기는?

해설 : 버니어 캘리퍼스

08 버니어 캘리퍼스의 용도와 크기와 따른 구분은?

해설 : 용도에 따라 M_1형, M_2형, CB형, CM형의 네 종류
호칭 치수는 미터식인 경우 대개 150mm, 200mm, 300mm, 600mm, 1,000mm의 크기로 구분

09 정확한 피치의 나사를 이용하여 실제 길이를 측정하는 기기로서, 수나사와 암나사의 끼워맞춤을 이용하여 측정물의 외측 및 내측 길이와 깊이를 측정하는 측정기는?

해설 : 마이크로미터

10 마이크로미터로 측정할 수 있는 것은?

해설 : 측정물의 외측 및 내측 길이와 깊이를 측정

11 마이크로미터의 종류는?

해설 : 외측 마이크로미터, 내측 마이크로미터, 깊이 마이크로미터

12 길이 및 각도측정, 윤곽의 검사 등에 편리하도록 된 현미경의 일종이며, 특히 절삭공구의 측정에 많이 사용하는 측정기는?

해설 : 공구현미경

13 프로브(Probe)가 물체의 표면 위치를 3차원적으로 이동하면서 각 측정점의 공간좌표를 검출하여 그 데이터(Data)를 컴퓨터(Computer)에서 처리함으로써 3차원적인 크기나 위치, 방향 등을 알 수 있게 하는 만능측정기는?

해설 : 3차원 측정기

8-3 측정을 수행하고 측정시트(sheet) 작성하기

1. 측정기 세팅하기

1) 측정기의 주기 교정을 통한 유효성 검증

유효성 검증이란 사용하는 측정기의 성능은 사용기간, 사용빈도, 정밀정확도 수준, 사용환경 등에 따라 변하는데 이들 요소와 성능변화의 관계를 파악하여 요구하는 정밀도 수준의 80% 또는 90% 수준에 이르렀을 때 재 교정을 하여 사용하는 것을 유효성 검증이라 한다.

(1) 정밀 측정을 하기 위한 필수 조건
- 정확한 측정기의 보유
- 적합한 측정환경 유지
- 좋은 측정기술력을 보유
- 국가 측정표준과 소급성이 유지 필요
- 측정 불확도의 이해 필요

① 길이분야의 교정대상 측정기 및 교정주기
 일반적으로 금형 제작분야에서 많이 사용되는 외경 및 내경 마이크로미터의 경우 12개월 주기로 교정을 받아야 함을 확인할 수가 있고, 버니어 캘리퍼스 또한 동일하게 12개월 주기로 교정을 받아야 된다.
② 각도 분야의 교정대상 측정기 및 교정주기
 금형 제작분야에서 많이 사용되는 수준기 24개월 주기로 교정을 받아야 함을 확인할 수가 있고, 사인바의 경우에는 12개월 주기 등으로 확인된다.
③ 표면 거칠기 분야의 교정대상 측정기 및 교정주기
 금형 제작분야에서 많이 사용되는 광파 간섭식 표면 거칠기 측정기 36개월 주기로 교정을 받아야 함을 확인할 수가 있고, 촉침식 표면 거칠기 측정기의 경우는 24개월 주기 등으로 교정을 받아야 된다.
④ 온도 분야의 교정대상 측정기 및 교정주기
 금형 제작분야에서 많이 사용되는 열전대, 열량계 등이 12개월 주기로 교정을 받아야 함을 확인할 수가 있다.
⑤ 습도 분야의 교정대상 측정기 및 교정주기
 금형 제작분야 측정실에서 많이 사용되는 자동노점 습도계, 온습도 기록계 등이 12개월

주기로 교정을 받아야 함을 확인할 수가 있다.

2) 측정기의 0점 조정

(1) 버니어 캘리퍼스의 0점 조정
① 0점 조정순서
　　(가) 측정 면의 청결유지(몸체 조오면과 슬라이더 조오면)
　　(나) 측정 전 0점 확인
　　(다) 0점이 맞지 않을 경우에는 0점 조정(본체와 부척의 0점 조정)
② 아날로그 방식의 경우 : 1/20mm 본척의 버니어 캘리퍼스에서는 본척의 19눈금과 부척의 10눈금선이 정확하게 일치해야 하고 본척의 "0" 눈금과 부척의 "0" 눈금이 바르게 맞게 조정하는 것
③ 디지털 방식의 경우 : 몸체의 조오와 슬라이더의 조오를 밀착시키고 "0"점 세팅 버튼을 눌러 LCD판넬의 수치를 0.00으로 조정하는 것

(2) 버니어 캘리퍼스의 0점 조정
① 0점 조정순서
　　(가) 측정 면의 청결유지(앤빌면과 스핀들 면)
　　(나) 측정 전 0점 확인
　　(다) 0점이 맞지 않을 경우에는 0점 조정(내측 슬리브를 회전시킴)

(3) 마이크로미터의 0점 조정
① 0점 조정순서
　　(가) 측정 면의 청결유지(앤빌면과 스핀들 면)
　　(나) Setting Bar를 마이크로의 앤빌과 스핀들 사이에 끼우고, 조정너트를 돌려 끝까지 돌린다.
　　(다) 0점 확인
　　(라) 0점이 맞지 않을 경우
　　(마) Thmble과 Ratchet stop을 분해한다.
　　(바) Setting Bar에 0점을 맞춘 후 다시 끼워 맞춘다.

3) 측정기의 보관방법
① 측정기는 구성부품의 전체가 정밀하게 가공된 상태로 조합되어 있기 때문에 약간의 녹,

먼지, 돌기 등이 생기면 사용하기 곤란한 문제가 발생하게 된다.
② 보관장소와 취급에 충분한 주의를 해야 하며, 온도의 변화가 적고, 습도가 낮은 장소에 보관한다.
③ 공기 중의 가스입자 등 불순물의 부착은 산화를 조장한다. 사용 후에는 필히 청결하게 닦아 방청유를 발라 보관한다.
④ 기름은 얇게 칠하고, 불필요한 곳에는 바르지 않는다. 광학 측정기에는 광학계에 기름이 스며들지 않도록 주의해야 한다.
⑤ 사용하지 않는 측정기와 게이지도 1년에 2회 정도는 손질을 해야 한다.

2. 측정값 기록하기

1) 제품도 주요 공차부 확인

(1) 프런트 업퍼(Front-Upper) 도면의 주요부 확인

전체 도면으로 모든 치수를 측정해야 하고, 공차가 기입된 치수들은 상대물과의 조립이나, 디자인과 관련된 중요한 치수이므로, 이들 치수는 더욱더 정밀하게 측정할 필요가 있다.
[그림 8-36]은 제품도면의 정면도, 우측면도, 좌측면도를 나타내었다. 공차가 적용된 치수들을 살펴보면 다음과 같다. 전폭은 −0.1mm이므로 치수는 62~61.9mm로 관리되어야 하고, 전장은 −0.1mm로 치수는 90~89.9mm로 관리되어야 한다. 제품의 높이는 −0.1mm로 치수는 12.5~12.4mm로 관리되어야 한다. 이 치수를 넘게 되면 상대물과 조립을 할 때에 조립이 되지 않을 수도 있다. 89mm에 −0.1mm로 표기되어 있는 치수는 가이드 리브라고 하여, 상대물과의 조립시 위치를 안내해 주는 역할을 한다. 이 치수가 정확히 관리가 되지 않는다면, 제품 외관상 문제가 될 것이다.

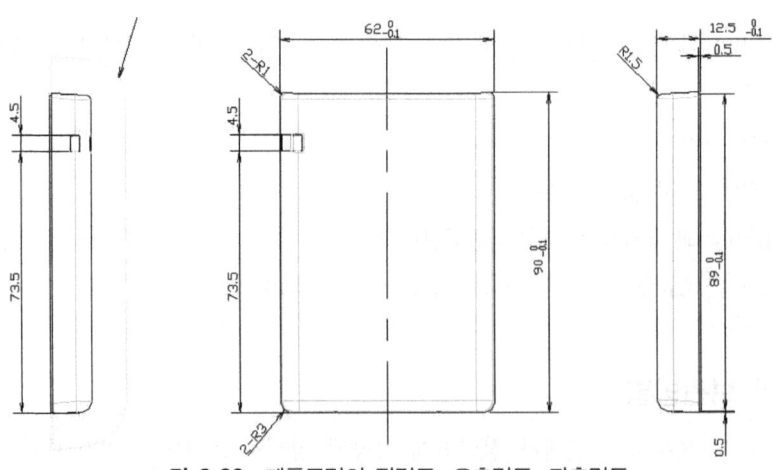

그림 8-36 제품도면의 정면도, 우측면도, 좌측면도

[그림 8-37]은 제품도면의 단면도와 배면도를 나타내었다. 단면도 A-A에서 보스의 높이나 후크부위는 치수를 (+) 관리를 하고 있다. 도면에서 중요도가 약간 낮은 치수들은 (±)로 표기되었다. 치수 (±)0.1은 88.1~87.9mm로 관리를 해야 한다.

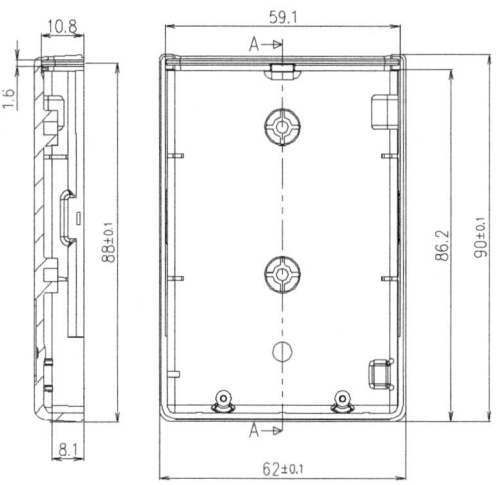

그림 8-37 제품도면의 단면도와 배면도

[그림 8-38]은 치수 (-)0.1은 61~60.9mm와 치수 (+)0.1은 55.1~55mm가 중요 치수로 집중해서 관리해야 한다. 표기된 나머지 치수들도 확인한다.

[그림 8-39]에서 치수 (+)0.1은 54.1~54mm가 중요 치수로 집중해서 관리해야 한다. 표기된 나머지 치수들도 확인한다.

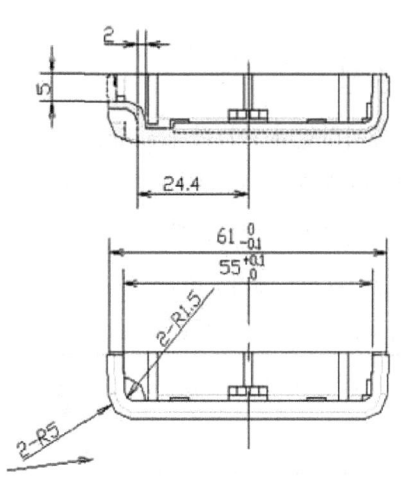

그림 8-38 제품도면의 단면도와 평면도

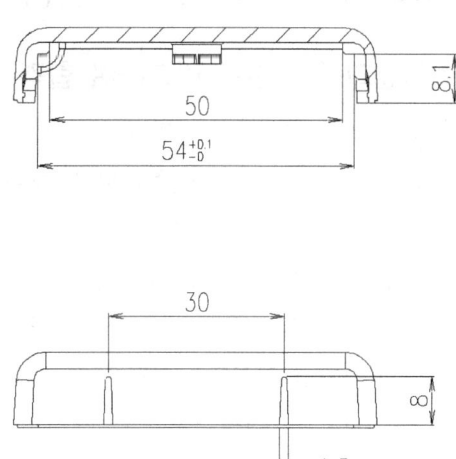

그림 8-39 제품도면의 단면도와 처면도

(2) 성형품의 측정값 기록

[그림 8-40]은 측정 시트를 나타낸 것으로, 측정한 치수를 시트에 기록한다. 4개의 샘플을 총 56 포인트를 측정하였다.

( ) 샘플 검사성적서

No.		도면규격							샘플번호							판정	오차		Spec 70%구간		사 용
		규격	+	-	#1-1	#1-2	#1-3	#1-4	#1-5	#1-6	#1-7	#1-8	#1-9	#1-10	Target Min	Target Max		Max	Min			측정기
41	φ	2.060	0.050	0.000																		
42	φ	2.700	0.050	-0.050					측정불가													
43	φ	4.500	0.000	-0.005	4.498	4.498	4.498	4.498	4.498	4.498	4.498	4.498	4.498	4.498	4.497	4.499	OK	-0.001	-0.003	4.496	4.499	V-CMM
44	φ	5.000	0.000	-0.005	4.997	4.997	4.997	4.997	4.997	4.997	4.997	4.997	4.997	4.997	4.995	4.997	OK	-0.003	-0.005	4.996	4.999	V-CMM
45	φ	5.400	-0.005	-0.012	5.394	5.394	5.394	5.394	5.394	5.394	5.394	5.394	5.394	5.394	5.390	5.392	OK	-0.006	-0.010	5.389	5.394	V-CMM
46	φ	5.500	-0.003	-0.010	5.496	5.496	5.496	5.496	5.497	5.496	5.496	5.496	5.496	5.496	5.493	5.495	OK	-0.003	-0.007	5.491	5.496	V-CMM
47	φ	5.600	0.010	0.000	5.606	5.606	5.606	5.606	5.606	5.606	5.606	5.606	5.606	5.606	5.601	5.604	OK	0.006	0.001	5.602	5.609	V-CMM
48	φ	5.750	0.050	-0.050	5.750	5.750	5.751	5.751	5.750	5.751	5.750	5.750	5.750	5.750			OK	0.001	0.000	5.715	5.785	V-CMM
49	○	0.000	0.005	0.000	0.001	0.002	0.002	0.002	0.002	0.001	0.002	0.002	0.002	0.002			OK	0.002	0.001	0.001	0.004	V-CMM
	X																					
	Y																					
50	⊕	0.000	0.005	0.000	0.001	0.002	0.001	0.002	0.002	0.001	0.001	0.001	0.001	0.001			OK	0.002	0.001	0.001	0.004	V-CMM
51	/○/	0.000	0.003	0.000	0.000	0.000	0.000	0.000	0.001	0.000	0.001	0.000	0.000	0.000			OK	0.001	0.000	0.000	0.003	V-CMM
52	⊥	0.000	0.003	0.000	0.001	0.001	0.001	0.001	0.001	0.001	0.000	0.001	0.000	0.000			OK	0.001	0.000	0.000	0.003	V-CMM
53	○	0.000	0.005	0.000	0.004	0.004	0.004	0.005	0.004	0.005	0.004	0.004	0.004	0.004			OK	0.005	0.004	0.001	0.004	V-CMM
	X																					
	Y																					
54	⊕	0.000	0.005	0.000	0.004	0.002	0.002	0.003	0.003	0.003	0.003	0.005	0.002	0.003			OK	0.005	0.002	0.001	0.004	V-CMM
55	/○/	0.000	0.003	0.000	0.003	0.003	0.003	0.003	0.003	0.003	0.003	0.003	0.002	0.002			OK	0.003	0.002	0.000	0.003	V-CMM
	X																					
	Y																					
56	⊕	0.000	0.005	0.000	0.004	0.004	0.001	0.004	0.003	0.003	0.002	0.004	0.003	0.001			OK	0.004	0.001	0.001	0.004	V-CMM
57	/○/	0.000	0.003	0.000	0.000	0.000	0.001	0.001	0.001	0.001	0.001	0.001	0.001	0.001			OK	0.001	0.000	0.000	0.003	V-CMM
58	○	0.000	0.010	0.000	0.005	0.005	0.010	0.004	0.007	0.005	0.007	0.006	0.006	0.010			OK	0.010	0.004	0.002	0.009	V-CMM

제작NO 08A0124 · 기종 SP830 · 품명 BARREL · 시사출처 · 금형제작처 · 금형차수 2차 · 검토차수 6차 · 측정자 · 작성일

그림 8-40 측정 시트 예

3. 제품 도면을 파악하여 판정하기

1) 측정결과를 도면과 비교하여 합격, 불합격 판정

[그림 8-41]은 측정물과 도면의 치수를 측정 시트에 기록하였다. 이 결과를 바탕으로 판정을 하게 되는데, 치수가 공차값에 따라 OK나 NG를 결정하게 된다. NG를 받은 치수들은 수정을 하게 된다. 먼저, 원인을 파악하고, 금형에 문제가 있다면, 금형의 캐비티나 코어의 치수를 확인한다. 가공에 의한 문제가 발생하였다면, 수정 부위를 재가공한다.

NG 판정을 받은 치수를 수정하여, 다시 시험 사출을 하고, 그 치수를 다시 측정하여 OK 판정을 받으면 그 성형품은 양산을 할 수 있게 된다. [그림 8-42]는 금형 수정 후, 판정 결과를 나타내었다.

(광기구물) 샘플 검사성적서

그림 8-41 측정 시트 예

그림 8-42 최종 판정 결과 시트 예

단원 핵심 학습 문제

01 정밀측정을 위한 필수 조건들은 무엇인가?

해설 : ① 정확한 측정기의 보유
② 적합한 측정환경 유지
③ 좋은 측정기술력을 보유
④ 국가 측정표준과 소급성이 유지 필요
⑤ 측정 불확도의 이해 필요

02 마이크로미터의 0점 조정순서를 쓰시오.

해설 : ① 측정 면의 청결유지(앤빌 면과 스핀들 면)
② Setting Bar를 마이크로의 앤빌과 스핀들 사이에 끼우고, 조정너트를 돌려 끝까지 돌린다.
③ 0점 확인
④ 0점이 맞지 않을 경우
⑤ Thmble과 Ratchet stop을 분해한다.
⑥ Setting Bar에 0점을 맞춘 후 다시 끼워 맞춘다.

03 버니어 캘리퍼스의 0점 조정순서를 쓰시오.

해설 : ① 측정 면의 청결유지(앤빌면과 스핀들 면)
② 측정 전 0점 확인
③ 0점이 맞지 않을 경우에는 0점 조정(내측 슬리브를 회전시킴)

04 마이크로미터의 0점 조정순서를 쓰시오.

해설 : ① 측정 면의 청결유지(앤빌 면과 스핀들 면)
② Setting Bar를 마이크로의 앤빌과 스핀들 사이에 끼우고, 조정너트를 돌려 끝까지 돌린다.
③ 0점 확인
④ 0점이 맞지 않을 경우
⑤ Thmble과 Ratchet stop을 분해한다.
⑥ Setting Bar에 0점을 맞춘 후 다시 끼워 맞춘다.

NCS적용

CHAPTER 09

부 록
(종합문제)

종합문제 (1)

1 요구사항

(1) 재료 : ABS
(2) 수축률 : 0.005 M/M(0.5%)
(3) CAVITY : 1×2
(4) GATE : SIDE GATE
(5) 지시되지 않은 라운드는 R2

2 작업과제

(1) 복합단면조립도
(2) 고정측 코어, 가동측 코어
(3) 고정측 형판, 가동측 형판
(4) 고정측 코어, 가동측 코어 3D 모델링
(5) 고정측 코어, 가동측 코어 3D 어셈블리
(6) 고정측 코어 전극도면
(7) 고정측 코어 전극도면 배치도

제품 도면

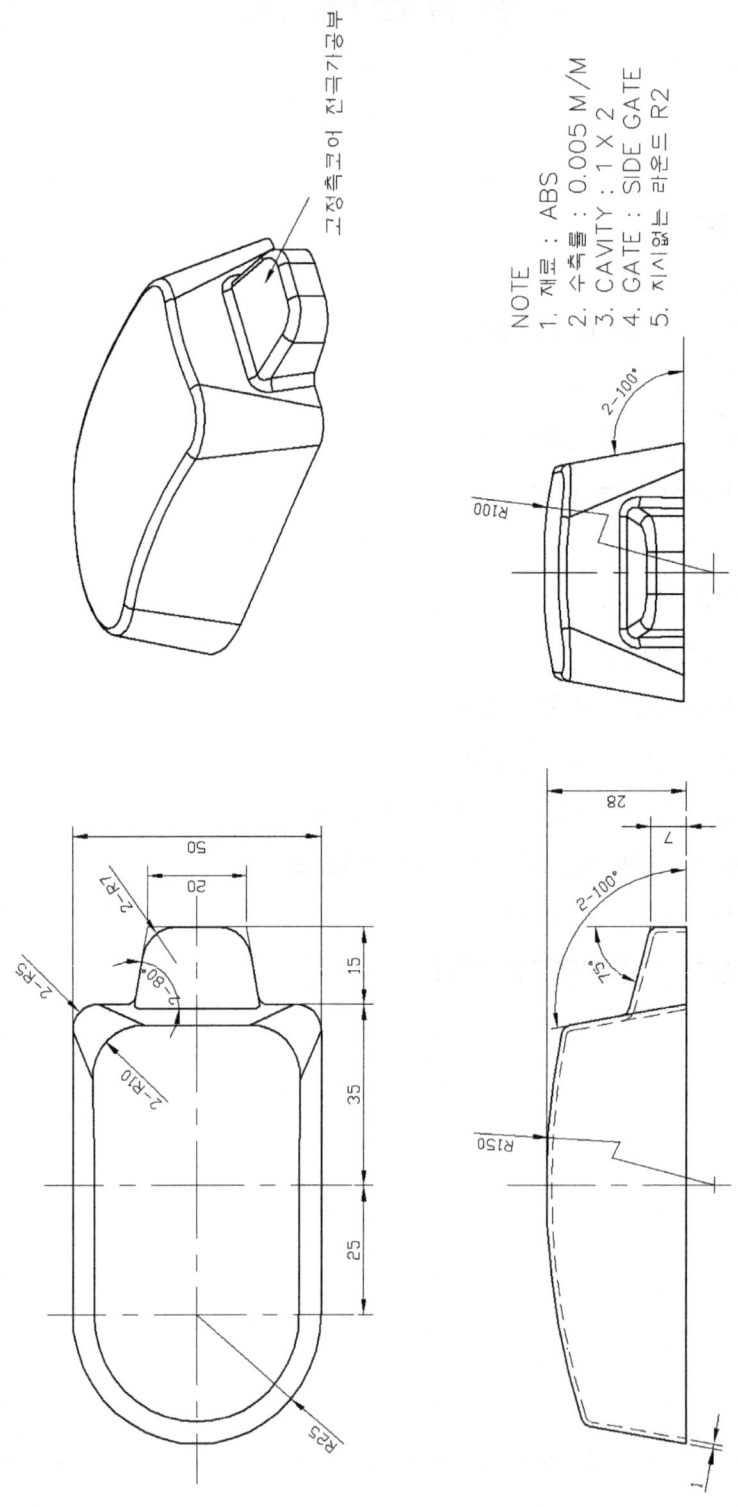

NOTE
1. 재질 : ABS
2. 수축률 : 0.005 M/M
3. CAVITY : 1 × 2
4. GATE : SIDE GATE
5. 지시없는 라운드 R2

(1) 복합단면조립도

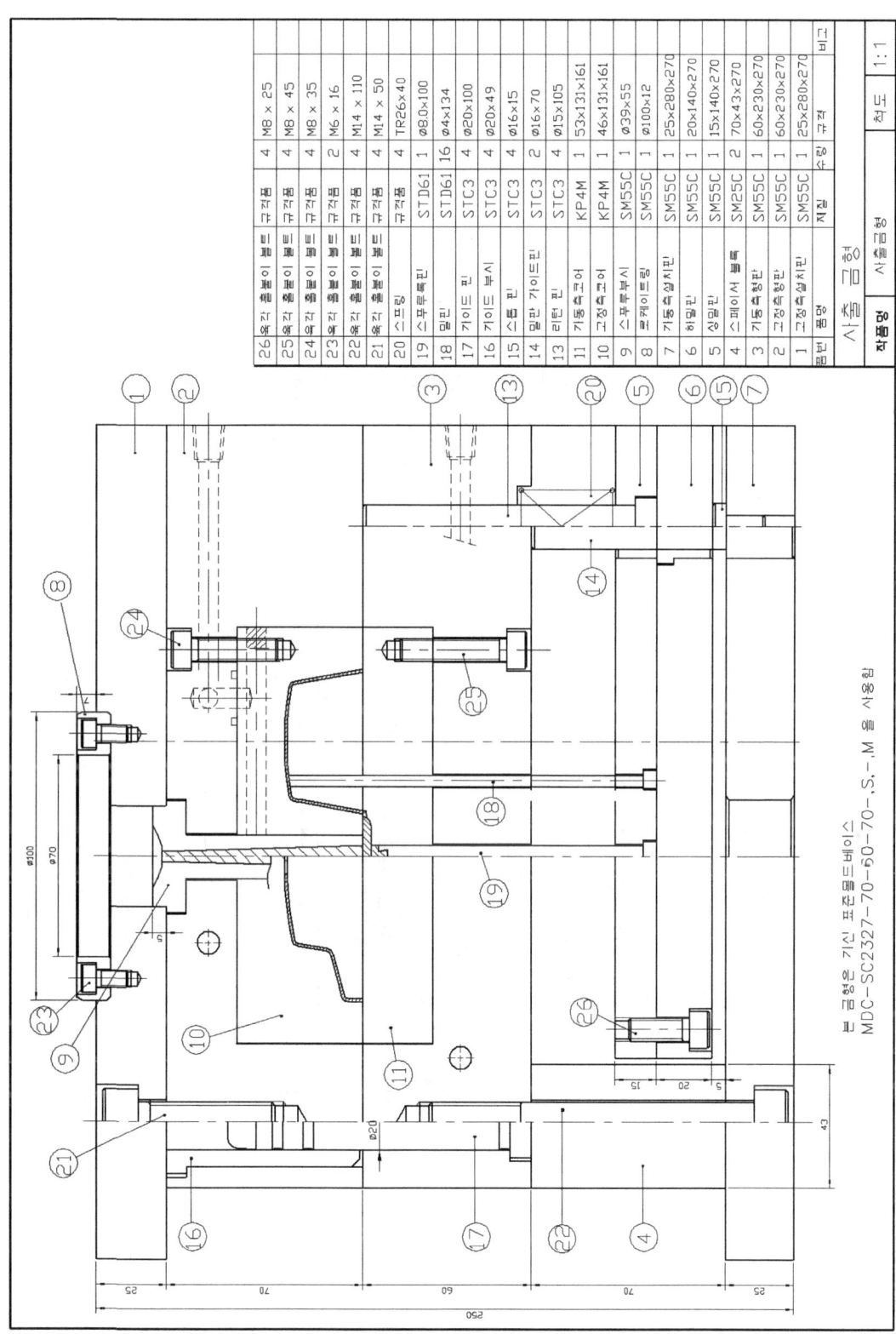

(2) 고정측 코어

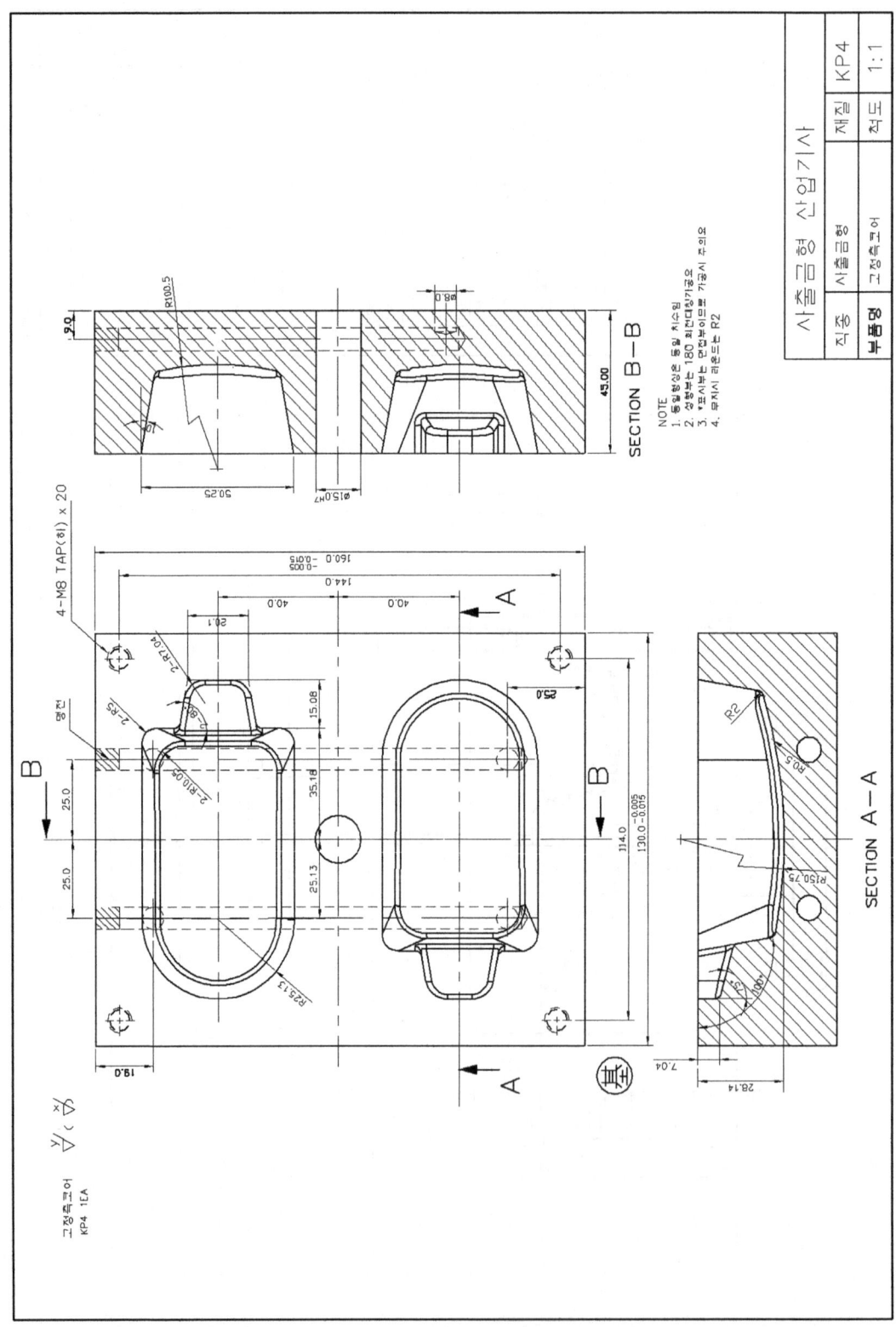

(3) 가동측 코어

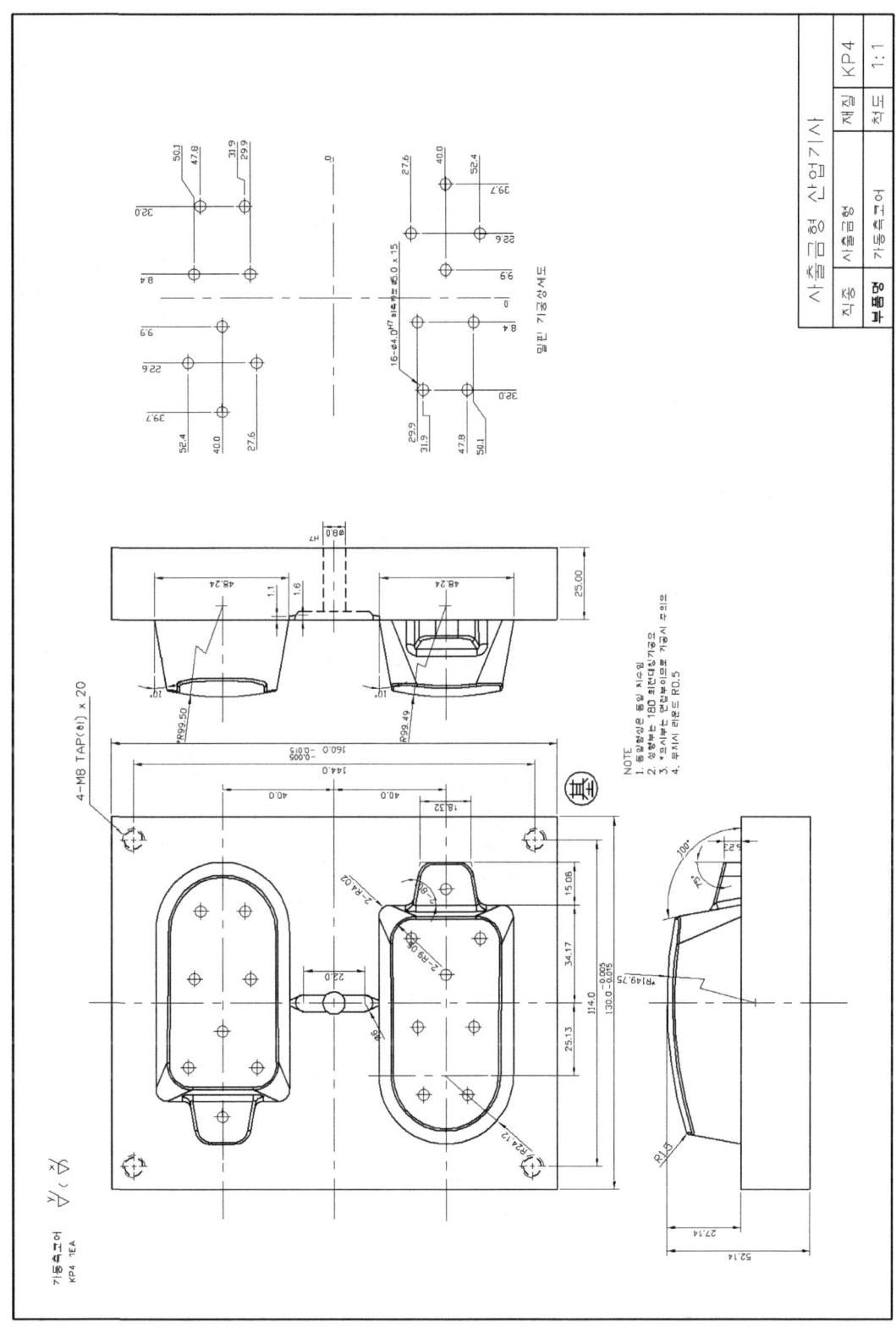

(4) 고정측 형판

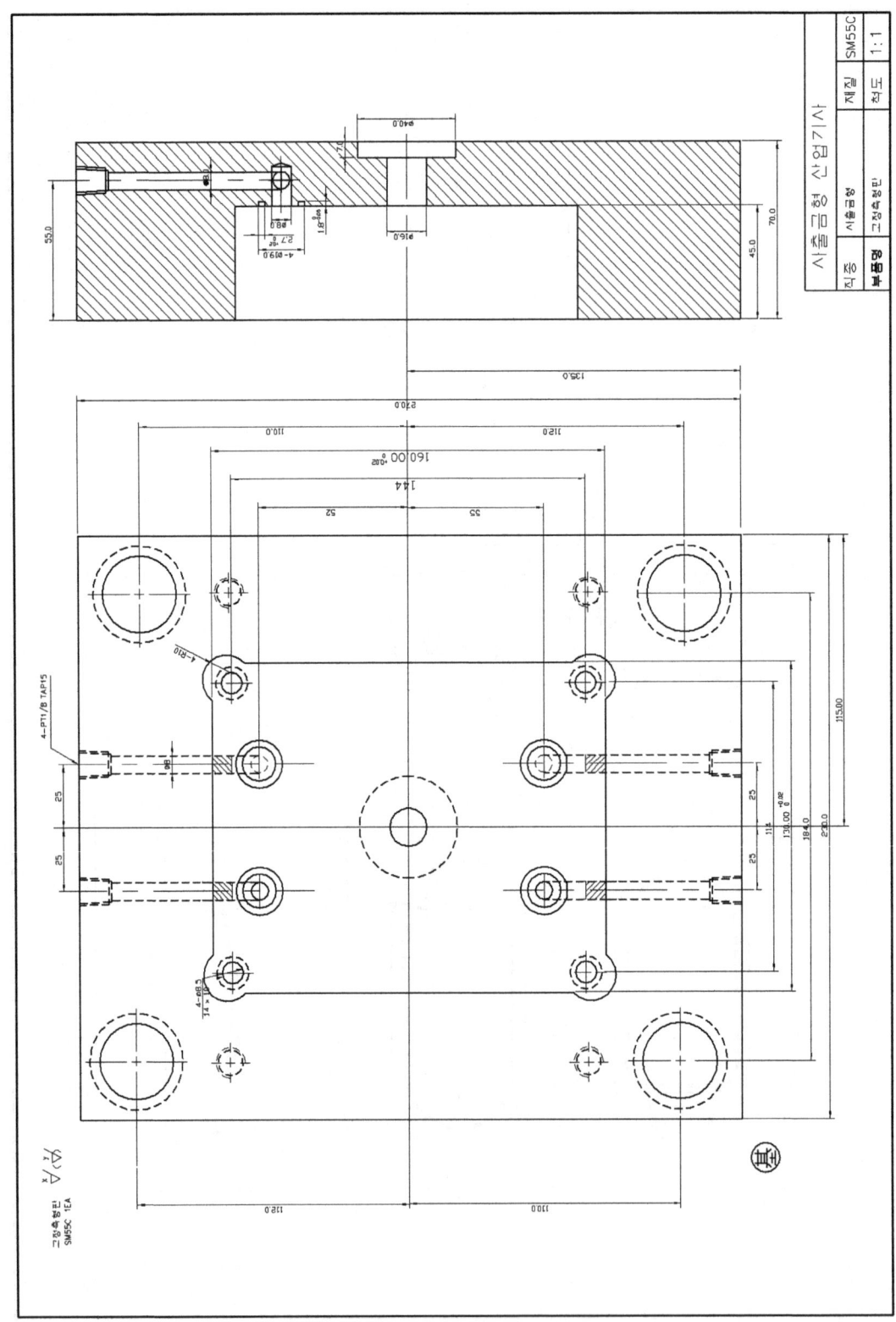

(5) 가동측 형판

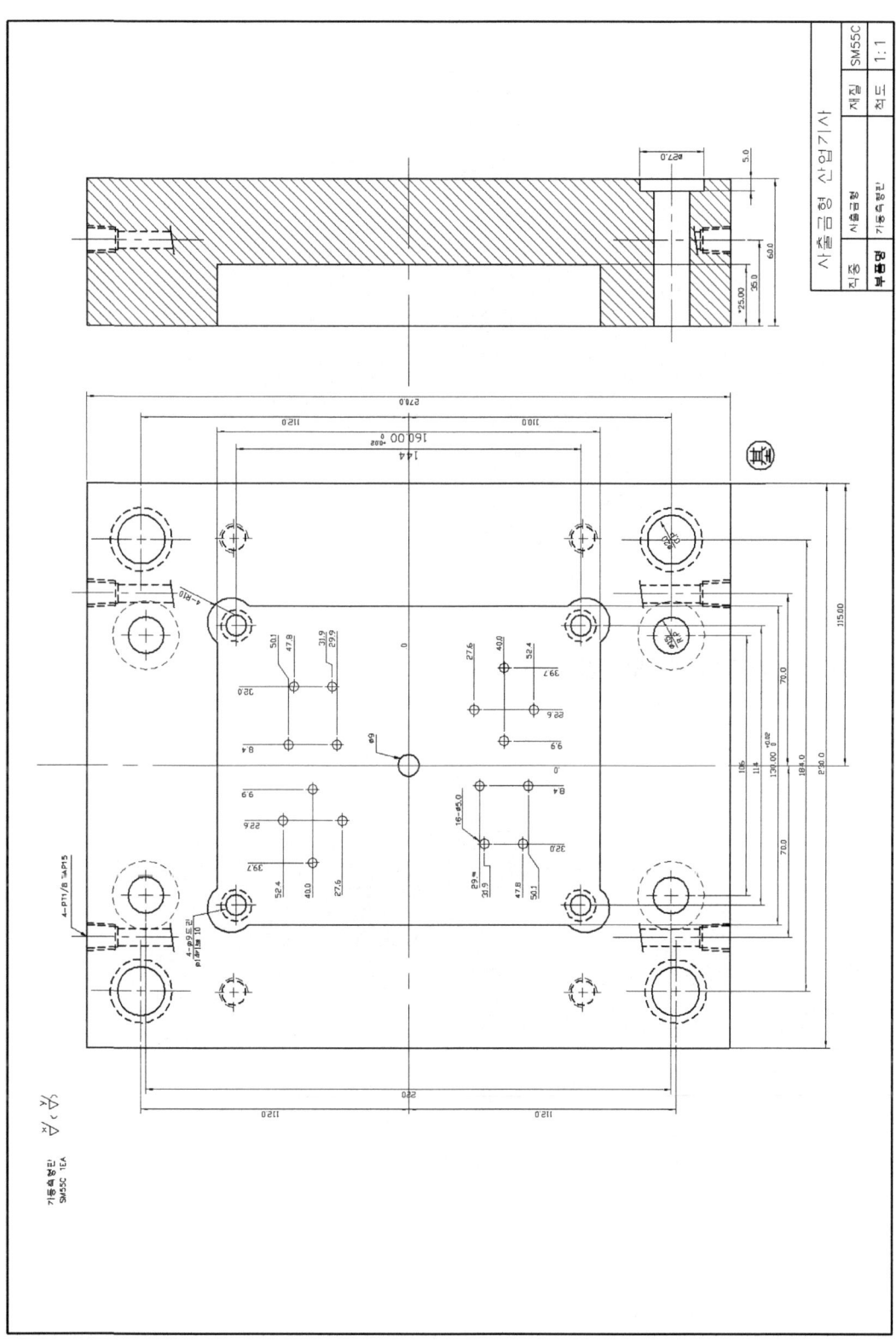

(6) 고정측 코어 3D 모델링

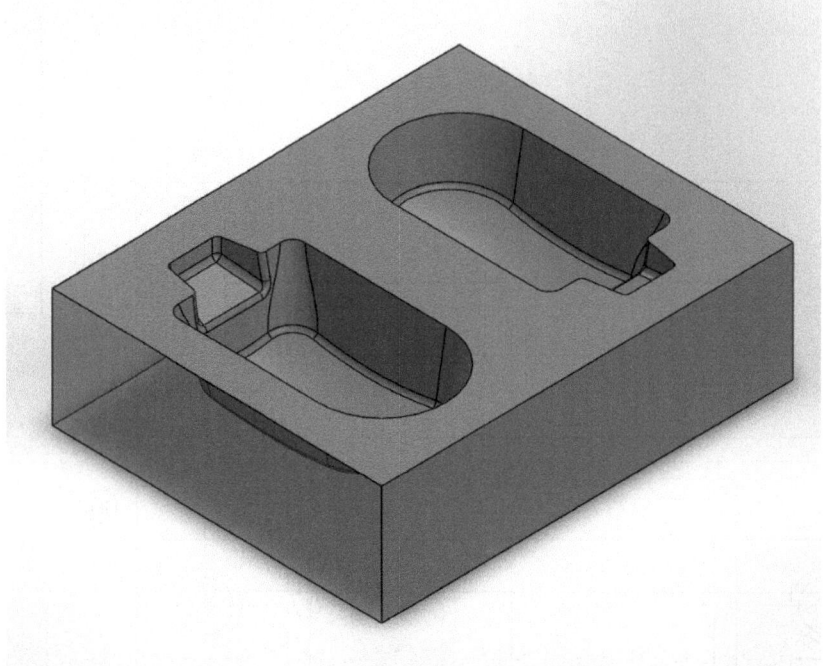

(7) 가동측 코어 3D 모델링

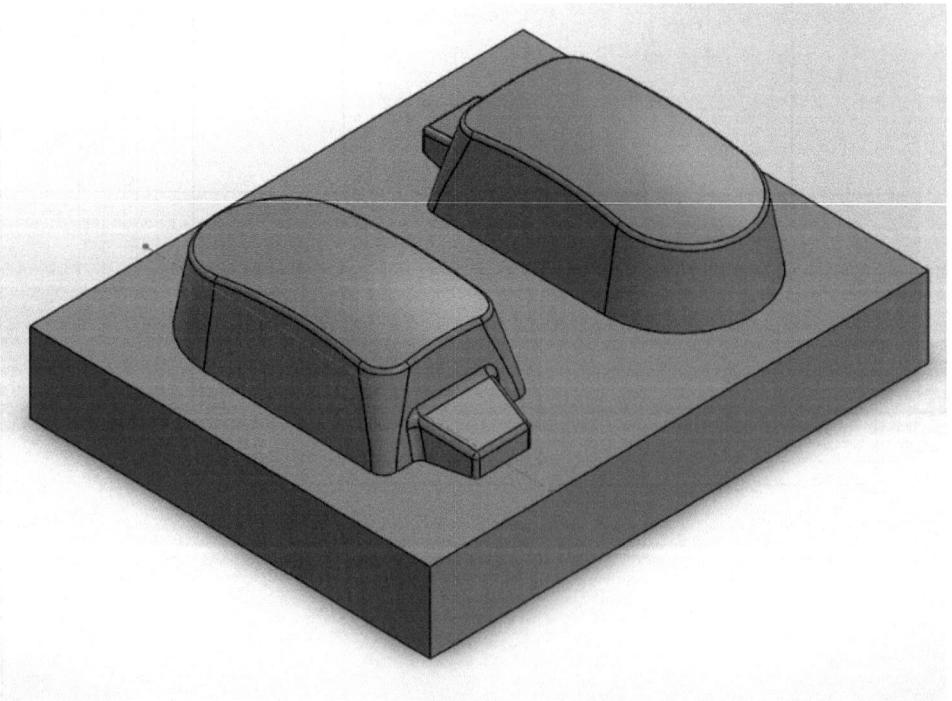

(8) 고정측 코어, 가동측 코어 3D 어셈블리

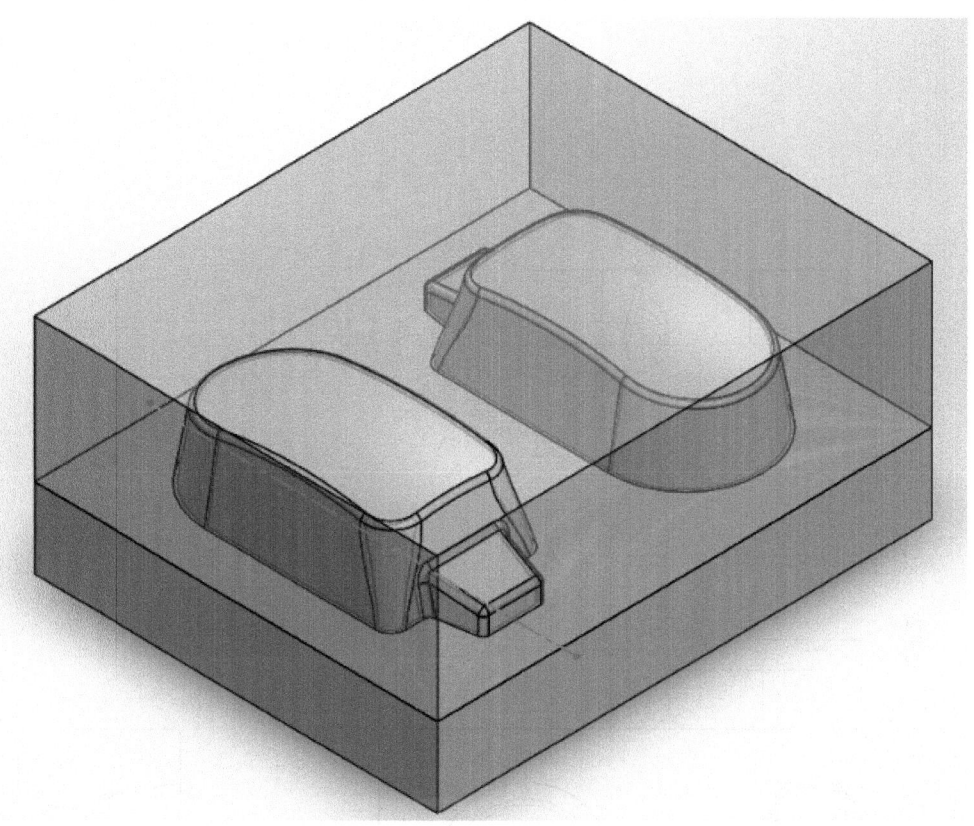

(9) 고정측 코어 전극(정삭)도면 및 전극도면 배치도

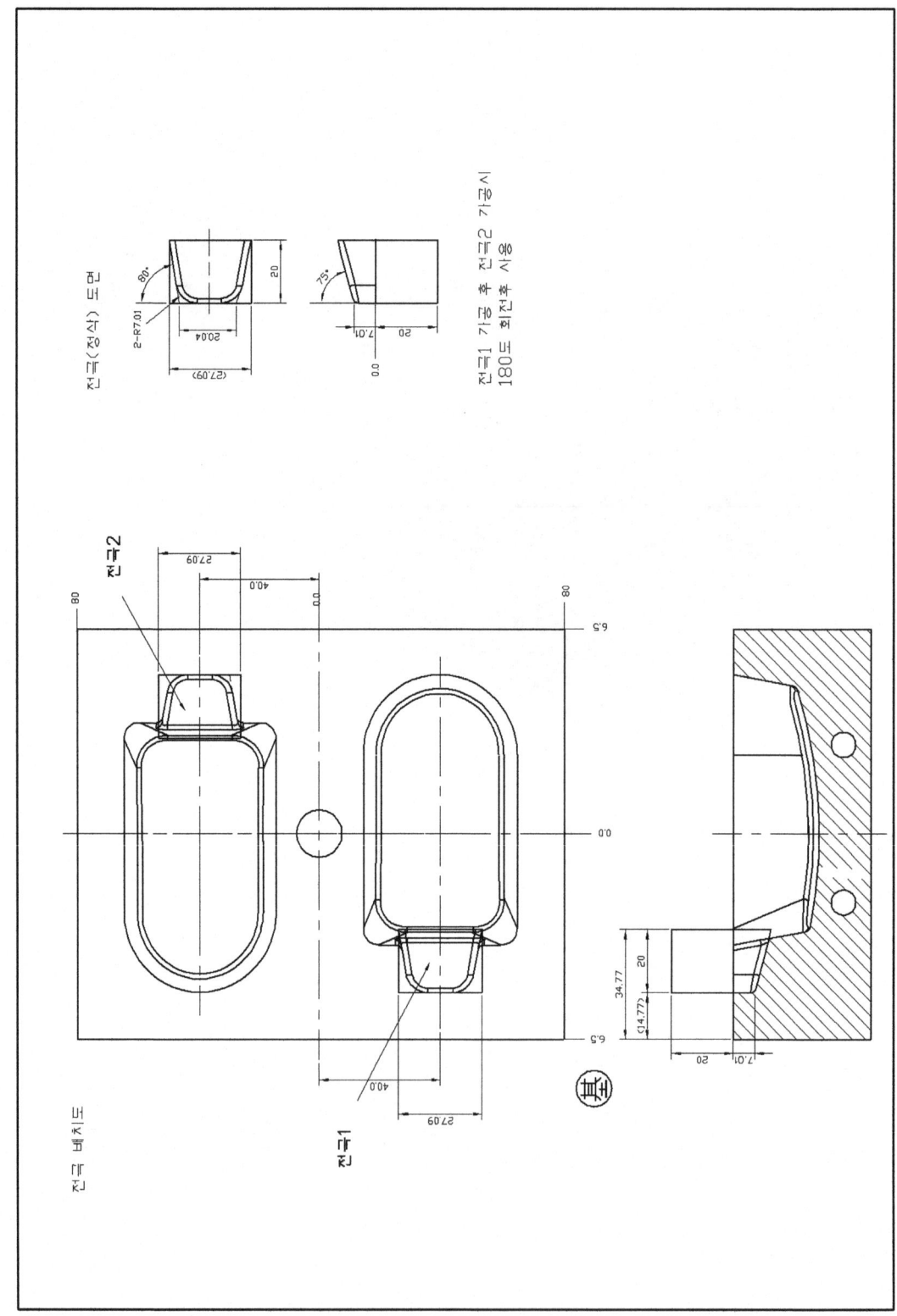

종합문제 (2)

1 요구사항

(1) 재료 : ABS

(2) 수축률 : 0.005 M/M(0.5%)

(3) CAVITY : 1×2

(4) GATE : SIDE GATE

(5) 지시되지 않은 라운드는 R2

2 작업과제

(1) 복합단면조립도

(2) 고정측 코어, 가동측 코어

(3) 고정측 형판, 가동측 형판

(4) 고정측 코어, 가동측 코어 3D 모델링

(5) 고정측 코어, 가동측 코어 3D 어셈블리

(6) 고정측 코어 전극도면

(7) 고정측 코어 전극도면 배치도

제품 도면

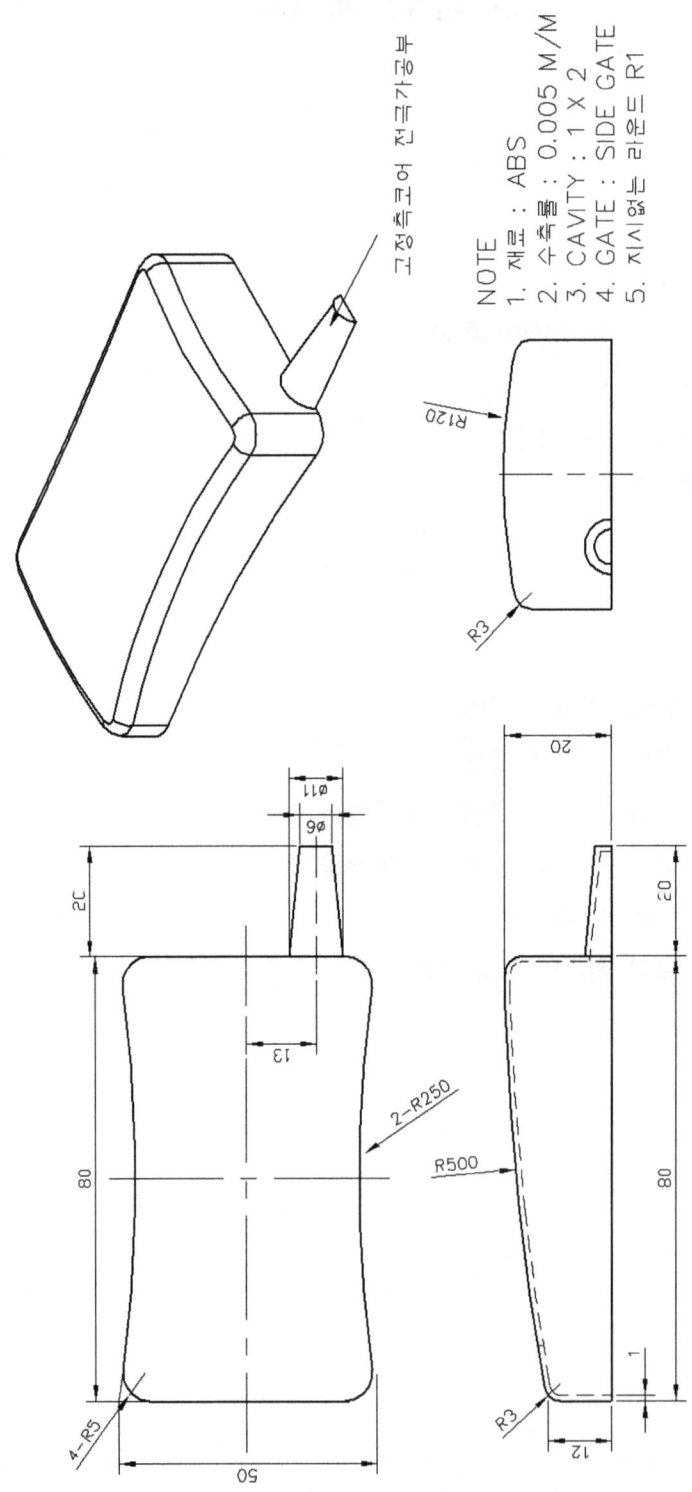

NOTE
1. 재질 : ABS
2. 수축률 : 0.005 M/M
3. CAVITY : 1 X 2
4. GATE : SIDE GATE
5. 지시없는 라운드 R1

(1) 복합단면조립도

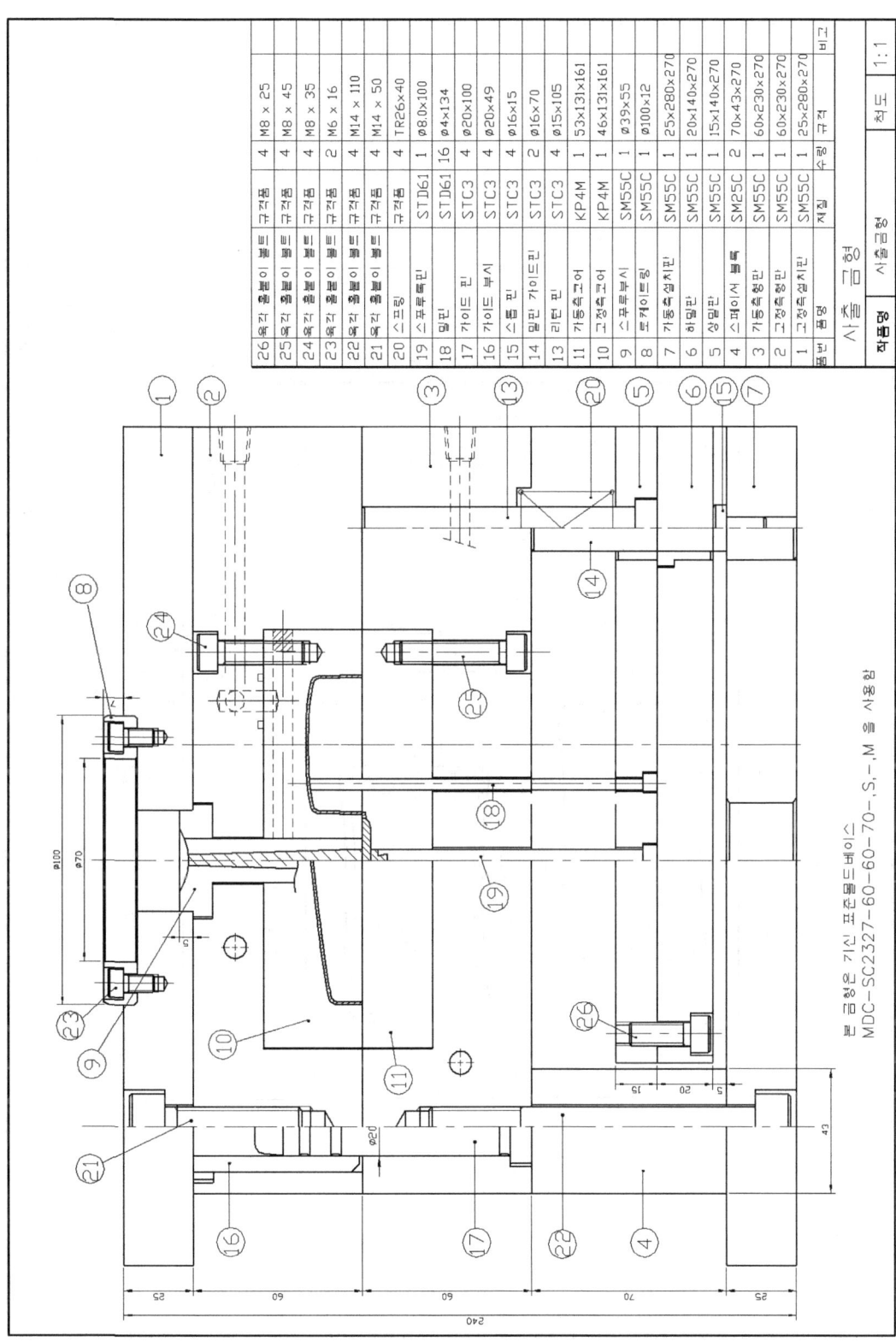

(2) 고정측 코어

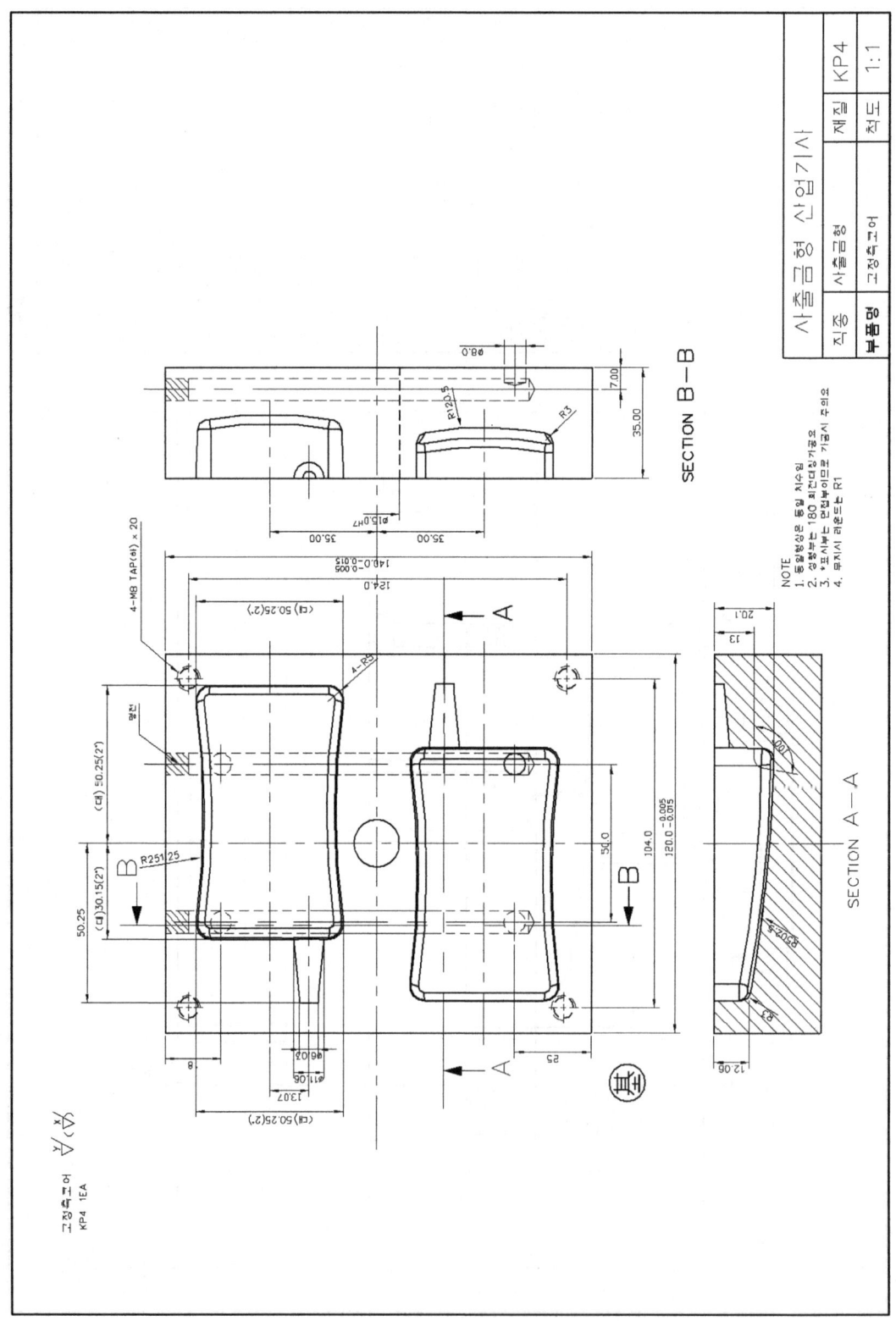

(3) 가동측 코어

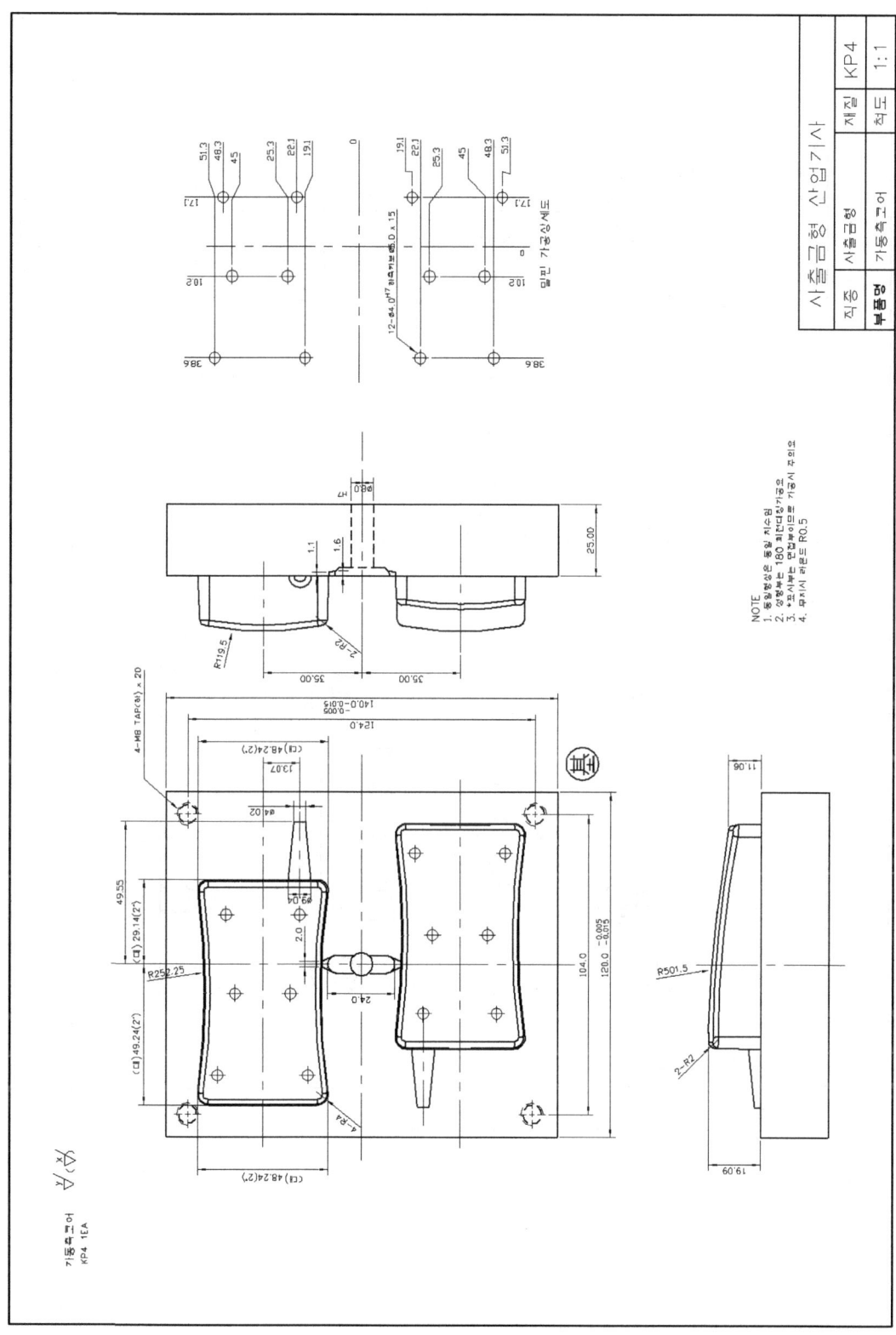

(4) 고정측 형판

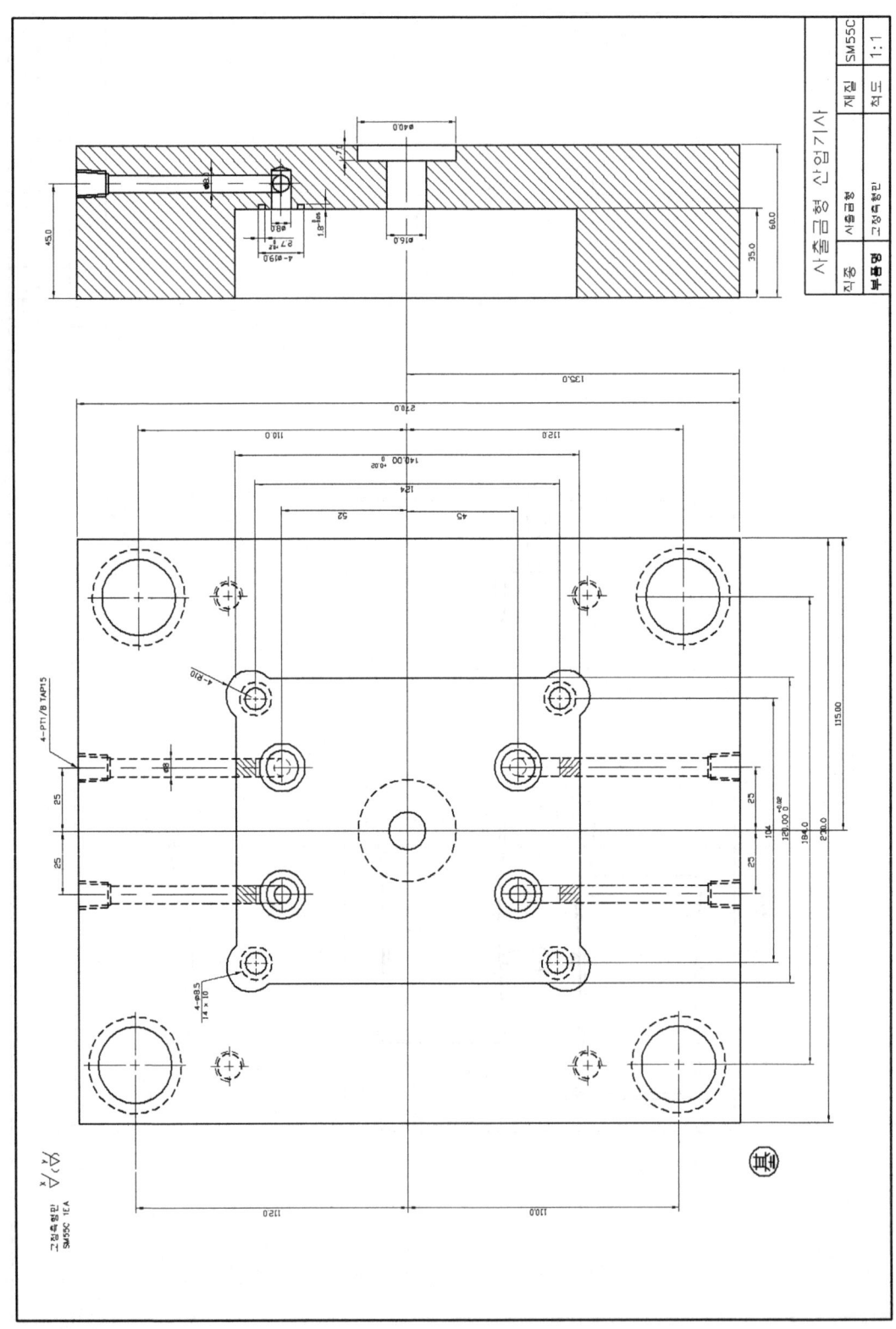

(5) 가동측 형판

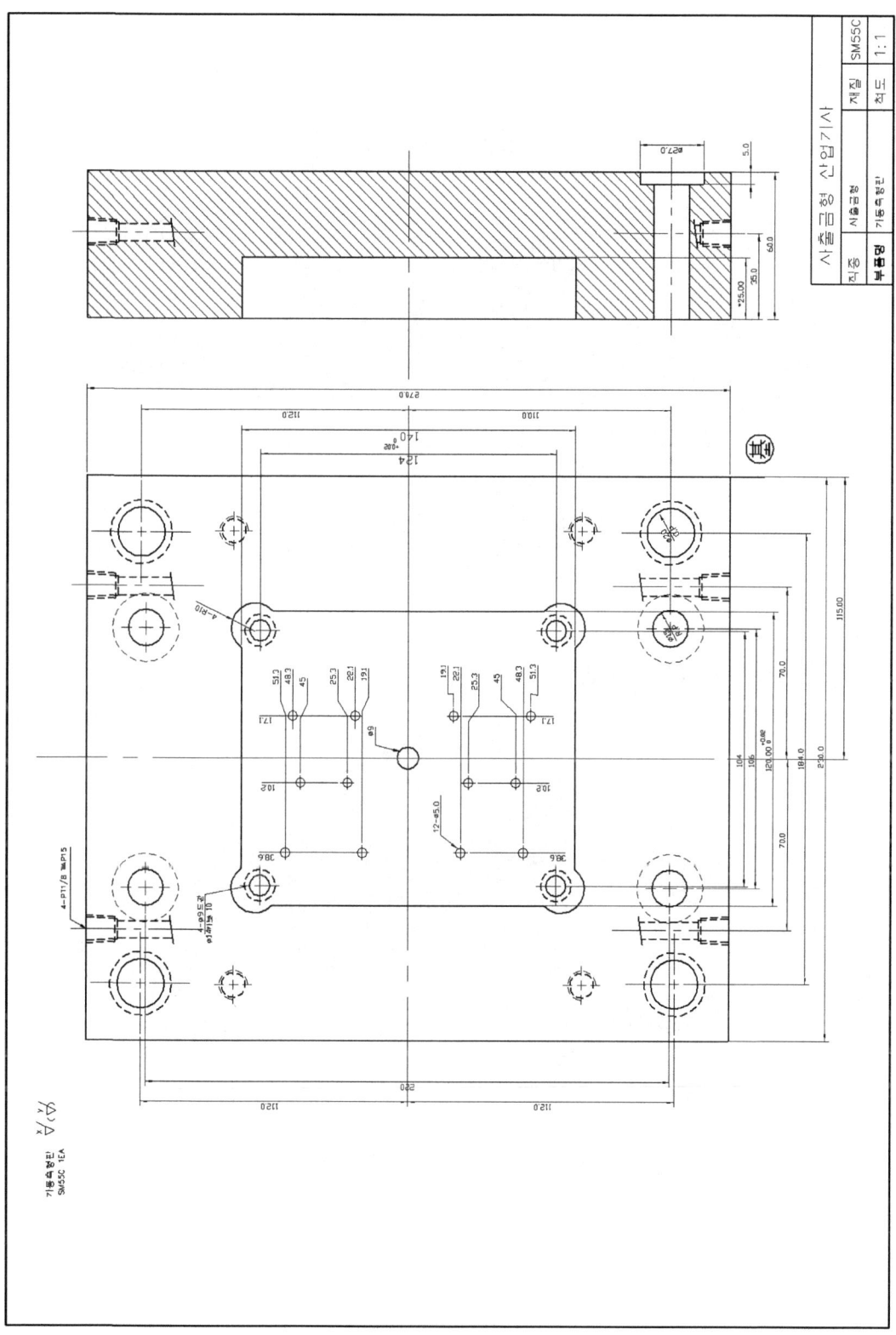

(6) 고정측 코어 3D 모델링

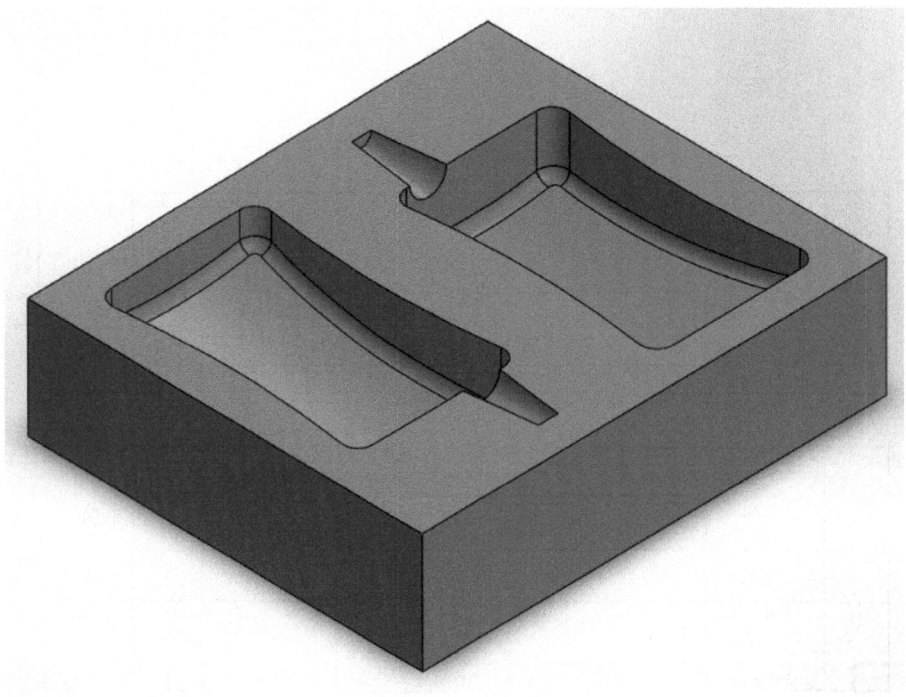

(7) 가동측 코어 3D 모델링

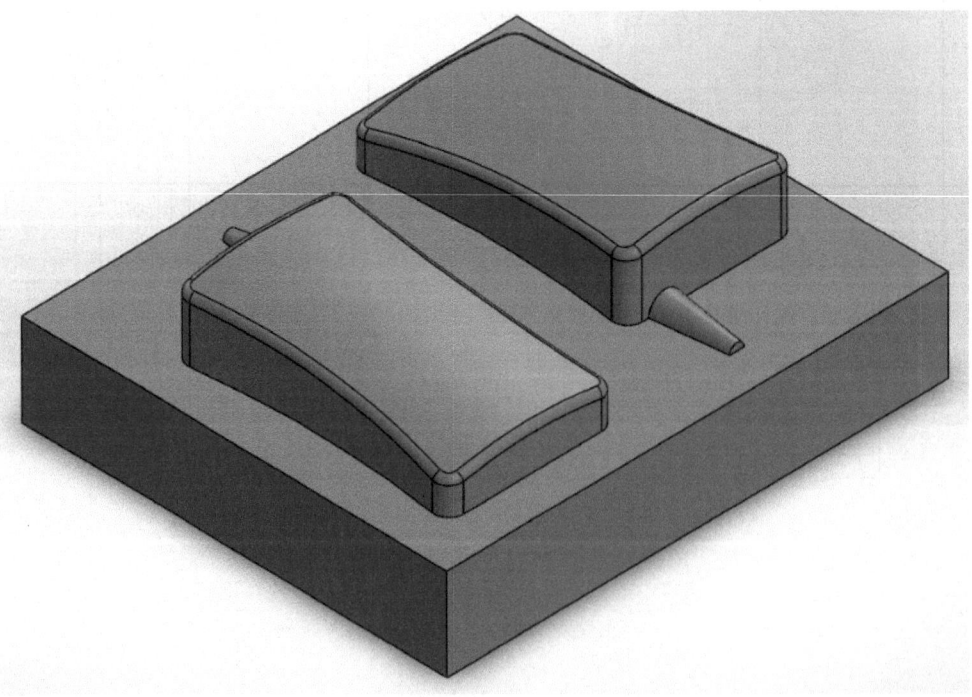

(8) 고정측 코어, 가동측 코어 3D 어셈블리

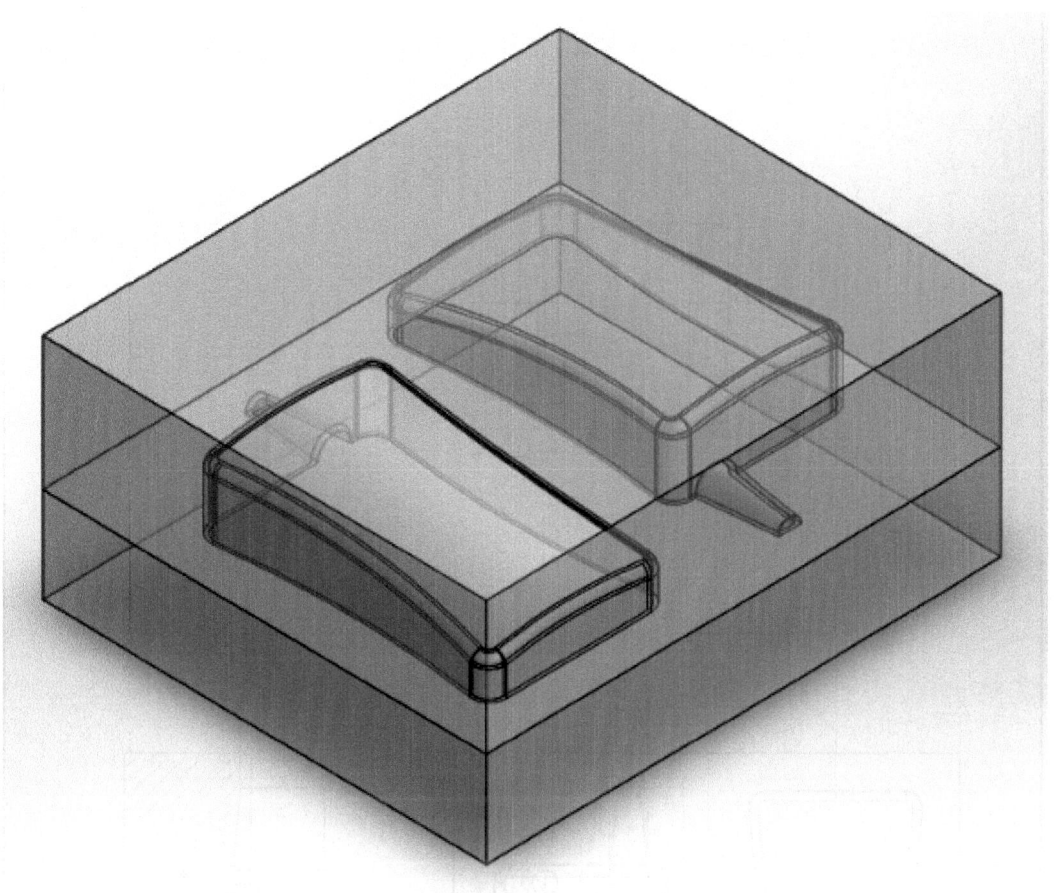

(9) 고정측 코어 전극(정삭)도면 및 전극도면 배치도

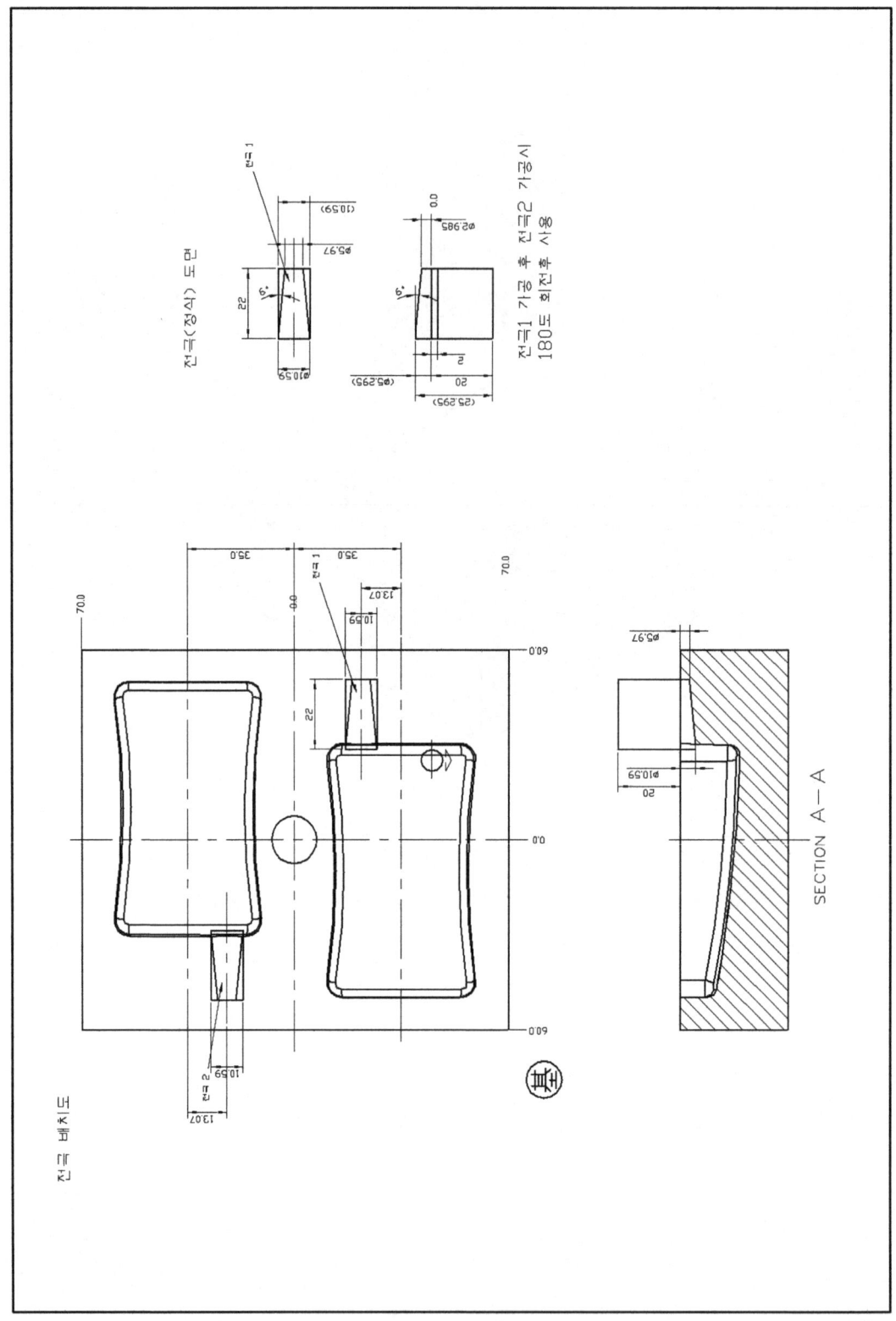

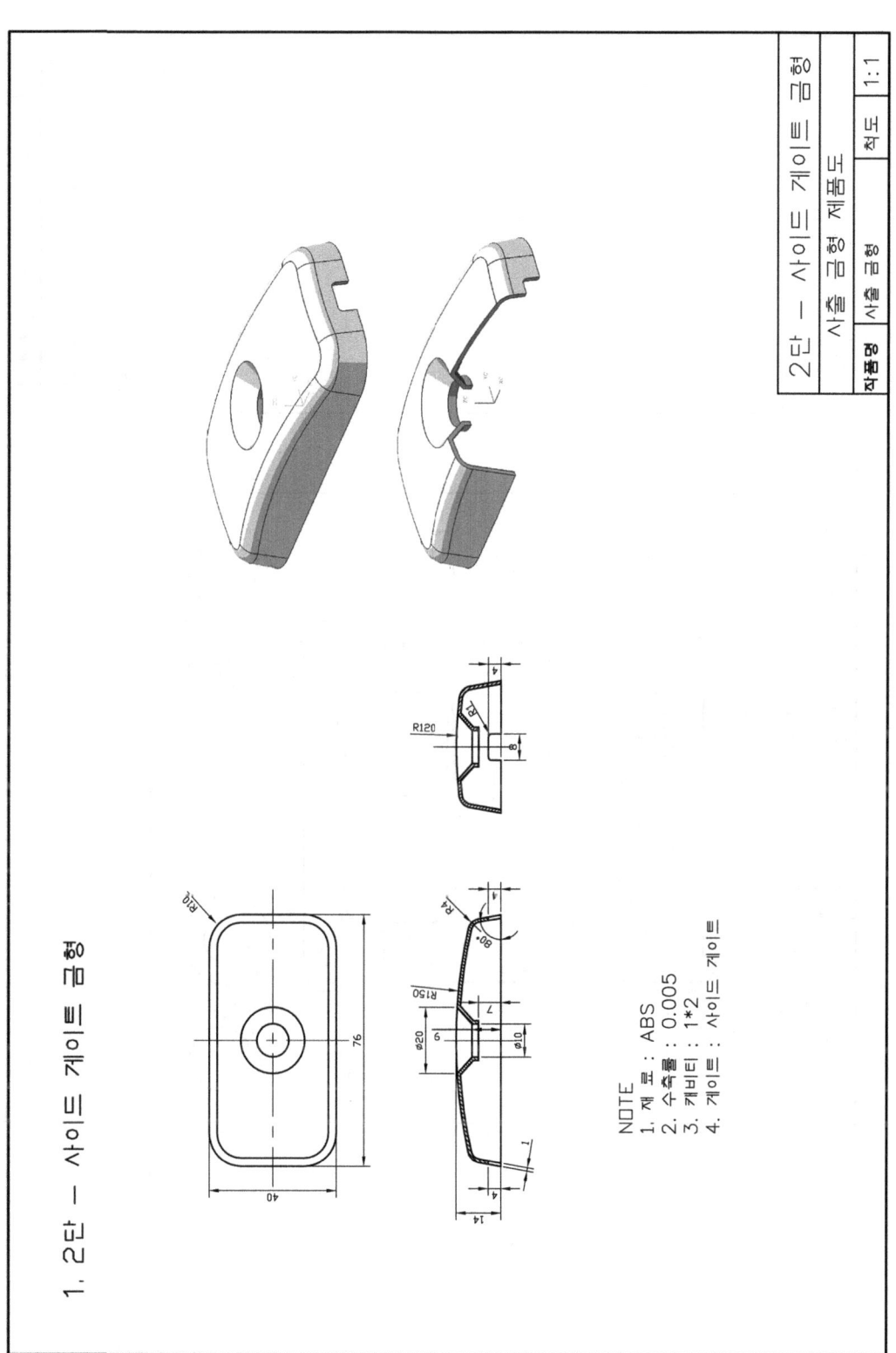

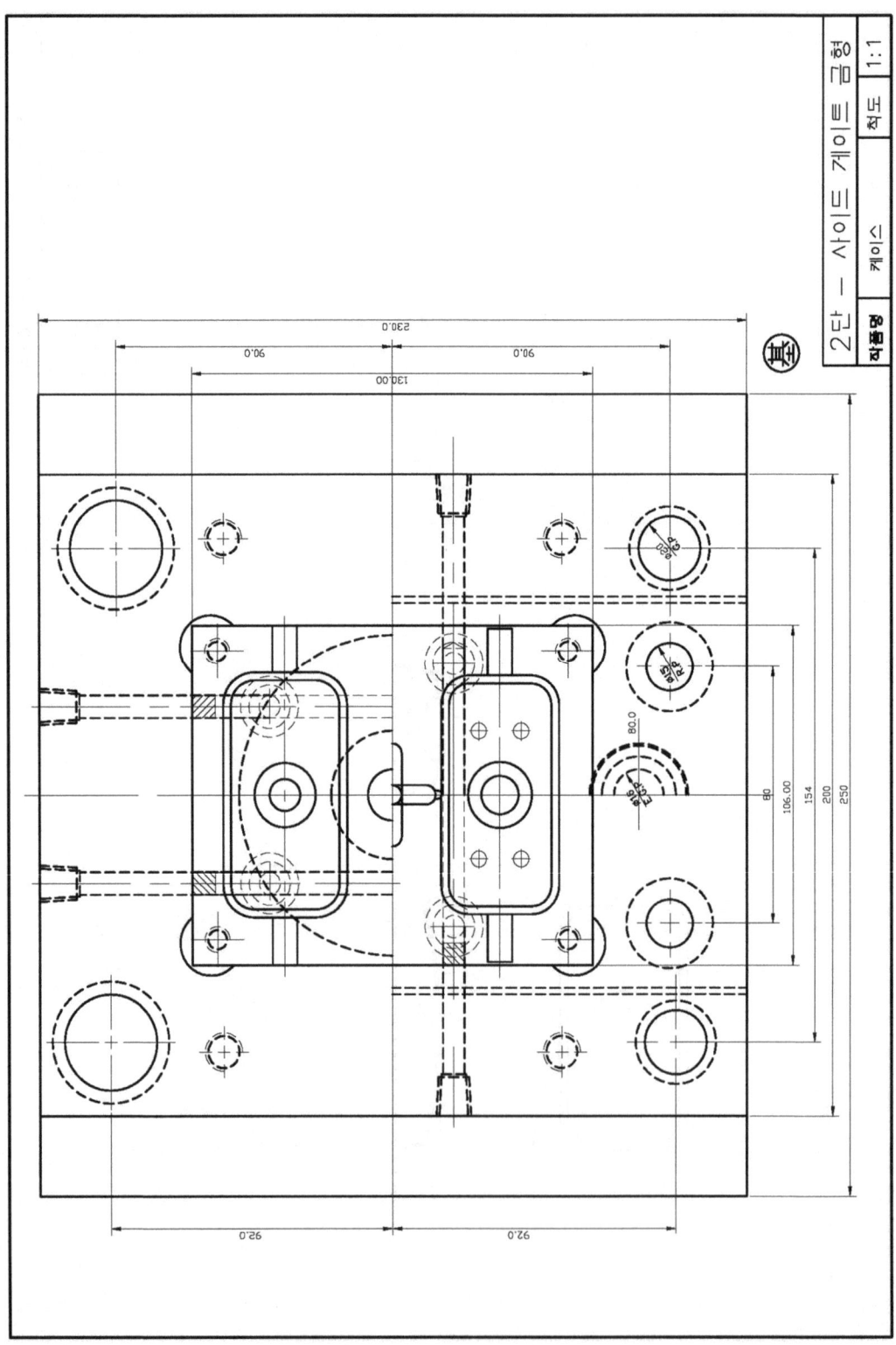

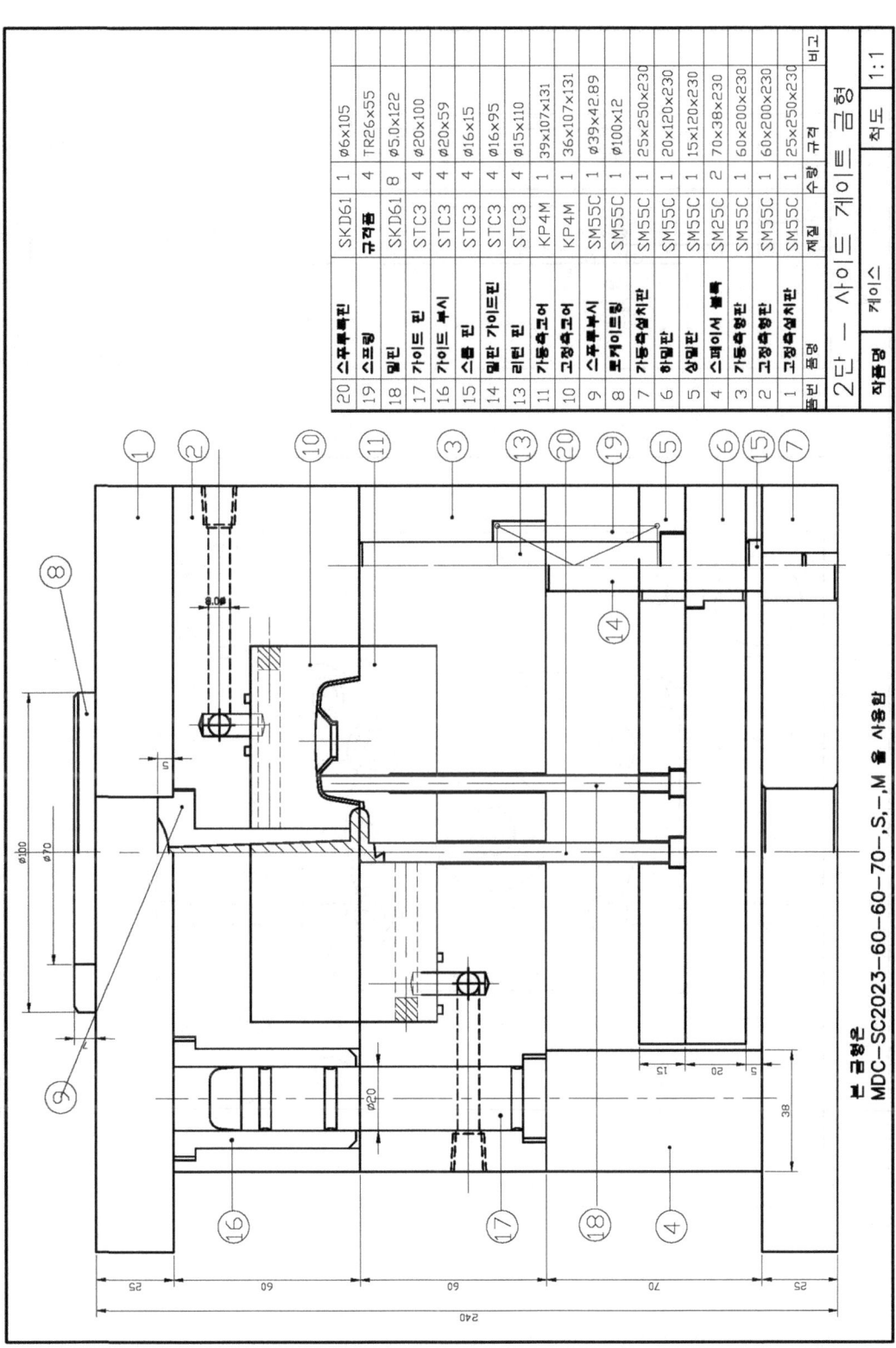

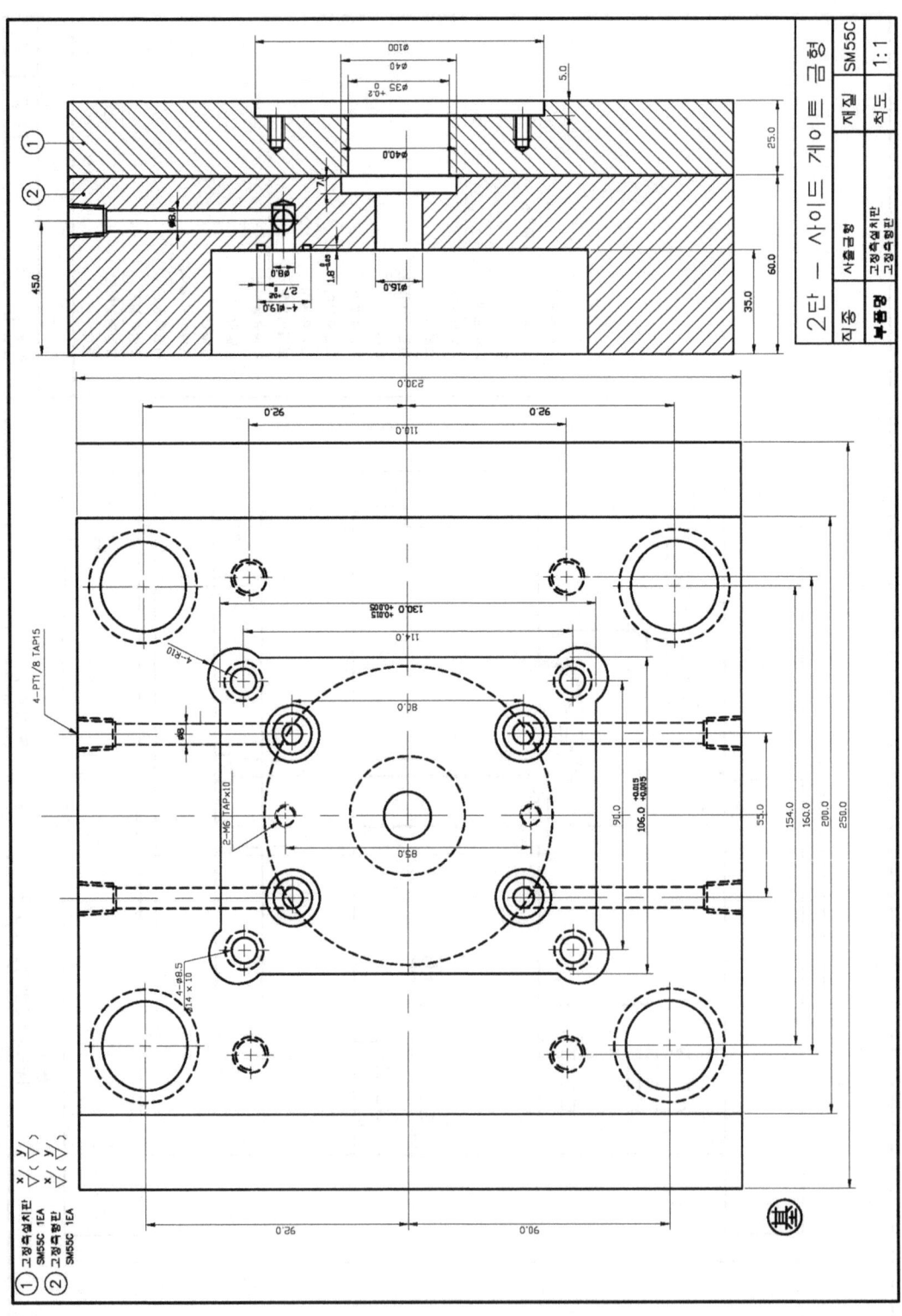

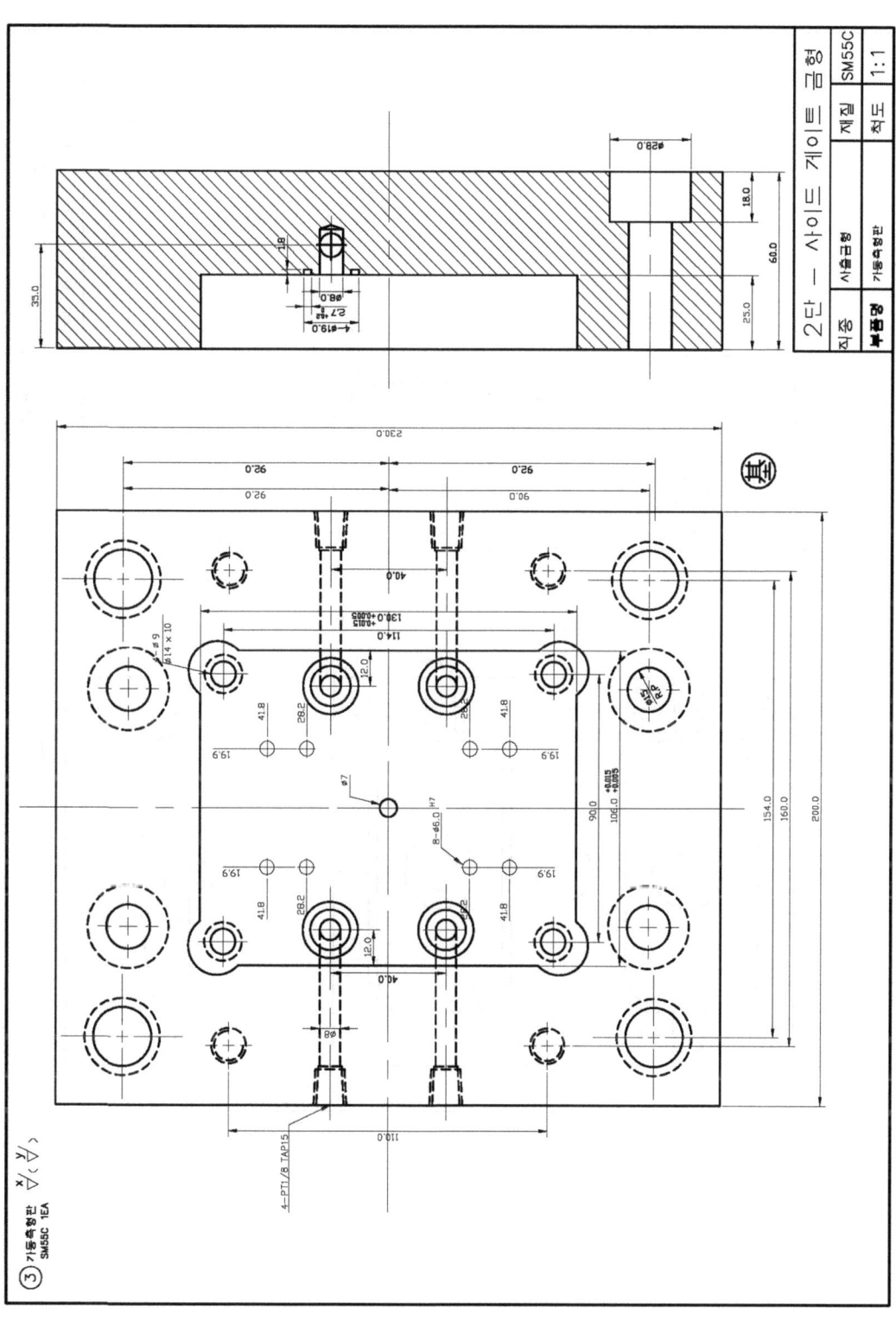

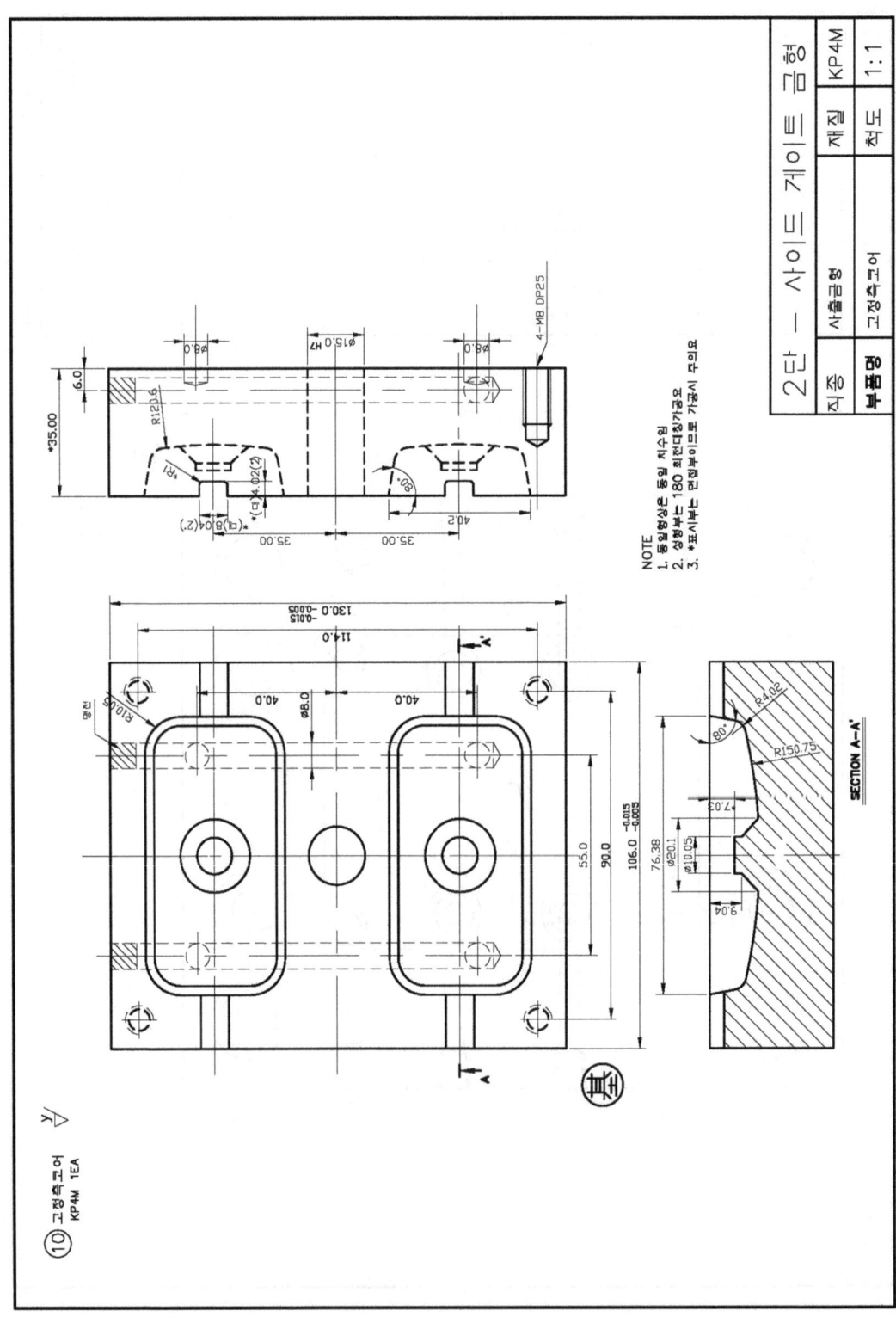

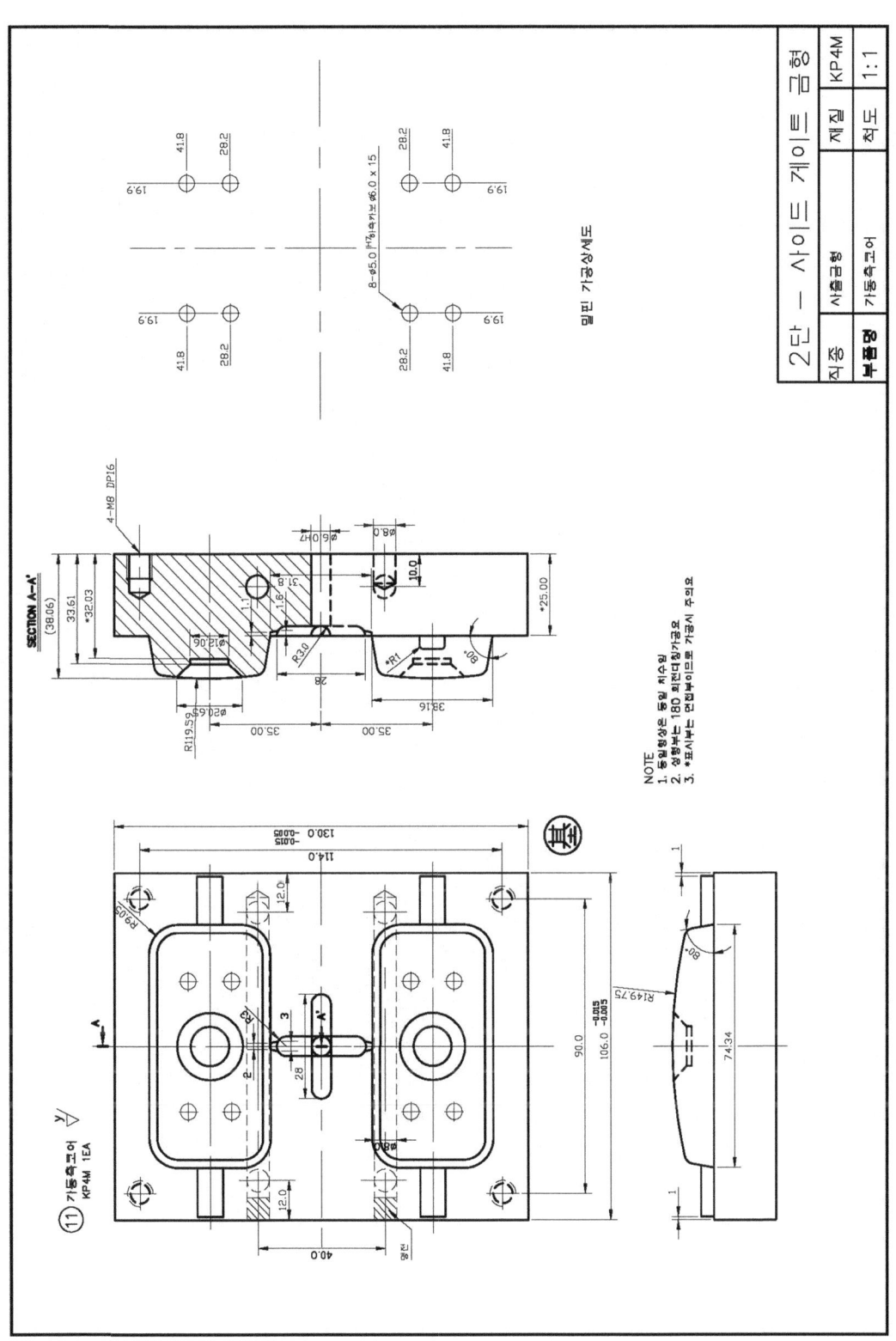

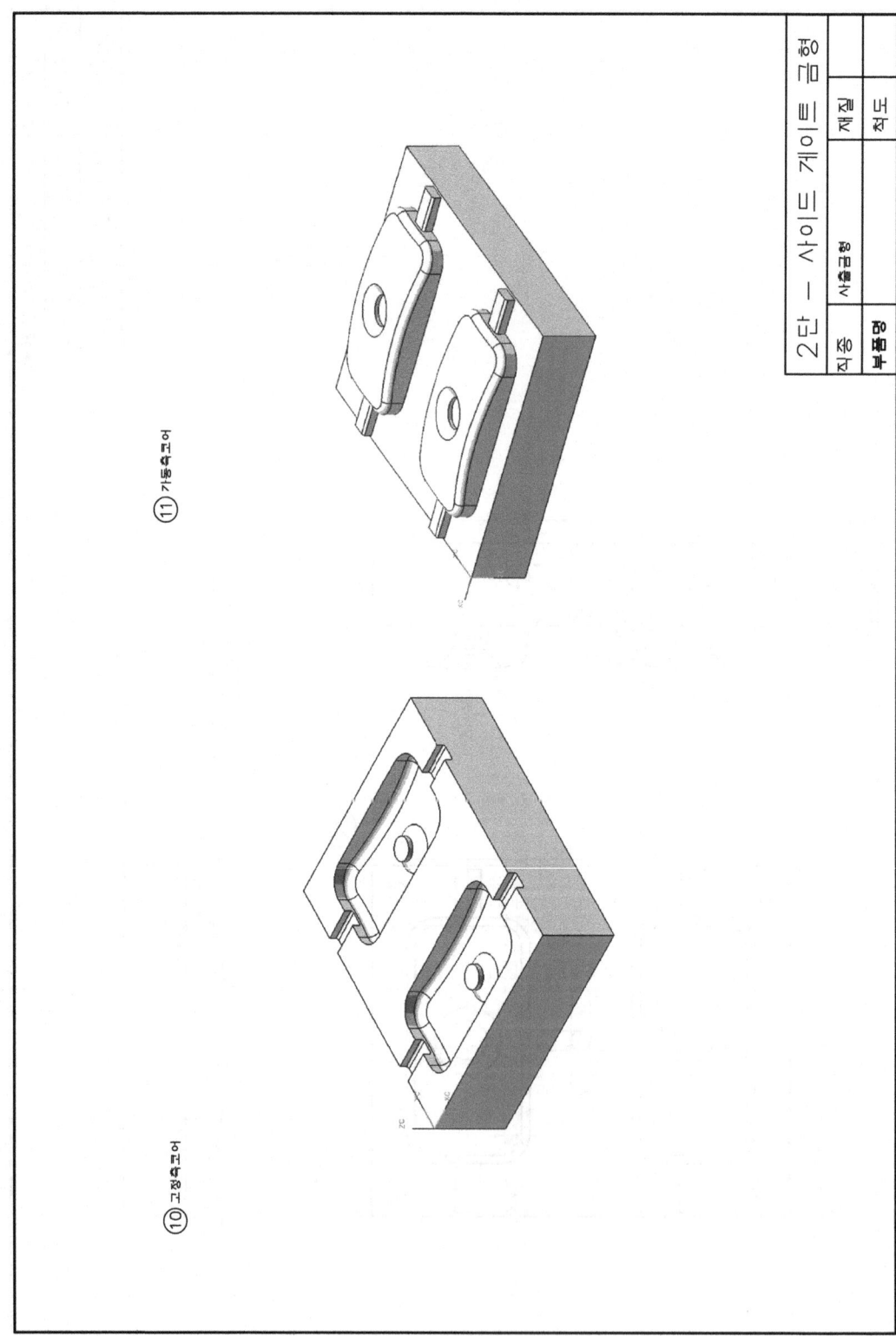

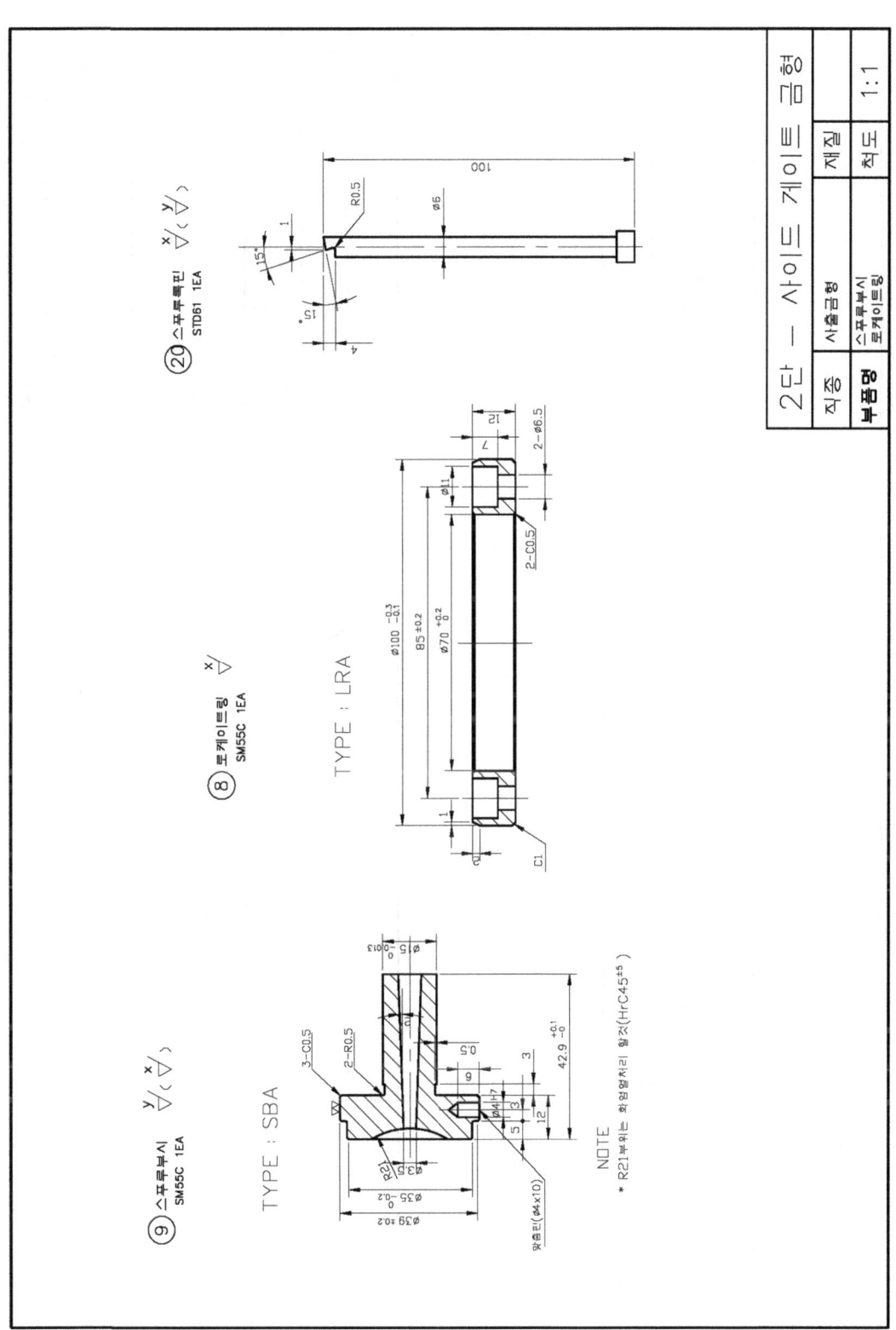

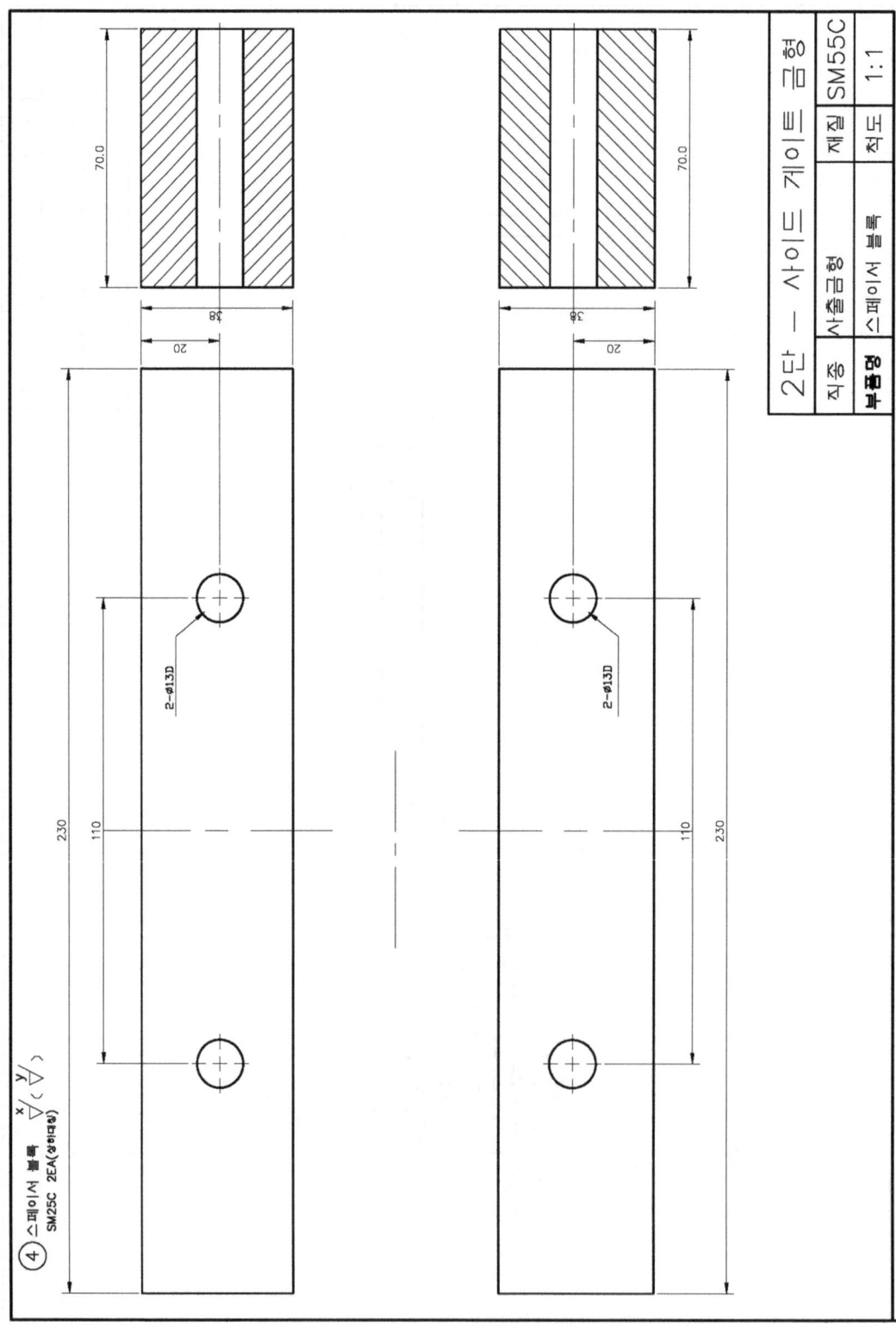

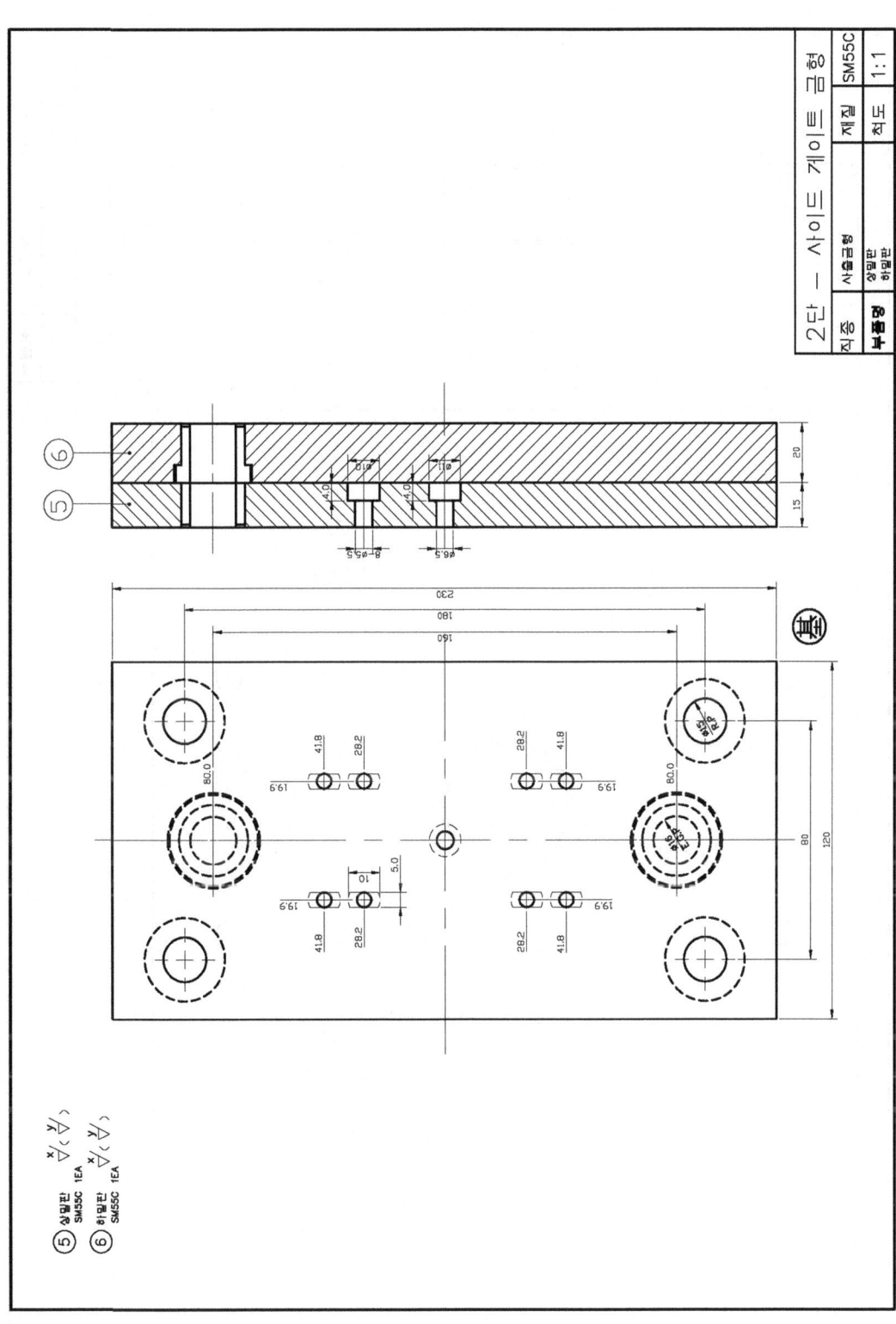

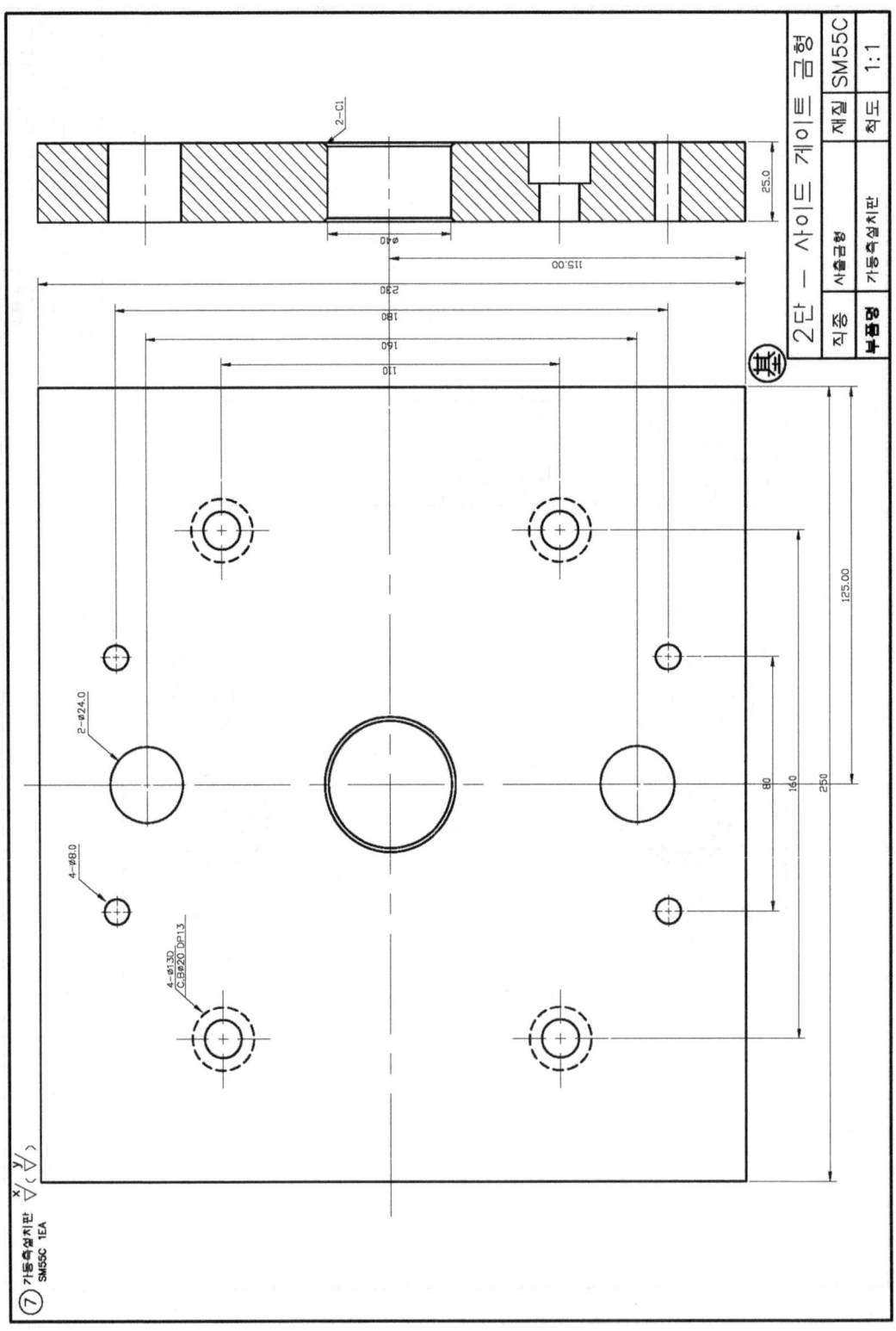

2. 3단 - 핀포인트 게이트 금형

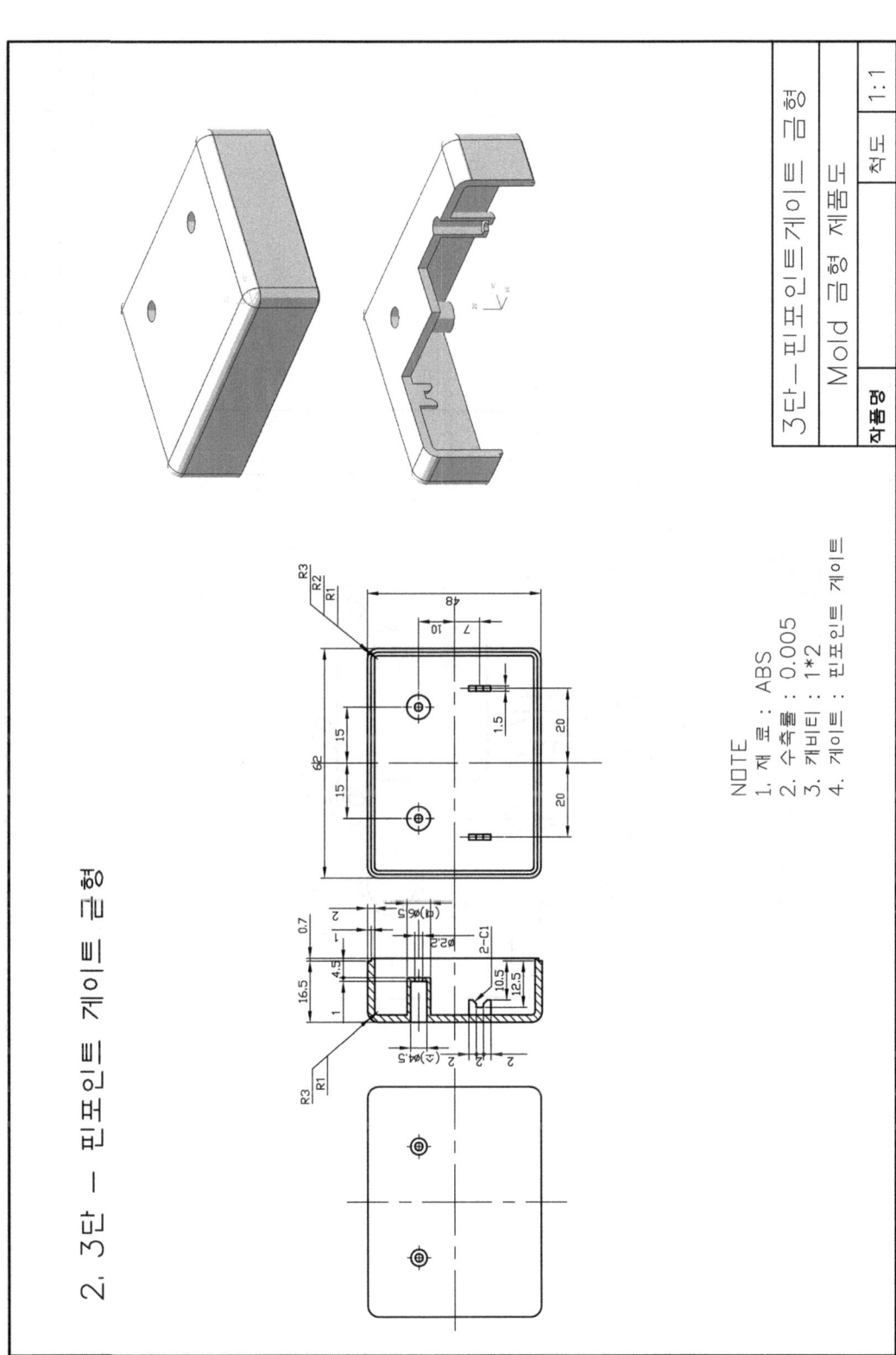

NOTE
1. 재료 : ABS
2. 수축률 : 0.005
3. 캐비티 : 1*2
4. 게이트 : 핀포인트 게이트

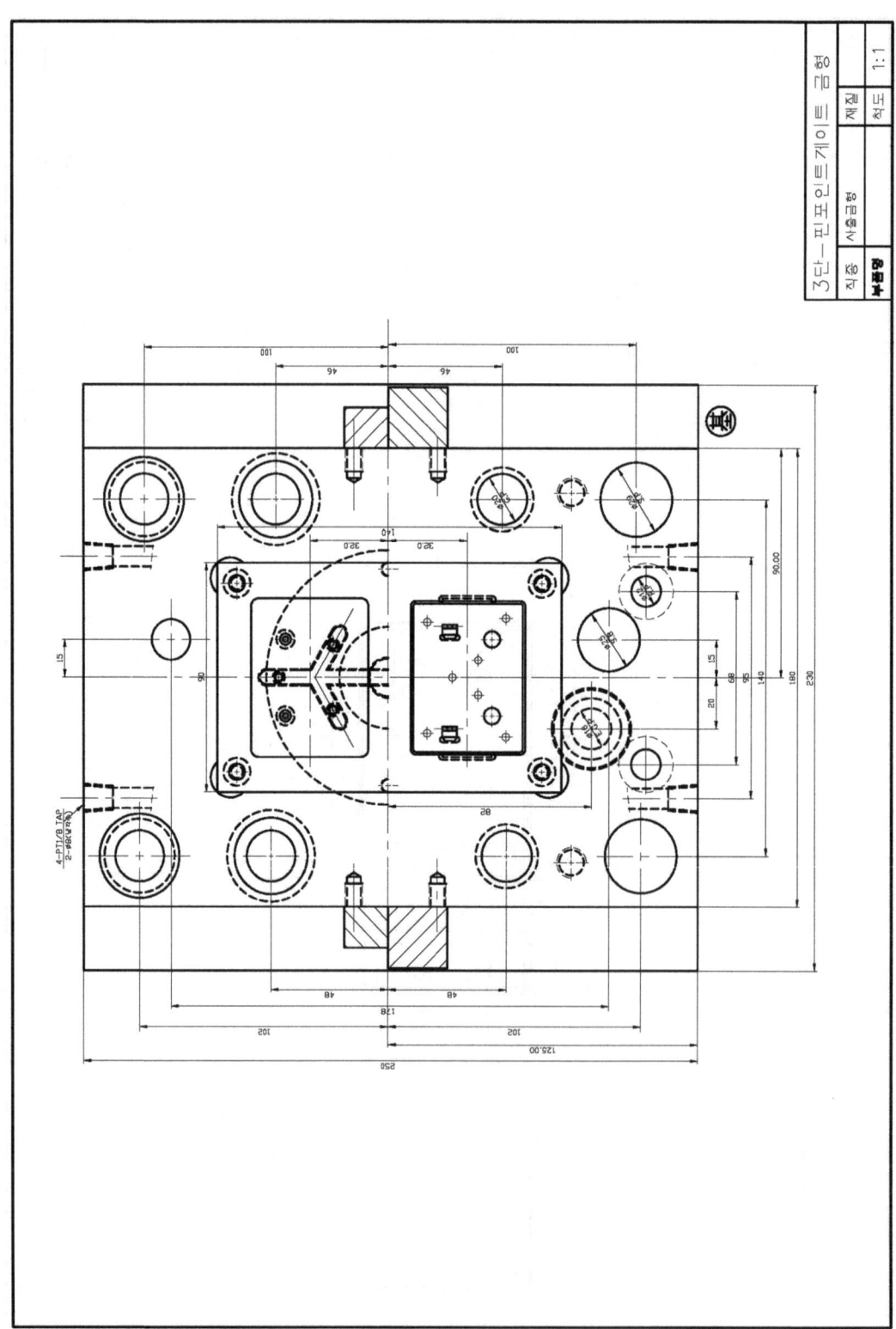

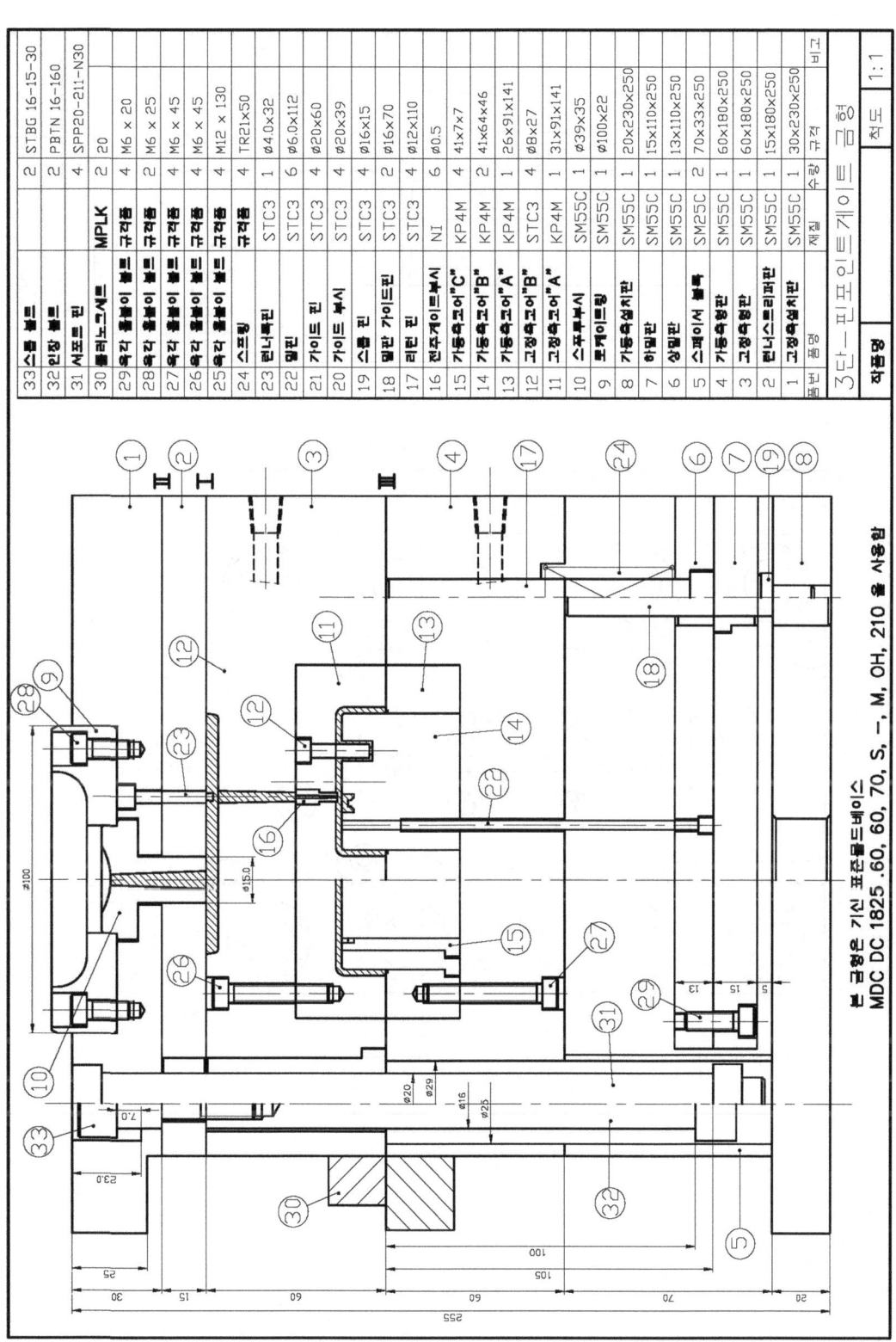

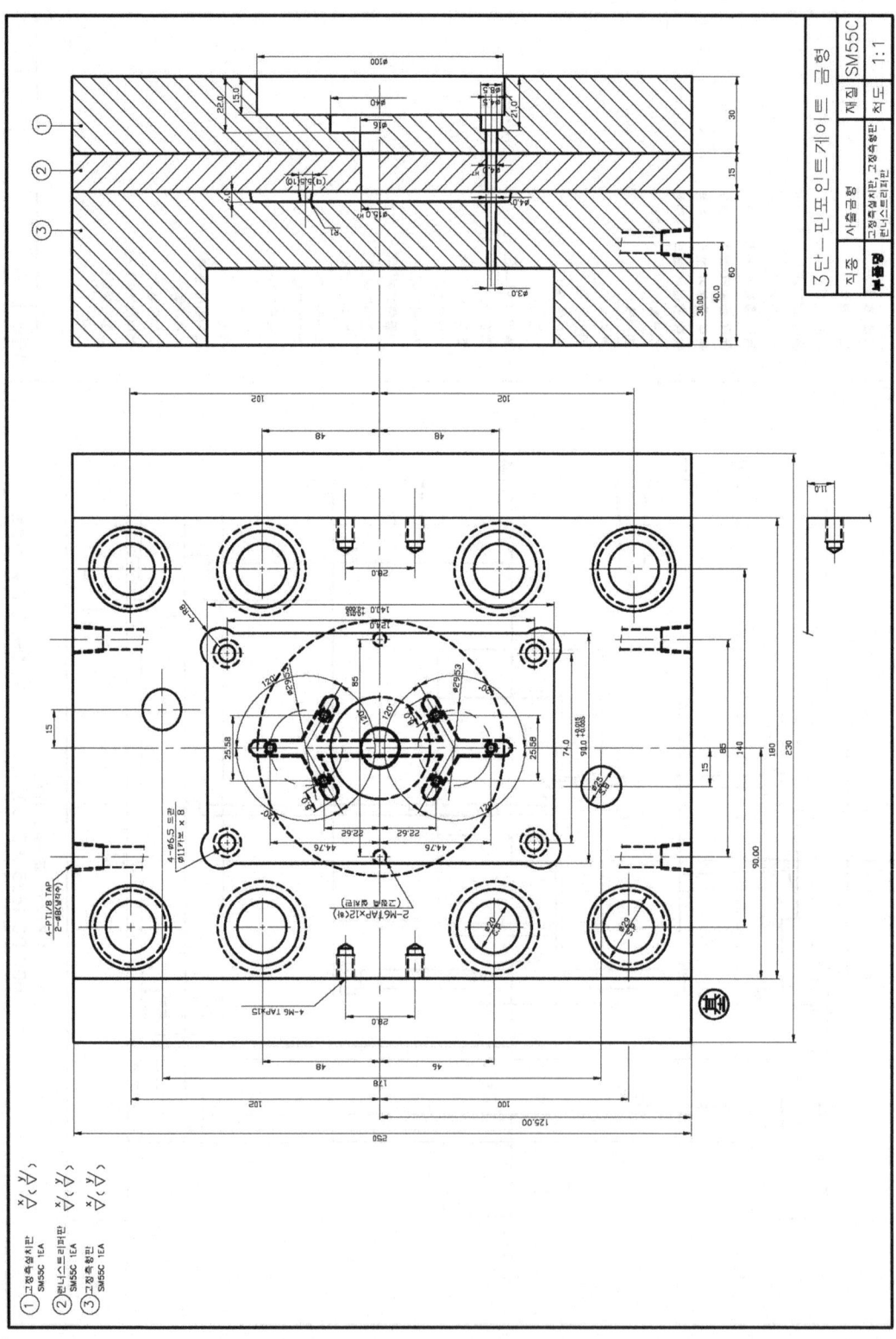

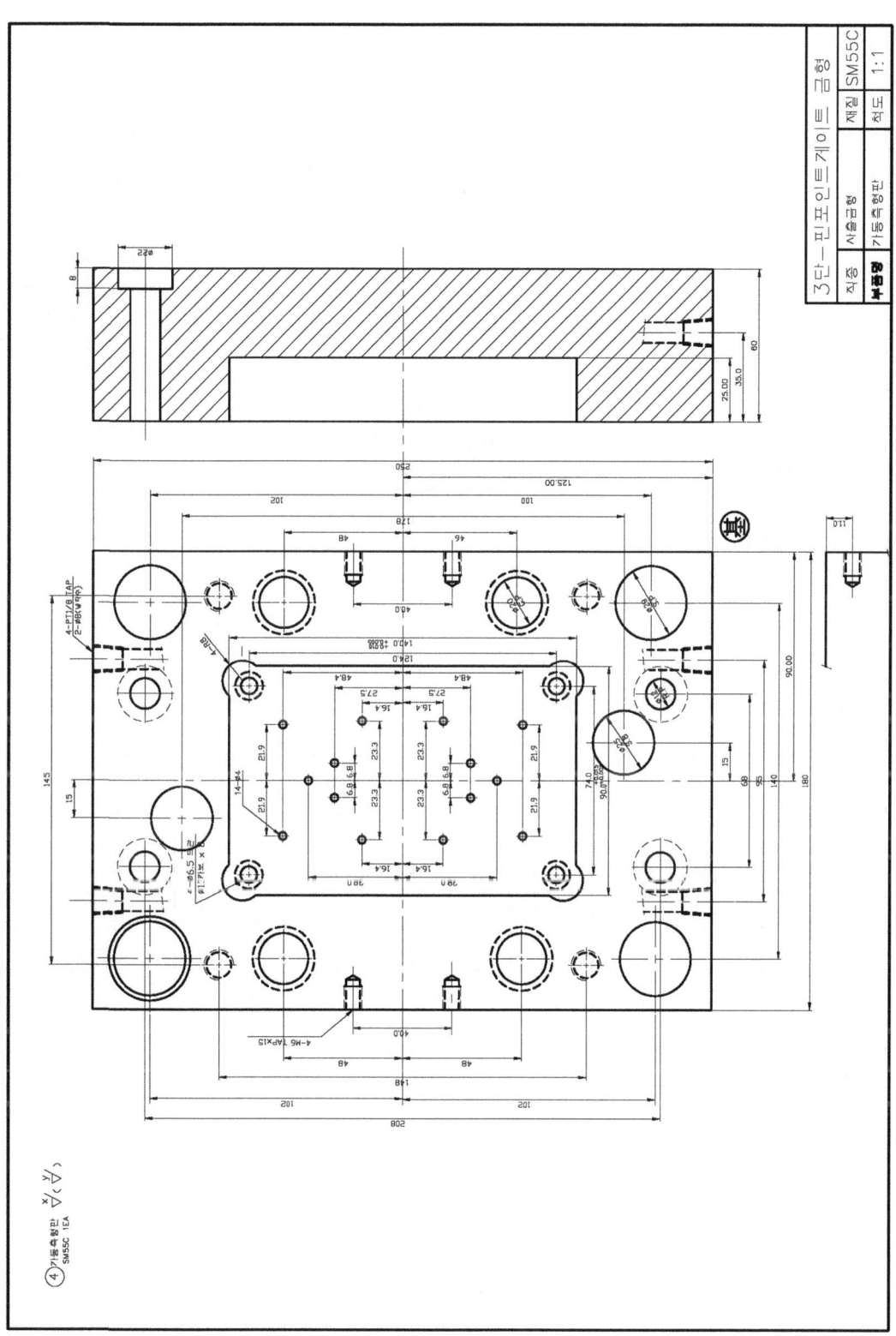

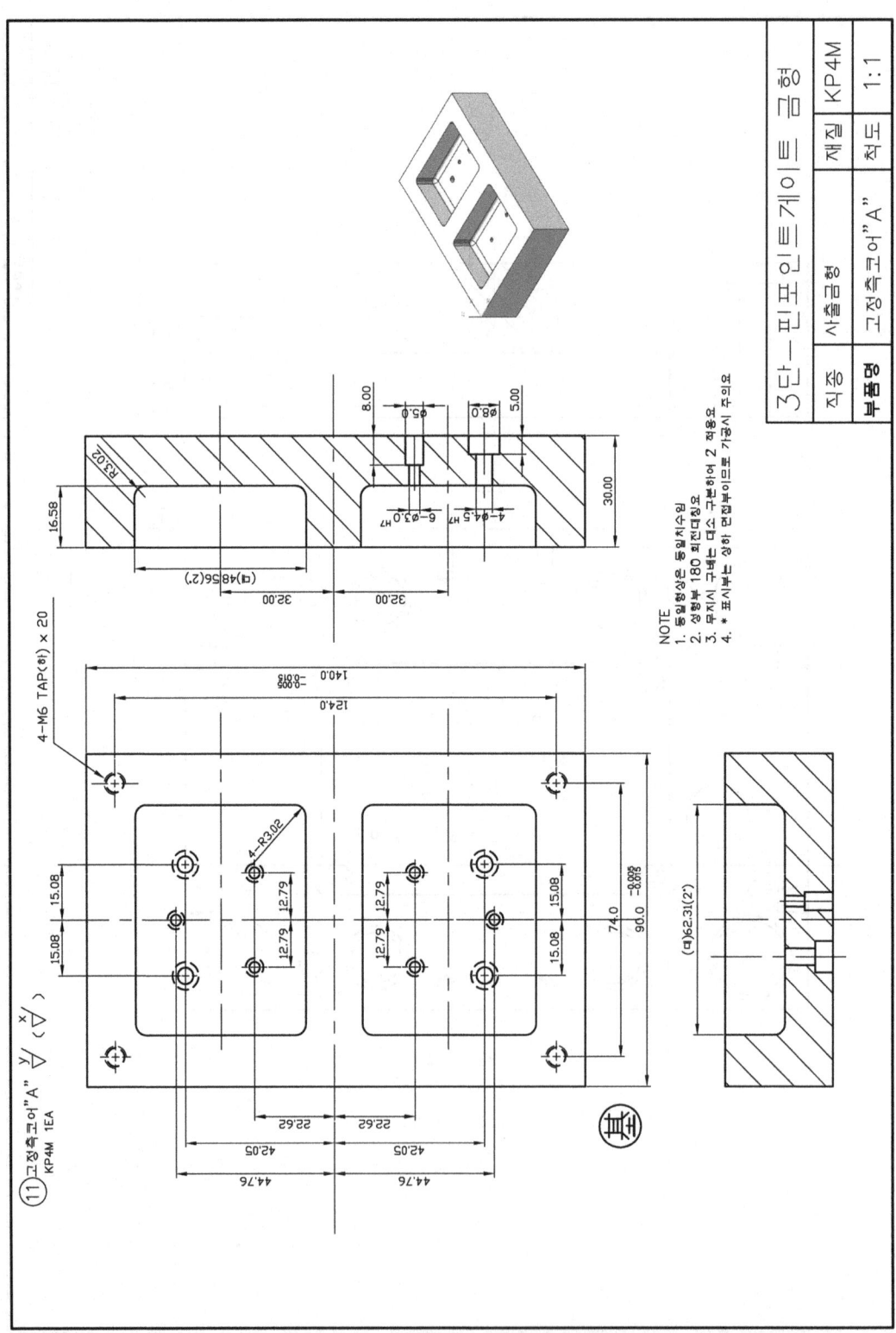

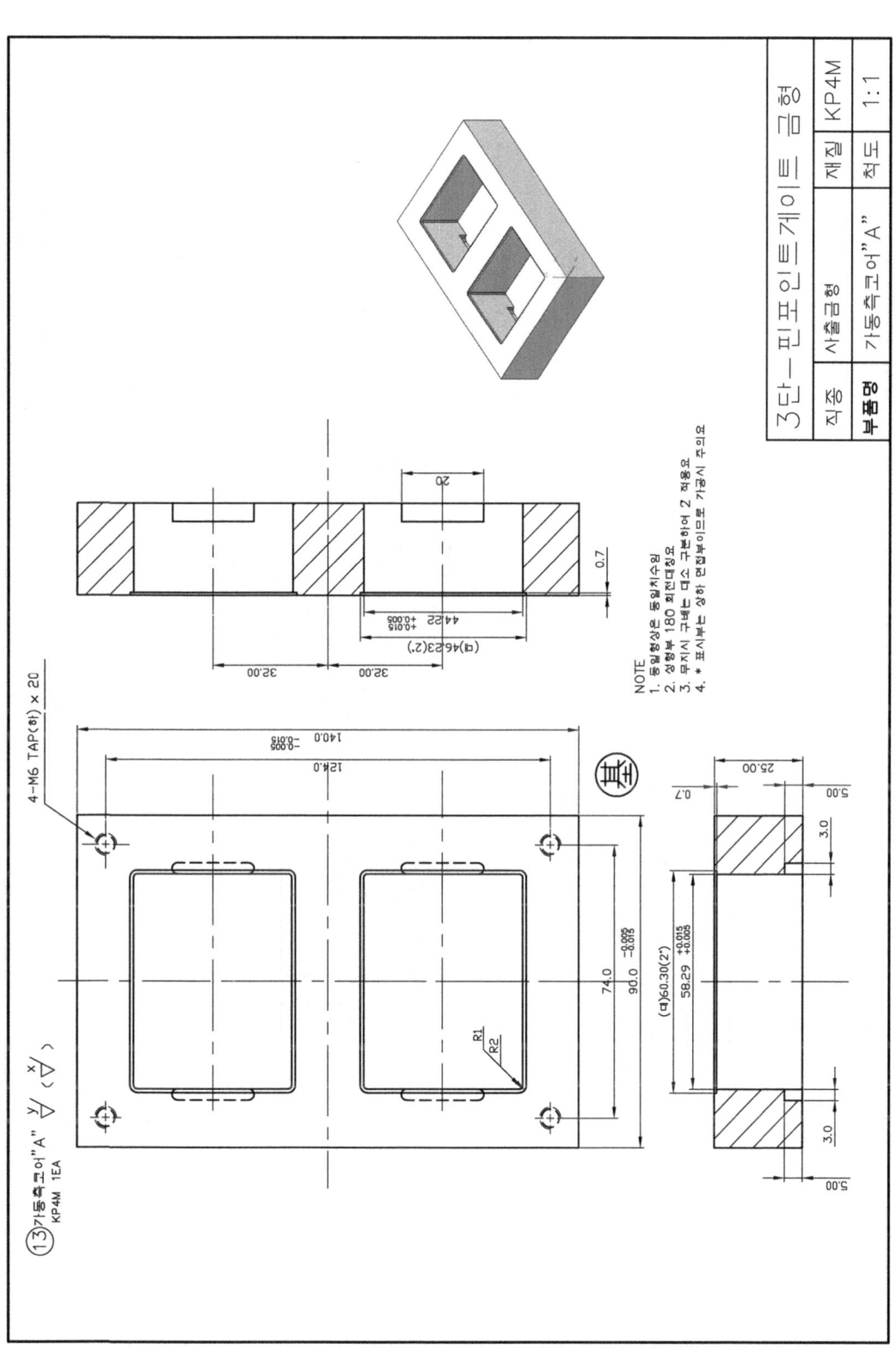

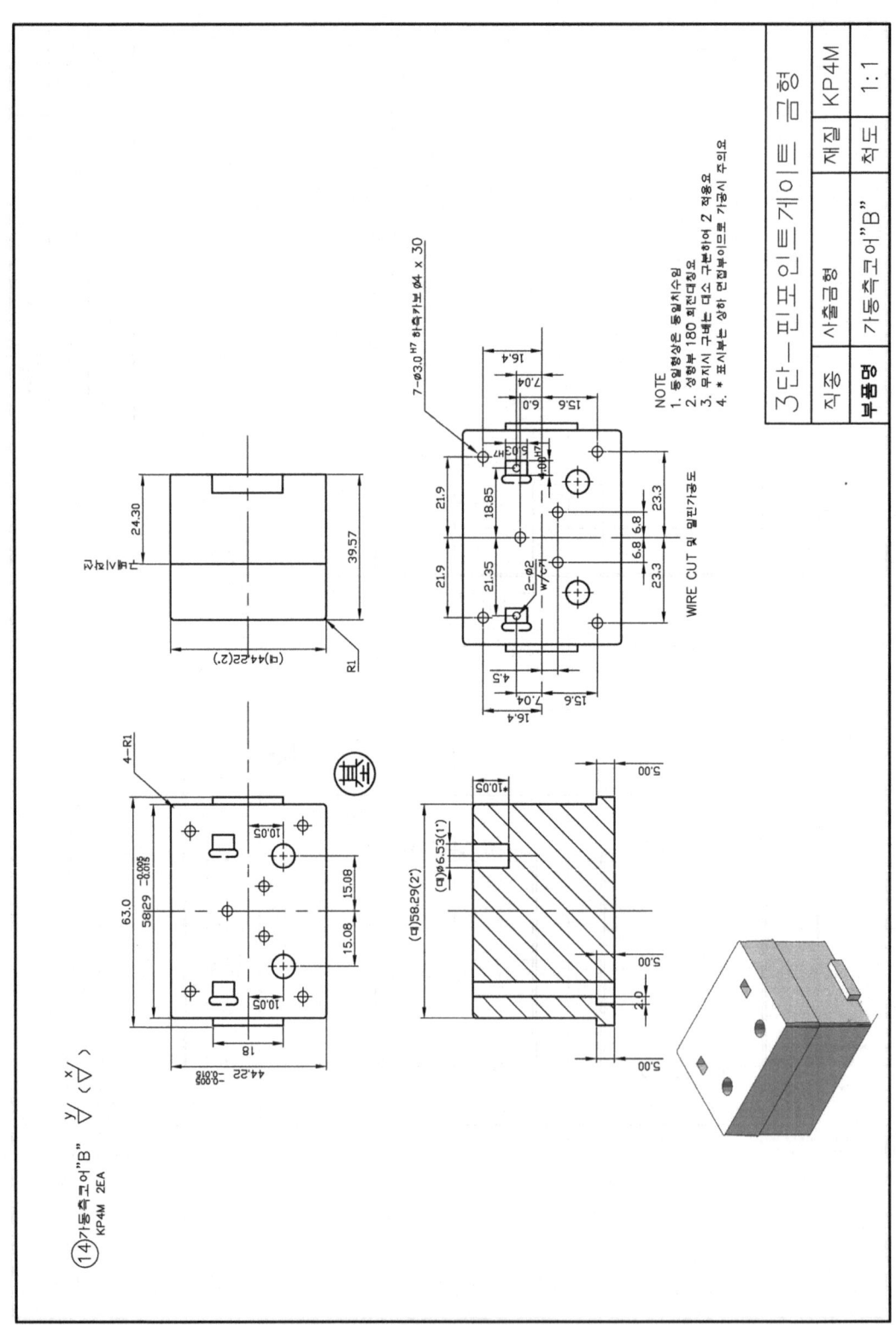

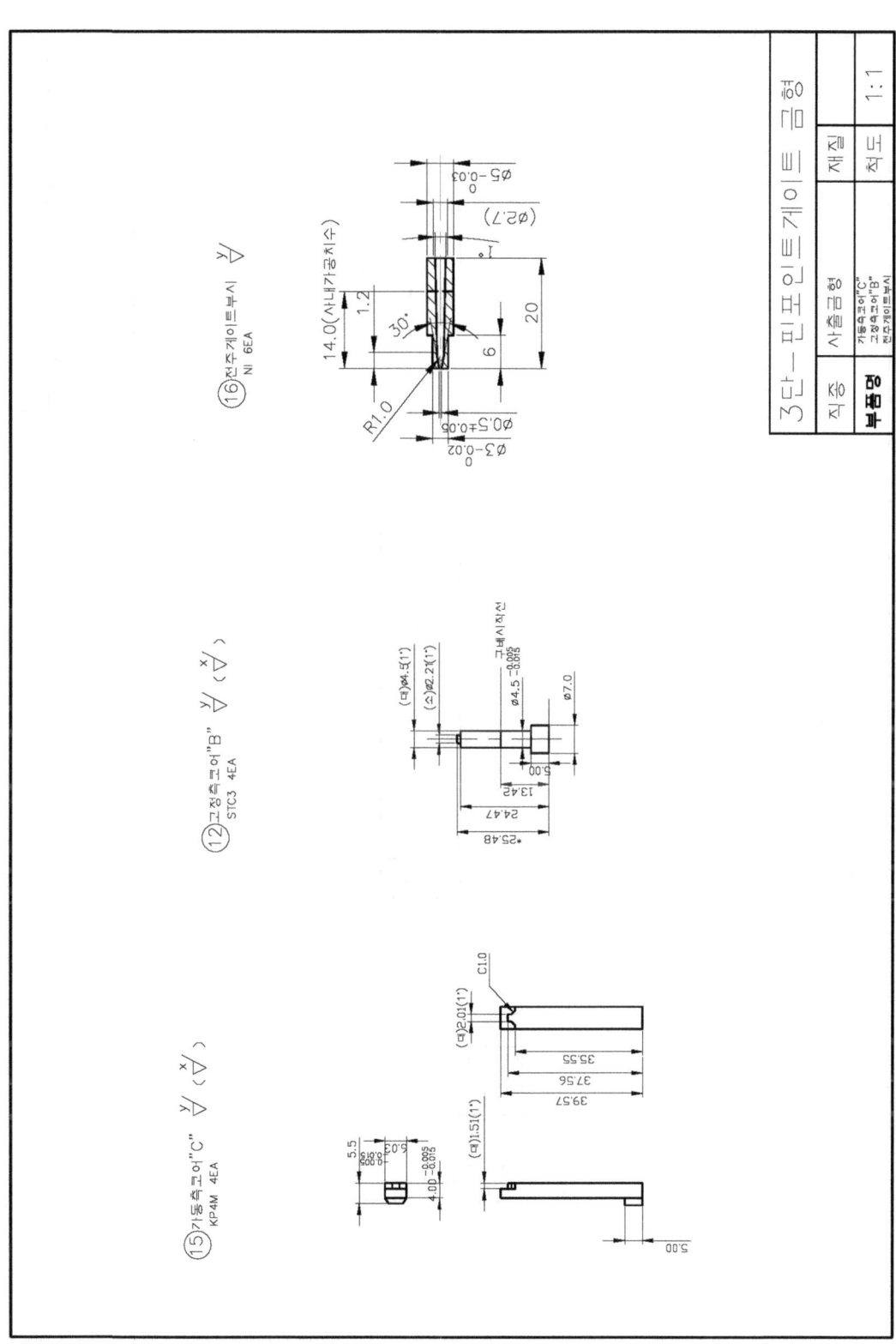

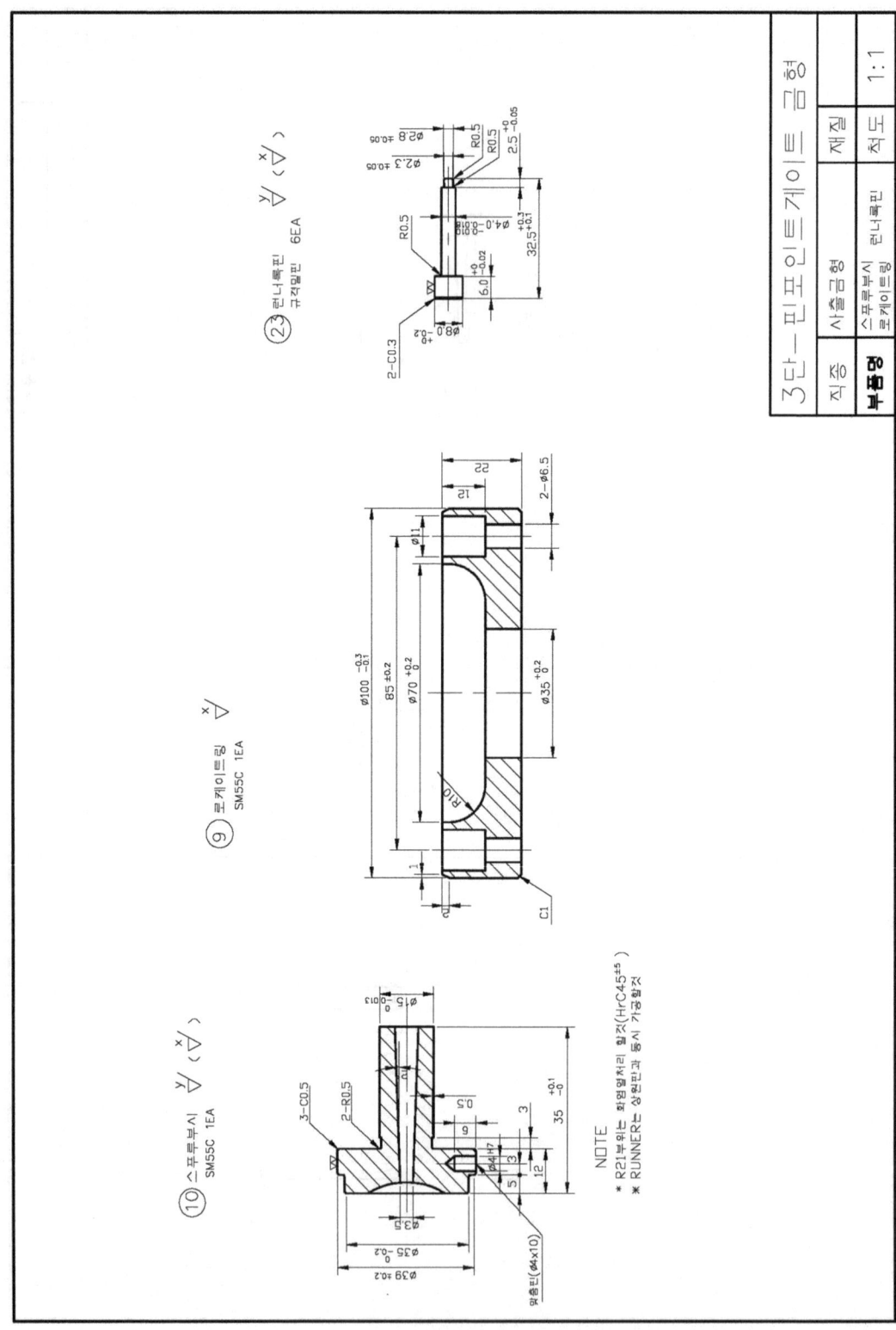

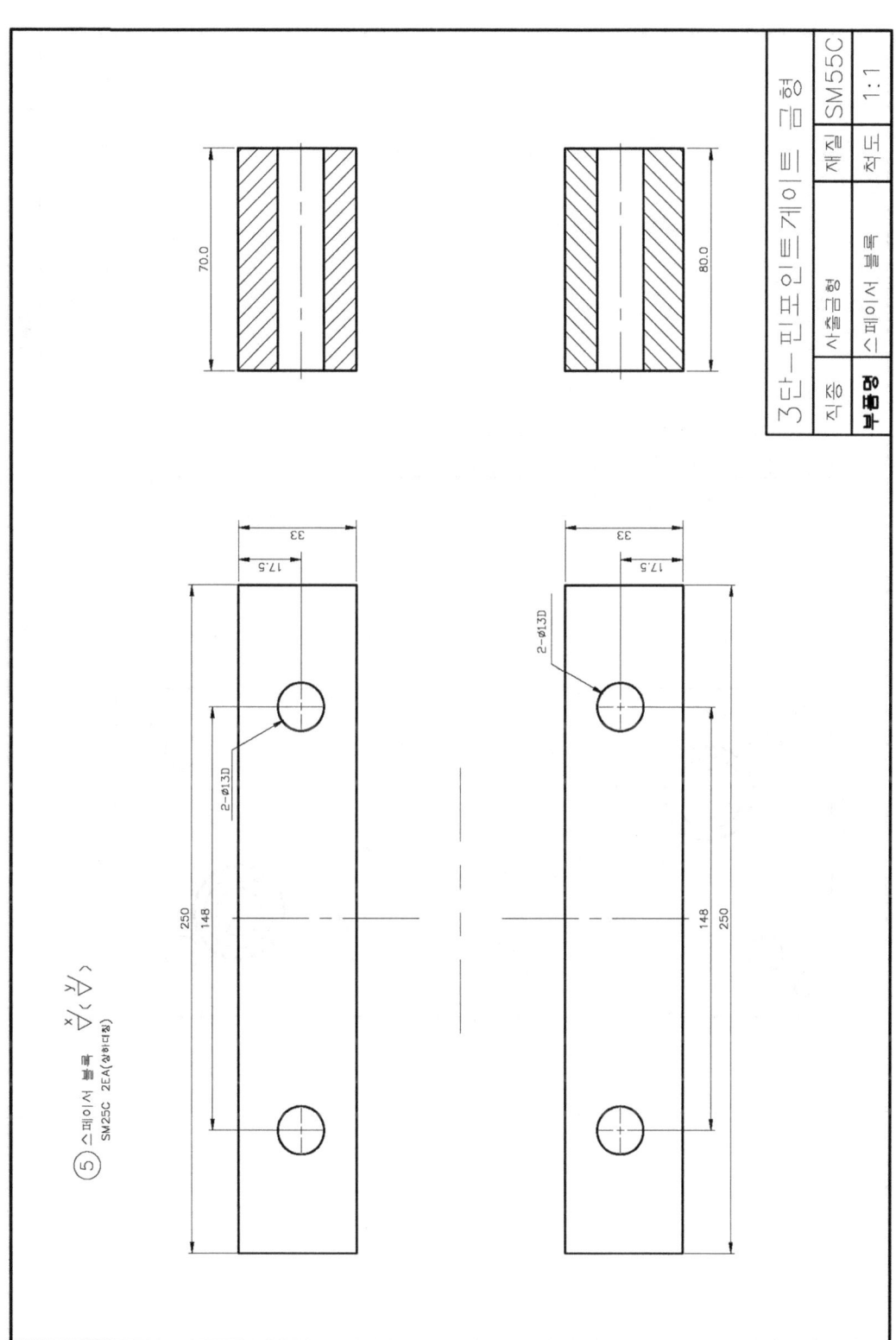

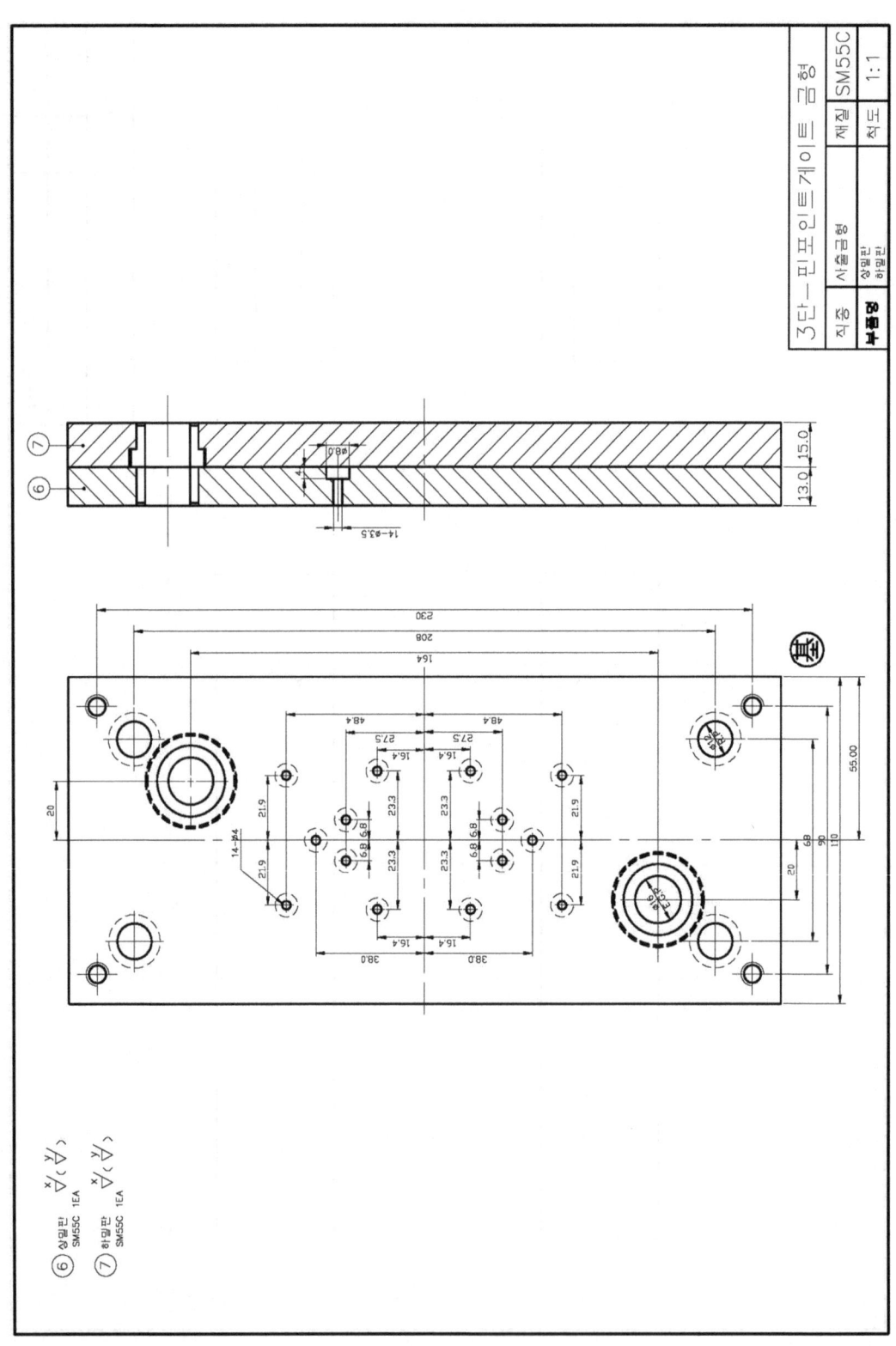

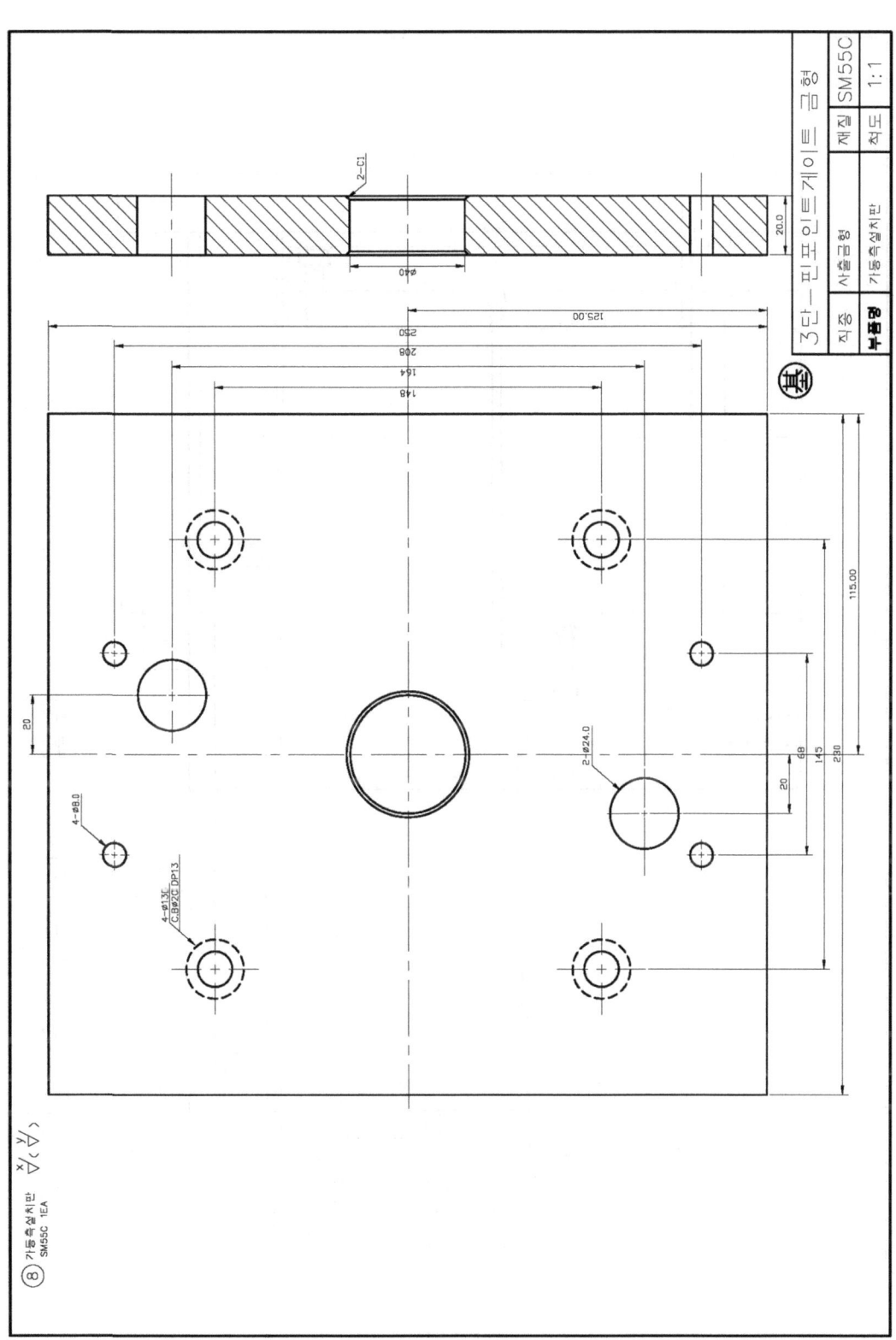

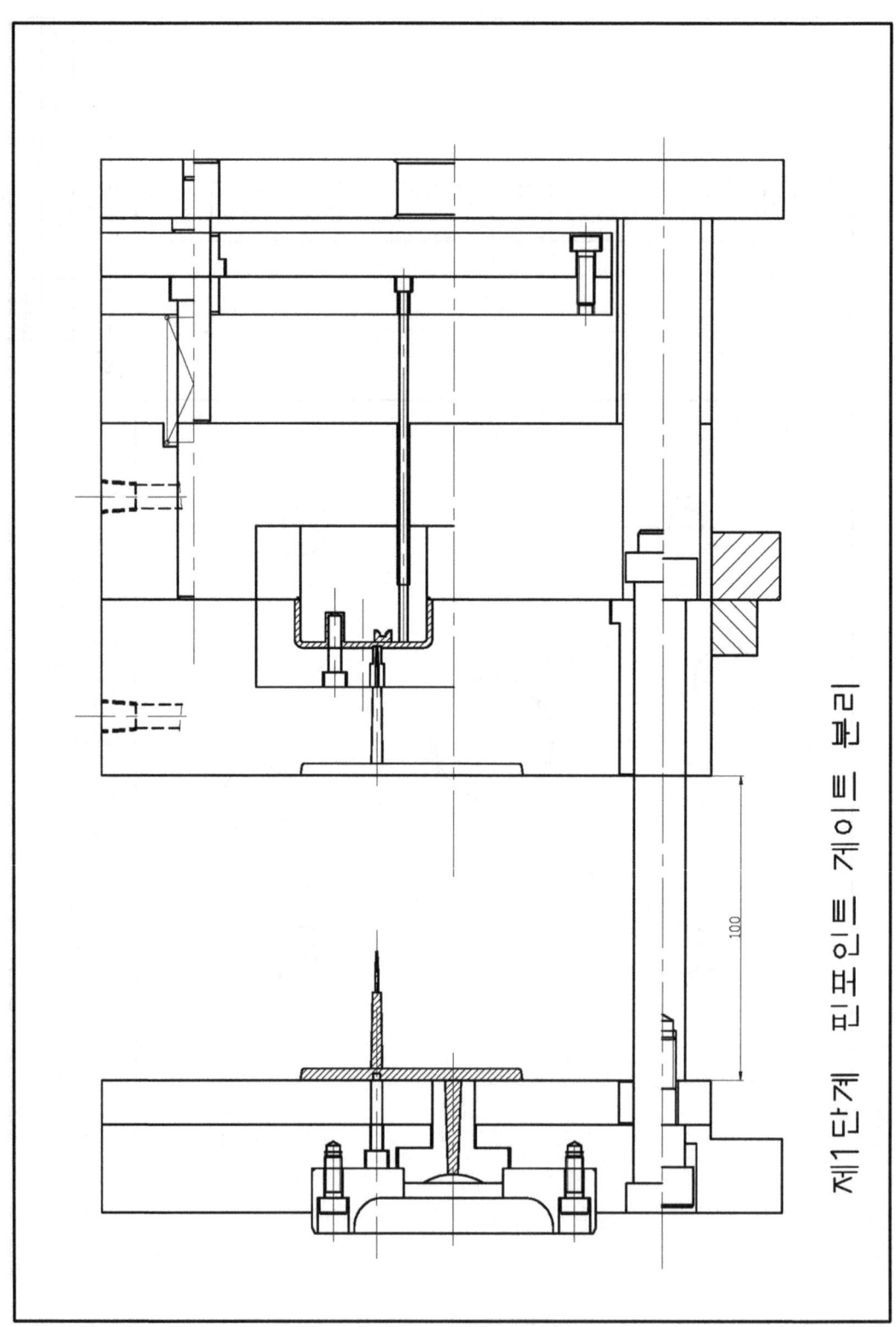

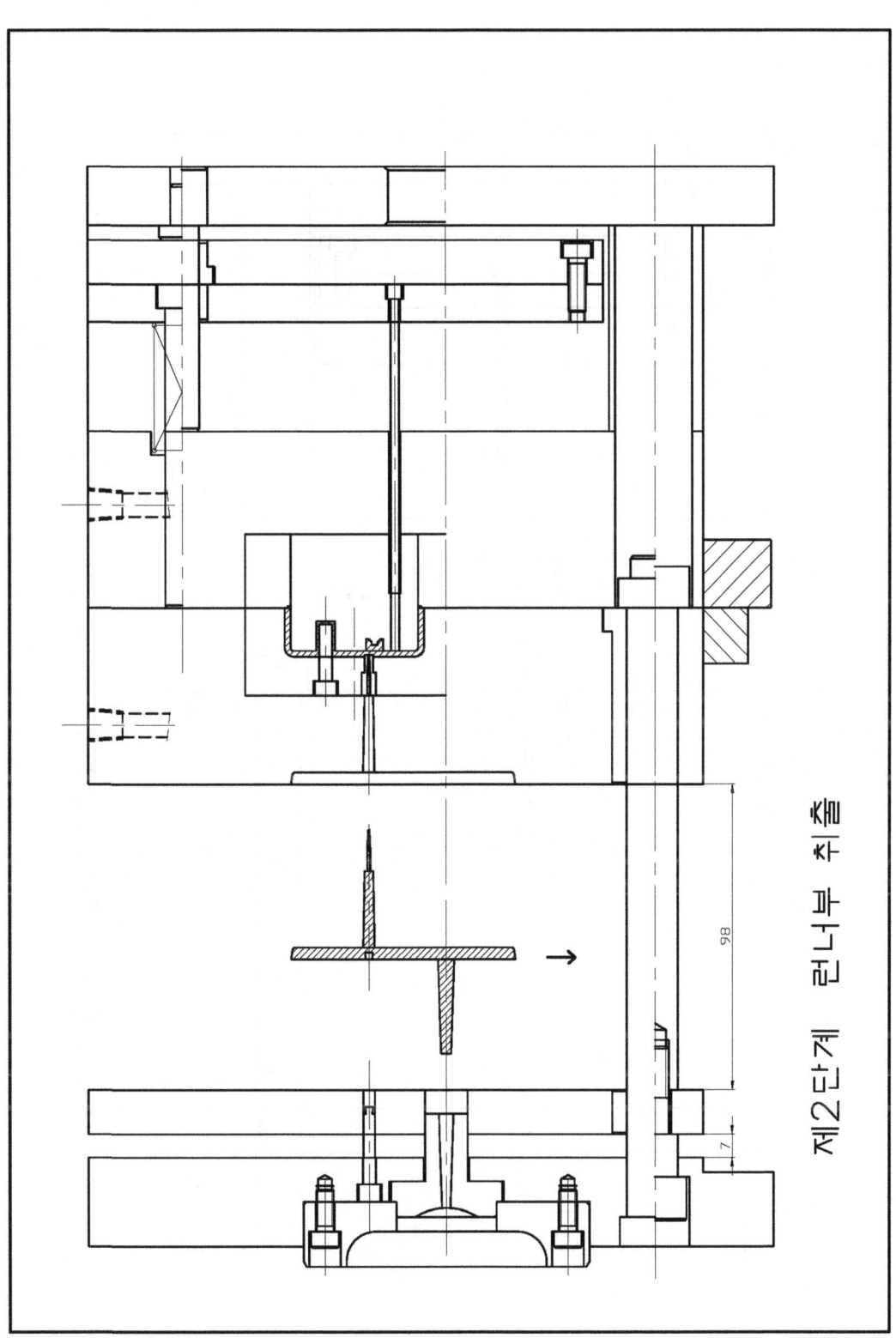

제2단계 런너부 취출

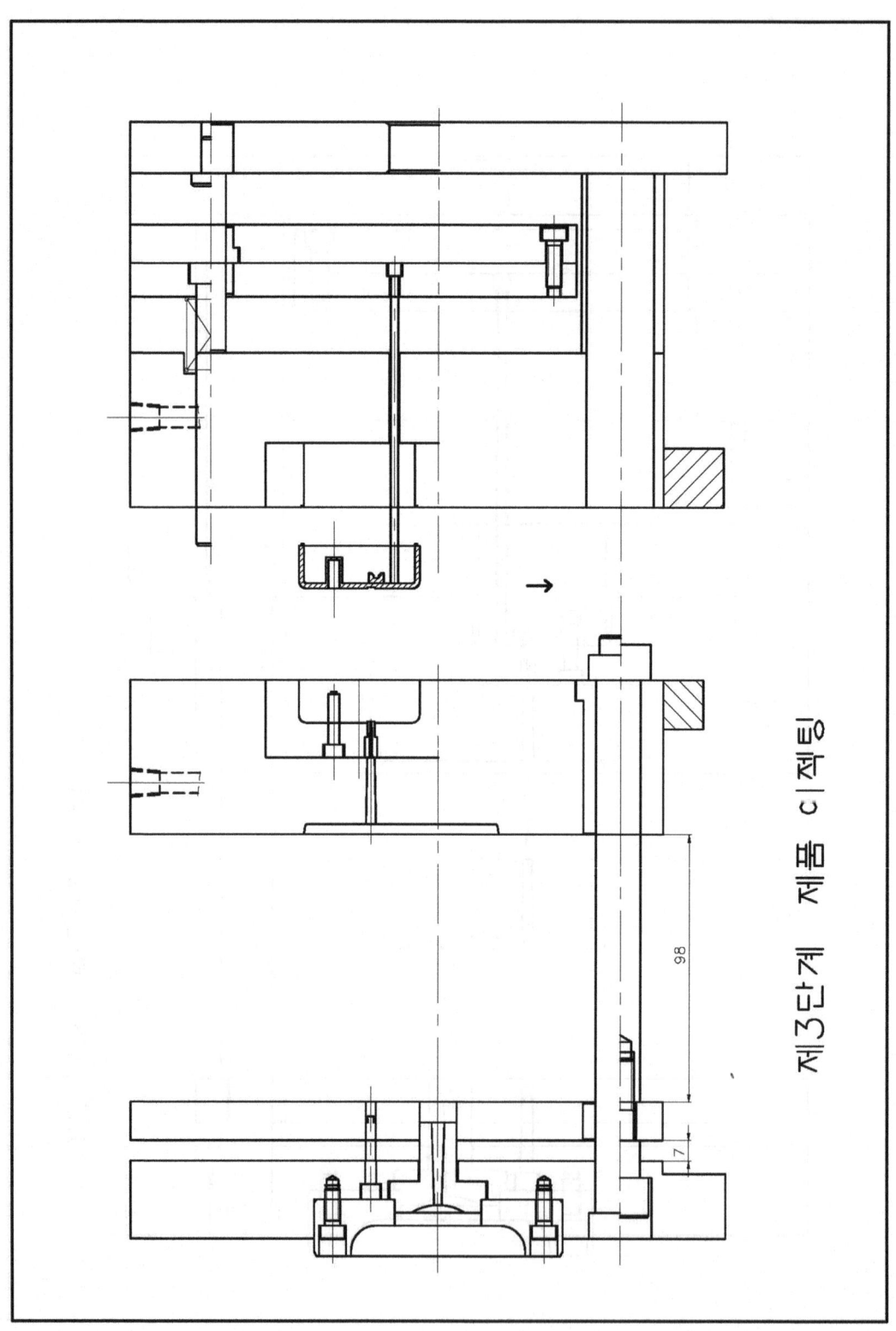

참고자료

- 사이트 : 국가직무능력표준(www.ncs.go.kr)
- "사출금형 조립도설계 능력단위 교재", 한국산업인력공단
- "사출금형 3D부품모델링 능력단위 교재", 한국산업인력공단
- "사출금형 3D어셈블리모델링 능력단위 교재", 한국산업인력공단
- "사출금형 부품도설계 능력단위 교재", 한국산업인력공단
- "사출금형 2D도면작성 능력단위 교재", 한국산업인력공단
- "사출 제품도 분석 능력단위 교재", 한국산업인력공단
- "가공지원 도면작성 능력단위 교재", 한국산업인력공단
- "시제품 측정 능력단위 교재", 한국산업인력공단
- 이상민, "사출금형설계도면집", 기전연구사
- 이상민, "사출금형설계", 기전연구사
- 이상민, "금형설계", 기전연구사

과정평가형자격
사출금형산업기사

2018년 2월 14일 제1판제1발행
2025년 5월 24일 제1판제2발행

　저　자　이상민, 박병석, 이춘규, 이대근
　발행인　나영찬

발행처 **기전연구사** ─────────────

경기도 하남시 하남대로 947 하남테크노밸리U1센터
B동 1406-1호
전 화 : 02)2235-0791/2238-7744/2234-9703
FAX : 02)2252-4559
등 록 : 1974. 5. 13. 제5-12호

정가 27,000원

◆ 이 책은 기전연구사와 저작권자의 계약에 따라 발행한 것이
　 므로, 본 사의 서면 허락 없이 무단으로 복제, 복사, 전재를
　 하는 것은 저작권법에 위배됩니다.
　 ISBN 978-89-336-0934-7
　 www.kijeonpb.co.kr

불법복사는 지적재산을 훔치는 범죄행위입니다.
저작권법 제97조의 5(권리의 침해죄)에 따라 위반자는 5년
이하의 징역 또는 5천만원 이하의 벌금에 처하거나 이를 병
과할 수 있습니다.